North Cape
Lapland
White Sea
Archangel
Finland
G. of Bothnia
Christiana
Stockholm
St. Petersburg
Tobolsk
North Sea
Baltic Sea
R U S S I A
L. Chany
PRUSSIA
GERMANY
R. Dnieper
R. Volga
Paris
Vienna
FRANCE
AUSTRIA
Aral Sea
R. Danube
G. of Venice
L. Palkati
Rome
Black Sea
ITALY
Caspian Sea
Khiwa
Sicily
Tunis
Tripoli
Cancer
Bombay
L. Tchad
ARABIAN
SEA
Abyssinia
SOUDAN
Str. of Bab el Mandeb
Madras
C. Guardafui
Biafra
C. Comorin
Ceylon
Guinea
Maldives
Equator
Melinda
R. Congo
Congo
I N D I
St. Phillip
Mozambique
Mozambique Chan.
Madagascar
Delagoa B.
Tropic of Capricorn
Orange R.
Natal

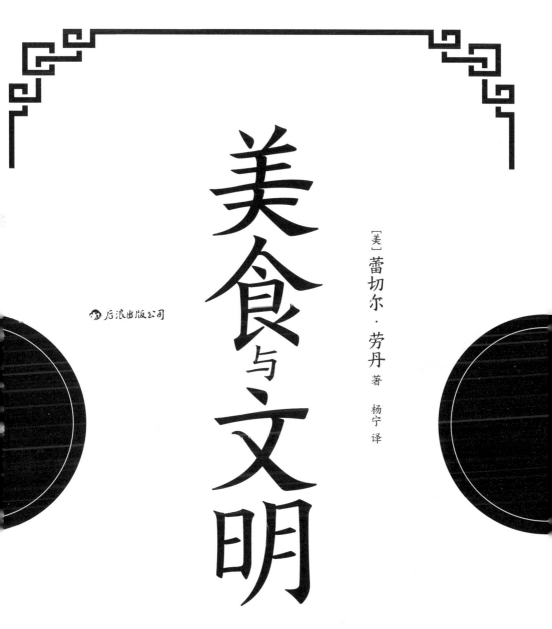

美食与文明

帝国塑造烹饪习俗的全球史

[美]蕾切尔·劳丹 著

杨宁 译

后浪出版公司

民主与建设出版社
·北京·

谨以此书
献给我当农夫的父亲和负责一日三餐的母亲
献给拉里，感谢他的倾听

目　录

致　谢

　　身为作者，往往享有一种隐秘的愉悦，那就是每一页手稿上的每一行字都能勾起一段回忆，对于像本书这样论述全面的作品来说尤其如此。这一句是与友人交谈后受到启发而写的，那一句的灵感来自研讨会提交论文后收到的评论，还有的来自一封信或者网上发布的一段文字。这自然不足以表达我全部的谢意。所以，我的朋友们，请一定要相信这份有限的名单绝不意味着你们已被我遗忘或者我们的相遇无足轻重。恰恰相反，你们已经深深地融入了这本书，或许个中方式并非如你们所意料，不过那是我的责任了。

　　即便如此，我还是要特别表达对几位朋友的谢意。感谢伊丽莎白·安多、索尼娅·科奎拉·德·曼塞拉、艾伦·戴维森、贝蒂·福赛尔、芭芭拉·哈伯、让·隆戈内、杰姬·纽曼、桑迪·奥利弗、雷·索科洛夫、乔伊斯·图姆尔和芭芭拉·惠顿，是他们最早鼓励我走上了研究食物史的道路；是彼得·斯特恩斯最早让我投身于欧洲社会史的研究；杰里·本特利和菲利普·柯廷与我就世界历史展开了多次交流；感谢爱丽丝·阿恩特、凯瑟琳·贝尔德和凯蒂·比格斯为我送来的各种资料；感谢肯·阿尔巴拉、娜奥米·杜吉德、安妮·孟德尔森和卡拉·德·席尔瓦对我的情谊和鼓励；感谢玛利亚·德·卡布雷拉·帕拉、玛格丽塔·穆诺茨·拉米雷斯、阿尔塔·加西亚和卢尔德·托雷斯·桑切斯教我有关研磨的知识；感谢拉斐尔·埃尔南德斯·拉古纳、曼努埃尔·奥莱德等来自墨西哥科蒙弗特的简易石磨使用者与我分享了他们对石磨的洞见；感谢马克·内斯比特和德尔文·塞缪尔，他们耐心回答了我在制作面包、啤酒以及谷物加工方面不断抛出的问题；感谢露丝·阿莱格里亚、安德森、亚当·巴利克、辛迪·贝特尔松、安妮·布拉姆利、保罗·比尔、基里·克拉夫林、崔胜基、莎拉·巴克-盖勒·科罗娜、凯·柯蒂斯、戴安娜·德·特雷维尔、朱莉·法韦拉、格伦·马克、凯莉·奥利瑞、安珀·奥康纳、玛丽·玛格丽特·帕克、戴维·皮尔森、查尔斯·佩里、埃丽卡·彼得斯、凯特·波拉拉、阿米妮·拉马钱德兰、威廉·鲁伯尔、露丝·施泰因贝格、米丽亚姆·德·乌里亚特、梅丽·怀特，以及杰姬·威廉姆斯，阅读我最初的手稿并慷慨给出评论，手稿之简陋经常让我无地自容。莉萨·考德威尔、芭芭拉·桑蒂奇和第三位佚名审阅人发表了大段富有建设性的评论。牛津大学饮食与烹饪研讨会，麻省理工学院迪布纳科技史研究中心，国际烹饪专业协会，厨师研究协会，纽约、密歇根和休斯敦等地的饮食历史学家，墨西哥国立自治大学的哲学系和人类学系，密歇根大学、阿根廷基尔梅斯大学、加州大学戴维斯分校、得州大学奥斯汀分校以及布鲁塞尔自由大学，为我检验自己的想法提供了机会。作为一名并未任职于特定机构的自由研究者，我非常感谢得州大学奥斯汀分校的特蕾莎·罗萨诺·隆恩拉丁美洲研究中心为我提供的访问研究机会，从而使我得以使用一流的班森拉丁美洲藏书，以及整个得州大学图书馆系统。

彼得·德雷尔承担了超乎预期的编审工作。加州大学出版社的整个团队，包括德拉·戈德斯坦、希拉·列文和凯特·马歇尔，表现出了无与伦比的耐心、专业和支持，多尔·布朗为使本书臻于完美，付出了远超其本职的努力。

导　言

本书高度重视这一事实：我们人类是会烹饪的动物。人类社会从其历史早期开始便依赖烹制过的熟食，吃生食只不过是一种补充方式。烹制，也就是将以收获的植物和动物产品为主的食物原材料转变成可以吃的东西，这并非易事。烹制耗时费力，一直以来都是我们人类最重要的技能之一。它激发人们去分析和争论，并与我们的社会、政治和经济体系，与我们的健康和疾病、对伦理和宗教的信仰相互关联。我在本书中提出的问题是在过去的5000年里烹饪是如何演变的？

关于这个问题的答案，我想很大一部分可以通过追踪八个主要饮食流派的发展脉络来回答。[1]这几种烹饪风格在全球的广大区域里逐一传播开来，至今仍然能够通过世界饮食地理学追溯其源头。它们有各自偏好的材料、烹饪方法、菜肴、主食和进食方式，又被各自的饮食哲学所塑造——烹饪是什么？饮食与社会的关系如何，与自然世界（包括人体）和超自然世界的关系又如何？饮食哲学总是受制于各种批评，当这些批评达到某个临界点时，新的饮食就会诞生于旧的饮食元素。有时，一种新的饮食会风靡整个国家。而在这些国家当中，疆域最广的莫过于帝国，因此这里所讲的也是帝国与饮食相互影响的历史，以及其邻国如何借鉴或效仿这些国家饮食的故事，进而解释这些饮食得以广泛传播的原因。随之而来的是，商业和农业也出现了变化。

将这些不同风格的饮食历史串联起来的则是一段更广阔的叙事。3000年前，最成功的那些食物（所谓成功，指的是被数量众多的人口所消耗）都以谷物为基础。因为可贮藏的谷物能够实现财富的积累，富豪权贵能够享受高级料理，普通人则只能吃寻常餐饭。因为富豪权贵有钱建起大厨房，资助烹饪创新，所以高级料理将是本书主要关注的内容。但是，本书同样也会讲述高级料理和寻常餐饭的对立所造成的不平等和困苦，以及至少在世界上比较富裕的地区，这种对立在过去两个世纪出现的局部性解体。

本书的主体分析是我在夏威夷群岛生活时开始成形的，那里可谓食物历史的一个天然观测点。在人类踏足之前，这座群岛远离其他大陆，除了一些不能飞的鸟、一种蕨类植物、海藻、鱼和两种浆果，岛上几乎没有什么能吃的东西。我所见到的那种热火朝天烹制食物的场景，是由三波移民创造出来的，每一波移民都带来了一整套烹饪术以求重现家乡的美食。第一波移民是来自波利尼西亚的夏威夷人，他们大约在3世纪到5世纪乘坐装有舷外支架的独木舟而来，随身携带的除了包括主食芋头在内的十几种可食用植物，还有狗、鸡和猪。他们用一种地下烤炉蒸芋头，然后将之捣成芋头泥，盛到葫芦瓢形的容器里用手指头蘸着吃，并佐以鱼肉，贵族则能吃到猪肉。他们还会用盐和各种不同的海藻来调味。

在18世纪晚期到19世纪到来的第二批移民是盎格鲁人，即英国人和美国人，他们带来了肉牛和小麦粉。他们最初用蜂窝烤箱烤小麦面包，在露天明火上烤牛肉，后来学会了用封闭的炉灶烹饪食物。他们用盘子盛饭，使用刀叉，用盐和胡椒调味，上餐时会佐以肉汁。19世纪晚期，第三波移民从东亚（中国、日本、朝鲜和冲绳群岛）来到夏威夷群岛的种植园里工作。他们播种偏好的某些水稻品种，建起碾米坊，砌了台炉，并用锅做饭。东亚人使用炉灶蒸米饭、蒸鱼、蒸猪肉或炸鱼、炸猪肉，他们用碗和筷子吃饭，用酱油和鱼露调味。

上述三种烹饪法的每一种都是与一种饮食哲学联系在一起的，它反映的是用餐者对神、社会和自然世界的信仰，包括他们自己的身体。夏威夷人推崇芋头，认为它是神赐予的礼物，他们对食物赋予了一系列严格的禁忌，以区分贵族和平民、男人和女人，并利用一些可药用的植物保持健康。盎格鲁移民主要是新教徒，他们每天都会为日常饮食感谢上帝，偏好淡化社会差异的家常饭菜，并认为面包和牛肉是增强体质和促进健康的最佳蛋白质和碳水化合物来源。而东亚移民主要是佛教徒，他们推崇水稻，通过向祖先供奉食物强化家庭纽带，并且通过平衡冷热食物保持健康。尽管20世纪下半叶在家庭和风味餐馆的餐桌上出现了一种融合后的"当地菜",但是波利尼西亚夏威夷菜、盎格鲁菜和东亚菜的区别还是非常鲜明的。

当在《天堂的食物:探索夏威夷的饮食遗产》(*The Food of Paradise: Exploring Hawaii's Culinary Heritage*, 1996)中描述这些不同的烹饪方法时,我猛然意识到这段历史与农家食物的缓慢发展、逐渐精致化,最终演化为高级烹饪的过程是非常不相称的,而一直以来我都认为这种过程才是食物发展史上的常态。夏威夷的各种美食并不是岛上自然世界的恩赐,因为岛上根本没有这种环境。它们没有在原地发展变化,而是在大部分未做变动的情况下跨越数千英里的海域传播过来,并且在岛上存在了一个世纪甚或几个世纪之久(例如夏威夷人的食物)。我问自己,夏威夷饮食的演变史有没有可能不是一种例外,恰恰相反,而是一种规律呢?有没有可能世界各地的饮食都是通过这种相似的长途转移塑造出来的,这种影响随后又在持续不断的民族史或地区中结构作用下变得无形?如果真是这样,我们就能以烹饪方法、饮食哲学和菜系的转移作为分析工具,构建更为广阔的食物进化史。这一定会是一部世界史,因为如果像夏威夷这样偏远的弹丸之地,它的饮食都是在人口、观念和技术的全球流动过程中建立起来的,世界上其他不那么与世隔绝的地方,肯定更是如此。

开始一段寻访食物世界史的征程,这听上去虽然有点野心勃勃,但那时我相信自己已经准备好了。我从小在一个既养乳牛又种庄稼的农场长大,开过拖拉机,喂过小牛犊。我亲眼见到我的母亲如何用挤来的牛奶、鸡窝里掏出的鸡蛋和园子里摘来的蔬菜,日复一日地准备我们的一日三餐。我曾经在五个大洲兴味盎然地做过饭,也进过餐。通过研究技术发展史,我学会了如何思考技术的变单和传播;通过研究科学史和科学哲学,我得以一窥观念的演变历程;而通过教授社会史,我对近代以前的社会结构有了充分的了解。夏威夷大学历史系堪称是蓬勃发展的世界历史研究领域中的一支先锋,在那里我有幸聆听艾尔弗雷德·克罗斯比、菲利普·柯廷、威廉·麦克尼尔和杰里·本特利等学者阐述他们如何建立起对哥伦布大交换、跨文化贸易、战争和疾病以及宗教的研究,也就是那些打破了传统民族国家界限的历史研究。于是，我就一头扎了进去。

我深知在构建这一宏大叙事的过程中，势必会犯一些事实性的错误，得出一些好高骛远的结论，结果只会暴露自己对某些关键学术著作的无知，它们的出版速度快到我都来不及读。对此，我给自己设定了两个考虑因素：首先，并不是只有大范围的历史才有错误。特定范围的历史很容易因为缺乏洞察力而出错，或者假设某个事件或一系列起因是独一无二的，而实际上它可能只是某个更具普遍性的模式的一个组成部分；其次，历史绝不仅仅只是一堆历史事实而已，它也要在大量的史实中寻找模式。规模不同，呈现出来的模式也不同，任何一个搭乘过飞机飞越熟悉区域的人都知道这一点，在不同的高度飞，浮现的景象是不同的。那些能够在地面上看出来的模式，例如街道网格、路口的路标和交通灯，让人在2.5万英尺的高空就能辨别出这是城市还是乡村，是曲折蜿蜒的河流，还是连绵不断的山脉。同样地，不可能指望把我们每天都能接触到的地方性和全国性菜肴（它们也是大部分的烹饪史所关注的焦点）简单地拼凑在一起，就能创造出一段世界历史。这样一段历史揭示的模式远远超越地方政治和地理的界限。因此，务必牢记弗朗西斯·培根的那句名言："从错误中比从混乱中更易于发现真理。"我试图讲述一个连贯易懂的故事，也相信只要那些错误不至于令我更广泛的论点站不住脚，就一定能得到读者诸君的包容。

在许多写过全球食物史著作的人的帮助下，我的范畴分析变得更加清晰（同时它们也帮助我获取了大量信息）。雷伊·坦纳希尔开拓性的《历史上的食物》（*Food in History*, 1973），以及琳达·席维特洛的《饮食与文化：人与食物的历史》（*Cuisine and Culture: A History of Food and People*, 2004）很大程度上是按照国家和帝国来组织的。我当然相信国家在其中的重要性，但更愿意突出烹饪术在国家间的转移。玛格洛娜·图桑-萨玛的《食物的历史》（*Histoire naturelle et morale de la nourriture*, 1994）追溯了食物发展的历史，肯尼斯·基普尔的《流动的盛宴》（*A Moveable Feast*, 2007）展现了植物的演化过程，而我更想强调的是烹饪和饮食哲学，而不是炊事人员手中的原材料。在《吃》（*Near a Thousand Tables*, 2002）和《人类的食用史》（*An Edible History of Humanity*, 2009）

这两部作品中，历史学家菲利普·费尔南多－阿梅斯托和记者汤姆·斯坦迪奇分别将食物史划分成一系列的发展阶段。我同意在世界上的许多地区都可以发现这些大体相似的阶段，但是我希望把它们解释成连续几波烹饪术扩张的结果。澳大利亚食物历史学家迈克尔·西蒙斯在其著作《一千个厨师煮布丁》（*The Pudding That Took a Thousand Cooks*, 1998）中将烹饪设定为故事的主角，尽管我对此十分赞赏，但是相比于罗列一个又一个论题，我更想写一部叙事作品。

此外，在一些资料汇编性质的作品中也可以找到一些宝贵的研究切入点，例如由富兰德林和马西莫·蒙塔纳里主编的《食物志：烹饪术的前世今生》（*Food: A Culinary History from Antiquity to the Present*, 1999）；肯尼斯·基普尔和克里姆希尔德·科尔内·奥内拉斯主编的《剑桥食物世界史》（*The Cambridge World History of Food*, 2000）；艾伦·戴维森和汤姆·杰恩主编的《牛津美食指南》（*The Oxford Companion to Food*, 1999）；由所罗门·卡茨和威廉·沃伊斯·韦弗主编的《食物与文化百科全书》（*Encyclopedia of Food and Culture*, 2003），以及由保罗·弗里德曼主编的《食物：味道的历史》（*Food: The History of Taste*, 2007）。假如本书的参考文献中没有频繁提到上述著作，那也是因为它们已经完全融入了我的思考。

对烹饪术（即烹调的风格）的关注，使得本书与业已出版的诸多著作既能够互为补充，又可以互相竞争。这个看似简单的决定，立刻让我的任务变得明确起来，我不会探讨饥饿和饥荒，因为它们属于农业、交通、社会和政治史的范畴，而不是烹饪进化史的组成部分。我没有把食物的历史处理成一种以某个审美目标——例如味道更好吃——为终点的进化过程，而是将它解读成对于如何把动植物变成食物的各种新方法的掌握和传播。我不会赋予农业史显著的地位，包括像农业革命（或向农业的过渡）和绿色革命这样一些重要的事件或进程。这就好像讲建筑史不会过度关注采石伐木，讲服装史不会偏重叙述放羊和种棉花，而讲交通史也不会以开采铁矿为重点。石头、木材、羊毛、棉花和铁矿都是重要的原材料，对于建筑、服装和汽车来说，它们不仅是必需品，也是一种制约，但是它们无法驾驭或主宰后者的发展历程。同样，烹饪术的发展史也理应得到应有的对待，而不仅仅是被看作农业史的小跟班。

我在自己的初步分析中加入了政治维度。自从国家诞生以来，但凡使用最广泛的烹调方法，无不来自那些最大、最强盛的政治单位。而在过去4000年，这种政治单位一直都以帝国的形式出现。我用这个总括术语来涵盖各种不同类型的国家，它们能够以各种不同的方式，将自己的军事、政治、经济以及文化实力投射到地球上相当广袤的一片区域中去。移民和旅人，包括殖民者、外交使节、士兵、传教士和商人，将各自的烹调术分别带到了他们的定居地、大使馆、驻防地、代表团以及从事贸易往来的飞地。他们跋山涉水，不远万里，随身将专门技术、烹饪设备以及其他一些做家乡菜必需的动植物带到了世界各地。就这样随着帝国疆域的变化，饮食的传播也不断扩张和收缩。

尽管如此，我们也不应轻率地在饮食和帝国之间画上等号。首先，移民、商人和传教士的流动从来都不受帝国边界的限制。而且，帝国以外的人总是希望模仿他们眼中的那些成功国家。由于大多数人都是所谓的饮食决定论者，相信吃什么就成为什么，因此他们通常会把一个政体的成功归因于当权者推崇的饮食。结果，那些强盛帝国的菜肴便被征服者继承，并且跨过帝国的边界，在更远的地方被采用和改进。波斯人吸收了美索不达米亚的饮食；蒙古人吸收了中国宋朝和波斯的大部分饮食；罗马人吸收了古代世界的希腊菜肴；20世纪早期，日本人则改良了英美料理。

这种传播和吸收风味菜肴的过程互相关联，带来的结果既不是新旧两种饮食文化天衣无缝的融合，也不是一种全新烹调方式的产生。相反，厨师们在不破坏自身饮食哲学的前提下，兼收并蓄地利用一些原料、工具或技术，例如用一种水果取代另一种水果，或者用陶罐代替金属炖锅，但烹调方式的基本架构保持不变。

采用了新的饮食哲学，紧随其后的便是新烹调方式的产生（即使在一些涉及旧饮食改造的例子中也是如此）。新的饮食哲学诞生于有关政治和经济、宗教、人的身体和环境的新观念。谈论烹饪的历史时，必然绕不开儒家、柏拉图、亚里士多德、罗马共和派、马克思、乔达摩·悉达多、耶稣、基督教早期教父、穆罕默德、加尔文、路德、道教、希波克拉底、帕拉塞尔苏斯以及西方一些营养学家的价值观和思想。几十年甚至几个世纪以来，他们的追随者通常都是少数群体，他们开始改造现有的烹饪，与新观念接轨，期待或许哪一天会被国家所采纳。

由此，烹饪史便呈现出一种清晰可辨的模式，这种模式既不是机械式的，也不是预先设定好的，但也不是一系列突然的随机事件的集合。烹饪的演化是随着新技术的发明、新植物的使用而逐渐进行的，并且随着移民的流动得到转移。当哲学家、先知、政治理论家或科学家提出来的新价值观念被某个文化或国家接受时，一种新的烹饪方式就会被迅速创造出来，有时不出一两代人便能完成。被摒弃的饮食哲学也未必会被人们遗忘：通常它们萦绕在人们的记忆中，直到几个世纪后，作为对现有主流饮食的批判以及改革的出发点而被重新发现，例如18世纪欧洲的改革派就曾在经典文献中寻找共和派的烹饪模式。在这种重复性模式的影响下，烹饪史出现了一个走向，造成这种走向的是伴随人们对谷物烹制法的掌握而出现的高级料理与家常菜之间的差异，这种差异在20世纪世界上较富裕的地区逐渐消亡。

本书用八章的篇幅，描述了一系列菜肴在全球广大地区的传播过程以及它们各自对全球的饮食文化遗产做出的贡献。当我在书中使用"佛教饮食"这样的术语时，请一定要注意，这里我所指的是被同一种普遍但绝非一成不变的饮食哲学联系在一起的一大类饮食。这一大类饮食在高级料理和家常菜之间存在差异，有时非常明显，有时则不明显。菜肴在不同地区传播时，会为了适应接触到的另一些菜肴而产生变化，同时在这个过程中，也会随着饮食哲学和技术水平的不断演化以及各种资源的增加或流失，而产生其他变化。我相信书中介绍的情境能帮助读者清楚地发现这些差异。

第一二章讨论的是古代世界的各种烹调方式。第一章向人们展示了直到公元前1000年，尽管可能已经出现了十几种甚至上百种非主流的烹饪术，但是在对世界上的各种植物进行逐一测试之后，世界上的大多数人口最终只选择了十种主流烹饪术中的一种。这些烹饪术均以根茎类植物或谷物为基础（其中一种就是我曾在夏威夷见过的以芋头为原料的烹饪方法）。在这十种烹饪术中，只有两种兼具高级料理和家常菜，支撑住了城市、国家和等级制社会。这两种烹饪术都是以谷物为基础。我在此章中探讨了根茎类植物和谷物究竟有何特别之处。一种具有广泛相似性的古代饮食哲学为散布于世界各地的各种谷物烹饪提供了合法性，它包含三个主要假设：一是诸神与凡人之间就祭祀达成的协议，诸神将谷物赐予人类，并教会他们如何烹制谷物，人类则必须向诸神供献祭品（食物）；二是等级制原则，不同的菜肴决定了不同人的等级，反之哪个等级就应该吃与该等级相匹配的食物；三是烹饪宇宙理论，在厨房烹饪不仅反映了一种基本的宇宙进程，也是这一进程的一个组成部分。

第二章进一步介绍了前一章描述的十种烹饪术中的一种——烹制大小麦——如何成为欧亚大陆几个主要帝国的根基，这部分内容开始于波斯的阿契美尼德王朝，向西延伸至希腊、希腊化国家和罗马帝国，向东则延伸至印度的孔雀王朝和中国的汉朝。食物加工和烹饪在效率和商业化程度上的日渐提升，使得这些国家能够养活自己的城市和军队。哲学家和宗教领袖则对等级制原则和祭祀协议持批评态度。

一些提供个体拯救的普世性宗教取代了祭祀协议，作为对这一变化的回应，一些新的传统烹饪被创造出来。第三章到第五章将探讨这几种传统烹饪。第三章讲述了公元前200年到公元1000年将烹饪、进餐和农业传播到欧亚大陆东半部地区的各种佛教饮食。这类饮食哲学遵循佛陀的教义，提倡戒荤戒酒，推崇那些据信能增强冥想和心灵成长的食物。一种不含酒精，以大米、黄油、糖和肉的替代品为基础的精制料理被印度的孔雀王朝所采纳，并被僧侣和传教士传播到了南亚和东南亚的一些国家和帝国，例如中国、朝鲜和日本（它们正是我在夏威夷遇到的佛教饮食的原型）。

在第四章，我转向介绍伊斯兰饮食。在伊斯兰的饮食哲学中，食物是能让人提前享受到天堂幸福的乐事之一。通过改造中东地区早期波斯和希腊化时期的菜肴，伊斯兰饮食以扁平的小麦面包、香气馥郁和辛辣的肉菜，以及精致的糕点和甜食为基础。在其最鼎盛时期，作为欧亚大陆中部几个最强大帝国的饮食，伊斯兰饮食曾风靡从西班牙到东南亚，从中国边疆到撒哈拉沙漠南部边界的广大地区。

第五章的主题是基督教饮食。它的起源早于伊斯兰饮食，但是1000多年来它主要囿于拜占庭帝国和许多西欧小国的范围内。它的饮食哲学特别强调由面包和葡萄酒组成的圣餐，以及交替的宴饮期和斋戒期。通过变革罗马人和犹太人的菜肴而产生的基督教饮食，偏爱使用发酵的小麦面包、肉类和酒，它的影响力在16世纪伊比利亚帝国的统治时期达到顶峰，在此期间传播到了美洲和非洲、亚洲各地的贸易港口。到17世纪，佛教、伊斯兰和基督教饮食已经主宰了全球的烹饪地理。

第六章到第八章追溯了近现代烹饪的发展历程。[2]近现代饮食哲学渐渐抛弃了过去的那种等级制原则，而代之以一些更具包容性的政治理论，如共和主义、自由民主和社会主义，并且吸收了近现代科学中不断演进的营养学理论。它倾向于将宗教或伦理规则更多地视作一种个人选择，而非国家命令。在第六章，我将目光转向欧洲西北部，那里曾经是烹饪史上的一块蛮荒之地，然而，得益于17世纪的宗教改革、科学革命以及各种政治辩论为传统饮食哲学带来的挑战，那里奏响了近代烹饪的序曲。法国、尼德兰和英国都纷纷尝试通向近代烹饪的不同路径，并将它们传播到了美洲的殖民地。这几个国家饮食的共同之处在于都偏爱白面包、牛肉和糖，以及接纳了新的非酒精性饮料。

第七章开篇介绍了一种以小麦面粉（主要用来制作面包）和牛肉为基础的中产阶级盎格鲁饮食（即夏威夷盎格鲁饮食的起源）。由于盎格鲁人的数量爆炸性增长，以及大英帝国和美利坚合众国领土的迅速扩张，19世纪中产阶级盎格鲁饮食扩张的速度最快。就缩小高级饮食和平民饮食之间的差距来说，起到决定性作用的是工业化的食品加工。在帝国扩张的同时，面包、牛肉饮食也在不断传播，结果人们针对是否接受这种西方饮食，具体说是盎格鲁式的面包、牛肉饮食，掀起了一场全球性辩论，同时也在争论究竟是否应将这种饮食提供给全休公民还是强加于他们头上。

在第八章开头，读者将看到美国的面包和牛肉以汉堡包的形式在全球传播的过程。此章描述了几种可供选择的现代饮食之间的竞争，特别是西式饮食与社会主义饮食之争；讲述了帝国的瓦解如何造成民族饮食的差异，而共享的营养学理论和各种机构，尤其是跨国食品公司，又是如何帮助这些饮食聚合在一起；描绘了高级饮食和平民饮食在富国和穷国分布情况的变化，而不再仅仅局限于一个国家。此章还讨论了食品运动对现代西方饮食的批判。作为结论，我对20世纪末的全球烹饪地理做了一些简短的评论，同时提供了这样一种观点，那就是历史将进一步促进当代有关饮食的各种辩论。

第一章

学会烹制谷物

公元前 2 万—前 300 年

公元前1000年，当世界上最古老的一批帝国形成之时，地球上生活着约5000万人，大约相当于今天意大利的总人口，或比东京或墨西哥城人口的两倍略多。他们大多集中在横跨欧亚的一片带状区域内，西起欧洲和北非，东至朝鲜和东南亚。其中，有些人仍以狩猎、采集为生。还有一些游牧民族则逐牛羊群而居。另有很少一部分人生活在城市里，其中大多数城市的居民总数不超过1万，最大者也不敢说能超过2.5万人，相当于美国一个小型大学城。绝大多数的人口都生活在村庄和村落里，他们耕种食物，在供养城镇的同时尽最大努力保留自己的吃食。但无论是猎户、牧人、城里人还是农民，无不依赖烹制过的食物为生。

按照哈佛大学人类学家理查德·兰厄姆的观点，早在差不多200万年前，随着直立人的出现，食物就已经开始被烹制了。其他人类学家则对此提出怀疑。[1]但是不管这个问题如何解决，有一点是确凿无疑的，那就是很早以前人类就已经学会烹制食物了。在第一批帝国诞生之前，实际上远在农耕出现以前，人类就已经越过了临界点，不再以生食为生，从此成了会做饭的动物。

烹制会令食物变软，从而使得人们不必再像他们的亲戚黑猩猩那样，每天要花五个小时用于咀嚼。烹制还能让食物更容易消化，促高人们从定量食物中吸取的能量，并将更多的能量输送给大脑。大脑开始发育，而肠道开始缩小。此外，烹制还创造出了食物让人垂涎三尺的新味道和诱人的新色相，例如用汁多味美的烤牛排取代了带有些许金属味道的生肉，用松软香醇的面食取代了味同嚼蜡、粗鄙不堪的根茎类食物。

随着人类不断提升智力，掌握了更多的烹制方法，一些新的变化接踵而至。消除有毒植物的毒性成为可能，原本太硬而难以咀嚼的食物也能变软了，因此人类可以消化的植物品种不断增多。这一变化使得更多的人能够不再依赖特定地区的资源而活，更容易迁到新的地区定居。人类还掌握了防止肉类和植物腐烂的处理方法，因而能够贮藏食物，以应对严冬或旱季等食物匮乏的时节。

烹制也有其不利之处，它会导致一些营养成分和矿物质流失，尽管总体而言是增加食物的营养价值。新的烹制方法也会招致新的危险，例如烹制谷物时会遇到有毒的霉菌和种子，还有更晚一些的时代罐装食物带来的肉毒杆菌中毒和预先包装好的肉馅中出现的沙门杆菌等，不过大体上来说，烹制让食物变得更安全了。而这个不能松懈的重担，就落到了那些负责做饭的人们身上。即便如此，烹制食物的优点还是胜过其弊端的。

烹制的出现使植物和动物变成了食物的原材料，而不再是食物本身。考虑到我们通常用食物这个词指代农民种养的东西，同时有鉴于我们也会不经烹制就吃坚果、水果、某些蔬菜，甚至鱼和鞑靼牛肉*等食物，因此上述植物和动物不再是食物的论断可能有违背常理之处。实际上，我们大多数人所需的卡路里只有一小部分来自生食。即便如此，这一小部分很可能也要比我们的祖先获取的卡路里多，因为经过1000年的繁殖培育，人类已经创造出了更大更甜的水果，更鲜嫩的蔬菜和肉类，使我们当代人从中受益。而且，即使那些被称为生食的膳食，通常也需要进厨房做一些处理。很少有人会喜欢一整块切都不切的生牛排。生食主义者也允许对食物进行切片、研磨、切割、浸泡、去芽、冷冻，加热到40℃～49℃等处理。尽管有了现代高质量的植物食材和细致的烹调手法，但是根据理查德·兰厄姆搜集到的证据，光靠这种膳食人类是无法获得健壮体质的。在古代，人们欣然接纳了经过烹制的食物，实际上他们将这一点视为自己与动物区分开来的重要标志。或许正是因为今天我们过于强调食物的"新鲜"和"天然"，才使得我们低估了人类对烹制的依赖性，对此苏珊·弗赖德伯格向我们证明，只有通过改变动物的生命周期，并借助现代的交通运输、冷

---

*　一道将新鲜的牛肉、马肉剁碎，用盐、鲜磨胡椒粉和塔塔酱生拌，佐以洋葱末、香菜末、生蛋黄等来吃的菜式，20世纪初出现于法国，流行于法国、比利时、丹麦、瑞士等地。虽然名为鞑靼牛肉，实则与鞑靼族饮食无关（本书中标注*的注释均为译者注，后文不再特意标示）。

藏和创意包装方法，才能实现这一点。但是经由烹制，食物就像衣服和住宅一样变成了一件物品，不再是天然的，而变成了人造的，这一点毋庸置疑。一束小麦很难称得上是食物，正如一朵棉铃难以算得上是衣服一样。[2]

伴随烹制而来的是烹饪，即被证明成功处理了一种原材料的方法，随后又被用于处理其他原材料。单一原材料（例如谷物）可以变成味道不同、营养属性各异的多种食物（例如麦片粥、面包和啤酒）。由于烹饪需要事先计划、储存配料，同时耗时费力，人们不再当场吃食物，而是开始学会按餐吃饭。饭食的制作可以契合文化的偏好。有序的烹饪方式变得司空见惯。至于烹饪的起源和早期历史，就留给考古学家和人类学家去探究吧，对此本书不做研讨，而是专注于回答以下几个问题：这些烹饪法是什么？它们是如何一步步演进的？又给人类的历史带来了哪些改变？

不过，在开始探讨烹饪法之前，对于烹饪是什么，以及截至本书叙述的开端公元前1000年人类已经掌握的烹饪技术做几句简短的说明，还是十分有必要的。烹饪通常被等同于对火的使用。但所有的厨子都知道，厨房里上演的剧情要复杂得多，比如浸泡、切斩、研磨、碾轧、冷冻、发酵以及腌渍等。各种各样的厨房操作流程可分为如下四类：改变温度（例如加热和冷却）；促成生化活动的发生（例如发酵）；通过水、酸和碱的使用改变化学特征（例如浸出和腌渍）；借助机械力改变原材料的大小和形状（例如切割、研磨、捣碎、搓捻）。

通常情况下，厨师会使用多种操作方法将植物和动物变成食物。以肉类为例。先给动物尸体剥皮，才能把肉从骨头上切下来，剁成小块，然后才能吃，或者加热后再吃，又或者通过冷冻、风干或者发酵以俟日后再吃。尽管所有这些操作都是广义烹饪过程的一部分，但我一般还是按照通用的说法，将预先的操作步骤称为加工，将最后的饭食准备工作称为烹饪。与过去全然不同的是，今天的家庭烹饪很少做加工，主要集中于最后的饭食准备工作。[3]

早期，人们已经学会利用干热和湿热。他们利用日晒为水果、蔬菜和小块的肉脱水，利用明火烤肉，在滚烫的灰烬中焖烤肉类和根茎类食物，如果想烤小一些的食物，则既可以直接在余火上烤，也可以先在食材外面裹一层黏土，放在火堆上方滚烫的石头上烤。干热烹饪法最适宜用来对付软嫩的肉类和蔬菜，但是需要用到大量普遍比较匮乏的燃料。湿热烹饪法则是对生的配料进行蒸煮，这甚至在陶器出现之前都是有可能的。人们当时可能把配料放进编织细密的篮子或者葫芦形容器、竹筒、皮囊里，甚至会放到壁上涂了一层黏土的坑里，然后在坑里注满水，向里面丢烧得滚烫、发红的石头使水沸腾（即所谓石烹）。还有一种方法，那就是准备一个内壁贴上石头的小坑，先用火为坑内加热，然后将肉、鱼和根茎类食物用树叶包好，拿到坑里，盖上土去蒸。这种炊坑烹制法特别适宜处理那些块儿大、脂又厚的肉和艰涩难嚼的根茎类食物，它在旧石器时代晚期就已经出现，至今仍在西伯利亚、秘鲁、墨西哥（例如墨西哥传统坑烤羊肉）、夏威夷（如用浅炊坑烤熟的芋头和卡鲁瓦烤猪）和美国本土（炊坑烧烤）等地得到广泛的运用。[4]

加热使食物更易于消化，因为它能够将一些复杂的长链分子分解成较短的分子，使水分子进入淀粉进行水解，并将一些长链蛋白质展开（即蛋白质变性）。而且加热还能消除植物体内为抵御肉食动物而产生的各种毒素，从而使食物吃起来更安全。它能产生新的口感和风味，尤其是一种跟褐变现象有关的能让人开胃的香气，这种现象叫作美拉德反应，1912年由法国化学家路易-卡米耶·马亚尔首次描述。而与加热相反的冷却或冷冻，则被发现具有延缓腐坏的作用。

发酵也具备同样的功能，通过使用酵母菌、细菌或真菌改变食物的化学成分，从而增加风味，降低毒性，让食物变得更好消化，同时既能缩短烹饪时间，又利于保存易腐烂的食物。人类可能很早就已经见识过蜂蜜、汁液甚至牛奶发酵后的新口味和醉人效果。虽然这些处理过程的历史已经无法考证，但是他们很可能已经学会通过掩埋鱼、肉的方式（现在我们知道这么做是为了创造安全无氧的环境）防止腐烂，同时创造出美味可口的食物。

浸泡和浸出能够软化一些植物类食物，比如豆类。这两种加工方法能够降低橡果（一种常见的人类食材）的毒性。向水里添加灰或者一些自然形成的碱性矿物质而形成的碱性溶液，能够改变食物的质地，释放营养物质，从纤维质植物中析出淀粉浆，并且能促进发酵。而一些酸性溶液，比如果汁或食草动物胃里的胆汁，则可以用来"煮"鱼。

纹理较粗的肉和植物也可以通过一些机械方式分解。燧石或黑曜石质地的石刀切起动物尸体，可以和屠夫用的刀具一样快，我的学生每次做这个实验时都对此惊叹不已。石头可以用来捣肉并使之变软，贝壳或骨头可以用来把根茎类植物磨碎，研钵可以用来给谷物去壳，石磨则能将谷仁磨成面粉。把植物和动物分解成小块便于人们咀嚼，而且能把植物纤维区分开并剔除出来（植物纤维会令食物通过消化系统的过程变得缓慢），这一点在处理粗纤维食物时非常重要。

不晚于1.9万年前，人类开始烹制历史上最具挑战性的植物食材之一——又小又坚硬的草本植物种子。20世纪80年代，考古学家在基尼烈湖（它更为人知的名字是加利利海）附近发现了一处距今1.94万年的小型村落遗址。[5] 通过分析灶坑和灰坑里发现的食物残余，他们得以重建当时的饮食。那里的村民很少食用大型动物，因为随着冰川的消退，大型动物越来越稀少。但是，那些他们可以吃的东西则无一漏网，包括鱼类、20种小型哺乳动物和70种鸟类。他们也吃水果、坚果和豆类，其分类超过140种，包括橡果、杏仁、阿月浑子、橄榄、覆盆子和无花果。这份庞大的食物清单为村民的饮食增添了风味和多样性。

尽管如此，村民们所需的大多数能量主要还是来自一些果实通常比较坚硬的小型草本植物。考古学家共收集了1.9万件样品，其中三分之一只有约一毫米长，或者像芥菜种子那么大。这些样品中有一些是野生大麦和小麦颗粒，在随后的人类历史中它们将扮演至关重要的角色。在其中一间小屋里发现了一台石磨，这种工具能够将谷物颗粒碾碎，从而避免整颗通过人的消化系统。

因此，可以说在农耕发展出来之前一万年，厨师们就已经广泛掌握了一系列的烹饪技巧，他们处理的食物包括人类最早培育的植物，比如根茎类植物和谷物。有了这些技术，人们才有理由开始种植、播种和收获那些富含营养与能量的植物。距今3000年，已经有8到10种关于根茎类植物和谷物的烹饪方法（具体数目取决于不同的计算方式）传播到了距离其起源地非常遥远的地方，不过当中一些传播路径没那么远的烹饪方法为适应当地的特定环境而做出了改变。此后不久，根茎类植物的重要性开始下降，而谷物食物开始成为城市、国家和军队的主要给养。

我们借助工具、艺术和文字记录对一些主要的烹饪方法有了相当多的了解，而对其他一些烹饪方法相对知之较少，不过在过去几十年随着新调查技术的发展，这一现象正在迅速发生变化。[6]近年来人们从烹饪的角度对农耕的起源和传播进行研究，对这一研究成果的检视，将部分填补我们有关3000多年前主要烹饪知识的空缺。当考古学家和人类学家描述某种家养的动物或植物如何进行传播时，我们可以由此推断，与之相关的烹饪技术和料理也同样得到了传播，因为没有后者，前者便没有用武之地。当然，这种推断并不是无懈可击的，有时尽管植物传播到了很远的地方，但并不伴随料理和烹饪技术的传播，例如公元前几个世纪小麦和大麦从新月地带传到中国，16世纪玉米从美洲传播到旧世界。然而，总体而言，一批动植物的传播总是反映了烹饪方式的传播，正是有了烹饪方式的传播，人们翻山越岭，穿越沙漠和海洋，让这些动植物适应新的环境，并生产出更多足以为当地饮食做出贡献的动植物，为此付出的可观的技术、时间和精力，也才是值得的。人们要么自己提着行李，要么让动物驮着，要么就塞进拥挤的船舱，宝贵的空间里塞满了种子、接穗、根茎和插枝，必须保护它们不受盐雾、冰霜的侵袭和太阳的暴晒。供给经常是短缺的，把食物和水留给动物，也就意味着人类得到的会更少。到了目的地后，就要对植物百般呵护，直到它们适应新的土壤、气候、日照时长和季节变迁，随后还要进行繁殖，直到它们足以养活数目庞大的人口。

约公元前1000年的全球饮食地图

借助上述资料，我对世界上的主要烹饪方式进行了一番考察，首发第一站是中国北方的黄河谷地，随后又蜿蜒探寻了世界上人口最密集的一些区域（地图1.1）。虽然我们对于这些烹饪方式的了解正在发生迅速的变化，使得具体的测年和路线具有不确定性，但是有一点可能是不会改变的，那就是它们对于根茎类植物和谷物有着无可比拟的依赖性，而且它们确实得到了非常广泛的传播。可以预见的是，另一种广泛的全球化格局将会浮现。只有在谷物饮食地区才有可能出现城市、国家和军队。而当这些形式出现时，谷物饮食又分裂成了不同的次级饮食，分别针对权力阶层和穷人，城镇和乡村，定居人口和游牧民族。在向诸神献祭之后大肆宴飨一番，这种形式在世界各地都具有典型的象征意义，宴飨本身既是一个社会的代表，也起到了团结人心的作用，就像感恩节之于美国一样。目前还不清楚这种全球范围内的相似性是反映了不同社会之间的广泛接触，还是一种新兴社会组织的逻辑，抑或这二者的结合。

黍和粟都是小而圆的谷物，这两种迥然不同的植物属类构成了我们在古代中国黄河流域最早遇到的一种烹饪风格的基础。[7]那里的农民生活在小小的村落里，房子是半地下的，屋顶上盖着厚厚的茅草以抵御冬天的严寒。房子里则堆满了谷子和储存的蔬菜。被洪水和风从上游干草原上带过来的粟，像补丁一样散布在黄河谷地，在这肥沃的黄土地上生了根。

吃粟子之前，农民们需要把它放进研钵里，不断重复地用沉重的杵捣击，直到将不能吃的外壳剥离（图1.1）。大约从公元前1世纪开始，他们开始使用人工踩杵的方法，在埋于地下的研钵里为谷物去皮，这种方法对条件的要求不那么苛刻。等所有的外壳都剥落之后，他们会将谷物装进一个篮子，用扬谷的方式将轻一些的谷壳去除。然后，在一个小小的火堆上支起一只三足锅，加水蒸粟，直到蒸得又轻又松软，这种烹制方法能够节约稀缺的燃料。在用手从公用的碗里取食之前，他们会先向神明和祖先敬献一些食物。他们通常会用一些腌渍的蔬菜来佐粟子，例如用昂贵的盐调味各种卷心菜、锦葵、莼菜（一种水生植物）和竹笋。有时，如果捕到小型野味，他们会取一点肉，在煮过或蒸过后用韭菜、红枣或酸杏调味。

作为黍的补充，农民会种一些大麻籽和大豆，它们蒸熟之后味道平淡，口感松软，而且容易引起胀气，他们也会种稻米，不过在如此偏北之地，很难指望稻米能成熟。有时候，收获时节还没到，但是存粮日渐减

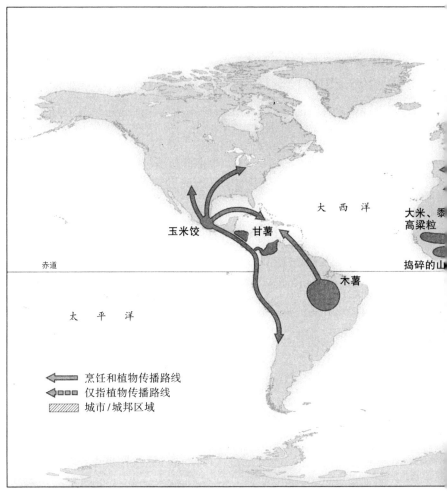

地图1.1　公元前2000—前1000年根茎类植物和谷物饮食的分布情况。世界人口中的很大一部分集中生活在赤道和北纬40°之间，他们已经形成了依赖少数几种远道而来的根茎类植物和谷物的饮食模式。其中两种饮食——大麦、小麦面包和粟粒，为美索不达米亚、尼罗河流域、印度河流域和黄河谷地的城市崛起提供了支持。直到今天，我们仍能看到这些古代饮食的痕迹。地图中的实线箭头标识的就是这些饮食的可能路线。虚线箭头则代表植物迁徙，但不伴随饮食的传播（来源：Bellwood, *First Farmers*, xx, 7。关于中国：Fuller, "Arrival of Wheat in China"；Fuller et al., "Consilience"。关于太平洋地区：Kirch, *Feathered Gods and Fishhooks*, 61。关于新月地带以及在中国发现的非洲庄稼和非洲粟：Smith, *Emergence of Agriculture*, 68, 108, and 133。关于欧洲：Cunliffe, *Between the Oceans*, chap.4。关于非洲和印度洋：Fuller and Boivin, "Crops, Cattle and Commensals"；Fuller, "Globalization of Bananas"）。本书中所有地图均系原书地图。

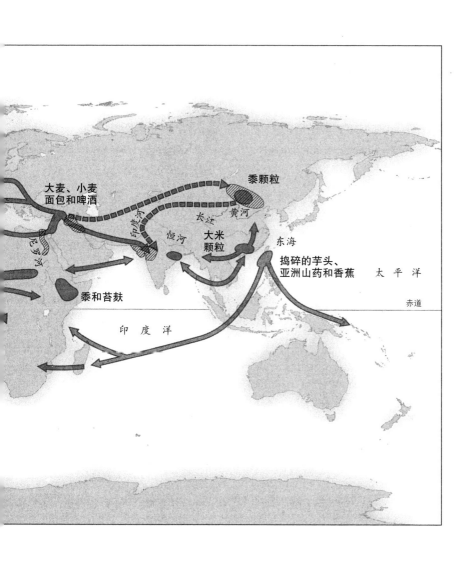

大麦、小麦
面包和啤酒

黍颗粒

黄河

长江

印度河

恒河

大米
颗粒

东海

捣碎的芋头、
亚洲山药和香蕉

太平洋

尼罗河

黍和苔麸

印度洋

赤道

图 1.1 为粟粒和水稻去壳是一项颇耗费体力的工作。图中右下角的男子用双手抬杵捣谷物，右上角的男子则用脚踩的方式捣谷物。出自明朝《天工开物》一书（Song, *T'ien Kung k'ai wu: Chinese Technology in the Seventeenth Century*, 92. Courtesy Pennsylvania State University Press）。

少，农民不得不求诸被统称为"麦"的小麦和大麦，这两种外来作物是约公元前2500年被旅行者从中东肥沃的新月地带带来的。[8]它们跟黍一样也是整个儿地被烹制，但其质地更硬，个头儿更大，即使煮熟后也很硬，不易嚼烂，因此农民只有在收获黍子之前发生饥荒时才会吃它们。

在一些按罗盘所指的方位而建的固若金汤的小型城池，统治者和他们的武士过着穷奢极侈的生活。比如据传统中国史书记载，商汤于公元前1600年前后建立了商朝。当商王的人马夺取农民的粮食时，农民抗议道："硕鼠硕鼠，无食我黍。"[9]商王则向农民承诺，他向神明和祖先献祭是为了能保佑国民多子多孙、粮食满仓，在与敌国和蛮夷戎狄的战争中取得胜利，据说他们既不吃谷物也不吃熟食。

大约1000年后铸造的一个青铜器上雕刻了祭祀的场景（图1.2）。通过留存的文字史料，我们得以了解这种祭祀场景的更多细节。容器被排列在祭祀台上，有的是三组，有的则是五组或六组，取这些数字的吉祥寓意。每道食物都有专用的容器，例如蒸黍代表"阴"，即宇宙中的大地或女性化成分，炖肉则代表"阳"，即天空或男性化成分。共有五种不同的米酒：一个表层有颗粒，一个底部有颗粒，一个比较浑浊，一个甘甜而浑浊，还有一个则呈现出红棕色。[10]

乐师和舞伎开始表演，通过吟诵颂歌讴歌万物和谐共生。此时国君将刻有问题的卜骨掷向火中，向神明和祖先问卜。而卜骨开裂的纹路则被视为来自神明和祖先的回答。牛、羊、猪和狗都曾作为牺牲向至高无上的神，向祖先和四方神明以及所有其他天神献祭。一部分祭肉会被分赏给级别较高的贵族，他们反过来再将肉赐给自己的下属，以此建立他们的忠心。[11]

从国君的厨房里端出来的祭祀宴跟农民的粗茶淡饭自然有很大的不同。皇家膳房里的工作人员有着森严的等级，作为头领的主厨是资深宫廷

图1.2　这幅图描绘了公元前几个世纪中国黄河流域的一次祭祀场面。画面中，祭司们将煮熟的肉和米酒敬献给神明和祖先。他们貌似戴着复杂的头饰，在一块有棚的高台上或跪或站。他们和高台两侧的人要么手捧，要么侍弄着世代相传的青铜器——这个国家最为珍贵的宝物。图片来自上海博物馆一件青铜礼器的拓片（reproduced in Weber, "Chinese Pictorial Bronzes of the Late Chou Period", fig.25d. Courtesy *Artibus Asiae*）。

官吏。而具有传奇色彩的伊尹，据说就能负鼎俎调五味以佐大子，最终成为一代名相。地位较低的厨子负责吃食的基本准备工作，例如对肉进行风干、盐腌等加工处理，储存蔬菜，负责谷物的抽芽和晒干，并用水从中提取甜麦芽糖浆，以及制作米酒和醋（这一部分在第二章将有详细的介绍）。祭祀宴要求用献祭的牛、猪、绵羊、山羊和狗的肉做成特殊的菜肴，厨师们要用香料和佐料精心为肉调味，去除肉腥味，从而调和各道菜肴的味道。这些程序非常繁复，在公元前1000—前500年编纂而成的有关祭祀的儒家典籍《礼记》，对厨师的工作流程做了如下规定：

> 取豚若将，刲之刳之，实枣于其腹中，编萑以苴之，涂之以谨涂。炮之，涂皆干，擘之。濯手以摩之，去其皮，为稻、粉、糔溲之以为酏，以付豚。煎诸膏，膏必灭之，钜镬汤，以小鼎芗脯于其中，使其汤毋灭其鼎，三日三夜毋绝火，而后调之以醯醢。[12]

　　仆人们要为筵席准备用香茅编成的席子，供用餐者支撑肘部的小凳子，以及各种青铜、木质、竹质和陶质的餐具。带骨头的肉和谷物要放在每张桌子的左侧，切成片的肉则要和酒水、糖浆一起放在右侧，在这些食物周围对称摆放着各种切碎的烤肉、葱和酒水。[13]在向祖先献祭之后，国君和贵族跪坐着开始进食。每个人的资历和战功决定了其跪坐的位置，以及应该分得的肉的种类。武士阶层只能用手取一些汤汁很少的菜吃，例如用醋腌渍过，经油炸后铺在黍子或大米上的肉，或者加了花椒的熏肉条，以及用桂皮、生姜和盐调味的熏肉条等。他们用勺子舀羹喝，这是一种用醋或者酸梅熬制的炖汤。他们小口品尝着切成小块的生牛肉，这种牛肉用米酒加工过，端上来时佐以酱菜、醋或酸梅汁；他们还吃用米和猪肉、羊肉或牛肉做成的肉丸子，以及一直广受追捧，包裹着一层油脂的烤狗肝。他们可以随意喝酒。即使一些高级别的武士贵族也不会经常放纵自己吃这么多的肉，但是他们被视为能吃到肉的人，这一点具有非常重要的象征意义。[14]

　　从长江往南数百英里就是热带季风气候区，它从中国的南海一直延伸至森林覆盖的东南亚群岛以及印度洋沿岸。这些地区有两种烹饪方式：一种以根茎类植物为基础，另一种则以水稻为基础，相比于黄河流域的烹饪方式，我们对这两种饮食的了解要少得多，所以我接下来的描述势必有一定的不确定性。先来说说根茎类植物，人们极有可能是把芋头、山药（薯蓣科一种藤本植物的根茎，富含淀粉，比起地瓜要粗糙得多）以及大蕉（一种芭蕉属水果，富含淀粉，产量也高）煮熟或蒸熟后，捣成糊状，好方便用手盛着吃。生活在新几内亚海边的人们在出海向东进入太平洋时，在小船的舷外支架上装满类似这样的基本食材。为了在海上维持生存，他们必须在船上储存一些重量轻、不容易腐坏的鱼干或鱼鲊（腌制过的鱼）以及面包果和香蕉作为食物。他们用葫芦和竹筒装水，除此之外还会饮用椰汁。[15] 他们把接穗、插枝、幼苗、芋头和山药包在潮湿的苔藓里，然后用蕉叶或树皮作为盖头把它们裹起来，塞进用棕榈树叶做成的壳子里，挂在高处，以避免受到海水中盐分的侵蚀。他们还会在船上养成对的猪、鸡和狗，旅途中若是万不得已，还可以用它们果腹。公元前1400—前900年，他们在南太平洋的许多岛屿上定居下来，而到公元500—1000年，他们已经在夏威夷和新西兰定居下来。由于其中的大多数岛屿都没多少能吃的动物和植物，尤其重要的是缺少富含热量和淀粉的植物，如果这些航海者不自己带食材，估计是活不下去的。例如在夏威夷，在带去的动植物适应当地环境之前，他们一直靠吃一种不会飞的鸟（现已灭绝）为生。由于夏威夷是一座火山岛，岛上没有黏土可用来制作陶罐，夏威夷人就使用土坑烤芋头、面包果，并且将之捣成泥状，吃的时候佐以生的或煮熟的鱼，磨碎的椰子或椰浆，磨碎的烤石栗和海藻，有时甚至直接蘸海水吃。如果筵席将女性排除在外，宴席上则会有坑烤的猪肉、狗肉或大个头的鱼。大概在公元前的第一个千年，其他航海者带着山药、香蕉以及那些像大小老鼠那样的偷渡者，向西航行到了马达加斯加岛。是否有证据证明他们也是在公元前1000年在西非定居，这一点尚存在争论。[16]公元前5万年，已经有人类带着狗到达澳大利亚定居，对于这些后来的航海者来说，那里仍是一片与世隔绝的蛮荒之地。

季风区的亚洲水稻饮食同样分布在一片广袤而相距遥远的地区，公元前1000年人们将长江下游地区的水稻与恒河三角洲地区的水稻进行杂交。[17]厨师们有的通过敲捣，有的则用浸泡和煮开的方法给整粒谷子去壳，直到壳开裂，再扬掉杂质，然后通过蒸煮让谷物变软。除此之外，湿软的谷物被捣成片状晒干后还可以当成旅行中的速食来吃。[18]与印度洋地区相似，当地人很可能用炖肉（水牛肉、猪肉、鸡肉或鱼肉）佐餐，没准还用酸豆泥增加酸味，或者添加从椰子碎肉中提取的奶浆让炖肉的口感更细腻。人们还用糖加棕榈汁做成一种提神的饮料，这种饮料放上一天后会产生一些酒精，挥发后可以形成一种黏稠的棕色糖精。多年生草本植物甘蔗虽然嚼起来很甜，但是由于加工困难，因此没能成为食谱中的主角。槟榔是一种棕榈科植物的果实，人们很可能已经学会像黑胡椒一样，用来自同一科的一种藤本植物的叶子将之包起来，放到口里咀嚼，作为一种口气清新剂，直至今天仍然如此。

转向西北，我们来到了大麦－小麦饮食模式覆盖区的中心区域，其东部边界与黄河相邻。这片新月状区域的发源地都是诸如基尼烈湖畔村落之地，其范围向东延伸至地中海的东海岸，穿过土耳其东部地区，深入至底格里斯河和幼发拉底河河谷。其饮食模式更是向西穿越地中海和欧洲，向南直达北非，向东抵达伊拉克、伊朗和印度西北部。在大麦－小麦饮食盛行的大部分地区，人们都会用牛奶或羊奶制作酸奶和黄油。

与小麦相比，人们通常不会像黄河流域那样用蒸煮的方式处理大麦，而是把它们做成味道可口的浅灰色大饼，或者碾碎谷粒做成麦片粥或浓汤，用香草、蔬菜或肉增加风味，又或者用来酿黏稠但味道平淡的啤酒。做面包时，厨师们用杵臼把大麦、小麦不能吃的外壳研磨下来并扬掉，然后跪在石头旁进行碾轧（图1.3）。他们用水把这些粮食（磨碎的谷物）和成面团，然后烘烤。

公元前3000年，大麦－小麦饮食模式养活了印度河谷、尼罗河谷、两河流域（即幼发拉底河和底格里斯河之间的美索不达米亚）的许多小型城市，正如黍养活了黄河流域的城市一样。[19]美索不达米亚的饮食是大麦－小麦饮食中最负盛名的，在公元前1000年就已经有数千年的历史了。这里的平原上散布着一个个城市和村落，一年中的大部分时间都干燥而炎

图1.3　19世纪晚期非洲南部一位名叫莫亚本的妇女正跪在一台石碾旁边，利用她全身的重量碾轧谷子（上图），这一做法与1000年前古埃及人的研磨方式（下图）别无二致（Frederic Christol, *Au sud de l'Afrique*, Paris: Berger-Levrault,1897, 85. Courtesy New York Public Library 1579505）。

热，部分地区如沼泽般湿软，长满了卢苇，是鱼和水鸟的家园，除了用来引水灌溉田地的水渠和田间路旁成排的椰枣树，别无其他特色。适宜种植大麦、小麦的丰饶沃土和水源，弥补了木材、石材及其他资源的缺乏。

　　包括步兵、犯人、建筑工人和仆人在内的穷人们，几乎完全依靠大麦做成的食物为生，每天只能得到两升左右（半加仑或约八杯）的大麦颗粒、粥或者面包，盛在做工粗糙的尖底陶碗里，吃的时候加一点盐或者鱼干。这些食物的营养非常贫乏，以至于当时流行起了这样一种说法："穷人若死了，千万别让他复活，有面包吃时他没盐，有盐时他没有面包。"[20]

　　生活在城市里的统治阶层则能享受到丰盛而复杂的饮食。在那里，呈方形阶梯金字塔状的神庙统治着整座城市。同样，那里最丰盛的饮食也是祭祀仪式之后的宴飨。新年当天举行的祭祀尤其重要，目的是让主管草木和繁殖、羊群和羊圈以及执掌阴司的神杜木茨能够重回人间，好与他的配偶、主管爱与战争的天女伊南娜重逢。随后雨季就会到来，生命的循环会重新开始。图1.4所示是来自约公元前3000年苏美尔的一个花瓶，位于瓶身下部的是谷物，其上方是一群绵羊和山羊，再上一层是赤身裸体的男人抬着一篮一篮的水果和粮食献给伊南娜，伊南娜则回馈给他们两束芦苇，即她地位的象征。

　　《吉尔伽美什》这部美索不达米亚的经典史诗，几千年以来历经多次修订，其中一个版本就描述了吉尔伽美什为感谢伊南娜帮助他顺利渡过洪灾而向女神献祭的故事。"他在祭台上放了14口大锅，接着堆起木块、枝条、香柏木和香桃木。"敬神者祈祷这位爱报复、严苛而又喜怒无常的女神能对他们的献祭感到满意。人们将蜂蜜倒入玛瑙花瓶，又将黄油挤入青金石做成的瓶子里。然后，祭司杀掉动物作为祭品，倒一杯啤酒作为祭酒。香气不断上升，"诸神闻到香甜的味道时，便会像苍蝇一般扑向祭品"。[21]参加祭祀的人拿起用纯金和纯银做成的吸管，从酒桶里吸酒喝。乐师们弹起竖琴，宴席上的人吃着喷香扑鼻的肉，其间不时发出满足的叹息声。

　　对于这种祭祀后进行的圣餐，或者是每天三次敬献给神明的餐食来说，谨遵流程的先后顺序是非常重要的。因此，抄书更十分小心地将烹饪的配料和步骤（不过不包括烹饪的时间和度量）写在泥板上。其中一块泥板上记录了炖菜的食谱（图1.5），另一块则提到了如何做鸟肉派："先在一个大平盘上铺一层油酥面皮，然后把煮好的鸟肉放上去，再将用罐子煮好的鸟心、鸟肝、已切碎的鸟胃，以及用炉子烤好的小面包卷撒上去。预先煮一罐脂香油润的肉汤放在一边。上菜时把面皮盖上去，就可以上桌了。"[22]

　　祭祀宴席通常包括酱汁、甜食和开胃菜，这些都是高级饮食的标志性组成部分。油炸蚱蜢或蝗虫可以作为非常美味可口的开胃菜，而用种子、芝麻油、蔬菜、水果、大蒜、芜菁、洋葱、坚果和橄榄制作而成的腌菜和调味汁能够强烈地挑逗人的味蕾。酱汁的制作以洋葱和大蒜为基础，混合放了面包屑以增加浓稠度的多脂肉汤，是中东地区至今仍在食用的一些酱汁，甚至也是当代英国面包酱的鼻祖。石榴、葡萄、椰枣，以及用牛奶、奶酪、蜂蜜和阿月浑子做成的精美点心，则为祭祀宴饮提供了甜蜜的风味。

专业的厨子总是在厨房里埋头苦干着，有的厨房面积达3000平方英尺，其中大量的空间都用来制作一些以谷物为基础的食物，例如面包和啤酒。磨面工——很可能是战俘和囚犯，加工出了粗糙的去壳谷物和精细面粉，厨子们用这些粮食做粥、扁面包和轻度发酵的面包，仅这最后一项就有300种名称各异的变种。人们把面团做成心形、手形甚至女性乳房的形状，用各种香料调味，然后填充水果，并用油、牛奶、麦芽啤酒或天然代糖来软化面团。用面粉和油做成的油酥面皮，一

图1.4　约公元前3000年，来自古代苏美尔乌鲁克的一个石膏花瓶。在花瓶顶部，一位官员正在伊南娜女神庙里献祭。在他下方，裸体男子带来了一篮篮的水果和谷物，而在他们下方则是献祭用的绵羊和山羊，最下方是芦苇和当地出产的谷物（Courtesy Hirmer Fotoarchiv GbR.）。

图1.5 已知最早的食谱之一，镌刻在约公元前1750年的一块巴比伦泥板上，这个食谱介绍了21道炖肉和4道炖菜的做法。另两块泥板上镌刻了更复杂的食谱，其中包括一道鸟肉派（Courtesy Yale Babylonian Collection, YBC 4644）。

且添加了枣、坚果或者小茴香和香菜等香料后，仿佛立刻变得有活力起来。把填好馅的油酥面皮压进涂抹了油的陶制模具里，通常在烘烤之前人们会在这些模具底部设计一些图案。扁面包是贴在一种蜂窝状大型黏土烤炉的内壁上烘烤而成的。有证据证明易烹制的碎干小麦（类似于现在塔博拉沙拉中添加的小麦）是由晒干的半熟小麦制成的。

根据颂扬"让人们嘴中有物"的啤酒女神尼卡斯的赞美诗记载，圣典之后就要酿麦芽啤酒了。赞美诗中非常详细地描述了如何让大麦抽芽、晒干、碾磨，好用来制作酿造啤酒的基本原料麦芽，以至于现在的人类学家和啤酒酿造师们合作酿制出了跟当时一模一样的啤酒。赞美诗和颂歌说得非常明确，这种通常带有香草和香辛料风味的啤酒不仅被赋予了神圣的含义，而且不出所料，也是一种巨大的愉悦感的来源。它是美索不达米亚一种非常重要的食物，在埃及更是如此。[23]

人们也用枣来酿酒，或者像葡萄和无花果一样在太阳底下晒干以便于贮藏。芝麻种子可以用来榨油，然后像黄油和珍贵的蜂蜜一样被存放在坛子里。水果用蜂蜜保存，鱼则用油，而牛肉、羚羊肉和一些鱼则通过用盐腌渍来保存。为了制作一种类似于现今东南亚鱼露的浓郁酱汁，人们还把鱼和虾蜢放到罐子里，用盐腌渍它们。

人们通过天然河流和运河把大麦运送到城市里，养活了那里的人口。从丰饶的菜园、果园源源不断地送来不同种类的洋葱、大蒜，诸如芸香之类的各种香草，以及苹果、梨、无花果、石榴、葡萄等各类水果。牲畜被赶到城里屠宰后，羔羊肉和小山羊肉被送往神庙和贵族宅院，公绵羊肉和公山羊肉被送给官吏、皇室和贵族，粗糙的公牛肉和母羊肉则被运到军队，驴肉和驴杂被拿去喂狗，例如去喂皇家猎犬。[24]咸水鱼、海龟和贝类等有壳的水生动物来自盐沼和波斯湾。鱼干来自波斯湾，以及更远的印度河流域的摩亨佐－达罗和阿拉伯海，此时晒鱼有可能已经成了一项专门化、常规化的产业。盐，有的从大山里开采出来，有的从咸水泉和咸水河里脱水干燥出来，随后被船运到各个集散中心，靠驴子驮运到各地，其盛装容器可能是一些标准尺寸、底座牢固的高脚杯。[25]

大麦象征着财富。用大麦可以买到肉和奶酪，用琉璃和玛瑙做成的祭祀用盘子，做首饰用的黄金和白银，还能买到来自幼发拉底河流域和波斯湾迪尔蒙的成船的铜，来自阿曼和西奈半岛的金属，来自土耳其和波斯的花岗岩和大理石，以及来自黎巴嫩用来建造神庙的木材。[26]

生活在灌溉种植区边缘的游牧民族包括希伯来人，他们的日常饮食大部分由添加了绿色蔬菜、香草的大麦粥和用大小麦混合烘焙的扁面包组成，这些作物，有的是趁着植物生长季节他们在绿洲上种植出来的，有的则是拿他们不育的公羊和母羊通过以物易物的形式交换而来的。他们用羊奶制作酸奶和新鲜奶酪，吃的时候佐以橄榄油或芝麻油、蜂蜜、葡萄汁和枣精（这两种有时也被统称作蜂蜜）。羊群是希伯来人财富的源泉，为了保护这一资源，他们只在向耶和华献上"大地之果实"（大麦和小麦）以及"母羊之初产"（羊羔和小山羊）之后的一些特殊场合才吃肉。[27]

在美索不达米亚以东的印度河流域，早已建立起大麦－小麦饮食模式。除此之外，他们还吃黍子，这是公元前第二个千年从中国北方传过来的，一起传过来的可能还有大麻、桃树、杏树，以及中国式镰刀。从非洲的撒哈拉沙漠以南地区传来了高粱（一种黍状谷物）、珍珠粟、龙爪稷、豇豆和扁豆。[28] 村民们向神明献祭。成书于公元前800年的《夜柔吠陀》中记载，一位信徒向神明祈求过上富贵的生活，一生衣食无忧："借着这献祭，请让我发达，有牛奶、蜜汁（可能是酿酒用的梅汁）、酥油、蜂蜜，平日餐桌上的美食应有尽有，也有犁、雨水、成功和财富。借着这献祭，请让我发达，有粗食能免于挨饿，也有稻米、大麦、腰豆、野豌豆、小麦、小扁豆、粟米、黍米和野稻。"[29]

往西至地中海，腓尼基人（来自现在的黎巴嫩一带）和希腊人各自将大麦－小麦饮食模式沿北非海岸和地中海北部海岸传播开去。由于他们的家乡无法像有河流灌溉的区域那样提供大麦种植所需的丰富水源，腓尼基人就用他们生产的奢侈品去换取额外的粮食，希腊人则出售油和酒来交换。[30]

希腊人将大麦描述成得墨忒尔女神的礼物。厨子们通常先将谷物浸泡、晒干，然后在研磨之前用浅盘将它们放到火上烘烤。这样人们在外旅行时就可以即食即用，只需兑水就能做成麦片粥或面糊，或者用水、牛奶、油或蜂蜜混合在一起做成小小的薄面饼，即希腊人常吃的一种面包。和大麦食物一起吃的是大豆或小扁豆，绿色蔬菜或根茎类蔬菜，鸡蛋、奶酪、鱼，偶尔还有绵羊肉、山羊肉或猪肉。年节不好时，他们会吃橡果和一些野生植物，比如锦葵、阿福花和野豌豆等，这些通常都是游牧民族而非定居族群吃的食物。他们也会拿酒兑水来喝，而不是像美索不达米亚人和埃及人那样喝啤酒。酒被视为酒神狄俄尼索斯赐予的礼物。

史诗《伊利亚特》中生动地描述了一场武士的盛宴。史诗中的英雄阿喀琉斯下令用一只巨大的海碗盛酒，并且要求比平常少兑些水。肥腴的绵羊、猪和山羊被用来向神明献祭，仪式结束后就被切块享用。大火熊熊燃烧，之后火焰逐渐变弱，最终变成一堆灼热的余烬。人们把肉串好，撒上圣盐，在余烬上支起架子烤起来，直到烤得香气四溢，肉变成棕色，便和用精美的篮子呈上来的大麦面包一起，供武士们享用。[31]

在更遥远的地方，生活在阿尔卑斯山以北森林里的凯尔特人，则以大麦和小麦做成的面包，加上发酵的奶制品作为他们的日常食物，他们尤其崇尚猪肉，视之为生殖力的象征。每当打了胜仗，他们便会向诸神献上马、猪和牛。在随后举行的盛宴上，人们把猪肉悬空支在柴火架上烘烤，或者用铁釜来煮。盛宴上的食物可能还包括马肉、牛肉、绵羊肉、咸猪肉、烤咸鱼以及轻度发酵的面包。宴会上他们围成一圈席地而坐，有时也可能坐在兽皮或草席上，面前摆着低矮的桌子。国王和王后可以享用猪腿，驾驭战车的御者可以吃到猪头，其他每个人都会根据各自的等级分得一块肉。[32]

接下来我们掉头南下，暂且不谈大麦-小麦饮食，而去检视一下非洲撒哈拉以南地区三种有所重叠的饮食模式，对这三种饮食我们所能获得的依据较少。[33]生活在苏丹草原和埃塞俄比亚高原上的人们，也是依靠谷物中的黍为生，不过和中国的黍属于不同的植物学分类。他们吃的是珍珠粟和苔麸，加水烹煮做成粥。当地人放养的牛是印度瘤牛和耐旱抗舌蝇的本地牛的混合种，这为上述两个地区之间的接触提供了进一步的证据。

往西，在撒哈拉沙漠南部边界的热带大草原，流行一种以根茎类植物为补充的谷物饮食模式。厨子们处理非洲稻的方式也是先舂后扬，再煮，高粱和珍珠粟的处理模式基本也是如此。他们还备有各种葫芦科蔬菜、芝麻籽、叶子和班巴拉豆（像花生一样，果实在地下的一种豆科植物）。

在非洲西海岸和热带大草原之间的热带雨林，流行一种由捣碎的薯蓣属食物组成的根茎饮食模式（其中最广为人知的大概就是馥馥白糕了）。人们将煮熟的芋头或木薯等根茎类植物捣成糊状，然后将它们揉成比高尔夫球小一点的圆球，抛进嘴里吃，并用非洲油棕的红色果实榨成的油来帮助吞咽。进餐时佐以豇豆（现今的黑眼豌豆就是它的一个亚种）、秋葵和其他绿色蔬菜。不出一两天，油棕榈汁就能自动发酵成美味提神的棕榈酒。在接下来的几个世纪里，从东部草原和热带雨林过来的移民，将黍－牛肉饮食与东非和非洲中部的甘薯－香蕉饮食融合在了一起。

穿过大西洋，我们又发现了三种饮食。生活在热带低地的人们以食用煮熟的木薯粉和甘薯为生。有一种木薯剥皮煮熟后即可食用，做法非常简单，但是它在地里的时间很短。另外一种持续的时间长一些，却苦涩且有毒，需要通过复杂的加工处理方可食用。当欧洲人到达加勒比海地区时，他们惊讶于当地妇女为了做出能长时间保存的木薯粉竟需要经过那么多道程序（图1.6）。[34]

在南美洲的安第斯山区，流行一种以土豆、藜麦、大豆和苋菜为基础的不同的饮食模式。土豆可以先冻干，化冻后用脚踩踏以去皮，然后在冰冷的溪水中浸泡一周到三周，再晒上五天到十天，就能做成一种轻便且容易运输的食物。或者也可以煮熟去皮后，切成块状，然后在太阳下晒成土豆干。当地的厨子们用加工过的土豆熬粥或炖菜，用藜麦做成麦片粥。烤熟的藜麦还可用来做成方便食品，美洲驼、羊驼和豚鼠的肉则用来做菜。[35]

美洲最重要、分布最广泛的饮食模式以玉米为基础。今天我们所熟悉的大粒玉米一次播种便能结出上百个籽，这种玉米约在公元前1500年出现，是从公元前7000年出现于墨西哥中部的野生玉蜀黍（也叫墨西哥类蜀黍）那里繁衍下来的，每根玉米棒的个头都不比人的一根手指头大多少。玉米以及用来加工玉米的石磨，一直传播到了墨西哥湾岸区雾气缭绕的森林，像楔子一样牢牢地进入了群山和大海之间的地区。在奥尔梅克文化时期的一些村落里，妇女们将玉米磨碎后加水做成粥，或者将它们用叶子裹起来做成蒸饺（也叫墨西哥粽子）。食用粽子和玉米粥时通常配上鹿肉、狗肉以及负鼠、西貒和浣熊的肉，也可以配野禽肉、鱼肉、龟肉、蛇肉或者软体动物和贝类等水生动物的肉。当地人在小片的林间空地上种植大豆、南瓜、西红柿和辣椒，周围布满了低矮的可可树和高大的鳄梨树。奥尔梅克的祭司们在一处石砌平台上向诸神献祭，平台的两侧长达约0.67英里，中间比潮湿多沼的地面高出150英尺。高达9英尺的国王头像矗立在一旁，玉米形状的耳朵从他们头顶的覆盖物上垂下来。[36]

图1.6 这幅版画描绘了加勒比海地区妇女劳动的场面。她们正在将有毒的木薯块茎做成面饼。这项工作耗时费力、程序复杂。首先要给木薯块茎清洗去皮，这一步有时还需用到牙齿。接下来，把它们放到一块铺满石片的长方形板子上磨碎，石片用植物沥青固定好。然后将这些沉重的板子之间的毒汁挤出去，并将去掉毒液的浆状物在太阳下晒干。兑水后，放到陶质的箆子上烘烤，做成一种面包（Courtesy New York Public Library, http://digitalgallery.nypl.org/nypldigital/id?1248957）。

　　到公元前3000年，玉米饮食模式已经传播到了热带的厄瓜多尔村落，而最晚不迟于公元前1000年已经传播到了加勒比海地区。在现今秘鲁所在的地区，人们将土豆降到了从属地位。玉米在公元第一个千年传到了现今美国的西南部地区，到第二个千年则传到了美国的东北部地区和加拿大的东南部地区。[37]

谷物、城市、国家和军队

在探究为什么根茎类植物，尤其是谷物会成为如此广受欢迎的主食之前，有一点我需要明确一下，那就是我是从饮食的角度，而不是从植物学的意义去使用"谷物"和"根茎类植物"这两个术语的。就像古代中国人把谷类、大豆、大麻等植物统称为"谷"，而在印度古代哲学著作《奥义书》中，芝麻、芸豆、小扁豆和马豆、大麦、小麦、水稻和几种黍被统称为粮食作物。同样，我也将多种不同科的一年生草本植物的果实纳入，包括禾苗（禾本科）、豆和豌豆（豆科）、芥菜和卷心菜（十字花科）等，它们所需的加工处理过程非常相似，而且经常被混为一谈。[38] 根茎是植物的地下食物储藏室，包括球茎和块茎，例如木薯、芋头（芋属）、山药（薯蓣属）、甘薯和土豆，以及其他一些重要性略逊一筹的物种，如非洲的莎草属、北美洲的卡马夏属，以及安第斯山区的酢浆草属等植物。关于谷物我会多说一些，因为它们在饮食发展史上的作用相比根茎类植物要重要得多。

根茎和谷物有很多优点，都含有丰富的热量和营养，因为它们需要为植物繁衍下一代提供足够的养料。这两类植物通常在野外的产量都非常高，而且易于收割。在20世纪70年代，美国植物学家杰克·哈伦曾经仅用一个小时，就用一把燧石镰刀收割到了四磅重的单粒小麦（一种古代小麦品种，至今仍生长于土耳其的一些地区）。根茎类植物通常一年收获一次，或者留在地里不让它腐烂，谷物则可以储存在粮仓里，以备严寒、干旱或暴雨时节食用，具体情况随地区而异。

关于上述优势，鲜有其他的植物性食物可以媲美。不过也有一些水果，尤其是香蕉和面包果，可以提供生存所需的热量，但它们大多数个头小，味道或酸或苦，季节性强，且难以大量储存。而坚果类食物，如橡果、栗子、松子、椰子和榛子等，虽然热量高，但比较油腻，吃多了容易引起腹泻。而且，由于坚果树通常需要数年的时间才能结果，相比根茎和谷物，希望在异国他乡复制老家饮食的移民们就更不可能带来坚果了。叶子和幼苗热量低，而且通常味苦，难以贮藏，所以主要是供药用。[39] 因此，大多数社会逐渐仰赖两种到三种最为民众喜欢的根茎类植物或谷物来提供他们所需的绝大多数热量，也就是说作为主食。其他食物，例如肉类、水果和蔬菜，则负责增加食物的口味，保障食物的多样性和营养均衡。人们在早于公元前1000年的几个世纪选择的主食，至今仍为世界上的大多数人口提供热量。不过后来甘蔗又以糖的形式，作为主要的食物来源加入到主食范围中来。

然而，对于根茎和谷物的依赖是有代价的。这两种食物都质地粗糙、不易消化，而且根茎为了自我保护通常会产生毒素。一些能提供稳定而丰富的碳水化合物来源的食物，如芋头、多种甘薯以及某些种类的木薯，都需要去除毒素。虽然其中很少像木薯那样需要极其复杂的处理过程，但也需费颇多功夫。有些豌豆属植物和豆科植物也有毒，不过除了羽扇豆属，其他只需加热就能去除毒性。对于谷物则需要非常小心地除掉其中有毒的杂草种子，例如毒麦（黑麦草属），也即《圣经》中俗称的稗子，能够让人产生醉酒的感觉，严重时可致死。还有一些能让人产生幻觉的霉菌也务必要提前去除。[40]

但是，谷物最大的麻烦还不在于此，而是它们会用一层又一层无法食用的纤维质覆盖物来保护自己——一层外壳，有时还有一层内壳，再加上种皮本身——其中大多数都是要去掉的。举例来说，在把小麦磨成面粉之前，人们需要采取一系列耗时费工的措施。考古学家戈登·希尔曼记录了下列步骤，这些步骤至今仍为农民在加工古代土耳其的一种小麦时采用：（1）通过拍打、踩踏或捶打等方式为小麦脱粒；（2）剥掉麦秆；（3）把麦粒扬一扬，去掉那些质轻的碎麦秆渣（过程中也可以重复第二步）；（4）筛掉附着麦粒的小麦穗儿，从而去掉更多的麦秆和杂草尖；（5）把麦子分成几份，其中一部分储存起来用于第二年播种；（6）把其余的麦子贮存起来；（7）待能继续处理时，烘烤小麦穗，让其外壳变脆；（8）敲击小麦穗，让小麦粒破壳而出；（9）扬掉小麦外壳；（10）筛掉那些没破开的麦穗和杂草，用来喂鸡或存起来留待饥荒时食用；（11）用一个更细的筛子把小麦筛一遍，去除那些细小的杂质；（12）将小麦浸泡在水里，去除掉那些病麦、毒麦和野燕麦后拿到室外晾晒；（13）将半洁净的小麦贮存起来。[41]

　　谷物在被做成面包之前需要先磨碎。在我很小的时候，有一次父亲决定用我们在农场里种的小麦打些面粉。他试过用杵臼舂小麦，但结果只是把麦子弄碎而已，根本没有面粉。他还用螺丝钉把绞肉机固定在桌子边缘，试图用绞肉机来"绞"麦子，结果还是一样。后来他竟然把麦子铺在石板路上，抡起锤子敲起来。屡战屡败之后，父亲终于放弃了，母亲出来替他收拾残局。那一刻我们突然清醒地意识到，如果哪一天商业磨坊从这个地球上消失了，那么即使我们坐拥满仓满谷的粮食，也一定难逃饿死的命运。

　　要想把麦子变成面粉，就得切断坚硬的粮食，而不能用舂的方式，这就需要准备一台石磨，就像曾经生活在基尼烈湖畔的先民们那样。在依然保持手磨传统的墨西哥，一位朋友向我展示了它的工作原理。在墨西哥人们所用的器具是凹面磨盘，它是一种由三个倒金字塔形足支撑的马鞍形平台，由一整块火山岩凿成（图1.7）。只见我的朋友屈膝跪在一台石磨的上端，两手拿起"马诺"（mano，一种形似擀面杖的石器），两手大拇指背向自己，将谷物轻轻推到"马诺"下面，然后用整个上半身的力量将"马诺"碾过谷物。大约碾了六下后，终于把谷物碾断了，碾断的谷物堆积在凹面磨盘的底部。我的朋友用指尖小心地将它们收集起来，放到"马诺"下面，开始新一遍的碾磨，这一次磨盘上就会出现一些白色粉末状的条纹。像这样从头到尾碾了五六次之后，她就能碾出一捧面粉来了。

　　碾磨可能看上去非常简单，实际上头十分钟确实不难，但是等我亲自上手一试，才发现要想碾出一定数量的粮食，不仅需要掌握技巧和控制力，还要付出足够的体力和时间。才刚碾一会儿我就累得气喘吁吁、大汗淋漓、头晕眼花，头发都贴在眼皮上了，而手中的那根"马诺"也滑成一个别扭的角度。碾磨对人的膝盖、髋骨、背部、肩膀和肘部都是很大的挑战，容易造成关节炎和骨损伤。这项工作又是孤独的，会让人精疲力竭到根本没力气聊天。女性以跪姿进行碾磨，同时伴随双乳晃动，被视为顺从、身份卑微和性挑逗，这在18、19世纪一些有关墨西哥女性的猥琐插画中展露无遗。这项重体力劳动被派给妇女、罪犯和奴隶，17世纪英格兰的一份法律文书以专门术语的形式将这些人称为"碾磨奴"。[42]即便在今天，生活在墨西哥一些偏远村落里的妇女，每天仍然要花五个小时碾磨

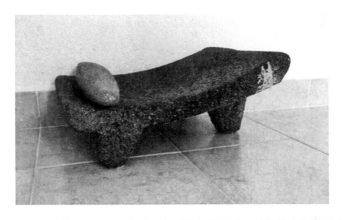

图1.7　我的凹面磨盘。这种工具的表面经过仔细的设计，以帮助它与椭圆形的"马诺"和碾磨人的身体完美契合，从而非常高效地将玉米等谷物磨成面粉。这幅图为作者所摄。

玉米，才能为一个五六口之家提供足够的口粮。对于在以面包为主食的地区生活着的一代代碾磨工们来说，《圣经·创世纪》（*Genesis*）中有一段话一语道破真谛："你必汗流满面才得糊口，直到你归了土，因为你是从土而出的。你本是尘土，仍要归于尘土。"

谷物之所以需要碾和舂，部分是因为它们结出的产物非常精细。石磨、杵臼都代表了当时最高的技术水平，堪称几百年甚至几千年不断试验各种材质、形状的结果。人们在使用磨床和杵臼时可以通过调整力度和速度制造出高质量的产品，它们要比使用旋转石碾加工出来的粮食更精细。人们通常会认为这样磨出来的面粉颗粒较大，但在亲自用石碾试验了几种不同的谷物之后，我的结论是事实并非如此。真正调整好的石碾是不会漏掉那些能看得到的颗粒的。谷物可以磨成精细的面粉。只需用一张棉布筛了，就完全有可能从麸皮中筛出能做出白面包的白面粉来。现代墨西哥人只要支付得起，宁愿付双倍价钱去买用凹面磨盘磨出来的面粉做成的玉米薄饼，也不愿意吃机器磨出来的。同样，即使19世纪末泰国引进了蒸汽驱动的碾米机，该国王室仍然坚持食用手工去壳的大米。奥地利的农民直到20世纪早期仍然坚持手工舂黍，因为这样做出来的粮食可以保持新鲜，无需长时间烹制，而且有一种诱人的面粉质地和甜香。[43]

更重要的是，其他任何一种原材料都不能像谷物那样，被做成这么多截然不同却又同样可口的烹饪配料、菜肴和饮料，不仅可以烘烤、磨成面粉和水煮，还可以做成面包和通心粉，有的能做成代糖，比如麦芽糖，有的能榨油，比如芝麻，最后还能制成一个重要产品——酒。根茎类植物虽然也可以通过烘烤和水煮做成面糊，而且也能发酵，但是就能做出的菜肴种类来说，跟谷物相比还是有较大差距的。

　　烘烤过之后，谷物更容易磨碎，而且会产生一种令人愉悦的风味，还能做成即食食品。直到20世纪60年代，生活在加那利群岛上的人们仍然依靠一种叫作甜玉米粉的食物：用烤过的小麦、大麦、黑麦、鹰嘴豆、蚕豆、羽扇豆（分开或一起）制成，粮食稀缺时还会加入晒干的蕨、蕨类植物的根茎以及一种沿海草类的种子，当作一日三餐。即使到现在，这种食物依然非常流行。[44]人们在面粉中加水或牛奶做成粥，水少点的话可以捏成面团，如果加入热水和肉、鱼或蔬菜，则能熬成浓稠的热汤。古希腊人可能也是用磨碎、烘烤过的大麦做成食物。西藏人吃的食物与此类似，不过用的是小麦、黍、大麦或玉米[45]，而墨西哥人则用玉米（炒玉米粉）。

　　蒸煮的谷物类食物不易携带，因此总是在哪儿做就在哪儿吃。[46]质地较软的谷物，如黍和大米，有时只需简单地水煮一下就能做出让人垂涎的美味；而质地硬一些的谷物通常要先打碎或研磨。不管哪种情况，只要将谷物和干豆、蔬菜混合在一起，或者再加点肉，就能做成近代以前食用最广泛、最节省燃料的餐点之一——浓汤，即以扫卖掉自己的长子继承权换来的那种汤。谷物还能做成稀粥和半固体状的粥。古罗马人就是喝着大麦粥建起了罗马帝国。中国人喜欢喝大米粥（大米稀饭），印度人喜欢用大米和小扁豆熬粥。用黍添加玉米熬成的粥状食物"波伦塔"，一直是意大利农民的主食。相似地，粗燕麦粉和玉米粥是美洲殖民地民众的主食。土耳其家庭用混合了各种谷物、水果和坚果熬制而成的浓汤，纪念诺亚拯救他们免受洪灾。煮过的谷物放置一段时间会变酸，或者经过轻度发酵，就会散发一种强烈的气味，这种风味在有些地区，例如东欧，很受欢迎。

　　面粉加水和成面团后经过烘焙就能烤制出面包，它虽然便于运输，但制作起来需要耗费更多燃料。早期的面包可不像我们现在吃的那样松软。由于制作白面粉需要筛掉大量的麸皮，直到19世纪（许多地方还要更晚些），只有非常富有的人才能吃到白面包。大多数面包的色泽较为暗沉，外形扁平，通常由一种或多种硬谷物制成，如大麦、小麦、燕麦，后来还有黑麦，而且经常会混合一些豆类和富含淀粉的坚果，如栗子或橡果。在美洲，玉米是做面饼（墨西哥玉米饼，也叫薄烙饼）的主要谷物。最容易做的面包是灰焙玉米饼，就是直接把水和面和成面团后放到灰烬里烤，烤好把灰弄掉即可。薄面团可直接放在火堆的余烬或热烤盘、烤石上烘烤。[47] 早在《吉尔伽美什》成书之前很久，人们就已经发明了一种可腹中点火用来烹饪的烤罐，面饼就是在这种罐子的内壁上烘焙而成的。还有一种罐子，里面有一个用黏土做的篦子，从而形成了一个小小的简易面包烤炉，罗马人称它为"泰斯塔"（testa）。[48] 人们还在平面上用砖或黏土垒起一个半球形的顶，做成一种蜂巢型烤炉。面包可以用手拿着吃，也可以盛在一个盘子里，或者像墨西哥人吃玉米饼、中东人吃扁面包那样，卷着食物吃。它们可以用来舀汤（scoop up），也可以蘸汤汁（sop up）来吃，实际上这就是英语中"汤"（soup）一词的来源。面食（用面粉加水和成的面团蒸煮而成）最早出现在中国（参见第二章），中世纪时出现于伊斯兰世界（参见第四章），随后才得到更广泛的传播。

很多种不同的种子都可以榨出油来，例如芝麻和芥菜种子，可以通过加热或者压榨的方式榨油，也可以将这两种方法相结合。谷物出芽后晒干，然后用水从中提取糖分，就能做成麦芽糖浆作为甜味剂。如果谷物中的淀粉先转变成糖分，就能酿出酒来。在美洲妇女咀嚼谷物时，她们口水中的酶能够促成淀粉转化成糖分。在中国，可能还包括印度，人们让煮至半熟的磨碎的小麦（有时也包括黍子）发生霉变，以便进行"发酵"。[49] 在埃及，人们将出芽的谷物晒干后磨碎，制成麦芽。在上述几个例子中，下一步都是要添加更多的谷物，通常都是煮过的，以促成微生物反应的发生，将糖分转化成酒精。[50] 20世纪50年代，植物学家乔纳森·索尔和人类学家罗伯特·布雷德伍德曾提出一个观点：人们之所以转向农业，是要为酿造啤酒建立起稳定的谷物来源。到了20世纪80年代，这一观点被所罗门·卡茨和玛丽·沃伊特重新提出。[51] 大多数社会因啤酒及其他一些酒精性饮料具有的令人兴奋的感官作用和浓郁味道，而对它们倍加推崇，这一点是很清楚的（图1.8），不过这是否是人们因此转向农业的动机，个中关系就不那么明显了。毕竟，在农耕出现以前，人们几千年来一直在用烹制谷物的方式做试验，并且发现没有哪种食物能够生产出如此多样又令人满意的产品。看上去更可能是因为它们的灵活性，才使得谷物变成一种具有耕种价值的作物。

最后也是最重要的一点是，虽然在公元前1000年，并非所有的谷物烹制都有助于养活城市人口，但真正做到这一点的也只有谷物烹制，而且这种情况一直持续到19世纪末期。我想它可能跟为大规模人口提供食物存在的巨大难度有关，尤其是在古代世界，城市大小通常与其军队规模相匹配。据估计，一个以根茎类食物为主食的个体每天要消耗重达16磅的食物，虽然这个数值看上去有点高。[52]不管真实数据如何，谷物的营养 - 重量比确实要好得多：平均每天只需大约2磅重的谷物，就能为一个人提供2500～3000卡路里的热量。[53]当所有的东西都要靠人力和畜力运送时，例如拉着牛车或乘着船以最快每小时3英里的速度缓慢前行，水分多、质

图1.8 图中的蝎子人身后跟着一头山羊，山羊身上驮着的饮料很可能是啤酒。该图取自一件大型器皿，是展现阴间宴会上人形动物的几件贝壳镶嵌板中的一件，其后的镶嵌板上展示了一把漂亮的牛头七弦琴。这套镶嵌板出土于公元前2500年的一座皇室墓穴。宴飨和悦耳的音乐都是圣典仪式的组成部分（Courtesy University of Pennsylvania Museum of Archaeology and Anthropology, 15207）。

量重的根茎（水分占80%）和水分少、质量相对较轻（水分占10%）的谷物之间存在的这种差别，往往是至关重要的。而且，谷物易于保存，至少能存放一年，通常时间更长，不像潮湿的根茎，一离开土就开始腐烂了。直到19世纪，伴随廉价而快速的蒸汽船和蒸汽机的出现，根茎类植物才能在供给城市人口方面与谷物一较高下。

但这并不是说用谷物养活一座城市或者一支军队是一件容易的事。一匹驮马能负载200~250磅重的谷物，足够10个人吃10天。问题是驮马本身每天也要吃掉10磅重的谷物（以及10磅重的草），所以除非沿途能补给上新的谷物，否则驮马一天消耗的口粮相当于5个人的量，不出三周驮马就能把自己驮的粮食全部吃掉。水路运输的效率要高一些，古代地中海一艘商船的载重能达到400吨，走水路横跨地中海的费用大约相当于陆地上马车走75英里的费用。[54]因此，陆路运输谷物时很少超过5千米，因为陆地运输的成本大约是水路运输的7倍，更是海路运输的25~30倍。所以，城市通常建在适于航行的河流或优良的港口附近，也就不奇怪了。

要想管理一座城市或者养活一支军队，统治者必须确保从劳动者手中获取谷物，然后运送到城市贮藏起来。有时他们会要求劳动者进贡谷物，有时也会采用一种实际上已经是农业企业的模式，让奴隶、农奴和其他一些几乎没有任何自由的劳动力种植谷物，随后他们又强征粮食充当赋税。更重要的是，与之前统治者巧取豪夺贵重金属、珍禽异兽和美丽女奴不同，谷物在进行加工后，又以报酬的形式重新分配给统治者的家人和护卫，虽然这似乎不那么富有吸引力。国君、帝王、地主和大的宗教组织，在货币发明之后的很长一段时间里始终维持着以粮代税的做法。

随着国家发展成为帝国，不管是在东南亚和太平洋上诸岛，还是在非洲的热带雨林或中美洲炎热的低地，根茎类饮食尽管历史悠久，但在世界舞台上逐渐变得不再那么重要（当然还是有很多人继续依赖它们为生）。由于根茎是热带地区消耗最多的一种食物，没有被卷入围绕谷物饮食的争论当中，在本书随后的章节中，大部分篇幅都是以谷物饮食为中心的。

不过，如果没有杵臼和石磨，谷物也是英雄无用武之地的。我的那台"马泰特"（磨盘，墨西哥语中叫"马泰特"，metate）被我放到了厨房的一个角落里，我经常把它拿出来，享受一下用肉、水果、坚果、香料和谷物做实验的乐趣。我非常欣赏这件工具散发出来的艺术性，就像那些现代雕塑一样令人动容。非常欣慰能有这样一件东西提醒我，无论城市还是国家，宫廷还是军队，书写还是计算，庙宇还是大教堂，最终都得依靠那些站着舂米或跪地磨面的人们才能存在。

饮食
高贵与卑微，城市与乡村，文明世界与游牧民族

伴随城市和国家的兴起，不同等级和社会地位之间的分野也越来越凸显出来。以前，这种分野在饮食上主要表现为帮工人数的多寡，以及类似不同部位的肉所代表的不同特权等；而此时，饮食直接分裂成了高贵和低微两极。虽然这两极依赖的主食相同，至少最初是如此，但有不同的主食和调味品比例，不同的菜品，不同的厨子、厨房，还有将烹饪知识代代相传的不同方式。以黄河流域和美索不达米亚为例，统治者、祭司、贵族和武士享用的是高级饮食，他们的臣民则以低微的饮食为生。更进一步的不同在于，吃谷物的群体会拿自己文明开化的国家与周围野蛮蒙昧的游牧民族做比较，并且断言游牧民族不吃谷物。生活在城市的穷人和生活在农村的人口相比，他们的低微饮食也是有差异的，近代以前的饮食史就是由这些差异所塑造。

在高级饮食中，肉类、甜食、脂肪和酒所占的比重很大，这些食物累计为贵族们提供了60%到70%的热量。最受欢迎的是瘦肉，大型驯养动物如牛、绵羊、山羊和猪身上味道比较好的内脏，家禽，以及狩猎时捕到的动物，特别是鹿、羚羊、瞪羚，也很受欢迎。一些需要深加工的原料，如手工去壳的最白净的谷物或面粉、油或者黄油、甜味剂和酒等，不会经常被用到，因为它们太昂贵了。盐的使用量则非常大。这种原料被罗马的百科全书式作家普林尼誉为文明人生活中至关重要之物，而历史学

家、传记作家普鲁塔克称之为最高贵的食物,中国新朝皇帝王莽则将盐比作"食肴之将",这些评价均出现于1世纪。[55]异国原料会在一些仪式上展示出来,用来向观众们显示"普天之下,莫非王土"(国君控制下的巨大疆域),提醒人们不管空间、生计还是交通运输,都在他的控制之下。为了唤醒疲软的食欲,人们专门设计了开胃菜、甜食以及被美食作家哈罗德·麦吉称为"欲望之精华"的酱汁,为此不惜动用昂贵的原料,投入大量的时间和精力,使之成为高级饮食的标志之一。[56]做这几种食物可没有省时省力一说:火焰熊熊燃烧,巨大的炉子贪婪地吞噬燃料,年轻的厨子们切的切,塞的塞,卷的卷,装点的装点,兢兢业业地准备将这些食物呈现到统治者面前。

高级饮食是属于宫廷以及奢侈程度略逊一筹的贵族府第所享用的饮食,他们将农产品作为贡赋和税收征收上来,进行加工、烹饪,再分配给皇室和军队。直到几百年前,宫廷御膳房一直维持巨大的规模,人员配备曾多达数百甚至数千,包括不同等级、不同专业领域的厨师、糕饼师和洗碗工。我们完全有理由将这些御膳房视为历史上最早的制造型企业,它们进行的食品加工工作,如今已经改为在工厂中完成。御膳房中有一个部门专门负责为国君及其近身随从制作高级饮食,还有一个部门负责为贵族准备膳食,不过奢华程度就稍逊一筹了。此外,还有一个部门专做一些粗茶淡饭,供皇宫里的体力劳动者食用。在为权力营造光环方面,高级饮食的重要性丝毫不亚于豪华的宫殿和高耸的金字塔、紫色的亚麻和绚烂的丝绸。在伦敦杜莎夫人蜡像馆有一个展现英国皇室宴会场景的蜡像作品,一直到19世纪末它始终是该馆最受欢迎的展品。无数平民百姓排队前去参观,他们的手指轻轻滑过皇室蜡像身上奢华的服饰,眼睛紧紧盯着餐桌上丰盛的晚宴。[57]

宫廷御膳房是政府部门的一个重要分支,其功能包括以实物形式为皇室的工匠和官吏提供报酬,做出丰盛的食物彰显国君对各种资源的控制权,以及保持国君的身体健康,并且为经常随他出行的精锐军队提供食物。这样一种责任范围,解释了为什么像中国的伊尹和法国纪尧姆·蒂雷尔这样的厨师(行政大厨兼总事务长)能够获得非常高的官阶,后者还被法王查理五世擢升为警卫官和膳房执事，这样的官衔通常都是为贵族保留的。这就不难解释为什么弗朗索瓦·瓦泰尔在自己以致敬路易十四之名准备的款待数百名宾客的宴会上因供应不足而失败后，竟然会做出自杀的举动。[58] 大厨们跟皇家园丁、猎手、其他食物供应者以及管家和医师一样，都是男性专业人员。大管事（steward）也叫维齐尔（vizier）或宫廷大臣（chamberlain），由地位较高的贵族担当，他们和主厨一起，仔细记录进出膳房的各种食物明细，确保一些重要的宴会严格按流程进行。为了让国君身强体壮、智力超群又勇气过人，御医会和主厨一起合作制定食谱。他们还会一起监测食物通过人体所需的时间，国君舌苔的变化、尿液的颜色、粪便的黏稠度，以及各种体液的平衡。为了预防和治愈各种疾病，厨师会像药剂师一样把各种物质混合搭配起来，好比把食谱和药典合二为一。汉语中的"方子"就像英语中的"单据"（receipt）一样，都能表示食谱和处方两种意思。

宫廷里有专门的用餐空间，如宴会厅，人们进餐时会使用大量专门的餐具，例如苏美尔人用银制叉子、希腊人用绘有图案的酒器，以及中国人用上漆的筷子。祭司进行祈祷，舞者和艺人负责表演，乐师为进餐奏乐，祈求万物和谐统一。人们为进餐这件事设计了极其复杂的礼仪规范，明确规定了谁应该跟谁一起用餐，谁可以在旁观看，人们应该穿什么样的衣服，应该谈论哪些话题以及是否要保持安静，每道菜应该按什么顺序进食，以及应当如何将食物送到嘴里。统治者要么单独进餐，要么和地位较高的家族成员或官员一起吃，他们的座次反映了他们的等级。在印度，国王总是坐在一张椅子上独自进餐，他面前的桌子上摆满了各种佳肴，一群弦乐师演奏着怡人的音乐，在膳房附近的凉亭里女侍者为了让国王吃得舒心，不停挥动着拂尘和扇子。在中国，皇帝的进餐仪式被布置成一场显示天子威仪的展览，他们（至少在正式进餐时）从不碰外来食物，也从不与来访的外国人共同进餐。

最终，高级饮食以文献资料的形式记载了下来，其中包括详细罗列出祭祀程序或酿酒步骤等内容的颂歌和祈祷文，也有详细说明原料和饮食技巧的食谱，有关王权和地产管理的手册，进入御膳房的各类食物记录，以及各种药典和有关饮食营养学的著作等。

低端乡村饮食指的是小农阶级总体的饮食，我使用这种表述只是用来指代那些为了生计从事农耕，并且生产出来的农产品必须要用来缴纳贡品和赋税，而不是拿到市场上卖掉的农人。他们占总人口的80%到90%，其日常饮食在方方面面都与高级饮食截然相反。做饭的都是女性，她们通常在户外花费几个小时不停地处理根茎和谷物，又舂又碾。她们一般把谷物和腌渍物储藏在家里以备荒年之需，而且常常和家畜分享空间。

燃料、水和盐价格昂贵，限制了厨师在厨房里的发挥。在开始做饭之前，这些厨娘得四处搜集一些能燃烧的东西——灌木枝、海草、粪肥和荆棘枝等。燃料耗费最少的蒸和煮是使用最广泛的烹饪方式。通常一天只准备一顿热食，其他的都是冷食。为了满足做饭、饮用和洗涤的需要，每人每天要用1~5加仑的水（而现代美国人每天要使用大约72加仑的水，3加仑水重约24磅），这些水都得从河里或井里打来。[59]盐是奢侈品，通常要留着用来制作咸味腌制品，好用来就着无盐的稀粥或面包食用。

在古典时代，普通乡民所需的热量中有70%到75%来自根茎类植物和谷物，这一比重会随着人口密度、战争、流行疾病和农耕状态等因素的变化而变化。举例来说，有大量证据表明，在14世纪中期黑死病爆发以后，由于人口数量减少，幸存者的饮食水平要比以往好得多。伴随19世纪、20世纪世界范围内的人口快速增长，到了20世纪80年代，谷物仍然养活了埃及和印度的绝大多数人口，占其所需热量的70%，中国则多达90%，而且养活了世界上20亿饥饿人口中的很大一部分。[60]为了让这些淀粉类食物更容易下咽，就像中国人说的"下饭"，穷人们又加上了洋葱、一些煮过的绿色蔬菜、少许廉价的肉糜、鱼干，或者加些设陷阱捕来的小飞禽和动物的肉。晒干的豆子更是穷人饮食的象征，这种廉价蛋白质虽然吃了容易排气，但是因为消化得慢，所以能带来较长时间的饱腹感。他们还喝粥和水（不过农村和城里的水源通常都被污染了），饮寡淡的啤酒和掺了水的葡萄酒。他们吃饭时没什么仪式，直接用手指或勺子从普通的碗里取来吃。这种饮食也被留存了下来，只不过不是通过文字，而是通过各种俗语和民歌流传了下来。

简陋的饮食也颇为美味。尤其是主食，都是以最高标准来判断的。毕竟，如果一个人的食谱当中包含了大量面包、米饭及其他一些主食，他的洞察力就会变得越来越强。作为佐料的则是各种容易找到的原料（通常是蔬菜）的精致组合。20 世纪 60 年代我曾经在尼日尔河三角洲生活过，发现当地的伊博人为了回到根茎类饮食，会按照山药的年份仔细地对它们进行区分，方法就是根据春捣所需的技巧，以及棕榈油和辣椒酱等调味品的味道。20 世纪 90 年代，我曾经在墨西哥品尝过当地农民所做的玉米饼，其饼皮之薄之香、辣番茄酱之美味难挡，足以让人无法再忍受城市里随处可见的硬纸板一般的玉米饼，对于食物选择多样的城里人来说，玉米饼只是一种调剂而已。用谷物、根茎、蔬菜和一点肉做成的食物听上去非常无聊，但是如果加上夏天的新鲜香草、秋天的新鲜蔬菜、圣诞节前屠宰场鲜杀的肉，以及冬天的根茎和晒干的豆子，就变得富有风味，例如欧洲人知道的蔬菜炖牛肉汤、法式浓汤、意大利蔬菜杂烩肉、马德里传统烩菜、阿根廷杂烩和西班牙大锅菜。过去，哪怕是事业成功的人，每天仍然吃着同一种食物，例如出身于著名的加泰罗尼亚酿酒家族托雷斯家族的玛尔玛·托雷斯，她的祖母"年轻时每周都要吃五次到六次西班牙大锅菜"，但是对于已经习惯了货架满满当当的现代超级市场，每天都吃不同食物甚至不同风味的当代人来说，很少有人能够如此。[61]

低端饮食总是缺乏安全保障，完全取决于天气、土壤和肉食动物等农人无法控制的因素。虽然出现饥荒的次数相对较少，但是食物短缺的情况经常发生，尤其是在收获之前。因而，确保有足够吃的食物是当务之急。日本民谚有云："饱满便为善。"[62]而当我问一位墨西哥农民为什么特定的某种食物会吸引那么多人时，他的回答也是"因为它能填饱肚子"。农村人口承受沉重的租税负担，他们要么以实物形式（也就是食物）支付，要么用服劳役或做奴隶来代替。种粮食不仅需要细致的规划，还要做到一丝不苟、勤俭节约。当春夏之交供给不足时，谦卑的农人们就得勒紧裤腰带，俭省地生活。他们充满警觉，与霉菌和老鼠周旋，这些家伙有时能毁掉多达半粮仓的粮食。农人们会先拿出一部分粮食以供来年耕种，然后储备足够吃两年到三年的粮食，以备颗粒无收或田地被军队毁坏时食用。[63]当食物实在短缺时，人们会依次寻找各种能吃的东西，从野生食物和动物饲料到玉米种子和种畜，再到树皮和泥土，一样比一样更难以下咽。有证据表明，当人们被饥荒逼到穷途末路时，他们会硬着头皮食用死尸。[64]生活在海滨或河流附近的人们能够以廉价的成本运送谷物，而农村人口和城市中的穷人却不得不忍受当地的暴政。

最常见的情形是，靠低端饮食为生的人和享受高级饮食的人相比，通常个头更矮，更缺乏活力，也不那么聪明。智力发育迟缓和智力缺陷现象虽然并不局限于农村人口，但在农村的发生率更高，孕产妇和幼童营养不良，偏远山区碘的缺乏，以及缺铁等，是造成这一现象的几个可能原因。意大利历史学家皮耶罗·坎波雷西曾评论说："饥荒有一个副作用一直没有得到应有的重视，那就是智力健康水平出现了令人惊诧的下降，此前已经出现了不稳定和摇摆，因为即使在'正常的'年月里，半吊子、傻瓜和呆小症患者也构成了一个相当密集和普遍的人类群体（每个村子，无论大小，都有那么几个傻瓜）。糟糕的营养水平加剧了生物学上的缺陷，而已经被严重破坏了的心理平衡……则出现了明显的恶化。"[65]彼得·加恩西和史蒂文·卡普兰是研究食物的历史学家中最清醒、最仔细的两位，前者考察的是古代的食物，后者则是18世纪法国面包研究的专家，他们都同意并引用了坎波雷西的论点。[66]卡普兰指出，原本由上帝赐予并且由国王保障的面包，在大多数情况下却变成了噩梦，被掺入霉菌和杂草种子之后用来毒害穷人。

占古代城市人口多达90%的城市穷人，他们的低端饮食和农村的不同，通常更丰富，也更具多样性，如果撇开生活在最底层的10%人口不说的话（他们的食物才真叫悲惨）。公元前2世纪，伟大的罗马医生盖伦曾经说："收获一结束，城市居民便会搜集一年所需的粮食贮存起来，他们从农民手中拿走所有的小麦、大麦、豆子和小扁豆，将剩下的留给农民。"[67]当代历史学家帕特里夏·克龙对此呼应道："这种'盈余'不应被想象成某种剩余或多余的东西，不管国家和/或地主以赋税和/或租金的名义从农民那里榨取多少东西，只要这种转移不至于把农民全部消灭，它就会被定义为'剩余物'。"[68] "鸡是农民的,吃鸡的却是城里人。"农民们如是说。[69]他们抱怨,城市就像一个巨大的无底洞,狼吞虎咽着各种食物,然后又将它们排泄到发臭的阴沟、堵塞的下水道和被污染的河里。另一方面,城市居民又比他们在农村的亲戚们更容易遭受食物中毒和水生寄生虫的侵袭。一旦城市被围困,它的居民立即就会面临饥荒。

没有多少城市居民会吃贫苦农民做出的家常食物。很多城里人都是年轻的单身男子,他们要么住在没有烹饪设施的窄小屋子里,要么住在主人或雇主家里。火灾是他们面临的最常见的危险。由于燃料和水都很昂贵,街边小吃和外卖食品大为流行,就跟现代世界的一些大城市一样。其他一些劳动者靠雇主发放的食物抵偿工资的一部分,甚至全部。精英群体由于惧怕饥饿的暴徒会掀起暴乱,因此总是确保他们能得到食物。城市里尽管只生活了总人口中极小的一部分,即使在罗马帝国的鼎盛时期,居住在罗马的几百万人口也仅占总人口的2%而已,但将食品经济拓展到了极致。

仆人和奴隶充当了高级饮食和低端饮食之间的桥梁。他们在宫廷和贵族的厨房里学会了如何吃那些从前在村子里做梦都吃不到的佳肴,而且肯定少不了跟家人说长道短。有时,他们也会给那些吃腻了山珍海味的老爷们做上一两道简单的菜肴。因此,富人吃什么、怎么吃,穷人知道得一清二楚,尽管那些食物是他们既无法复制,也不敢妄想的。

牧民们在不适宜耕种的土地上放牧,用动物或诸如奶酪的动物制品,以及保护费来换取谷物。他们的饮食与农民相似,只是多了些牛奶和奶酪。虽然今天的游牧民族在烹饪领域并没有大放异彩,但是从最早时直至14世纪,在游牧民族和定居民族之间始终存在持续不断的交换。游牧民族会送自己的子弟去帝国首都学习,而作为一种和亲政策,他们也会把女儿嫁给帝国的精英阶层以换取和平。结果,高级饮食便为了迎合游牧民族的口味而做出了一些改变。用中亚研究领域的先驱学者欧文·拉铁摩尔的话说:"只有最贫穷的游牧民族,才是真正的游牧民族。"[70]

古代饮食哲学

人类学家认为，如果说烹饪为人体开启了一系列的生理变化，从而发展了脑容量，使人能够进行更复杂的思考，那么思考的人类又反过来发展出了关于食物、烹饪和饮食的复杂理论。当公元前3000年结构复杂的国家和帝国逐渐成形时，伴随同时期文字书写系统的发展，最早期的史诗、祈祷书、哲学观念、药典、法律文件和政治手册中无不贯穿着这些主题。在中东地区，它们曾出现在史诗《吉尔伽美什》、美索不达米亚城市的账簿、《利未记》、琐罗亚斯德教的《阿维斯陀》中；在地中海地区，曾出现于《伊利亚特》《奥德赛》，希波克拉底和盖伦的文集，迪奥斯科里季斯的《药物论》，柏拉图、亚里士多德和斯多葛学派的著作中。在中国的文献里，从儒家经典和道家著作到历史作品和诗集，再到《黄帝内经》和《神农本草经》，也都发现了它们的影子。在印度的《吠陀经》，古代印度医生遮罗迦、妙闻的医学和药学经典，《摩诃婆罗多》《政事论》中，也是如此。[71]这些文稿的作者都属于当时掌握了书写技能的少数群体，但他们引用、拓展和系统化的那些观点看起来应该是为当时社会所普遍接受的。

此外，尽管当时各个社会之间和社会内部存在各种差异，但这些作品还是揭露了许多被广为分享的态度。考虑到各个社会在烹饪方面共同面临的各种困难，以及不同社会长期以来一直保持接触交流的历史，这一点也就不足为奇了。上面提到的作者将整个世界看成是一个包容、有序、充满活力的宇宙，而不是一个巨大的未分化总体。无论矿石、蔬菜、动物，还是从普通人到国王的人类，以及鬼神，都是按照等级制度来划分的。这个宇宙诞生于不那么久远的过去，将来有一天也会灭亡。旭日东升，夕阳西下，形成一道天国的穹顶，将整个宇宙包围起来。烹饪推动了宇宙发生变化，人类垦荒种地、炊煮烹调，正是对这种变化所做的模仿和改良。

这种对世界的想象背后体现的是古代烹饪哲学，它以下面三个原则为基础：一是等级制原则，即认为每个等级的生命有机体都必须有与其相对应的食物和消耗食物的方式；二是祭祀交易原则，即明确指出人类应该向神明贡献食物，作为报答神明先前提供食物的象征性餐食，并在祭祀仪式结束后吃掉剩余的餐食；三是烹饪宇宙理论，这种理论坚信烹饪是一个基础的宇宙过程，在一个涉及年龄、季节、指南针方位、颜色、身体部位及其他世界特性的复杂的对照系统中，食物是其中一个组成部分。

在确立等级制原则之初，每个等级的生命有机体，包括那时被视为有生命的矿石，都有其相对应的营养物质和饮食方式。矿物和植物靠水和土壤来滋养，动物独自站着吃生肉或蔬菜，人类则用或倚或坐或跪的姿势，与同伴一起吃烹煮过的肉和粮食。《诗篇》有云："牛吃草，人吃面包。"对于上埃及阿佛洛狄托村的村民来说，像野兽那样吃生的植物无异于挨饿等死。[72] 位于最高等级的神明则以烹饪产生的香气为食——琼浆玉液和美味仙馔的芳香，或是烹煮过的肉和葡萄酒、啤酒飘散出来的香味。

在这个总的等级制度内部，又有一个人类等级制度，为本章前面部分描述过的各种饮食的区分正名。无论贵族还是农民，抑或贫穷的城市居民，无不视游牧民族为洪水猛兽，他们赶着自己的牲畜，穿过一片片不宜耕种的土地。定居者的恐惧和蔑视来源于这样一个事实，即凭借马匹和骆驼机动作战的游牧民族曾一次又一次征服了定居者生活的区域，觊觎定居者的财富，包括他们的饮食模式。在地中海、中东和中国，定居人口甚至称他们过着茹毛饮血的生活，几乎不是人类。在美索不达米亚一则著名的故事中，当一位年轻漂亮的姑娘宣称要嫁给一位牧羊人时，她那当农民的双亲说道："他不认得粮食，刨松露的样子就像一头猪……他是个吃生肉的人。"[73] 生活在现今乌克兰地区的斯基泰人对于文明开化的农耕和烹饪技术一无所知，他们是逐水草而居的人，过的不是安土重迁的生活（在希腊人眼中，这对于社会地位较低的人来说，相当于一场道义战争）。而正如前文所述，中国人则将生活在边境的游牧民族描绘成不会用火也不会食用谷物的人。[74]

相比之下，定居民族将自己描述成文明开化的人，完全地人性化，生活在有大大小小各种城市的社会里，吃着煮熟的粮食和肉。按照荷马的说法，大麦做成的食物和小麦粉是"人之精华"。[75] 在巴尔干、意大利、土耳其、中国、日本和其他一些地方，可以用同一个词表示谷物和饭食（在希伯来语中是"lehem"，在希腊语中是"sitos"）。[76]谷物的生长周期与人类的生命周期是平行的，播种和收获时进行的仪式，就好比人们在出生和死亡时的通过仪式一样。[77]然而，尽管谷物标志着文明开化，但是社会等级较低的人所能吃到的，也不外乎不那么尊贵的粮食和最黑的黑面包而已。一个人的社会等级越高，能吃到的粮食就越珍贵，面包或米饭也就越白。

等级制发展的顶峰便是君主制，君主成为宇宙的中心，维持着自然世界与超自然世界之间的平衡。他的宫殿和城市都位于其地理中心。他本人则变成了变革的推动者和命运的承载者，因此要吃最能增强体力的肉和最精致的谷物菜肴，因为国家能否长治久安要取决于君主的健康状况。既然人们普遍相信等级和饮食之间是有因果联系的，因此吃比自己等级低的人或动物的食物会把用餐者变成一个低级的人，甚至是一头野兽。在古代世界，所有的厨房和宴会之所以都安排得秩序井然，就是为了确保同一等级的人能吃到同样的食物。而君主由于位居万人之上，经常独自进食，或者和直系亲属一起吃。就连地位低下的人，也因为担心被降格为动物而拒绝吃生食。

既然饮食很大程度上决定了一个人的道德立场和智力水平，地位低下的人自然不被认为有可能成为贤德之人，因此高等级的饮食就成为一个社会的必需。人们相信吃精心烹制的高雅食物能够让人身体强健、德才兼备且容貌超群，即能成为贤德之人。[78]从罗马诗人尤维纳利斯那里流传下来的一句口头禅表达了这一普遍观点："拥有健康的身体即获得健康的心智。"话说回来，尤维纳利斯这句话十有八九也是从希腊人那里学来的。盖伦曾如是说："食物能让人更善良，也能让人更道德沦丧，更放浪形骸，也更保守内敛，更勇猛，也更胆怯，更野蛮，也更文明，或者更容易陷入争端和打斗。"它能"加强逻辑清晰的人的美德，让人更聪明、好学、谨慎，从而获得更美好的回忆"。[79]印度的《吠陀经》也传递了同样的讯息："人应崇拜食物，因它能使一个人穷尽其所有才能……所有的无知和束缚因食物而终结。"[80]

正如食物和烹饪决定一个人的社会地位，它们也是各种社会和政治关系的象征。举例来说，盐象征永恒和不朽，因此代表订立协议、忠贞不渝。短语"食人之盐"在苏美尔语中表示达成协议或调解。"盐约"所指的就是上帝将以色列的王位作为礼物赠予大卫及其子孙后代。"我们即食御盐"是公元前5世纪波斯官员对皇帝表示忠心的誓言。近2000年后在阿萨姆，当莫卧儿皇帝贾汉吉尔的士兵们意识到即将败北之时，他们用这样的话语来迎接死亡的到来："我们既已食贾汉吉尔之盐，唯有舍身成仁，以此保佑阴阳两界。"[81]

各种食材在锅中实现了和谐统一，因此锅通常象征文化和国家。[82]在古希腊，每建立一处新的殖民地，殖民者就会从母城带去一口大锅和一些火种。儒家学说认为，君王也必须像一名厨师那样，为社会实现和谐统一："和如羹焉，水火醯醢盐梅以烹鱼肉，燀之以薪。宰夫和之，齐之以味，济其不及，以泄其过。君子食之，以平其心。"[83]几个世纪后，奥斯曼帝国苏丹的禁卫军推倒了为他们烹饪定量口粮所用的大锅，以此作为反抗的象征（参见第四章）。

通过向神明献祭确保有个好年成，是君主对其臣民应负的责任。[84]君主获得的好年成的一部分，随后会以仁心善举的形式传给他的拥护者。古代（以及后来的）王国举行的大型盛宴和将剩菜作为礼物予以赠送的行为，除了彰显"普天之下，莫非王土"，还是一种交换忠心的方式。在市场经济出现以前，将统治者与被统治者联系在一起的正是这种仁爱之心。历史学家艾米·辛格简洁地将之表述为"喂养的权力，以权力为食"。[85]在中国，如果因为君主及其官僚的腐败或与上天失和，致使祭品没能实现目的，有实力的农民会认为他们有权利揭竿而起。[86]

神明与凡人之间的祭祀交易，与君主对臣民的恩泽和臣民对君主的亏欠是相平行的。神明、祖先和鬼魂无处不在。[87]神明创造了宇宙和人类，赐予凡人五谷以使之开化。中国的神农氏和五谷之神（后稷）、巴厘岛上的稻米和生殖女神斯里、泰国主掌水稻和生殖的丰收女神，以及希腊的谷物女神得墨忒尔，都是非常善良的神明。巴比伦人说众水之神伊亚"将带来财富的丰收，清晨他会从天上撒下面包，夜晚则会让小麦如雨水般从天而降"。[88]

作为回馈，神明要求凡人在祭祀仪式上敬献食物。按照《诗经》中的说法，教给中国人祭祀之礼的是传说中周朝的始祖后稷，当蒸黍和烤羊肉的香味从祭祀的容器中传来时，后稷惊呼："胡臭亶时？"公元前8世纪，在希腊诗人赫西俄德所著的讲述众神之诞生的史诗《神谱》中，希腊众神中最伟大者宙斯指示凡人，他们应"在芳香的圣坛上焚烧白骨献祭神灵"。[89]祭祀时凡人献上食物，希望神明能回报以五谷丰登、战场告捷和多子多孙。这样的祭祀一遍又一遍地重复着，维持也再现了万物和宇宙的和谐。跟赫西俄德的《神谱》一样，希伯来的《利未记》、印度的《吠陀经》和儒家的《礼记》说的也都是祭祀。这些作品解释了祭祀礼仪的起源，向统治者介绍了仪式该如何举行，并且记录了仪式上要唱的颂歌和要说的祝祷词，这其中有很多是只局限于祭司阶层才能了解的秘密，祭司所受的主要训练就是要将这些内容烂熟于心。

献祭用的祭品（请神明享用的食物）绝大多数来自加工过的栽培作物（谷物和谷物食物、酱汁、酒）和家养动物。美索不达米亚人和希腊人的祭品是大麦，罗马人是小麦，中国人是黍，日本人是糯米，中美洲人则是玉米。《利未记》中说："凡献为素祭的供物，都要用盐调和。"[90]作为一种带有巫医性质的物质，盐被撒到火上时能够使之改变颜色。在印度，通过加热得到净化的黄油（即印度酥油），能让火烧得更旺。葡萄酒、蜂蜜酒、麦芽啤酒和米酒都被当作祭酒使用。

在印度人眼中，有50种动物适宜用来献祭以及食用，包括马、牛、绵羊、山羊、猪、猴子、大象、鳄鱼和乌龟等（相形之下，我们现在的饮食口味真的是小巫见大巫了）。在印度-伊朗语系中，仅仅一个单词就能涵盖驯养动物、牛和牺牲这三种含义。[91]在中东，用来献祭的牺牲包括牛、绵羊和山羊；在希腊是公牛、绵羊和山羊；在埃及是公牛，不过底比斯是公羊；在北欧是马、牛、绵羊、山羊和猪；在中国则是猪、狗、绵羊和山羊。就其实际意义来说，献祭和宴飨解决了大型动物肉类的存放问题，因为一次即可消耗殆尽。

人是世界上最宝贵的动物，用人当祭品是最极致的献祭。正如《创世纪》中所描述的，上帝命令亚伯拉罕将他的独子以撒带到指定的一处地点，并命他建起一座祭坛，堆上一些木材，让以撒站上去。他本要将以撒杀死，方法十有八九是割喉，好放干净以撒身体里的鲜血，然后将他的遗体作为祭品燃烧，香气传到上帝那里。最后时刻，上帝恩准亚伯拉罕献上从附近树丛里捉来的一头公羊代替以撒。[92] 尽管上帝解除了亚伯拉罕以子献祭的责任，但是有证据表明，人祭在人类历史上是普遍存在的一种现象，并且延续至相对较晚近的时期。大约公元前500年，西西里的统治者革隆在与迦太基人签订的一项条约中，将放弃人祭列为其中的一个条件。[93] 在秘鲁的奇穆文化中也曾出现过人祭现象。在阿兹特克人建立的特诺奇蒂特兰城中，祭司会用黑曜石刀剖开陪葬者的心脏祭祀。

成书于公元前4世纪—前2世纪的《左传》中这样说："国之大事，在祀与戎，祀有执膰，戎有受脤，神之大节也。"[94] 甚至富有的罗马人也不会供养战俘，而是通常将之杀掉。实力不强的小国由于长期面临食品的缺乏，更是将战俘视为一种负担，而将之用作人牲不失为一个解决之道。

无论用什么动物当祭品，势必都会洒下不少鲜红的热血。《利未记》（17：14）这样说："论到一切活物的生命，就在血中。"中国人、希伯来人和希腊人都认为，肉体即由血液凝固而成。亚里士多德说，食物被吃进动物肚子，最终变成它们身体里流淌的鲜血。因此，很少有哪个社会对血持中立态度：要么高度推崇，要么严格禁止。前一个群体有从动物身上取血的游牧民族，有欧洲一些放干净动物尸体里的血并用来制作血肠或稠酱汁的民族，还有中国人。直到今天，在中国香港仍有许多母亲会在考试前给孩子喝猪血汤，让他们保持思维敏捷。后一个群体则包括犹太人和穆斯林，他们屠宰动物是为了将其体内的血液全部清除干净。[95]

祭祀仪式之后，随之进行的便是祭祀宴飨——人们坐下来享用神明吃剩下的被赋予神圣力量的食物。在此过程中可能会吃到被献祭的人牲的肉，这当然不是因为饿疯了，而是因为其背后隐含分享神明剩菜的逻辑。至少在公元前第三个千年，一些北欧人是会吃牺牲的大脑的。当天主教耶稣会士谴责巴西的科可马人吃死去同伴的肉，在喝的酒里加入磨碎的骨头时，据说后者回应道："与其被冰冷的大地吞噬，不如入友人腹中来得好。"[96]阿兹特克人会在金字塔杀掉人牲献祭，然后取他们的肝脏来吃。尽管如此，在祭祀宴飨上人们还是以食用烤制的献祭用的动物身上的肉为主。

　　祭祀和宴飨可以是有多个国家参与的大型集会，也可以只包括少数家族成员。担当主祭的可以是祭司、统治者，也可以是家族的首领。宴会上的食物有的开放给全部人群食用，有的则囿于某个精英集团独享，整体氛围可以庄重严肃，也可以是酒池肉林，纵情畅饮。祭祀的物品可以极尽奢华，也可以简单质朴，献祭者可以是祭司、君王或者普通民众。有时只是宴饮前一个简单的小仪式，会在户外的小型神祠里举行，有时则是非常复杂的国家仪式。在希腊，集会开始时要祭祀，任命法官时要祭祀，交付任务时要祭祀，军队出征前要祭祀，打仗前夕要祭祀，奥林匹克运动会开幕时要祭祀，签署协约前要祭祀，就连建立新殖民地时，也要用一把肉叉、一口锅和一把从母国带来的火种举行一番仪式，更别提生老病死、婚丧嫁娶等场合了。有的人会在敬畏中掺杂一丝怀疑的态度，在正式的语言表达中糅合一些轻松的对话，在庄严肃穆的氛围中制造一些欢乐喜庆的气息。在公元前4世纪末的一部希腊戏剧中，某个角色对整个祭祀过程进行了一番讽刺，显然希望以此赢得观众的笑声，他抗议道："瞧这些野蛮人是怎么祭祀的！他们拖来了长椅和成罐的葡萄酒，却不是为了众神，而是为了他们自己……他们献给众神的不过是些粮食屑和下水，根本难以下咽的东西，好东西都被他们自己吃了个精光。"[97]不过，可能绝大多数人还是把祭祀当成一种可理解、可操作的处理超自然世界的方式。

　　饮食秩序论是古代饮食哲学的第三大核心。体液系统论认为人体内的体液决定了一个人的性情和健康，而饮食秩序论比体液系统论更具包容性，它认为烹饪本质上也是一种宇宙进程，只不过是厨师在厨房里模拟而成的。印度《吠陀经》将烹饪定义为"物质的混合与完善"。[98]中国人则将厨房里发生的一切描述为"切切煮煮"。[99]通过烹饪，除去了糟粕，揭露了所饮食之物的真实质地和本质。[100]熟食优于生食，煮全熟好过半生不熟。吃没煮熟的食物或者相互犯冲的食物一起吃，通常是引起疾病的主要原因，个中原因要么是食物在体内停留的时间过短，来不及消化吸收，要么就是在体内停留时间过长，导致腐化变质。和其他食物一样，水也是煮开后（通过加热）饮用才更健康，不过人们何时学会烧水喝的，这一点尚不清楚。[101]

日光和月光，一个如火焰般炽热，一个似流水般清寂，却同是整个宇宙得以维持运转的驱动力，正如同火与水是人们在厨房里改造食物的首要原动力一样。现在我们知道，火并非粒子的运动，它本身就是一种事物，看得见，摸得着，烧到了会疼，加燃料，它会舞得更旺，不理它，它会缓缓熄灭。灼热的阳光洒向大地，让动植物苗壮成长，而它们死后的残骸凝结成煤和石油，然后再熔化岩石，化作岩浆，在火山爆发时喷涌而出。[102]希波克拉底在他的《论养生》（On the Regimen）中解释："热量或曰火，构成了人体一切功能的基础，恰如火令种子破土而出，自由地支配和控制整个宇宙，是一切消耗和生长的源泉，不管是可见的还是不可见的：灵魂、理性、成长、运动、衰退、排列方式、睡眠、良知等所有的一切，持续作用，永不止息。"[103]水银般苍冷的月光化作雨水落下，然后如赐予生命的琼浆般被植物吸收，或者消失于土壤的缝隙之中，在那里凝聚成金属。当水从土中喷出时，其形式便是雾、露水以及滋养生命的河流。

从出生到死亡的生命循环和宇宙秩序一样，或者用亚里士多德的话说，从生发到腐坏的过程也是以火和水为动力的（图1.9）。种子被煮成晶体（19世纪以前，人们普遍认为晶体是有生命的）或化为柔软多汁的幼苗。从幼苗破土而出的那一刻起，这种"烹煮"就一直发挥作用，直至它成熟，结出果实和谷物。按照希腊人的说法，炎热干燥的环境会促成各种香料的生长，而在地中海这样气候适中的地区，则会产出葡萄和各种谷物。相反，生的植物通常又冷又潮湿，非常危险。[104]太阳一旦落山，植物就会死去，它们的叶子慢慢变黑、凋谢、腐烂。至于人则是在子宫中发育成熟的，子宫就像一个热气弥漫的蒸锅，在其中男性的种子与女

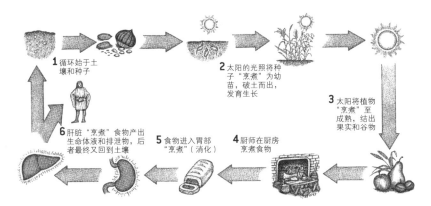

图 1.9 从古典时代到 17 世纪，人们一直认为火和烹饪是宇宙烹饪循环的驱动力。在世界其他地方也发现有类似的体系（Courtesy Patricia Wynne）。

性的体液相结合。如果发育过程不完全，生出来的人就会粗糙、肤浅而粗鲁，如果发育速度特别快，又会过了头，导致发育过度。生活在加利福尼亚的美洲原住民会把青春期少女放置进地坑式的炉子里，以加速她们的成熟过程。[105]

人类通过两种方式干预了上述这些宇宙烹饪循环。第一种方式是种植植物，即对植物的孕育。栽培植物可以理解成对植物的汁液进行烹煮，直至植物纤维软化，整个过程就好像把植物煮熟一样。植物的栽培和人类的耕作文明，都是烹饪带来的结果。第二种方式则是利用厨房。烹饪需要用到"大地的果实"，也就是通常所说的农产品，通过将它们混合来实现不同特性之间的平衡，然后在厨房里以火烹之。譬如葡萄，通过进一步的烹制或装入木桶进行发酵，最后变成了流动的火焰。

当煮熟的食物被人类消耗时，会进入湿热如蒸锅般的肚子里，在那里继续进行烹煮（消化）。（如果人肚子里有火这种观点现在听起来有些幼稚和不现实，那么我们的胃里含有腐蚀性盐酸的事实，对古人来说也就同样难以置信了。）食物首先被转化成白色的液体（即乳糜），然后被分成血液和粪便。血液是人体之火的燃料，还能为人体补充精液，即一种包含生命之种的液体；粪便（废弃物或残渣）则被排泄出去。至少希腊人的理论是这样描述的。印度人和中国人的观点也与之类似。印度医生假设火能够按顺序依次消化食物，在去除粗糙的物质后，让人拥有更健康的身体和灵魂：血液和粪便，肉体和浑浊的尿液，脂肪和汗液，骨头、骨髓和精液。中国的道家学派认为，人体肠胃中的所谓"三焦"将食物转化成汗液、唾液、胃液和血液。

我们所说的发酵则是一个难解之谜。发酵是烹饪开始转向腐化变质的时候发生的吗？还是像某些古典哲学家所认为的，与盐和酸的融合有关，毕竟跟后者一样，发酵也会产生气泡？又或者像道家可能认为的那样，正是这些气泡使得发酵好像在蒸锅中煮液体一样，也是一种烹饪的形式？在中国，当人们在厨房进行发酵时，是不允许有身孕的女性进入的，因为担心子宫中孕育的新生儿会干扰到进行中的发酵过程。[106]直到16世纪，发酵即烹饪的理论一直都是主流观点。而科学家们开始理解这一现象，则是三个世纪以后的事了。

跟宇宙万物一样，食物也是由三种到五种基本元素或原理构成的，例如火、水、木、铁和空气，但是这些元素与我们所理解的不同，是可以以任何比例组合在一起的。[107]希腊和印度的理论认为，这些元素中有一个在宇宙和人体循环的体液当中占据主导地位。宇宙中不同的空间有着不同的液体平衡。古代印度人认为，印度河流域充满干热的液体，恒河流域的液体则十分湿热。赞同希波克拉底理论的盖伦后来表示，凯尔特人苍白的肤色和冷静的性情是北方阴冷潮湿的液体造成的，而非洲人黝黑的肤色和易怒的个性，则是南方炎热干燥的液体的结果，他们自豪于自己的土地上液体的平衡最有利于提高身体、道德和智力的健康水平。

在印度医生看来，与风相对应的是空气或呼吸，风是和呼吸以及心脏的跳动联系在一起的。与胆汁相对应的是火，胆汁是和食物以及思想的消化联系在一起的。与黏液相对应的是水，黏液是与身体的平稳运行联系在一起的。印度传统上将人的性情划分成三种极端：热情火爆型、平和宁静型，以及懒惰无趣型（根据希波克拉底的学说，占主导地位的体液，不管是血液、黏液、黄胆汁或者黑胆汁，决定了一个人的性情是血液型、胆汁型、黏液型还是忧郁型）。进食可以改善人体内的失衡，从而改变人的性情。举例来说，人们普遍认为肉和酒是热性的，鸡肉和米饭是温性的，蔬菜是凉性的。印度医生将肉桂、姜末、肉豆蔻和菜籽油归类为热性的，小茴香、绿豆蔻、丁香和印度酥油则是凉性的，厨师在用料时要牢记这种区分。

  每一个个体都有自己固定的位置，不仅是在社会等级中，也在宇宙秩序中，在将体液、性情、肤色、身体器官、季节和人的年龄联系在一起的一系列对应关系中（表1.1、1.2、1.3、1.4、1.5）。[108]一个人最健康的状态就是出生地能够与体液在宇宙中的循环和谐统一。离开这种状态也就意味着将自己暴露于巨大的危险之中。在古代世界，这种被广泛接受的体液论和对应理论，决定了大多数个体都是烹饪决定论者，相信所吃的食物决定能力、性情、智力和社会等级。

表1.1　古典世界宇宙秩序中的对应关系

元素	空气	火	土	水
特性	湿热	干热	干冷	湿冷
季节	春	夏	秋	冬
体液	血液	黄胆汁	黑胆汁	黏液、痰
性情	血液型（乐观自信）	胆汁性（暴躁易怒）	黏液型（冷静镇定）	忧郁型
人生阶段	婴儿期	青年期	成年期	老年期

表1.2　印度人宇宙秩序中的对应关系

性情	特征	颜色	身体对应物	食物
主动型	热情、积极、活跃	红色	血液	肉、酒
平衡型	平静、明亮、纯洁、品德高尚	白色、黄色、绿色	精液、乳汁	黄油、糖、白米
被动型	沉重、枯燥、愚蠢、黑暗、邪恶	黑色、紫色	脂肪	变质的食物

表1.3　波斯人宇宙秩序中的对应关系

体液	质地	颜色	味觉	身体部位	社会阶层	活动
血液型	温暖湿润	红色	甜	肝脏	祭司	教书
黏液型	寒冷潮湿	白色	咸	肺	武士	打仗
红胆型	温暖干燥	红黄色	苦	胆囊	牧羊人、农民	生产和提供食物
黑胆型	寒冷干燥	暗色	酸	脾	工匠、手艺人	低贱工作

表1.4　中国人宇宙秩序中的对应体系

状态	木	火	土	金	水
季节	春	夏		秋	冬
方位	东	南	中	西	北
味觉	酸	苦	甜	辣	咸
嗅觉	好色	灼烧	芳香	恶臭	腐坏
颜色	蓝绿色	红	黄	白	黑
气候	多风	炎热	潮湿	干燥	寒冷

表1.5　中美洲宇宙秩序中的对应关系

灵魂	头脑	心脏	肝脏
家族	父亲/阳性	子女	母亲/阴性
特性	温暖干燥		寒冷潮湿
颜色	红色		白色
方位	东方		西方
宇宙	上重天	下重天	阴间

　　从另一个角度来说，人体能够将任何食物转化成组织和液体，或者用中世纪阿拉伯医生阿维森纳的术语说，即消化吸收（将不可能变为可能）。与之相反，毒素则会被肉体和血液吸收，导致疼痛，通常还会带来死亡。食物与人的肉体和血液越相似，就越容易被吸收，也就更有营养。烹饪过的食物是最易被吸收的，培育出来的食物（部分经过烹饪）次之，

野生食物（未加工过）最难吸收。人一旦生病，就表示体内失去了平衡，需要得到矫正，这种情况是允许吃生食的少数几个例外之一。埃及农民就把生食当成药物来用，例如生的白萝卜能用来解毒，生卷心菜可用来预防喝醉。[109]在古代世界，许多地方的食物和药物都是具有统一性的。

无论是油、水、盐、空气、香辛料，还是香味和颜色各异的各种食物，都各有其特殊的重要之处。古典世界（可能也包括范围之外的一些地区）的人们认为油是火凝固而形成的（正如同冰由水凝固而成），其中包含生命的火花。与火一样，水既是一种动力，也是一种元素。按照道家的观点，水是一种终极要素，虽然本身无色无味，但能将其他味道天衣无缝地融合在一起。[110]按照盖伦的观点，空气是大脑的食物，能为血液提供至关重要的灵魂，从而使人保持镇定。有一种根深蒂固的误解，认为空气是令那些圣徒和圣人延续生命的唯一因素。纯净甘甜的空气具有疗愈的功效，而污浊不洁的空气则像毒气般令人极度厌恶。因此，不论城市的选址，还是富人的房子，总是建在远离沼泽和烟瘴之地。道家有"辟谷食气法"。[111]气是一种十分缥缈的液体，其特征是由"升自稻或黍（食物）"的元素构成的，气充塞于天地之间。它与男子的精液相关联，是精华，是能量和力气，它从食物中来，能让身体得以成长、发育和行动。印度医生认为，有了空气作为占主导地位的元素，因此食物能够让人精力充沛又利于行动。

盐（被理解为是溶解在水中的晶体）是一种万能灵药，用来对付那些困扰城市居民的寄生虫特别有效。盐能防止食物和尸体腐化变质，因此可以让烹饪周期停止。只消放一点点盐，就能悄然为清淡的食物平添一些风味。泡碱（这个词与表示神和香的一些词相关）是埃及人常用的一种物质，这种物质通过混合氯化钠、碳酸盐、碳酸氢盐、硫酸盐便可自然生成，通常可在沙漠干涸的河床上找到，埃及人用它保存食物，让煮熟的蔬菜看上去十分鲜绿，还能用来把沙子放进熔炉加热变成蓝绿色的玻璃，为神庙增添香甜的气味，同时用来保存去除内脏后的法老尸身。[112]

香辛料、芳香植物和有色物质能够对抗寒冷、阴暗和潮湿的侵袭。像丁香、肉桂、没药、樟脑和檀香这样的芳香植物能为生活带来种种甜美的味道。绿色食物象征生命，红色植物象征血液和酒，白色的象征牛奶和精液，黄色的则象征太阳的力量。黄金和白银被打至薄如蝉翼的程度，用来装饰盘碟，琥珀、玉石和珍珠被磨成粉末后加入酒中，玉还被雕刻成饮酒用的杯子，用以收集和展示赋予万物生命的日月精华。

在古代世界，支配烹饪和饮食的规则可以被总结为以下三条：其一，人的饮食必须符合自己的社会等级和在宇宙中的位置；其二，所吃的食物必须经过尽可能彻底的烹煮；其三，人应当参与到规范餐饮，即向神明献祭后进行的飨宴中去。是否所有人都要遵守上述规则呢？当然不是，这就好比今天即使营养学家好心为我们列出所有应遵守的饮食规则，完全照办的人也不会比古时候多。统治阶级都是生吃水果，为的是享受那种令人兴奋的快感，而对于地位卑微的人来说，能吃到权力阶层的剩饭剩菜就已经十分高兴了。而且人们对祭祀品的处理方式也并没带有多少敬意，这是否意味着统治者不重要呢？当然也不是。统治者会列出哪些行为是可接受的，明确界限在哪儿。进食者如果明知故犯，那就只能后果自负了。

对古代饮食的反思

不管我们对古代的高级饮食多么推崇，对大厨们的技艺和奉献精神多么赞叹，对食物加工和厨房技艺之先进多么欣羡，我们都仍然无法不震惊于社会体系的不平等，正是这种不平等在高级饮食和低微饮食之间制造了一道巨大的鸿沟，并通过各种饮食礼仪加以强化。这种情况并非饮食领域所独有，而是在艺术、音乐、文学、建筑、服饰等人类文化遗产的各个领域普遍存在，只是饮食上的不平等似乎特别令人感到酸楚。肉食者面对酒池肉林时，难道不感到惭愧吗？

几个世纪以来，在有关食物与政治的讨论背后始终潜伏着一个问题，促使批评者创造出了反向饮食（countercuisines）。古代饮食哲学不断遭到质疑和威胁。很多人认为，等级制国家夸张、自负的胃口，摧毁了此前农业劳动者享有的更有德行的生活。当统治者擅自垄断了举行壮观而花费巨大的祭祀仪式的权力，将最昂贵的祭礼收为己有时，从希腊哲学家到道家信徒，从犹太人到基督徒，却都在拒绝食用祭祀中使用的将国家、民众和神明联系在一起的肉。他们创造出了新的饮食规则，并且正如我们即将在第三、四、五章所看到的，新的规则将支撑新的烹饪种类，我将它们称为神权或传统烹饪。

尽管如此，千年以来还是有很多人认为，我们无论如何也无法逃脱高级饮食和低微饮食所代表的尖锐对立的社会差别。"贫穷……是一个社会最必要和最不可或缺的要素，舍此国家和社会将无法作为文明而存在。"1806年，苏格兰商人、统计学家，后来担任伦敦地方法官的帕特里克·科洪曾得出上述结论，讽刺的是，此话的初衷乃是为了论证为什么应将人们的状态从一贫如洗提升为贫穷。"它是人的命运，是一切财富的源泉，因为没有贫穷就不会有劳动力，而没有劳动力就不会有富裕、优雅、舒适的生活，那些能拥有财富的人就不会获得收益。"[113]难道穷人不会抱怨他们吃不到可口的佳肴、酱汁和甜点，从而对每个阶层都有自己的一套饮食规定产生怀疑吗？我所引用的许多民间谚语都证明事实确实如此。

高级饮食和低微饮食的这种区分一直延续到19世纪，彼时随着食品加工领域已经产生规模经济，再加上收入的提高、廉价交通运输的出现，以及世界上较富裕地区发生的农业变革，一种满足中间阶层所需的中等饮食出现了。现在这些国家的绝大多数人都在食用中等饮食，不再像此前的高级饮食那样复杂，但继承了后者的许多特性。中等饮食富含肉类、脂肪和甜食，以及来自世界各地的各种异国原料，而含碳水化合物的主食所占比重较小。通常这类饮食是由专业的厨师在加工厂或饭店生产出来的，而不是由家中的女性来制作。进食时通常要在特定的区域，使用特定的器皿和碗碟来完成。而且，大量文献资料将这类饮食记录下来，并加以争论，从烹饪手册到餐馆评论，从报纸的美食专栏到饮食杂志，也包含大众媒体。

那么，过去是否有这样的中等饮食，来填充高级饮食和低端饮食之间的空白呢？答案是大部分是没有的。在像罗马、巴格达、开罗、亚历山大、杭州、江户这样的大城市，富有的商人和专业人士所占据的财富已经足以使他们被称为"中产阶级"。以17世纪的欧洲为例，他们已经占据了总人口的4%到5%。这些商人和中等级别的地主有能力去模仿高级饮食。尽管如此，这些人，特别是商人，几乎没有什么社会地位。日本谚语说："癞蛤蟆的后代还是癞蛤蟆，商人的后代还是商人。"与此相类似的谚语，世界各地随处可见。简言之，能吃得起中等饮食的，也只是一小撮少数群体，并且没有太多的影响力，尚不足以为加工类食品形成巨大的市场，这一群体的运作方式更像是过去宫廷的缩微版，而不像是今天的城市中产阶级。

经常面临挨饿风险的草根百姓，是最有理由排斥任何烹调技艺方面的实验创新的。当贮存的粮食每天都在减少时，当知道自己必须保存足够的粮食以备来年耕种时，你是不会轻易把珍贵的预留粮浪费在那些可能失败的实验上的。你可能会试种或被迫试种一些新的作物。正常的反应是用被证明可取且实际的方法进行舂捣和研磨。在中世纪中国的穷人开始种植一种高产量的稻米，或者伴随美洲大陆的发现，意大利人和罗马尼亚人开始种植玉米时，地球上能养活的人越来越多了，但烹饪风格始终还是保持一致。

高级饮食从很早的时候起就是一脉相承的，但低端饮食由于受地方本位主义的束缚，经常被隔绝于引导创新的交流接触之外。高级饮食是饮食变革史的引擎，我们现在司空见惯的大多数烹饪技艺都是从中激发出来的：白面包烘烤手法，抛光稻米使之变白，食糖提纯法，酱油和贝夏梅尔调味酱制作法，巧克力糖和蛋糕的制作。大大小小的商船往来穿梭，工厂如雨后春笋般涌现，资本积累起来了，用来采购各种奢侈品，如香料、茶叶、瓷器和银器。诚如约一个世纪以前德国社会学家沃纳·松巴特所说，社会变革的引擎不是必需品，而恰恰是奢侈品。因此在本章开头谈及的所有广泛传播的饮食当中，大多数的饮食变革是在谷物烹饪的高级饮食中产生的。

第二章

古代帝国的大小麦祭祀饮食

公元前 500—公元 400 年

从公元前500年到公元400年的1000年间，整个欧亚大陆连续不断地兴起若干个大型帝国，此时这些帝国已经全部以大麦－小麦饮食为基础，这两种谷物相对来说易于运输和储存，比其他任何谷物都更能提供营养完善的日常饮食。新的小麦变种出现了，由于其外壳与麦粒之间的结合不再那么紧密，因此更易于加工、更具吸引力的新小麦产品也随之发展了起来。到了这一阶段的末期，小麦已经取代大麦和黍，成为欧亚大陆诸帝国的统治阶级所需卡路里（即人体活动的燃料）的主要来源，从而成为最宝贵的粮食，这一地位一直持续至今（与小麦并驾齐驱的还有水稻，它的重要性也即将迅猛地展现出来）。

一名统治者要想成为众王之王，创立并维持一个帝国，就必须攫取足够多的大麦和小麦，供养庞大的军队、皇城公职人员和工匠，同时又不能让在田间耕作的农人陷入赤贫。他还得具备将食品运送到宫廷和军队中去的能力。[1]这些粮食还得加工成能贮藏的食物给养品，再通过烹饪做给数量巨大的人口吃。粮食加工的效率越高，贮藏效果越好，伙食越营养丰富、美味可口，帝王就会越慷慨大方，也就会有更多机敏强健的人去从军打仗，运作官僚机构，修建宫殿和神庙，生产服装、珠宝和华美的宫廷装饰物。因此在这1000年里，生活在底层乡村的人们被攫取了更多的剩余粮食，同时也诞生了更长更新的粮食运输线、更高效的食物加工方法以及更繁复的烹饪技巧。

对等级制原则、祭祀交换仪式和古代饮食哲学中烹饪宇宙秩序的信仰，是帝国精英集团的默认立场。被征服民族的饮食模式，不管是属于此前的统治家族还是宗教意识形态上的少数群体，都必须被划归到上述几个类别当中。任命王室家族成员担任地方管辖者，使得帝王的饮食风格被传播至帝国的各个角落。其中有许多人会跟被征服的皇室家族联姻，从而使得不同帝国的饮食风格相互融合。军事将领经常被派驻到新的疆土或者被赠予的土地，同样也有助于帝国饮食风格的传播。在高级饮食的散布和整合过程中，政府官员、士兵和随军流动的平民作为代理人加入到了商人和移民的队伍中。

这股君主制饮食在帝国疆域内实现均质化的趋势，经常会受到两个因素的阻碍。首先，"君主位于人类等级之首"的这种假设频繁地遭到来自个人和国家的质疑，后者随之尝试寻找其他替换原则；其次，占少数比例的宗教集团对祭祀行为和宴会的安排提出挑战，他们建议用其他方式与神明交流，这逐渐导致新饮食风格的诞生（参见第三、四、五章）。因此在这1000年里，一连串替代性饮食理念对古代饮食哲学发起游说，新的饮食模式大量涌现。

波斯的阿契美尼德帝国（公元前550—前330年）是当时疆域最大的帝国，它在创造于几千年前的美索不达米亚饮食风格和后续欧亚大陆诸帝国的饮食风格之间，起到了桥梁的作用。阿契美尼德帝国国力强大，它的饮食因此也就变成了一块试金石，激起了有关帝国高级饮食的争论，并不时反复浮现，一直持续到19世纪。在阿契美尼德帝国入侵希腊之后，关于饮食的争论使得希腊分裂成了两大阵营：一个阵营认为应当模仿阿契美尼德人的饮食风格；另一个阵营包含斯巴达人和苏格拉底，尽管他们存在各种分歧，但此时团结起来，拒绝接受改进后的阿契美尼德饮食风格。无论是后来率领马其顿人征服了阿契美尼德帝国，并建立希腊化帝国的亚历山大大帝，还是印度北部孔雀王朝的统治者，都转向波斯人，学习建立帝国和饮食的模式。

罗马帝国和中国汉朝——这两个疆域最大、最重要的古代帝国，在面对帝国饮食时也出现了分歧。几个世纪以来，罗马人一直依赖一种平实的共和式日常饮食为生。随着共和制向帝国的缓慢转变，许多人都接受了亚历山大大帝及其继承者治下创造出的希腊化风格的高级饮食，并对之做了适应性的改进。在以黄河流域为中心的中国汉朝，儒家宣扬的是一种朴素的饮食风格，大地主阶级转向了道家，推行一种精致奢华的高端饮食。

只有在缺乏大小麦的美洲，一种不同的谷物——玉米，为那里大而复杂的国家提供了主食。

从美索不达米亚到波斯阿契美尼德帝国的饮食

公元前645年，亚述帝国的最后一位君主亚述巴尼拔在首都尼尼微举行了一场宴会，据记载，这场宴会共持续了10天，招待了7000多名宾客（图2.1）。[2]宴会上的食物主要以酒和各种肉类为主，包括献祭用的家禽、家畜和打猎时收获的各种野生动物。共有1000头牛、1000头小牛犊、1万只绵羊、1.5万只羊羔被用作牺牲。猎杀来的动物包括雄鹿、羚羊、鸭、鹅和鸽子各500只，以及成千上万只小一点的鸟。1万条鱼通过水路紧急运往尼尼微。鸡蛋收集了1万枚，面包烤了1万条，啤酒酿了1万坛，装满葡萄酒的酒囊也送来了1万个。在那个时候，但凡谁听说过这场极度奢华的宴会，都明白按照这张清单准备的饭菜是不可能当场被君主及其宾客全部吃完的。分发剩菜以展现君主的仁慈大度，也是这场仪式一个非常重要的组成部分。

500年来，作为曾经生活在美索不达米亚东部高原上的游牧民族，波斯人一边向巴比伦和亚述这样的富裕国家进贡物品（至少名义上如此），一边看他们挥金如土地举行各种宴会。公元前6世纪，波斯人居鲁士率领他的军队来到了地势平坦、盛产大麦的美索不达米亚，占领了这片吉尔伽美什曾畅游过的土地，此时在乌尔城出现了第一份食谱。[3]约公元前550—前540年，居鲁士继续征讨，占领了从东部的印度边界到西部的埃及和今天大部分土耳其的全部土地。他自称"众王之王"，统治了70多个不同的民族，每个民族都拥有自己的语言、国王和神明。

居鲁士建立的阿契美尼德帝国（名字取自王朝的传奇创建者阿契美尼斯）是截至当时为止世界上疆域最辽阔的帝国。它开启了波斯人对这一地区长达1000年的统治时期，在阿契美尼德帝国之后统治的是塞琉古王朝、帕提亚帝国和萨珊王朝。征服之后，对这样一个庞大帝国的统治正式

图 2.1 这是一块名为《花园宴会》的镶板浮雕作品的复制品,作品发现于伊拉克尼尼微的北方宫殿,时间约在公元前 645 年,是庆祝国王亚述巴尼拔赫赫战功和运动成就的一系列作品中最核心的一件。亚述巴尼拔斜倚在一张高脚长榻上,正从一盏浅杯中啜饮葡萄酒,脚边坐着的是他的皇后。在葡萄藤蔓(象征生育)的阴凉下,侍从们正在为两人摇着蒲扇。画面中没有体现出来的是竖琴师正在演奏和谐的乐曲,在亚述巴尼拔视线的正前方,赫然摆放着被击败的波斯西部埃兰国国王特尤曼被斩下的头颅。这幅图片出自 19 世纪法国艺术家夏尔·古茨维勒创作的一幅版画(Courtesy to New York Public Library, Http://digitalgallery.nypl.org/nypldigital/id?1619810)。

开始。许多方面——建立统治的合法性,处理与被征服民族和少数民族的关系,借助农业改善食品供给,开展研究,基础设施创新,为首都和军队提供各种供给,以及通过宴会宣扬君主的仁慈宽厚——都跟饮食息息相关。

　　作为征服者的波斯人,他们的传统饮食构成包括大麦粥和大麦烤饼,小扁豆和野扁豆,羊奶制成的鲜酸奶、干酸奶、鲜乳酪,煎烤或水煮的牛肉、羊羔肉和山羊肉,绿色蔬菜和香草,干果和坚果等,可能已经吸收采纳了历时数千年演变而来的美索不达米亚高端饮食。[4] 他们祭拜的,除了自己信奉的神明之外,还包括居鲁士的继承人大流士一世,这位皇帝在新发展起来的琐罗亚斯德教中将自己与祭祀仪式对应起来。他宣称自己是被琐罗亚斯德教最高的神阿胡拉·马兹达挑选出来，要把大地从恶魔手中，从与之相关的各种食物手中拯救出来。根据琐罗亚斯德教的神话传说，阿胡拉·马兹达先是造了天，继而造了地，然后是人类，最后为人类创造了幸福：真理、和平与丰盛的食物。大地被赐予了清洁新鲜的水源、欣欣向荣的绿色植物，以及各种无外皮、外壳或荆棘保护的有益健康的动物和新鲜水果，从而为人类解除身体的负担，无需杀戮便可进食。随后恶魔进入到宇宙秩序中，将天地间变成了一方战场：太阳与黑夜争辉，夏天与冬天对抗，正邪交战，真假对立，花园对抗荒漠，阳光开朗的性情对抗阴暗沮丧的心态，生对抗死。水果被包裹上层层荆棘、果皮和果壳，味道变得又酸又苦，人们变得形销骨立，不得不靠吃树叶、根茎和粮食以及杀生取得的肉为生。一旦死去，尸体便会腐烂，爬满了蛆，空气中充满了令人恶心的臭味。公元前522年9月29日，为了使世界重新恢复德行，最高神命令大流士带领他的部队加入战争，至少在大流士本人下令镌刻的一篇碑文中这样记述。[5]这段神话中关于在早先那段失落的年代人们曾靠水果和蔬菜为生的描述，与《圣经·旧约》等经典作品中发现的描述不谋而合。

　　所谓让世界恢复德行，其中有一部分指的是要吃被净化的圣火——正义的象征——接触过的好食物，简言之就是要吃烹煮过的食物。在波斯语中，表示"烹饪"的单词词根（pac）就是"用火使之变得可以食用"的意思。牛奶是纯净圣洁之食，在母体中就已经靠体中之火烹煮完成。蜂蜜也是如此，由唯一对人有益的昆虫蜜蜂烹煮完成。其他一些食物原料则必须加热才行。鸡肉（这种动物可能是波斯人从印度并最终从东南亚引介而来的）被认为是好东西，因为公鸡打鸣宣告天光的同归。蛋也是好的，因为蛋壳、蛋白和蛋黄形成的同心圆恰好象征了球状的宇宙天穹。绿色草本植物能让人想到天堂。煮好的食物，不管是面包、肉类，还是葡萄酒，都要细嚼慢咽，消化吸收就不会出问题，食物就能变成血液和灵魂，从而创造出品行高尚的人，连身体都会散发出清香。未与纯净之火接触过的生食则不是好食物。蠕虫、蛴螬、蛆和蜥蜴也是邪恶的化身。狼吞虎咽的人是不好的，他们是失控的食欲恶魔的奴隶，不仅吃生食，还吃昆虫，个个屎多尿多，臭气熏天。乌尔城的人曾特别爱吃的蝗虫，如今已从菜单上消失不见了。

已有的信奉不同神明的其他宗教，被允许保留了下来，继续从事活动，这其中就包括他们的饮食活动。例如乌鲁克人的伊南娜神庙，得以每年继续向他们的女神祭献4000只羊羔。有两个专门的司负责管理这成千上万头绵羊和山羊的放牧工作，司里的工作人员都是由该神庙配给供养的。[6]

公元前586年，即早于大流士的征服50年，犹太人亲眼看见耶路撒冷圣城被攻占，所罗门神殿被巴比伦人摧毁，此时他们获得了选择的机会，要么留在曾被当作俘虏的美索不达米亚，要么返回耶路撒冷重建他们的神殿。《利未记》及《圣经·旧约》的其他卷书中都列出了犹太人的饮食规矩。鲜血、不能反刍的偶蹄目动物、猪肉、同时具有鳍和鳞的水生动物，以及昆虫（这一点与波斯人的习惯相呼应）等，都是犹太人禁止食用的。另外，肉类不可在奶中烹煮，不可与非犹太人共食。神殿祭司在献祭以前要履行净身程序，动物要先屠宰好，将其体内的鲜血放光，并且要避免献祭不洁的腌制食物（腌制的过程即腐坏过程）。

20世纪中叶，学者们就犹太教的饮食规矩，尤其是禁食猪肉这一点，提出了相反的阐释。马尔温·哈里斯论证说，这些规矩实际上是为了预防旋毛虫病感染而采取的健康措施。旋毛虫病是一种由于食用了被旋毛虫幼虫感染了的猪肉和野味而引起的疾病，一旦感染便会产生从腹泻到死亡等一系列症状。玛丽·道格拉斯和让·索莱尔认为，之所以提出这样的规矩，是为了创造出独特的犹太人身份认同感。[7]后一种解读更好地解释了同一时间在波斯帝国和印度饮食规矩大量出现的现象。由于饮食资源有限，禁止特定的某些食物、烹饪方法和进食方式，就成为建立身份认同的最简单方式。由于猪很难养育，在有游牧传统的民族当中并不受欢迎，所以对于犹太人来说（他们在食猪肉的罗马人或基督徒地盘上属于少数民族），这条规矩的力量或许在几个世纪以后才能逐渐真切地感受到。

为帝国的城市和军队提供供给，尤其是食物，是一个常态性任务，需要多项策略的贯彻执行，例如增加可食用植物的供应量，改进农业生产等。为了达到这些目的，波斯人创造出了花园这种形式，在花园里以令人愉悦的几何图形的形式种上绿荫树和其他植物，其间放养一些装饰性的异国珍禽或可供打猎的动物，在某种程度上来说，这多多少少可看作德行世界，即天国的一种模型，代表了他们希望在这片终日尘土飞扬的干旱之地上重建的东西。[8]这也是他们为战时磨练猎杀技艺的地方。除此之外，这还是一个观测站，来自帝国境内各地的作物和奇花异草会聚在此地，适应水土，提高身价（整个过程从饮食宇宙生成论来说，跟烹饪过程非常相似）。大流士曾命令小亚细亚总督将美索不达米亚和波斯的植物移植过来，尤其是那些高品质的葡萄树，当然他肯定也给帝国境内的其他总督下达了同样的命令。花园、果园甚至农田都是通过数英里长的地下灌溉渠道（坎儿井）实现灌溉的，汲水的是戽水车——一种装有水桶的轮状提水装置，靠水力或畜力提供动力。

　　新开辟的道路沿途为传递政府公文、信使、行政人员和军队设置了许多站点，那里囤积了大量被征用的食物。四处旅行的商人从阿拉伯地区带来了芳香植物，从印度带来了香料，从希腊带来了油和葡萄酒。"众王之王"大流士的帝国骑兵是皇帝训练有素的保镖和明星部队：由一万名士兵组成的所谓的长生军，身披色彩绚丽的长袍，手持长矛，矛镞装饰着金质或银质的石榴花，从一座城市转移到另一座城市。[9]骡拉的四轮货车上装满了银质容器，里面盛着取自科阿斯佩斯河70个鲜活的水塘，专供国王及其长子饮用的水（几个世纪后，罗马政治家西塞罗将用这一点证明过度放纵的食欲是如何令国家陷入危险的）。在随军平民中，有将近400人是厨房人手：277名厨师、29名刷碗工、13名乳制品工，以及70名葡萄酒过滤工。大流士出行时，十有八九要带上一大批人，其中包括仆人、文书、预言师、医生、诗人、土地测量官、占卜师、商人、乐师、交际花、妇女和儿童等。夜晚来临时，人们就会支起巨大的帐篷，这一由大流士开先河的移动皇宫传统，在印度一直延续到19世纪。

　　阿契美尼德帝国先是建起了四个独立的首都，又在疆域最高点建起了第五个都城波斯波利斯。帝国四季分明，皇帝可以舒舒服服地四处巡游，视察疆土，迷惑臣民，收敛贡品。由于这些首都几乎都在内陆，只能收集到数量有限的大麦和小麦，在上一季的粮食用完之际，将随从转移至另一个首都，也就说得通了。

帝国各地都要缴纳贡品和税金。在大流士建在波斯波利斯的谒见厅外，有一段直通厅内的楼梯，镌刻在楼梯上的浮雕展现了臣民们正带来做工精美的银器、牛、骆驼和驴子的场景。浮雕上没能展现出来的贡品还包括来自安纳托利亚、最适合制作面包的小麦，来自大马士革地区最美味的葡萄酒，来自阿拉伯半岛最可口的粗盐，来自波斯湾地区醇香扑鼻的荆棘油，以及来自科阿斯佩斯河清澈甘甜的河水。此外，各种各样的水果、蔬菜、家禽、鱼、油、葡萄酒和啤酒也蜂拥而入。后来，在公元前3世纪，一位波斯皇帝颁布了这样一条政令："纳税人保留的农牧产品，足以维持生计和耕种土地即可。"在接下来的几个世纪，世界各地的统治者都在复制这条政令。[10]公元前500年，帝国宫廷足足收上来80万公升的给养，足以养活1500人（想必都是些官员和禁卫军）过活一年。[11]从皇帝拥有的土地上搜刮来的粮食，估计能补上供养他的一万大军所需的差额。大流士的叔父帕纳卡是管理波斯波利斯周边地区的首席行政官，他曾在泥板上详细记录了进入辖区的各项供给品及其分发情况。

一名叫作伯利埃努斯的希腊人，曾经在一座青铜纪念柱上镌刻下了居鲁士制定的法律条文，以及其午餐和晚餐定量供应的食品清单。[12]虽然具体数量已经难以考证，但是以这篇铭文为代表的各种史料来源，使得我们有可能重建阿契美尼德宫廷提供的各种食物的类型，它们包括：

各种等级的小麦面粉和大麦面粉（可能是为了给不同级别的客人食用）；

公牛、马匹、公羊、鸽子，以及一些小型禽类，估计是屠宰好的；

新鲜牛奶、发酵牛奶，以及甜牛奶（可能是一种乳酪饮料）；

以大蒜和洋葱为基础的调味品和酱料，松叶草汁（一种可用于烹饪和药用的香草，随后很快销声匿迹），苹果汁、石榴汁、孜然、小茴香、芹菜籽、芥末籽、腌制的白萝卜酱菜和刺山柑（可能用来做酸口味的酱汁）；

　　用芝麻、笃耨香脂（可能属于阿月浑子科）、毛茛叶和杏仁做成的酥油和油；

　　枣酒和葡萄酒；

　　用甜松脂做成的水果蛋糕（可能就是现在地中海地区仍能见到的一种用水果和坚果做成的"无面粉"蛋糕）；

　　木材。

　　简言之，随着谷物被加工成面粉，种子被榨成油，牛奶做成了乳酪，水果变成酸化的果汁，帝国的御膳房也交上了自己的贡品和附加价值。那时铸币刚刚开始使用，人们哪还有其他选择呢？只能大部分以实物形式提供，即食材原料或烹饪好的食物，这种做法非常普遍直到晚近一些时期，在有些地区直至今日仍然是一种非常重要的支付形式。

　　阿契美尼德王朝延续了过去大肆举办宴会的传统。客人的到来和就座都必须按照维持等级关系的礼仪进行，从严格摆放的一张张桌椅到呈送上来的一道道美食，从频繁的洗手到用不断更换的干净餐巾擦干手，都充分反映了这种礼仪。大体上都是由皇帝向阿胡拉·马兹达献祭，圣火点燃后，"马吉"（教士阶层）拿起神圣又神秘的不死之药祈祷，并从琐罗亚斯德教的圣书《阿维斯陀》中引经诵读："我渴望用我的赞美接近献给马兹达的祭品，当神明享用时，阿美里塔（植物与树木的守护神）和哈尔弗达特（水的守护神）也一样，用新鲜的肉换回与阿胡拉·马兹达的和解。"献祭动物身上的肉脂在圣火中吱吱作响，发出浓郁的香气，炊烟袅袅，直达至天上的神明那里。[13]

　　与此同时，各怀绝技的厨师们在厨房热火朝天地忙碌着。"人人都有明确分工，炖肉的只管炖肉，炒肉的只管炒肉，煮鱼的煮鱼，烤鱼的烤鱼，还有人只负责做面包，而且不是各种面包都做，只要能做出一种备受好评的便足以。"希腊历史学家色诺芬如是说。他曾在波斯军队的希腊雇佣兵中服役，见过或至少听说过有关这些大型厨房的一些传闻。[14]厨师们每创出一道新菜便会受到嘉奖。

即使在平常的日子，厨师们也要为国土的餐桌准备上千头动物：马、骆驼、公牛、驴子、来自阿拉伯半岛的鸵鸟、鹅和公鸡。在一年一度的宴会上，羊羔、小山羊、牛、羚羊和马都是整只烤的，对于这个燃料短缺的地方来说，这种做法可以说是奢侈浪费之极。我们可以合理地假设，这时候他们应该也准备了苏美尔时期流传下来的酱汁。一位希腊作家提到了安纳托利亚西部（当时叫吕底亚）的坎达鲁斯酱汁，称它由"煮熟的肉、面包屑、新鲜的弗里吉亚奶酪、小茴香或茴芹，以及肥腻的肉汁"制作而成，看得出，与巴比伦泥板文书上描述的酱汁属于同一类型。[15]不掺水的棕榈酒或葡萄酒，盛在雕饰精美的牛角杯或酒坛里，供客人饮用。用过肉菜和酱汁后，又呈上各类水果、坚果以及用芝麻油、蜂蜜、大麦制品和新鲜乳酪做成的甜点。用餐者务必明白所有这些食物在饮食宇宙观中的对应关系（表1.3）。在先前几个世纪备受欢迎的烤蝗虫、烤蚱蜢消失不见了：它们被重新归类成"坏"的食物。

客人享用的食物、金银质的牛角杯以及餐具，都是按照等级和喜好程度分发的，通过这种有形物质彰显皇帝的慷慨大度。作为反馈，臣民们会向皇帝表忠心，并表示愿做皇帝的耳目，王国内一有任何风吹草动，便会立即向他提供情报。色诺芬对这种做法嗤之以鼻，在他生活的社会，连仁慈的等级制度是否适用于城邦国家都是存在争论的。用他的话说，拿馈赠换忠心，如此对待人"就如同对待狗一样"。[16]

希腊饮食对阿契美尼德饮食的回应

希腊人对邻国波斯的高级饮食可说是了如指掌。有的希腊人与波斯人做贸易，在他们的领土内建起了多处殖民地，有的曾在波斯军队当过雇佣兵，色诺芬就是其中一位，他还将这段经历写成了书。[17]土耳其以西的希腊部分曾被波斯占领，希腊本土也屡遭入侵，雅典还曾在公元前480年惨遭劫掠。在断断续续地打了近百年的仗之后，希腊人终于在公元前450年击败了波斯人。

希腊的各个城邦在积极地辩论政治生活之余，也在针对波斯饮食政治中的大肆宴飨，并且用馈赠礼品来收买忠心的做法开展论辩。许多人认为阿契美尼德饮食充分展示了一个专制国家的巨大贪欲，正是这种贪欲驱动他们贪得无厌地寻找新的资源，发动侵略战争，就像希腊人遭受过的那样。相反，希腊人自认为是一个饮食有度的民族，食物以蔬菜为主，他们自诩为"嚼树叶的人"，所吃的东西"不过只有一小桌而已"。[18]

与其他古代国家一样，希腊城邦最关键的政治-宗教-饮食仪式，也是祭祀仪式及随后的宴飨。其中一次最重要的仪式要在奥林匹克运动会期间举行。奥运会这项传统始于公元前8世纪，但其鼎盛期在公元前5世纪和前4世纪。[19]每隔四年，来自各城邦的四万多名男子便会来到富饶肥沃、林木葱郁的奥林匹亚谷地，群山环绕之下他们聚集在竞技场上，观看赛马车、拳击、摔跤、掷标枪和跑步等各项比赛。

到了运动会第三天的上午，祭司便会来到宙斯神庙，开始在这里举行祭祀仪式。神庙屋顶上矗立着一座40英尺高的宙斯神像，由著名雕刻家菲狄亚斯用象牙和黄金雕刻而成。祭坛上多年祭祀后存留下来的遗灰，用从阿尔甫斯河取来的河水掺和成泥，砌成20英尺高的高塔。100头饰有花环的公牛被逐一牵至祭坛前，这些牛专为祭祀饲养，身上无一丝拉犁耕作的痕迹。祭司用盛放在特殊金属器皿中的清水洗净双手，倒出祭酒，并将清水或者粮食洒在动物身上，好让动物摇动头部，就好像它们同意赴死一样。这时观众们要对着祭坛举起右手，然后祭司猛击领头公牛的脖颈底部，将它击晕后，一举将刀插入，第二名祭司举着一只碗，接住喷涌而出的鲜血。这种杀戮往往要持续一整天，虽然每一次动作的持续时长不过5分钟而已。

助手把被放倒的公牛拖到一旁，以备剥皮和屠宰。厨师们开始为集合在一起的民众炙烤成条的牛肉，用大锅煮牛骨头，烤大麦饼，并且端出盛着葡萄酒的一个个双耳壶。就祭祀用的牺牲来说，牛腿骨和牛大腿骨富含提神醒脑的骨髓，便和脂肪一起，丢到用常见的松香树枝搭成的火堆上去烤，内脏则放到烤肉架上烤。为了象征团结合作，两名到三名祭司一起咬断一段段牛肠。骨头渐渐煮成白色的碎骨，松香阵阵，不断袅袅上升至神明鼻端。

天色变暗，宴会开始了。每位参与者都被奉上撒了圣盐的肉菜、大麦面饼以及掺了水的葡萄酒。"人群爆发出一阵欢呼，美丽的月亮洒下了可爱的月光，让夜晚变得光彩熠熠。随后在欢乐的庆祝声中，整个阿尔蒂斯（或称宙斯圣园）都回荡着宴会曲。"对于一场有4万宾客参加的宴会来说，100头公牛实在撑不了多长时间，每位宾客仅能尝到一口而已。

但是，这些肉的象征意义非常重要。几乎没人敢质疑食肉这一民众活动的重要性。[20]即使质疑，其理由也跟对待动物的残忍方式无关。恩培多克勒（可能还有毕达哥拉斯）担心如果灵魂也会转世，那么吃到的就有可能是人类同胞。柏拉图和阿加德米学园的其他成员主张动物也应该像有理性的人一样，不仅仅只有被吃掉的命运。毕达哥拉斯学派是作为早期的素食主义者而闻名的，但这一定位可能是错误的，因为据记载他们时不时也会谨慎地吃一些肉。"嚼树叶的"希腊人对波斯阿契美尼德饮食的排斥，并不在于他们将肉排除出饮食，恰恰相反，他们吃得欢着呢。

希腊人此时要面对的问题是祭祀宴会之外的日常饮食该怎么处理？斯巴达人给出了与波斯的奢华饮食对比最强烈的答案，不过就日常饮食的记载来说，很难将事实与虚构完全区分开来。[21]我们都知道，斯巴达男孩7岁时就要离开父母，被培养成坚强的战士。他们都是吃大锅饭，其中最著名的当属"斯巴达黑汤"，可能为了使汤变稠还加入了一点血，这道菜从那时起直到现在一直为非斯巴达人所诟病。根据文献记载，这些男孩子若吃得过多便会遭到阻止，而且还要接受训练学会忍受饥饿，这两种现象在斯巴达社会都是司空见惯的。不管事实真相是什么，斯巴达的饮食模式在随后的几个世纪一直为人所模仿或贬低，具体如何要看个人或社会所处的角度。罗马共和国的老加图就曾盛赞"斯巴达黑汤"，他也因此被罗马历史学家普鲁塔克所蔑视，大革命爆发后法国人还曾模仿过"斯巴达黑汤"。19世纪的英国寄宿学校也继承了同样的传统，他们致力于训练帝国未来的领袖，教导学生学会忍受艰辛，其中就包括刻意让学生学习如何吃难吃的食物。

其他地区的希腊人则深为奢华的波斯饮食所吸引。打败波斯人后，希腊城邦繁荣起来，他们在黑海和地中海北部沿岸建立了殖民地，贸易往来也得到扩展。虽然不是波斯那样的帝国，但此时的希腊人已经不容小觑。尽管如此，这种城邦还是无法像中东的那些帝国一样依靠盛产的大麦为食物来源。希腊本土土壤贫瘠，降雨量极不稳定，疆域内的许多土地根本无法灌溉。农民为了抵御农田歉收的情况，经常要储存够吃三年的粮食和够用四年的油，他们将农田分散开来，还想出各种点子骗过征税官，例如在上缴的粮食里掺杂杂草种子，或者在粮车里藏几个水罐以增加重量。[22]大多数情况下希腊都没有足够的大麦给城市提供给养，因此不得不从埃及、意大利和黑海沿岸等地进口粮食。

希腊人拿出三分之二不适宜耕种粮食的土地种植两种作物——橄榄和葡萄，并将之加工成美味可口的橄榄油和葡萄酒用于出口。橄榄油可以用来煎炸，把烘烤的大麦食物黏合在一起，可用来腌卤，还能做成蘸面包吃的酱汁。同样抢手的还有药膏、化妆品和润滑剂。[23]人们花了1000年才弄清楚怎么将橄榄树的产出最大化，而这只是众多没什么前景的植物中最没有前景的一种，就是通过这些植物，人们学会了如何生产食物。这种杂乱丛生的小型树木要花数年才能长成，每隔一年才能结出又苦又小的果子，可是人为栽培从未成功培育出好吃的果子。到公元前第三个千年，改良后的变种已经开始在叙利亚、巴勒斯坦和克里特岛种植。

希腊人为了提炼橄榄油，投入了许多重型设备，正如图2.2中描绘的

图2.2　这块浅浮雕刻画在一座希腊石棺上，展现了精灵们制造橄榄油的场面。中间的精灵正在收集落地的橄榄。右边的精灵正用棍子推着两块相互垂直的石磨，沿着用火山石做的石碗旋转，好把盛在碗里的橄榄压碎。左边的精灵则吊在一根柱子上，通过踩压将橄榄里的油压榨出来，流进下面的罐子里。图片出自C.Daremberg and E.Saglio, *Dictionnaire des antiquités grecques et romaines*（Paris：Hachette，1904-7，4: 167，fig.5391）。

可爱小精灵一样。图中右侧是一个精灵正在操作一种榨橄榄油的装置，它由两块圆柱形的石头沿着一个水平转轴转动（mola olearia）。这种方法直到20世纪末仍在使用。随后通过挤压橄榄提取出一种油水混合物，油比较轻，因此可以浮在上面，接下来通过虹吸法将油注入尖底的双耳细颈陶罐中，然后运送到买家手中。希腊在整个地中海周边和波斯地区都有大量忠实的顾客。

葡萄酒也可用于出口，因为它非常利于保存，不像啤酒，虽然一年到头都能酿造，但在一两天内必须喝完，因此只能由当地人消耗。[24]希腊人改进了葡萄的种植方式。葡萄一经成熟，便会存放在巨大的容器里，由人力进行踩踏，踩踏时人通常要以把手或悬在头顶上的树枝作为支撑，以保持平衡。葡萄汁汩汩流入放置在容器下面的一个大桶中，然后缓缓注入10英尺高的罐子里，罐子有口，口宽约3英尺。有些葡萄汁会用于烹饪（这几乎是肯定的），有些则通过熬煮制成一种类似糖浆的甜味剂。大多数葡萄汁会发酵成葡萄酒，贮存进容量为5～25加仑不等的罐子里，罐子的内里通常刷上沥青或树脂，有时希腊人也用绵羊皮或山羊皮做成容器来存酒。新酒酿好后，男男女女会载歌载舞，以此纪念酒神狄俄尼索斯。在希腊人眼中，葡萄酒既是良药，又是毒药，据说它既能让人忘忧，又能让人安眠，还能帮助那些过了而立之年的人抵御年龄带来的干燥。"治愈悲伤，除此没有别的良药。"剧作家欧里庇德斯如是说。

葡萄酒的出口贸易是受到高度管控的。希腊人为葡萄酒罐制定了一套标准尺寸，封装都要在地方法官的严密监督下进行。一批又一批希腊双耳细颈瓶被运送到地中海周边地区，进入现在的法国，在那里被蜂拥而来的凯尔特人抢购一空，又穿过黑海来到乌克兰，那里的斯基泰武士正在盛宴上飞觥献斝，把酒言欢。

随着希腊城邦人口的不断膨胀，一波又一波殖民者带着大麦和小麦种子、葡萄藤、来自母邦的一把火种，以及象征国家的一口大锅，渡船来到黑海沿岸、西西里岛、意大利南部、法国南部和西班牙南部。[25]登陆后，他们会举行仪式向诸神献祭，然后按照老家的城市仿建新城，配建神庙和公共广场，在房屋之间修建狭窄的街道。各殖民地很快繁盛起来，有些拥有面积达50英亩的葡萄园，有些沿海殖民地则负责加工植物，把鱼做成鱼露。

在繁荣富庶的西西里岛和雅典，人们已经开始尝试采用高级饮食了。西西里岛拥有丰富的火山泥资源，因此盛产大麦和小麦，这些粮食中有一部分被运送回母国。让叙拉古声名鹊起的就是它的珍馐佳肴、肉山酒海。[26]最早的希腊烹饪手册就是在这里写成的，现已遗失。但我们可以通过阿萨内修斯的《智者之宴》（Deipnosophistae）一书对它们有所了解，这是关于宴饮及相关诸事的冗长论述，成书于公元300年前后，共收录了800位作者的观点。作者在书中引用了西西里的一个希腊人奥查特拉斯创作于公元前约350年的一首诗——《奢侈的生活》（The Life of Luxury），这首诗详细描述了如何捕到最肥美的鱼，以及如何料理它。

击败波斯人后，希腊本土，尤其是雅典，迎来了文化上的繁荣期。新的建筑矗立起来，例如能俯瞰全城的帕特农神庙，剧场上轮番上演一出出伟大的戏剧和令人捧腹的喜剧，哲学家们带领他们的追随者去思考那些根本性的问题。祭祀宴飨出现了一种替代模式，即私家宴会及随后的饮酒派对，美其名曰"研讨会"（symposium，本意即"聚在一起饮酒"）。[27]一些掌握土地的富有贵族、商人甚至成功的手艺人，已经积累起足够的财富举办这种纯男性的社交活动。在这类集会中，体面人家的女性、儿童、劳动者、穷人和奴隶（侍者除外）是没有立足之地的。

集会主办人雇来的都是会做小亚细亚地区波斯饮食的厨子。在他们烹饪的佳肴中，有一些酱汁（例如karyke）从波斯饮食中衍生而来。这种酱汁以蜂蜜和葡萄汁或醋做底，加入面包屑提高稠度，并使用香草来调味。单就这一道酱汁，阿萨内修斯至少从18部烹饪手册中引用了相关的调制配方。房子的前厅会放置一些波斯风格的长椅，每张椅子前面都有一张小桌（图2.3）。但是与波斯人不同，希腊人为每位客人提供的食物分量是相等的。[28]

第一道菜可能是大麦烤饼或者小麦卷、鳗鱼煲、蜜汁虾、海盐鱿鱼，或者油酥饼卷鸟肉。鱼是颇受青睐的一道主菜，最好是金枪鱼，这种鱼是最早作为奢侈菜品出现在餐桌上的大型鱼类之一[29]，价格昂贵，只有在凶

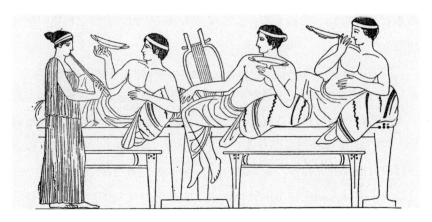

图2.3　三位希腊男子斜倚在高椅上，举着模仿波斯风格的浅盘酒杯饮酒，旁边一位女乐师正在奏乐助兴（From René Ménard, *La vie privée des anciens: Dessins d'après les monuments antiques par Cl. Sauvageot*, Paris, Morel, 1880-83. New York Public Library, http://digitalgallery.nypl.org/nypldigital/id?1619873 ）。

险的地中海深水海域才能捕到。与肉类不同，这种鱼不用来献祭，因为人们认为它们体内是不含血液的，所以不必出于一些政治-宗教原因而切成相同大小的鱼块，从而使得厨师可以自主选择其中味道鲜美的鱼肩（鱼鳍附着之处的肉）和鱼腹部位（图2.4）。这种鱼会让人产生一种特别的兴奋感，入口即化，按照体液学说，这种消化速度之快已经到了危险的程度。至于甜点，就餐者（客人们）总是细细品尝各种美味，比如香甜的油酥皮，脆生生的燕麦烤饼，蜜汁芝麻饼，用牛奶、蜂蜜做的奶酪蛋糕，油炸鲜奶酪，以及裹了芝麻的小点心等。所有菜品必须小心筹备，才能平衡人体内的体液（表1.1）。

接下来，主人会为诸神斟满一杯杯祭酒，再命众人唱上一首颂歌。给客人喝的是葡萄酒和水的混合物，用雕饰精美的容器盛着。水和酒的比例可以是3∶1或者3∶2，大致与当天饮用的啤酒酒劲相当。如果像波斯人那样不兑水，对那些本已血气方刚的年轻人来说无异于火上浇油，不死也要疯。奴隶逐一为客人们的浅杯斟满酒。随后，不受严格祭祀规则约束的男子们开始论辩国事，探讨哲学，评论年轻的后起之秀如何为人处世，或者玩一些酒宴游戏，大醉一番之后便叫些年轻男奴和妓女同床共寝。所有客人喝酒的速度差不多，他们小口咀嚼蘸了红花油的新鲜鹰嘴豆、鸡

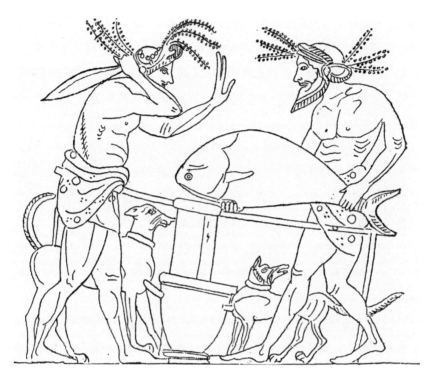

图2.4　图中一人正拿着一条金枪鱼，这种鱼是"研讨会"前的宴会上颇受欢迎的食物，因为它和肉不同，不会和祭祀、宴飨联系在一起。第二个人举起刀要切鱼，旁边两条狗正眼巴巴地盼望着能得到些鱼肉渣（Drawing of a vase in the Berlin Museum in C. Daremberg and E. Saglio, *Dictionnaire des antiquités grecques et romaines*, Paris: Hachette, 1904-7, 1, part 2, 1586, fig.2123）。

蛋、壳还没变硬的杏仁，还有核桃。负责斟酒的都是漂亮的年轻男奴。尽管受到波斯饮食的巨大影响，但希腊的高级饮食主要还是由本地食材组成，肉和香辛料只占其中很小的部分，而且葡萄酒也是兑过水的。至少在提供给自由民食用时，分量都是相等的。

即便如此，在很多希腊人眼中，这种新的高级饮食代表的却是一种阴柔的气质和贪食。喜剧演员爱拿那些妄自尊大的厨子打趣，这些厨子吹嘘他们的工作建立在厨子希孔和撒冯学派的学说基础之上*，靠的是文学、哲学、占星术、建筑学、战略、药学，以及德谟克利特、伊壁鸠鲁的思

---

*　厨子希孔是希腊喜剧作家米南德的剧作《恨世者》中的人物，撒冯在希腊语中指的是非常热爱水果的人。

想。[30]柏拉图在《蒂迈欧篇》中说，应避免暴饮暴食，尤其是对那些想成为哲学家的人来说更应如此，否则他们将"无法具备哲学和音乐的能力，会对体内最神圣的部位发出的声音充耳不闻"。人体的消化道之所以蜿蜒盘绕，据说就是为了减缓食物的通过，从而保障人类不受自身食欲的摆布。[31]

柏拉图在他的《理想国》一书中更加详尽地批评了高级饮食。该书大致成书于公元前370年。[32]他并没有将这种饮食定位为波斯风格的，而是唤起了德行高尚的往日时光，作为理想城邦饮食的模板，他描述了那时的公民如何"用大麦和小麦加工成相应的面粉，如何用小麦烤面包，用大麦捏出精美的蛋糕，又是如何将它们放到灯芯草或干净的新鲜叶子上。他们……会举行宴会，他们及其孩子饮着葡萄酒，戴着花环，唱着献给诸神的颂歌，快乐地生活在一起"。

柏拉图的朋友格劳孔对此持不同意见。吃面包，喝葡萄酒，如果不是坐在高榻上，而是坐在地上，就跟猪一样了，这不是希腊公民该有的举止。"苏格拉底先生，如果您要给猪之城提供吃的，不就是像这样喂他们吃东西吗？……如果他们不想感觉难受，他们就该斜倚在长椅上，就着桌子吃眼前的这些酱汁和甜点。"

苏格拉底让步说："他们会有调味品的——当然有盐，还有橄榄、乳酪、乡间常煮着吃的洋葱和其他蔬菜。或者给他们一些甜食和无花果、鹰嘴豆、豌豆，还会让他们在火上烤爱神木果、橡子吃，适当地喝上一点酒，就这样让他们身体健康，平安度过一生，然后无病而终，并把这种生活再传给他们的下一代。"格劳孔不放心，爱神木果是给乡下穷人吃的，不是给城市居民吃的。"还需要长椅和桌子，以及其他各种用具，还要调味品、香料、香水、蜜饯、糕饼，以及诸如此类的东西。"

苏格拉底回答说，他所讲的是真实而健康的城邦。他承认很多人可能会认为它还有不足，所以他不得不把那些过度膨胀、奢华无度的城邦视为"发炎的城邦"。奢华的食物和饮品会刺激人的胃口，令个人和城市变得好像饕餮，贪得无厌，不知满足，最终扩充军队，走向专制，简言之，就是变成波斯那样的国家。他所反对的并不是波斯国家的不公平、不公正、不平等，而是它的扩张主义和好战成性。

柏拉图的批评则直指波斯人本身。尽管如此，在希腊北部地形崎岖的边境领土上，马其顿的腓力二世正在重整秩序，充实军队力量，计划开展军事行动。公元前343年，他聘请柏拉图的学生亚里士多德辅导自己的儿子亚历山大。公元前336年被刺身亡时，他已经占有了希腊，正将目标指向波斯帝国。

从马其顿、希腊和阿契美尼德饮食到希腊化饮食

亚历山大继承了他父亲的野心，立志成为比波斯的阿契美尼德王朝的统治者还要伟大的君主。从亚里士多德那里他了解到，宽容大度是君主的美德。与慷慨大方相合宜的是"那些从祖先或亲戚那里获得财富起家的人，以及那些出身名门望族的人……因为所有这些给他们带来的是伟大和名望"。[33]亚历山大的扩张和好战带来的影响之一，就是形成了希腊、波斯和马其顿的元素融合在一起的新希腊化饮食风格。马其顿的饮食风格代表的是荷马笔下的英雄、凯尔特人的首领，或者就其奢华程度而言，代表了波斯人，而不是苏格拉底想象中节俭的希腊公民的饮食，也不是雅典酒会奉上的高级饮食。[34]就餐者大啖整只烘烤的猎物或腹中塞满小型禽类的烤全猪，端着不兑水的纯酒竞相欢饮作乐。

亚历山大率兵横穿小亚细亚，南下穿越黎凡特地区，抵达耶路撒冷，兵锋直指埃及——在那里他创建了亚历山大城，在美索不达米亚则创建了巴比伦尼亚。由于做了缜密的规划和有效的供给，亚历山大成功养活了他的军队，在鼎盛时期曾有6.5万名士兵（这个数字比古代世界大多数城市人口的两倍还要多）、6000匹战马，以及1.3万匹负责驮运行李的马。这支大军每天要消耗130吨粮食，而每平方英里的小麦最高产量是160吨，因此每天都要有将近一平方英里的土地上出产的小麦被征用和收集、储藏、分配、加工直至烹煮。[35]

亚历山大曾在一系列战役中与当时执政的波斯皇帝大流士三世交过

手。在一次交手中击败大流士三世后，他走进了这位皇帝的皇家帐篷。在那里他看到了各种纯金设备，嗅到了珍稀的香水和香料的味道，见到了专为大流士用餐准备的长沙发和桌子，据记载，亚历山大叹了一口气说："看起来，这大概就是国王的排场吧。"[36]公元前331年，亚历山大在巴比伦附近的高加米拉会战中再次击败了大流士，并且一路乘胜追击，兵临大流士一世辉煌的首都波斯波利斯城下。在将皇室财宝掠作战利品之后，亚历山大将波斯波利斯付之一炬，整座城市被夷为平地，只留下断壁残垣颓然矗立。

尽管希腊评论家认为亚历山大嗅到了波斯君主宴客的奢华气息，但实际上，相比朴素节制的希腊式宴会风格，他本人的宴饮排场还是更接近于波斯人的宏伟壮观。亚历山大出征时携带的百席帐，其大小相当于希腊最大的宴会厅的两倍，但即使如此，据说有一次亚历山大邀请6000名将士前来赴宴，也有一些人因为坐不开而要坐到凳子上。宴会之后进行的是马其顿风格的饮酒比赛。作为战利品的一部分，亚历山大带走了波斯御膳房的厨子、糕点师傅、酿酒大师、乐师和香水师。[37]他还加强了与波斯的关系，他本人娶了一位波斯妇女为妻，又让自己的将士与波斯女子结为连理。他帝国版图的形成与他打败阿契美尼德帝国密切相关。在帝国内的多个城市，波斯的大饼、羊肉、酱汁、香料和水果，结合希腊的鱼、橄榄油、鱼露、葡萄酒和马其顿式的热情好客，形成了新的希腊化时期的饮食模式。

亚历山大及其随行人员由此推动了（某些情况下甚至可以说是促成了）植物在地中海、中东及更远地区之间的迁移。鸡已经被带到西方，葡萄藤也传播到了东方。亚里士多德的另一个学生提奥夫拉斯图斯在他的著作《植物志》（*History of Plants*）中详细记载了各种新的植物。芜菁和鸦片向西到达美索不达米亚，而且可能已经传播到了更远的中亚地区，枸橼——一种柑橘类果实，很可能来自中国南方或东南亚，柠檬来自近东地区，樱桃来自安纳托利亚，桃子来自亚美尼亚和波斯，阿月浑子来自波斯，用作药物的大米和喂马的苜蓿则到达了西方。[38]

约公元前323年，33岁的亚历山大大帝完成对印度北部和阿富汗的征伐之后，死在了巴比伦。他所征服的地区很快被分割成三个希腊化帝国。其中一个以希腊为中心，另一个以埃及为根基，其首都亚历山大城逐渐变成了希腊语和希腊文化的中心。第三个帝国的领土从土耳其穿过近东，直达伊拉克、伊朗、阿富汗和印度北部。希腊化饮食即将被罗马帝国吸收，被拜占庭帝国转化，并与后继的波斯饮食发生融合。

从阿契美尼德饮食到印度孔雀王朝饮食

公元前321年，即亚历山大去世两年后，旃陀罗笈多·孔雀在印度创建了孔雀王朝，将印度社会的中心从印度河流域向东转移至恒河流域。其首都华氏城（即现在的巴特那城）位于恒河和甘达克河的交汇处，约9英里长、15英里宽，四周环绕着木制的城墙，城墙上开凿了64道大门作为入口。孔雀王朝的皇帝们效仿波斯帝国，参照阿拉米语复制了他们的书写系统，采用了类似的道路系统、信息服务、都城规划、艺术和建筑风格。在这种情况下，他们的高级饮食也有可能是追随波斯人的风格而来。

雅利安人（在帝国占据主导地位的民族）和波斯人同根同源，只是在公元前1500年以后迁徙到了炎热干燥的印度河流域，若干个世纪以来始终依赖大麦和小麦作为主食。[39]肉只有在祭祀之后才能吃到。虽然这种仪式流程直到很久以后才形诸文字，但是其口头流传的内容大概在公元前1700—前800年就已经编撰成了《梨俱吠陀》。先要准备好祭祀的工具：用来生火的夹子和拨火棍，用来切割牺牲尸体的刀具，煮肉的锅，（极有可能用来）烤肉的炉子，盛放各种配料的篮子，过滤圣酒的滤网，石磨、长柄勺、勺子、调酒棒、铲子，以及盛装奉献给诸神食物的各种餐具。[40]人们给圣火之神阿耆尼献上金黄澄净的黄油（印度酥油）。酿制圣酒所需的珍稀高山植物苏摩（等同于波斯的不死药），用石头或者牛拉的石杵和研钵研磨成粉末，石头推撞的声音听上去就像公牛的咆哮声。[41]琥珀色的酒液通过羊毛过滤后盛入木桶，再混以酸奶、酥油、牛奶、水、蜂蜜或谷物。

大约有50种动物被认为适宜充当祭祀品（因此也就适宜被食用），包括马、各种鹿和羚羊、水牛、绵羊、猪、鸡、孔雀、野兔、刺猬、豪猪和乌龟。神明各有各的喜好：阿耆尼喜欢公牛和不育的母牛；毗湿奴钟爱矮个头的阉牛；因陀罗特别青睐牛角下垂、未阉割的公牛。[42]《梨俱吠陀》中第一百六十二首赞美诗列出了如下步骤：动物需先洗净，情绪得到安抚（毕竟是要它们心甘情愿地接受这一过程），浑身涂满神圣的酥油后，再用一根细绳子将它们勒死。肢解后的各个部位被掷进火里使之变得洁净，火光摇曳，浓烟滚滚，浓郁的香味升至天空，供诸神享用，而灰烬就好比粪便，落到了地上。祭司们将圣酒一饮而尽，维持生命的植物的精神进入了他们的身体和灵魂，并与能预见未来的苏摩神交流。随后宴会开始。

宴飨之外是极少提供肉类的，除非是献给国君，当国君出征或染病时也会提供给他的宫廷随从人员。[43]用作宫廷膳食时，肉要先用香辛料和佐料腌制，以便去除其原本燥热的特质，然后佐以高级饮食所用的酱汁（表1.2）。[44]小牛肉被穿在叉子上，在木炭上方烤，边烤边淋上酥油，烤好之后和用酸罗望子果、石榴做成的酱汁一起端上来。野鹿的腰腿肉通常和酸枣果以及各种辛辣的香料混在一起，用文火煨。小牛排经酥油炸过之后，用酸味水果、石盐和香叶调味。肉磨碎后可以做成肉馅、肉丸或者香肠，可以煎炸，也可以切成片后晒成肉干再烘烤。肩和后腿部位则刷上酥油，撒上胡椒和海盐（大概是从印度东南部引进的），上菜时和小萝卜、石榴、柠檬、香草叶、阿魏胶、生姜一起端上去。大麦烤饼、煮熟的大米、各种豆类（豆泥）和蔬菜，组成了完整的一餐饭。再加上酥油和糖做成的甜食，平添了一丝甜美。

当国君显露出身体欠佳的症状时，膳食中肉的比重就会加大，目的是为了增强他的体魄。半真实、半神话的医生妙闻、遮罗伽曾开过一种浓缩型肉汤作为药方，"在孔雀肉汤里熬煮公鸡，在公鸡肉汤里熬煮鹧鸪，在鹧鸪肉汤里熬煮麻雀，甚至可以在鹅肉汤里熬煮孔雀"，再加上一些酥油、酸味水果或甜味剂。[45]

虽然大臣考底利耶所写的治国方略手册《政事论》大致可以追溯至公元前4世纪，但是这本书直到公元前2世纪才最终成形，而且很有可能准确展现了酒在孔雀王朝宫廷生活中所扮演的角色。据手册记载，酿造令人陶醉的美酒所需原料种类之多令人震惊：新鲜果汁、煮沸的果汁、糖、糖和蜂蜜的混合物、大米粥，以及酸奶。其中许多都使用花瓣和香料增加香气。大麦酒或米酒是通过发酵稻米和豆类制成的，其过程可能与中国的发酵过程相似。[46]

在宫廷大肆宴飨的同时，有一个人数不断增长的苦行僧团体，他们拒绝这种繁复的国家祭祀仪式，反对祭司要求报酬的行为，排斥等级制社会秩序。他们从一座城市流浪到另一座城市，手中拿着一个乞讨钵，到处追寻教化和启蒙。这群人很快成了一个引人瞩目的社会特征，以至于公元前3世纪一个希腊化王国驻印度使节麦加斯梯尼在自己的书信中记录了他们。很快，这群人便对孔雀王朝的高级饮食进行了改革，并在印度、东南亚和东亚各地引发了一系列饮食变革（参见第三章）。

罗马共和国饮食
君主制高级饮食的替代选择

在更远的西方，另一个依靠大麦和小麦为主食的国家——罗马共和国，正在不断壮大。[47]公元前509年，罗马人推翻了君主制，改由民选官员治理国家直到公元前44年，罗马人拒绝了君主制、等级制原则以及在主流的古代饮食哲学中占据中心地位的饮食宇宙论，虽然祭祀仪式在社会生活中的地位依旧不可动摇。罗马人的共和哲学更多地来源于斯巴达和芝诺在公元前2世纪创建的斯多葛学派。

共和主义者认为国家的成败取决于全体国民的公民道德水平——勇气、质朴、正直、责任、诚实、文明、理性和自制，包括在饮食方面，而不是像君主制那样仅仅依赖诸如居鲁士、亚历山大等个人的品德。很显然，共和主义与民主制有天壤之别：上面提到的公民群体只占总人口的少数，它由掌握财富并且构成精英统治集团的男性组成。他们提倡一种朴素、克制的饮食习惯，反对暴饮暴食，认为暴饮暴食是放纵食欲或胃口异常，同时受高级饮食中那些形形色色的酱汁和甜食刺激所带来的结果，他们也反对性行为泛滥，认为食色这两种恶行息息相关，都会对公民的哲学生活、政治家的尊严、职责的投入，以及服从命令的能力产生影响。暴饮暴食和性泛滥助长了各种极为不良的奢侈行为的产生。"奢侈"（luxury）一词来源于拉丁语，原指由于过度浇水和施肥，造成植物软烂，过度生长。就好比松软下垂的植物毫无用处一样，大腹便便的士兵和公民（这二者在罗马共和国是一回事）也无法达到服兵役的要求。[48]

服兵役对战争来说至关重要，这也是罗马的生存之道。每一场连胜都会带来各种金银财富，更重要的是会带来小麦，此时这种食物已经取代了大麦在谷物中的地位。罗马军团首先将疆域拓展到了意大利半岛的其他地区，经历了从约公元前264年断断续续一直打到约公元前146年的一系列战争之后，他们夺取了腓尼基人创建的富饶城市迦太基，获得了直通北非肥沃粮仓的通道。在共和国早期，罗马步兵团都是由冬季耕作、夏季打仗的罗马农民组成的。每10名自由民中多达7人会被征召并服役长达16年，在此过程中锻炼成为严守军纪、冷酷老练的战士，能够做到一天之内沿军用道路急行20英里。[49]军官（十有八九是志愿兵）则大多是拥有土地的贵族。

对于共和国的官员来说，健硕的体魄被视为一种美德，只有通过自我克制，尤其是节制食欲和性欲才能实现。西塞罗曾说，食物只是人体的燃料，不必花费过多心思，就是这样而已。[50]他讲了一个关于大流士的道德寓言，说的是食欲是最好的酱汁。"大流士被敌人打败，在逃亡的路上饮了一些被死尸污染了的泥水，但他宣称从未喝过这么让人愉快的东西。事实是在此之前，大流士从来没有在口渴时喝过水。"[51]在共和主义者看来，体液论（表1.1）鼓励人们形成一种以食欲为考量的不健康的生活方式。按照约公元25年的医学百科全书《论医学》的作者塞尔苏斯的观点[52]，强韧的食物是最佳选择，这种食物虽然准备起来比较麻烦，不易消化，但能在较长时间内维持人的体力。强韧的食物包括面包、小扁豆、蚕豆、豌豆、家养动物和大型鸟禽的肉、像鲸鱼这样的"海怪"，以及蜂蜜和奶酪。而按照塞尔苏斯的观点，软和的食物，例如蔬菜、果园出产的水果、橄榄、蜗牛和贝类等，不适宜共和主义者和士兵们食用。因此老加图总结说，希腊殖民地叙拉古的奢侈饮食将他们变成了贫穷的士兵。[53]相比之下，靠吃大麦为生的迦太基硬汉虽为对手，却更值得尊敬。

共和主义者饮食哲学的演进，是与罗马供给能力的发展齐头并进的。战场上的胜利靠的是兵强马壮、人员整齐。4世纪，专事描写军事行动的维吉提乌斯如此断言："不能提供粮草和其他必需品者将不战而败。""战争中最主要、最关键的一点是为己方保障大量的粮食供给，同时用饥荒摧毁敌人。饥荒比利剑更可怕。"[54]"罗马人的军事胜利，"乔纳森·罗思说，"通常更多靠的是面包，而不是铁器。"[55]

军队伙食让罗马人在战斗中更有序，因而也更有胜算。虽然士兵们有时会依赖土地，要收获敌人的庄稼，掠夺粮仓并饿死粮仓主，但是借助从北非、希腊和帝国其他地区进口来的小麦，他们常常能够预先囤积起足够的麦子。这时候，只有惩处时才会给士兵们发大麦烤饼和大麦粥。通常他们吃的面包是用新鲜运来的小麦种（普通小麦）做成的，这是最珍贵的粮食，同时其朴素、坚韧、营养健康的特性也与共和主义者的饮食哲学相一致。仿佛是为了杜绝任何人怀疑这是传统的高级饮食，罗马步兵不能依赖妇女或奴隶，要亲自承担起碾麦子和烤面包的工作。那些曾经在波斯军队中司空见惯的庞大的行李车队和随军流动的大量平民，在亚历山大麾下只是规模稍逊一些而已，而在罗马人这里却是不被允许的。

一名罗马士兵的每日标准供给产生的能量差不多为3250卡路里：2磅小麦（约2000卡路里）、6盎司肉（640卡路里）、1.5盎司小扁豆（170卡路里）、1盎司奶酪（90卡路里），以及1.5盎司橄榄油（350卡路里），再加上6盎司的醋和1.5盎司的盐。[56]此外还可以得到半加仑的水和柴火。除此之外，一头军骡每天需要5～8磅的大麦或者燕麦，还需要13磅重的干草，如果不能吃草，还需额外补充5加仑的水。到了夏天，士兵们背着包裹，里面装着粮食，骡子们则拖着羊皮帐篷和磨粮食用的60磅重的石磨，部队就这样一路长途跋涉。

搭建营地时，由一名士兵专门负责组装石磨，先在地上铺一张兽皮或棉布收集面粉，然后在低处先放一块低矮带凹槽的圆柱石，其上再放一块石头沿着下面的石头旋转。这名士兵像妇女或奴隶那样蹲坐在石磨旁，一手握着上磨盘外围旁边的一个楔子当把手，旋转上磨盘，另一只手抓起一把粮食，注入上磨盘的一个小洞里。粮食缓缓注入下磨盘，通过上磨盘的运动而得以碾轧。面粉沿着下磨盘上的凹槽向磨盘外围移动。通过这种旋转石磨，一名士兵仅用1.5小时就能磨出足够一支8人小分队食用的粮食，而如果用简易石磨，则至少需要4~5个小时。[57]

每天清晨和傍晚，罗马步兵就像在家里或农庄那样做饭。他们把小麦煮熟，做成稀粥或浓汤（将小麦和晒干的豌豆、豆子或小扁豆煮在一起，加一点盐和咸猪肉），拿木勺舀着吃；或者将全麦面粉、水和盐混在一起，然后放进营地篝火的灰烬里，烤成粗糙的全麦面包，就着一点奶酪吃。每天早上，这些步兵战士就像动物一样站在他们的羊皮帐篷外面吃早餐，晚餐时则像孩子或奴隶一样，在帐篷里席地而坐。他们喝的是兑了葡萄酒或醋的水。每逢节日、打仗前或凯旋时都会举行祭祀仪式，此时总会额外呈上一些煮牛肉或烤牛肉。每当行军或敌人靠近时，饼干——能长时间存放、烤过两次的面包，就成了一种很好的即食食品。

人们在使用旋转石磨的过程中进行了一系列的取舍。碾磨的速度变快了。由于采用上磨盘而非下磨盘进行碾切，操作起来省力了许多。不过，相比普通的单盘石磨，旋转石磨更沉，价格更昂贵，制作难度更大，也无法像普通石磨那样生产出粗细不同的面粉。但在四处征战的过程中，价格、重量和质量远不如速度和效率重要。军队将这种笨重、昂贵但高效的新技术传播到了整个帝国，刺激了采石场以及训练有素的石匠群体的出现。假如军队鼎盛时期拥有50万士兵，每一支8人小分队就需要一台石磨，那么将有大约6万台石磨被拖拽着走过罗马的道路。

直到1500年以后，欧洲才出现了另一支像罗马军团这样供给充足的军队。罗马官兵在征战中学会了如何烹饪，以及如何计算配给量。在老加图所著的《农业志》（On Agriculture）这部现存最早的拉丁语散文作品中，包含了有关地产管理和基本烹饪的条目，并且满篇都是作为军官为给部队供给食物而推演的内容。[58]老加图本人就曾经像给士兵分配食物一样，按照奴隶们工作的不同强度，给他们分配不同数量的大麦和小麦。他钟爱斯巴达黑汤，坚信与其求医问药，不如依靠蔬菜整合他的这一体系。最受老加图推崇的当属卷心菜，其菜叶可以当蔬菜来吃，种子（至少某些品种的种子）可以磨成一种辣芥子粉，芽可以和小茴香、葡萄酒以及油一起做菜，然后用胡椒、拉维纪草、薄荷、芸香、芫荽或鱼露调味。这种吃法有助于消化，便于排尿和睡眠，还能治疗疝气，愈合伤口，促使生疮化脓。在丰盛的宴会前吃上一点卷心菜（这条建议多少反映了老加图人性化的一面），能让人无所顾忌地大快朵颐，开怀畅饮。他还给出了相当精确的指导意见，用面粉、鸡蛋、奶酪和蜂蜜烘烤出祭祀用的大饼。在庄园的晚餐桌上，可能会出现带着新鲜蒜香奶酪的小麦面包、卢卡尼亚的烟熏香肠（如果说意大利的国土形状像一只靴子，卢卡尼亚就位于靴子面上，那里现在叫作巴西利卡塔），以及小扁豆和奶酪蛋糕。

公元前约167年，罗马人击败了亚历山大的继承者、马其顿国王帕修斯。罗马人花了三天三夜大肆破坏、炫耀：被锁链捆住的囚犯、盔甲、雕像和绘画，以及精致膳食所用到的各种器皿，包括银角杯、碗碟饮器，还有献祭用的圣碗。100头牛棚里圈养长大的阉牛，角上涂金，脖子上戴着花环，等待被献祭。围观群众已然对随后进行的宴飨翘首以盼。之后，罗马得到了黎凡特地区和埃及，其中包括一派欣欣向荣的亚历山大城。公元前44年，尤利乌斯·恺撒被宣布成为终身独裁官，以此为代表的一系列历史事件标志着500年共和历史的终结。

战胜马其顿之后的这场胜利大游行，不仅是罗马政治史上的一件大事，在其饮食史上也占有相当重要的地位，因为在此之后，简朴克制的共和制饮食风格开始为帝国饮食风格所取代。随后的几百年里，罗马公民之中仍有一些领袖人物坚持与这一趋势相抗衡，不断为共和时代的饮食风格发声。他们指控帝国高级饮食中那些所谓的开胃菜、调味汁和甜食，远不像医生们鼓吹的那样能够安抚情绪（平衡体液），保持健康，相反会带来疾病。它们会过度刺激人的食欲，导致暴饮暴食——吃饱了还要吃的一种不良生活习惯。生活在1世纪的罗马政治家、哲学家塞内加曾拒绝吃蘑菇和生蚝。[59]他认为用简单、轻度烹调的坚硬食物果腹最好。"我们有水有粥，让我们在幸福中与朱庇特神竞争吧。"[60]公元前1世纪，演说家、共和政体的捍卫者西塞罗引用了苏格拉底的一句格言："饥饿是最好的调料。"[61]他这话说得毫不夸张。公民不食调料，如果这句话听起来耳熟，那是因为它已经回响了几个世纪，变成大多数欧洲语言里的一句格言。波兰民谚说，饥饿是最好的厨师。而塞万提斯这样说："世界上再没有比饥饿更好的调味料了。"本杰明·富兰克林的版本则是："饥饿是世间最棒的酱菜。"

人们指责职业厨师那一道道刺激胃口的精美佳肴传播了疾病，影响了健康。"疾病之多让人震惊了吗？数数有多少厨子吧。"[62]在一个共和政体里，他们不受欢迎的程度，不亚于那些有点头疼脑热就大惊小怪的医生，后者会通过放血减轻臃肿身体里的炎症。罗马伟大的历史学家李维回忆起罗马人打败帕修斯的往事，仍难掩内心的惋惜，不无刻薄地说："宴饮的准备开始变得更加精心、更耗费钱财，曾几何时，古人视厨子不过是最低级的一类奴隶，如今也身价上涨，原本低三下四的活计竟也开始被当成高级艺术了。"[63]

奢侈的饮食不仅对个人无益，对国家更是危险。苏格拉底就曾抱怨不该把艰苦赢来的财富挥霍在稀有昂贵的食材上。1世纪，老普林尼曾发出警告，罗马正在将金银财宝挥霍在饮食这件荒唐可笑的事情上。[64]在塞内加看来，当罗马人"诉诸饮食是为了激发而不是消除食欲时"，共和国的衰落便开始了。[65]公元前38年，作为对一系列类似事件的回应，维吉尔出版了他的《牧歌》，这是一部歌颂田园牧歌般简单生活的诗集，诗中描写的世外桃源阿卡迪亚大致基于希腊的牧区，作为与大型帝国城市生活截然不同的一种理想选择。

共和制饮食在高级饮食和平民饮食之间拓展出了自己的空间。它不像平民饮食那样倚赖颗粒较小的谷物和根茎类食物，也不像高级饮食那样偏好开胃菜、酱汁和甜食，让食客们即使吃饱了也要继续吃。与高级饮食一样，共和制饮食也是由专业厨师烹制，指定一块专门的地方用来吃饭，使用各种不同功能的食器，并且有一套专门的饮食语言重点体现基本的加工处理过程，而不是仅仅关注最后饭食的制作。最根本的是对烹饪的理解不一样。高级饮食认为烹饪的过程就是对食物的提炼（就像火对金属矿石的提炼那样），揭露其真正的本质或者说精华，而共和制饮食则认为烹饪是为了隐藏或者改变食物的本质。共和制饮食哲学遭到了基督教早期神父的挑战，这些神学家在2世纪到4世纪创立了基督教饮食哲学。直到18世纪，共和制饮食哲学才在欧洲和美洲殖民地重见天日，并在19世纪塑造了整个盎格鲁世界的饮食思维模式。

从共和国到帝国
受希腊化文明影响的罗马饮食

然而，在罗马占统治地位的还是帝国饮食。祭祀和祭祀宴飨仍然是帝国城市的一项中心活动。与之并行的是私人宴饮之风开始盛行。罗马皇帝用来自帝国各地的食材做成精美佳肴宴请宾客。[66]死后被追认为神明的罗马帝国第一位皇帝奥古斯都，曾经在一次宴饮中亲自扮演太阳神阿波罗，他的客人们则扮成其他诸神。宾客们进入宴会厅的先后顺序、就座的位次，以及吃什么样的食物，都反映了他们在等级制中的地位。所吃的食物来自帝国统治下的不同地区，既有天上飞的，地上走的，又有海里游的，象征着奥古斯都的统治范围既包括凡夫俗子，又涵盖自然世界。他的追随者所扮演的角色，现在我们看来已经很熟悉了，就是大表忠心，祝愿皇帝的统治千秋万代，同时伴着颂歌和赞美诗，为皇帝的合法性和至高无上的权力欢呼。

尽管如此，罗马人的高级饮食从未像阿契美尼德王朝的奢华盛宴那样长达数天。阿波罗是希腊神话中的人物，拥有完关的黄金分割比例和克己节制的美德。奥古斯都既展示了他个人的克己美德，又履行了他作为帝国皇帝的义务。皇帝维特里乌斯曾经把世人听都没听过的几样食物——红点鲑（一种长得像鲑鱼的鱼）的肝、野鸡和孔雀的脑、火烈鸟的舌头，以及七鳃鳗的内脏——一起盛到一个巨大的银盘里，这件事被他的传记作家写成了一个道德寓言，从而揭露暴饮暴食的危害。在彼得罗纽斯的作品《萨蒂里孔》中，新晋百万富翁特里马乔在一次宴席中把一道菜摆成了黄道十二宫的形状，另一道则是一只肚子里盛满酱汁的猪，接下来是做成希腊男性生殖之神普里阿普斯形象的油酥皮点心，男神肚子里鼓鼓囊囊地塞满了水果和葡萄，不失为一种辛辣的讽刺。

从战争和大块土地中获得财富的军事贵族们发现，不那么过度奢华的精致饮食不仅能够巩固他们与朋友、客户之间的联系，还能强化他们的社会等级。在罗马，每100万居民中大约有3万人能够负担得起偶尔放纵一次自己食欲的花销。鉴于帝国其他城市的人口加起来大约有500万到1800万，整个帝国大约有30万人能够享受得起高级饮食。[67]

罗马人的高级饮食受惠于希腊化饮食，根源于希腊、马其顿和波斯饮食。当时为名流看诊的医生盖伦更新了希波克拉底关于营养和健康的体液理论（表1.1）。他出生于佩加蒙地区（现位于土耳其境内），受训于亚历山大城，曾在1世纪为两任皇帝做过御医。[68]盖伦警告他的病人不要禁绝性生活，这一点与斯多葛学派做出的只能为生育过性生活的断言相反。盖伦说，病人应该有规律地进行射精，并且注意自己的饮食。他把食物按照温性和凉性分别划分为三个等级，例如胡椒属于温性三级，大米和鸡肉属于温性一级，黄瓜则属于有点危险的凉性三级。人体的温性很低，不足一级。当年马可·奥勒留曾经担心他吃的海鲜会在肚子里变成又冷又湿的黏液，致使他体温降低发烧，连粪便都会被胆汁染成绿色，为此盖伦给他开出的药方是加热过的胡椒和一杯产自萨宾地区的清爽甘甜的葡萄酒。[69]

希腊的厨师奴隶被雇用制作各种复杂的酱汁和甜点，他们和几个助手一起围着架在条凳上的火炉忙活儿。[70]希腊的面包师傅会制作一种发酵的小麦面包，据说这是在亚历山大城发展起来的一门手艺，很可能是用一种新的小麦品种（冬小麦）做的，其中的谷蛋白能够吸收空气。罗马人开始养成每天饮酒的习惯，并且学会了像波斯人和希腊人那样斜倚在长椅上进食。包括黑胡椒、生姜、姜黄和肉桂在内的各种香料的使用比以往更加广泛了。2世纪末生活在罗马的一位名叫阿萨内修斯的埃及裔希腊人，收集了800位希腊美食作家的作品节选，将之整理成书，取名《智者之宴》。

尽管罗马饮食大大承袭于希腊化饮食，但绝不是对后者的简单复制。用穹形锅烤出来的发酵白面包，此时已经成为有钱人家的日常主食。由于要制作白面包得筛除多达一半的面粉，一般家庭承担不起。猪肉在阿契美尼德和希腊的高级饮食中很少担纲主角，这时候却非常流行。谚语说："大自然赐予猪这种动物，明摆着就是为宴席服务的。"[71]猪肉可以腌，可以熏，可以吃新鲜的（包括柔嫩细腻的母猪子宫），也可以做成香肠，例如卢卡尼亚香肠。人们认为腌鱼，尤其是切成块状的腌金枪鱼，相当便宜且供应充足，它们和希腊高级饮食中的鲜鱼一起上桌，但人们认为鲜鱼更加危险，因为它们很容易腐坏。为了保证鱼类供应，食客们建造了水质清净的咸水池，不过算不上非常成功。[72]相比希腊化饮食，这种通常混合葡萄酒和水的咸鱼酱（garum）和制作后剩下来的糊状鱼酱（allec）使用得更加普遍。[73]酱汁方面也有创新，与波斯饮食中那种靠面包变浓稠的肉汤有很大不同。

举行晚宴时，宾主通常聚集在主人家最豪华的一个房间里，那里的地板和墙壁通常都装饰着美丽的马赛克或者绘画，房间里摆放着各种家具、器具和设施。[74]他们三人一组，斜斜倚靠在长椅上，长椅通常呈U形排列。他们左手托盘，用右手优雅地取食。宾客和主人理论上说应该是平等的，但是主人通常给那些地位不及他的客人的食物分量更小，可选择的种类更少，餐桌座次也更不起眼，有时甚至直接忽视他们。

宴席上的食物包括开胃菜、搭配了酱汁的菜以及甜点，都是为共和主义者所不屑的。开胃菜通常是生菜（可能会配以油醋调味汁）、韭葱（煮熟后切成段，用油、鱼露和葡萄酒调拌），加了蛋之后用芸香叶子盛着的金枪鱼，余火烤出来的鸡蛋，配着香草的新鲜奶酪，以及橄榄配蜂蜜味葡萄酒。

就主菜来说，奴隶们端上来的包括烤红鲣鱼配松子酱，用红酒、鱼露、香草一起烹制的贻贝，煮到变软继而烘烤后伴酱汁呈上的猪乳，塞满了碎猪肉、煮熟的小麦、香草和鸡蛋的鸡肉，以及香草风味醋汁拌鹤肉和萝卜。一些带有异国风味的佳肴，例如用豌豆做成的饭食、烩鸡肉、酸甜酱烤羊肉等一些波斯饮食的代表作，为宴会平添了几许大城市特有的包容开放之风。

此时的酱汁要比更早时候的波斯酱汁复杂得多，用于调拌肉或鱼，能为湿冷的食物增添一点热度，或者为干热的菜肴带来一些凉意。在一部名为《阿比修斯》（这部作品从9世纪的几部手稿中撷取而成，手稿本身可能基于4世纪至5世纪的一些文献汇编）的烹饪书里，500道食谱中有400道都在讲如何做酱汁，而全书仅酱汁的配方就有200道之多。[75]酱汁通常是用研钵将质地坚硬的香料研磨成粉后制成的，多数使用胡椒或小茴香，但也可以用八角、葛缕子干籽、芹菜籽、肉桂、芫荽、豆蔻干籽、桂皮、土茴香、芥末、罂粟和芝麻。通常还会加入一些坚果，如杏仁、榛子和松子，或者加一些水果，例如枣、葡萄干和李子等，将这些混合物做成糊状。随后加入一些新鲜香草，例如罗勒、月桂、刺山柑花蕾、大蒜、茴香籽、生姜、杜松子、拉维纪草、薄荷、洋葱、欧芹、迷迭香、芸香、藏红花、香薄荷、红葱、百里香、姜黄根粉等，接着加入鱼露，或者再来点红酒、葡萄汁、蜂蜜、橄榄油或牛奶。添加完成后进行加热，好让各种风味互相融合，有时也会加一些小麦粉、鸡蛋、大米或者酥皮屑，使酱汁更加浓稠。

甜点通常包含各种醇香可口的水果，如无花果、葡萄、苹果、梨和李子，以及牛奶布丁、用鸡蛋和水果做成的美食，还有各种加了奶酪和蜂蜜的油酥点心，例如沾满糖浆或蜂蜜的油炸面团。这里有一个做炸面团的食谱，堪称今天许多油炸面团的前身："取硬粒小麦面粉，加热水做成质地极硬的面团，然后按扁平铺在盘子上。冷却后，切成菱形，放到最好的油里去炸。取出后浇上蜂蜜，撒上胡椒后上桌即可。"[76]用来佐餐的是盛在玻璃杯、银杯或精美陶器里兑了水的葡萄酒。[77]自然，这样的美食不是天天都能吃到的，它们属于美食中的典范，要等到特殊场合才能享用。一般来说罗马人的早餐都吃得非常清淡，晚餐也要比这种花样繁多的宴会简单得多。

斯多葛学派认为罗马帝国就是一种将整个世界都纳入其中的普世君主国，它在大约公元前100年到公元100年达到了其疆土的顶峰，西至西班牙，东到美索不达米亚，北至苏格兰，南到撒哈拉沙漠边缘。[78]和波斯人一样，罗马人对于来自不同种族和宗教的人持宽容的态度，只要他们能接受献祭这种仪式，以及罗马的语言、风俗习惯和品位，其中就包括罗马的饮食。当然，各地存在地区差异。举例来说，帝国东部希腊语地区的居民就一直对猪肉不太感兴趣。[79]总之，帝国公民（这个词虽然后来逐渐拓展到了罗马人以外的范围，但始终是指精选出来的一小部分男性）是通过吃饭这件事才团结起来的。庞贝古城的一幅涂鸦对这种情况做了精确的总结："不与我同桌而食者，于我乃是野蛮人。"[80]

在阿尔卑斯山以北一块西起西班牙、东至莱茵河和多瑙河的带状土地上，生活着一群凯尔特人。对于喜欢以耕地环绕城市的罗马人来说，凯尔特人这种在黑森林里清出空地做定居地和耕地的做法，看上去既十分奇怪，又充满威胁，而且缺乏过文明生活所需的各种食物。多瑙河畔某行省总督（出生在土耳其）曾这样说："这里的居民……可以说过着所有人类当中最悲惨的生活，因为他们既不种橄榄树，也不喝葡萄酒。"[81]罗马人对凯尔特人的最高评价顶多是他们比较干净，虽然很贪吃。随着时间的推移，一些比较富裕的凯尔特人渐渐开始使用拉丁语，并且接受了罗马饮食，包括发酵的圆面包，红酒，卢卡尼亚香肠，各种豆类（豌豆、扁豆、鹰嘴豆、眉豆），硬奶酪，以及调味酱汁。他们大量进口红酒，3世纪时大约一年至少进口250万加仑（这里可以和中世纪时最大规模的红酒贸易做一番比较，那时候不列颠和低地国家每年要从法国进口2000万加仑的红酒）。[82]从3世纪开始罗马化的凯尔特人成为帝国的皇帝，这一点跟从未让非波斯人做皇帝的波斯帝国不同。他们喜欢将猪肉烤着吃或者煮着吃，不管是新鲜的还是用盐腌渍过的，这一点强化了已有的罗马化偏好。[83]

与此同时，厨房用品和各种植物也在帝国各地得到传播，以3世纪不列颠北部的约克为例，来自非洲的士兵带来了能够在烤炉上使用的底座凸起的碗。在其他地区，既发现了典型法国南部风格的三足鼎，也出现了烤盘和研钵。[84]凡是能耕种的地方都种上了橄榄树和葡萄藤。在罗马帝国统治下的不列颠郊区，人们竞相炫耀来自西班牙的兔子、鸡、野鸡、孔雀和珍珠鸡。田园里种植着各种各样的香草和蔬菜：芫荽、土茴香、小茴香、薄荷、百里香、蒜、韭葱、洋葱、红葱、欧芹、迷迭香、芸香、鼠尾草、香薄荷和马约兰花；卷心菜、莴苣、苦苣、胡萝卜、欧洲防风草、白萝卜、小萝卜、泽芹、白芥子等。[85]果园里种上了苹果、樱桃、桃、杏和无花果的改良品种。而在海峡对岸的埃及则成了各种欧洲甜菜、芜菁、芦笋、梨和核桃的新家。

生活在帝国城市里的穷人生活水平也得到了有效的提高，曾经善于为军队提供给养的罗马人已然变成供给大城市的行家里手。罗马的人口也从公元前3世纪的约10万人增加到公元前55年的100万人，一个世纪后已经达到150万人。希腊的雅典和科林斯、土耳其的以弗所和帕加马、黎凡特的安提阿，以及埃及的亚历山大城，也都有着庞大的人口数量。而几乎每个城市总人口的近90%都是穷人，他们生活在拥挤的棚户区，没有专门的地方贮存和烹饪食物，只能买点方便食品，要么带回家，要么直接在街上吃。有时只需要从面包房买一小块热面包，就着从小饭馆或卖外卖食品的店买来的酱汁，就能凑合成一顿简单快捷的热乎饭。要是能吃上浓汤或者燕麦粥，十有八九也是盛在一个粗碗里用手指扒拉着吃掉。[86]

富裕的罗马人为建立自己的社会地位而出资赞助的国家祭典和宴飨，打破了一成不变的日常生活，给普通人造成了一种感觉，即他们也是这座伟大城市和强盛帝国的一个组成部分。随着动物变成祭品，宴会得到精心的准备，靠战争和经商积累起来的财富付诸东流。而随着城市人口的增长，尤其是在罗马，食物短缺现象开始出现。为了避免发生暴动，贵族开始广施善举。公元前2世纪末，他们先是开仓放粮，然后是分发橄榄油和猪肉，到3世纪就开始发放盐和产自意大利北部大葡萄园的红酒了。[87]

正常情况下，城市穷人会通过购买和定量供应的方式，从他们的雇主或主人那里得到面包、葡萄酒、油、奶酪、鱼露和蜂蜜。[88]其中最重要的当属用当时处于谷物金字塔顶端的小麦（而非大麦）做成的面包。"过去，"盖伦说，"人们通常拿大麦当饭吃，但是现在人们已经认识到了它在食物价值上的劣势。大麦能为人体提供的营养非常少，虽然对普通人以及那些不经常锻炼的人来说已经足够了，但是稍微做一点运动的人就会发现这种食物的不足之处。"[89]下等人吃的面包都是面包房烤出来的，而不是自家烘焙的。到公元25年，罗马已经开设了300家国营的商业性综合磨坊和面包房，约合每3000名居民一个。考虑到每个居民每天需要

图2.5　这是罗马马焦雷门附近一名获得了自由的奴隶尤里萨西斯墓上的浮雕壁画，他后来成为一名成功的面包师，这些壁画向人们展示了罗马面包房里的工作场景。上图，从右向左，工人接过递过来的粮食，具体数量由坐在桌边的官员详细记录下来。粮食送到驴磨坊里加工，在那里工人们负责将石磨盘中间落下来的面粉收集起来。磨好的粗面粉会用一个圆环形的筛子筛掉粗麸皮。一旁的监工负责检查质量。中图，从右向左，一名工人似乎借助一匹马让和面的桨叶动起来。雇工或者奴隶在两张长桌上将面团做成标准长面包的形状，然后面包师将它们送入烤炉。下图，从左到右，工人们费力地将一篮篮沉甸甸的面包扛到称重站，在那里总重量将会被记录下来。在工人们把面包卖给顾客之前，都会由穿着袍子的公务人员把产品质量检查一遍（From Hans Lamer, *Römische Kultur im Bilde*, Leipzig: Quelle & Meyer, 1910, fig.119）。

消耗一到两磅面包，具体数量取决于还吃了哪些别的食物，每年需要磨、揉和烤的面粉达500吨。生产这些面包所需的大型蜂巢形烤炉、面粉和柴火催生出了一种规模经济：商业性面包房的成本要比家庭烘烤低得多（图2.5）。[90]

　　许多面包房都是由获得了自由的奴隶后代经营的，有时这些人会变得非常富有。还有的人会投资开驴磨坊，这种磨坊成本达1500第纳尔，是普通石磨磨坊的6倍，那时候一双军靴要卖22第纳尔，农夫劳动一天只能挣到2第纳尔，其他的都以实物形式支付，可是一条一磅重的面包就要花2第纳尔[91]（公元40年，卡利古拉皇帝为了将自己宫殿里的家具运到高卢，将罗马城面包房里拉磨的动物抓过来，导致磨坊无法运营，饥荒随之来袭，可见靠畜力驱动的磨坊对罗马的食物供给是多么重要）。考虑到各

图2.6　庞贝遗址中发现的分切好的罗马圆面包，在公元79年维苏威火山喷发后形成的火山灰中完整保存下来（Courtesy New York Public Library http://digitalgallery.nypl.org/nypldigital/id?1619829）。

地情况不同，有的面包师可能会使用乳酸杆菌来做发面面包，有的则使用酵母——酿酒过程中产生的一种酵母沉淀物（不过这和现今我们使用的啤酒酵母到底是不是一回事，就不清楚了）。

在庞贝遗址保存下来的一幅壁画展现了一位面包师正在出售标准大小的罗马圆面包的场景（图2.6）。这是历史上第一次出现我们现代人能识别出来的面包，即使摆在面前要我们吃也不会觉得太奇怪，而且味道不会差得太远。面包师们为面包设定了不同的级别：白面包是给有钱人吃的，全麦面包是给大多数普通人吃的，最穷的人只能吃粗麸皮面包。碰上好时节，贫苦的农民也能吃上全麦面包，而光景不好时只能吃混有甚至全部由豌豆、菜豆、栗子或橡果做成的面包。

葡萄酒都是由一些大庄园生产出来的，尤其是在意大利北部和西部。剩余的葡萄酒则被卖给了生活在高卢（即现在的法国）的凯尔特人。一位当代作家在描述凯尔特人对酒的热情时这样评论："他们会用一个奴隶换一双耳壶葡萄酒，也就是说用倒酒人换一杯酒。"[92]当然，这句话可能不该从字面上理解。在欧洲北部，运酒的容器从陶罐换成了重量轻的牢固圆桶，这一点从图2.7德国奥格斯堡发现的浅浮雕就能看出来。

在意大利、利比亚、西班牙和土耳其建起了一些专门生产鱼露和鱼酱的工厂，因为这些地方阳光充足，不但有丰富的鱼类资源，而且附近有盐场，这类工厂至少在公元前5世纪就已经出现在了美索不达米亚。[93]加了香草和盐粒的鱼被装进大型容器，然后放到烈日下暴晒，直到鱼完成了自我消化（自溶），分解成液体的鱼露和糊状的鱼酱，鱼露注入双耳瓶中以备运输。从皇帝到奴隶，不同等级的客户要做出明确的区分。例如，卖给犹太人时就要保证产品中不能包含软体动物、贝类和鳗鱼。

硬奶酪是通过用盐压缩新鲜奶酪做成的。[94]由于硬奶酪水分更少，酸度更强，因此也更利于保存，而且由于它的体积只相当于其原材料牛奶的十分之一，因此更容易携带，所有这些特点使得这么多年以来硬奶酪始终是士兵和旅人的基本配备，从4世纪伊始其出口就已经遍及整个美索不达米亚。同样，蜂蜜也已经开始进行商业化生产。[95]

离罗马城仅几英里开外的奥斯蒂亚是一个喧闹繁忙的港口，那里有从1200英里以外的亚历山大城运来的粮食，相比15英里的内陆驮运，船运要便宜得多。在运送到磨坊主那儿之前，粮食要先存放在成排的陶罐里并埋在地下，只露出瓶口露出地面。[96]不同形状的双耳瓶里装着不同的货

图2.7　在欧洲北部，凯尔特人引进了轻便的圆木桶代替美索不达米亚的双耳瓶，用以存储和运送葡萄酒。图中这件来自德国奥格斯堡一处墓穴的浅浮雕作品（现已被毁），通常被认为展现了一个装满了酒桶的地窖（C.Daremberg and E. Saglio, *Dictionnaire des antiquités grecques et romaines*, Paris: Hachette, 1904-7, 5:917, fig.2139）。

物，矮胖和细长的双耳瓶里装的是橄榄油，锥形瓶里装的是葡萄酒，尖瓶里装鱼露，瘦高瓶里装橄榄，小尖瓶里装的则是枣。[97]除了这些远道而来的货物之外，葡萄酒也从这里上船出发，售往美索不达米亚各地，最远甚至可达印度，去交换那里的胡椒。

3世纪至4世纪，帝国的经济中心君士坦丁堡取代罗马成为新的首都，从而将饮食重心向东转移到了说希腊语的地区。[98]4世纪，来自莱茵河流域的日耳曼人入侵西罗马帝国。到5世纪中期，罗马的人口已经缩减到了约33万，6世纪中期时已经仅剩6万人。[99]在原西罗马帝国境内，罗马帝国的饮食，连同它的辣味酱汁、质地软嫩的肉食，以及独具风味的鱼露和蜂蜜，在其赖以依存的食品加工工坊和贸易网络荒废之后，也逐渐衰落，终被废弃。然而，雁过留声，即使在东罗马帝国灭亡后，罗马饮食依然留下了几许痕迹。在黎凡特或整个北非，希腊、巴尔干半岛、瑞士、法国、西班牙，以及拉丁美洲（这要得益于后来的西班牙帝国），依然有人在做辣味的卢卡尼亚香肠。[100]更重要的是，发酵小麦面包变成了欧洲传统饮食的一个组成部分。

与此同时，和印度孔雀王朝的禁欲主义者一样，犹太人和基督徒也向罗马帝国的饮食发起了挑战。犹太人拒绝参与帝国的核心政治活动——祭祀典礼。基督徒，尤其是那些已经皈依的非犹太基督徒，虽然此前也曾参加过祭祀，但这时候也不参加了。4世纪早期基督教即将成为东罗马帝国的官方宗教，不管是高级饮食还是低端饮食，都将要面临重新调整，以适应基督教的饮食哲学（参见第五章）。

从黍类饮食到汉帝国饮食

在中国北方经历了一段漫长的战乱和无序之后，汉武帝刘彻（约公元前156—前87年）像400年前的大流士一世一样，宣称负有重建秩序、恢复天地和谐的责任。[101]在接下来的400年里，除了偶尔的动荡，汉朝统治了5000多万人口，北至蒙古和朝鲜，南至越南，东到东海，西到中亚

1. 埃及第十九王朝工匠森尼杰姆墓室展现农民耕作场景的壁画。

2. 埃及第十八王朝纳赫特墓室展现农业生活场景的壁画，包括种植粮食、灌溉、收获、捕鱼、打猎等。

3. 乌鲁克文明一份早期记录啤酒分配的泥板文书，公元前3100—前3000年。当时，啤酒是支付劳动报酬的一种方式。

4. 希腊青铜时代晚期迈锡尼文明的金质高脚酒杯，约公元前1500年。

5. 神庙祭祀性厨师用刀，由燧石制成，黄金刀柄处刻有埃及法老哲尔的荷鲁斯之名，制作年代大约为公元前3000年，现存于加拿大多伦多皇家安大略博物馆。

6. 古罗马高卢地区一个手持锤子的神右手中有一口罗马锅（olla）。罗马锅是指深肚的圆形罐子，主要用于烹饪或储存食物，因此在一些罗马语言中，olla一词仍然被用来指烹饪锅或烹饪意义上的菜肴。而在古罗马宗教中，olla具有仪式用途和重要意义。

7. 公元前510—前500年，阿提卡红像陶酒瓮画描绘了古希腊人向神献祭一头小野猪的场景。

8. 酒神狄俄尼索斯躺在一条船里，这条船穿行在海豚群中，来自约公元前530年阿提卡的黑像基克里斯陶杯。

9. 阿普利亚红像鱼盘，约公元前350—前325年，现存于卢浮宫。鲜鱼是古希腊人最喜欢吃的食物之一。

10. 约公元前420年，一个阿提卡红像钟形陶罐描绘了一个女乐师正在私家宴会后的一场饮酒派对上吹奏阿夫洛斯管，为客人助兴。

11. 希腊科林斯州的这幅镶板画描绘了公元前6世纪的动物祭祀场景。

12. 14世纪末一本烹饪书（*The Forme of Cury*）里的食谱，一道菜是杏仁煮禽鸟，辅以炸洋葱，另一道菜是用肉桂、姜、丁香、枣和松子做成的甜味炖肉。

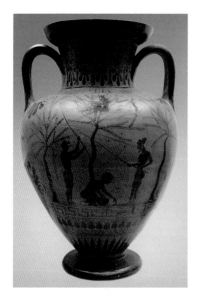

13. 年轻人采打橄榄的情景，阿提卡黑像双耳细颈高罐，约公元前520年。

14. 古罗马人在葡萄酒发酵后，将之储存在双耳细颈瓶中，以供食用和陈放。

15. 庞贝古城的一幅油画（约公元79年），描绘了一场宴会或家庭聚餐。这幅油画现存于意大利那不勒斯国家考古博物馆。

16. 古罗马奥斯蒂亚的一场户外宴会。这幅马赛克镶嵌壁画制作于4世纪。

17. 罗马帝国时期上流社会装修精美的餐厅。客人懒洋洋地倚靠在餐厅的沙发上，可以看到花园里的景色。一场晚宴的理想宾客人数是9个，现存于巴伐利亚国家博物馆。

18. 古罗马民众向酒神巴克斯献祭。这幅油画由马西莫·斯坦齐奥大约绘制于1634年。

大草原的边界。汉朝与罗马帝国有很多相似之处，包括它的饮食风格。和罗马帝国的饮食一样，汉朝的饮食习惯中也加入了小麦。只不过在中国，小麦面粉并没有用来烤面包，大多数情况下被蒸成了一系列统称为"饼"的食物，也可以理解成"面食"。和罗马帝国饮食一样，汉朝的饮食也探索出了一系列不同的风味。虽然没有鱼酱，但中国人还是靠着一系列的发酵过程进行了持续不断的创新。除了在食物技术上取得了同样引人瞩目的发展以外，汉朝和罗马帝国一样，也出现了有关饮食哲学的争论，尤其是针对奢侈品在整个国家所处的地位。

根据复兴的儒家学说，皇帝被视为宇宙的支点，在太初能量（气）被分化成阴和阳的宇宙里，皇帝对维持宇宙和谐的祭祀仪式负有责任。历史就是不停的循环，每个人都有义务去培养美德，而社会就是由一系列不平等的关系联系在一起的——君臣、父子、夫妻等，在这种关系中，地位较低的一方要尊重地位较高的一方，而后者也要对前者施以仁爱之心。虽然食物的供应是儒家学说的一个关键组成部分，提供的食物必须体面、足够，但不能奢华。孔子曾赞扬他的弟子颜回："贤哉回也！一箪食，一瓢饮，在陋巷，人不堪其忧，回也不改其乐。"[102]这则故事在中国反复传颂，经久不衰。作为良好的政府治理的一个组成部分，祭祀行为一直在起着维护社会稳定和宇宙秩序的作用。但是，正如不是所有的罗马人都认同共和制的饮食哲学一样，很多中国人也转向了其他饮食哲学，例如道家学说。

位于黄河岸边的帝都长安（距离今天的西安仅几英里远）是汉民族的传统家园，这是一座有着25万人口的繁忙都城，其城市布局即按照宇宙秩序的原理展开，这里有宽阔的街道，位于其中心的是一处二英里见方的宫殿区，即帝国皇室的居住地。负责食品供应的部门约有2000人手，负责监管厨房，布置宴会，监督酿酒坊、粮仓和储物仓库，以及农夫、添柴工、牧民和猎户的工作。同时他们还负责与祭祀大典相关的厨房工作，既要保证宴会的奢华，必须衬得上皇帝对已知世界所有资源的掌控，又要反映这一神圣帝国传统的连续性。[103]

黄河流域地势平坦、水源充足，能够生产出丰富多样的饮食所需的各种材料，它是汉民族的故乡。帝国的军队就是从这里向邻近地域发起进攻。这些军队最多达上百万人，其中普通士兵都是由征召来的农民组成，向有着独特饮食风格的邻近地域发起征伐，东北地势高、气温低，生产牛奶，向东是出产盐和鱼类的朝鲜。长江以南的土地松软肥沃，物产丰富，非常适宜动植物生长，那里的饮食常伴有酸臭的风味。228年汉朝在湄公河三角洲地区和柬埔寨派驻大使，结果写成了两本专著：其中一本涉及越南红河地带的树木、植物、水果和竹子；另一本则对四川省进行了一次广泛的调查。向西则是一个土地肥沃、饮食丰富的区域。汉王朝在北面和东面建起了一些军事防御区，驱赶成千上万的人到那里定居。[104] 不难想见，就像罗马人在帝国边境驻防一样，汉朝人也将他们熟悉的植物和加工烹调用的设备带到了上述地区。

　　然而，控制中亚贸易路线的草原游牧民族挡住了汉人向西前进的步伐。即便强大如汉朝军队，也无法为跨过长城约200英里的军队提供所需的食物。因而，长城成了草原和农田之间模糊的分界线。从此，汉人和游牧民族之间开启了长达几个世纪的外交往来和饮食文化交流。汉人会邀请游牧民族使节——统治者或者其家族成员——前往长安，正式向皇帝表示效忠。[105] 使节会携带礼物（即贡品）前往，只要能承诺不发起袭击，就能获准做几天生意，走之前还要留下一名重要的王室成员作为人质，例如王储。作为回馈，汉王朝会大设宴席款待来访的代表团，临行前还会给他们装满各种礼物，例如精美的丝绸和粮食，有时还会同意派遣皇室女性去当新娘。游牧民族由此熟悉了汉王朝的饮食，汉王朝则通过这一系列游牧民族中间人，获得了有关波斯、印度甚至美索不达米亚饮食的信息。伴随这一长串游牧民族接替者的名单，汉人引入了葡萄藤，学会了如何种植葡萄，以及如何种植紫苜蓿喂养战马，而且十有八九还引入了旋转石磨。[106]

　　和罗马帝国一样，军队供应和大地产促成了汉朝饮食风格的形成。原来一小群靠农民交税供养的富有的统治阶层，被富裕的大地主所取代，他们雇用农民经营自己的农业综合产业。以四川的赵氏家族为例，他们有良田可种粮食，有鱼塘可养殖淡水鱼，有专用园区可捕猎野味，还有各种不同的商业投机项目，仅这个家族的铁器就需要由800名奴隶负责照看。[107]

道家思想蕴含神秘的原始科学宇宙理论，在与世隔绝的道观里这种由师父传授给学生的学说，对赵氏这样的世家大族来说有着强烈的吸引力，因为他们正苦于寻找一种关于宇宙和个体安康的指导理论。约公元前3世纪，道家开始从世俗生活中退出，转而想要贴近精神世界，去冥想，去啜饮来自天国的甘露，即"气"，或者说"以太"，这样他们或许能获得永生。[108]道家人相信五行学说，宣扬生命必须要与宇宙万物和谐共生（表1.4）。他们认为胃主直觉和智慧，脑主思维和判断，心主意愿和关爱。很多这些观点都被收入了当时的药典《神农本草经》。[109]食与药做到了相互融合，因而"方子"这个词既可以指"食谱"，也可以指"药方"。

汉王朝的精英阶层中有一群人喜欢随性自在，喜爱自然，钟情山水画和书法，同时对祭祀仪式不屑一顾，对政治漠不关心，道家饮食哲学便颇对这些人的胃口。他们渴望永葆青春，延年益寿，又悉心为死后的生活做准备，肯为一件寿衣一掷千金，寿衣由一片片玉石做成，目的是防止灵魂逃走，他们还在墓室里准备了丰盛的筵席，因为如果不把亡人喂饱，灵魂就会离开身体，变成愤怒的恶鬼在世间游荡。有一位姓戴的贵族妇女死于约公元前150年，她的墓室里摆了51个罐子，里面装满了蔬菜、大米和五谷杂粮，还有48个竹篮，里面装的是水果和煮熟的肉类，这些竹篮用不同的竹条标示。还有一些墓穴放置水井、粮仓、一整个农家院子等各种模型，或者如图2.8中的厨房场景。图中这块出土于中国山东省的抛光石板（约5英尺高、2.25英尺宽）上雕刻的是2世纪的一个厨房场景，这块石板立在墓室里，墓主人可能是当地的一个地主或者一位政府官员。[110]

成书于约公元540年的《齐民要术》是一部有关农业生产管理和食品加工的手册，作者贾思勰是山东北部的一位官员，很可能是一位太守。他的这部作品堪称一座有关食品制作和加工的宝库。[111]书中描述了如何耕地，种植粮食，饲养牛羊，管理养禽场、猪圈和鱼塘，以及加工食物，包括如何制盐、磨面、用麦芽酿酒。淀粉、甜味剂和油都是大规模生产出来

图 2.8 这是中国山东诸城凉台一处2世纪的汉墓出土的庖厨图画像石，展现的是繁忙的厨房光景。最上面的架子上挂着乌龟、一头鹿、鱼、一个猪头以及大块的肉，其高度足以躲开厨房里转来转去的几条狗的魔爪。往下，一套装满食物的托盘已经准备好了，一个人在做鱼，三人切肉，还有一小群人在穿肉串，然后拿到一种类似炭火盆一样的烤炉上去烤。右手边，一条狗正垂涎欲滴地盯着待宰的动物——一只羊、一头公牛、一头猪，还有一篮子鸡。有人从井里汲水，有人在给蒸炉扇风，其他一些侍从正把发酵酒倒进一个陶质的过滤器或者棉布袋子里，澄净了以备饮用。一名班头正在训斥一个醉汉。画面底部是几个大罐子，其中四个装的是发酵酒，另外几个则装着米酒或水。这么多的酒和肉显示厨房正在准备宴席（《文物天地》，1981年第10期，fig.7）。

的。[112]淀粉浆能让酱汁变浓稠，做法是先捣碎黍或粟，浸泡在水里，将沉淀下来的谷物颗粒挑出来晾干。麦芽糖作为主要的甜味剂，是通过给粮食育芽制成的，育芽后经晒干、压榨，最后用水提取代糖。甘蔗在贾思勰看来只是一种从极远的南方传过来的异域植物。榨油则可以通过加热芝麻、汉麻、紫苏籽、菜籽等植物种子，然后用一个楔形模具进行压榨。这些油料籽实的使用很有可能意味着家禽、家畜数量的减少，因为中国人做菜时通常更喜欢使用猪油、羊油和牛油。

有些食物在保存时可以保留某些原有的特色（窖藏），例如蔬菜可以埋在土里过冬，葡萄可以保存在密封的罐子里，晒干的蔬菜、肉或者鱼放到加了香料的盐水里浸泡过后，可以挂在屋檐下晒干（脯），煮熟的大米和鱼可以用香草和香料加以保存（鲊，这可能就是寿司的远祖），类似锦葵和卷心菜这样的蔬菜可以加盐、卤水或米糠保存在罐子里（菹，这大概就是泡菜的起源）。而据药典记载，醋能够消除人体内不好的体液，让五脏六腑的活动重新变得和谐，从而养成强健的体魄。

除此之外，中国人还制造出了一大批各不相同、能够维持或者说完全改变形态的食物，包括以大豆、粮食、肉类、鱼类或贝壳类海鲜为基础形成的各种佐料。[113]到汉朝时，各种佐料的制作技术已经得到了系统化的发展，其中许多技术的历史非常悠久。它们与欧亚大陆西半边的制作方法非常不同。中国人开始使用复合微生物培养熟谷物，现在我们知道这些微生物包括真菌酶、孢子和有水存在情况下的酵母菌。由此产生的"发酵"是将谷物制成调味品或酿造谷物的开端。

那时这些加工的过程都是用道家的语汇表述的。人们在夏末农历七月的第一天，开始为一年的米酒准备所需的酒曲。120升小麦被分成三部分，其中一部分用于蒸煮，一部分用于干焙，剩下一部分留着不动。把这三部分都用石磨细细地磨好之后混合在一起。太阳出来之前，人们会派一名穿着黑衣服的男孩去井里挑800升水，在此过程中他要　直面朝西方，即死地的方向。谁也不许碰这些水。工人们也要面朝西，将这些粮食加水做成硬面团。在一间茅草屋里，一群童子负责将面团捏成直径3英寸、厚1英寸的麦饼。茅草屋的地面是坚实的泥地，地上划有小路，将茅草屋分成四块方地，在里面工作的童子同样要面朝西方。他们还负责做出五尊"饼曲王"，麦饼要沿着小路摆放，五尊"饼曲王"则分别放在房间的正中以及东西南北四个角落。接下来，家族出一名成员将祭祀祈祷文重复三遍，旁观者下跪两次，肉干、酒和面食等祭礼被放置在"饼曲王"濡湿的手上。茅草屋的木门关上后用泥巴封住。一周后人们把木门打开，麦饼已经开始发生变化，然后再将门关上，这一过程要重复两次。之后把这些发酵的麦饼放到一个陶罐里封存一个星期，接着用绳子穿过麦饼中间的小洞，挂起来晾到太阳下面晒干即可。

　　酒曲的制作过程相当复杂且存在潜在的危险，无论是精确的称量还是各种严格的规矩，哪怕是被裹挟在神秘主义而非科学主义的术语当中，也都是为了控制好这一过程。从中可以窥探出，在中国人看来，小麦变成酵母就好比死亡，而酵母得到使用则意味着复活。

　　1000年前曾被中国人视为二等谷物的小麦，此时和黍一起成为谷物中的首选。大多数学者认为，旋转石磨在约公元前3世纪发明出来不久就传播到了中国。磨面变得更加高效了，虽然此前用单一的石磨也能磨小麦。[114]磨出来的小麦面粉和水混合时形成的面团由于有了蛋白质或者说谷蛋白的缘故，可塑性高，易成形，因为蛋白质能够形成富有弹性和可塑性的面筋。中国人会将面团擀成面片，切成面条，或者压出形状，扯成面皮，或者做成馒头，然后上锅蒸熟，或者和肉羹、奶酪和芝麻糊一起吃。他们甚至还学会了如何用不含谷蛋白的面粉做面条，例如黍或稻米，方法是将面团经过筛子挤出，直接下到滚开的水里。6世纪贾思勰在《齐民要术》中列出了15种不同的"饼"*的做法，而那时"饼"这个食物类别已经出现几个世纪有余了。[115]

　　3世纪中国最顶尖的学者之一束皙**写了一部作品，热情地赞颂了汤饼和牢丸，认为每个季节应该吃不同的食物。[116]春天是吃馒头的时节，夏天应该吃薄饼，秋天吃发面，冬天则要吃一碗热腾腾的汤饼。而如束皙所言，捏好的面团里包了"裔若蝇首"的羊肉或猪肉，则是"四时从用，无所不宜"的。把昂贵的肉和用来中和肉腥味的生姜、葱、香料和豆豉（即发酵过的黑豆）放到一起仔细切碎，包进极薄的面皮里捏好，然后煮熟。

---

* 最初我国的所有面食统称为"饼"，其中在汤中煮熟的饼叫作"汤饼"，即最早的面条。

** 束皙（261—300），西晋学者、文学家，字广微，阳平元城（今河北大名）人，作品有《三魏人士传》《七代通记》《饼赋》等。明人辑有《束广微集》。

图2.9　汉代将军朱鲔（卒于约公元50年）墓室祭坛后墙出土的雕刻，展现的是宴飨大典的场景。进食者（下图是男性，上图是女性）坐在相互隔开的平台上，他们面前是带有弧形桌腿的低矮长桌，周围是环形帷幕。侍从或者是观众正向帷幕那边望过去。在下图的背景处，仆人们端着装满食物的托盘，前景处跪着另外几位仆人，正用长柄勺把汤从一个巨大的圆形汤盘盛到碗里，还有的正从圆柱形的器皿盛到双耳杯里（From Wilma Fairbank, *Adventures in Retrieval: Han Murals and Shang Bronze Molds*, Cambridge, Mass.: Harvard University Press, 1972）。

　　　　　于是火盛汤涌，猛气蒸作。攘衣振掌，握搦拊搏。面弥离于指端，手萦回而交错。纷纷及及，星分霅落。笼无迸内，饼无流面。

　　人们跪坐于低矮的桌前，用筷子从时髦且极其昂贵的漆盘中夹了这种新兴的食物来吃（图2.9）。

　　低端饮食没有像小麦面条这样的奢侈品，而是继续以黍类和根茎类植物为主。从约公元前5世纪开始，中国的政治家和幕僚都同意国家必须介入经济平抑价格，既保护顾客免受物价飞涨之苦，又保护生产者免于物价低迷之困。公共秩序——更确切地说，公共道德——的建立，取决于能否提供足够的食物。在汉代搜集到的此前几个世纪的文献中，澄清了政治和谷物之间的关系："仓廪实而知礼节""民富则易治也，民贫则难治也"。[117]

在公元前1世纪，食物供应开始变得不稳定起来。当时一首流行的民谣意味苦涩：长江流域一块区域的灌溉系统出了故障，穷人只能吃蒸熟的黍子和大豆，拿山药做调味料。[118]以货币或者实物为报偿的农民是整个国家的支撑，但是他们发现自己陷入了一个日渐恶化的境地，许多人负债累累，不得不将自己的小块土地抵押给大地主。政府失去了税收，于公元前117年重新建立盐铁垄断专营。为了管理和供养庞大的军队，帝国政府扩充了它的官僚队伍，官员们以黍、干草、稻草和耕畜的形式向农民征税。结果，农民的劳作时间更长，耕种的土地更多。官员们按照人头数向农民征税，逃税变得越来越难。帝国机构规模相对更小，存在大量独立农民的旧体制，开始逐渐瓦解。

人们尝试用各种不同的形式救济穷人。代表他们的富人或者商人开始寻求来自异地的粮食供应，他们开凿了运河，兴建了港口设施，尝试发放免费的救济品或粮食补贴。[119]国家向农民发放酒和公牛，用来祭祀土地神。[120]最重要的是，国家开始兴建粮仓（即所谓的常平仓），饥荒时以固定价格出售粮食，这一点与汉朝的儒家意识形态相一致。《礼记》中有明确要求，最理想的情况是有足够吃九年的粮食储备（不过这种情况几乎是不可能实现的），若少于六年，形势就会开始紧张，若少于三年，政府必倒无疑。[121]

遭受饥荒的农民数量不断增长，面对这种情况，知识分子开始大肆声讨奢侈之风。孔子的追随者孟子认为奢侈是导致农民贫穷的根源。墨子说，奢侈之风与节俭和社会平等背道而驰。[122]其他人认为奢侈会催生浪费，导致人们骄傲自大，缺乏美德。富有的商贾家族对这一波抨击感到十分不快，因为他们虽然从赤贫的农民手中买到了土地，但没有在上面种植粮食，而且他们还颇受鄙视，因为与绅士阶层、农民和贵族相比，他们看上去没有产出任何价值。到2世纪时，道教已经发展成为一个高度组织化的宗教，有自己的戒律、行为伦理准则，并且有了一个受戒的神职阶层，致力于推翻传统的中国宗教习惯，其象征性的戒律就是不食五谷。谷物是整个社会的黏合剂——谷物是农民和家族之间的纽带，又在家族和村落之间，家族和统治者之间，家族和祖先之间建立了联系，因此，戒绝谷物就等于拒绝了社会。道教的慈善组织还将食物分发给穷人。随着汉朝的覆灭，社会动荡不安，再加上黄河下游地区的洪灾，疫病爆发，饿殍遍野。此时，道教徒以救世主的面目出现，威胁要推翻残存的中央政权。

中美洲的玉米饮食

为了便于和新大陆的情况做对比，我们往后推进到6世纪，那时的墨西哥高原上，位于现在墨西哥城以北几英里处的特奥蒂瓦坎，是当时美洲最伟大的城市，可能也是世界第六大城市。那里的主要建筑物是太阳金字塔和月亮金字塔，它们耸立在两条4英里长的大道上，整座城市占地9平方英里，拥有20万人口。

玉米之于美洲社会，就好比大麦和小麦之于欧亚诸国，有着至关重要的意义。[123]在安第斯高地，藜麦和包括土豆在内的一系列根茎类植物作为玉米之外的补充食物；而在炎热的玛雅低地，补充食物是木薯（一种长得像芋头的根茎类植物）和甘薯。关于这些食物的文字记载要么刚被破译出来（例如玛雅文化），要么仅能追溯至西班牙征服时期。在这里我只能假设，特奥蒂瓦坎的饮食至少大致与其后继城市特诺奇蒂特兰的饮食相似，特诺奇蒂特兰于1521年被西班牙人征服，它的饮食相比之下更为人所知。

烹饪玉米是女人的工作，相比男人负责的种植工作，要困难得多。妇女先给玉米剥掉皮，然后跪在一个磨盘旁边进行碾磨。这种磨盘是女性气质的象征，女婴的脐带通常就埋在磨盘底下。磨碎的玉米兑上水，有时还可以加些辣椒或龙舌兰汁提味，或者加些龙舌兰汁熬干后做成的糖浆，就可以早晚当粥喝。一部分被磨碎的玉米在墨西哥中部包裹在玉米苞皮里，在炎热低地则包在香蕉叶子里，玉米面内填充有少量美味馅料，蒸熟之后就是墨西哥玉米粉蒸肉。这种烹调技艺在美洲各地均有发现。[124]

如果是干磨，得到的玉米面就没法用来做面饼。整个面团会直接碎成饼屑，不成个儿。幸运的是，不晚于公元前300年，人们发现如果在处理玉米时加入草木灰或者自然生成的碱性盐，能改变玉米的属性。玉米坚硬的外层表皮得到软化，剥起来更容易。加水碾成的玉米面会形成有弹性的面团，能够拍成面饼（即墨西哥玉米粉圆饼），放到陶烤盘里烘烤后变得柔软馥郁，又很有弹性，能够将食物包裹进去，起到盘子或者勺子的作用。这一过程还能提高玉米的营养价值，不过人们当初采用这种耗时费力又复杂的做法，不可能是出于这个原因。[125]碱化在中美洲谷物烹饪法中占据的地位，丝毫不亚于发酵之于欧亚大陆饮食，或者面食之于中国饮食。在过去约2000年的时间里，这种墨西哥玉米粉圆饼一直以来都是中美洲民众的日常饮食，虽然其做法并没有在南美洲得到传播。

包进玉米面内和玉米粉圆饼里的炖肉，既有家养的火鸡肉和狗肉，又有各种野味，如鹿肉、兔子肉、鸭肉、鸟肉、蜥蜴肉、鱼肉、青蛙肉和其他昆虫等。辣椒酱的做法是先把新鲜的青辣椒或晒干后又再水化的红辣椒剪碎，用黑陶做的杵臼捣成泥，然后加入粘果酸浆或者南瓜种子，增加酱汁的稠度。豆子只需用清水煨熟，就是一道美味的小菜。而贵族还能喝到气泡巧克力，用葫芦瓢盛着，加了胭脂树红和辣椒佐味（图2.10）。

早期的墨西哥人曾说："玉米就是我们的身体。"在他们的创世神话中，诸神在用泥土和木头造人失败后，最终用玉米造就了墨西哥人。[126]他们一整套的烹饪宇宙哲学都是围绕玉米构建的。世界的中心就是干旱的中美洲高原上象征生命的绿色植物。西方象征女性，太阳就是从那里沉入大地的子宫，第二天早晨又从象征男性和红色的东方再次升起。玉米的生长既需要黑暗寒冷的子宫，又需要男性本质代表的光和热。每天晚上，大地就像一个富含营养的子宫将太阳吞噬，滋养着维持万物生命的玉米。然而，每天早上，它又会重新出现在高高的天空，至少人们希望如此。

为了确保整个宇宙保持平衡，人类必须规行矩步，避免任何过而不

图2.10　在这幅展开的玛雅花瓶图案中，坐在王座上的玛雅统治者正在对跪在他面前的一名仆人训话。地上放着一个装着玉米粉蒸肉的三足祭盆。王座上放着一个碗，里面盛的可能是起泡的巧克力饮料（Courtesy Justin Kerr Maya vase Data Base 6418）。

当的行为，不能暴饮暴食，不能喝得酩酊大醉，也不能与配偶在禁止的时间发生性行为，或者进行婚外和同性性行为。老年女性在履行了对国家和神明的义务之后如果喝醉酒，可免于惩罚。其他人这么做，甚至可能被处以死刑。

人们相信，这个世界已经先后诞生和毁灭过四次了，而其诞生地就是特奥蒂瓦坎。众神聚集在那里，商讨该由哪位神明牺牲自己，变成新的太阳，也就是第五个太阳，给世界提供光明。当力量最小的神明没能通过自我牺牲为整个世界恢复秩序时，众神决定用同归于尽的方式换来人类的延续。

即使是最卑微家庭的户主，只要承认自己领受了神明的恩情，就会献上一杯龙舌兰酒，供奉一点点食物，用树枝生火或者摆放三块支撑炊具的炉底石时也会献出自己的几滴血。炉床是火神维维提奥特尔居住的地方，因此被认为是家里最神圣的地方。

对神明的日常供奉，仅仅是对这种如乌云般笼罩在人们头上的神明恩情的一种认同。长久以来，祭司一直告诉他们，神明必须喝人类的血，吃人类的心，正如同人必须仰赖神明才能吃上庄稼、喝上水，才能免受疾病的侵扰。有时特奥蒂瓦坎也会用自己的子民作为人牲，但大多数情况下都是使用战争中抓到的俘虏。用来献祭的人牲会表演一场仪式性的格斗表演。人牲受伤后，祭司们便会把他鲜血淋漓的身体抬过来，向后弯起，然后用一把锋利的黑曜石刀划破他的胸腔，掏出心脏，一边用火烧，一边向诸神念敬辞。如果牺牲的是一名俘虏，祭司会将一碗血交给俘虏他的人，用来涂到神庙里供奉着的神像的嘴上。接下来捕获俘虏的人要将俘虏的尸体剥皮，分解四肢，将人皮由里向外翻过来披在自己身上，然后打扮成人牲的样子回到家里，迎接自己的死亡。他将看着自己的家人庄严地喝下不加辣椒的玉米炖肉汤，死去勇士的肉被切成薄肉片，放到肉汤上面，这是一顿圣餐。战死沙场和死于向神明献祭一样，都被认为死有所值。四年后亡者的灵魂会重返人间，他们要么变成蝴蝶，忽闪着黑黄相间的美丽翅膀四处飞舞，要么变成蜂鸟在树丛中飞来飞去。迎接他们的是一片流淌着蜂蜜、牛奶和巧克力的温柔之地。

虽然特奥蒂瓦坎在900年左右陷落，但它的饮食风格被阿兹特克人继承。当16世纪西班牙人爬上墨西哥高原时，他们遇到的就是这种饮食。

公元200年的全球饮食哲学

到公元200年时，一个相互关联的全球饮食链条已经形成，这个链条西起罗马帝国，向东横穿波斯帝国、印度北部、越过大草原抵达中国汉帝国（地图2.1）。在所有这些地区，小麦已经取代大麦和黍，成为最受高级饮食青睐的粮食，而大麦和黍此时只能用于低端饮食和动物饲料。假如世界上有大约2亿人口，仅汉帝国和罗马帝国大概就占据了其中的40%，两大帝国各占20%。如果把其他几个帝国囊括进来，世界上有超过一半的人口都是受吃小麦的人统治。相形之下，本书第一章介绍的一些主要饮食便黯然失色了。尽管这些帝国共享同样的主食，但是不同地区小麦饮食之间的差异性不是变得更小，而是更大了，这取决于不同的谷物加工和特定烹饪方式，以及各式各样配菜的差异。而且，尽管古代饮食哲学在很大范围内是共通的，但评论家还是提出了一些更能满足他们诉求的替代饮食。

人们发展出了更加强大、高效和更大规模的食品加工方法，以及为缺乏烹饪设施的人们提供食物的方式，因此即使为拥有成千上万的士兵和人口的军队、城市提供食物，也能得以实现。机械制造技术、化学技术和生物化学技术都得到了提升。畜力和水力的使用，旋转石磨、锤式磨坊和扬扇（中国）的发明，提高了粮食加工的效率。在罗马帝国，一名碾磨工工作5个小时就能为20个人提供所需的粮食，比起乌尔城、尼尼微和底比斯使用的马鞍形石磨，效率提高了3倍。这也表明需要从事碾磨的劳动人口所占的比重从之前的20%下降到了5%。此外，发酵小麦面包的烘焙技术也得到了有效的完善。在中东和印度，人们继续用小麦面粉做面饼或轻度发酵的面包。在中国，人们用蒸或煮的方式将小麦做成饺子和面条。许多士兵和城市居民都能接触到小麦产品。一直到工业革命，谷物加工的方式几乎没有什么新的改变，而在粮食的最后烹饪方面，则要到20世纪才出现新的变化。

油是主食的补充。人们使用各式各样的磨和杵把油籽和橄榄磨碎，又用各式各样的加工方式进行压榨。甜味剂的制作方法依然很多，包括谷物育芽法（例如中国的麦芽糖做法）、植物汁液熬煮法（例如印度的棕榈糖）、果汁熬煮法（例如中东的葡萄汁，以及其他一些水果汁），以及蜂巢割蜜法（如罗马帝国的蜂蜜）。至于发酵，生活在欧亚大陆西部地区的人们用的是酒和乳酸，东部地区的人们采用的是霉菌发酵法。人们不仅通过发酵制作主食（发酵面包）和酒精饮料（葡萄酒、啤酒和中国的酒），还用来保存各种食物（罗马帝国的乳酪和香肠，中东地区的牛奶）以及制作调味品（例如中国的豆豉）。在地中海沿岸，人们用自溶（自我消化）的方法制成了鱼露，东南亚的鱼酱可能也是这样制作出来的。

农村的低端饮食依然以位于谷物金字塔底端的那些粮食为主，例如黍和大麦，用来做成麦片粥、面糊和浓汤。相较于城市居民，农民利用的原材料可能更加多样，他们会用野生植物、小型动物、湖鱼或河鱼作为主

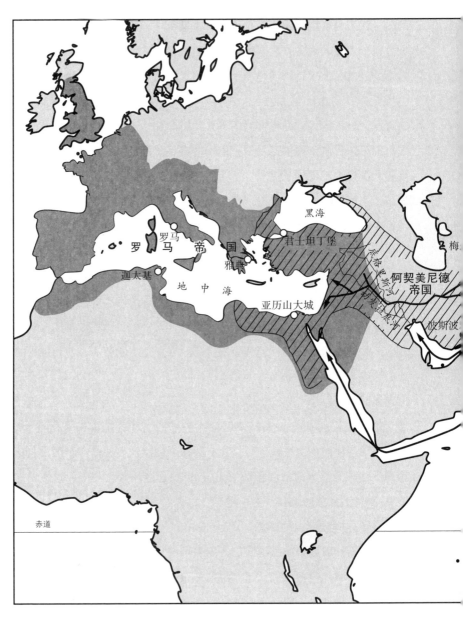

黑海

君士坦丁堡

罗马 罗马 帝 国

雅典

迦太基

地中海

亚历山大城

阿契美尼德
帝国

波斯波

梅

赤道

地图2.1　公元前600—公元200年的古代帝国饮食。建立在巴比伦文明漫长的饮食传统
基础上的波斯阿契美尼德王朝的饮食，对于其后的希腊、希腊化国家、印度孔雀王朝和
罗马帝国的饮食来说，是一个非常好的参照点，这些饮食都以面包、大麦粥、小麦粥为
基础。小麦逐渐取代了大麦。中国汉朝（图中主要是指西汉）高级饮食中的小麦蒸面团
（面食）提升了小麦的地位，小麦沿丝绸之路进入中国，最终从一个卑微的异国谷物，
晋升为地位尊崇的高级粮食。

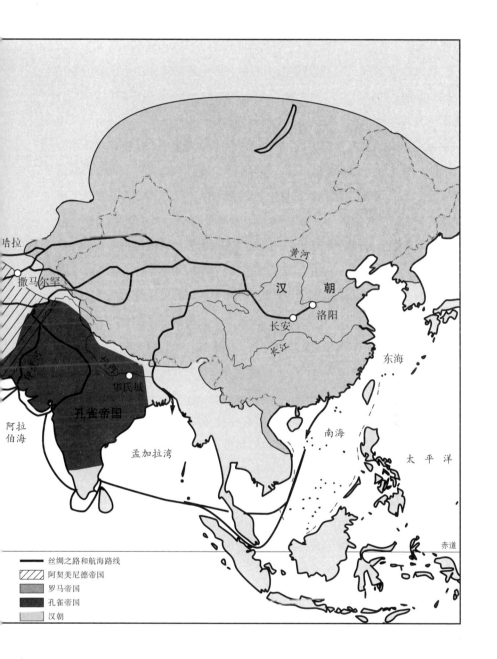

哈拉

撒马尔罕

阿拉
伯海

孔雀帝国

华氏城

孟加拉湾

黄河

汉   朝

长安   洛阳

长江

东海

南海

太平洋

赤道

丝绸之路和航海路线

阿契美尼德帝国

罗马帝国

孔雀帝国

汉朝

食的补充。

高级饮食激发了新烹饪技术的诞生，尤其是在肉食、开胃菜、酱汁和甜品方面。将肉软化的方式除了长时间加热，还可以借助精准的切工。在罗马帝国，复合酱汁通过加入发酵的调味品和香料可以获得特别的风味（这一点在中国也一样），而加入淀粉浆、磨碎的坚果或鸡蛋则能令酱汁变得浓稠。油炸面团、果仁蜂蜜糖、勾芡布丁、蜜汁烧烤，以及香甜奶酪蛋糕（地中海），在整个欧亚大陆西半部随处可见。职业厨师，不管是全职雇员还是临时雇来的帮手，一律在灶台边使用一套套复杂的工具工作，例如罗马人用来做酱汁的杵和臼，中国人用来剁肉和片肉的锋利刀具。在罗马，人们进食时喜欢斜倚在某处，用手指从精美的陶器或金属餐盘中取食。在中国则时兴跪食，人们用筷子从漆器中夹取各种佳肴吃。

大地主掌控农业，大商人控制商业。在长途海运和河运贸易领域，无论是奢侈品（如香料）还是日常食物（如粮食、油和调味品）的交易量都在不断增长。各种植物不仅在帝国疆域内的各个方向得到了传播，还在帝国之间流动起来。

从二三世纪开始，由于爆发了多起瘟疫和传染病，罗马帝国和汉帝国的人口开始减少。长途旅行变得越来越少，最终两大帝国均因为游牧民族的袭击而衰落。迎接饮食史上下一场变革到来的基础工作已经做好。欧亚大陆各地的苦行者、哲学家和宗教改革者都在抗议祭祀礼仪贬损了人类与神圣世界之间的关系，最终没能引向内在灵魂的转化。在这股思潮中最终孕育出了佛教、伊斯兰教、基督教、耆那教、摩尼教、犹太教、琐罗亚斯德教以及印度教等普世宗教的起源。在印度和欧亚大陆的东半部地区，佛教对饮食进行了改革，水稻作为一种主食成为饮食舞台上新的主角。

第三章

南亚和东亚的佛教饮食

公元前 260—公元 800 年

神权饮食

从祭祀到普世宗教

公元前3世纪伊始，对于祭祀性宗教和祭祀宴饮的质疑就开始逐渐产生影响。各大帝国先后抛弃了国家层面的祭祀行为，转而采纳了能够提供救赎或启蒙之路的普世性宗教（或者叫救赎宗教）。[1]普世性宗教通常都是从早期的祭祀性宗教演化而来的，其中最重要的莫过于琐罗亚斯德教、犹太教、佛教、耆那教、印度教、摩尼教、基督教和伊斯兰教。各种宗教之间的界限通常是不固定的，例如在印度，印度教和佛教之间就存在交叉；在东南亚，伊斯兰教的苏菲派和印度教有交叠之处；而在中国，道教和佛教经常有所跨界。每一个普世性宗教都会有一些不同的分支，每个分支又各自有不同的信仰和宗教实践。

旧宗教向新宗教的过渡通常都是非常缓慢的，过去那种祭祀性饮食的影响依然存在。罗马人直到4世纪才停止祭祀，北欧人也没有停止祭祀，有时是暗中进行，直至10世纪，而在中国向神明献祭的行为更是贯穿整个帝制历史的始终。犹太人在逾越节宰杀羔羊，是为了纪念出埃及前夜的祭祀。中国人在清明节会在祖先坟墓上供奉烤乳猪。穆斯林过古尔邦节会宰一头羊羔或者山羊，将肉分给众人吃。基督徒做弥撒或领圣餐，则象征（在有些诠释中可不只是"象征"而已）在吃耶稣的肉，饮耶稣的血。

尽管如此，饮食史上一个新的历史时期正在到来，在这种传统或者神权饮食的影响下，国家非常成功地控制了宗教，并用宗教去控制其臣民的饮食。当一种宗教被一个国家采纳时，随着统治者给予土地和税收方面的优惠，并向选出来的精神领袖提供其他一些恩惠，它获得的不仅是精神权力，更是政治上的权力。因此神庙、修道院便和皇宫一起，成为烹饪创新的重要中心。虽然政治领袖和精神领袖之间存在一些共同的利益，但他们在权力、金钱和影响力方面始终是一种竞争关系。中世纪时中国的佛教寺院被解散，都铎王朝时期英国的天主教修道院被关闭，世俗与宗教之间的关系瞬时便紧张起来，但这也刺激了烹饪领域迅速发生变革。

祭祀宴饮被两种不同的典型膳食取代。在皇室宫廷中是由加入酱汁调味的肉膳和含酒精饮品组成的宴会或筵席，举行这种宴会是为了展示君王和贵族的强大实力，也是为了增强他们的体力。在寺庙和修道院里则是苦行者的茶点（一种由几样食物组成的清淡膳食）。茶点也要经过精心的准备，通常是没有肉的，目的是展示进食者的自我规训，同时提高他们的智力和灵性。尽管有各种限制，但这种饮食还是属于高级饮食的范畴，因为它采用的各种原料，例如糖、白面包、葡萄酒、茶叶、咖啡或巧克力等，毕竟属于奢侈品，而且食物是在专门的厨房进行烹制，又在特别规定的环境里进食。虽然虔诚的信徒依赖最寒酸的食物度过斋戒期，或者化缘时讨到什么就吃什么，但在这些新兴宗教的主要机构里，他们依然会构建起新的神圣高级饮食。

世界上传播范围最广的宗教菜系，按先后顺序分别是佛教、伊斯兰教和基督教的饮食。那些没有被国家层面接受的宗教饮食（如犹太教、摩尼教），或者失去国家支持（如琐罗亚斯德教），又或者在其他神权政治体系中处于少数派的宗教饮食（如中世纪伊斯兰世界的基督教），通常会用自己的规矩和偏好去改变主流饮食。

最早的佛教饮食以蒸煮的水稻、糖和印度酥油为主，不含肉类和酒。它最早在约公元前260年作为孔雀王朝的饮食起源于印度，在1—5世纪得到传播，那时印度之于更广泛的亚洲地区，就相当于希腊和罗马之于地中海、北非和欧洲，具有关键性的地位。[2] 不同风格的佛教饮食，分别被横跨印度北部和中亚地区的贵霜帝国、东南亚诸国（和印度教饮食一起）采用，5世纪时为中国的若干个政权接受，然后又被周围的国家采纳，包括朝鲜和日本。到了11世纪，这个扩张进程不仅慢了下来，甚至出现了倒退。尽管如此，佛教的饮食哲学还是对中国、日本、东南亚和斯里兰卡的饮食起到了塑造作用。

伊斯兰饮食成形于9世纪，当时巴格达的哈里发按照穆斯林饮食哲学的要求对波斯饮食进行了改造。虽然伊斯兰饮食对酒的态度有些矛盾*，但他们非常喜欢轻度发酵的小麦面包、香气馥郁的炖肉汤以及糖。这种饮食传播到了印度的苏丹统治地区、西班牙南部诸国、北非，以及撒哈拉沙漠的南部边界，并且沿着丝绸之路抵达中国边疆。在13世纪蒙古扩张期间它曾出现了一次短暂的退缩，但15世纪和16世纪又在印度的莫卧儿帝国、波斯的萨法维帝国、奥斯曼帝国以及东南亚一些王国之中重新繁荣起来。到17世纪，虽然这种大规模的拓展结束了，但伊斯兰饮食哲学仍然帮助东南亚、印度次大陆、中亚、中东、北非和萨赫勒地区的饮食形成了体系。

作为对罗马和犹太饮食的再加工，基督教饮食肇始于2—3世纪，其中包括发酵小麦面包、葡萄酒、宴饮和斋戒。其中一脉从公元前4世纪起成了罗马帝国东部地区以及随后的拜占庭帝国的饮食。它的另一脉天主教饮食逐渐在北欧的许多小国间传播开来，到16世纪又在葡萄牙和西班牙帝国统治的大西洋诸岛、加勒比海地区、美洲的大部分地区，非洲和亚洲的贸易海港，以及菲律宾群岛上迅猛传播开来。其间宗教改革起到了非常复杂的作用，这一点我们将在第六章加以检视。

无论是佛教、伊斯兰教还是基督教的饮食，都在继续遵循古代饮食哲学三大主要原则中的两条，即饮食宇宙理论和等级制原则。饮食宇宙理论是"非烹饪不可食"和"宜吃平衡性情之饮食"（如果足够有钱）这两项规则的根基。烹饪可以说是一种炼金术，是对当时可获得物质发生的各种变化最高深莫测的见解，它和炼金术使用的工具和设备是一样的，二者都试图运用淬炼万物的火找到自然物质的真正特性或本质。就好像原矿石只有经过一番火的淬炼，才能释放出闪闪发光的纯金属，生的小麦和甘蔗也要经过一番相似的提炼过程，才能从中提取出纯净洁白的面粉（"面

---

* 《古兰经》中有规定禁止穆斯林喝酒，因为酒会使人喝醉，但天堂里流淌着酒河，那是因为天堂的酒是不醉人的。

粉"在英文中是"flour"，词源同"flower"）和晶莹剔透的糖。因此像糖分提炼和面包烘烤这样的烹饪加工过程，就成为精神进步的有力隐喻。与认为食物的加工程度越少就越自然的现代观念不同，早期的观念认为，对于展现食物的自然本质，加工和烹调的过程是必不可少和至关重要的。

而等级制原则为这种存在于皇室宫廷的高级饮食和城市、农村人口中的低端饮食之间的区分提供了合法性，同时延伸到了另一个相对应的神圣等级制度，即为宗教与知识精英群体的苦行禁欲式饮食（例如僧侣）和蒙昧之民的粗劣饮食之间的分野提供了正当性。换言之，"如果你是国王，就吃得像国王，如果你是农民，就吃得像农民"这条古老的规矩，要补充一条新规定了："如果你是神职人员，就吃得像神职人员。"

古代饮食哲学的第三条原则——祭祀协议——被普世宗教的新规则取代。虽然每个宗教的新规则内容不同，但形式相近，基本上都体现在某些偏爱的食材和菜肴方面，通常是一些被认为能增强人的冥想能力的食材和菜肴，例如肉的替代品（鱼、豆腐、面筋），香甜的软水果和坚果饮品，或者是像茶、咖啡和巧克力这类刺激性饮品。他们对于如何加工和烹饪食物有特别明确的规定，包括屠宰动物的指导方法，还罗列了各种规定，如厨师如何自净其身，是否能接受发酵的食物，以及哪些食物能够或不能同时吃。这些规定中有三分之一与特定的进食时间、斋戒和宴会的天数，以及哪些人可以一起吃饭有关。

这些规定对宗教精英的要求比普通信徒更严厉一些。它们的形成经过了几个世纪的阐述和再阐述，因为虽然宗教创建者最初依赖这些饮食隐喻解释各自的信仰和戒律，但他们当中很少有人为烹饪和进食列出清晰而前后一致的规定。举例来说，在4世纪或5世纪之前基督教徒是不要求斋戒的。随后，却又要求他们一年当中拿出大约一半的时间斋戒。现在的罗马天主教会已经将斋戒天数减少到了最低限度。

信徒经常要不远万里去往信仰的圣地膜拜。印度教徒会去印度东南部蒂鲁伯蒂的神庙，穆斯林会去圣城麦加，而天主教徒会去西班牙北部的圣地亚哥－德孔波斯特拉。信徒到达目的地后会得到一些圣餐，通常都是甜食，可以带回家。

　　相比之下，在这一波新饮食模式的传播过程中，修道院和寺庙（即固定的宗教场所）占据了更加重要的地位。和宫廷一样，它们也是社会各个阶层相交的地方，既有神职人员——通常从贵族或商人阶层吸收而来，也有他们的仆人和奴隶。它们的厨房也和宫廷厨房一样面积大，功能又复杂，为不同的社会阶层制作不同的饮食：前来拜访的精英和贵族，过路的商贾、僧侣和修女，穷人，病人，还有在修道院学习的学生。同样，修道院和寺院大部分的收入也来自它们持有的土地的产出；他们也会投入资金配备各种碾磨、榨油和制糖等食品加工设备，在加工食品的同时也增加其价值。生产出来的食品会被售卖，或者作为礼物免费馈赠，从而赢得支持。修道院和寺院隶属的网络也是超越国家边界的，只不过它们靠的是宗教运动和传教士，而不是像宫廷那样依靠联姻。而且，修道院和寺院也会在规则手册中罗列出正式进餐时的标准礼仪，用于控制团体生活，这一点也和宫廷别无二致。

　　但是，与宫廷不一样的是修道院和寺院具备一种社团式的结构，这使得它们能够避免像贵族制和君主制那样出现继承权之争，从而在数百年的时间里始终保持连续性。也因此它们能够把通过土地捐赠、税收减免和个体馈赠而获得的财富成功地保存下来。修道院和寺院在各地广泛建立起了文明输出前哨基地——丝绸之路上的绿洲、中国南部的偏远山区、孟加拉林木茂密的边境地带、北欧和东欧的大片森林、美洲的内陆地区，并且在那些地方传播新式食品加工和烹饪方式。最终，宗教场所史无前例地为女性提供了管理大型厨房的机会。

　　随着神权饮食的扩散，它们偏好使用的原材料也在不断传播，包括植物，有时还有动物。尤其重要的是，东南亚和中国植物向印度佛教地区的传播，印度植物向中国佛教地区的传播，中国植物向朝鲜和日本的传播，印度植物向伊斯兰世界的传播，以及欧洲植物向美洲地区的传播（通过哥伦布大交换）。皇室和僧侣的花园里以及大地产上开始移种甘蔗、水稻、葡萄藤、茶树、咖啡树，以及其他一些对于新饮食来说十分重要的庄稼，而这些植物的身价也随之水涨船高，变得尊贵起来。

　　尽管世界性宗教出现以前饮食的传播主要是指模仿或者排斥相邻地

区的高级饮食，但是随着世界性宗教的出现，前后相继的各种饮食之间的关系开始变得更加复杂。"融合"这个词已经不足以囊括这种互动的多样性。各种饮食风格相互叠加，就好比西班牙征服美洲大陆后，征服者吃的是天主教饮食，当地人则继续保持自己的饮食风格。特定的菜品、技术、植物和动物得到接纳，例如欧洲人从伊斯兰国家引入了蒸馏法、糖食和柑橘类果树。然而，由于饮食观念和实践总是带有其特定的宗教属性，因此每一次的吸纳又同时包含适应和改进。举例来说，面包在伊斯兰教饮食和天主教饮食中就不仅形式各异，连所处的地位也不相同。

伴随神权饮食的建立而出现的另一个现象是烹饪学的持续发展，这是一门有关吃的艺术，讲求为吃而吃，而不是为了显示政治或精神权力。随着中国、中东和欧洲一些城市里军官、地主、神职人员甚至商人数量的增长，他们越来越表现出对精致美食的兴趣，其表现方式因地区差异而有所不同，但基本上包括搜集食谱、编撰美食书、阅读烹调艺术类书籍、经常光顾酒馆食肆，以及参加烹饪比赛。

阿育王法令
佛教化的印度饮食，公元前250—公元1200年

公元前3世纪中叶，彼时亚历山大大帝征服印度刚满百年，新兴的罗马共和国尚年轻，希腊化诸国遍布整个中东，中国的汉帝国也尚未建立，此时阿育王统治的印度是世界上最富裕、人口最多的政体之一。孔雀王朝统治的疆域绵延数百英里，从北部的喜马拉雅山脉向南覆盖印度次大陆的大部分地区。帝国的首都华氏城位于恒河岸边，在那里阿育王负责组织向众神献祭的仪式，以及随后的丰盛宴飨。穿着破衣烂衫的贵族沿街行走，手里拿着乞讨用的碗。这些人中有很多是印度耆那教、印度教的创始人，以及释迦牟尼的继承人，两个世纪前释迦牟尼影响了一批追随者，他们成为早期佛教的骨干。[3]

从大约公元前264年开始，一系列由阿育王颁布的法令开始出现在孔

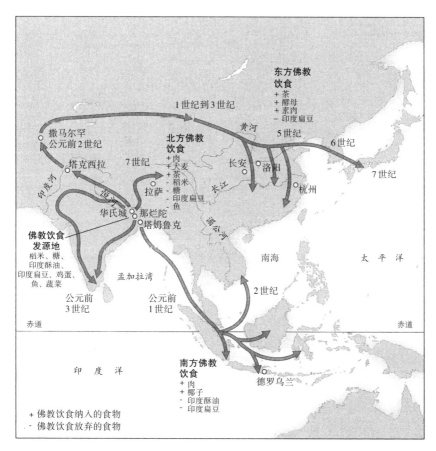

地图3.1 公元前300—公元1000年佛教饮食在亚洲的传播。借助传道僧人、朝圣者和商人的力量，佛教饮食从其起源地恒河流域传遍了整个东亚和东南亚地区。蒸熟的米饭成为东部几个帝国的主食。6世纪初，印度许多地方的佛教饮食被印度教饮食以及随后的伊斯兰饮食取代，尽管如此，它依然在很大程度上塑造了斯里兰卡、东南亚、中国和日本等地的饮食模式（Hinnells, *Handbook of Living Religions*, 280; Bentley, *Old World Encounters*, 70-71）。

雀王朝境内各地。有些法令刻在石板上，有些则刻在50英尺高的砂岩石柱上，柱身磨得溜光锃亮，柱顶还冠以公牛、马或狮子的塑像，分别面向四个方位。地区不同，法令使用的语言也不一样，有的用官方宫廷语言摩揭陀语，有的用神职人员使用的梵语，在希腊人、波斯人和草原民族交会融合的阿富汗地区，用的则是阿拉米语和希腊语。第一条法令这样写道："一切活物皆不可因祭祀而被屠宰。"这句话被翻译成多种不同表述。"不可举行节庆聚会。往日国王御膳房中之杀生固然是好的，然如今几已停止。"因此佛教得到了阿育王的支持，在接下来的1000年里扩展到了整个东亚地区，并且改变了那里的饮食（地图3.1）。

　　佛教的核心前提是人类痛苦的根源在于对世界和自我抱有执念。这种执念迫使人类陷入无尽的轮回之中，因为人类的各种情感驱使他们做出了邪恶的行径，例如欲望、愤怒和骄傲，给他人造成了痛苦。佛教教义号召其追随者与虚幻的世界决裂，把自己投入净化灵魂和善行善举中。而照阿育王的说法，他在与印度中部以东羯陵伽国的战役中，被血流漂杵的场面震撼，终于下令废除祭祀仪式这个数千年来存在于人、国家和神明之间的纽带。他鼓励新兴的佛教饮食，这种饮食与其他一些新兴饮食非常相似，如耆那教徒、印度教革新派的饮食，都是以煮熟的米饭、印度扁豆、印度酥油（澄清黄油）、糖和香甜的水果饮料为基础的。

　　我们对于法令颁布之后具体发生了什么知之甚少，但是不难想象肯定是一石激起千层浪，祭司们会反对，因为他们就是靠祭祀仪式为生的，文臣武将也必会反弹，因为能够吃到更多的祭祀肉食，是将他们与普通人区分开来的重要标志。阿育王的主要支持者来自商人、制造业者和钱庄主，他们为帝国创造了大量的财富，但是社会地位仅比农奴高一点，远远低于贵族、武士和祭司，他们抱怨祭司收取费用，又能免税，还对商业运营赖以依存的借贷和利息吹毛求疵。因此在接下来的几个世纪里印度的经济欣欣向荣，靠的是佛教徒和商人结成联盟。

　　对于像祭祀这样根深蒂固的风俗传统，任何法令都不可能指望一击即可废除。宫廷每天还是会祭祀一些动物。而宫廷饮食十有八九也在继续使用一些肉类、酒、香料、洋葱和大蒜，显示的也依旧是帝国的壮丽辉煌，而非苦行主义。农民，尤其是那些生活在偏远地区的人们，由于天高皇帝远，还在继续邀请祭司为他们主持生老病死、婚丧嫁娶等仪式，也会请他们为自己卑微的贡品向神明祈福。据称公元前180年孔雀王朝的最后一位皇帝遇刺身亡，致使祭祀礼仪得以恢复。[4]但是不管怎样，祭祀传统已经不可避免地走向了衰落。

与展现物质和军事力量的高级宫廷饮食不同，苦行主义的高级佛教饮食意在加强精神领域的统治，因此人们一般认为要建立起这种饮食模式，国家的支持至关重要。意料之中的是早期佛教饮食的相关资料不仅非常稀少，还自相矛盾。如果说后来更为人熟知的天主教的例子能够提供一些借鉴意义，可以肯定的是关于这种饮食应该是什么样子，一定会有一些争论，精神领袖和普通人在实践中存在分歧，当然这些论辩和差异也在随着时间而转换。其中，有两点是非常明确的：第一，从早期开始就存在一种苦行主义的高级饮食，它使用最稀罕的粮食、最昂贵的酥油和糖等社会底层人士根本难以企及的原材料，其稀缺程度丝毫不亚于高级宫廷饮食中包含的肉和酒，不过这些食物是提供给僧侣还是他们的资助者就不清楚了；第二，佛教饮食不太重视肉和酒，而是喜欢采用其他的蛋白质来源和饮料，例如大米、黄油和糖。它较少依赖生物化学方法加工食物，更多地采用机械加工和热力加工的方法，比如搅拌、碾磨和加热。

据记载，不但释迦牟尼本人多次谴责动物献祭的做法，而且他提出的"五戒"中有两条也涉及这一方面，分别是"一不杀生"和"五不饮酒"，不仅禁止饮酒和用动物做牺牲，还让吃肉这件事成了一个问题，因为吃之前难免要杀生。[5]为了寻求开悟，僧侣转而采用斋戒这种方法，并扩展到冥想以及性灵锻炼，而不是通过吃肉和喝酒的方式。他们也可以吃肉，只要遵循不杀生的戒律。《毗奈耶》（即佛所说之戒律）大概形成于公元前4世纪，但编写成文的时间要晚得多，其中有一个可吃食物的清单，包括肉、鱼、大米、面制食物和大麦粉。人们总是认为僧侣应该化缘化到什么就吃什么，这其中就包括肉（不过吃肉又会被讥讽为"假苦行僧"）。[6]有一则故事宣称佛陀死于吃猪肉。不过渐渐地，吃肉的现象变得越来越不普遍了，到5世纪时绝大多数的印度人（包括印度教徒）已经不再宰杀牛。到7世纪时，来自中国的旅人曾评论说在印度几乎吃不上肉。

大米、小麦和大麦、扁豆和印度扁豆、鱼和鸡蛋，以及酥油、芝麻油、蜂蜜、糖浆和糖，这些食物构成了佛陀的日常饮食基础，并且在佛教徒的苦行主义饮食中也占据了中心地位。近来有学术研究指出，佛教徒曾对具有半神化色彩的印度医生遮罗迦和妙闻的作品中原本粗略的佛教饮食宇宙理论做了详细阐述，并进行了系统化整理，大约在3世纪晚期形成了现有的形式。[7]医生们认为，大米、糖和黄油（来自炎热潮湿的恒河流域的农田和水牛）有利于形成冷静、冥想、纯粹的性情，与对应体系中的白色和黄色相呼应（表1.2）。

按照古代医生的说法，去壳并打磨的白米能够供养人的大脑，促使人多沉思冥想，而且比那些用印度河流域的黍、小麦和大麦做出来的浓稠、灰褐色的农家麦片粥和饼更加吉利喜庆。一定要避免使用烈性的香辛料。用阿魏胶取代会让人产生不雅口气的洋葱和大蒜。取代肉的是扁豆和豆子，例如用马粟豆或绿豆做成的金粉色菜肴。蔬菜包括卷心菜、黄瓜、葫芦、苦瓜、茄子和易消化的小萝卜、姜。烹饪过程中还会用到莲科植物的根茎（即藕），它呈网眼状，非常脆，因为生出的白莲出淤泥而不染，因此被视为纯洁的象征。

酥油和糖都具备炼金、药用和食用这三项功能，做法也都一样，即用具有净化功能的火处理高度易腐烂的物质——牛奶和甘蔗汁，将它们变成带有吉庆意味且不易腐坏的珍宝，即使在热带高温的环境中也能长期保存。《正法念处经》（这部作品曾于6世纪早期被翻译成汉语）中有一段这样说道，就像甘蔗汁经过提纯和净化变成糖一样，僧侣借由冥想，也可以通过"火的智慧"而得到淬炼。[8]像糖和酥油这样清凉、甘甜的油性食物，既美味又营养丰富，容易吸收又均衡，总是和精液以及思想联系在一起，能够增加智力和节制力练习的愉悦感。糖可以缓解久咳不愈，减轻肛门瘙痒症状，还能用于掩盖藏青果（一科种类繁多的酸果，至今仍在印度医药中使用）熬成的汤药的苦涩味。酥油和糖既可以用勺子直接舀着吃，也可以在烹饪时使用，以便增添风味，为整道菜加分。

要想做酥油，得一天给奶牛、水牛、绵羊或山羊挤好几次奶。在现

图3.1　图中人物为了生成不朽的甘露，正绕着大山来回拉扯手中的蟒蛇搅拌乳海，这个画面反映的是当时妇女制作黄油的真实过程，她们也是给搅拌棒缠上绳子来回拉扯（From Edward Moore, *The Hindu Pantheon*, London: J. Johnson, 1810, pl.49. Courtesy New York Public Library, http://digitalgallery.nypl.org/nypldigital/id?psnypl_ort_082）。

代正统的婆罗门教看来，甚至包括古代佛教，当奶从乳头中挤出时，就已经被动物体内的热力煮过了。[9]搅拌棒上缠着绳子，放进奶罐里搅拌牛奶，这项每个印度人都熟悉的手艺至今仍在印度的一些村落存在。一旦牛奶被搅拌成黄油，就可以用小火加热至剩余的水分蒸发，留下来的纯净的金黄

图3.2 使用巨型研钵碾磨油菜籽或甘蔗榨油或榨汁时，人们会将一头公牛拴到一个巨大的杵上，再给公牛戴上眼罩，让它围着杵转圈。这个过程结束后，取出研钵底部的塞子，让榨出的液体流进一个容器中即可（Drawing by John Lockwood Kipling in *Beast and Man in India: A Popular Sketch of Indian Animals in Their Relation with the People*, London: Macmillan, 1904, 143）。

色油膏就是酥油了。[10]

　　随着各种新兴宗教的出现，搅拌这件事逐渐被赋予了更多的象征含义。从8世纪开始，遍布南亚各地的一个印度教分支教派对这种做法进行了一次又一次描述。这个分支教派尊崇毗湿奴为地位最高的神，当其他弱小的神向毗湿奴求助以抵抗恶魔入侵时，毗湿奴命令他们去搅动本初的乳海，弱小的神照做了，他们用一条大蟒蛇做搅拌棒（图3.1），结果从海里升起了一头圣牛、一棵天堂树，最后终于涌出了让人长生不朽的甘露。

　　压榨甘蔗汁可不是一件容易的事。为此，印度人采用了研磨油菜籽用的牛拉研钵和研杵。他们先把甘蔗切成短短的小段，放进及腰高的研钵里，然后就像图3.2展示的那样，把牛拴到类似杵一样的机械装置上，用来榨取汁水。这种甘蔗汁可能被认为已被太阳的热力给煮熟了，就像牛奶被奶牛的体热煮过一样。

接下来，要把甘蔗汁和压碎的甘蔗一起放到锅里，拿到火上加热，这个步骤虽然成本较高，但能从中提取到85%的甘蔗汁。提取的甘蔗汁越多，杂质就越多，要想将甘蔗汁和杂质分开，可以抓一把熟石灰（氢氧化钙）丢进锅里。最后得到的是一种软糖样的半固体状结晶糖——十分黏稠的糖浆。通过排除水分，进行进一步的提炼，印度制糖者可以从中获得四种产品：浓稠的甘蔗汁、红糖、块冰糖（梵语为"khand"，即块状蔗糖，就是我们常说的冰糖，后从该词演变出波斯语"qand"、阿拉伯语"qandi"，而印度人很早就掌握了利用甘蔗制造蔗糖的技艺，后来波斯人从印度学会了这种工艺，并流传至阿拉伯。英语"candy"一词就来源于此，反映了这种工艺的传播途径），以及砂糖。[11]

阿育王在世时大量兴建佛寺，让佛教的苦行主义饮食达到了臻于完善的地步。政府的拨地和税收减免政策，再加上虔诚的信徒以及来自富裕家庭的僧尼捐赠的土地，让这些寺庙的钱袋子渐渐鼓了起来。它们通常建在主要城市的边缘地带，扼守重要的商贸和朝圣路线，寺庙里一般建有柱子支撑的祈祷堂、专供人冥想的小厢房、保存佛陀遗物的穹顶形佛塔，以及设备齐全的大厨房。僧侣舍弃了过去的破衣烂衫，开始穿上正常的袍子。精神领袖对佛陀的学说教义和生平故事进行了整理，他们拟定了僧侣生活中的各项准则，包括烹饪和进食的规矩。而处于高等级的其中一个标志就是有权坐着吃饭。[12]

有关当时印度饮食整体状况的一些资料可以帮助我们试着重建当时的佛教饮食。佛教徒每天只吃一顿正餐，正午前进食。甜食被视为吉祥的象征，其中有一些是在佛教创建以前出现的，也有一些是佛教徒后来加进去的，有可能是正餐的一个组成部分，也有可能只是清淡小吃，或者是提供给访客吃的。传统甜食包括一种由芝麻和红糖或棕榈糖做成的糖果；用面粉（大麦粉、小麦粉或者米粉）加上红糖放到酥油里炸，再用小豆蔻、胡椒或生姜调味做成的蜂蜜糖；加了砂糖、香草和香料的酸奶；米粉布丁；状如孔雀蛋的牛奶软糖；塞满了豆沙，用吊炉烤出来的面饼；还有裹了一层细糖的油酥小麦面团。后来有一种用米粉或小麦粉混合蜂蜜后用酥油制成的蛋糕，还有一种用加了糖蜜和酥油的米粉做成的甜食，这两种是新出现的甜食。

可口的饭菜主要是由谷物、印度扁豆和蔬菜做成的，可能还包括一种加了水或牛奶煮熟的白米饭，也许会撒些芝麻。此外，还有混合了酸奶的糌粑；印度扁豆汤；加了碎豆子的油炸碎肉饼；加了碎蔬菜的小肉丸；清淡汤汁，大概是用大麦或大米做的稀粥，有时会加一些石榴汁提高酸度，并用荜茇调味；用少许酥油或菜油，特别是芝麻油调味的豆子和蔬菜；白色肉质的河鱼或海鱼，以及鸡蛋。酥油是最受欢迎的调味料，酸奶可以当成酱汁来用。印度扁豆磨碎后烤成圆盘状的印度薄饼，吃起来颇有一种脆生生的惊喜感。[13]

中午之后，禁食一切固体食物。《毗奈耶》中专门列出了一个允许吃的食物清单，僧侣可以喝粥，吃一些甜糕垫垫肚子，也可以喝牛奶、酸奶、奶油或蜂蜜，或者吃一些嚼得动的食物，比如植物的根、茎、梗、叶、花和种子，尤其是在体弱或生病时。他们可以稍微喝一点清淡的药饮，例如被认为比水还要纯净的拉西酸奶、炮制的草药汤，用杧果、爪哇李、香蕉、葡萄、椰子、朴叶扁担杆等做成的果味饮品，也可食用睡莲的根部（可能会被碾磨成泥），加水稀释的蜂蜜和未发酵的甘蔗汁。寺庙清规将甘蔗汁描述成神之甘露。

寺庙的厨房不仅服务僧侣，也为其他人群提供茶点和饭食。寺庙赞助人（施主）被敬之以精美的菜肴。7世纪，可能还要更早些，佛教徒会给前来参观的人们提供适合修行的点心：酥油、蜂蜜、糖，还有其他一些能吃的东西。[14]过往的商人和僧侣可以在此吃饭、留宿，朝圣者能得到与其精神之旅相匹配的食物，休养的病人能够吃到利于恢复健康的滋补品，仆人和工人（非信徒）则只能吃到定量配给的食物。

5—12世纪，在印度东北部的那烂陀和现今伊斯兰堡以北塔克西拉的寺庙周边逐渐形成了一些大学。塔克西拉是佛教徒去往中亚和中国的起点。这些寺庙－大学吸引了数千名学生前往求教，其中最远的来自中国，他们在那里从事保存、研究和批注佛教典籍的工作，并学到了遮罗迦和妙闻的营养学理论。

寺庙不惜成本配备了许多牲畜和机械，包括用水牛去田里干活，拖运甘蔗，为杵臼提供动力，帮助印度实现了从一个勉强维持生计的农业社会向熙来攘往的商业和制造业社会的转变。那些大多来自商人家庭的僧侣灵活地将宗教与商业相结合。由于具有较长的保质期和较高的附加值，糖和酥油被纳入了长途贸易的范畴。

引进的植物通过悉心培育，品质得以改善，很快在帝国境内推广开来。阿育王曾下令在帝国的道路两侧栽种上荫凉的菩提树丛（佛陀就是在这种树下开悟的）和杧果树（佛陀曾让这种树奇迹般地发芽了）。在印度中部著名的巴尔胡特和桑奇佛塔上，镌刻着杧果、葡萄、波罗蜜和棕榈等多种植物。当时，已有好几种水稻、两种小麦、十二种甘蔗和三种新的豆科作物开始得到耕种。黍（可能通过中亚）、山药、枇杷和荔枝（可能移植得不太成功）从中国来到印度。面包果、木胡瓜、柑橘、阳桃、榴梿、糖棕、椰子、西谷椰子和槟榔则来自东南亚。[15]

5世纪，印度北部笈多王朝的皇帝不再大力支持佛教，转而支持印度教，因而佛教开始逐渐衰落。印度教的饮食包括大米、扁豆，用煮得浓香的牛奶或磨碎的兵豆，再加上酥油和小豆蔻做成的甜食，因此和佛教饮食是有重叠之处的。印度教徒为神明供奉糖和酥油。克利须那在《薄伽梵往世书》一书中这样介绍："棕榈糖（粗红糖）、印度米布丁、酥油、大米糕、印度汤圆(一种带馅的精致甜食)、凝乳（酸奶）、扁豆，所有这些都要敬献给诸神当食物。"《薄伽梵往世书》是一系列传说的合集，标志着9世纪对克利须那崇拜的兴起。[16]蜂蜜、糖、酥油和大米都出现在了象征生命过程的仪式上。妇女在怀孕的第五个月要吃五种神的仙食，分别是糖、蜂蜜、牛奶、酥油和酸奶。新生儿的嘴唇要用蜂蜜、酥油、水和酸奶浸润。婚礼期间，要给新郎吃蜂蜜、大米和香草。

在12世纪和13世纪，穆斯林入侵者破坏了余下的佛教寺庙，没收了寺庙的土地。阿育王的法令早已被人遗忘，他那镌刻着铭文的石碑和石柱，此时已被交缠纷乱的藤蔓遮盖，变成了一个个无人能懂的纪念碑，缅怀那段过去的岁月。印度成了伊斯兰教饮食和印度教饮食的天下。成书于12世纪的《心乐之道》（*The Book of Splendors*）一书为我们了解当时的高级饮食提供了一扇窗口。贵族进餐前要先吃一些杧果、生姜和柠檬泡

图3.3 19世纪一位葡萄牙旅人记录下了这样一场庄严的仪式，剃发出家的众人（可能是婆罗门）坐在一个敞开的亭子里，精美的灯具发出的光在他们头顶闪烁。右手边，一位包头巾的人正在向一位坐着的婆罗门呈上贡品（From A.Hopes Mendes, *A India portugueza*, Lisbon: Imprensa nacional, 1886, opp.p.43）。

菜。他们无肉不欢，不管是猪肉、鹿肉、兔子肉、鸟肉还是乌龟肉，一概不拒。他们吃的蔬菜包括茄子、南瓜、葫芦和大蕉，用来调味的包括小茴香、葫芦巴、芥末种子、芝麻和黑胡椒。进食到一半再吃甜食。和以往一样，与这样的饮食形成对照的是，宗教场合提供的食物要节制得多，接近修行标准了（图3.3）。

14—16世纪，一种高级饮食在印度南部的毗奢耶那伽罗王国流行开来。在毗奢耶那伽罗王朝的王侯们供养的蒂鲁伯蒂寺庙里，每天给神明敬饭的次数是一次到六次，食物包括煮熟的大米、绿豆、酸奶、酥油和蔬菜。随着僧侣和王室结成联盟关系，这些饭食也变得越发精致。大量捐款被用于准备食物。祭司将饭食敬献给神明，举至自己口边，然后代表神明将饭食吃掉。早饭包含四种蔬菜咖喱，四道以椰子为底料的蔬菜咖喱，四道以酸奶为底料的素菜，大米，以及各种饮品，包括牛奶、酪乳和果汁。这顿早饭大约有四分之三是要留给寺庙人员的，剩余的要送给捐赠人（如果捐款数额足够大，还会在石碑上详细镌刻下来），他可以拿来与家人分享，或者送给其他人家或寺庙，也可以交由中间人卖给朝圣者。不管是调味米饭、油炸甜蛋糕、烤甜兵豆，还是浸泡在牛奶里的水果，或者用牛奶做成的加了佐料的半固体状甜食，所有这些食物都非常便于装进叶杯（又称叶筒，由叶片相互重叠形成），它们富含黄油和代糖，一直到回家都能保持新鲜。

就在印度教饮食征服印度的同时，佛教饮食则在远离其起源地的地方打拼出了自己的一片天地。

比丘和游方僧
佛教饮食在南方、东方和北方的发展，公元前250—公元1200年

大约在公元前250年，据传由阿育王亲自召集的第三次佛教结集在华氏城举行，会上，佛教徒决定要广泛传递他们得到的信息。于是，比丘和商人没有像早期的旅行者那样去尊崇当地的神明，而是出发去往那些远离其宗教发源地的地方，劝他人皈依。这无论是对宗教史还是对宗教饮食的传播来说，都堪称是一个具有重大意义的转变。

以印度为原点，佛教徒共发起三次传播浪潮。接下来的内容主要聚焦第二波浪潮。第一波浪潮始于公元前3世纪，一直持续到13世纪，这波浪潮中产生了小乘佛教，并且通常伴随或交织着印度教的传播，其传播范围在南亚和东南亚，尤其是斯里兰卡、缅甸、柬埔寨、泰国和中国西南地区。5世纪，印度东海岸最大的贸易港口、位于孟加拉西部的耽摩栗底（即现在的塔姆卢克）已经拥有20多座佛教寺院。[17]印度商人从东南亚运来了丁香、肉豆蔻和肉豆蔻衣，从印度南部带来了胡椒，从斯里兰卡引进了肉桂，从而在马来半岛和越南，尤其是湄公河三角洲等地强大的贸易国

图3.4 一名妇女屈身蹲在灶台旁，面前的一口锅在灶台上的火眼里放着。这种炉子在整个佛教–印度教世界里经常见到。这座浮雕发现于德罗乌兰一根柱子的底部。德罗乌兰是印度教–佛教帝国满者伯夷（以爪哇为大本营）的首都（Gelatin silver print by Claire Holt. Courtesy New York Public Library, http:// digitalgallery.nypl.org/nypldigital/id? 1124877）。

家形成了多个移民社群。他们和比丘一起，带去了佛陀的教义和佛教饮食的一整套内容：包括寺院的教规戒律，遮罗迦和妙闻的饮食手册，以及对大米、酥油、糖和某些蔬菜的偏好。[18]

上述东南亚国家的统治阶级一直把印度当成富裕、强大的典范，不仅吸收了它的宗教、音乐和各种仪式，学到了它的营养学体液论，可能还学会了各种制糖的方法，并且从印度的宫廷和庙宇学会了几道精美的菜肴。以爪哇为中心的印度教–佛教帝国满者伯夷在14、15世纪蓬勃发展，收到了来自如今的印度尼西亚、泰国、马来西亚和菲律宾群岛等地的贡品。据说，位于东爪哇德罗乌兰村附近一处由纪念性红砖建筑构成、面积达上百平方千米的遗址，曾经是这座帝国的首都。图3.4是该遗址一根柱子底部的浅浮雕，展现了一个妇女在厨房里辛勤劳作的场景。

佛教的第三次也是最后一次扩张浪潮于7世纪抵达中国西藏和喜马拉雅山区。在那里，高山和高原的寒冷气候，使得佛教徒根本没法耕种水稻、糖类作物和他们偏好的许多蔬菜。但是，他们没有放弃吃肉。实际上，他们有一种特制的弧形刀，十分适用于屠宰。500年后，正是这种吃肉的习惯，促使蒙古人下决心在他们建立的帝国版图中采用了藏传佛教（参见第四章）。

比丘和寺院

佛教化的中国饮食，200—850年

我们重点关注的是佛教的第二次扩张浪潮。公元前1世纪，佛教的传播范围超出了那些视生命为修行的人群，它转变成了一个为所有人提供希望的宗教。许多佛教徒开始把佛教的创始人尊为神。那些为了帮助同胞而推迟自己涅槃的人成了圣徒（即菩萨）。中世纪早期，佛教学者寂天论师在佛教文献《入菩萨行论》中说，菩萨的任务就是帮助众生逃脱生死的轮回，方式则是净化，这是对"化身供饮食"的隐喻。[19]信徒为佛陀和众菩萨创作了一系列壁画、绘画和雕塑。他们为雕塑涂油，还供奉蜂蜜、糖、酥油和其他油。[20]

来自印度北方的商人佛教徒和游方僧，其足迹遍布亚洲各地。1—3世纪，他们把疆域横跨现阿富汗北部到乌兹别克斯坦南部的贵霜帝国，转变成了一个佛教国家。其中有一些人从那里出发，走过一个个绿洲，越过一片片广袤的土地，征服了多种险要的地形，抵达了中国。[21]

汉王朝统治下的中国，几乎可以说具备了最不适宜佛教生根的土壤。被儒家思想塑造出来的中国人，目光总是牢牢地聚焦现世生活，反对否定

家族伦常的比丘独身主义。主导其高级饮食的是用小麦面粉做的面条、羔羊肉和绵羊肉，以及酿造出来的各种调味料。那里的人们用筷子吃饭，而不是用手；红色的碗碟和菜肴寓意吉祥如意，而不是煽动暴力。祭祀是臣民对国家履行的最基本义务。诸如大米和糖这些佛教偏爱的食物，在黄河流域并不流行。佛教徒容许（甚至可能是蓄意）人们将他们与道教徒混为一谈，道教徒也践行冥想，实行偶像崇拜。那些信奉道教的地主和文人雅士，很有可能也会受轻视祭祀仪式，以及淡泊政治的佛教吸引。[22]

2世纪末，在汉帝国衰落之际，佛教寺院开始为穷人提供各种帮助，并在随后的内战中提供了一定程度的稳定，佛教徒因此发现他们抓住了一个机遇，从少数派宗教团体升格为得到政治领袖支持的信仰。一直到6世纪中叶，统治中国北方的多是一些支持佛教作为儒家替代品的皇帝。南部政权的统治者则通过信佛将自己与当地原住人口区别开来。

佛教的势力在5—8世纪达到了一定的高度。[23]6世纪，统治长江流域的梁武帝下令禁止用动物举行国祭，命令僧侣必须戒食肉类。[24]其他一些统治者允许僧人出家受戒，资助佛寺（从而获取功德），并且将佛教的一些仪式纳入到国家礼制之中，还减免了个别税收。

从3世纪起，中国的佛教僧侣承担起了一项艰苦卓绝而又耗资巨大的任务，那就是穿越沙漠、群山和热带雨林，去往佛教诞生地印度求取真经。其中最著名的僧侣当属玄奘，他于629年出发，随身携带给养品和介绍信函，以及从吐蕃（丝绸之路上的一个佛教政权）统治者那里得到的用于沿路分发的礼物，用12年的时间参访各处圣址，并在那烂陀学习。回国时，他带回了大量文物、图像以及数百部佛教梵语文献，并将之翻译成汉语，使得中国人也得以一睹佛教创立之初的奠基之作。[25]《美猴王》的故事就是根据描绘唐玄奘西行这段历史的《西游记》改编而成的，在随后的几个世纪里被无数的说书人和演员传唱、表演，使得唐玄奘的生平在普罗大众中间广泛地传播开来。

凡是到达印度的僧侣都惊奇地发现，那里的饮食与他们的饮食何其不同。7世纪晚期到达印度的和尚义净对比了印度和中国唐朝的饮食，发现印度"凡是菜茹皆需烂煮，加阿魏、酥油及诸香合，然后方啖"，而在中国唐朝"时人鱼菜多并生食"。[26]而玄奘法师在半个世纪前就发现，印度人不怎么吃肉，"鱼、羊、獐、鹿，时荐肴馔。牛、驴、象、马、豕、犬、狐、狼、师子、猴、猿，凡此毛群，例无味啖"。与中国人不同，他们会把食物混合盛在一些共用的容器里，用手指从中取食，而不是用勺子和筷子。最让他震惊的是印度人会把"乳、酪、膏、酥、㪗糖、石蜜、芥子油、诸饼麨，常所膳也"。[27]

这些僧侣对佛教更深入的理解，最终使得印度的饮食理论、修行戒律、印度人加工黄油和炼糖的方法、某些水果和蔬菜，可能还包括更彻底的烹调食物的做法，以及坐在椅子上吃饭的习惯等，统统被引介到中国。可是印度酥油这种食物不知道为什么始终没有被中国人接纳。而中国的佛教僧侣即将要对佛教饮食做出两项重大创新：一个是以茶作为饮品；另一个是各种素肉，例如豆腐、面筋。这些改变丰富了中国的饮食传统，为中国传统的烹饪技术——蒸粮食，用面粉做面食，以及利用酵母酿造酒精饮料和调味品等——起到了锦上添花，而不是取而代之的作用。不过，这种传播是单向的，没有证据表明中国的烹饪技术在这一时期传到了印度。

北魏（386—534年）都城洛阳有许多佛寺，那时的洛阳既是世界上最具活力的佛教重镇，也是将佛教文献译成汉语的文化中心。当帝国的重心向西迁移时，新都长安已经是一座国际化的大都市，它拥有200万人口，其中包含波斯人、阿拉伯人、犹太人、印度人、日本人和朝鲜人等多种族裔。整座城市建有90~100所寺庙，其数量远超穆斯林、犹太人、景教徒（叙利亚人）、基督教徒和摩尼教徒建设的宗教场所。[28]寺院的大庄园是经济和社会的动力来源。人们按照贾思勰著作中的方法开展基本的农业种植和食品加工。贾思勰成书之时正值佛教登上统治地位，因此我猜测他的著作（包括他对奶制品的描述）既反映了中国传统的食品加工技术，也反映了外来的佛教引入的技术。总之，寺庙庄园不仅生产还愿灯用的油、冥想时用的茶，还有糖和素肉。农奴和奴隶负责为稻米去壳，在磨坊里压榨甘蔗汁和油。从8世纪中叶起，面粉都是用水磨磨出来的。[29]

那些来自富裕家庭、具有读写能力的僧侣，其日常生活都是根据印度的清规戒律安排的。他们监管厨房，一等5世纪晚期遮罗迦和妙闻的梵语著作被翻译成汉语，便立即按照那种融合了"阴阳"和"悦性"的体系安排饮食，开始从中国北方传统的阳性食物（变性食物）——羊肉、洋葱和大蒜——向糖、豆腐、鱼肉、柑橘、黄瓜、菊花瓣、豆芽菜和冬瓜等阴性食物（悦性食物）转变。人们普遍认为洁白的蒸米饭要比小麦面食更有助于人沉思。[30]

一些对佛教徒有重要意义的植物和配料从印度引入中国：莲花、姜黄根粉、藏红花（不过不清楚是贮存的还是新鲜的）；一些涩味水果，例如藏青果；还有阿魏胶、黑胡椒，以及据说有延年益寿之效的荜茇。[31] 7世纪水稻灌溉种植得到了广泛的推广，此时佛教寺院也拓展至东南亚信仰佛教和印度教的地区。

647年唐太宗派出一名使节前往印度学习制糖秘方，此人回国时带回六位僧侣和两名工匠，在适宜甘蔗生长的杭州城以南地区建起了制糖工坊，将甘蔗这种曾被贾思勰称为来自中国南疆的异域植物，变成了一种日渐重要的农作物。图3.5来自成书于约14世纪或15世纪的一部食物本草志，但其中描绘的是在此之前使用的一种压榨甘蔗，然后将甘蔗汁压缩成蔗糖的做法。中国人和印度人一样，也使用牛奶为糖增白，但他们使用的是自己特有的碾子，而不是印度式的牛拉杵臼。中国人生产出了多种级别和类型的糖，其中大多质地绵软，呈黄棕色。1074年，诗人苏轼送别友人前往盛产蔗糖的四川，临行赠别诗（《送金山乡僧归蜀开堂》）中这样写道："冰盘荐琥珀，何似糖霜美。"[32]

根据贾思勰在《齐民要术》中的记述，中国酥油的制作和印度酥油一样，也有一个三级加工过程。牛奶和酸奶可以做成酱汁，也可以混在一起饮用，例如做成酪乳，或者加了水的酸奶。[33] 糖和酥油继续在食物之外扮演亦巫亦药的角色。图3.5中的文字将糖描绘成一种甘甜、爽口、无毒的食物，既能给人体降温（但是西方人认为糖是一种轻度温性的食物），又能杀死寄生虫，还能缓解酒精中毒。不过，糖如果吃得太多会蛀牙、营养失调，还会破坏肌肉组织。糖能够让身体虚弱的人恢复活力，可以掩盖一些味道，还能令一些药物增强功效，用糖制成的糖浆可以用来给佛祖圣像涂油，还可分发给信众。糖还能激出蟹肉中的甜味。将糖和酥油、小麦

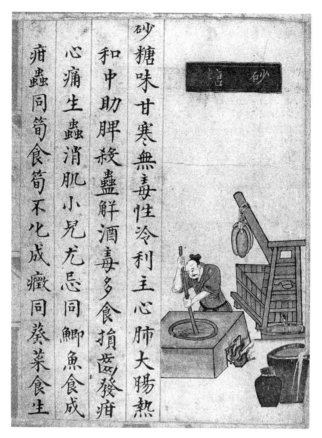

图 3.5 中国明朝（1368—1644年）的一名工人站在一张高出来的工作台后面，正在用力搅拌一锅煮沸的甘蔗汁。一旁的陶瓶和陶罐里盛放着浅绿色的甘蔗汁，以备使用。背景处，一个重物将用来输送甘蔗汁的棍子压下来（这可能是在用碾子进行第一道压榨之后进行的第二道压榨程序），将甘蔗汁经由这道栓倒入第二个陶罐。本图出自食用药材典籍《食物本草》，作者和本图绘者姓名不详（Courtesy Wellcome Library, London, L0039388）。

面粉混在一起和成油酥面皮，可以将面团做成狮子、鸭子或者金鱼的形状，在举行大型宴会时当作装饰。

茶是中国对佛教最重要的贡献之一。从最初一种单纯的草药到帮助人冥想的饮品，再到茶楼这一新社交聚会场所的主角，茶走过了一个渐进的发展轨迹。从6世纪起，茶这种同时具有降温和刺激功能的饮品，取代了酸奶和水，代替了印度加糖的水果饮品。[34] 茶树是印度东北部和中国西南部之间的山区一种土生土长的常绿灌木，中国东南部的佛寺和道观最早开始大规模地使用茶树叶制作茶叶。僧侣不再使用茶叶泡制草药，而是在冥想时用它让自己保持清醒。传说有一名和尚为了避免自己闭上眼睛睡着，竟然割掉了自己的眼睑，足可见茶树种植为什么会肇始于僧侣。最早的一部有关茶的专著《茶经》，就是由陆羽于780年写就的。陆羽是一名孤儿，自小托身于佛寺，终生都与僧侣这一群体保持密切的关系。[35]

那时候的茶叶不像现在我们熟悉的呈散叶状，而是呈粉末状。茶树的叶子蒸煮后晒干，用旋转石磨碾成茶粉，再压成茶饼。等到要沏茶的时候，先用一套杵臼将茶饼捣碎，每个茶碗里放一点茶粉，所有茶碗都有单独的茶托。滚烫的开水用一个金属壶盛着，注入茶碗里，并用一个竹制的搅拌器（茶筅）让茶的清香散发开来。这样的过程不禁让人想起五行之道：木、水、火、金、土（表1.4）。茶叶来自木，在煮茶的过程中遇到了水——"茶之友"。火是"茶之师"，激发出了茶叶本身的特性。盛热水的茶壶是金，奉茶用的器具是瓷杯，这是一种经过精炼的土。中国各地的僧侣随身携带茶叶，既用来自饮，也可当作礼物赠人。尽管有人批评茶就像酒一样也会激起人类的某些恶行，也有人说与其占用土地种茶，不如种庄稼来得划算，但茶最终成为中国饮食一个至关重要的组成部分。[36]

在豆腐、面筋等一些素肉的引进方面，佛教徒貌似也起到了非常巨大的作用。豆腐很有可能是在迈入公元后的头几个世纪，伴随旋转石磨和牛奶加工知识的传播发明出来的，看上去应该在12世纪以前就走入了寻常百姓家。豆腐的制作过程需要先浸泡大豆，将之拿到磨坊里进行湿磨，然后通过过滤得到豆浆。滤出来的豆浆加入醋、石灰水或其他一些化学品后凝固，再通过挤压变成结实的豆腐块。这种食物在佛教饮食和其他一些苦行主义饮食习惯中有非常广泛的应用。面筋是将小麦面粉中的淀粉浆析出之后做成的，在美国通常叫作谷蛋白类代肉品，它作为制作小麦面条的一种副产品，出现的时间大致与小麦面条同时。按照马可·波罗的口述，面筋到13世纪被确立为寺院的特色食品。通过煮、炸、腌、熏和切丁，它可以做出跟鸡肉、鱼肉、虾等多种肉类相似的口感。直到20世纪中叶，佛教寺院一直以精美的素膳闻名。琼脂作为一种从某种海藻类植物中提取出来的胶状物质，用猪油炸过后可以代替炸肉。蘑菇被称为"地里长出来的鸡肉"。莲藕和其他一些植物的块茎可以做成蔬菜浓汤，可能与印度的蔬菜"柯夫塔"（kofta）相似。[37]

中国的佛教僧侣和印度的一样，每天除了吃一餐由大米稀粥（白粥）和腌咸菜组成的清淡早餐外，只吃一顿主餐，由仆人或奴隶负责准备。[38]每天10—11点，他们聚在一起吃主餐，包括大米稀粥、米饭、蔬菜、谷物和水果。这顿饭之后，余下的时间里便禁食一切固体食物，不过草药汤、水果、甘蔗汁和茶还是可以吃上几口的。前来参访的客人会被敬之以好茶和清淡的餐点，它们以其精美的呈现形式闻名。比丘尼梵正就曾用蔬菜、葫芦、肉和腌鱼重现了8世纪的画家、诗人王维的作品。[39]

9世纪中叶，中国官方支持下的佛教全盛时期走到了尽头。国家关闭了外来宗教的场所，首当其冲的就是一直免于赋税的众多佛教寺院。842—845年，共有25万和尚和尼姑还俗，4660所寺院以及4万所规模较小的宗教礼拜场所惨遭毁坏，或转变为公共建筑，其土地、成群的农奴和钱财、金属均被国家没收。[40]然而，这并不意味着佛教饮食在中国的终结，事实上远非如此。此时的佛教已经和道教、儒学一起，被牢固地树立为决定中国饮食风格的三大哲学体系之一。[41]

中国的儒释道饮食

850—1350年

就在中国北方开展大规模灭佛运动之后不久，中国社会的重心转移到了气候更适宜水稻、甘蔗和茶树生长的南方地区。1138年，朝廷定都杭州。游牧民族先是切断了中原通往丝绸之路的通道，继而阻隔了连接四川和长江、黄河之间区域的一些古老的贸易路线。此时的中国不再沿着丝绸之路一路向西，而是将目光转向南方和东方，与日本开展跨海贸易。杭州发展成为一座拥有百万人口的大城市，而这个建都杭州的政权控制的疆域，东西横跨1200英里，从北部边疆到南部沿海也有600英里，拥有几座人口接近百万的大城市，另有十几个城市人口在25万到50万不等。根据官方人口普查的统计结果，整个帝国的人口超过6000万，甚至可能已经达到1亿。

两万名士大夫使用儒家经典管理整个国家。这些人大多是来自富裕家庭、受过教育的男性，他们遵从规矩举行各种仪式庆典，清明节时会给祖先贡献祭品。他们借助佛教和道教的教义规范自己的生活，将美食烹饪之术和书法、诗歌等艺术形式一起，培养成中国士绅阶层的重要标志，这些艺术形式慰藉人的心灵，陶冶人的情怀，愉悦人的感官。这三种传统相结合，产生了一种高度复杂的饮食哲学——一种属于学者-隐士的禁欲主义饮食，以及以食肆和茶楼为基础的新的社交生活形式。蒸米饭开始取代蒸黍成为新的主食。小麦制品变得十分普遍，以至于原本单一种类的饼也被划分成了两类："饼"这个词专门用来指代烘焙制品，而在社会各个阶层之中都越来越普遍的面条被称为"面"。奶制品的重要性越来越低，相反原本被当作药物食用或用来辅助精神生活和冥想行为的糖和茶，则进入了饮食的主流。锅很可能也是这段时间开始出现在厨房里的，不过对于锅的发展史我们始终缺乏清晰的了解。[42]

按照中国的饮食烹饪哲学，一个文明或者有教养的人是与宇宙秩序相统一的，在这一秩序中，万物都平稳地发挥作用，各自又都遵循其本性。在老天的庇护下，人类以各种行为对这种不偏不倚的模式化秩序进行模仿。要想把饭做好，就必须保持炉火烧得稳定又缓慢，不能四处冒烟，火苗也不能东跳西蹿最终灭掉，这种慢火就叫"文火"。"文明"的文和"文化"的文都来源于"文火"的文。

好的品味，既需要具备好的味觉，也要有足够的智力；既要了解市场规律，也要了解历史，要能感悟到一顿精心烹制的餐点如何反映出最深层次的宇宙和谐，同时又要具备娴熟的刀工技法和翻锅能力。品尝食物的味道，就像品味诗的意蕴。9世纪下半叶，晚唐诗人司空图曾这样评价友人的一首诗："愚以为辨味而后可以言诗也……中华之人所以充饥而遽辍者，知其咸酸之外，醇美者有所乏耳。"（《与李生论诗书》）[43]只有经过悉心细致的准备，食材的天然味道才能被激发出来。[44]当舌头接触到生的鸡肉时，人会尝到一种类似金属的味道，吃生鱼肉时会感到淡而无味，生牛肉的味道则与饮血无异。只有经过烹饪，这些食物真正自然的风味才能显露出来。山里那些能吃的植物、根茎和蘑菇，只有通过巧妙的处理才能展现出它们完整的味道。玄奘当时记录下来的中国典型的生吃或简单烹饪的做法，已经被复杂的加工和烹饪程序取代了。

逃离官场以及被朝廷放逐的人，创造出了一种禁欲主义饮食风格，这种饮食表现出来的许多特征都表明它深受佛教的影响。1080年，备受尊敬的诗人、政治家苏东坡被贬到黄州。这位大人亲自为自己和夫人以及最喜欢的小妾朝云下厨做饭，完全不理会"君子远庖厨"的古训（此话出自约1500年前的儒家思想家孟子）。苏东坡总是自己下地种菜，喜欢吃当地产的橘子和柿子，尤其钟爱当地做的鱼。除了烹制羊肉、鹿肉这些传统肉类，他还成功地让猪肉变得流行起来，有一道用猪肉做的菜肴至今仍以他的名字命名。苏东坡在一篇散文诗里描述了他如何将擦成丝的卷心菜、野生的白萝卜和荠菜熬成汤，加入少许的米、新鲜的生姜和油，从而释放其自然的味道。[45]

几个世纪以后，大约在1275年，生活在杭州南边的学者－隐士林洪写了一部烹调手册《山家清供》，书中列举了100多道关于水果、鲜花、菌类和豆腐的食谱。[46]随后在14世纪，中国最伟大的画家之一、水墨画大师倪瓒又写出了一部《云林堂饮食制度集》[47]，其中收录的52道食谱主要是关于做鱼和蔬菜的，口味偏甜，带有明显的沪菜特点。书中还收录了一些炮制风味茶的方式以及面筋（麸）的饮食方式。

> 以吴中细麸，新落笼不入水者，扯开作薄小片。先用甘草，作寸段，入酒少许，水煮干，取出甘草。次用紫苏叶、橘皮片、姜片同麸略煮，取出，俟冷。次用熟油、酱、花椒、胡椒、杏仁末和匀，拌面、姜、橘等，再三揉拌，令味相入。晒干，入糖甏内封盛。如久后啖之时觉硬，便蒸之。

新的社会生活形式如雨后春笋般在城市里涌现出来，其中心内容就是在餐馆、酒家和茶楼这些功能有所重叠的地方吃当地的招牌美食、喝酒以及饮茶。餐馆，尤其是杭州的餐馆，会为那些思乡的官员们提供家乡的美食。北方菜餐馆既提供羊肉和野味，也提供小麦面条、面饼和煎饼，四川菜餐馆以提供养生茶和优质好茶闻名。杭州菜餐馆擅长做长江三角洲地区的食物、米饭、猪肉、鱼肉和青蛙肉。还有一些餐馆就在城外西湖的船上，食客们可以一边享受美食，一边欣赏沉黑湖水中月亮的倒影。

最好的餐馆或"酒楼"提供的食物只有最有钱的官员才能吃得起，跟那些小饭店和路边小吃摊的食物有很大差异。在茶楼，官员、文人雅士和休假的军官、成功的商人聚在一起，一边欣赏或弹或唱的专业表演，一边品评挂起来专供他们鉴赏的精美画作。餐馆里张贴着手写的菜单，食客们将所点的食物高声报给店小二，后者则快步在饭桌之间穿梭，匆匆忙忙地往返于大堂和厨房之间，努力记住每个客人的偏好。到了夏天，许多食客都会点一道清蒸鲥鱼——这一地区最受欢迎的消暑佳品。按照浦江吴氏在她的《吴氏中馈录》中所言，做鱼时如果不去鳞，纤薄鱼皮下的脂肪能够帮助鱼肉保持柔软湿润。汉语中"鱼"字音同盈余的"余"，因此非常适宜用来在盛宴中扮演压轴大菜的角色。小贩们推门而入，向食客们提供一些餐馆或茶楼做不了或没做的菜肴。舞者和艺人献艺助兴。酒足饭饱之后，食客们退至后堂休息，在那里美艳的名妓将为他们提供进一步的服务。

此时，糖这种曾经稀罕的东西已经开始出现在食谱中，也作为一种小吃出现在街头巷尾。例如，《吴氏中馈录》中就有四分之一的食谱使用了糖。糖能为油酥面团增加甜度，可以用于腌渍保存，还能和醋一起腌渍茄子。用蔬菜做馅儿时加点糖可以去涩提味。糖也可以用来撒在油炸"甜甜圈"上，可以让鸭肉肉质变软，能减少酒的酸度，能长时间保存蜜橘，还能去除食物的异味。关于普通百姓与糖，12世纪时的画家苏汉臣曾描绘过这样的场景：一名卖蜜饯糖果的小贩站在桌子后面兜售果脯和小油酥点心，桌上红漆花瓶里的牡丹在雨篷的遮映下摇曳生姿，煞是好看。[48]

帝国宫廷饮食是以儒家思想中的各种仪式为支撑的，而且跟过去一样，这些仪式为了强调历史的连续和传承，因而刻意做得非常正式，维持古风。[49]不过，在一些不那么正式的场合，宫人也会啜饮一些清爽的葡萄酒，看竹叶般的颜色映在红色的碗里。[50]有时他们坐在椅子上，从精雕细琢的银杯子或精美莹润的瓷杯子里啜茶来喝，开展"斗茶"。

穷人或许也能对佛教和道教的饮食哲学有所体会，因为即使在最偏远的村子里，每当举行重要的节庆仪式也会有僧侣或道士在场。[51]这些庆典对于农民来说可真是少有的好时光啊！虽然大多数人负担不起全部的"开门七件事"——柴、米、油、盐、酱、醋、茶，即使年景较好的时候，在用一半的粮食交税，再预留下种子粮和自留粮之后，许多人还是要到市场上去，就像诗人周密所做的诗《潇湘八景·山市晴岚》中所描述的：

> 包茶裹盐作小市，
> 鸡鸣犬吠东西邻。
> 卖薪博米鱼换酒[52]

尽管如此，每天的苦差事还是要继续。农民将水稻的幼苗一个个插到稻田里，为了给田地灌溉，必须几个小时不停地踩水车，还得给稻田除杂草、堆肥。他们在屋外挖一个深坑，将水稻脱粒留下的麻秆、炒菜时丢掉的蔬菜和大粪一起丢进去，就这样做出了肥料。给水稻脱粒是为了去壳。一旦水稻完成收割，农民就会立即种上一些能扛得住南方酷暑的新的黍和小麦品种。可能还会用家里的剩菜剩饭养一头猪，或者种上一些卷心菜、洋葱、大蒜和白萝卜，可以自种自吃，若离城市近，还可以拿到市场上去卖。

农民的三餐是以蒸熟的粮食为基础的：在北方是黍，在南方则是产量高但质地硬、难咀嚼，可政府坚持要种的占婆米（越南大米）。生活没那么富裕的人还是继续依赖原有的主食——山药和芋头。配着主食吃的蔬菜也是蒸熟的，通常是某种卷心菜，以及一点猪肉糜，或者从水稻田里捉来鱼，晒干或用盐腌好了吃。喝的则是稀粥。逢特殊场合，可能会吃到一些白米，喝到少许的茶或米酒。碰上年景不好时，农民便会诉诸历史悠久的饥荒食物等级表。一开始他们会吃喂猪用的麦麸和米糠，然后是吃树皮和树叶，当树皮和树叶吃完时，就会四处寻找根茎和野生植物。再往后吃土，最后是吃死人。

在杭州，贫穷的市民挤破了许多卖面条、包子、粥和油炸点心的外卖小吃店。这就是宋人吴自牧在他的《梦粱录》中描述的景象：贫穷包围下的奢华。1276年成吉思汗的孙子忽必烈汗攻占杭州，致使许多汉人逃往日本或越南。在蒙古人主政的一个多世纪里，儒释道的饮食传统得以与蒙古和波斯饮食发生融合（参见第四章）。在14世纪中叶蒙古人离开中原后，它再度成为主流的饮食风格。

佛教化的朝鲜和日本饮食

550—1000 年

自从佛教在中国北方遭受挫折以来，佛教徒经过重新整合，创造出了一些新的派别，这些派别在不久之后佛教在东亚的传播过程中扮演了极其重要的角色。自5世纪以来，中国的周边政权——南方的越南，位于现在云南省的南诏国，活跃在北方大草原上的辽、金、西夏政权，以及朝鲜和日本——无不将中国这个繁荣稳定的贸易伙伴视为改造其社会秩序的楷模。中国的佛教徒和他们的赞助人多次资助代表团外出传教。对于这些代表团在朝鲜的活动情况我们了解不多，日本的要多一些。一小队僧侣组成的代表团带着书籍、工具和植物来到这两个国家，与当政的王朝结成联盟关系，并在那里建立寺院。[53]

6世纪中叶，在引入朝鲜几个世纪之后，佛教被朝鲜统治者确立为国教，在随后1000年的大部分时间里，佛教饮食在朝鲜一直非常流行。国家禁止了为吃肉而宰杀动物。佛教寺院不断积累土地，从9世纪开始种植茶叶，为访客提供茶水和精致的食物。贵族还能享受到复杂的饮茶仪式。[54]

6世纪，朝鲜佛教徒跨海东行百英里到达日本。和所有的海岛国家一样，日本当地的食物资源是非常匮乏的：一些根茎类蔬菜，其中有的直到今天也很少听说在别的地方发现过；一些坚果和水果；一些野生植物；野生动物，河鱼和近海鱼；海藻，还有一种从葛藤中提炼而成的糖浆。从中国引进的黍、稻、小麦和大麦可能是通过舂捣去壳，而不是通过碾磨磨成面粉。有一种佐料（hishio）是将肉、鱼和一些贝壳类动物进行发酵做成的。那时的三餐主要是稀粥或稀饭，可能还有一些用糯米做成的麻薯。日本人向神灵供奉祭品，这些神灵中有乐善好施的，也有凶神恶煞，日本人相信是这些神灵创造了人类，他们栖身于湖泊和溪流中、树木和草丛里，也存在于房间的每一个角落里，包括烹饪用的锅里。[55]

为了在日本建立起佛教和佛教饮食的地位，朝鲜的艺术家和建筑师为从朝鲜和中国来的僧侣们建了庙宇和寺院。600—850年，先后有19支考察团冒险乘坐飘摇动荡的平底船跨海到达中国，结果带回了在烹饪、文学、政治和神学方面技艺高超的僧侣和学者，种子和插枝，还有茶叶、糖、酵母、旋转石磨、陶器、漆器、筷子、勺子、丝绸、艺术、乐器，以及贾思勰的那部《齐民要术》（并很快翻译成了日语）。675年4月，天武天皇下令禁止吃牛肉、马肉、猴子肉和鸡肉（但不包括野禽或野生动物）。吃肉的现象虽然减少了，但是跟其他地方一样，没有完全消失。例如，贵族就以保持健康为由，要求在饮食中保留肉类。尽管如此，鱼肉和豆腐、面筋这类中国式素肉制品逐渐取代了肉的地位。[56]

日本皇室采纳了佛教具有代表性的三种食物——乳酪、白糖和白米。政府下属的制奶部门生产出奶油、黄油和一种叫作"醍醐"的不明产品，据推断可能就是酥油，这个部门从7世纪初开始运作，持续了至少300年之久。糖是日本人以巨大的成本从中国进口而来的，其数量非常之少。那80捆据说由鉴真和尚于743年从中国带来的甘蔗，最终没能在日本寒冷的气候中存活下来。为了提高短粒米的产量，人们开始对河谷开展灌溉。豆腐几乎可以肯定也是被佛教徒带到日本的。据传，鉴真于754年再次前往日本传戒律，带去了几加仑的发酵黑豆（豆豉），从而将中国的发酵技术带到了日本。不管这是真是假，发酵品的生产制作在政府谨慎的规范和税收政策下，的确是出现了显著的增长。到11世纪，市场上已经能够找到不少于22种发酵品种，包括味噌。茶叶虽然也已被介绍进来，只是那时尚未"站稳脚跟"。

日本的宫廷饮食是模仿中国中世纪的宫廷饮食而形成的。实际上，许多研究饮食的历史学家都是借助于研究日本的宫廷饮食来一窥9世纪以前的中国宫廷饮食的风貌，这种比较研究支持了玄奘有关中国人对于蔬菜和鱼采取生吃或仅加以简单烹饪的描述。11世纪的日本小说《源氏物语》描述了正式的日本宫廷饮食。进食者跪坐在各自的托盘前面，使用他们认为比手更清洁、更灵活的筷子，从中式风格的漆器当中取少量的食物来吃，其间遵循的也是中式餐桌礼仪。[57]摆在进食者面前的是盛在碗里用来蘸食物的盐、醋和酱。招待他们的是四种类型的食物——脱水食物、生鲜食物、发酵食物，以及甜点，每个类型的数量最多可达七道。鱼干和禽肉通常是蒸熟或烤熟的，例如红鲷鱼，很可能就是烤熟后和蘸酱一起送上来。呈上的生鲜食物都是切成薄片的原始食材。发酵食物包括用盐腌过的鱼肉、鲍鱼味噌和用味噌腌好的茄子。[58]甜点则主要是水果和坚果，不过有时也吃一种用小麦粉做的中式风格的糖馅儿油酥点心。[59]农民只要能吃上味噌汤、盐渍白萝卜，以及用黍或荞麦熬的稀粥就很满足了，不过天皇曾于722年颁布诏令，要求应到更寒冷的地方去种植荞麦。

12世纪，来自中国的第二波佛教僧侣将面条、筷子和茶叶带到了日本。这种中式风格的面条是用水力驱动的旋转磨坊磨出的小麦面粉做成的，作为蒸黍的补充。[60]从14世纪开始，人们可以吃到宽的乌冬面。其间，茶在日本文化中扎下根来。在日本有关茶的最早论著《吃茶养生记》一书中，荣西禅师将茶誉为"养生的神奇良方……长寿的万灵丹"，同时具有解酒的功效。随后，他将这本书的抄本赠予当时以嗜酒闻名的日本天皇。[61]

15世纪，就在日本被分割成一系列相互敌对的封地之时，僧侣发展出了一种苦行主义饮食风格——精进饮食：以豆腐、小麦面筋、蘑菇、海藻、芝麻、核桃和蔬菜为基础，借由生吃、脱水、油炸和加工，使之摇身变成精美的佳肴。[62]肉、洋葱和酒则被禁食。于是，烹饪这件事便立即获得了伦理和审美上的内涵。在一部有关日本寺庙饮食的现代烹饪手册中，作者这样解释，厨师必须具备一种"道德精神"，能够在菜肴的六味（酸、甜、苦、辣、咸、淡），五法（生、煮、烤、炸、蒸），五色（白、黄、青、赤、紫，五色中原本有黑，但因比较少见，且寓意不吉，因此用

图 3.6　这是一块中式六面日本折叠屏风的部分画面，制作年代约为 1530—1573 年。在屏风画面上，茶亭坐落的位置正好便于茶客观赏风景，它能通过不断变化的色彩反映四季的流逝（Avery Brundage Collection B68D58+. Copyright Asian Art Museum, San Francisco. Used by permission）。

紫色代替）和三德（轻软、净洁、如法）中求得平衡。[63]

　　正如图 3.6 这幅创作于 16 世纪的中式风景画展示的那样，茶是与天人合一，以及远离国事的冥想静思相关联的。17 世纪中叶日本正处于武士阶层带来的战乱不安之中，但艺术与佛教在饮茶仪式中相遇，经由日本最著名的茶道大师千利休，茶道达到了一个新的高度。茶道不仅启发日本人民创造出了精美的陶器、织物以及一系列苦行主义清淡茶点，还与一种理想化的隐居生活方式相契合（这对于 17 世纪生活在社会动荡中的日本人来说颇具吸引力），并推动了对中国高端文化——陶瓷、绘画、漆器、织锦和饮茶——追逐欣赏的风气。[64]饮茶时，一小群男子聚集在一个简陋的小茅舍里，主人点燃新鲜木炭，将水煮开，然后将茶粉放入水中搅拌。最初的第一泡浓茶需要在一种庄重安静的气氛中饮下，饮第二泡时茶味淡了一些，气氛也轻松了许多，人们的交谈也开始活跃起来。

　　到 1650 年，佛教饮食已经追随早先饮食传统扩张的痕迹，穿山越岭，跨过沙漠和海洋，终于建立起来，而且得到了国家的支持，在一些饮食风格迥异的地区大力发展起来，比如在饮食以小麦和发酵食物为主的中国北方。佛教饮食为高级饮食提供了一种新模式：精致、节制、苦行。他们引入了一系列以印度扁豆、蔬菜和素肉为基础食材的可口无肉菜式。而由糖和酥油构成的甜点，以及基于糖、果汁和茶树种植形成的一些非酒精饮品，则在酒之外提供了一种更为洁净清醒的饮食选择。随着佛教的传播，同样扩展的还有水稻灌溉种植、甘蔗种植、制糖、制乳，以及一系列具有佛教特色的水果和蔬菜种植。

佛教饮食在不同地区的遭遇大相径庭。在印度，与佛教饮食类似的印度教饮食早在几百年前就已取代前者。在斯里兰卡以及整个东南亚地区，佛教饮食一直十分盛行，而且经常与印度教饮食相结合。在中国西藏也是如此，佛教饮食适应了当地极端的气候条件，发展得欣欣向荣。在中国腹地，虽然佛教失去了国家的官方支持，但随后取得统治地位的是一种儒释道相结合的饮食方式。在朝鲜，传统风格的佛教饮食在蒙古人入侵之后便消失了。而在距离印度4000英里的日本，在佛教饮食诞生近2000年之后，那里的佛教徒依然相信烹饪本身也是一个寻求教化的过程，他们相信合适的饮食能够激发人冥想，而肉、难闻的蒜以及酒类则应该禁止食用，代之以肉的替代品以及不含酒精的饮品。今天，印度、东南亚、中国、朝鲜半岛和日本的饮食看上去各有特色，这主要得益于持续发展的文化，以及来自伊斯兰饮食和现代西方饮食的影响。不过，从全球性的视角来看，还是会发现这些饮食习惯的共通之处，例如对稻米的推崇，以及在吃肉方面的节制等。

佛教饮食在19世纪晚期迎来了再一次扩张，当时人口压力剧增，战乱和饥荒迫使中国南方和日本受契约束缚的学徒工纷纷出逃，到了20世纪下半叶，伴随越南和泰国的移民潮，又开始了新一轮的传播。在夏威夷，一位叫作玛丽·夏的基督教徒在她于1956年所写的烹饪手册中，将中国饮食介绍给了许多美国人，又对佛教饮食哲学做了一番解释。"中国人将吃肉的行为与人的兽性联系在一起，认为由蔬菜组成的饮食更具有精神性，"她说，"按照习俗，新年的第一餐必须是全素的。"这餐饭叫作"斋菜"，也叫"僧喜""佛喜"或"佛宴"。[65]

第四章

中亚和西亚的伊斯兰饮食

800—1650 年

就在佛教饮食在印度几乎绝迹，在中国势头正盛，同时刚刚到达日本时，伊斯兰教饮食在整个欧亚大陆的西半部地区开始了迅速的扩张。基督教饮食建立于1—3世纪，并扩散到了罗马帝国的大部分地区，它也是拜占庭帝国的官方饮食，但是我将基督教饮食留到第五章再讨论，因为在15世纪以前相比伊斯兰教饮食，基督教饮食的传播范围没有那么广泛，即使后来赶上了前者，也深深受其影响。因此先来谈伊斯兰教饮食，也就顺理成章了。

　　伊斯兰教与之前的祭祀饮食之间的分割，不像佛教那样决绝。穆斯林对于肉类，包括在很长一段时间内对于酒，还是比较尊重的。他们对于包括吃饭在内的一些世俗的欢愉体验，并不持怀疑的态度，而是将它们当作来自天堂的预兆尽情享受。伊斯兰教饮食是在一段历史悠久并最终演变为伊斯兰教核心内容的高级饮食传统基础之上建立起来的，从面饼、轻度发酵的面包和其他一些小麦制品到一道道用羊羔肉、山羊肉和野味做成的浓香扑鼻、辛香料丰富的菜肴，再到精美的甜食，这一系列丰富多样的饮食构成了伊斯兰饮食的根基。

　　伊斯兰教饮食的演进经历了两个独立的发展阶段。波斯-伊斯兰饮食形成于8—9世纪，其覆盖范围从美索不达米亚向西延伸至北非和欧洲南部的部分地区，向东则到印度。食品化学加工方面的一些技术创新，尤其是炼糖技术和蒸馏工艺的出现，为饮食领域带来了一系列的变化，出现了烹饪-医药-炼金术三用糖浆、饮料和用糖、水果、坚果和小麦面粉做成的甜食，以及通过蒸馏制成的新调味料，如玫瑰花水和橘子花水。13世纪这一阶段伴随蒙古人的入侵而结束，不过蒙古人也从包括波斯-伊斯兰饮食在内的一些饮食传统中吸收利用，创建了他们自己的蒙古帝国饮食。

第二阶段始于15世纪，在奥斯曼帝国、萨法维王朝和莫卧儿王朝这三大帝国境内提炼形成了突厥-伊斯兰饮食。其中，比较重要的创新成果包括水稻（及其他一些颗粒状食物）、烩肉饭以及一种新兴的热饮——咖啡。这一时期，伊斯兰教饮食向西突破了撒哈拉沙漠的南部边界，向东则渗透到了印度尼西亚。[1]

酒河与蜜河

波斯-伊斯兰饮食，700—1250年

穆罕默德死于632年。然而，他的追随者不过花了几代人的功夫，就将中东地区从两个长期在此争夺霸权的强国手里夺了回来：一个是拜占庭帝国（信奉基督教的东罗马帝国）；另一个是萨珊王朝统治下的波斯帝国（即阿契美尼德帝国的继承者）。在穆斯林的统治下，近东、中东、北非和西班牙这些原属于罗马帝国和波斯萨珊王朝的地区，此时开始共享同一种文化、同一种神圣的语言——阿拉伯语，《古兰经》使用的语言，以及同一种饮食（地图4.1）。这远比生活在沙漠里的阿拉伯人的饮食（我们在第一章讨论过）复杂，后者以大麦饮食为主，偶尔吃些小麦面包、炖菜和稀粥、牛奶、黄油，还有以多种形式和大麦、枣子相结合的奶酪，以及绵羊肉和山羊肉。

762年，阿拔斯王朝的第一任哈里发在底格里斯河和幼发拉底河之间的一块空地上建起了巴格达城，并承诺这座象征了整个球形宇宙的圆环形城市将成为"整个世界的十字路口……人世间最繁荣的城市"。[2]阿拔斯人不是阿拉伯人，而是波斯人，他们是从原来信仰的琐罗亚斯德教、基督教转而皈依伊斯兰教的，还有一个显赫的家族是从佛教转信而来的。50年后，在哈里发哈伦·拉希德治下，巴格达的人口飙升至100万，是君士坦丁堡、大马士革和开罗的两倍到三倍，是当时欧洲最大城市的50倍！对于很多人来说，了解这座城市氛围的最佳途径来自那部《一千零一夜》（14世纪结集成文），尽管那些关于哈伦·拉希德的传说十有八九是杜撰

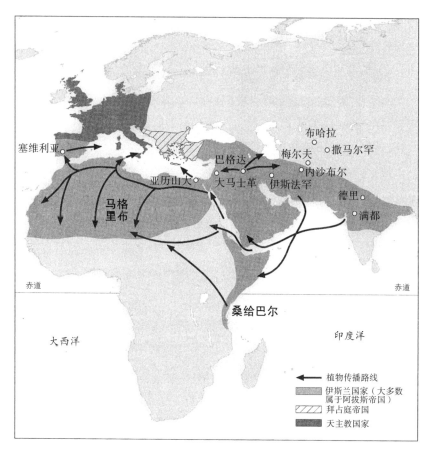

地图 4.1　波斯-伊斯兰饮食的扩展，700—1250年。高粱、亚洲水稻、甘蔗、柑橘、西瓜、菠菜、朝鲜蓟和茄子等植物，可能就是沿着箭头所指的路线，从印度向西、向北，以及穿越撒哈拉沙漠向南传播的。而加工上述植物的相关工艺，应该也是随后沿着同样的路线传播的。正是多亏与地中海沿岸伊斯兰国家之间漫长的边界线，欧洲的一些天主教小国才能了解波斯-伊斯兰饮食，并对其不同的内容进行取舍（Source: Watson, *Agricultural Innovation in the Early Islamic World*, 78）。

的。波斯-伊斯兰饮食在巴格达发展到了最高水平，这在各种礼仪手册、医学典籍、历史记载和地理学文献、饮酒诗、《一千零一夜》，以及有史以来最广泛的烹饪手册系列中可见一斑。[3] 其中，最重要的当属《餐之书》，通常也叫作《巴格达烹饪手册》，现存三份手稿和一份残片。这部书包含了从8世纪晚期到9世纪晚期在巴格达流行的300多道食谱，其中20道来自哈伦·拉希德的儿子，35道来自他的诗人兄弟。虽然它算是一种宫廷饮食，但现存手稿数量之多强有力地证明了朝臣，甚至包括商人，也都在效仿宫廷饮食。

波斯－伊斯兰饮食在很大程度上得益于波斯萨珊王朝的饮食，不幸的是对此我们所知甚少。作为琐罗亚斯德教的信徒，萨珊王朝以圣火为尊，推崇火在烹调中的巨大作用，将菜园视为整个世界和国家的象征，十分重视鸡肉和鸡蛋。6世纪的一段文献记载了国王霍斯劳盘问跪在他面前服侍的一位年轻贵族的场景，在有关皇家膳食的描述中提到了冷热两种肉食、米豆腐、包着馅儿的葡萄叶子、腌过的鸡肉，以及甜枣泥。[4]那时流行喝加了面粉勾芡的蔬菜汤，吃用肉和粮食做成的浓稠的哈里莎酱，用黑胡椒粉、姜黄根粉、番红花粉、肉桂粉、葫芦巴和阿魏胶等香辛料给饭菜调味。甜点包括果酱、杏仁油酥糕点、塞了坚果的大枣，还有一种用鸡蛋、蜂蜜、牛奶、黄油、大米和糖（大米和糖是百分之百波斯的）做成的"希腊"甜点，再加上水果，所有这些都要放在精美的银质浅盘上端上来。饮酒是一种宗教义务，那时的酒都是大规模酿制的，要装进图4.1那样的罐子里，恭敬地呈交给宫廷。

伴随波斯被成功征服，那些没有改信伊斯兰教的波斯人受到了政治和经济上的双重惩罚。许多人逃往中国或印度，在那里他们的后代依然信奉拜火教，并且仍保留他们悠久的饮食遗产，例如其中就包括许多有关鸡肉和鸡蛋的膳食。[5]

不断演进的穆斯林饮食哲学重塑了萨珊波斯的饮食风格，并且从罗马帝国、印度、中国的饮食，以及叙利亚和伊拉克当地的低端饮食（当地民族将这种饭食叫作"纳巴泰"）中吸收了许多元素。《古兰经》说神的创造物是善的，好穆斯林应该喜欢。人们相信，精美的菜肴再加上漂亮的摆盘，能够刺激人的胃口，塑造健康又有魅力的身体，还能让吃饭的人与宇宙保持和谐。按照《巴格达烹饪手册》前言中的说法，吃饭作为人生六大乐事之一，它给人带来的愉悦要比其他五件乐事——喝水、穿衣、性交、气味和声音——多得多。[6]《古兰经》里有记载，忠实的信徒死后会进入天堂，那里流淌着四条河：水河、不变味的奶河、酒河和蜜河，这四条河象征了人体内循环的体液。水可以维持生命，牛奶代表乳房和精液，

图4.1　波斯萨珊王朝时期的镀金银酒罐，年代约在6世纪或7世纪。罐身上的装饰图案是缠绕的葡萄藤、葡萄园里的鸟，还有裸体少年在摘葡萄。实物可能来自伊朗的马赞德朗（Courtesy Trustees of the British Museum 124094）。

象征新的生命，酒象征血液和热情有力的男性阳刚之气，蜂蜜则是甘甜、纯洁和道德的典型象征。哈里发也怀有与波斯早期国王一样的政治思想，要对现实世界里的法律和公正负责，就好像花匠要负责打理花园，通过种植使之焕然一新。[7]文雅有礼的宴饮通常在庭院里举行，就是为了提醒食客要遵从国家的秩序和法度。

　　阿拔斯宫廷从整个伊斯兰世界和印度招募了很多医生，其中包括一些精通体液论和炼金术的犹太人和基督教徒。[8]希波克拉底和盖伦的著作，以及一些关于炼金术的文章，被一些既精通阿拉伯语又精通希腊语和古叙利亚语的基督教徒翻译成了阿拉伯文。阿维森纳是11世纪最受尊敬的宫廷御医之一，他在自己的著作《医典》中修正和改进了盖伦的观点，这部专著后来得到了欧洲人的热切追捧。

吃肉被认为是一个很有男子气的行为，戒酒者被视为宗教异端，他们因为"禁止神恩准的事物"而犯下妄自尊大罪。[9]有经济能力的会在一年一度的古尔邦节祭一只绵羊或山羊，以回应很久以前亚伯拉罕献祭的行为，随后再将羊肉分发给穷人。唯有猪肉和血是被禁止的。尤其是为了避免吃到血，宰动物时要通过割喉让血流净。11世纪，当伊斯兰学者阿布·雷汉·比鲁尼到印度旅行时，他对印度教禁止杀牛的做法非常困惑。在听取了各种不同的解释之后，他确认这么做是为了将牛保存下来用于拖运、耕地以及供奶，而不是很多人说的牛肉不容易消化或者会刺激人的欲望。[10]

酒通常是由犹太人或基督教僧侣售卖的，它在早期伊斯兰教中的地位，与在萨珊王朝治下的波斯以及前伊斯兰时期的各游牧民族当中的地位相仿。饮酒是为了抒发一些在其他场合被禁止表达的观点，饮酒的同时还要吟诗。[11]一些伊斯兰画作经常展现王子们席地而坐，右手举着盛满葡萄酒的玻璃杯的场景，这是正确的宴饮姿势，穆斯林只能用右手吃饭，这样将来才能去往极乐之地。在饮酒宴会上，有文雅精致的餐点，有诗人吟诗助兴，不过通常都是些下流诙谐的话，用来赞颂主人的慷慨大方，讴歌贵族群体，歌颂对自由的追求，还会替哈里发祈求神明的仁慈。但是除了天堂里的酒河，《古兰经》是很少提到酒的。

不过，从《圣训》（穆罕默德去世几百年后整理成册的先知语录）的几条注释来看，酒似乎是存在危险的。其中一条注释可以理解为禁止将果汁饮品存放在容器当中，以避免发酵。还有一条认为酒（这里的酒是用葡萄、枣、蜂蜜、小麦和大麦混合发酵形成的饮品）会让人的智力变差。医生们对酒是又爱又恨，按照阿维森纳的观点，谨慎饮酒，酒就是人的朋友；但如果过量，酒就是敌人。少量的酒可以充当解毒剂，但大量饮酒无异于服毒。几个世纪后，酒终于成了被禁止的饮品，不过这个过程是非常缓慢的。

小麦是当时最受尊崇的粮食，它品性温和，富含水分，非常接近人类的理想性情，因此具有最高的营养价值，备受医生们的推崇。[12]许多小麦制品，例如面包、浆粉以及浓汤，都有非常漫长的历史，而且都从体液论的角度被描述过。和之前的罗马帝国一样，习惯于久坐的伊斯兰富人也坚持食用那种易消化的发酵面包，而硬邦邦、没发酵过的面包则留给体力劳动者吃。肉汤泡面包这道可追溯至美索不达米亚的菜肴，此时作为先知穆罕默德最爱吃的菜（tharid）而成了新的流行菜品。因为这个原因，时至今日从摩洛哥到中国新疆，仍然有人在做这道菜。小麦面粉和水加以混合，可以做成一种叫作"萨维奇"的饮品，人们认为它具有降温的功效，因此对脾气暴躁的人士特别有益，尤其是在夏天。完整的小麦粒加些肉用文火煮，可以做成一种叫作哈里莎酱的奶油状浓汤，这种做法在萨珊王朝时期就已出现，可能历史还要更长些。哈里莎酱非常温和，口味不刺激，消化起来比较慢，特别是加入了脂肪，对干瘦型人非常有益。磨碎的小麦粒也可以通过用水泡的方式提取淀粉浆，用来做卡仕达酱和加浓酱汁。

　　这一时期以小麦为基础的重要创新包括一种以面包为底料的调味料穆里酱、多种油酥糕点，以及面食。穆甲酱是一种用发霉面包制成的可口黑色液体，能为饭菜增添风味，作用类似于罗马帝国时期的酱油和鱼酱，但其发明过程是独立的。小麦面粉混合油脂、鸡蛋和调味料，可以做成油酥面皮，这种油酥面皮可以放进炉子里或热灰里烤，可用平底锅做成煎蛋糕，可以油炸做成甜甜圈或馅饼，或者扯成纸一般薄的面皮用烤盘烤着吃。人们使用一种硬质小麦做面食，特别是细面条和粗面条，这种小麦所含的谷蛋白比之前的一些品种多。[13]

　　气味丰富、色泽鲜亮的菜肴，能够反映用餐者的权力和财富，并且与一些具有神圣意义的宗教图像相呼应，而且有助于微观世界和宏观世界保持平衡。"要了解香料是烹饪艺术的基石，"在伊斯兰统治时期的西班牙，一部烹饪手册的作者这样写道，"它们能够区分不同的菜肴，可以明确不同的风味，增强菜肴的味道。"更重要的是，"它们能促进人体健康，预防疾病"。[14]肉桂、丁香、小茴香、黑胡椒和藏红花这几种香料尤其重要，不过除此之外还有许多其他调味品，例如做甜食时偏爱用大茴香。香料与一些新提炼得来、能保存玫瑰花和橘子花香味的精华混合在一起，成为芳香剂。通过混合藏红花或姜黄根粉，绘以蛋清或覆以金箔，可以将膳食变成金色，即代表阳光、权力和王权的颜色。白色能带来明亮、幸福和希望，代表了月亮的朴素与纯洁，是清真寺里哈里发衣袍的颜色，在白面包、杏仁奶、鸡胸肉、白米、白糖和银箔中都能看到。绿色来自菠菜和草药，让人想到生命、再生以及用生命之水灌溉的园子。

《古兰经》有云："享受甜食是信仰的标志。"难怪《巴格达烹饪手册》中有三分之一的食谱是关于甜食的。其中，许多食谱可以回溯至罗马帝国、萨珊王朝和拜占庭帝国的饮食。例如发酵的小甜甜圈、油炸酥皮馅饼以及果仁馅儿的油炸煎饼等，都是通过油炸小麦面团做成的，面团经常是先发酵过，并加入糖或糖浆。布丁是在糖浆中加入淀粉浆使之变浓稠而制成的。煮熟的大米加入藏红花或姜黄根粉，可以增加甜味和色彩。新出现的小麦细面条上桌时会浇上糖浆（即"库纳法"）。给妇女饮用的软饮料（如冰冻果子露或"舍儿别"）会加入蜂蜜或昂贵的糖提高甜度，或者加入有色玫瑰、绿色蔬菜，或者水果浆或果汁，再或者加入纯白的杏仁碎，再用玫瑰花水或橘子花水加香、精心调味，并用从远方雪山专程送到冰库的雪或冰冰镇。

果酱、果冻、熬得浓稠的果汁和糖浆都既可以食用又可以药用。将楹桲果舂碎后加入蜂蜜熬煮，可以制成红色、不透明的楹桲酱。13世纪安达卢西亚地区一部作者不详的烹饪书说，具有神秘的炼金术特性的糖能够被蜂蜜代替，而且楹桲酱还可以"用另一种更令人叹为观止的配方制得：先采取上述步骤制作，然后单独加水烹煮直至其精华析出，将沉淀物中的水分清除掉，尽量多加糖，使沉淀物变得稀薄而透明，不带红色，一旦做好了就会一直保持这个状态"。[15]即使过了这么多年，我们仍然能从中感受到这位作者的智慧。糊状的楹桲酱之所以能保持纯白透明，就是因为它捕捉到了楹桲这种果实的精髓，因此寓意着生生不息、永世不朽。

与早先的罗马帝国一样，伊斯兰帝国的各个城市，也都拥有足够的财富支撑起商业化的食品加工行业和职业烹饪行业（不过哈里发的御膳房大概还是会继续保持采购原材料来加工的传统）。面包是这些城市最基本的食物。不管在哪儿，只要水源充足，就会使用水磨坊将小麦磨成面粉，但畜力拉磨还是在继续使用，尤其是在围城的高墙之内，这种方式就更受倚重。据说，巴格达的一家水磨坊一年能够出产三万吨面粉。[16]这些面粉也分为不同级别：白面供给高级饮食，粗粒小麦粉供给特殊场合，全麦面粉供给城市里的穷人，余下的糠麸则给动物吃。城市里的面包都是用蜂巢式炉子烤出来的，白面包给社会等级高的人吃，颜色深一点的则供给那些社会等级较低的人。

人们用很可能来自中国的旋转杵给稻米脱壳，后来又用杵锤碾磨。[17]用磨轮从橄榄、芝麻、罂粟和棉花籽中榨油（或者由落后地区的人榨油）。鱼要用盐腌，家禽要养在人工做的孵化设施里，肉和香肠要保存，黄油要去水澄清，从肥尾绵羊身上取下来的脂肪要熬制成油，奶酪要准备，醋要酿造，水果和蔬菜要放到盐水和醋里腌。一些由非穆斯林经营的酒馆零散分布在大城市里。

很可能从印度传来的制糖工艺，随着压榨和熬煮等一些新方法的出现而得到进一步的改善，尤其是在埃及、约旦和叙利亚等地。甘蔗去皮劈开后，先用磨轮压榨一遍，然后加滤布用压榨机再压一遍，两次压榨得到的甘蔗汁都流入同一个罐子里。先后煮沸和过滤三次后，就可以用一个漏斗形的容器滴注收集。固状物溶解后，加入一点牛奶煮开，使之澄清变成精炼白糖。滴下来的糖浆收集起来，通过再加工做成质量差一些的糖。水果晒干后做成糖晶蜜饯，至今仍是大马士革的特产。

蒸馏萃取法同样经历了技术上的改进，出现了新用途。小规模的葡萄酒蒸馏或可追溯至古典时期，那时非基督教徒（异教徒）率先使用低温燃烧的酒精，引燃摇曳火光，后来酒精被基督教徒用在一些以火净化的宗教仪式中。[18]伊斯兰世界的炼金术士借助1世纪在埃及写就的希腊文本译本，精心自净其身，只为向灵魂展开庄严的问询。通常这些灵魂困在身体里面，因此炼金术士还发明了各种新的装置以释放受困的灵魂。他们有一种通常叫作"鹈鹕"或"葫芦"的容器（因为这种容器侧面的线条看起来很像鹈鹕的喙，也很像一个葫芦弧形的上半部），文火加热时能释放花瓣的精华，汇集于容器的侧部。到9世纪时，这一加工过程实现了商业化。西班牙、大马士革、波斯的朱尔城和沙卜尔城，以及伊拉克库法城的一些工坊专门负责调制玫瑰花水和橘子花水，并将之装船运送到伊斯兰帝国各地，向东输往印度以及更靠东的中国。葡萄酒十有八九也是蒸馏而成的。8世纪时的诗人阿布·努瓦斯曾对葡萄酒有过这样的描述："拥有雨水的颜色，一入胸腔却热情如燃烧的火把。"这句话经常被人引用。

在皇宫，大厨房负责为王室准备日常饮食，其中就包括由数百名妇女、奴隶、自由民、卫队和官员、天文学家和医生、金匠和木匠组成的后宫。厨师据推测应该是波斯人，他们就像炼金术士一样改变了原材料，并对之进行提炼，他们用杵臼舂肉和香料，用筒状泥炉烘焙，用小烤炉烹制甜食和鸡蛋，用铁锅煎炸，用上釉或无釉的陶器和皂石炖或煨，上菜时要用专门的盘子，其中包括一些受中国影响但在当地制作的瓷器。

哈里发身着用华美的中国丝绸做成的衣裳，与客人们在花园里一同进膳，他们沿着水渠坐在小毯子或低矮的垫子上，那些水渠汇聚到中央形成一个池塘，池塘畔藤蔓环绕，与香气袭人的橘子树相互掩映。呈上的膳食有将羊羔肉等肉类加入酸甜味的糖醋酱汁后用文火煨，并加入香草或石榴汁提味的菜肴，还有添加了果仁或鹰嘴豆的鸡肉菜肴。许多菜都会用肉桂、丁香、小茴香和黑胡椒或者其他品种的胡椒调味。再加上葛缕子、阿魏、南姜（一种带有芥末和生姜气味的根茎类植物），以及像薄荷、香芹、芫荽、罗勒和龙蒿叶这样的香草，能够使膳食更回味悠长。穆里酱是一种用发酵的小麦或大麦制成的调味品，为食物带来了浓重的肉味。玫瑰花水和橘子花水也能为某些菜提香。羊羔肉、绵羊肉、山羊肉和家禽，包括鸡肉、山鹑肉、乳鸽肉、鸽子肉、小型禽鸟、鸭肉和鹅肉，或烘焙或烧烤。哈里莎酱广受人们喜爱。诸如刺菜蓟、洋蓟、芦笋、菠菜、瑞士甜菜、小葫芦等蔬菜，可以单独做成菜，也可以加入肉菜中。新引进的茄子此时还默默无闻，直到后来经过培育去除了苦味，才开始受欢迎起来。

正餐之后，那些被雇用的诗人、医师、占星术士和炼金术士，以及其他一些学者和知识分子便开始歌颂历史和国家的实力。饮食就像诗歌一样，是一门精巧的艺术，也是国家的一种装饰品，因此可说是一个颇有价值的主题。摩苏尔诗人伊沙克·伊本·易卜拉欣曾选择一种三角形肉饺子（sanbusak 或 samosa，即"萨莫萨三角饺"，这个波斯语单词的第一个音节意为"三"）的馅儿作为其诗作的主题（正与中国早些时候对饺子的赞颂相呼应）："首先选取上好的肉，红色，触之柔软／加入油脂绞成肉沫，切不可放太多／然后加一颗洋葱，切成圆圆的洋葱圈／取一颗卷心菜，极其新鲜翠绿／加入肉桂和芸香好好调味。"[19]一听到这首诗，哈里发便会叫厨房做萨莫萨三角饺，以此显示他能调动各方资源创造出高雅的文化。

巴格达的波斯-伊斯兰高级饮食，与它的服饰和建筑一样，也是沿着帝国的贸易网络传播到其他伊斯兰城市的，包括位于西班牙南部的那些城市。711年，在这片区域20万西哥特人勉力控制着800万西班牙-罗马人。阿拉伯人在柏柏尔骑兵的支持下，从摩洛哥出发攻占了西班牙。被阿拉伯人统治和柏柏尔人控制的军队、牧民，以及伊斯兰教的皈依者，占到了总人口的80%，其余20%则是基督教徒和犹太人。

在征服者看来，安达卢斯这块被穆斯林占领的西班牙土地，正如其名字所昭示的，必定如《古兰经》中描述的天堂一般：一个被河水浇灌的花园，绿树成荫，花香怡人，气候条件极为有利，非阿拉伯半岛和非洲那干旱慑人的沙漠可比。[20]在塞维利亚、格拉纳达，尤其是在科尔多瓦，新的统治者开始着手再造他们的饮食。科尔多瓦第一任埃米尔阿卜杜勒·拉赫曼一世8世纪时因其家族被赶下台而从大马士革逃亡，此刻由于思念家乡，想要再现熟悉的景致，于是种下了椰枣树，而他的首席法官则替他引进了一系列品种优良的石榴。第二任埃米尔在旧时罗马人的地基上建起了一些新的城镇，并且在富饶的低洼地建起了波斯风格的农业。包括制陶工人，可能还有厨师在内的各种手工匠人，遵照命令从东部迁移到西部。波斯人凿井、抽水和灌溉的技术被介绍进来，用来对早先罗马式的设施进行更新换代。沿人河两岸建起了一些水力粮食磨坊，穷苦农民用的则是手推磨和筒状泥炉。这段时期还出现了一些农业方面的专著专论，阿维森纳的医学著作也有了抄本。[21]

波斯-伊斯兰饮食针对新的环境，也做出了一些适应性调整。罗马人传统使用的橄榄油取代了肥尾绵羊的脂肪（显然，这种羊最终没能适应西班牙的水土），奶酪代替了酸奶。用罗马时期腌渍猪肉的方法处理羊羔肉和羊肉，兔肉和卷心菜在整个膳食体系中占有非常显著的地位。炖肉丸（banadiq，源自 karyon pontikon，在拜占庭希腊语中意指素有"黑海之果"之称的榛子）和奶酪焗饺子（mujabbanas，在西班牙语中变形为 almojavana，从而得以延续下来）堪称西地中海地区的特色菜。据说柏柏尔人也贡献了一道名吃，那就是用一层层纸一般薄的油酥面皮，加入蔬菜炖鸡肉为馅做成的馅饼，至今在摩洛哥仍能找到这道名吃（即巴斯蒂拉馅饼）。另外还有一道名吃，是一种用多种肉类（牛肉、绵羊肉、鸡肉、山鹑肉、香肠、肉丸等），加上鹰嘴豆以及各种时令鲜蔬熬成的如汤粥般浓稠的烩菜或者说炖菜，有时这道菜也被认为是西班牙什锦菜的雏形，因为它们非常相似。"库斯库斯"是那里的基本主食，它是用粗磨的小麦或其他粮食揉成小小的粉团做成的。到 12、13 世纪，安达卢斯的波斯-伊斯兰饮食已经能与巴格达的饮食分庭抗礼了。

从 10 世纪末到 12 世纪中叶，一些中亚城市也陆陆续续实现了伊斯兰化，例如中亚的撒马尔罕、布哈拉和梅尔夫，伊朗东北部的内沙布尔和中西部的伊斯法罕，从而为此前佛教徒（及程度相对较轻的基督教徒）对丝绸之路的统治画上了句点。10—11 世纪，印度的大片土地都是被穆斯林统治的。在 12 世纪到 16 世纪早期的德里苏丹国，形成了一种非常明显的印度-穆斯林治国方式，这种方式在 1398 年帖木儿对德里的毁灭中幸存了下来，在 15 世纪晚期奉印度中部摩腊婆国统治者吉亚斯·夏希之命撰写的一部著作《悦之书》（*Book of Delights*），曾对此有过描述。[22] 吉亚斯·夏希在他的首都曼杜集合了 500 名阿比西尼亚女奴。而他的贴身奴伴得接受音乐、舞蹈、摔跤和烹饪等方面的培训，其中有些人还获准与他一同进食。在这部《悦之书》中，不仅收集了制造香水、精华液、春药、药物和槟榔块的许多配方，还囊括了许多食物和饮料的食谱。其中的大多数插图表现了苏丹监督（这可不常见）女厨娘的场景（图 4.2）。

遍布阿拔斯帝国各地及更偏远之地的低端饮食也是供应充足，甚至可以说比以往更好。城市里带顶棚的集市和露天剧场四处可见，集市内摩肩接踵、熙熙攘攘，商贩们被分成不同的群组，前来采买的人们能买到熟肉、面包、小吃，以及用牛奶、酸奶、葡萄、胡萝卜和柠檬做成的各类饮品。在巴格达，城里的穷人可以买到大麦面包、熟肉、咸鱼以及多种水果

图4.2　在都城曼杜，苏丹在花园里监督制作萨摩萨三角饺或炸豆饼。有人给苏丹呈上一个饺子试吃，同时一名奴隶正在炸饺子，而另一名则将炸好的饺子摆在盘子里。这道菜需要的食材包括印度扁豆、洋葱、鲜姜、胡椒和蜂蜜、棕榈糖、糖蜜，也可以根据个人喜好使用蔗糖糖浆，建议油炸时使用"酥油或香芝麻油或杏仁油或油菜籽油，或用炒阿魏调味的酥油"（*The Book of Delights*, ca.1500. Courtesy British Library Board, I.O.ISLAMIC 149, f.83b）。

和蔬菜。他们消耗的鹰嘴豆粥的量很大，以至于公元1000年一名商贩买了1600头驴子驮的鹰嘴豆，本来要供一年食用，结果一季结束时便全卖光了。[23]在伊拉克南部的巴士拉，一名年轻人每个月仅用两个迪拉姆银币便能买到足以维生的面包和咸鱼，所花的费用大约是一个收垃圾者收入的十五分之一。[24]安达卢斯等地的富人经常抱怨城市居民消耗了太多的小麦和肉。虽然很少发生严重的食物短缺，但大家都知道城市的物品供给绝不能出现匮乏。[25]例如，10世纪中期巴格达宫廷就曾出现严重的财政危机。军队军饷不足，随后诉诸暴力，破坏了脆弱的农业体系，结果导致更严重的食物短缺和暴力。人们纷纷走上街头，要求以合理的价格购买面包。

有些人震惊于宫廷里穷奢极欲的生活方式，遂转向苦行主义，例如罕百里学派——法学家伊本·罕百勒的追随者。罕百勒主张，与罗马共和主义者一样，人的胃口作为最强大的欲望，必须加以控制。据他儿子说，罕百勒常常将面包撕碎了撒到醋或者水里让面包变软，吃的时候也只是蘸点盐而已，平常买的也都是些便宜的水果，例如西瓜和枣子之类的，不会买像榅桲和石榴这样昂贵的水果。935年罕百勒的追随者对一些人家发起突袭，将能找到的酒统统倒了个精光。为了抵御这类可能发生的情况，政府专门建起了一些粮仓，用来存放应急用的储备粮（以及作为税收征上来的粮食）。[26]

在乡下，农民靠吃用大麦、高粱和黍做成的粥、稀饭和大饼为生，他们使用手摇磨研磨粮食，用筒状泥炉或倒置的锅烘焙。[27]在北非，粗磨面包可以用来做浓粥，据说对增强体力、增加脂肪非常有好处。在有些地方发生饥荒时，人们会将芋头的茎、梗和叶煮熟来吃，加上高粱粥，以及更传统的葡萄籽和橡果，这些成为饥馑肆虐时的主要保障。

此时的贸易达到了史上前所未有的繁荣程度。香料和糖在各地往来运输，维京人从北方带来了蜂蜜。商人沿着丝绸之路拓展贸易。在阿拉伯商人的掌控下，印度洋和地中海简直成了伊斯兰的内湖。穆斯林商贾沿着非洲东海岸一路向南航行，最远到达马达加斯加，并在奔巴岛和桑给巴尔岛定居下来。其他贸易商贩和传教士取道尼罗河从北非到达西非，然后横穿苏丹，或者直接穿越撒哈拉沙漠。[28]

根据历史学家安德鲁·沃森的研究，伊斯兰统治者及其农学家在伊斯兰帝国境内一些常年干旱且地力耗尽的地区开展了一场农业革命。他们鼓励人们将一些植物往西方传播：高粱、水稻、甘蔗，柑橘类水果（如塞维利亚桔、柠檬、酸橙和柚子等），香蕉，大蕉，西瓜（来自非洲，取道印度传入），菠菜和茄子，当时它们被称为"印度"作物。[29]在许多地区，这些进口作物会在盛夏时节成熟，从而在之前冬季已经收割的庄稼之外，又增加了第二作物。到1400年，埃及、叙利亚、约旦、北非、西班牙等地均已经开始种植甘蔗，可能还包括埃塞俄比亚和桑给巴尔。为便于种植甘蔗和果树，人们修缮和兴建了灌溉系统；土地成为事实上的私有财产，可以随主人的意愿进行处理，出售或抵押皆可；新建的花园里引入并改良了许多新的植物；人们用粪肥、堆肥和草木灰给土地施肥；一些新编撰的农耕手册得到了广泛的传播。

伊斯兰教在13世纪遭遇了一系列阻碍。在西边，基督教徒于1236年夺取了科尔多瓦（不过，他们直到1492年才攻克了伊斯兰教在西班牙最后的堡垒格拉纳达）。22年后，即1258年，连巴格达都落入了蒙古人之手。

为可汗上汤

突厥-伊斯兰饮食和蒙古饮食，1200—1350年

13世纪20年代早期，成吉思汗统一了蒙古各部。蒙古人与突厥人的关系很密切，也是来自中亚的游牧民族，到13世纪中叶他们已经控制了中国北方、波斯和俄罗斯，继而攻占了巴格达，到1280年中国南方的大部分地区也被他们收入囊中。凭借一支由分散而居的百万人口中挑选出的区区万人军队，他们奇迹般地缔造了一个面积相当于非洲大陆的帝国，迄今为止历史上最辽阔的帝国，仅用了不到一代人的时间，就发展成为四个紧密相连的汗国：金帐汗国、察合台汗国、伊尔汗国和中国元朝（主要重心所在）。于是，在拜占庭影响下的俄罗斯饮食、波斯-伊斯兰饮食和中国的儒释道饮食这三者交会之处，蒙古的高级饮食应时而生（地图4.2）。[30]

丝绸之路横穿蒙古人统治下的这片广袤区域，将中国北方与印度、波斯和伊拉克连接起来，穿越帝国的还有一条连接中国和伏尔加河下游地区的更偏北的新通道。蒙古人每隔一日的路程便设一驿站，并按照中国邮驿的形式派兵驻守，提供换程用的马匹以及人畜食用的粮草。驿道上来来往往的包括军人和战俘，像来自威尼斯的马可·波罗那样的商人，还有传教士，包括欧洲国家的君主派来的方济各会修士，蒙古的统治者会沿着驿道向亲戚求亲，而高级官员也通过驿道游走于帝国各地，施展他们的才

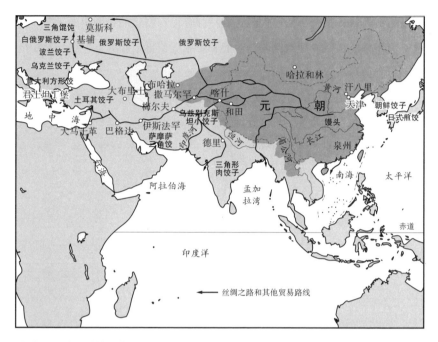

地图4.2 饺子的传播范围，1200—1350年。现代饺子有十几种不同的名称，在制作工艺上只有些微的变化，这些都反映到了这张地图上。它们的饺子皮都是用小麦面粉做的（中国有些地方的面皮是发酵过的），馅儿里有肉（通常是羊肉）和洋葱，包的时候要捏出褶子。虽然学者对于饺子的起源及其词源学上的来龙去脉还存在争论，但是有一点是很明确的，那就是"蒙古治下的和平"决定了饺子的传播范围。波兰饺子的馅儿里包的是乳酪，后来的日式煎饺是从中国引入。但是，饺子与烘烤或油炸的饺子（萨摩萨三角饺）以及意大利小方饺的关系目前尚不清楚（Sources:Buell and Anderson, *Soup for the Qan*, 113; Servanti and Sabban, *Pasta*, 327-29; personal communication Alice Arndt, Glenn Mack, Sharon Hudgins, Aylin Tan, and Fuchsia Dunlop）。

能。例如，曾被派驻到伊朗大不里士伊尔汗国担任大使的孛罗丞相，就与伊尔汗国的丞相拉施德丁结下了深厚的友谊。蒙古人将他们的第一个都城哈拉和林建在了长城以北1000英里的大草原上。在13世纪30年代，仿佛预见到了随后的饮食政治，他们命令来自法国的金匠纪尧姆·布希耶修建了一座饮泉，喷涌着帝国各地的酒水：来自波斯的葡萄酒，来自北方森林地带的蜂蜜酒，来自中国的米酒，以及他们自己的草原马奶酒，即发酵的马奶。

1267年，蒙古人建起了他们的第二座首都汗八里（Khanbalik，突厥语，意指大汗的居所，即现今的北京城）。据记载，蒙古统治者私下里个个酒量惊人，而且与新形势相匹配的是，他们的饭量也相当可观，据一位历史学家研究，这一点很可能导致男性不育和英年早逝。[31]不过在公共场合，他们身为统治者，将饮食当成一种统治工具，其熟练程度丝毫不亚于此前的统治者。他们将历史悠久的饮食与政治、饮食宇宙论和宗教结合起来。1271年忽必烈汗请他的汉人顾问设计一些管理宫廷的仪式，其中就包括以维持宇宙平衡、国家稳定为目的的传统祭祀典礼，自然也少不了宴会流程。

还在草原上时，可汗就拥有一种类似萨满的权力，坚称自己为天神选定的代表，为他们的统治提供了合法性，这在他们从波斯人那里复制来的一幅画像中可见一斑，画中可汗头部笼罩着一层光圈，或者说是光轮。在一系列攻城略地之后，可汗将自己描绘成早先皇帝的继承人，分别按照印度、伊朗、中国和罗马统治者的头衔，管自己叫"大王""万王之王""天子"和"恺撒"。根据大不里士伊尔汗国（藩属汗国）丞相拉施德丁的记载，统治者径直将自己放置在以亚当为开篇的世界历史当中，他们相信诚如政治理论家纳西尔·图西在其论著中罗列的那样，公正的内涵包括平衡不同集团的利益。这部论著最早由图西为伊朗所写，但是到13世纪得到了更为广泛的传播。

这种政治思想可以说是朝着下面这一假设又前进了一小步，即帝国饮食必须对此前的帝国饮食有所继承，并且不仅要起到为进食者增强体质、提高道德水平的功效，还要能起到平衡帝国内部各集团利益的作用。蒙古医生分别从大草原上交感神经的药理、中国的养生理论（一种将中草药学说、对应理论及其在道教和印度佛教中的根源综合起来形成的理论）和波斯-伊斯兰的体液理论（经由阿维森纳等医生介绍，从地中海和印度的医学中引入）汲取不同的成分，汇编成了一部近东医学百科全书，但不幸的是，仅有部分篇章留存了下来。

传统的帝国饮食也与官方宗教进行了结合。沿着丝路向南，信奉以天神为最高神的萨满教的蒙古人，拥有数不清的机会能够看到待价而沽的各色物品。其中有些人受到来自梅尔夫、巴尔赫、布哈拉、撒马尔罕、喀什、吐鲁番和和田等绿洲城镇的僧侣、商人和传教士的影响，皈依了佛教或基督教。不过从总体上来说，蒙古统治者对于为其利益服务的穆斯林、基督教徒、佛教徒和道教徒还是加以庇护的。在伊斯兰教占据绝对统治地位的波斯地区，合赞汗虽然生来是基督教徒，却仍与佛教徒暗中往来，但最终还是跟他的丞相拉施德丁一样，谨慎地选择成为一名穆斯林。而在中国，蒙古人则认为没有必要皈依伊斯兰教，因为他们发现伊斯兰教有两条饮食规矩非常乏味。割喉放血的宰牲法与蒙古人对生命的敬畏相违背，于是他们颁布了一条法令，禁止了穆斯林的屠宰法。禁止饮酒则会让蒙古勇士无法通过大口喝酒、大块吃肉建立感情，于是可汗先是偏爱道教，继而又热衷佛教，尽管如此，由于这些宗教群体都戒吃肉类，同样也不是蒙古人乐于考量的。结果，1250年他们将对宗教团体的控制权，交给了藏传佛教。

帝国负责内政供给的部门都是由蒙古司膳（蒙语中叫"博尔赤"，汉语中叫"厨师"）控制的，例如13世纪中叶带领蒙古军队征战波斯的怯的不花就曾掌管王室供应部门。[32]这些位高权重的大臣个个都是军需供应的行家里手。几个世纪以来，他们围绕食物和水源规划迁徙路线，积累了丰富的经验，因此才能为这支拥有上万名士兵、五万匹马的军队成功提供食物和水，帮助军队驰骋数千英里四处征战。因此尽管根据流行的观点，蒙古军队是以吃马肉、饮马血闻名的，但那毕竟只是权宜之计，食物的收集和加工是一系列复杂战略部署的结果，割马喉、喝马血只是其中最夸张的一个方面，真正的过程远没有那么戏剧性。[33]

为了给中国元朝的可汗构建起一套新的帝国饮食，博尔赤转而向被征服地区的儒释道饮食（参见第三章）、波斯-伊斯兰饮食、草原蒙古饮食以及突厥-伊斯兰饮食汲取智慧。与其他的游牧民族饮食一样，蒙古饮食也非常简朴。他们用肥羊肉和野生动物的大骨熬成汤，获取肉和骨的能量和精华，然后加入粮食或面粉将汤变浓稠，就成了蒙古人的招牌菜。肉也可以拿来炖、炸，或串成肉串来烤。其他的饮食还包括牛奶、酸奶、一种将水与酸奶混合的饮料、发酵的马奶（马奶酒），以及面包和其他一些五谷膳食。

作为草原上的游牧民族，突厥人最初的食物跟蒙古人的饮食是非常相像的。后来他们在土耳其定居下来，征服了统治那里的拜占庭帝国。11世纪他们皈依了伊斯兰教，并且建立起一种更为复杂的突厥-伊斯兰饮食。学者们目前正试图重建这种饮食，他们借助的工具有两个：一个是11世纪末编撰的一部教阿拉伯人突厥语的字典中出现的有关食物的词汇；另一个是11世纪晚期一部《知识全书》（Book of Knowledge）中有关宴席和餐桌礼仪的内容。早期的突厥-伊斯兰饮食是以粮食，尤其是小麦面粉为基础的。突厥人将粮食做成许多不同的食物：烤谷粒、稀粥、黄油炸小麦、去壳谷粒、用烤黍子、黄油和糖做成的粥，另一种叫作"töp"的粥，加黄油调味的煮黍子，以及一种不加糖的面卷。他们也会做面条、煎饼和面包，包括用炉灰烤出来的面包，一种圆形面饼以及圆形精制面饼，有点像费罗糕点皮那样薄的饼，长条面包，用来包裹鸡肉等肉馅的面包或油酥面皮，以及长面条。[34]与蒙古饮食一样，汤也是突厥饮食中的基础食物。甜食包括糖浆、果酱和蜜饯果仁。突厥-伊斯兰饮食还从波斯-伊斯兰饮食借鉴了鹰嘴豆炖菜、五香炖肉、油酥面皮，其中包括"巴克拉瓦"（即蜜糖果仁千层酥）的前身，以及一些香甜的水果饮品（舍儿别）等。

为了满足新形成的高级饮食加工食材的需求（同时为了给帝国的宫廷生产其他一些必需品），蒙古人对从中原、中国西藏、朝鲜、俄罗斯、波斯和突厥俘虏来的匠人们进行了重新安置，在他们眼中这些人可比当地人口以及那些"熟稔城市法律习俗之辈"有价值多了。匠人们能得到一些生活必需品和专业工具，但只能生活在特定的区域，而且禁止改换职业。从穆斯林的土地上掠来的俘虏负责在磨坊里磨小麦面粉和榨油，他们生活的地方再往东100英里，就是之后于13世纪20年代开始被称为汗八里的都城。其他一些战俘负责照看葡萄园，借助从撒马尔罕带来的技术为宫廷酿酒。在刺桐城（中国南方福建省泉州市的别称）以北的永春县，巴比伦人管理着制糖工坊，同样引入了他们家乡著名的白糖制糖技术。伊拉克人负责准备香甜的饮品和舍儿别。在波斯的汗国，厨房里工作的是中国厨师，花园里试验新水稻品种的也是中国的花匠。1313年一部新的农学著作问世，即《王祯农书》。青花釉瓷的制作技术也在中国和波斯之间得到

图 4.3 帝国内政供给部门的饮膳太医忽思慧选择在一个良辰吉时（天历三年三月初三，即 1330 年）将他的《饮膳正要》呈献给可汗。这部饮食手册和食谱的插图很精美。书中的第一幅插图展现了一名厨师正在火炉上熬一锅汤，其手边放着几个盛汤用的容器和一个水罐。汤是蒙古饮食的标志性食物（Buell and Anderson, *Soup for the Qan*, 321. Courtesy Paul D. Buell）。

传播。

与早期的征服者一样，蒙古人在夺取了土地之后会征收赋税，用武力引进劳动力，他们传播技术，引进各种植物，开辟新的贸易路线，为形成自己的饮食创造了条件。有的赋税以货币的形式征收，但有的税种则以农产品的形式缴纳，据 1229 年蒙古的一位汉人顾问估计，每年能征收两万吨谷物。[35] 据推测，与早期的帝国一样，这些农产品经过加工后以实物形式交付给政府和军队。政府还对道路、运河和海上路线进行调整，以便给汗八里运送供给。大运河已经年久失修，为了将大米等农产品从长江流域运送到北方，新运河的修建已在计划当中。太湖地区的水稻通过船运，一路沿长江航行上千英里抵达天津，然后走陆路运往首都。按照马可·波罗的观点，生活着穆斯林、佛教徒、耆那教徒、印度教徒、摩尼教徒和基督教徒等各色人等的刺桐，能够与之相提并论的只有地中海地区的亚历山大港。来自东南亚、印度和伊拉克的货船在那里聚集卸货，装满了糖的船只从那里出发，长途航行2000英里运往首都。1330年帝国内政供给部门的饮膳太医忽思慧写成了《饮膳正要》一书，这是一部有精美插图的饮食和烹饪手册（图4.3），在序言中忽思慧这样写道："伏睹国朝，奄有四海，遐迩罔不宾贡，珍味奇品，咸萃内府。"[36]

忽思慧的《饮膳正要》不但展现了中国元朝的皇帝从帝国各地搜集珍稀美味的行为，而且用一种熟练的饮食政治学的手法，展现了他们如何提升自身的饮食哲学和技艺，从而使饮食成为被征服地区和民族的一种自我表达。这部作品的前两卷列出了多种膳食饮品的食谱，第三卷针对可能存在危险、来自不同"风土"的珍馐异馔，分别介绍了它们各自的营养价值。

在95则食谱中，占据主要地位的是27则汤煎的做法。作为蒙古饮食的核心内容，这些汤有的非常稀，有的则浓稠成块状。基本的食谱都是这样写的：

1.羊肉（一脚子，卸成事件），即将一只羊腿剁碎，通常是羊肉，但有时也会用一些野味，如麻鹑、天鹅、野狼、雪豹等，一同熬成汤，滤净，入滚水熬软，滤净，切碎。

2.加蔬菜、苹果等食物增稠，将水熬成汤汁。

3.下事件肉。

4.以盐、芫荽叶和葱（可自选）调味。

传统的蒙古风味膳食习惯用鹰嘴豆、去皮大麦或大麦做增稠剂。有时为了给汤汁增加一些波斯风味，也会用香米或鹰嘴豆，加肉桂、葫芦巴籽、番红花、姜黄根粉、阿魏、玫瑰油或黑胡椒调味，最后加一点酒醋提味。而如果是汉人风味的饮食，会用小麦面粉做的饺子或者糯米粉、米粉条增稠，加入萝卜、大白菜和山药，以生姜、陈皮、酱油和豆瓣酱调味。通过这种方式，原本属于蒙古的饮食一经调整，便适应了被征服民族的口味。

忽思慧书中描述的第二大食谱类别是面食。突厥面条"秃秃麻食"会加一种奶油般细腻的蒜酪酱，与目前土耳其仍在使用的一种酱汁非常相似。其他面食则是将包括豆类在内的不同"谷物"做出中式风格。不过，有一种面食是加血来增稠的。馒头在中国和波斯的饮食文学中被誉为"点心"。忽思慧假定厨师都知道如何做馒头所用的面团，建议可以在传统的中式馅料中加入羊肉、羊脂、洋葱和发酵的粮食调味酱。有的馒头是方形的，形状像意大利方形饺，有的形状则像现在中东地区仍能看到的波雷克馅饼。其他食物包括中东的考夫特肉饼，几种清淡的中式菜肴，以及用地下烤炉烤制而成的肉，这是西伯利亚等地的一种古老技艺。"提木帕"——一种供外出旅行时食用的烤面食，是蒙古人的典型食物。还有一种常见食物叫盐肠："羊苦（肠水洗净）上件，用盐拌匀，风干，入小油炸。"

《饮膳正要》的第二卷介绍了114道饮品和浓稠汤汁的食谱，包括不同种类的汤水、蒸馏酒，例如烧酒，书中依据其阿拉伯语名字称为阿剌吉酒，还有果汁潘趣酒（其中有些掺了烈酒）、稀粥、花草茶，以及各种以糖为基础的食谱，包括果酱、果胶、加糖酒饮料，以及来自波斯-伊斯兰饮食的水果汁。蒙古风味的奶茶也被收入其中。从8世纪或9世纪以来，蒙古人一直用马匹换取茶叶，为此当佛教在这片大草原上站稳脚跟时，他们已经养成了品茶的习惯。几个世纪以后，那里的游牧民族和藏民每年采购的茶叶数量已达100万到500万磅，而人口数量仅有150万。[37]

尽管《饮膳正要》一书是用汉语写就，但忽思慧也会时不时带出一些蒙古语、突厥语和阿拉伯-波斯语中的词，例如在介绍中东的某些烤面包和蒸面饼、秃秃麻食以及香料时会采用它们的突厥语名称。[38]按照汉人的实际做法，忽思慧在书中特别注明每道饮食的配料都要切成同样的大小和形状。他从中华膳食中专门挑出了面食和炖肉这些最符合蒙古人口味的食物，而针对一些突厥膳食也建议添加一些中式风味，并且还从汉人的养生理论进行了分析。

此时的可汗在宴饮时已经尽数展现了中国元朝皇帝应有的威仪。[39] 根据马可·波罗的估计，宴会厅外大约聚集了四万多名观众，其中包含带着各种贡品从帝国各地赶来朝贡的特使。宴会厅内，大汗及其正室妻子坐北朝南，端坐在一张抬高的桌边，在他们下面女子坐在左侧，男子坐在右侧，宾客中级别最高的是大汗的儿子，他们头部的位置与大汗双脚的高度齐平，其他客人的位置相较他们要低一些。人们迫不及待地等着用手中锋利的小型匕首去切分给他们的肉，这种匕首是铁制的，价格比黄金还贵。[40]

负责为大汗服务的内侍在嘴巴和鼻孔外围一层银色或金色的棉布，以确保他们的口气不会扩散到饭菜中去。如果有哪道有毒的饭菜逃过了他们的检查，或者他们自己受到怀疑——例如伊尔汗国的丞相拉施德丁就曾被怀疑毒害伊尔汗国的可汗，就会立刻被处死。席间会有器乐助兴。盛放饮品的是一个巨大的黄金容器，虽然没有早年在首都哈拉和林时那般壮观，但也盛得下足够宾客们喝的饮品。当大汗举杯畅饮时，臣民们会跪在他的面前，表现出恭顺谦卑的样子。

这段蒙古治下的和平持续了大半个世纪，将欧亚大陆及其范围内各路饮食的核心因素联结起来。然而，1368年，在经历了几十年的动荡不安，以及14世纪30年代肆虐中国西南地区的瘟疫之后，蒙古人离开了汗八里，回到了草原。于是，高级蒙古饮食，包括葡萄酒、拌蒜酪的突厥风味面食，以及各种波斯风格的烹饪技艺和膳食，从此便在中国南方消失了。唯有煮糖和糖渍的手法保留了下来。

但是正如所有伟大的帝国都会在宫殿的废墟、古老的贸易驿站、堡垒、宗教建筑，以及艺术和语言中留下自己的痕迹一样，它们在饮食风格中也留下了种种蛛丝马迹。在朝鲜，皇室最终抛弃了佛教饮食（这一点跟日本不同，虽然后者并没有被占领过），再次让肉类成为整个饮食习惯的中心，并且开始使用洋葱和各种香料。在中亚，乌兹别克人依然保持蒙古风格的饮食。他们用烤、炸，尤其是水煮的方式烹制一种像饺子一样的小麦面食（乌兹别克斯坦小饺子、曼泰大饺子），尤其钟爱烩饭（又叫"坡罗"，即手抓饭，维吾尔语中称"polo"，乌兹别克语中称"plov"），还会做煎饼、烘饼、各种发酵的乳制品，以及甜食，例如蜜渍的杏、杏仁、草莓、无花果，榅桲酱，舍儿别，还有一种面粉加油脂和糖烘烤而成的点心（"哈发糕"，即含有芝麻、坚果、玫瑰香水和藏红花等物的蜂蜜糖）。[41]在中国北方，生活在宁夏、甘肃和陕西的穆斯林（回族人）还是继续在吃羊肉和其他一些肉汤、面条和饺子（馒头）*时加入许多大葱和一些简单的香料。[42]俄罗斯的早期饮食习惯是以其疆域以南基督教化的拜占庭希腊化风格饮食为基础的，到了这时厨师们也吸收了诸如蒙古或突厥风格的饺子（"pel'meni"，俄罗斯饺子）、甜瓜、柠檬，诸如葡萄干、无花果干和杏仁的各种干果，用糖或蜂蜜腌渍的根茎类蔬菜，哈发糕，玫瑰酱，焦糖果仁片以及水果糖等。[43]在蒙古治下，中国的青花瓷由于非常适合盛放液体食物，因此很快成为出口热销的佳品，在整个旧大陆引发了一股抢购风潮，并且在1492年传到了美洲新大陆。

在14世纪还剩下三分之一的时间里，帖木儿征服了中亚，不过这也是历史上游牧民族征服定居社会的绝唱了。随着火药的发明，游牧民族失去了机动性的优势。游牧民族和最远可追溯至美索不达米亚的定居社会之间这段漫长的饮食互动发展史，也终于走到了尽头。从此以后，高级饮食的历史便彻底为定居社会所垄断。

生的，烤熟了，燃烧了

突厥－伊斯兰饮食，1450—1900年

在蒙古统治时期，伊斯兰教向东扩张到了东南亚地区。伊斯兰饮食吸纳了一些当地的食材，如稻米、椰子、姜、高良姜和罗望子果等，与这一复杂地区的印度教－佛教饮食进行了融合。与此同时，伊斯兰教也拓展到了撒哈拉以南地区，拥有廷巴克图、加奥和杰内等著名大城的马里帝国在14世纪早期变成了伊斯兰国家。[44]据阿拉伯旅行者的记载，那里的饮食以煮稻米（通常都是去壳的）、黍或高粱为主，这些食物与撒哈拉以北地区用粗粒小麦粉做的"库斯库斯"质地相似，但原材料和做法不同。用来

---

* 中国北方称无馅的为馒头，有馅的为包子，南方地区有馅无馅统称馒头。

搭配主食的还有豇豆、肉，以及非洲当地奶牛提供的奶制品、珍珠鸡、羔羊或山羊等。穷人大多数都是奴隶，他们最常吃的就是用黍脱壳后的麸皮熬成的稀粥。

伴随蒙古帝国的崩溃，在伊斯兰教的核心区域，三种紧密相关的突厥-伊斯兰饮食风格自早先的波斯-伊斯兰饮食传统演化而来（地图4.3）。奥斯曼帝国的饮食随后演进成了现在的土耳其饮食。莫卧儿帝国的饮食与印度北部的印度教饮食重叠。1588—1629年波斯阿拔斯大帝以伊斯法罕为都进行统治，在他治下兴起了一种叫作波斯-萨法维的饮食。但是对于这种饮食我们所知甚少，因此我将主要介绍奥斯曼帝国和莫卧儿帝国的饮食。所有突厥-伊斯兰饮食偏爱的食物都比较相似：轻度发酵的风味薄饼、羔羊肉、羊肉、鸡汤和炖鸡、烤肉串、肉馅的饺子或馅饼、加了香料的碎肉、酸奶腌渍的肉、各种甜食，以及舍儿别和酸奶饮品。

饮食领域的两项重要创新诞生了：一个是肉饭，另一个则是奥斯曼帝国和萨法维帝国的咖啡。肉饭不像亚洲的蒸米饭或煮米饭那样是日常生活中的主食，而是一道比较复杂的菜色。先将米洗净、浸泡，通常要炒一下，然后煮好、沥干、蒸熟，才能让稻米颗粒分明。蒸之前陆续放入肉、坚果、干果、蔬菜以及多种色素。用来蒸米的很可能是脂香四溢的肉汤。肉饭的前身大概是一些用谷物和肉做成的固体或半固体膳食，这些食物最早可追溯至美索不达米亚，此时在许多地方仍能品尝到，例如深受突厥人、蒙古人喜爱，将炖肉、肉汤与面包屑混在一起的一道炖菜（tharid），以及哈里莎酱。肉饭的优势在于可以完整保存深受许多食客喜爱的颗粒分明的口感。肉饭的做法也被应用到了其他一些颗粒状膳食或面食当中。[45]

咖啡与苏菲教派的关系十分密切。这是带有神秘主义，而且通常带有传教性质的一个伊斯兰教派，经常从天主教、诺斯替教、佛教和印度教当中吸收主张。在这里有必要对苏菲神秘主义教派的饮食哲学多费些笔墨，因为它不仅对咖啡的传播非常重要，对突厥-伊斯兰饮食的扩散也起着不可或缺的作用。苏菲教派的饮食哲学是在一些类似佛教寺庙的修道场所中发展起来的，这些场所同时也是该教派的精神中心、客舍以及未来聚集点的核心。苏菲派吸收利用的传统元素最早可追溯至古代饮食宇宙论，

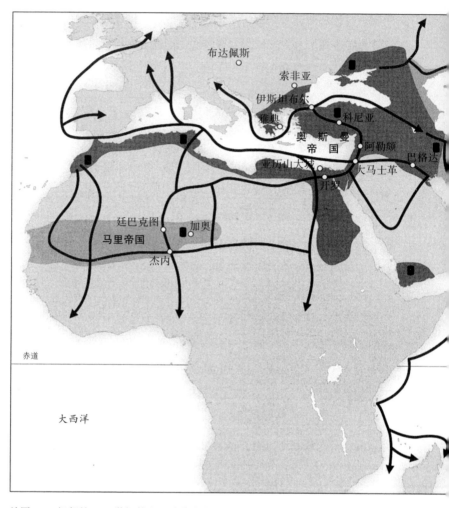

地图 4.3 坦都炉、16世纪的贸易路线和突厥–伊斯兰饮食。从15世纪开始，奥斯曼、萨法维和蒙古三大帝国的宫廷相继创立了突厥–伊斯兰饮食的变种。各种贸易路线贯穿这三大帝国，一直扩展到撒哈拉沙漠以南和印度尼西亚的伊斯兰国家。如地图中的黑色矩形所示，这片区域的大部分地区延续了古代美索不达米亚使用坦都炉烘烤面包的做法。在库尔德语、阿拉伯语、阿拉米语、亚述语、波斯语、塔吉克语和突厥语等多种语言中，都存在"坦都"（tandoor）一词的变异词："tennur""tandir""tandore""tamdir""tandur""tanir"等（Source：Robinson and Lapidus, *Cambridge Illustrated History of the Islamic World；* Alford and Duguid, *Flatbreads and Flavors*, 35-37）。

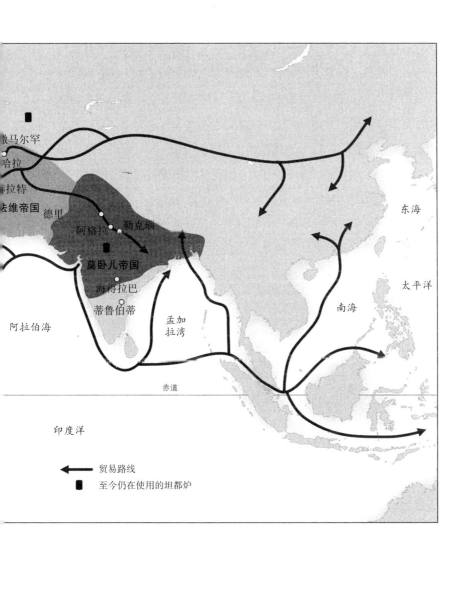

散马尔罕
哈拉
赫拉特
法维帝国
德里
阿格拉　勒克瑙
莫卧儿帝国
海得拉巴
蒂鲁伯蒂
阿拉伯海
孟加
拉湾
赤道
印度洋
东海
太平洋
南海

→ 贸易路线
■ 至今仍在使用的坦都炉

这在佛教中也有发现。苏菲派认为，朴素凡人若想与神实现某种神秘的结合，只有一个途径，那就是烹调："不超过三个短句。我是生的，我被烤熟了，我燃烧了。"说这话的是波斯诗人、哲学家鲁米，13世纪他生活在科尼亚，是苏菲教派一个重要教团的创始人。[46]

厨房的设置体现了苏菲派教团的组织架构。以鲁米的教团为例，教团中第二重要的人是司膳（sertabbah）。他负责为教团吸收新的门徒，新门徒要在厨房先工作1001天。保管锅的人负责看管圣锅，它们象征对统治者的忠诚，以及从原材料和新门徒到完整煮熟的"成品"的转变。摆桌的人要确保放在餐布上的第一个物品必须是盐，然后是面包。

苏菲派偏爱用饮食上的隐喻表示各种意象。面包和盐代表文明生活，提醒食客，劳动、创造力和智慧是保证他们丰衣足食，维持世界和平所必需的元素。面包象征神为人类提供食物的关爱之心。小麦的生长，面包的制作——从播种到土壤里了无生气的谷子到长势喜人的小麦，到磨坊里磨出来的食物和面粉，再到填饱肚子的发酵面包，最后到面包在人体内的消化，这个过程象征了人一生中的各个阶段。纯净而不易腐坏的盐被用来当作订立契约的标志，饭前和饭后都要加一点。直到现在人们仍然相信，从阿泰斯·巴齐·维利墓中的石碗里取一小撮盐来吃，能为品尝者的厨房带来祝福，不仅能让他们成为更好的厨师，还能促进健康。阿泰斯·巴齐·维利是鲁米的厨师，1285年死后被葬在了一座大型红石陵墓中。而喝汤则能提醒人们，没有水，生命便无法维持；肉和蔬菜证明是土地在维持各种生命；肉饭和带馅儿的千层酥饼〔如用酥皮面叶或土耳其卷饼（yufka）做成的波雷克馅饼〕则让人们想起了火的神奇，以及它所具备的转化和改善事物的能量。鸡蛋让人想起繁衍后代的女性；腌肉（pastirma）则象征男性让女性受孕的能力。香甜的哈发糕和米粉布丁（突厥语中是"muhallebi"，阿拉伯语中是"muhallabiyya"）会让人们脑中浮现出人与神的世界的画面，而牛奶和舍儿别正是天使送给先知的食物。

为了实现人神合一的境界，苏菲派在守夜时会跳回旋舞（也因此被不明就里的欧洲人称为"旋转的苦修僧"），而饮酒至醉是因为他们认为喝醉象征沉醉在神性当中。12世纪的波斯数学家、哲学家奥马尔·海亚姆曾这样写道："一壶葡萄酒，一点干粮，还有你。"在另一首诗中他又写道："如果我饮禁酒而醉，那便醉吧 / 如果我是个异教徒或偶像崇拜者，那便是吧 / 对于每一个教派，我都有所怀疑 / 我就是我自己…… / 我的宗教就是从信与不信中逃离。"[47]

和酒一样，咖啡也能有助于实现人与神性的结合。咖啡是生长在埃塞俄比亚西南部高原森林里的一种灌木植物，早在苏菲派出现很久以前，人们就已经学会把咖啡的果实——咖啡豆——当成一种坚果来咀嚼，或者和动物脂肪混在一起，做成一种美味可口，吃起来又能提振精神的便携式食物给战士们吃。[48]大概早在公元前6世纪，随着阿比西尼亚人入侵阿拉伯，咖啡种植被引入也门。之后大概在伊朗发展出了一种新的咖啡饮用方式，即先烘焙咖啡豆，然后研磨成粉，最后用热水冲沏。咖啡在阿拉伯语中被叫作"qahwah"，其词源大抵是指"没什么欲望，因此没有也没关系"。这个词最早被用来形容酒（因为酒可以压制食欲），后来被应用于咖啡（因为咖啡可以抑制睡觉的欲望）。苏菲派的朝圣者、商人、学生和旅行家在参加仪式庆典时通过喝咖啡保持清醒和情绪的愉悦，也正是他们在13、14世纪将咖啡传播到了整个伊斯兰世界。最终，苏菲派诗人将食物引入到他们的幽默诗当中。阿布·伊沙克·设拉子将15世纪苏菲派诗人尼玛图拉赫的诗句"我们是宠儿玫瑰花床上的夜莺 / 作为她的情人，我们唱出爱的颂歌"进行了夸张的演绎："我们是炖汤表面一勺丰盛的油脂 / 我们和酸奶肉丸汤做朋友。"[49]

奥斯曼帝国的饮食

1453年，奥斯曼帝国的苏丹穆罕默德二世从信奉基督教的拜占庭手中夺取了君士坦丁堡。穆罕默德的顾问、苏菲派医生和神秘主义诗人阿克·沙姆斯丁，在先是正教会牧首巴西利卡形制的大教堂，后被转化为清真寺的圣索菲亚大教堂里举行了首次星期五布道。君士坦丁堡横跨"两块土地"（亚洲和欧洲）和"两片海洋"（地中海和黑海），即将取代罗马，成为"世界帝国"的中心。穆罕默德鼓励那些富有的希腊东正教徒、亚美

图4.4　和早期所有帝国御膳房的主厨一样，奥斯曼帝国哈里发的主厨也是一名高级宫廷官员，负责监督一些大型厨房为哈里发及其后宫、精英部队以及仆从和奴隶的主人们制作符合他们身份的膳食。高贵的站姿和精美的袍子彰显了主厨的行政级别（Engraving by Jean-Baptiste Scotin. Charles Ferriol, *Recueil de cent estampes représentant différentes nations du Levant*, Paris: Le Hay, 1714−1715, pl.11. Courtesy New York Public Library. http://digitalgallery.nypl.org/nypldigital/id?94387）。

尼亚人和被西班牙驱逐的犹太商人到这座随后更名为"伊斯坦布尔"的城市定居。在接下来的一个世纪里，伊斯坦布尔逐渐聚集了100万人口，比其他任何一个欧洲城市都多，其中40%不是穆斯林。奥斯曼帝国（以王朝创建者奥斯曼一世命名）最终发展成了一个横跨北非、埃及、叙利亚、美索不达米亚、希腊和巴尔干地区的大帝国。

经过托普卡帕宫御膳房改进的奥斯曼帝国的饮食，几乎可以肯定吸收了拜占庭饮食中的某些特定元素，如精致的甜食和带馅儿的蔬菜膳食，不过具体情况还有待探究。[50]穆罕默德二世颁布了一条法令，规定了备菜、上菜和进餐时必须遵守的一系列准则。有的医生，例如穆拉德四世的御医泽伊内拉达比丁·本·哈利勒（卒于1647年），撰写了一些营养学小册子，以描述谷物、肉类、鱼、奶制品、水果、干果和蔬菜的体液属性。面积广阔的厨房被划分成不同的作业区，分别负责为苏丹、苏丹的母亲及后宫中一些地位较高的妇女、其他后宫女性，以及宫中其余人等备餐。厨房人手从1480年的150人增长到1670年的约1500人，包括精于烘焙、甜点、哈发糕、腌菜和酸奶的各路专业人手（图4.4）。征召而来的助厨们来自帝国各地，有的甚至来自遥远的西非，他们精通各类宫廷技艺，其中包括为皇帝备膳和上菜的技艺。[51]

汤（"çorba"，来自波斯语中的"shorba"）的样式很多，包括羊羔肉、面条、酸奶、谷物和干豆，通常用面粉或柠檬和蛋黄做成的调味汁（terbiye）来增稠。肉菜包括烤肉串、用碎肉做成的考夫特肉饼、曼泰大饺子、用盐和香料腌渍的肉或烟熏牛肉、原汁炖肉丁或蔬菜炖肉。烩饭颇受推崇。但要说明星菜肴还是要数蔬菜膳食，或炸或炖或层层叠加或塞馅儿，或者与洋葱和切碎的肉混合烹调。茄子此时成了蔬菜中的宠儿。与波斯-伊斯兰的饮食相比，奥斯曼帝国的饮食倾向于将咸、酸口味与甜味分开，开胃菜中比较少用到水果、糖和醋，香料的比重也减轻了，不过伊斯坦布尔依然是香料贸易路线上的一个关键节点。

小麦面粉的饮食方法继续得到完善。比较流行的做法是水、面粉和成面团后下锅油炸，有些会用酵母进行发酵，有些会在面团里打入鸡蛋，大多会蘸上糖汁来吃（lokma，糖浆甜甜球）。擀成极薄的面皮在开胃菜和甜点中经常用到，或卷或包，或者塞入碎肉、新鲜奶酪或素菜做成小馅饼（波雷克馅饼），又或者塞入坚果碎当馅儿，烤熟后蘸糖汁吃（例如"巴克拉瓦"及相关的一些油酥糕点）。比较新奇的是一种用粗粒小麦粉、鸡蛋和糖做成的海绵蛋糕（revani），吃的时候同样要淋上糖浆。

其他甜点的历史也都非常悠久，包括米布丁、用淀粉浆和牛奶做成的甜布丁，以及哈发糕。"阿舒瑞"（asure，土耳其式八宝粥）是一种非常古老的食物，这道甜点将五谷杂粮混在一起煮，是为了纪念穆罕默德殉道的孙子。饮品则包括用石榴、樱桃、罗望子果、紫罗兰和许多其他口味的水果压榨成的舍儿别，以及酪乳或兑了水的土耳其咸酸奶（ayran）。

糖通常被做成各种复杂的形状，而且贵得出奇。每100年会有那么一两次，当要举办公共节庆时，苏丹会命令制糖工人（其中有许多是犹太人）制作糖雕。[52]在1582年的一次节日庆典上，几百个色彩艳丽的糖果模型列队展示——公马、骆驼、长颈鹿、大象、狮子、海怪、牛、喷泉和枝型烛台等，有的模型太大了，需要好几个人来抬，甚至要动用手推车才能拉得动。

11世纪的《王子的镜子》（*Mirror for Princes*）是现存最古老的有关伊斯兰 - 突厥文化的可靠文献，这是一部关于王权的专著，深受波斯 - 伊斯兰传统的影响。按照这部作品中的说法，食物是联系统治者和臣民的枢纽。统治者依照建议，将面包和盐分发给贵族、学者和宗教人士，以及平民。短语"吃苏丹的面包"就是"领薪水"的意思。[53]苏丹禁卫军是常备军中负责保护苏丹的核心步兵部队，他们来自信奉基督教的家庭，后来皈依伊斯兰教，并受苏菲派拜克塔什教团影响。他们在吃面包喝汤时，要按照优先顺序围坐在摆满丰盛菜肴的桌布四周，用自己专用的珍贵勺子舀饭来吃。一顿饭结束时，进餐者会品尝一小撮盐，祷告说："愿神赐予我们丰盛的膳食。"釜鼎这类锅具本身折射出了历史悠久的传统，象征着对君主的忠诚。它们的等级也与厨房里的等级秩序相一致：位于上层的是做汤工，然后是厨师，再往后是助厨。掀锅而起，拒绝苏丹赐予的食物，通常意味着反叛。[54]

从14世纪中叶起，许多乐施机构就已经开始为穷人和旅人提供食物了，例如苏菲派的厨房和住宿处（在土耳其被称为"tekkes"，源自伊斯兰教苏菲派的苦行修会一词），以及附属于某些清真寺的慈善机构，每天会为寺里的雇员、学生、旅人和穷人提供两顿饭。到16世纪，伊斯坦布尔的12座清真寺的每一座都要为四五千人提供粥和面包，有时是烩饭或八宝粥，特殊的日子里还会提供一点点肉。[55]其他地方一些出身高贵或虔敬的妇女也会捐资修建一些慈善机构，这种举动会为她们在天堂赢得一席之地。在耶路撒冷，一位妇人一天喂饱了500人，其中400人是穷人。所用的锅巨大无比，要四个壮汉用两根柱子穿过四个锅把手才能提起来。

在像开罗、亚历山大城、大马士革、阿勒颇、雅典、索非亚、巴格达和布达佩斯这样的城市，奥斯曼帝国的高级饮食越过宫廷的高墙，在高阶贵族、官员和商人的府第传播开来，也在犹太人、基督教徒和穆斯林当中传播开来。在伊斯坦布尔，上千座定期举办娱乐活动的豪宅为人们提供了精致诱人的膳食，以至于连苏丹都应邀前来用膳。为这些家族服务的是由屠夫、腌肉工、舍儿别工以及贩冰贩雪的商人和渔夫组成的同业工会。

16世纪咖啡的流行催生出了一种新的社交场所——咖啡馆，标志着从精神领域到世俗领域的转变，而之前在中国饮茶的普及也同样带动了一股潮流。[56]在这些场合，文人骚客们或品评自己的作品，或对弈或吟唱或起舞，或讨论政治（图4.5）。政府经常怀疑咖啡馆是叛乱言论聚集的中心，因为捐募行为以食为礼，将国家、宗教权威与民众联系起来，而咖啡馆是存在于这种施舍关系之外的。对咖啡馆的法律诉讼和惩罚在1511年始于麦加，起因是当年一起非常有名的案子，这股运动在接下来的20年里传播到了开罗，又在下一个世纪在帝国各地轮番上演。但是毫无作用，律师阿卜杜勒·卡迪尔在他写于1587年的《为合法使用咖啡辩》（*Argument in Favor of The Legitimate Use of Coffee*）中为咖啡馆辩护，咖啡馆立时宾客盈门。在奥斯曼帝国内说阿拉伯语的地区，咖啡成了一种流行饮品，比如东部的埃及、叙利亚、伊拉克以及西部的利比亚和阿尔及利亚。在北部的匈牙利也一样，咖啡馆成了吸引知识分子和作家的磁石。[57]尽管国家为咖啡馆设想了许多问题，但咖啡带来的税收是实实在在的。在1536年占领也门后，奥斯曼帝国随即垄断了这个人们竞相追逐的商品，

图 4.5　奥斯曼帝国内的一处咖啡馆。相比小酒馆，咖啡馆更受人尊重，因为这里不仅提供咖啡，还是人们抽烟、听故事和音乐，以及八卦闲聊的好去处（Henry J. van Lennep, *Bible Lands: Their Modern Customs and Manners Illustrative of Scripture*, New York: Harper, 1875）。

一直持续到17世纪末才告终结。[58]

　　奥斯曼帝国以商业和农业为根基，反过来又刺激了商业和农业的发展。17世纪中叶每年有2000艘船只满载着来自埃及的小麦、大米、糖和香料，来自黑海以北地区的牲畜、谷物、油脂、蜂蜜和鱼，以及来自爱琴海诸岛的葡萄酒，停靠在伊斯坦布尔。土耳其人还在被占领区建起蔬菜农场，为土耳其驻军提供新鲜蔬菜。作为副业，菜农们会把四季豆、洋葱、智利辣椒、黄瓜和卷心菜卖给当地的城镇居民。从17世纪开始，保加利亚的商品蔬菜园经营者就开始供给欧洲的城市了。[59]在巴尔干地区，土耳其人引入了改良的葡萄变种，用来食用或晒干做成葡萄干，一起引入的还有秋葵、榛果、绿薄荷、扁叶欧芹、茄子、硬粒小麦、改良的鹰嘴豆，以及用来制作果酱和玫瑰水、气味芬芳的大马士革玫瑰。

　　美洲植物进入奥斯曼帝国的速度之快，丝毫不亚于它们登陆西班牙的速度，这可能是因为被驱逐出伊比利亚半岛的西班牙犹太人形成的网络可以从奥斯曼帝国一直延伸至美洲。在伊斯坦布尔出版的第一部插画书就是穆罕默德·埃芬迪的《新世界之书》（*Book of the New World*，1583年）。人们开始食用豆类、瓜菜和辣椒。玉米成了穷人的一种替代性食品。

　　19世纪末20世纪初，奥斯曼帝国的崩溃阻断了奥斯曼饮食的演进。而土耳其、黎凡特、埃及、巴尔干半岛和北非的饮食继续发挥着各自的影响力。而且和此前的波斯–伊斯兰饮食一样，奥斯曼帝国的饮食与基督教饮食是相互渗透的：在中欧和地中海北部沿海地区到处都能找到奥斯曼饮食的踪迹，在这些地方烩饭、皮塔饼（langos，即匈牙利油炸饼）、薄酥卷饼、蜂蜜饮料，以及带馅儿的蔬菜等（尽管早先就有带馅儿的卷心菜），从奥斯曼帝国的统治时期开始就已经成为布达佩斯厨房里的保留菜品了。

莫卧儿帝国的饮食

　　1523年，一名有突厥血统的雇佣兵巴布尔（Babur，在波斯语中意为"老虎"）带领他的部队横穿阿富汗高原，越过条条险道，一路南下来到印度北方的平原。巴布尔的故乡（即现在的乌兹别克斯坦）在14世纪60

年代曾被帖木儿征服，后者有信仰苏菲派的顾问。据葡萄牙驻帖木儿王朝的一位大使记载，布哈拉、撒马尔罕和赫拉特等城市都拥有美轮美奂的宫殿，花园里搭建着丝绸帐篷，绿树成荫，花香扑鼻，蔬果鲜嫩欲滴，水道纵横交错，令他大开眼界。

巴布尔在德里建都，但他一直将印度北部及其食物视为仅次于中亚饮食的第二选择。"印度，"他在自己的回忆录中评论，"是一个没什么魅力的地方。"那里没有"葡萄、甜瓜或者其他任何一种好水果，没有冰和凉水，市场里也没有好吃的食物和面包"。[60]印度教徒不吃肉，他们用烤架烘焙的全麦面包和大麦烤饼，味道也不及坦都炉烤出来的馕饼松软、香醇。帝国统治者阿克巴的顾问阿布·法兹勒比后来的英国人更早意识到孟加拉的湿热气候是造成其民众如此虚弱的原因，并且将之与莫卧儿王朝中亚发源地的干冷气候做了十分含蓄的对比。[61]尽管如此，印度却拥有"大量的黄金和白银"。干燥地带的农民每年种两种小麦作物，潮湿地带则种两种稻米，他们还种棉花、甘蔗、罂粟和大麻，并拿到市场上去卖。巴布尔和他的部下于是留在了那里。

莫卧儿王朝是由波斯化、伊斯兰化和突厥－蒙古化了的贵族集团统治的。1595年在莫卧儿王朝第三任帝王阿克巴的朝廷里，有三分之二的贵族祖上是波斯人或突厥人，其中包括波斯的知识分子和诗人、阿拉伯学者，以及有突厥和乌兹别克血统的军人。[62]阿克巴接受了波斯政治理论中有关权力、美德和秩序的观点，这种观点是从仁慈、半神权性质、由"曼萨卜"官阶制支撑的帝王形象延伸出来的。阿克巴熟悉苏菲派神学和饮食哲学，对鲁米的许多作品都烂熟于心。[63]莫卧儿王朝的第四任统治者贾汉吉尔经常在赫拉特的花园里享受苏菲派的各种消遣，其中一项就是烹饪，特别是面食，还有一项是回旋舞。第五位皇帝沙·贾汗自称是帖木儿之后第二个"吉星相会之主"，帖木儿本人是在两颗吉星合相之时出生的。

和蒙古人一样，莫卧儿王朝也经常会采纳被征服地区的习俗，而奥斯曼帝国却从未正式承认自己的饮食习惯中渗透进了任何基督教元素。阿克巴从印度教徒那里学会了在高出的平台上席地而坐，并在公众面前进食，这让他那些更加虔诚的穆斯林追随者恐慌不已。他邀请拉吉普特贵族、地方士绅、雇佣兵、传教士进入宫廷，包括耶稣会士和外交官员。他鼓励儿子们与印度教徒通婚，特别是掌握权力的拉吉普特人。贾汉吉尔的母亲就是来自拉贾斯坦的印度教徒公主，而他的妻子、因泰姬陵而名扬天下的努尔·贾汉*是波斯移民的女儿。除了清真寺，阿克巴的皇宫还包括印度教寺庙，甚至还有基督教的小教堂。印度教阿育吠陀的医师不仅从宫廷领取薪俸，还学会了一种新的文本语言，即乌尔都语（来自突厥语中意指军队营房一词），这是将阿拉伯语、波斯语和突厥语的词汇与印地语的语法进行了结合，这种语言在宫廷中的地位与波斯语相当。[64]

阿克巴的顾问兼帝国御膳房主管阿布·法兹勒在帝国的管理手册《阿克巴政典》中专门就厨房增加了一个简短但信息量丰富的部分。[65]阿布·法兹勒依照现在已经为人熟知的模式，从伊斯兰世界的不同地方招揽了许多厨师到德里的厨房工作，或者加入随行队伍，跟随阿克巴频繁地到帝国各地旅行。他们在随行的16个巨大的厨房帐篷里忙碌，各种材料从阿富汗、波斯和其他一些中东王国源源不断而来。论重量，黄油或印度酥油的价格几乎和白糖一样贵（油和红糖要稍微便宜一些），甚至是羊肉或山羊肉价格的两倍。藏红花是最名贵的香料，其次是丁香、肉桂和豆蔻。特供宫廷的大米价格接近黄油或糖的价格，是小麦的10倍。波斯菜农种植杏仁、阿月浑子、核桃、石榴、葡萄、甜瓜（据称有滋补和保持容颜的功效）、桃和杏。皇家养的马吃得比大多数人好，每匹马要消耗4磅粮食、3磅糖。[66]从喜马拉雅山运来的冰块，在波斯饮食中常被放入饮用水和舍儿别里，这在蒸笼一般的德里城尤其需要。另一种做法是将水罐泡在硝石溶液里，这种物质十分神奇，既能做出易爆炸的火药，又能用来冰镇饮用水。[67]

阿布·法兹勒在他的论述一开始就重提了一条古老的真理："一个人个性的平衡、身体的力量、接受外在与内在祝福的能力、对现世与宗教优势的获得，终究还是要靠悉心的照料，这种照料能够通过合理饮食获得。"这种饮食的核心还是伊斯兰饮食。水果和坚果作为莫卧儿帝国饮食

---

* 之所以这么说是因为人们普遍认为努尔·贾汉为父亲修建的小泰姬陵为之后修建的泰姬陵打下了基础。沙·贾汗修建泰姬陵是为了缅怀爱妻蒙塔兹·马哈尔，她是努尔·贾汉的侄女。

的标志，可以生吃，也可以加入烩饭、肉和鸡肉的菜肴，可以做成舍儿别，还可以包进甜点里。烩饭提升到了一个新的奢华境界，曾经有一道烩饭，里面的每一粒粮食都要染成红色或白色，模仿石榴籽，还有一道烩饭是先将蛋糕打成金箔、银箔状，再混入米，好让米粒看上去像珍珠一样。还有一道，烩饭被堆成一小堆，饭堆散开的时候里面会有小鸟飞出来。[68]

和波斯－伊斯兰饮食不同的是，莫卧儿人用的是印度酥油，而不是肥尾羊的脂肪。人们在浓粥（kichiree）中加入与大米、豆子等重的酥油，使得味道更加醇厚。印度甜点中融入了伊斯兰甜点的风格。牛奶布丁成了这两种饮食传统之间的桥梁：斋月结束时吃烤的甜细面条（sivayan），一起吃的还有大米布丁，以及用玫瑰露或柑橘花露提香而成的米粉布丁（firni），更别提还有备受欢迎的哈发糕和冰激凌（qulfi）。然而，曾经在游牧民族和突厥－伊斯兰饮食中随处可见的汤却消失了，这可能是因为汤没法按照印度的风格用手抓着吃。取代它的是烩饭和印度香饭（biryani，一种混合了香料、肉酱汁的抓饭）。

贾汉吉尔之子沙·贾汗曾经在月光下举办过以白色为主题的宴会。侍从们身着白衣，跪坐在摆放于阿格拉堡山坡的白色地毯和靠垫上，整座阿格拉堡装饰着白色花朵，香气四溢。[69]出自宫廷或从遥远的国度而来的精美器皿和餐具摆上了桌，令人目不暇接：有表面镶嵌着珠宝的金汤勺，有来自中国明朝的瓷盘，有形态优雅的波斯风格的水罐，还有用金、银和翡翠玉石做成的酒杯。按照突厥人的习俗，人们要先饮酒再吃饭，通常还会食用一些鸦片。等吃完像杏仁酸奶佐鸡肉（korma）这样的白色菜肴之后，饮酒派对和诗歌朗诵开始了。用贾汉吉尔的话来说，王室随从皆沉浸在"忠诚的美酒"之中。沙·贾汗用来饮酒的是一只制作于1657年的乳白色玉杯（图4.6）。[70]

莫卧儿帝国饮食的影响力已经远远越出宫廷，成为横跨印度大部分地区的高级饮食。它在海得拉巴尼扎姆王朝的宫廷，阿格拉、勒克瑙纳瓦布的宫廷，还有克什米尔和拉贾斯坦的统治者那里，得到进一步的提升。阿格拉、勒克瑙擅长制作杏仁酸奶佐鸡肉，而克什米尔和拉贾斯坦则以精致的米饭和肉菜而闻名。莫卧儿帝国饮食冲出了帝国，成为尊奉其他信仰

图4.6　沙·贾汗用来饮酒的玉杯，杯子的大小与他的手掌完全契合，玉石来自中国与中亚的交界处。制作酒杯的工匠大概花了几个月用来切割、打磨、抛光，才能做出这种葫芦状的杯形和莲花状的杯底，以及野山羊头状的手柄。根据炼金术士的说法，玉具有安心宁神的作用，能保持体液循环，预防疾病，碰到毒物时还能改变颜色。这个杯子是整个世界的缩影，象征宇宙间永恒的王权（Courtesy Victoria and Albert Museum, London, 12-1962）。

的精英人士钟爱的一种饮食。[71]

　　全盛时期的莫卧儿王朝统治了世界人口的七分之一，那时只有中国的清王朝可与之匹敌。和其他成功的帝国一样，生活在帝国的穷人吃得也相对好一些。为防止城市出现食品短缺的现象，政府在城里建起了公共粮仓。与世界上的其他大城市不同，德里的水资源十分匮乏，不过在德里四周有一些人口较少的荒地，这让世代迁徙、放牧牲畜的人口（班贾拉人）能够一边迁徙一边在途中饲养他们役使的牛。莫卧儿帝国拥有大片肥沃的土地，这就意味着生活在农村的穷人能够依靠传统饮食——稍微低劣一些的粮食，以及多种豌豆和小扁豆——过上不错的生活。只有在追求多样性时，他们才会选择那些来自美洲的新作物，如木瓜、美果榄、牛油果、百香果等水果，特别是番石榴，在寻求不那么昂贵的辛辣刺激时，也会选择辣椒——"花园里的点缀，家庭幸福的保证"。[72]除了玉米，像木薯、花生、番茄和马铃薯等美洲食物都是不怎么重要的，直到19世纪。

　　到了16世纪，伊斯兰饮食已经在印度的大部分地区、中亚、西亚和北非牢牢扎根。各种饮食技艺在那些地区的宫廷大厨房里不断进行着更新换代，促使高级饮食的精致复杂发展到了登峰造极的程度，并且在接下来的几个世纪里持续演进。在城里，高端饮食进入富人家庭，甚至以简化的形态出现在了市场小贩售卖的餐点中。商业化食品加工形式的出现，以及面向所有消费得起的人开放的饮食场所的涌现，为人们在布施食物以外提供了新的选择。布施食物虽然不失慷慨，却是一种收买人心的自利行为。在农村，人们虽然也能吃饱，但高级饮食中那些令人食指大动的珍馐佳肴和精致美味的甜点，距离他们的粗茶淡饭还是非常遥远的。挨饿的风险依然存在。1630年，当沙·贾汗从自己的玉杯中啜饮美酒佳酿，而他的随从也在享受讲究的食物时，一场饥荒正在席卷古吉拉特地区。[73]

促使伊斯兰饮食——至少是它的某些特色——在接下来的几个世纪里传播到其核心地区以外有三个因素：从12世纪起，欧洲人就开始根据基督徒的口味调整各种饮食；到了16世纪，伊比利亚半岛诸帝国对外扩张，将受到伊斯兰影响的天主教饮食传播到了美洲、菲律宾群岛和印度洋地区的贸易据点；19世纪晚期，印度契约劳工移民到印度洋、非洲、加勒比海、太平洋、希腊、黎巴嫩等地的种植园，还有很多劳工移民到美洲其他地区，从而将受到莫卧儿帝国饮食影响的印度饮食和奥斯曼帝国饮食传播到上述地区。20世纪后半叶，伴随大英帝国的瓦解而出现的印度移民，受莫卧儿文化激发的一种饮食在英国流行起来。

第五章

欧洲和美洲的基督教饮食

100—1650 年

拿起饼来，祝福，就掰开

基督教饮食哲学的建立，100—400年

"耶稣拿起饼来，祝福，就掰开，递给门徒，说：'你们拿着吃，这是我的身体。'又拿起杯来……说：'你们都喝这个，因为这是我立约的血，为多人流出来，使罪得救。'"[1]根据基督教四福音书中的三个福音书，拿撒勒的耶稣在与门徒们一起吃最后的晚餐时做出了这些举动，随后就被钉在了十字架上，时间大约在公元33年。

时间从前一章往前倒退1500年，我们来探讨一下饮食大家族里第三种同时受普世宗教和国家影响的饮食传统范本——基督教饮食。我会先简单勾勒一下早期基督教饮食哲学的发展情况，随后会集中探讨1650年之前扩张范围最广的两个基督教饮食分支：一个是拜占庭饮食，也就是东正教饮食；另一个是天主教饮食，我也称之为西方教会饮食，先说欧洲，接着再说说它在16、17世纪时的扩张。至于其他的基督教分支，如埃及的科普特教派、亚美尼亚突厥人、叙利亚聂斯托里派（即景教，在450—1000年经由丝绸之路传到中国）、印度基督徒，以及12世纪法国南部的卡特里派，由于他们的饮食缺乏强人的国家做后盾，对全球饮食史影响较小，因此暂且按下不表。

伴随着公元前10世纪大卫与所罗门王国的瓦解，犹太人在接下来的10个世纪里在不同帝国统治之下敬拜自己的神，从巴比伦帝国、阿契美尼德帝国，到亚历山大帝国、塞琉古帝国，以及最后的罗马帝国。[2]公元70年罗马人摧毁了第二圣殿，从此犹太人就再也不能举行逾越节献祭了。此前，他们一直用羔羊作为祭品，以此纪念出埃及，当时摩西诅咒埃及人

会失去他们的长子，而犹太人则在自家的门柱上涂抹羔羊的鲜血躲过诅咒。作为罗马帝国的一个组成部分，巴勒斯坦的犹太饮食在很多方面都和罗马帝国的饮食非常相似（不过巴比伦的犹太饮食就不太一样了），例如分切好的圆面包（图2.6）、鱼露、烹饪用语以及用餐礼仪。吃逾越节餐时，出席的人要先洗净右手，祈祷，从公杯里取葡萄酒，然后祝福上帝，接着掰开面包。

尽管如此，犹太饮食依然有自己的特色。《律法书》中详细规定了屠宰的方法、什么不能吃（包括血和猪肉）、如何烹饪、哪些食物适合用来纪念逾越节，以及如何将安息日列为休息日等。由于犹太人拒绝向皇帝献祭，他们成了罗马当局的眼中钉，因为虽然罗马对不同种族和地方宗教大体上持宽容态度，但他们还是希望所有人都要参与到这种表达帝国成员身份的方式中来。

公元100年前后，当盖伦忙着给那些有钱的病人提供饮食建议，塞内加还在写文章探讨斯多葛学派的美德和饮食时，若干个基督教小团体已经开始聚集在一起吃简朴的饮食餐点。[3]越来越多曾经信仰罗马帝国献祭宗教的人开始改信基督教，其中有许多是工匠或商人，他们事业有成，经济上有保障，但又不是社会精英。在罗马、埃及的亚历山大城、小亚细亚的以弗所和安提阿、突尼斯的迦太基，他们与非基督徒比邻而居，住同样曲折的街道，上同样的市集。

要建立一种有别于犹太或罗马的饮食，同时不能太特立独行、难以下咽，又不能太不好准备以至于吓退潜在的信众，怎么也得花上几百年的时间。曾记否，当古典时代晚期正酝酿信仰的改变时，许多其他的新生宗教也都致力于创造自己的饮食。波斯先知摩尼（216—276年）领导的摩尼教，从基督教和佛教中吸收了许多元素，吸引了从北非到中国的大批改信者。他的追随者中被称为选民的那部分中坚分子只吃有香味的水果和各种色彩鲜艳的蔬菜，他们忌肉和酒，不吃煮过的食物（同时忌性），因为摩尼认为食物和肉体是黑暗物质世界的一部分，会困住太阳和月亮洒落在大地上的神圣之光。[4]摩尼教徒与基督徒的对抗一直持续到6世纪末，和穆斯林的竞争则一直持续到10世纪晚期，不过在更遥远的东方，这支宗

图5.1　此图出自罗马一处地下墓穴，画中一家人正在吃一条鱼（耶稣基督的象征），分享酒杯中盛装的葡萄酒，和平女神伊瑞涅和爱神爱加倍正照看着他们（Rodolfo Lanciani, *Pagan and Christian Rome,* Boston：Houghton Mifflin, 1896, 357）。

教义多兴盛了数百年之久。

　　1世纪，以弗所、科林斯和罗马城里新皈依的基督徒向大数的扫罗提出了有关饮食的问题。扫罗本是犹太人，但在改信基督教之后对犹太人的风俗，包括饮食习俗渐生敌意，他坚称食物不是基督教的重点。通过吃"面包/圣体"、喝"葡萄酒/圣血"来理解耶稣受难的意义就已经足够了。基督徒既无需遵从犹太人的饮食风俗，也不用庆祝他们的宗教节日。另一方面，他们不应该吃献祭给罗马帝国诸神的肉，也不应参加兄弟会酒宴、葬礼以及国家祭典后举行的祭宴。

　　于是，一场庆祝性的简朴聚餐——由面包和葡萄酒组成的圣餐，成为基督教的核心仪式（图5.1）。用餐之后，参加者点起灯，忏悔自己的罪，并将面粉、葡萄、羔羊油、面包和葡萄酒等作为礼物献上祭坛。传道人和其他主祭者会掰开面包，祝圣面包与葡萄酒，接着受洗的人唱一首感谢的圣诗，然后接过面包和葡萄酒。

　　面包作为人们的日常主食，此处被当成一种隐喻，用来解释基督教的信仰。基督徒在基督圣体内合二为一，就好像小麦在烹饪过程中融入了面包。对于饥饿的人来说，基督就是面包。基督消化了基督徒，将他们在自己的身体中结合在一起。4世纪奥古斯丁在一次后来常被引用的布道中解释，灵性的成长过程就像烹饪，他这里所使用的象征手法在佛教和伊斯兰教中也能找到。"驱魔就如同将你'碾磨成粉'，受洗就是让你'发酵'。而接纳圣灵之火，也就意味着你被'烤熟'了。"[5]

犹太律法禁止饮血，因而通过葡萄酒的形式象征性地饮用基督（上帝的羔羊）的鲜血。在基督徒的土地上，屠宰动物后留下的血不能丢掉，但是可以拿来给酱汁增稠和做香肠。犹太人也禁止吃猪肉，但是在亚历山大的克雷芒看来，"那些得劳动身体的人"——大概指的是运动员或劳动者——是可以允许吃猪肉的，但"那些致力于灵魂成长的人"则应该避免吃猪肉（这与克雷芒同时代的犹太神学家斐洛对犹太人禁食猪肉的解释有异曲同工之妙）。扫罗和基督教的早期教父接纳并重新诠释了犹太教的饮食宇宙观。亚当和夏娃被逐出伊甸园，标志着从蔬果饮食向肉类饮食的转变。虽然此前上帝曾同意亚伯拉罕用羔羊代替自己的儿子以撒来献祭，但这时他将自己的儿子送上了十字架。[6]

在汲取了罗马人和犹太人的饮食理念之后，基督教教父又把目光转向了共和派或斯多葛学派的饮食哲学，坚持吃体面的食物，保持自然的胃口，不喜欢会导致人贪吃的开胃菜、甜点和酱汁。2世纪末以前一直担任亚历山大城主教的克雷芒，在谈论基督徒仪态的《导师基督》一书中总主张，必须对口腹之欲和腹部以下性器官的欲望加以控制。基督徒应避免接触高级饮食（虽然大多数基督徒本身也吃不起），应该吃一些简单经济的食物，像"根茎、橄榄、各种绿色蔬菜、牛奶、乳酪、水果以及各种煮熟的蔬菜，但是不能加酱汁。另外，如果有必要吃肉，也要吃煮过或烤过的"。[7]他们不应喝太多饮料，因为食物还来不及消化就会被饮料冲走，最重要的是，基督徒要避免喝会引发欲望的葡萄酒。为了避免成为"快感的俘虏"，基督徒应当避免吃那些刺激人食欲的"甜酱汁"和"各种新甜食"，也要规避许多"糟糕的油酥点心、蜂蜜蛋糕和甜点"，以及那些导致人不饿也想吃东西的开胃菜。[8]基督徒吃东西时应当充分咀嚼，促进消化，最大程度上减少粪便的形成，因为粪便这种东西总让人联想到人是肉体凡胎，当粪便在性器官周围累积时，就会刺激人的欲望。

斋戒也渐渐变得越发严格。早期的基督徒按照犹太习俗，大概在每个星期三和星期五进行斋戒。基督教的早期教父则赋予斋戒以更重要的意义。斋戒能"清空灵魂，使之与肉体一同洁净轻盈，以接受神圣的真理……（而过量的食物）则会将人的智性拖入麻木的境地"，亚历山大城的克雷芒如是说。[9]一场苦修运动在埃及和拜占庭东部兴起，它的拥护者担心酒肉会刺激人的欲望，于是撤退到沙漠地带，在那里尝试吃生食，践行极端的自我否定和克制，以此来控制性欲。[10]

4世纪由院长主持的修道院开始出现，在那里过度斋戒受到控制。作为修道院生活规矩的一部分，当时几位最重要的基督教领袖制定出了高度相似的饮食规矩，执笔者中有埃及一家重要修道院的创始人帕科缪（他的著述由圣杰罗姆翻译成拉丁文，后者也是《圣经》的译者）、凯撒利亚的圣巴西勒、圣奥古斯丁，以及最具影响力的6世纪的圣本笃。所有这些清规都规定，修道士一天只能吃一到两餐由面包、蔬菜和一点葡萄酒或浓啤酒组成的食物，因为没有什么比贪食"更与基督徒的本意相违背了"。[11]每逢星期三、星期五、四旬斋和圣灵降临日，修道士一天只能吃一餐。许多修道院都厉行干食——只吃面包、盐和水，可能会有点蔬菜。帕科缪禁了鱼露，圣杰罗姆也依样画葫芦，原因可能是鱼露是鱼从湿冷化为干熟的产物，因此容易引起欲望。[12]贪食，即控制不了的食欲，成了致命的七宗罪之一。

约公元300年基督教饮食已经初具雏形，以面包和葡萄酒的共餐（不管是真实的还是象征意义的）取代了异教徒的祭宴。葡萄酒和面包在英语中叫作圣体圣血、圣餐或弥撒。面包、葡萄酒、油、鱼肉、羔羊肉和猪肉是基督徒的标志性食物。一年中有将近一半的时间要进行斋戒，也就是说不吃肉、蛋、黄油和动物脂肪。非基督徒谣传，他们的聚餐可能还包括吃人肉、喝人血。基督徒依然只占罗马帝国人口的约10%，不仅常常受到暴民的骚扰，还容易遭受即刻处决的惩罚。[13]要不是因为在罗马帝国东部取得了合法地位，基督教饮食哲学在全球范围内恐怕会一直这么无足轻重。

从东罗马帝国饮食到拜占庭帝国饮食

350—1450年

313年君士坦丁大帝正式宣布基督教为合法宗教，从而使得基督教饮食哲学在东罗马帝国开始从少数派向多数派转变。随后在352年和356年，皇帝又颁布法律，禁止屠杀动物献祭，违者将处以死刑、流放，免除军衔或官职。君士坦丁这么做，是听从了凯撒利亚主教优西比乌的意见，优西比乌是宫廷教士这个小圈子中的一员，他在自己的《教会史》中论证说罗马与基督教应该相互扶持，君士坦丁的君主制国家能够让神的王国降临人间。就像500多年前的印度，阿育王的敕令开启了祭祀宗教在当地缓慢绝迹的过程一样，在罗马帝国，虽然4世纪朱利安皇帝曾重新推行祭献，但祭祀宗教已经在这条不归路上一去不复返了。

更名为君士坦丁堡的拜占庭成了罗马帝国的新首都，在3世纪最后三分之一的时间里罗马帝国暴露出来的政治和经济问题，清楚地表明东方才是帝国的财富所在。生活着近百万人口的君士坦丁堡位于贸易路线的交叉口上，这不仅为它带来了东方的香料、亚历山大城的谷物、北欧的蜂蜜和毛皮，还将亚历山大城、小亚细亚的安提阿和特拉布宗，以及海峡对岸的希腊萨洛尼卡串联起来。当说拉丁语的西罗马帝国走向末路之时，基督教却在说希腊语，由小亚细亚大部分地区、巴尔干、希腊、埃及和北非大部分地区组成的拜占庭帝国内部成为国教。到5世纪，基督徒已经占据了帝国人口的一半。精英集团所吃的发酵面包也被用到了弥撒当中，人们用专门的炉子进行烘烤，还把它们做成鱼或十字架等象征基督教的形状。

拜占庭的帝国宫廷塑造了帝国的高端饮食。与早期基督教徒受斯多葛学派饮食理论影响产生的共餐不同，拜占庭高级饮食是以东罗马帝国的希腊化饮食为基础，并被基督教饮食哲学——尤其是弥撒、斋戒规定与食物偏好——所重新塑造的。[14]皇帝的膳食展现了他对人民和自然环境的统治，他源于古代传统的权威，他在社会等级中至高无上的地位，同时展现了上帝。基督徒利用圣餐礼纪念最后的晚餐，皇帝就像最后的晚餐中的基督那样斜坐着，坐在餐椅上的客人象征十二门徒，这就好比过去奥古斯都与希腊诸神进餐这一象征性仪式的一个基督教版本。[15]按照基督教的规定，一年中有近一半的时间不能吃肉和乳制品，但我们对替代食品所知不多。6世纪，亚历山大城的医学院校都是根据2世纪的医生盖伦的作品来教授饮食与营养理论，饭食就是遵照这些理论来设计的。[16]不斋戒时，宫廷可能会用蜂蜜酒烤猪肉来吃，或者吃搭配葡萄酒、鱼露、芥末和小茴香的野鸭，葡萄叶卷饭（可能就是这个时期发明的），也会吃没断奶的幼兽、小型禽类、野味、鱼和其他海鲜，用煮熟的谷物做的布丁，蜂蜜，葡萄干，用榅桲、梨子和柠檬做的果酱与蜜饯，用汤匙舀着吃，旁边还配一杯水。此外，可能还有无酒精的甜味软饮料。还有一种用类似乳香或大茴香这样的香料来调味的葡萄酒，喝的时候会如喷泉般涌出来。

虽然拜占庭的宫廷菜复杂精妙，但是对于西方来的客人吃起来颇有点不对劲儿，在西方希腊葡萄酒和鱼露已经大量消失，橄榄油通常用动物油和其他油脂代替，不过拿来做润滑油倒是颇为抢手。当克雷莫纳主教利乌特普兰德作为神圣罗马帝国皇帝奥托一世的大使，拜访拜占庭宫廷时，曾抱怨说酒品起来有一股树脂味儿，菜里放了太多的橄榄油，而且里面还加了"另一种非常令人不悦的用鱼做的液体"。[17]

大地主和修道院（它们也拥有大片土地）同样是高端饮食的消耗者，他们拥有各种粮食和油料作坊、酒坊、蜂窝烤炉、运货车，有的甚至拥有船只。如果庄园提供的食物不够，他们还能去面包店买最好的面包，去杂货店买乳酪、橄榄、腌肉、醋、蜂蜜、胡椒、肉桂、小茴香、葛缕子和盐，到肉铺买现宰的绵羊肉或猪肉。到1000年，拜占庭帝国已经有7000所修道院和15万僧侣，而他们吃的可能是以小麦面包和葡萄酒为基础的一种修行饮食。[18]

在城里，普通人吃的是当时已经比较常见的次等全麦面包——被称为"穷人的面包"，也吃面包坊烤出来的大麦面包。只有在节庆时才能搭配面包吃点肉。通常一起吃的是豆子汤、洋葱、大蒜和蔬菜。他们可以在一些普通的小酒馆里买到一种叫"波斯卡"的饮品，基本上就是加了点酸葡萄酒或醋的水而已，只是喝起来更清爽，但又不至于喝醉。在农村，人们靠小米粥和自家烤的薄饼果腹。士兵用自带的陶锅烤大麦扁面包，类似的面包至今仍能在当地见到。[19]

既要供应君士坦丁堡的高级饮食，又要供应修道院中的修行饮食，这为帝国的农业资源创造了巨大的需求。和其他帝国一样，拜占庭也有人撰写农事指南，例如在一部题献给皇帝君士坦丁七世（约913—959年在位）、名为《农事》的汇编作品中，就保留下来了卡西阿努斯·巴斯苏斯《农论选》中的部分内容，其年代大概在6世纪。地主们将谷物、乳酪、油和葡萄酒送往首都。[20]小麦最早通过船从埃及运来（6世纪早期一年多达16万吨），7世纪早期埃及落入阿拉伯人手中之后，便改从巴尔干和黑海地区进口了。[21]

10世纪晚期，拜占庭饮食向北扩张到了斯拉夫人的土地上。据几个世纪后撰写的史书《往年纪事》记载，基辅大公弗拉基米尔曾将穆斯林、犹太教徒、西方的基督教徒和拜占庭特使召集到一起，请他们阐释各自的宗教。[22]在各方的说法里，食物都占据了相当大的比重。穆斯林说，他们的宗教禁止吃猪肉和饮酒，弗拉基米尔驳斥说："喝酒是所有罗斯人的乐趣，少了这层乐趣，我们根本无法生存。"西方基督教徒说他们要斋戒，弗拉基米尔说罗斯人的祖先不认为有任何理由应该斋戒。犹太人的代表说要禁止吃猪肉和野兔，结果他们也被要求卷铺盖回家。最后，拜占庭基督徒（估计他们回避了斋戒这件事）声称他们吃的不是西方基督徒的那种圣体饼（这一点后面会有更详尽的说明），而是耶稣说"你们拿着吃，这是我的身体""这是我立新约的血"时所祝圣的面包和葡萄酒。在派使节谨慎地查证了这些故事后，988年弗拉基米尔决定为他的子民采纳拜占庭饮食中的面包、葡萄酒和猪肉。

《往年纪事》与其说是历史，不如说更多的是传说，尽管如此，它的内容旨在提醒人们，统治者经常会宣布臣民应当信奉哪种宗教（这通常说起来容易做起来难），而改信的过程也会带来饮食上的转变。在上面的例子中，改信基督教可以合理禁止抽签选择青年人做人牲这一不得人心的行为，还能让弗拉基米尔迎娶皇帝巴西尔二世的妹妹安娜，从而获得与强国开展贸易的好处，还得到了不少治理大国的经验。

基辅罗斯的高级饮食包括小麦面包和葡萄酒。葡萄酒和香料、稻米一样得从南方进口，并用蜂蜜和皮毛来支付。过去为迎接太阳回归大地而烤成太阳形状的薄饼，此时演变成了发酵的布林饼，在四旬斋前的谢肉节期间吃。甜点包括用面粉勾芡的煨浆果，以及用粗黑麦粉、蜂蜜和进口香料制成的香料糕点。[23]甜菜与洋葱用蜂蜜烹煮过之后就变成了一道甜味佐料。当地的自然环境盛产野鸟和熊、麋鹿等野味，森林或荞麦地里出产莓果和蜂蜜。斋戒食物包括淡水鱼，特别是鲟鱼，还有鲟鱼的鱼卵（鱼子酱）、鱼精（鱼白）和蘑菇，不过拜占庭帝国将这种做法斥为"一下子把整个鱼的家族斩草除根了"。[24]鲟鱼卵囊和鱼卵裹上面粉后用油炸，吃的时候搭配洋葱、莓果或番红花酱汁，也可以冷了切片吃，佐以香草醋或芥末。也可以在将近零度的环境下用手把鱼卵从卵囊中取出，用盐稍微腌一下吃。蘑菇在夏秋两季可以吃新鲜的，冬季则风干或腌渍了来吃。酒则是用发酵的蜂蜜（蜂蜜酒）或轻微发酵的粮食（格瓦斯）酿造出来的。

斯拉夫平民，特别是住在北方地区，通常吃燕麦粥、大麦粥，或者用一种或多种黍与荞麦、一种与大黄有关的植物种子煮成的粥。他们的面包是用黑麦老面做成的酸面包，老普林尼曾嫌弃地说黑麦是饥荒时才吃的杂粮。俄罗斯民谚"黑麦母亲一视同仁，不像小麦那样挑剔"，讲的就是种植斯佩尔特小麦有多不容易，斯佩尔特小麦最初是野草与二粒小麦杂交的结果，它们从公元前500年以来一直是阿尔卑斯山以北农民的食物。[25]卷心菜、甜菜和洋葱则用来做汤。

拜占庭高级饮食继续发展了800年。令人沮丧的是，这种饮食对波斯-伊斯兰和突厥-伊斯兰饮食有何贡献（又或许是从中有何受益），我们对此几乎一无所知。1237年，蒙古人入侵基辅罗斯。此后200年间一直向斯拉夫人索要贡品，而斯拉夫人的饮食也从南方风格转向了东方（第四章）。1453年，从11世纪起就一直缓慢穿越安纳托利亚的土耳其人攻占了君士坦丁堡。尽管如此，拜占庭饮食中的某些元素却在信奉东正教的人们当中保存了下来。

从罗马帝国饮食到欧洲诸国的天主教饮食

1100—1500年

在拜占庭饮食、波斯 - 伊斯兰饮食和佛教饮食发展到鼎盛之际,原西罗马帝国境内的高级饮食却消失长达五六个世纪之久,只在宫廷和修道院里保存着一丝遗韵。4、5世纪的日耳曼入侵者虽然大多已经皈依基督教,但信的是否定耶稣具有神性的阿里乌教派。他们虽然熟悉罗马饮食,但是无力维持这种饮食所必需的商业和农业活动。[26] 罗马人的大庄园衰落了,罗讷河谷再也见不到骡车满载着来自加沙的醇美葡萄酒、来自土耳其的果干、来自北非的鱼酱和橄榄油,以及来自东方的香料。葡萄栽培和睡鼠养殖(睡鼠曾被罗马人拿来当零食吃,斯洛文尼亚人现在还是如此)在欧洲北部消失了。曾在君士坦丁堡受训的医生安提姆斯就"食物仪式"问题向法兰克国王致信,信中委婉地赞美了奶油、啤酒、蜂蜜酒、鲜肉和熏猪肉,同时暗示拜占庭饮食要优越得多。[27]

平民日常食用的稀粥、浓粥、薄饼和发酵面包是用当地长得最好的谷物做成的,例如意大利许多地方是黍,中欧许多地方是黑麦,湿冷的苏格兰是燕麦,不列颠余下地区大多是大麦,配菜往往是干豌豆或菜豆、洋葱、卷心菜、一点点咸猪油,有时他们也去河里抓条鱼,有时则用圈套逮几只兔子。人们用手或勺子从公碗中取食物来吃,喝的饮料包括蜂蜜酒、淡啤酒和清水般寡淡的葡萄酒。

在一些余留下来的小型市镇,领导集会的主教们对非基督徒的饮食,尤其是保留下来的祭祀宴饮之风掀起了一轮攻击。他们与一些小国的国王结成同盟,共同反对在宴会上觥筹交错、笙歌燕舞,禁止与非基督徒一同进餐,不管是异教徒、犹太人,还是(跟他们一样坏的)阿里乌教派异端,并且宣布祭宴违法。反之,他们会在复活节、圣诞节和圣人节庆时举办自己的宴会,所吃的食物都是由一大群工作人员在面积广阔的厨房里做出来的。曾劝诱法兰克王国和伦巴第王国皈依基督教的爱尔兰传教士高隆邦(540—615年)规定,任何"为了信奉恶魔或崇拜偶像"而献祭的人,都要被罚40天里只能吃面包和水,并做三年的苦行赎罪。[28] 吃马肉是献祭时又一项十分盛行的活动，732年教宗格里高利二世在写给派到日耳曼人当中传教的使者波尼法斯的一封信中，称吃马肉是一种"下流可恶的行为"。祭祀不仅能让人享受到美味佳肴，而且能欢歌跳舞，因此在辛苦劳作的人们当中颇受欢迎，但是渐渐地，人们还是带着不甘的心情放弃了这种便于理解、历史悠久的祭祀活动（虽然可能从来没有彻底放弃过），转而接受一个看不见的唯一全能的上帝，还要用自己辛苦劳作挣来的农产品缴纳什一税。他们不再吃马肉（冰岛人除外，他们能享受特别豁免），至少形式上会拿出一年中一半的时间来斋戒。

从11世纪开始，伴随着欧洲的日渐繁荣，一种泛欧洲的天主教高级饮食建立起来。虽然欧洲是一个由一系列相互独立而又关系密切的城市、城邦、小型王国和公国组合而成的单位，但共享饮食哲学、政治与社会联系以及社会与商业上的交流，这也就意味着整个欧洲的贵族吃的是同一种天主教饮食，尽管个中存在一些地区性的差异。[29]用一种神圣的基督教模式重新创造出罗马帝国，作为一个统一的基督教王国，这是一个梦想，8世纪查理曼距离梦想的实现只有一步之遥，11世纪早期德意志的亨利二世也有一样的梦想，而16世纪西班牙的腓力二世更是功败垂成。各大统治家族之间不断流动和联姻，盎格鲁－诺曼家族来到爱尔兰定居，诺曼人去了塞浦路斯和西西里岛，日耳曼人来到波美拉尼亚，卡斯蒂利亚人则去了安达卢西亚，但不管去哪儿，都把各自的饮食带了过去。[30]1565年葡萄牙的玛丽亚公主嫁到了意大利，按照传统带去了她的厨师和食谱。商人们沿着穿越阿尔卑斯山的贸易路线旅行。贸易活动将地中海地区的威尼斯、巴塞罗那和热那亚串联起来，将波罗的海与北海周边的汉萨同盟城市联结起来。教宗的代表在各国宫廷与梵蒂冈或阿维尼翁之间穿梭往来。天主教修士会跨越国家边界开展活动。对于饮食来说，没有哪个修会比熙笃会更重要。该修会由莫莱斯姆修道院院长罗伯特创建于1098年，正是他在勃艮第森林里的熙笃恢复了500年前由圣本笃确定下来的清规。到12世纪中叶，从匈牙利到葡萄牙，从意大利到瑞典，已经出现了近1000座熙笃会修道院。耶路撒冷的德意志弟兄圣母骑士团——它还有一个更为人熟知的名字，叫作条顿骑士团——在中欧和东欧策马驰骋，用刀剑逼迫那里的人们改信。

天主教饮食对自身的定义来自和邻近地区高级饮食的对比，它的东边是拜占庭饮食或者叫东正教饮食，南边是波斯-伊斯兰饮食。对许多人来说，将11世纪的东正教会与天主教会区分开来的有形标志，就是两者做弥撒时使用的面饼：东方的饼是发酵的，而西方基督教王国使用的则是无酵薄饼，是用对开的铁盘烤出来的。

相邻的这两种饮食相比较而言，波斯-伊斯兰饮食，特别是安达卢西亚（今西班牙南部）的膳食，对天主教饮食的塑造影响更大。8世纪，伊比利亚半岛的大部分地区都掌握在穆斯林手中。帕勒莫、科尔多瓦和塞维利亚在10世纪都是伊斯兰城镇。许多地中海岛屿，如塞浦路斯、西西里、马耳他、巴利阿里群岛，以及意大利南部部分地区，曾在一段历史时期内被伊斯兰统治。[31]11—13世纪的十字军东征，让欧洲人得以进一步了解伊斯兰饮食。热那亚、巴塞罗那和威尼斯通过与伊斯兰世界通商而积累了不少财富。商人不仅买卖奢侈的丝绸与香料，也做起了日常厨具的生意，例如北非的锅就被卖到了欧洲南部。当基督徒在西班牙南部发展时，摩里斯科（改宗基督教的穆斯林）女孩会到基督徒家庭中做女仆，还会跟着她们的女主人出入修道院。一些摩里斯科家族在面包贸易中有着重要的影响。

亚历山大和罗马人从被征服的波斯人那里借鉴了很多饮食元素，伊斯兰借鉴了萨珊王朝的，蒙古人也向汉人和波斯人取经，和他们一样，欧洲人也从伊斯兰饮食中采纳了很多东西。毫无疑问，罗马饮食哲学与膳食在伊斯兰世界和欧洲都留下了痕迹，有鉴于此，借鉴伊斯兰饮食并不困难，同时也让欧亚大陆的各路饮食更加呈现出"你中有我，我中有你"的交织状态。具体来说，欧洲人借鉴的是饮食宇宙论，制糖、蒸馏与制作面食的技术，以及一系列的具体菜式。

伴随着阿拉伯语医学文献译本的出现（这些文献本身就是对于早先古典著作的翻译或发展），饮食宇宙论也传播到了基督教王国。10世纪晚期，一名从伊斯兰教改宗的基督徒——非洲的君士坦丁，在那不勒斯城外萨雷诺小镇上的一家著名医学院里，将盖伦的著作翻译成了阿拉伯语。该学院的一位医生则用拉丁文写了一首诗——《萨雷诺养生法》，更是让盖伦的体液论流行开来。诗中提出的建议包括："桃、苹果、梨、牛奶、乳酪和咸肉/鹿肉、兔肉、山羊肉与小牛肉/皆生黑胆汁，乃疾病之大敌也。"随着基督教征服西西里和西班牙中部地区，阿拉伯医生的译著，尤其是阿维森纳的，也随之出现。[32]

和伊斯兰世界一样，天主教饮食在选择有香味和颜色的膳食时，也要以对照关系（表1.1）为依据的。香料来自东方，说不定就来自天堂，香料的香气象征着制作香料的植物或矿物死亡之后生命的延续。[33]香料虽然价格异常昂贵，却是身份地位最基本的象征，宏伟的宅邸和城堡会用它做成香氛来吸嗅，教堂会弥漫着香的气味，中世纪的烹饪书里有四分之三的食谱会用到香料。其中最重要的，当属人们所熟悉的胡椒、肉桂、姜和番红花，其次是肉豆蔻和丁香。总体来说，常用的香料有二三十种，其中像高良姜（至今在东南亚仍被广泛使用）和摩洛哥豆蔻（即几内亚胡椒）等如今在欧洲已经比较少见了。颜色也被赋予了天主教的象征意义，以及炼金术的暗示作用。杏仁奶的白色象征着神圣和纯洁，番红花、蛋黄和金箔的黄色象征着太阳、黄金、光明和希望，这两种都是复活节的颜色。菠菜与其他草药的绿色是主显节的颜色，象征着自然与丰饶。而褐色与黑色则象征着土地、贫穷和死亡。

贵族的厨子在为主人准备膳食时，会特别注意满足体液平衡的需要，这就好像我们今天也会广泛摄取各种食物群一样。像芜菁这类根茎类蔬菜本质上属于土质（又干又冷），最好还是留给农民去吃。牛皮菜、洋葱和鱼肉性湿冷，因此最恰当的做法是油煎。蘑菇至寒至湿，最好干脆别吃。瓜与其他新鲜水果也好不到哪去，它们水分大，被认为很容易腐坏在胃里。葡萄最好做成葡萄干，榅桲要晒干后加糖熬成榅桲酱（糖在体液理论中属温性）。红酒倾向于干冷，喝之前最好热一下，加些糖和香料（例如香料甜酒）。

煮糖是12世纪一位人称"伪梅苏"的医生从伊斯兰饮食中引进的。英文中的糖浆（syrup）、舍儿别（sherbet）和糖果（candy）等词都有阿拉伯语的词根。药用糖膏、香料糖膏，以及蜜饯和糖衣香料，这些都是糖果的前身。托马斯·阿奎纳曾说，吃糖衣香料不算破了斋戒，因为糖衣香料"虽然本身有营养，但不是为了营养的目的而吃，而是为了缓解消化而服"。[34]这个结论至关重要，因为它不仅为糖带来了药用的名声，也预示了日后有关巧克力的争论。16世纪中叶的一大批著作，包括皮埃蒙特的阿列克西的《秘密》（威尼斯，1555年），以及法国医生兼占星术士诺斯特拉达姆斯的《论化妆品与蜜饯》等，都对制糖技术的传播起到了推波助澜的作用。

在女修道院的厨房里，修女们创造出了伊斯兰风味的甜点卖给食客们，推动了糖从药用香料到甜点、面包材料的转变。伊斯兰式的果酱变成了葡萄牙榅桲酱（后来发展成柑橘类果酱，如橘子酱）。过去为庆祝斋戒月结束和赎罪日开斋，人们会在油炸面团上涂满蜂蜜或撒上糖来吃，这种点心同样也源于古典时期，现在发展出了一系列在天主教节日时吃的油炸面团（油煎饼、贝奈特饼、甜甜圈），特别是要在四旬斋前吃。[35]像大麦水这样用坚果、水果和粮食制成的伊斯兰甜饮料通常都有药用功能，而且也可以追溯到古典时期，现在也成了饮食中的保留项目。跟佛教和伊斯兰教一样，在天主教徒那里糖也是好东西。1666年德意志化学家约翰·约阿希姆·贝歇尔说，就好像雨水转化成了葡萄汁和葡萄酒，食物经过烹煮和消化变成了血液一样，甘蔗汁也是被太阳消化和烹煮过的。[36]炼金术士也在实验室里掌握了伊斯兰的蒸馏法，他们用各种植物与矿物做实验，这些实验最终在17世纪的蒸馏饮料与饮食革命中结出了丰硕的成果（参见第六章）。

伊斯兰饮食中以小麦和稻米为基础的膳食被保留了下来，特别是在南欧地区。先用高汤把面包泡软，再加上一层肉做成的萨里德炖肉，如今在西班牙更名为面包布丁。这道菜曾是先知最爱吃的。用杜兰小麦做的干细面条在整个热那亚－巴塞罗那贸易网络中都能买到。采用烩饭的做法烹饪稻米，创造出了西班牙杂烩菜饭。在西西里与西班牙一直都有人在吃库斯库斯，用肉、粮食与豆子熬成的浓汤变成了西班牙杂烩（olla podrida，字面含义是"腐肉锅"）。原本用粮食和鱼肉做成的哈里莎酱改头换面变成了白肉冻，改用大米和鸡肉做成。

从14世纪早期开始，在整个欧洲地区开始出现各式各样的手写食谱，其中较早的一部是成书于14世纪早期的《食谱全集》，通常认为法国国王查理五世的御厨纪尧姆·蒂雷尔是该书的作者，虽然这一点十有八九是错误的，但这本书的确反映了查理五世的御厨常做的一些宫廷膳食。紧随其后的是14世纪中叶的《美食之书》和《森特·索维之书》，可能成书于巴塞罗那。14世纪晚期，一部有多名主厨共同撰写的手稿（在18世纪得名《烹饪法》）列出了英国国王理查二世宫廷膳食的食谱（图5.2），同时期的另一部作品《巴黎家事手册》中则包含了一位资产阶级丈夫为他年轻的妻子提出的指示。15世纪早期有马尔蒂诺·达·科莫的《烹饪的艺术》，

图5.2　英国国王理查二世和约克公爵、格洛斯特公爵、爱尔兰公爵一起端坐在餐桌旁，每人面前都摆了一副刀叉、酒杯和小麦白面包。桌子中央的浅盘上摆着烤肉，在管家及其工作人员的注视下，一名廷臣在小心翼翼地倒酒，也有可能是在倒洗手用的水，另一名手中拿着盐船——做成船形的餐桌装饰物，里面通常装盐。餐厅的墙上挂着华美的壁毯，一旁的乐师正吹奏美妙的乐曲（*Chronique d'Angleterre*, vol.2, Bruges, Belgium, late fifteenth century. By permission of the British Library, Royal 14 E.IV, f.265v）。

16世纪初则有加泰罗尼亚人鲁贝托·德·诺拉的《烹饪之书》。上述几部著作和其他食谱经常被复制，换上不同的作者，也经常被摘录，就好像今天的家庭主妇会把书上抄的、朋友和亲戚的配方跟自己的想法加以整合。这些食谱通常不是亦步亦趋教做饭的指南，而往往是作为某个统治者能贡献美味佳肴的证据，或者是专业厨师的备忘录而存在。

伴随着印刷术的出现，食谱的数量又再次出现增长。最早出版于1611年的《烹饪技艺和糕点、饼干、蜜饯制作法》对天主教饮食的传播起到了相当重要的作用，作者弗朗西斯科·马丁内斯·莫提尼奥曾经担任过好几位西班牙国王的御厨，其中就包括声名显赫的腓力三世。

这些食谱中出现的伊斯兰菜色都是经过改造的。酸食被改成了浸泡在醋或橙汁腌酱里的煎鱼或者煮鱼（油炸醋鱼，也可以是鸡肉、兔子肉或猪肉），这可能就是肉冻的由来。[37]鲁贝托·德·诺拉的《烹饪之书》中提到了细面条、苦橙、煎鱼、油炸醋鱼、杏仁酱和杏仁甜点。马丁内斯·莫提尼奥的书中介绍了好几道肉丸和面包布丁的做法，以及一道库斯库斯食谱，甚至还有一种摩尔式鸡肉的做法：将烤鸡切成块，和培根、洋葱、肉汤、葡萄酒和香料一起用文火煨（书中没有明确指出具体是哪些香料，有可能包括胡椒、肉桂和丁香），最后再加入少量的醋来提味。培根和葡萄酒是典型的基督教饮食，但是酸辣风味的酱汁证明这的确是一道地道的摩尔菜式。[38]

尽管存在借鉴学习，但饮食与饮食之间还是存在着各种差异，罗马饮食与希腊化饮食不同，蒙古饮食也与汉族饮食或波斯-伊斯兰饮食不同。同样的道理，天主教饮食也不同于波斯-伊斯兰饮食。基督教的弥撒、斋戒和食材偏好赋予天主教饮食以自己的特色。面包和葡萄酒是神圣的。用来做弥撒的是无酵薄饼，吃大餐则要配发酵的小麦白面包，而不是像伊斯兰饮食那样吃面饼或轻度蓬松的面包。加热对开铁盘烤薄饼的技术催生出了一系列的烘焙产品，其中就包括华夫饼。

天主教饮食和伊斯兰或犹太饮食不同的地方在于，它会选用新鲜猪肉、腌猪肉、猪肉香肠（老式的罗马卢卡尼亚香肠）和血制品。大块儿的烤肉很受欢迎。烹饪时使用黄油和猪油，而不再用羊油或橄榄油。比较受欢迎的还有凝胶肉冻。如果用菠菜将肉冻染成绿色，就可以按照体液理论，把它理解成性干寒的凝胶保存了性湿热的肉。各种大大小小的派和馅饼也非常流行。斋戒催生出了一种不含肉和乳制品的饮食，例如用鱼做出来的膳食，以及用水冲杏仁粉做成的杏仁奶。天主教饮食以制作各种巧妙、拟形的食物为乐：用绞好的肉捏成刺猬的样子，插上染了色的刺，或者把食物做成各种雕塑，如城堡或者上帝的羔羊，又或者做成公猪头，再涂上金色。他们还会把孔雀煮熟，之后再裹上它们本身的皮和五颜六色的羽毛。有时切开巨大的馅饼，里面会出现展翅欲飞的小鸟。

所谓的招牌大菜包括烤肉、浓汤（其中比较出名的是西班牙杂烩），以及用酸酱或坚果和香料勾芡制成的酱汁烹煮的肉，用米和鸡肉做成的比例均衡的肉冻，上面还撒了糖，此外还有各种尺寸的派和馅饼，一般都用面粉、水和盐做饼皮（有时还会加上鸡蛋）。天主教高级饮食中的酱汁往往是用醋或酸葡萄汁（用未成熟的葡萄压榨出来的酸果汁）来打底的，再用各种香料和糖来调味，以确保在醋的湿冷属性和香料的干热属性之间巧妙地达到平衡。最后加入面包屑或坚果让酱汁变得更浓稠。卡门莱酱是最受欢迎的一道酱汁。"要想制作出完美的卡门莱酱，先要将杏仁去皮后磨成粉过筛，然后取葡萄干、肉桂、丁香和一点面包屑，混合在一起捣碎后，再用酸葡萄汁调和，这样就做好了。"[39] 占士酱是一种姜汁，也加杏仁，还有一种味道非常冲的黑色酱汁，里面加了大量胡椒。人们用餐时会喝一种温热的希波克拉斯酒（中世纪欧洲的一种甜药酒）来佐餐，他们坐在椅子或凳子上，用小刀和汤匙当餐具。到16世纪，精致的天主教饮食已经广泛地为整个欧洲的王室和贵族家庭所接受（不过存在一些地区差异）。

修道院——尤其是熙笃会的修道院——将基督教高级饮食推广到了农村地区。厨房成为修道院的第四道边，另外三道是教堂、教士会堂（行政楼）以及宿舍。卢瓦尔河畔的丰特弗罗修道院厨房至今保存完好，这座修道院的地基是八边形的，地基的一侧摆放了八个炉子，再往上是四边形的，屋顶则又是八边形的。和宫廷的御膳房一样，修道院的厨房也会划分成不同的区块，分别为不同的群体做饭：有的负责为院长和来访的贵客做饭，有的负责为病患准备肉类餐点（到了15世纪中叶，修道院在清规戒律方面有所放松，修士们每周也能吃上一两次肉了），有的则负责给修士做饭。熙笃会修道院大多地处偏僻，因此绝大部分食物都要自给自足，对于熙笃会这个相信"劳动就是祈祷"的教会来说再合适不过了。修士们自己种粮食、豆类、蔬菜、水果和草药，饲养家禽和鱼，自己酿啤酒、做乳酪，条件允许的话还会酿葡萄酒，还会生产烹饪（以及教堂点灯）用的油。教会就是靠加工很多食品来维持运转的。克莱尔沃修道院以养牛著称，估计是为了获取牛奶和乳酪。瑞典瓦尔德萨森修道院的养鱼场远近闻名，而在英格兰，温斯利代尔乳酪也常常与修会联系在一起。熙笃会修道院最有名的是他们的花圃及培育出来的一些新品种水果。他们非常擅长制作葡萄酒、浓啤酒和甜果汁。位于勃艮第的熙笃会总院的葡萄园伏旧园出产的葡萄酒，在世界范围内都享有盛名。位于埃贝尔巴赫的修道院，是在山坡梯田上种葡萄的先驱，那里每年都会用自有的船只装载5.3万加仑的葡萄酒，沿着莱茵河顺流而下，销往科隆等城市。

普通百姓的饮食仍然以吃黑面包、喝浓汤为主，配上少量的兔子肉或鸟肉，偶尔也会去肉贩处买块肉来吃。14世纪晚期黑死病的流行造成人口减半，于是面包的品质和肉类的消耗量也随之有所提高，只是到了16世纪又再度下降。与土地普遍多矿石的地中海周边相比，农田肥沃的欧洲北部地区通常食物更充足。老百姓虽然也梦想着尝一尝小麦白面包的滋味（图5.3），但更多的还是靠等级较差的粮食为生，而且相比高级饮食，平民饮食的地区差异性可能会更大。15世纪，生活在波兰的穷人会用黍、荞麦和大麻籽做面包放到热灰烬中烘烤，也会喝粥和浓汤。饥荒时节，他们就磨碎两耳草籽做面包。[40]而在英格兰东部诺福克郡的塞奇福德村，收获时雇来干粗活的工人都可以享受到白面包，一些老到无法干活、也挤不出奶的牲口被宰，工人们可以吃它们的肉，每天还可以得到将近一加仑的浓啤酒。相比之下，200多年前他们吃的东西就有些寒碜了：大麦面包、乳酪、一点点培根或者盐腌鲱鱼，喝的是麦芽酒、牛奶和水。[41]

在城里政府推行严格的管理和规范，确保面包师傅不会缺斤短两，也不会使用不干净的肉来做派和馅饼。像肉贩、鱼贩和粮食商人这些基本

图5.3　上帝正在展现他对世界的统御，只见他左手拿着顶部饰有十字架的宝球，正让如雨的面包（小麦白面包）从天而降（Miniature by Cunradus Schlapperitzi, 1445. Courtesy New York Public Library, http://digitalgallery.nypl.org/nypldigital/id?426487 ）。

食品的供应商，以及像面包师、糕点师、制酱师傅和酒席承办人这些食品加工制造者，全都是行会成员，他们的设备和店铺往往都集中设在特定的街道上。市场上熙熙攘攘，酒馆和小餐馆供应各种餐点。和乡村饮食一样，城市饮食也是有的酒香肉多，有的仅只是填饱肚子而已，不一而足。在相对富裕的加泰罗尼亚，那里的城市巴塞罗那人口为2.5万～4万，其中有20%～50%的人食不果腹。大教堂的济贫院能救济的大约只有200人，只相当于穷人的1%～3%。[42]

改变平民饮食品位的是几项技术上的创新。欧洲北部的妇女不再需要花更多的时间碾磨粮食，充沛的降雨和星罗棋布的小河使得那里成为小型水磨坊的理想地点，大多数水磨坊都用来磨面粉（图5.4）。在英国，根据1086年《末日审判书》所做的调查结果，每50户人家就有一处水磨坊。[43]我乡下的老家有一条小溪，虽然只有一英尺深、几英尺宽，但若放到12世纪，其动力足以每一英里带动三座水磨坊。人们常常抱怨很多法律规定粮食只有在庄园主的磨坊里才能碾磨。但从另一个角度来看，过去为一个五口之家碾磨粮食，曾需要用旋转石磨每天磨一个小时（参见第二章），或者干脆拿出一整天碾磨一周的口粮，可是此时他们终于有更多的时间从事其他活动了。

很有可能，熙笃会对这项重要技术的推广做出了贡献。每一座熙笃会修道院都会在附近的河流边上建一座磨坊，用来研磨谷物、筛面粉，在南方还会用来轧橄榄。修士们还会用磨坊来研磨酿啤酒用的麦芽或是用轮碾磨压碎罂粟和芥菜的种子。磨坊不仅能够让食物的机械加工更有效率，还有更广泛的好处，例如能让机械知识在大众之中得到更广泛的传播，同时由于这种装备造价昂贵，他们也会鼓励人们采用新的融资方法，而这便成为现在股份制公司的前身。

除了肉类之外，蛋白质的来源变得更广泛了。有一种让人心动的可能性是随着两田制转变为三田制，豌豆、蚕豆和扁豆种植成定期轮作的一部分，农民真的会"满腹豆子"（full of beans）*。历史学家小林恩·怀特对此进行了观察，小说家翁贝托·艾柯也对这个带有暗示性的想法进行了探讨。[44]可惜的是，到目前为止还没有确凿的证据表明豆类的消费得到了提高。来自北海和大西洋的咸鱼、鱼干也为全欧洲的平民饮食添加了新的元素。这些可以保存的鱼经得起长途贸易，不像鲜鱼，即使靠马日夜不停地运输，也无法送到距离大海100英里以外的地方。渔业发达的北欧开始为产鱼量少的地中海地区提供鱼类。[45]

---

* 原意是指精力旺盛、兴高采烈、生龙活虎。

图 5.4 这幅版画展现的是欧洲北部河流沿岸常见的水力磨坊工作机制。河水经过管道 A 进入水轮 B 的斗中，带动 F 轴的转动，与 F 轴相连的齿轮 C 和 D 进而带动石磨 G 转动。粮食通过上方的漏斗送入石磨。磨坊工人会照看出来的面粉，面粉通过一个斜槽 H 进行过筛，然后装进袋子里（Georg Andreas Böckler, *Theatrum Machinarum Novum*, Cologne: Sumptibus Pauli Principis, 1662, fig.XLV. Courtesy New York Public Library, http://digitalgallery.nypl.org/nypldigital/id?1691567 ）。

鲱鱼的产量非常大，以至于人们说当鲱鱼在近海成群游动时，它们的鱼身集中起来，足以让战斧在水中直立不倒。但是鲱鱼的脂肪非常多，保存是个麻烦事儿。所谓的白鲱鱼，即使装篮以前先在岸边堆成堆，用少量的盐来腌制，最多也只能保存几个星期而已。红鲱鱼如果通过烟熏至红褐色并发出强烈的气味，便可以保存得久一些。每年欧洲北部沿河贸易的鲱鱼多达1万吨到2.5万吨。7世纪以来的鲱鱼贸易规模都比较小，到了12世纪，德意志北部的商人重新整顿了鲱鱼贸易，使之成为汉萨同盟的一项主要商品。汉萨同盟是一个由半自治城市和行会组成的同盟，以吕贝克为首，其势力范围从英国南部直抵俄罗斯边界，从德意志北部的汉堡到达挪威的卑尔根。13世纪人们发明了一种更好的鲱鱼保存方法，即将鱼内脏取出来，这一方法造成的结果我们将在第六章看到。沙丁鱼也要用盐来腌，从英国的康沃尔郡到西班牙西北部和葡萄牙的整个大西洋沿岸地区都有人将用盐保存的沙丁鱼出口到地中海地区（图5.5）。

斯堪的纳维亚人很久以前就懂得将鳕鱼的内脏挖出，挂在北方夏季的太阳下风干。风干后的鳕鱼，肉质像木板一样干巴巴的，重量减少到原来的五分之一，在荷兰这种风干的鱼叫作"stokvisch"，意即"鱼棒"，译成英文就成了"stockfish"（鳕鱼干）。在冰岛，那里的天气太过寒冷，连抗寒的粮食都无法生长，于是鳕鱼干和羊奶黄油便被广泛作为面包的代替品来吃。在葡萄牙、西班牙以及后来的西非、巴西和墨西哥，鳕鱼成了当地穷人重要的生活来源。卑尔根每年的船运量达2000～4000吨。15世纪渔夫们开始腌鳕鱼（马介休）。生活在布里斯托的热那亚人约翰·卡博特发现了纽芬兰大浅滩，不过巴斯克人可能早就知道那个地方。到了1500年，所有的欧洲捕鱼国都会在夏天派出船只去那里捕鱼，他们满载马介休卖到别处，特别是地中海地区。为了恢复鱼肉的水分，厨师们得将这种硬邦邦的咸鱼泡几遍水之后才能下锅。

天主教高级饮食的蓬勃发展，也带来了食材贸易和农业生产的兴旺发达。运往城市的粮食产地也越来越远。从12世纪起，托斯卡纳就已经开始从西西里岛、北非和北欧进口粮食，低地国家则从东欧地区购买粮食，后来西班牙和葡萄牙也开始做粮食进口贸易。到了斋戒日，对鲜鱼的

图5.5　这是一部写于14世纪或15世纪的手稿中的插图，描绘了鱼贩和顾客，鱼贩的摊子前放着木桶，桶里装的可能是咸鱼。这部手稿名为《健康全书》(*Tacuinum Sanitatis*)，以11世纪巴格达的伊本·布特兰所写的伊斯兰医学论著为基础，探讨了人的健康。

需求量大增（通常是淡水鱼，比咸鱼身价更高）。人们在溪流和河里可以捕到丁鱥、梭鱼、鳟鱼。鲤鱼来自修道院和城堡的鱼池（有时磨坊的鱼塘也产鱼），但对于这种养殖技术我们所知不多。鳗鱼通常是放笼子来捉。1187年，人们从佛兰德斯伯爵的鱼塘里捉到了26.4万条鳗鱼。[46]从匈牙利到意大利北部，从苏格兰到伦敦，从波兰和丹麦到低地国家，到处都有人在放养牛群。柠檬、刺山柑花蕾、葡萄干、枣、无花果以及杏仁等坚果则从地中海沿岸的国家源源不断地运来。

　　地中海沿岸的种植商人和制糖商人满足了人们对糖的需求。威尼斯人和斯堪的纳维亚人复制了穆斯林的技术，从12世纪起开始在黎凡特和西西里种植甘蔗。在13世纪穆斯林重新控制了黎凡特之后，十字军便开始在塞浦路斯拨赠的土地上种甘蔗。[47]在西西里岛，似乎从14世纪开始，与北非、热那亚、威尼斯的商人做生意的犹太人便将穆斯林制作面食和糖的技术传到了欧洲,至少在1493年被西班牙统治者驱赶之前是如此。[48] 威尼斯和博洛尼亚成了制糖业重镇。对香料的需求驱动欧洲的航海家转向大西洋去寻找替代航路,因为陆路运输的控制权并不在他们手上。

伊比利亚帝国的天主教饮食走向全球

1450—1650 年

1492年西班牙人击败了格拉纳达的穆斯林王国,历时数个世纪终于把摩尔人赶出了自己的国家(但仍有许多摩尔人生活在西班牙统治下的格拉纳达)。凭借联姻和继承权的获得,西班牙哈布斯堡王朝国王查理五世与腓力二世成了欧洲最有权势的统治者,控制了西班牙、意大利南半部和西西里岛、奥地利、德意志南部部分地区以及富有的勃艮第公国,公国的领土范围从今天的比利时向南延伸到法国,向北直达荷兰南部,其宫廷令法国宫廷都黯然失色。

西班牙人和葡萄牙人在大西洋上的加那利群岛和亚速群岛建立了殖民地(地图5.1)。随后葡萄牙人绕过好望角继续航行,控制了霍尔木兹海峡,从而获得了进入波斯湾的通道。1510年他们拿下了印度西岸的果阿,接着是马来西亚海岸的马六甲,控制了这个从香料群岛进口丁香和肉豆蔻的贸易转运站;又取得了印度尼西亚东部的特尔纳特岛、香料群岛,以及中国明朝滨海的澳门。到了16世纪末又将莫桑比克收入囊中,由此葡萄牙人控制了整个东非海岸。他们还占据了巴西大部分的海岸线。

16世纪早期西班牙人得到了古巴、墨西哥和秘鲁,并在1521年征服了阿兹特克帝国首都特诺奇蒂特兰。1571年,一名西班牙征服者将马尼拉建成为对菲律宾群岛进行殖民统治的据点。从1568年开始,载着上千名乘客的马尼拉大帆船——可能是截至当时为止最大的船只——每年都会从阿卡普尔科出发,经过为期四个月的恐怖航行,横穿太平洋抵达马尼拉,同时将巴拿马和秘鲁连接起来。[49]

伴随对美洲的征服，腓力二世统治下的领土面积超越了罗马人曾经控制的地域范围。从表面上看，他有可能在欧洲创造出一个统一的神圣罗马帝国。虽然这个梦想没有实现，但腓力二世在不经意间为美洲大部分地区的饮食风格带来了转变，并在南亚、东南亚和东亚的佛教、印度教和伊斯兰教饮食中加入了天主教元素。相比之下，文艺复兴作为古典知识失而复得后带来的欧洲文化的振兴，对饮食史的影响就小多了。

在天主教信仰引入美洲和亚洲部分地区的过程中，天主教宗教团体发挥了相当重要的作用。1545—1563年，在特伦特会议期间，天主教领袖制定了应对马丁·路德和约翰·加尔文等改革派人士的方式。会议的结论是西班牙人和葡萄牙人的海外新领土将用来弥补欧洲输给新教徒的势力范围。来自天主教欧洲不同地区的方济各会、奥古斯丁修会、多明我会、耶稣会与对应的女修道会，将到西班牙和葡萄牙两大帝国内部甚至国界以外的地方去传教。从阿根廷的科尔多瓦到墨西哥北方的萨尔提略，从印度沿岸的果阿到菲律宾群岛的马尼拉，传教士们建起了壮观的巴洛克教堂和令人叹为观止的修道院。值得一提的是，证据表明耶稣会和圣克拉拉方济各女修会对天主教饮食的传播起到了核心作用，不亚于比丘之于佛教饮食，苏菲教派之于伊斯兰饮食，虽然对他们的贡献一直缺乏详细的研究。

成立于1534年的耶稣会，其创始成员对于吃什么似乎没那么在乎，不过和中世纪一些好战的教团一样，他们的饮食规矩不像修会或托钵修会那么严格。但是为了给教会筹集经费，在教会最高层的支持下，他们也开始转向农业种植和食品加工。罗马宗座的秘书处会通过《使用说明》的形式，为种植园管理者提供最新的技术和管理知识。[50]他们会把美洲种植园出产的糖和可可出口到欧洲，把安哥拉种植园出产的玉米和木薯（都是传到非洲的美洲作物）出售给奴隶贩子，好为船只提供给养。在不适宜种植热带作物的南美洲，他们将当地的冬青叶晒干沏茶喝。这种茶饮料和咖啡、茶、巧克力为了争夺"欧洲最受欢迎热饮料"的头衔，展开了几个世纪的竞争，至今在阿根廷仍有人选择喝这种饮料。

与许多天主教男修会相关联的天主教修女们，在伊比利亚帝国各地建起了女修道院。和耶稣会士一样，修女们也得供养自己的教会，为此

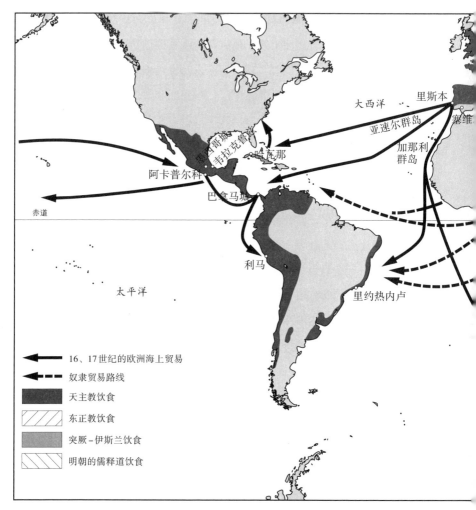

地图5.1 天主教饮食的全球化之路，1500—1650年。伴随通往大西洋和太平洋航线的发现，殖民者、神职人员等随之将天主教饮食带到了大西洋和加勒比海的海岛上，到了美洲及其太平洋对岸的关岛和马尼拉，走进了新建立的城市、修道院、种植园和大庄园。葡萄牙人在太平洋沿岸——特别是果阿、马六甲和澳门——建起了贸易站，借助贸易站传播了天主教饮食，并在日本留下了足迹（但中国例外）。西非人被运送到加勒比海地区和美洲做奴隶（地图上虚线箭头所指），面对最严酷的环境，他们仍然试图重建萨赫勒的谷物饮食和非洲沿海地区的根茎和香蕉饮食。虽然许多美洲的农作物被移植到了旧大陆（把可可做成饮料的方法除外），但新大陆的烹饪方法和菜色没能在旧大陆落地生根（Source: Bentley and Ziegler, *Traditions and Encounters*, 599, 614, 635）。

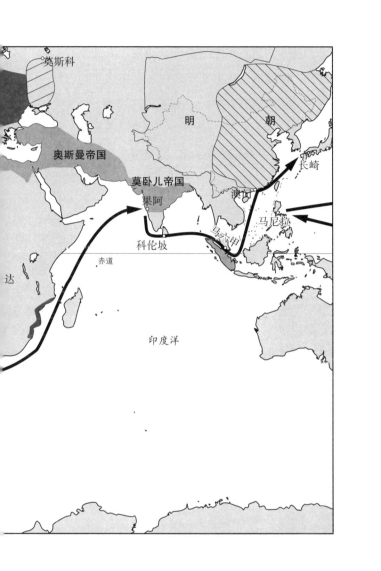

莫斯科

明　　　朝

奥斯曼帝国

莫卧儿帝国

果阿　　　　　　　　　　　　　澳门　　　　长崎

科伦坡　　　　　　马六甲　　　马尼拉

达　　　　　　赤道

印度洋

她们开始发展食品加工。大量出身良好的妇女来到修道院，有的是被家人送去的，有的则是想寻找一种婚姻生活的替代方式，到1624年，已经形成了一个规模达1.6万人的世界性修女网络。[51]但她们过得绝不是与世隔绝的生活，以新西班牙的修女为例，她们通常有一套自己的房子，还有自己的仆人或奴隶，通常是早年改信的摩尔奴隶。[52]在修道院的高墙之内，这些受过教育、有着非凡魄力的女子可以获得相当大的权力，她们管理修道院的土地，寻找各种方法增强教会的实力和影响力。例如已经在欧洲形成气候的贫穷佳兰修女会，1549年在秘鲁的库斯科建了一座女修道院，1605年在墨西哥的克雷塔罗又建了一座大型女修道院，随后在马尼拉（1621年）、澳门（1633年）、危地马拉（1699年）也先后建起了多座女修道院。修女们就在这个网络里四处活动，和她们一起传播的是各种信息，包括她们擅长的甜点制作方法。

塞法迪犹太人也对传播天主教的特色饮食技术起到了推动作用。[53]1492—1500年遭到西班牙和葡萄牙的驱逐之后，他们在奥斯曼帝国、相对宽容的荷兰，以及西班牙和葡萄牙的殖民地找到了庇护，投身到了欣欣向荣的糖、可可的贸易和加工产业当中，将他们的手艺传遍伊比利亚帝国和奥斯曼帝国。但是在天主教的主流舆论看来，还有一些人的表现十分惹人讨厌。比如16世纪30年代中期，在萨拉曼卡和埃纳雷斯堡的大学学医的加西亚·达·奥塔，作为未来葡萄牙总督马丁·阿方索·德·索萨的私人医生来到果阿，他不仅涉足贸易，与伊斯兰统治者畅谈当地风俗，又盖了一座植物园，还发表了一部有关印度植物的对话作品，书中对天主教饮食哲学极为重视的盖伦体液学说嘲讽了一番。

一来到美洲，科尔特斯的记录员贝尔纳尔·迪亚士·德尔卡斯蒂略就给查理五世写了一封信，试图用科尔特斯发现的这块丰饶的土地打动国王，信中他充满热情地介绍了阿兹特克帝国皇帝蒙特祖玛为西班牙人举办的盛宴。[54]他描述了各种猎物，包括飞禽、有肉垂的飞禽、野鸡、当地土生的鹪鹩、鹌鹑、家鸭和野鸭、鹿、西貒、芦苇鸟、鸽子、野兔等，各种水果，还介绍了皇室喝的饮料——一种放了香料的冰霜泡沫巧克力。他不知道这种饮食继承了我们在第二章里提到的特奥蒂瓦坎饮食，即使它已经变成一片废墟，仍然吸引着蒙特祖玛年年从特诺奇蒂特兰出发，徒步前往那里朝圣。

实际上，尽管西班牙人和葡萄牙人到达了这些新的土地，并且在饮食世界占据了一席之地，但他们仍然觉得承受了巨大的风险。海上旅程本就险象环生，船上的储备粮食基本上就是饼干（二次烘烤的硬面包）、咸鱼和肉，即使是穿越大西洋时，饼干上也有可能会爬满象鼻虫，而咸鱼和肉也会变质发臭，甚至腐烂。太平洋上的航程就更令人生畏了。麦哲伦的船员甚至靠吃面包屑和老鼠肉维持生命，到后来就只剩下老鼠肉了。他们身体虚弱，坏血病导致肌肉肿胀、关节疼痛、牙齿松动、牙龈变黑。他们切开牙龈用尿冲洗，但是效果甚微。[55]

他们最终抵达了在欧洲人看来非常危险的热带地区。为了在"能把肉烤熟"的太阳底下存活下去，初来乍到的人得经过一番"盐腌"和"调味"，这就好比牛肉要想放得长久，也得用盐腌一样。对人类来说，这个过程也就意味着出汗、发烧，还要饱受出血和拉肚子之苦，而这又会抑制消化。为了恢复消化之"火"，医生列出了一些食物，包括朗姆酒（和温水、果汁、香料混在一起，调成潘趣酒饮用）、辣椒或胡椒，以及糖。一些医生对此有不同的诊断，他们认为消化之火已经烧到失控的程度，要想遏制，得早餐后和下午各喝一杯冰镇的巧克力才行，大餐要留到晚上吃，那时候气温就降下来了，吃起来比较安全。

由于当地的水果长势旺盛，人们普遍相信它们——柑橘、柠檬、酸橙、西瓜、番石榴、木瓜和杧果（不管是美洲种的还是旧大陆种的）——和肉类能提供的"营养与美德很少"。英国多明我会修士托马斯·盖奇曾在17世纪早期穿越西属美洲，根据他的记载，这些水果和肉会让定居者的"胃口大开，不断哀号'快喂我，快喂我'"。[56]不管理论如何，事情的真相是热带非常危险。三个世纪以后，不列颠陆军在统计印度驻军的死亡率时，发现比英格兰驻军高了三倍，而且除了太平洋上诸岛屿以外，所有驻热带地区的部队情况都差不多。[57]由于不知道疟疾和黄热病等疾病的起因，再加上坚信人只有生活在他从小长大的那个饮食之地才最合适，移民们纷纷把责任推到食物身上。

　　此外，许多欧洲人都质疑美洲当地人不能算是完整的人，可能就是亚里士多德描述的那种天生的奴隶。欧洲人对当地人的食物退避三舍，例如他们不熟悉的粮食，如玉米、含淀粉的根茎类植物（不过他们会吃用木薯粉做的面包）；用龙舌兰属植物的汁液酿造的质地黏稠、味道温和的龙舌兰酒；还有当成蔬菜来吃的仙人掌。祭祀仪式后举行的人肉宴更是让他们惊吓不已。想到那些人还吃昆虫，他们便感到恶心，这种忌讳可以追溯到公元前几个世纪的波斯和犹太思想。"他们吃刺猬、鼬、蝙蝠、蝗虫、蜘蛛、蚯蚓、毛毛虫、蜜蜂和扁虱，有的生吃，有的烹煮，有的油炸……更不可思议的是，他们还有上好的面包和酒。"1552年历史学家弗朗西斯科·洛佩兹·德·哥马拉做出了这样的评论，足以让他对美洲人的人性产生怀疑，虽然他从来没有去过美洲。[58]

　　贝尔纳尔·迪亚士在写给查理五世的信中，委婉地省略了玉米饼和玉米饺、上菜用的陶器和地上的垫子这些细节，因为无论他本人还是同行的征服者，包括查理五世，想必都会觉得这些与高级饮食不搭边儿。无论在美洲还是在加勒比海地区，欧洲人都不打算在吃的方面向当地人看齐。他们随身携带了自己喜欢的动植物、刀具、瓷器和厨师，以及煮饭用的大铁锅（图5.6）。他们建起了炉台和用来通风的高高的烟囱，砌起了圆顶的烤炉用于烘焙，还设置了蒸馏器以制作精油和酒，建了磨坊用来磨麦子。他们还建起了伊斯兰式的粮仓，在当时已有的印第安灌溉系统之上加上了西班牙南部那种伊斯兰-罗马式的灌溉系统。一起带去的还有弗朗西斯科·马丁内斯·莫提尼奥那部厚达500多页的《烹饪技艺》。[59]

　　在探讨美洲的天主教高级饮食之前，我们先来谈论亚洲，虽然相隔万里，但欧洲人和亚洲人的接触很早以前就已经开始了，因而对于当地的伊斯兰饮食欧洲人还是比较熟悉的。西班牙人和葡萄牙人从当地遇到的各种饮食之中接受了很多元素，他们又极其热衷于将制糖、煮糖技艺和巧克力、棕榈酒的制作工艺传播到大西洋和太平洋地区。

　　耶稣会是到达东亚规模最大的天主教团体，其亚洲总部设在了果阿。从1555年起，每年都会有一艘船从果阿出发，前往澳门和长崎。在接下来的几个世纪里，共有900名耶稣会士在中国活动。他们看上去似乎并没

图5.6 一道彩虹下，西班牙人正在把用来育种的成对的猪、绵羊、牛、马从船上赶下来（象征着诺亚在洪水退去后从方舟踏上陆地）。这幅图出自16世纪出版的《新西班牙诸物志》第十二册的扉页。《新西班牙诸物志》又名《佛罗伦萨手抄本》，由方济各会修士贝尔纳迪诺·德·萨阿贡汇编而成（Sahagún, *The Florentine Codex*, digital facsimile edition, Tempe, Ariz.: Bilingual Press, 2008. Reproduced with permission from Arizona State University Hispanic Research Center, Tempe）。

有打算将天主教饮食介绍到中国，而是接纳了确立已久的儒释道高级饮食，与此同时借助他们自身的科学知识进入了中国社会的最高阶层。至于日本，虽然耶稣会士在那里待的时间并不长，但是仍然为日本的佛教饮食带来了许多影响，例如油炸食品天妇罗、长崎蛋糕和金平糖等，而且那里至今仍用伊比利亚语中的词"pan"称呼面包。

葡萄牙人在果阿接触到了印度教饮食和伊斯兰饮食（他们随后又在其他贸易据点，如马六甲和澳门，与佛教饮食发生了类似的相遇）。在王室的鼓励下，他们得以与当地已经改宗的印度女性通婚，其结果是催生出了一种混合饮食。其中源于葡萄牙、属于天主教饮食的发酵圆面包，很可能是用从印度北部船运过来的小麦面粉，由面包坊做出来的。葡萄牙人走到哪里，当地就会出现用酒或醋和大蒜腌过的猪肉饮食（酒蒜香肉），这道菜后来变成了今天所有的印度餐馆都会做的一道菜——咖喱肉。不过在16世纪80年代，当荷兰人扬·范·林索登抵达果阿时，当地人的日常饮食包括浓汤酱汁盖浇饭、咸鱼、腌杜果，以及鱼或肉酱。[60]芝麻油取代了橄榄油，腌制的青杜果取代了青橄榄。椰奶与葡萄牙曾经出现过的牛奶或山羊奶相比，供应更充足，比杏仁奶又更便宜，毫无疑问让斋戒变得轻松多了。

在菲律宾群岛，克里奥尔人（指出生在墨西哥的西班牙人后裔）发现了当地一种以稻米为主的朴素饮食。他们将天主教风格的炖菜、面包、肉馅卷饼、油煎醋鱼、热巧克力饮料以及墨西哥粽子引介了进来，不过没带来墨西哥玉米饼，玉米饼的传播止步于关岛。他们也和中国人做贸易。配备了200～400名船员的中式平底帆船从广州出发，航行700英里抵达马尼拉，用小麦面粉、咸肉和其他贸易商品交换墨西哥的白银。[61]他们还跟日本人做生意，从日本人那里得到小麦面粉、咸肉和鱼，交换出去的则是水果、蜂蜜、棕榈酒、从遥远的卡斯蒂利亚运来的葡萄酒和保存茶叶的大罐子。返回墨西哥的马尼拉大帆船则满载着香料、丝绸、瓷器和其他一些奢侈品，以及小杜果、罗望子树和椰子树等植物，还有一些来自东亚、东南亚和南亚的人，他们之前出于各种各样的原因，也乘船去往造船业和货物集散中心——马尼拉。

在这场全球扩张的过程当中，西班牙人和葡萄牙人推动了糖、甜食和各种饮料的交流。由于立式轮碾磨（这种机器由两个或两个以上的滚轴组成，滚轴向不同的方向移动，通过这种方式碾轧甘蔗）、复合蒸煮器和黄泥脱色法的出现，甘蔗的加工成本更低，糖的品质也更好。[62]虽然关于立式轮碾磨的发明地在哪里我们尚不清楚，但天主教传教士和马尼拉大帆船在整个推广过程中扮演了主要角色。这个过程漫长而又复杂，简言之，水平滚轴机很可能是从印度传入中国的，到了16世纪中国的工匠将之装配成了立式碾磨。奥古斯丁修会修士马丁·德·拉达在前往中国的主要

图5.7　这是一张巴西糖种植园的综合场景图。远方的甘蔗田里有人在劳作。图中描绘了两座磨坊，较远的磨坊是用牛来拉磨，另一座（图左）则是一座水力磨坊。图中展示了一名经验非常丰富的工人正在做一项危险工作，就是把甘蔗塞到前两个滚轮中去；另一侧，另一名工人正把甘蔗拉出来，再塞进去。在图的右侧，奴隶正在把沸腾的甘蔗汁表面的杂质撇去。煮糖间的地板上和背景里都能看到圆锥形的糖锭（*Brasilise Suykerwerken* in Simon de Vries, *Curieuse aenmerckingen der bysonderste Oost en West-Indische verwonderens-waerdige dingen*...Utrecht: J. Ribbius, 1682. Courtesy John Carter Brown Library at Brown University, Providence, Rhode Island）。

制糖基地福建传道时，对西班牙和墨西哥报告了这种机器。[63] 其他传教士则在印度和中国学习制糖法。立式轮碾可能是在16世纪晚期引入墨西哥和秘鲁的（图5.7）。后来工程师们设计出了用两到三个碾轮组装成的轮碾机，碾磨效率进　步提高。这些横跨太平洋的创新技术在17世纪、18世纪和19世纪在全球范围内成为标准。这种碾磨机作为一种标志性的技术发明，其全部潜力到19世纪才被人们充分认识到，不仅为粮食加工产业带来变革，还运用到了轧棉、轧钢和造纸领域。

　　压榨出来的甘蔗汁放到锅里煮开后可以将水分蒸发掉。将这种浓缩糖浆倒入陶罐放置几天，糖蜜慢慢渗透到罐底，然后再排掉，留下被称为黑砂糖的凝固红糖锥，即一种圆锥形的金棕色糖（目前在拉丁美洲仍能见到，叫作粗糖锭），在欧洲贩卖之前还要进行进一步的精炼。价格更高（因此税也更高）的白糖或半精制糖，则是用与这相类似的一个过程生产出来的，即黄泥脱色法：先在每个罐子的上部覆盖几英寸厚的湿黏土，等泥水渗透过糖浆时会溶解更多的糖蜜，留下绵软的白色糖霜。糖蜜要么被当成便宜的甜味剂卖掉，要么通过发酵和蒸馏做成烈酒，这里面最有名的就要数朗姆酒了。

美洲的种植园规模越来越大。借助来自德意志、热那亚、佛罗伦萨和伦敦的资金投入，糖种植园主为种植园的建设、机械设备、锅炉房、蒸馏厂、仓储和生产过程留下了详细的记录。他们从西非进口奴隶（参见第六章），还带来了能够在热带地区拉车和驱动机械设备的非洲牛。[64]他们用船把粗糖运送到位于安特卫普（当时这座城市还在西班牙人手中）的精炼厂，后来又运往阿姆斯特丹。与制糖业日渐式微的威尼斯、博洛尼亚不同，这两座城市对于大西洋贸易和不断拓展的北欧市场来说都非常便利。到了17世纪后半叶，巴西成了制糖行业的霸主，出口量是加勒比海地区、墨西哥、巴拉圭和南美洲太平洋沿岸地区的10倍。

粗糖价值体积比较高，这使得它值得被运送到欧洲市场，在那里相比其他的美洲物产——比如便宜的有兽皮和多筋咸牛肉，昂贵的则有海龟（可以用来煮汤）、海龟壳、靛青、可可、棉花、姜、青柠、甜椒和烟草——能够卖出更好的价钱。在世界历史的长河中，无论是从生产和消费的角度来看，还是从政治控制跨越的战线之长、社会差异之大来看，当时还没有哪个单位能够在长距离贸易方面获得如此多的投入（唯一的例外可能只有摩鹿加群岛这些产香料的岛屿）。

糖的一个主要用途是用来制作甜点，世界各地的修女会都会做甜点供赞助人享用，或者拿去出售。许多精致的点心，例如用碎杏仁和糖做的杏仁蛋白糖，能在伊斯兰饮食中找到其根源。用进口的榅桲、苹果、桃或来自美洲的番石榴、南美番荔枝和马米果制成的果酱与糖浆，裹上糖的油炸面团（如甜甜圈和油煎饼），用糖、淀粉和调味料做成的奶油，以及用水果或坚果调味的甜饮料（柠檬水和西班牙杏仁露），也有着同样的来源。

其他一些甜点，例如在里面加鸡蛋，都是这一时期新出现的技艺，它们之中有的是等糖煮成糖浆之后加上蛋黄（比如阿威罗软蛋）或蛋丝（把蛋黄滴入糖浆，变成丝状）做成。墨西哥的修女会把蛋黄做成蛋皮或蛋条，然后泡在糖浆里，或是塞一些坚果或香料做馅儿（比如鸡蛋布丁、皇家蛋奶糕、油炸甜蛋糊和鸡蛋丝）。在果阿，葡萄牙修女从中国进口蔗糖，因为黏稠的印度棕榈糖不如中国的好用。[65]在莫桑比克，人们会在软蛋里加入木瓜，让口感更丰富。今天的泰国人会把鸭蛋打到糖浆里做成蛋丝、蛋黄球和蛋花。在阿富汗（记起了帖木儿宫廷里那位葡萄牙大使），人们会把蛋丝炸过之后卷起来，蘸上糖浆来吃。[66]

美洲的新鲜事物还有一系列牛奶甜点，即把牛奶煮成浓稠的膏状（牛奶焦糖酱），凝固后做成软糖或太妃糖风味的奶油。因为印度教饮食中也采用过这些方法，所以说这些甜点是移民乘着马尼拉大帆船带去美洲的，也不无可能。千层蛋糕颇受欢迎。从果阿到菲律宾群岛，比宾卡千层蛋糕的一些变种通过添加椰奶而变得口味更加丰富。[67]在欧洲和墨西哥，酥皮点心渐渐流行起来。海绵蛋糕（可以和第四章的奥斯曼"revani"做比较）到了意大利叫作"pan di Spagna"，到了法国叫作"genoise"（来自热那亚），这时也来到了日本，叫作"长崎蛋糕"（来自卡斯蒂利亚的蛋糕）。

在欧洲，随着糖的价格变得越来越平民化，各种受伊斯兰饮食启发的甜点也开始向欧洲北部扩展。在英国女王伊丽莎白一世的宫廷里，就有一名葡萄牙厨师担任了想做"精致点心"的女官的首席顾问。[68]昂贵的糖艺作品变得时髦起来，许多贵族会在专门宴客的地方摆上这些作品，有的还被做成美味的开胃小食（例如杏仁酱火腿、糖霜培根与黄白相间的鸡蛋冻）。[69]虽然在盎格鲁世界，这样的甜点已经普遍被人们遗忘，但是在意大利、西班牙和整个拉丁美洲，它们依然广受欢迎，贫穷佳兰修女会的修女们曾在当地的连锁店里出售这些甜点。

对于各种来自异国的饮料、食物和烟草（通常都带有一定的精神刺激性）来说，伊比利亚帝国可以说起到了一个信息交流所的作用。这些物产被视为税收收入的来源，其种类之繁多令人叹为观止。有欧洲的蒸馏酒、龙舌兰酒（来自新西班牙，用发酵的龙舌兰汁制成）、棕榈酒、古柯

（来自安第斯山区）、蒌叶（来自东南亚）、烟草（来自中美洲）、印度大麻（来自亚洲）、酿酒用的葡萄汁（未过滤的葡萄汁）、香料甜酒（口味热辣的酒）、柠檬水（源自伊斯兰饮食）、啤酒和苹果酒、一种用地中海莎草的根做成的苦茶、来自美洲的玉米啤酒以及来自墨西哥的玉米粥……所有这些在医学及神学专著《巧克力是否会打破神圣斋戒之道德难题》一书中有详细的描述。这本书的作者安东尼奥·德·莱昂·比内洛出生于现今阿根廷的科尔多瓦，长大后做了耶稣会士。[70] 其实他本来可以把瓜拿纳、可乐果（来自非洲）和马黛茶（来自南美）也写进去的。这些饮料中有两种值得我们做进一步探讨，它们就是巧克力和棕榈酒。

耶稣会士是顶尖的巧克力生产商和推动者，他们在危地马拉和亚马孙雨林中雇用当地原住民采收可可，然后运送到东南亚、西班牙和意大利，交到那里的会友手上。[71] 过去被圣托马斯·阿奎纳用来为制糖业正名的论点，此时也可以用来为巧克力背书，即巧克力并不是一种食物，因此可以在斋戒时消耗，虽然经常与耶稣会观点相左的多明我会对此表示异议，但是有了这一层神学上的共识，巧克力的市场得到了极大的拓展。人们认为巧克力有冷却和镇定的效果，可以安抚性格暴躁易怒的人，也可以减少修士和修女的欲望。修女们在冰冷的教堂做夜间服务时，会喝巧克力来保持体力。

耶稣会士教会了欧洲人如何使用中美洲的技术加工、处理巧克力（图5.8）。发酵的可可豆得在加热的石磨上研磨，才能避免富含油脂的巧克力被粘住。简易石磨早在罗马时代就已经被旋转石磨取代，已经在欧洲的大部分地区绝迹，即使曾经流行过，这门技术肯定也已经失传了。在欧洲，塞法迪犹太人会随身拉着自己的石磨挨家挨户上门服务。从那时起，中美洲人过去喝的那种冰爽、加了辣椒提味，又用橙色的胭脂树红（一种矮小的热带树种的种子）着色的饮料，也被欧洲化了。不过与图5.8中所描绘的不同，欧洲人用时髦而价格不菲的瓷杯取代了葫芦瓢，同时按照香料甜酒的做法，在饮料中加入糖和甜味香料之后加热饮用。巧克力成了一种社交饮料，特别是在西班牙和意大利，它循着过去茶叶的发展轨迹，由神圣变为世俗，同时和咖啡一样，被当成一种刺激性饮料饮用。

图 5.8　欧洲人一直难以理解新大陆的巧克力饮料，图中展示的是戴着羽毛头饰的原住民正在准备巧克力。用来盛巧克力的浅底葫芦瓢描绘得非常准确，但显然绘画者本人从来没见过可可豆是如何在温热的石磨上研磨出来的，而且用棍子搅拌出泡沫的做法是欧洲人介绍进来的。在美洲，通过将巧克力在容器之间来回倾倒，可以制造出巧克力的泡沫（John Ogilby, *America: Being the Latest, and Most Accurate Description of the New World*, London: printed by the author, 1671, 241. Courtesy New York Public Library, http://digitalgallery.nypl.org/nypldigital/id?1505018）。

作为饮料，巧克力主要还是在天主教世界流行，包括菲律宾群岛。历史学家玛西·诺顿以充足的理由挑战了"欧洲人开始对巧克力上瘾"的看法，她指出，首先要解决的是接受的问题，然后才谈得上上瘾。[72] 她还认为，第一批喝巧克力的人肯定非常勇敢，因为中美洲人这种加了香料和色素的巧克力饮料，对欧洲人来说无异于巫术，她这么说当然是对的，但是我很怀疑，耶稣会士和他们的顾客是否会继续认可这些含义，虽然人们的确为巧克力的欧洲化花费了不少功夫。

莱昂·比内洛在他的《巧克力是否会打破神圣斋戒之道德难题》一书中提到的另一种饮料——棕榈酒，相比巧克力，今天就不那么为人所知了。但比内洛之所以将之收入，是因为棕榈酒对 16 世纪和 17 世纪的墨西哥非常重要。气候宜人的科利马州位于墨西哥太平洋沿岸，那里的地主用马尼拉大帆船运载来了椰子树、蒸馏器，以及操作工人。[73] 工人们摇摇摆摆地爬上椰子树，插管子收集汁液，然后通过自然发酵做成甜味的酒精饮料。但由于这种饮料很快就会发酸，因此比较好的保存方法是通过蒸馏将它变成棕榈烈酒。这里使用的蒸馏器和伊斯兰式的非常不同，看上去就像一个倒扣过来的碗，放在加热了的椰子酒上面，用水来冷却，蒸馏液通过喷嘴导出。这种蒸馏器很可能源自中国，因为在元朝就已经有人使用这种蒸馏器从事商业规模的烈酒制造业。[74] 棕榈烈酒通过船运穿越墨西哥西部和中部地区，特别是萨卡特卡斯和瓜纳华托这样蓬勃发展的采银小镇。经过多年的谈判协商，西班牙王室终于在18世纪初停止了棕榈酒的生产活动。但是人们很有可能用这种蒸馏器，用煮熟、捣碎的龙舌兰肉生产梅斯卡尔酒和龙舌兰酒，从而将亚洲技术与墨西哥原材料结合起来。

新西班牙——范围大致相当于今天的墨西哥——是有关天主教饮食传播到美洲研究得最透彻的案例。类似的转移模式在整个西属美洲和葡属美洲随处可见，特别是那些因为开采银矿（如秘鲁）或种植园，尤其是糖种植园（巴西和加勒比海部分地区）而发家致富的地方。最主要的差异存在于热带地区和高纬度地区之间，前者当地人严重依赖根茎类饮食，后者则以玉米为当地的主食。另外还有两个移民群体的饮食，让天主教和美洲当地饮食之间的互动更加复杂，一类是来自非洲西海岸的奴隶（在第六章将会探讨其中最大的族群），另一类则是乘马尼拉大帆船到来的亚洲移民。

16世纪中期，新西班牙发现了储量丰富的银矿，带来了当地经济的起飞。在总督府的厨房里（那里的厨师都来自欧洲），在女修道院、庄园里，在家财万贯的银矿主购置的联排住宅里，到处都在烹制天主教的饮食。[75] 虽然欧洲人一开始对中美洲饮食不屑一顾，但是通婚关系和奴仆的存在，意味着征服者与被征服者的厨房是不可能彻底隔离开来的。特别是当地的石磨（马泰特）进入了天主教徒克里奥尔人的厨房，挨着欧洲南部厨房里常见的炉台和炉子。有了石磨，无论制作酱料、肉泥，还是研磨坚果和香料，都变得比较轻松，相比之下，欧洲厨房里的舂、筛要费力得多。富有的家庭往往有六个到七个石磨，分别用来处理不同的食材——

辣椒和香料、鱼、肉、乳酪、坚果和水果，而天主教饮食中的经典菜色也因此得到更进一步的发展。

在所有的食物中，摆在议事日程最前面的当属面包和葡萄酒。毕竟，阿奎纳曾明确规定，只有小麦面包和葡萄酒能够用在弥撒仪式当中，即便在无法种植葡萄的地区，也不能用桑葚或石榴酒来代替。[76]尽管韦拉克鲁兹的一位商人曾抱怨说"这地方没有面粉，也没有葡萄酒和布料"，还说"土地已经贫瘠到了人们要卖石头的地步了"，然而，不过一代人的时间，欧洲人便在这里种起了小麦。[77]到16世纪60年代，面包师已经可以为客户提供四种等级的面包了——精白面包、白面包、全麦面包和粗粮面包，面包师使用的酵母也是当地的，例如用玛圭龙舌兰汁酿造普奎酒。他们还制作饼干（二度烘焙的干面包）、炸面包（油煎饼和西班牙传统甜甜圈）、用鱼肉做馅的馅饼，以及肉馅或肉冻馅的磅蛋糕（可能是用发酵面团做的）。葡萄酒和油是从西班牙进口的，西班牙可不希望这些高级商品的收入落入美洲大地主的手中。辣肠、熏肠和血肠，这些从罗马时代就流传下来的伊比利亚半岛食物，此时也在新西班牙和果阿制作。干熏火腿似乎消失了。而猪油仍然是主要的食用油来源。

除了之前讨论过的甜点以外，天主教的克里奥尔饮食继续呈现出伊斯兰饮食的多种元素。[78]最晚到19世纪，还有人根据马丁内斯·莫提尼奥《烹饪技艺》中的食谱来做库斯库斯，同时还把类似墨西哥玉米粉蒸肉中的蒸玉米磨碎了来做库斯库斯的替代品。有人将一台做细面条用的压面机带到了墨西哥中部尤里里亚的奥古斯丁修道院城堡，面条从此成了深受人们喜爱的一道食物，至今仍是如此。烩饭（在美国叫作西班牙烩饭）和面条逐渐被人们称作"干汤"，因为里面的水被脱掉了。面包布丁（萨里德炖肉的后继者）里的肉逐渐消失了，变成了四旬斋期间的一道甜点。猪肉通常用猪油来烹饪，有点类似后来伊斯兰帝国用脂肪来保存肉的做法，不过马上要吃。一些当地食材也静悄悄地加入进来。火鸡被炖鸡肉或烤鹧鸪取代，当地的豆类也和鹰嘴豆一起成为食材。酸浆果和番茄做成的绿色酱汁则与欧洲的非常接近。

天主教克里奥尔饮食中的正式菜色包括香料或坚果酱汁炖肉、馅饼、醋腌鱼（油煎醋鱼），以及用肉块或肉末做成的菜（如羊腿）。成书于1750年前后的《多明加·德·古兹曼食谱》中，有两份特别有趣的炖肉食谱，分别叫作"摩里斯科"和"麦斯蒂索"（意为混血儿）。第一份是直接摘抄自马丁内斯·莫提尼奥的摩尔式鸡肉食谱。作者明确说明需要的香料有牛至草、薄荷、欧芹、刺山柑花蕾、大蒜、小茴香，以及伊斯兰饮食中典型的丁香、肉桂和黑胡椒。至于麦斯蒂索炖鸡肉，则去掉了这些香料，代之以墨西哥番茄和辣椒。

到了某个时刻，这种香辣的棕色酱汁开始采用同一个集体名称，叫作"混酱"（mole，发音很像英语中的"MO-lay"），虽然一些更古老的西班牙语名称还在使用，如"almendrado"。混酱这个叫法在墨西哥的厨房颇能激发人们的联想。许多仆人说阿兹特克纳瓦特尔语，其中"molli"的意思是酱汁。葡萄牙语里的"mollo"（发音类似英语中的"molio"）也表示酱汁，马丁内斯·莫提尼奥的许多道菜都是用这个名字。而在西班牙语中，"moler"是研磨的意思，这对于酱汁的制作来说可是一项至关重要的技术。因此，当女主人或修女要跟平日里做惯卑微工作的仆人们沟通时，使用"mole"这个词就会非常轻松。普埃布拉的混酱在通常使用的香料里，加入了具有镇定功能的巧克力和具有暖胃功能的辣椒，从而成了天主教克里奥尔饮食的一道招牌菜。

对于如何看待美洲原住民的饮食，西班牙人展开了激烈的论辩。神父贝尔纳迪诺·德·萨阿贡曾对原住民说，他们应该吃"卡斯蒂利亚人吃的东西，因为那是好的食物，养大了他们，让他们强壮、纯洁、睿智……如果你们吃了卡斯蒂利亚人的食物，你们也会变得跟他们一样"。[79] 但其他人不同意他的观点，因为即使原住民人口已经骤减了90%，但是其数量仍然远远多于西班牙人，接近20比1，他们害怕如果原住民吃了小麦和欧洲的肉类，恐怕会变得过于强壮。

实际上，相比于小麦面包，原住民倒是更喜欢玉米饼的口味。只有印第安贵族逐渐模仿欧洲人，吃起了小麦面包，但大多数人时至今日仍然在做他们的玉米粽和玉米饼，煮他们的豆子。我们对进一步的细节所知不多，但可以合理推测他们会将干辣椒加水还原，研磨后做成酱汁。16世

19. 奥尔梅克文化拉文塔遗址的国王石像。

20. 一个刻绘了玉米神的饮酒陶器，约200—400年，危地马拉，玛雅文明遗址。

21. 14世纪，人们正在制作奶酪。

22. 中世纪，一名主妇示范如何处理和保存葡萄酒。

23.约14世纪，人们在采摘葡萄。

24.13世纪末，修道院的一名修士正在品尝葡萄酒。

25. 大约14世纪，修女们一边静静地用餐，一边听着《圣经》的吟诵声，请注意她们交流时的手势。

26. 贝里公爵约翰正在享用一顿大餐。他坐在壁炉前的高桌旁，由几个仆人侍候，其中包括一名切肉工。他的左边放置着一只黄金船形盐瓶。

27. 1378年，法国国王查理五世（中，穿蓝色衣服）在巴黎为神圣罗马皇帝卡尔四世（左）及其儿子文策斯劳斯举办宴会。每个用餐者都有两把刀、一个方形盐瓶、餐巾、面包和一个盘子。

28. 一张印有北京天坛的老旧明信片。天坛是中国明清两代帝王祭祀皇天、祈五谷丰登之场所。

29. 中国北宋时期的一幅画，描绘了一个水力磨坊，磨坊就挨着水道，交通便利。

30. 13世纪末，一个医生正给一个病人放血治疗。

31. 《文会图》是宋徽宗和宫廷画家共同创作的绢本设色画，描绘了当时文人会集宴饮吃茶、饮酒的盛大场面。

纪末开始的禁止阿兹特克人吃牛肉、猪肉和山羊肉的命令一经正式解除，人们便开始怡然自得地吃起欧洲动物的肉，在他们的玉米粽里加入猪油，并且开始养鸡——一种美洲原生火鸡的迷你版。[80]随着要求人们保持清醒的清规戒律的取消，他们也开始放开喉咙喝起酒来，既喝位于墨西哥城周遭干旱地区，由西班牙人或克里奥尔人拥有的大庄园所生产的龙舌兰酒，也喝因为生产简便因此价格低廉的甘蔗酒，另外自然也少不了棕榈酒。[81]

到了17世纪中叶，新西班牙（以及整个西属美洲）出现一种分层饮食。西班牙人的后代（至少当中那些有钱人）吃的是天主教克里奥尔饮食，食材绝大多数是从欧洲传过来的动植物，还有一些来自亚洲和非洲，例如长粒大米。原住民吃的是传统的中美洲饮食，绝大多数食材取自当地作物，不过也有从欧洲、非洲和亚洲传过来的动植物。椰子树来自大西洋上的佛得角群岛和太平洋上的菲律宾群岛。黑眼豆和稻米则可能来自西班牙或菲律宾群岛或西非，又或者三者皆有。

1972年历史学家阿尔弗雷德·克罗斯比描述了植物、动物、人群、文化以及传染性疾病在新旧大陆之间的传播，并称之为"哥伦布大交换"。随后的许多学者将这一交换定义为食物发展史上的一次重大事件。但是这里有一个同样重要的事情，那就是将食物史上的不同含义梳理清楚。动植物的传播毫无疑问给新旧大陆的人们带来了新的食物原材料。在旧大陆的热带地区，玉米和木薯成为新的重要热量来源。豆类也在温带地区迅速进入当地饮食。玉米和随后的马铃薯，为买不起其他食材的穷人们提供了食物。在地中海、巴尔干和匈牙利、印度、东南亚、西非和中国，辣椒成了便宜的香辛料来源。番茄如今在欧洲成了深受人们喜爱的蔬菜。而在新大陆有小麦、柑橘、牛、绵羊、山羊和猪，这只是其中风头最劲的几个主角而已。

食物原材料的交换，不应该让我们忽视这一事实，即它们都得先经过加工才能成为食物。欧洲和亚洲的食物加工和烹煮技术成套传播到了新大陆，但是美洲的食物加工技术一点都没有传到旧大陆去。造成这种现象的原因有很多，例如对美洲作为被征服者的态度，而且除了总督的随员，鲜少有欧洲人来到美洲后还有机会重返故乡，而土生土长的美洲厨师也不会到欧洲或亚洲旅行，还有一个原因是简易石磨、陶器和地上的火坑似乎更适合农民而不是贵族家里的厨师使用，因为后者可以利用水力磨坊、铁锅和炉台。一个比较突出的例外是用简易石磨研磨做巧克力用的可可豆，因为可可豆很容易粘住，用轮碾机磨的话会比较困难，但是除此之外，简易石磨几乎已经没什么用武之地了。

如果没有饮食上的交换，中美洲人长久以来在处理玉米和辣椒的过程中积累起来的经验，便无法跨越大西洋。正如我们已经看到的，烹饪会为食材带来膳食、美食学和营养层面上的改变。以玉米为例，用石灰水来处理玉米（这一过程叫作"水磨灰化"），能够制造出蓬松的脱壳玉米粗粉，经过湿磨做成面团后，可以制作柔软又有弹性的无酵面包（膳食上的转变），这些面包的香味能够立即对大多数人产生吸引（美食学上的转变）。加工过程能释放出营养素，对那些严重依赖玉米维生的人们来说，可以避免染上营养缺乏疾病（营养上的转变）。19世纪到20世纪早期，严重依赖玉米的意大利穷人和南美洲穷人，就曾经饱受因缺乏营养而导致的糙皮病的折磨。[82]

与之相似，许多与辣椒有关的知识也被人们忽略了。大多数地方都没有将干辣椒加水还原，再磨成辣酱泥（或许北非是个例外）。结果，辣椒本来可以为菜肴增添的色彩、口感和果香味道也就无人赏识了。而且由于人们对辣椒的消耗没有酱汁那么多，日常饮食也就平白损失了很多维生素C。

有些作物在传入时没有带来相应的技术。人们接受马铃薯的过程不仅缓慢，非常不情愿（参见第七章），也没有带来安第斯山区所使用的马铃薯保存方法。地中海周边地区随处可见的仙人掌很少被当成蔬菜。也没有人去发掘龙舌兰的汁液和果肉有什么用途。大多数人都没听说过酸浆果。很晚才被人们接受的番茄算是例外，直到19世纪晚期番茄才变得重要起来，当时罐头的出现让人们一年到头都能用它来做酱汁。地中海饮食仍然以古典时期由伊斯兰教带来的一些植物为基础。中美洲、安第斯山区与美洲热带地区的饮食向旧大陆的传播备受限制、不均衡，而且十分滞后，时至今日都非常不完整。但实际上，这种现象并不能说是反常。以印度和中国为例，双方的传播基本上是从印度传到中国，波斯和中国之间也是一样，伊斯兰教和基督教王国之间还是一样，例如伊斯兰饮食就没有接受基督教王国出现的各种熏肉和鱼。从饮食的角度，而不是从生物学和生态学的角度来看，根本不存在所谓的哥伦布大交换，有的只是又一段单向的饮食传播而已。[83]

　　到了16世纪三四十年代，欧洲和美洲同时迎来了天主教饮食的蓬勃发展，这从三个小故事即可见微知著。在英国，1529年亨利八世将汉普敦宫据为己有，当成他的主要住所之后，所做的第一件事就是对宫中牢固的砖结构厨房进行扩建（图5.9）。厨房占地3.6万平方英尺（可以比较一下，白宫的总面积是5.5万平方英尺），负责为宫中的800~1200人提供食物。宫外还有几间专门负责拔鸡毛、剥兔皮的洗涤室，一间柴火房，一

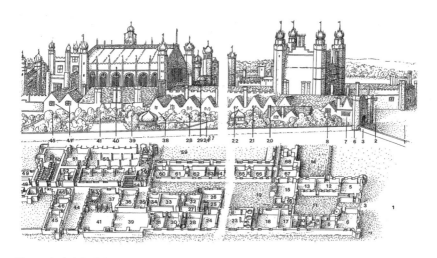

图5.9　保存完好的英国汉普敦宫廷厨房，让人得以窥探从最早期的古代帝国到18世纪宫廷烹饪机构的规模。送到大门口的食材要先经过安全检查（1—4）。资深的厨房管理人员有好几间相连的办公室（5—15）。为了防止浪费和偷窃，官员每天都要报告各种供应的用量。还有一些专门的房间用来存储咸牛肉、生肉和鱼，以及制作冷酱汁（其中最重要的是芥末）、甜点和酥皮、派、馅饼（17—33）。仆人、低阶侍臣、贵族和王室成员有各自的独立用餐区，且都附带存放厨具和打扫的空间（33—58）。烹饪区配备有连续的开放式壁炉和用来熬煮的大锅，锅满时得借助升降机才能移动，因为锅的重量达0.25吨。主餐厅可同时容纳350人入座（Original drawing from Peter Brears, *All the King's Cooks: The Tudor Kitchens of King Henry VIII at Hampton Court Palace*, London: Souvenir Press, 1999,10–11. Courtesy Peter Brears）。

个烘焙坊，烘焙坊里的多部烤炉一起作业，每天要为平民烤500磅全麦面包，为贵族烤200磅白面包。

除此之外，这些厨房还要负责准备皇家盛宴，目的是庆祝相关的皇家入场和加冕仪式，这些在16世纪可是头等大事，其复杂程度远远超过日常的皇家膳食。用我们今天的标准来看，这种宴会简直是劳民伤财，但它们能展现皇家威仪，还能通过分送剩菜展现皇室的乐善好施。上菜的仪式被设计得大气恢宏，旨在展现上帝授予统治者在自然秩序中的最高地位，呼应弥撒的每一个步骤。

这些盛宴当中，较为华丽的一些是在神圣罗马帝国举行的。神圣罗马帝国皇帝查理五世出生在富有的勃艮第公国的根特小城。在他前往西班牙时，不仅带去了勃艮第的宫廷仪式，而且据我们推断，还把他的厨师一并带了去。[84]每逢举行这种大型正式宴会，每一个细节都要经过谨慎规划。意大利贵族克里斯托弗罗·迪·梅西斯布戈在《盛宴：美食和排场的结合》（1549年）一书中，列出了一份所需物品清单、300多份当时最流行的食谱，以及14场适用于不同庆典的宴会实例。1533年，查理五世授予他行宫伯爵的头衔——当时的最高荣誉之一，以表彰他在费拉拉担任埃斯特公爵的管家时做出的贡献。

勃艮第风格的宴会首先是以列队进场，就像高级传教士进教堂、做弥撒一样。拜占庭皇帝参照最后的晚餐采用斜倚的坐姿，和他们一样，国王用膳也效仿弥撒仪式。他坐在高脚桌前（通常是一个人单独坐），桌上就像教堂里的祭坛一样铺着桌布，位置安排在长长的餐厅较窄的那一端。桌上放着面包和葡萄酒，刀叉摆成十字形。负责服侍国王的贵族亲吻盛酒的容器，向高处举起一杯酒，就好像做弥撒时也要亲吻容器，并且把盛葡萄酒的圣餐杯高高举起一样。打开餐盘上的盖子检查餐点时，还会举行一个洗手仪式。餐巾由领地上最有权势的侍臣奉上，在场品阶最高的教士为餐点祝祷，而斟酒人每次为国王倒酒时都要屈膝行礼。对圣体圣血礼的模仿到这里还没有结束，宴会最后要上薄饼或香料甜酒做结尾。另外，还会上香辣的蜜饯帮助消化。

1538年，在西班牙征服美洲17年之后，在新西班牙埃尔南·科尔特斯与西班牙总督在墨西哥城主广场举办了一场历时三天的游园会，主广场就建在阿兹特克帝国的旧神庙上。游园会第三天举行了一场宴会，提供的小吃包括杏仁蛋白糖、用糖和面糊做成的人和动物塑像、糖煮香橼、杏仁、蜜饯和水果，搭配蜂蜜酒、香料甜酒和巧克力。接下来上的是烤小山羊和火腿，鹌鹑馅饼，塞了馅的鸡和鸽子，白肉冻，糖醋油煎鸡肉、鹧鸪和鹌鹑，用鱼肉、家禽肉和野味做的馅饼，以及煮羊肉、牛肉、猪肉、卷心菜和鹰嘴豆。有些大馅饼里竟然会跳出活生生的兔子，还有的会飞出小鸟。最后端上来的是橄榄、乳酪和刺菜蓟。蒙特祖玛曾为科尔特斯举行欢迎宴，当时奉上的各种饮食除了巧克力，其他的此时全都不见了。

1650年前后的全球饮食地图

当墨西哥的顶尖作家、诺贝尔奖得主奥克塔维奥·帕斯以驻印度大使的身份前往新德里履新时，曾这样问道，混酱这种食物，到底是别有创意的墨西哥版本的咖喱呢，还是说咖喱是印度人改造过的墨西哥酱汁？这种看似巧合的现象如何放到"全球饮食地图"中去解释？我想问题的答案就藏在1650年以前诞生在北纬10度到50度之间的一系列传统饮食或神学饮食的相互重叠和交流活动中。这个问题的核心是公元200年以小麦为基础的一系列古典帝国饮食。这时它们得到了进一步扩展：日本的佛教饮食，中国明朝的儒释道饮食，东南亚王国的佛教、印度教、伊斯兰教与基督教饮食复合体，印度南部偏向印度教风格的饮食，莫卧儿、萨法维和奥斯曼帝国的伊斯兰饮食，以及欧洲和西班牙、葡萄牙海外殖民帝国的基督教饮食。这些地区加起来大约占据世界总人口的70%，超过5亿人。[85]不过尽管帝国养活的人口比过去要多很多，但在城市与军队的给养方面，没有什么重大创新。

在1500年的时间里，人们用改造古老饮食的方式创造出了传统饮食，并且在与其他饮食的一系列互动交流中不断演进，其表现就是对它们饮食哲学、厨师、技术、菜式、成分和原材料的模仿、否定、挑选和排斥。大西洋、太平洋和丝绸之路、南海－印度洋－地中海航路一样，也成了主要的商业与传播路线。只有澳大拉西亚和太平洋诸岛还保持着相对孤立的状态。

小麦始终高居谷物等级的顶端，此时还加入了稻米，与此同时，一些次等粮食与根茎类蔬菜的重要性则持续下滑到了低等和边缘的程度。据估测，全世界有10%的人吃的是高级饮食，总人数或达到3500万人，而占80%、在田地里劳作的3亿多人吃的则是粗茶淡饭。游牧民族的饮食虽然还存在，但已经不再对定居人口的饮食产生重大影响。和之前的情况一样，饮食不会随着小麦或稻米饮食的扩张变得同质化。对新技术、新菜色的试验，可用食材的差异，以及传播过程的不均衡，使得饮食变得更具多样性。

与公元前200—公元200年的情况一样，在机械力、热力、化学、生化等食材处理和加工方法方面出现的变化是渐进式的，不是革命性的。机械加工方面比较重要的变革是立式轮碾机的出现。化学加工方面则出现了煮糖和精炼糖、改良的蒸馏法，能够用黄豆和小麦制作豆腐和面筋，还学会了如何保存富含脂肪的海鱼。生化加工与温度改变方面似乎没出现什么创新，除了学会了冰的开采与保存，以及铁质烹饪设备的逐渐引入，不过这些历史至今仍不清晰。

在烹饪领域内部，大多数肉菜和酱汁虽然没有发生明显的戏剧性变化，但一直都在不停演进。天主教饮食中的明胶和派是新东西。伊斯兰与基督教饮食中的酱汁大多数还是浓汤，但是在基督教饮食中已经开始用蛋来增加浓稠度。新出现的谷物饮食包括伊斯兰的烩饭、基督教世界的薄饼，可能还包括煎面糊，还有现代蛋糕最早的前身。糖具有药用价值，在一些开胃小食中可以充当调味料，还具有精神上的促进作用（还能用来做糖雕）。糖的使用是烹饪领域最具创造性的分支之一。用糖、谷物、乳制品和水果制作的甜点备受推崇（具体材料取决于不同的饮食），而主要为宗教人士和女性提供的甜味水果饮料也同样受欢迎。茶、咖啡和巧克力分别对应佛教、伊斯兰教和基督教，这三种饮料从神性走向世俗，带来了新社交场所的出现。虽然伊斯兰世界和基督教王国的公开用餐场所颇受限制，而且大多服务于城镇穷人，但是在东亚，餐馆红红火火地发展了起来。

到了今天，传统饮食链条之间的联系已经被后来的发展弄得模糊不清。以欧洲为例，那些来源于或平行于伊斯兰饮食的菜色大多都消失了，偶尔会出其不意地冒出来一下，例如加泰罗尼亚人把坚果、大蒜、药草、香料和烤面包捣碎了，让酱汁变浓稠，英国人用牛奶煮面包屑泥（面包酱），用切碎的薄荷、糖和醋做薄荷酱，意大利人则会用切碎的草药、油和醋做酱汁。

16世纪，当查理五世与科尔特斯举办宴会时，人们没有道理怀疑这一系列的传统饮食能够一直持续达几个世纪之久。然而，到了1650年前后，一些极为不同的饮食——近代饮食——开始出现了一些早期迹象，出现的地点是之前被视为饮食落后地带的欧洲西北地区。一些化学物理学家、新教徒和那些在王权神授和等级制度之外寻求替代路线的人们，在食物与自然界、食物与神性以及食物与政治、经济的关系等方面，培育出了新的理念，而这些新理念加快了近代饮食发展的步伐，这一点我们将会在第六章继续讨论。

第六章

近代饮食的前奏

欧洲北部，1650—1800 年

食物历史学家都同意，法兰西的高级饮食在17世纪中叶发生了戏剧性的转变，并且他们大都指出，这种转变的最初迹象是1651年皮埃尔·弗朗索瓦·拉瓦雷恩的《法兰西厨师》一书的出版，以及随后各种译本的陆续涌现。[1]这一变革有两个中心因素：一个是开胃小菜当中的香料和糖消失了；另一个则是一种以肥油做底的新酱汁的出现，其中很多酱汁会用面粉增稠。我认为这并不是一个孤立的法兰西事件，而是近代西方饮食在欧洲取代传统天主教饮食过程的一个组成部分。和过去的饮食变革一样，近代西方饮食也是在新的饮食哲学推动下产生的，而这种新的饮食哲学是随着16世纪和17世纪化学、神学和政治理论领域新理念的产生而产生的。化学家和自然哲学家抛弃了饮食宇宙理论、四元素论和对应理论，提出了新的营养和消化理论。新教徒摆脱了过去那种以修行饮食促进灵性成长的原则，相反，主张所有的信徒不管吃什么，都有同等的机会通往神性。政治理论家挑战君主制的高级饮食，提出用共和派、自由派和民族派的饮食作为替代方案。

一种饮食取代另一种饮食并不是一件容易的事，无怪乎法国人、荷兰人和英国人都不约而同地抛弃了天主教饮食的某些方面。在法国，君主和贵族按照新的营养和消化理论对烹饪的方式和菜色做了改变，创造了一种新的法国高级饮食，取代了天主教饮食，并从17世纪50年代起成为泛欧洲的高级饮食。在荷兰共和国，资产阶级保留了许多天主教的菜式，但是把它们整合成了一种中等的共和饮食，为其绝大多数人口提供了充足而体面的家常食物。在英国，贵族吃的是新式法国饮食，而乡绅却拒绝吃法国菜，偏好一种面包－牛肉饮食，并乐观地将之描述为民族饮食。上述三种是近代西方饮食的最早版本，除了开始食用新的酱汁，并且将酸甜两种口味分开之外，这三种饮食全都强调面包和牛肉，而且尝试用肥油、面粉和液体来做酱汁和甜食。法国高级饮食的影响力在精英人士当中还在不断扩大，这种局面几乎一直持续到20世纪末。

然而，中等饮食是近代世界的一项主要创新。相比传统的低端饮食，中等饮食并不普通，它含有更多的脂肪、糖和外来食物，包括能够增强味道的酱汁和甜点，而且在专门用餐的地方用专门的餐具进餐，是连接低端饮食和高级饮食的桥梁。在接下来的几个世纪里，中等饮食逐渐开放给所有人。政治与营养理论的转变使得高级饮食和粗茶淡饭之间的差距渐渐缩小。随着越来越多的国家追随荷兰和英国，统治者正当性的来源不再归因于世袭或君权神授，而是来自人民意志的认可或表达。越来越难以否认所有公民都有吃同一种食物的权利这件事了。在西方，中等饮食的出现是与投票权的延伸相平行的。作为对这一现象的强化，营养理论抛弃了"饮食决定和反映社会等级"的观念，支持建立一种适合各阶级民众的单一饮食。

营养学家将中等饮食的蓬勃发展称为"营养转型"，即从以谷物为主的饮食向高糖、高油、多肉饮食的一系列连续的全球性转变。[2]但营养学家担心，尽管营养转型提升了食品的安全度，但也带来了许多相关的健康问题，包括中风、心脏病、肥胖和糖尿病发病率的提高，随之也造成了社会成本的增加。但是如果简单地把中等饮食定性为一个单纯的营养问题，那就太小看它的重要性了。虽然这些疾病带来的问题不应被忽略，但它们肯定没有贫穷带来的危害大。与中等饮食在菜色和口味上的日渐增多密不可分的是平民的社会、政治与经济地位的改善，在经历了1000年饮食壁垒所强加的不平等之后，这种改善不啻是一个令人欢迎的结果。没有什么比"跟别人吃一样的食物"更能宣告平等的地位，也没有什么比"能自己选择吃什么"更能展现独立自主。

让所有人吃同一种饮食，意味着食物成本的降低。19世纪晚期，食物加工过程的工业化是自人类能驾驭谷物以来烹饪和食品加工领域发生的最重要转变，这种转变降低了食物的价格。其他的原因还包括全球运输费用的降低和农耕效率的提高，而与之相关的是随着农业生产区域专业性的加强以及谷物流通的全球化，全球商业联系日益强化。城市化使得近代饮食的各个组成部分分配起来更容易，所以城市饮食发展的速度要比农村饮食快。也因此，近代民族国家纷纷建立，全球联系变得前所未有的紧密，工业化、城市化发展起来。近代饮食的发展是现代化过程中不可或缺的组成部分。

自从18世纪以来，"现代化究竟意味着什么"这个主题激起了人们持续不断的争论。目前的讨论成形于20世纪五六十年代，艾森施塔特等社会学家是主要推手。艾森施塔特主张现代性意味着与扩散式大家庭截然不同的核心家庭、城市化的世界、工业化、个人政治权利，以及宗教精神的衰落。自20世纪80年代以来，虽然现代化理论的各个方面都受到攻击，但是人们普遍同意，相比400年前，现代世界已经发生了翻天覆地的变化。就我的初衷来说，重要的是在不假设近代中等饮食只有一种产生模式的前提下，去分析它是怎么出现的。因此，我乐于接受历史学家克里斯·贝利提出的广义上的定义，即现代化既是一段过程，其中那些渴望变得现代的，会借鉴和模仿那些他们认为现代的，同时它又是一段历史时期，期间中央集权的民主国家、日益全球化的商业和知识交流、工业化以及城市生活，齐头并进，一起发展。[3]

截至本章为止，按照主要帝国的高级饮食和平民饮食的区别来安排各章，虽然难免有些简化，但还是可能的。但是从现在开始，随着民族国家的发展，同时期各种近代饮食的扩散，以及各国典型饮食的构建，故事也变得越来越复杂了。本章我们将首先探讨一下近代西方饮食哲学的起源，接着去看看继承了天主教高级饮食而成为欧洲高级饮食的法国饮食，然后转向荷兰的资产阶级饮食——法国饮食的一种替代选择，之后去了解一下作为盎格鲁饮食根源的英格兰乡绅饮食，随后是欧洲与美洲各自不同的平民饮食，最后再谈一谈19世纪40年代的全球饮食地图。

近代西方饮食哲学的起源

16世纪30年代，路德、加尔文等人与天主教会决裂。哈布斯堡王朝皇帝查理五世与西班牙国王腓力二世尝试为天主教与神圣罗马帝国保住欧洲，却遭到了来自其他国家统治者接二连三的抵抗。1534年，在英国亨利八世宣布自己为国教领袖。在尼德兰联省共和国，领导人选择了奉行克制的加尔文教，并于1581年宣布独立，因而导致了一场持续数十年的战争。在法国，新教徒与天主教徒展开了惨烈的斗争，直至信奉加尔文教的亨利四世改信天主教并登基为王，并在随后推行一定程度的宗教宽容政策。而在三十年战争（1618—1648年）期间，德意志地区许多选择新教的小国在丹麦-挪威联合王国与瑞典的支援下，与神圣罗马帝国及其盟友展开苦战。由这些冲突造成的天主教徒和新教徒难民被迫逃往不同的国家和大陆。1648年各方签署了一系列条约，统称《威斯特伐利亚和约》。正是在那些动荡的岁月里，哲学家、宗教与政治领袖、科学家（尤其是在法国、英国和荷兰）提出了他们的理念，它们成为最早的近代饮食哲学所赖以存在的基础。

　　首先，说说食物在人神关系之间的地位，新教徒领袖抛弃了天主教哲学或实践的四个方面。第一，他们逐渐将斋戒从例行公事变成一项虔诚的自发行为。[4]比如路德就主张，"我们的主并不关心我们吃什么、喝什么或是穿什么衣服，这一切不过是仪式或次要的事而已"。[5]斋戒食物在数量上逐渐减少，也不再那么频繁地出现在餐桌上。比如，随着修道院的鱼塘被废弃或者被新的非信徒买家买去改造成观赏用的湖泊，餐桌上便不再出现池鱼做的食物。[6]杏仁奶酱汁也从菜单中消失了。夹在热铁盘之间烤的精致的圣体饼也走下了神坛，变成小吃，或者用发酵面糊做成华夫饼来吃。[7]第二，遵循一些学者提出的观点，如托马斯·克莱默的《论食用圣体和饮用圣血》（1551年），尼古拉斯·里得雷的《属主之饮膳应按餐桌样式安排之因》等，围坐在桌子四周共同用餐的做法，取代了神职人员在圣坛上举行的弥撒仪式。在新教信仰中，与弥撒类似的帝国盛宴是没有立足之地的。相反，新教徒好像又回到了我们在第五章描述过的那种早期基督教用餐方式，他们更喜欢全家人先做一段感恩祈祷，然后聚在一起用餐，作为社会与宗教和谐的一种表达。第三，随着宗教场所的瓦解，过去由他们为穷人提供的慈善救济也跟着消失了，只有部分被代之以贵族和精英人士的慷慨解囊，以及后来政府的捐赠。第四，新教徒提出了一种新的饮食宇宙理论，以取代古典时期的饮食宇宙观，但是后者时至今日仍然与天主教有着根深蒂固的联系，这一点我会在讨论食物、身体与环境时再回来阐述。

其次，关于饮食在政治生活中的角色，共和主义和自由主义理论的出现，为人们在君主制与世袭权力之外提供了一种替代方案，并且开启了一段漫长而相互纠缠的历史。人们普遍认为共和主义只有在小国，特别是城市国家才有可能实现，它所依赖的是官僚阶层的统治。和共和制的罗马一样，共和主义在18世纪带来的最重要的饮食上的影响，是用包括节俭、顾家（就女性而言）等公民美德取代了追求华丽和炫耀的贵族价值观。和新教徒一样，共和主义者尤其相信全家人共餐制是一个国家的基石，因为孩子能在此时同时吸收身体与道德养分。这些信念将在尼德兰联省共和国、美洲殖民地以及早期的美利坚合众国发挥至关重要的影响。

再次，自由主义作为一种新出现的学说，由约翰·洛克首倡，有着一段曲折反复的发展过程。自由主义者主张，政府的合法性应追溯至过去某种设想的社会契约，在这种关系中，国民同意接受统治，以换取秩序的建立。自由主义者和共和主义者一样，也强调公民的权利和财产的重要性，他们倾向于反对贵族制和贵族式饮食，相反，他们倡导建立一个以独立自耕农为基础的国家，而且（至少是某些版本的自由主义观念）寄希望于个人利益能够驱动人们创造出更多的公共福利。18、19世纪，随着《威斯特伐利亚和约》的签订，民族主义思潮开始兴起并不断壮大，共和主义与自由主义也注入其中，并在美洲的欧洲殖民地独立运动中得到强化。至少在西方，民族主义开始与民主制联系在一起，同时意味着"所有的公民都有权利吃同样的饮食"。渐渐地，个人生活于其中的国家逐渐取代了他的社会地位和阶级，成为他吃哪种饮食的首要决定因素。

最终，这几种相互关联的理论，包括受太阳之火驱动的饮食宇宙观、四或五种基本元素与体液构成的理论，以及自然世界不同层面之间存在相互对应关系的理论，在过去的5000年里一直流行。之后，在食物和自然世界（包括人体）方面，一些更为激进的新理论出现了。在第一个阶段出现了另一种以发酵（而非加热或烘烤）和三原质（而非四大元素）为基础的饮食宇宙论。这种理论给饮食领域带来的结果就是酱汁制作有了新的方法，蔬菜获得了健康食物的地位，含气食物和含气饮料的理论基础出现了，而长久以来关于冷食危险的观念则寿终正寝。尽管饮食变革仍在持续进行，但它们依赖的基础理论非常短命。18世纪，它们被一种"健康取决于酸碱平衡的食物"的理论所取代，到了19世纪，后者又被一种对化学和营养全新感悟的观念代替。

由于发酵宇宙观和三原质论产生了非常深远的影响，我们需要对它们做一番详细的介绍。诚如前文所说，这两种理论来源于新教教义。16世纪60年代，瑞士新教牧师、化学家帕拉塞尔苏斯宣称，让化学和医学在《圣经》中占据一席之地的时刻到了。[8]他一方面把矛头指向由大学培育出来的盖伦医学传统，主张化学疗法（现代医学的前身）应当取代过去的食疗法，这使他成了巴黎大学医学院教师居伊·帕坦口中"擅长用化学方法谋杀人的大师"。另一方面，帕拉塞尔苏斯宣扬的针对饮食宇宙观和体液理论的替代理念十分有前景，以至于许多天主教徒竟也和新教徒一样对此欣然接受，我把这两类人并称为化学派医生。到了19世纪晚期，欧洲统治者不再雇用盖伦派医生，而是聘请化学派医生，这或许是因为他们被梅毒等新疾病吓坏了，也可能因为这种另类的新医学激起了他们的兴趣。1604年，法王亨利四世的医生约瑟夫·迪歇纳在给友人的信中洋洋得意地写道，无论是在新教还是天主教的宫廷里，化学派医生都已经取代了盖伦派医生的地位，从波兰国王到萨克森公爵，从科隆选帝侯、勃兰登堡边疆伯爵、不伦瑞克公爵、黑森伯爵领主到巴伐利亚公爵，就连神圣罗马帝国的皇帝也不例外。

在化学派医生看来，构成世界（和食物）的不是古典饮食宇宙观提出的四大元素（土、风、火、水），而是三原质（盐、油、水银）。作为证据，他们以炼金术士一直不懈钻研的蒸馏法为例，指出蒸馏创造出来的是三种产物，而不是四种，即固态沉淀物、油状液体，以及一种缥缈超凡的东西，对此他们叫法不一，有的叫风（air），有的叫灵魂（spirit），还有的叫气（gas）或者水雾（vapor），要到150年后，人们才弄清楚什么是气。最终，他们用自然界能找到的物质命名这三种原质。经过加热蒸馏后留下来的固态沉淀物叫"盐"，油状的液体叫"硫黄"或油。水雾是蒸馏后产生的纯净精华，它叫"水银"。每一种原质都具有饮食上的特性。盐或固体为食物带来口腔中的重量感和味道。油让它们变得黏稠而带有脂香。水雾——也就是风或精华——赋予食物轻盈的质地和馥郁的芳香。

风、灵魂或精华被视为大脑的食物。发泡矿泉水流行起来，欧洲各地到处都有开放的矿泉疗养地，供人们啜饮。做蛋糕用的是打发的蛋，奶油打成泡沫状后能变得如空气般轻盈，慕斯成了一种时尚。蒸馏酒如白兰地、朗姆酒、威士忌与伏特加等更受人们喜爱，它们常常生动地被命名为"生命之水"或"烈酒"。至于那些性质温和一些的萃取物，如从类似肉类这样的营养食物中萃取的精华，则更适合日常使用。要从肉和鱼当中提炼出精华，以前的做法是采取原汤、肉汁清汤和明胶的形式，但是此时厨师们也有了一套新的说法。法国化学家路易·莱默里在一篇专题论述中说，肉的精华"来自发达的肌肉，那是动物全身各个部位当中最有营养的部分，能做出最好的肉汁"。这篇文章在18世纪的大部分时间里被奉为圭臬。[9]陆生动物的肉汁要比鱼肉或鸟肉的更有营养，而牛肉则堪称肉汁营养之王。

仿佛是预见到了今天的大厨们对食物科学与技术的热衷，那时候的厨师们也以新的化学理论为基础做起了各种酱汁的实验。这种新的化学理论假设，油原质硫黄能够将固态原质盐和气态原质水银结合在一起产生新的东西，就好比石灰将水和石头结合在一起，组成了水泥一样。厨师们推论，黄油、猪油、橄榄油富含硫黄原质，可以让面粉黏合，而富含盐原质的盐，可以让葡萄酒、醋、烈酒以及肉和鱼的精华等富含水银原质的食材粘合起来。脂肪或油融入，调和盐和灵魂精华（葡萄酒、原汤或醋）原本不协调的味道，混合出一种可口的味道，而且更重要的是，做出了完美平衡的酱汁。拉瓦雷恩说："要想使酱汁变得浓稠，可以先取一些切成丁的咸猪肉放入锅中，等猪肉融化后取出，根据自己的喜好加一点面粉，使之呈现出褐色，再加肉汁清汤和醋加以稀释。"这是已知最早的油面酱食谱。[10]当时，谁也没有想到这种"将脂肪当成菜单主角"的变化，会在未来350年对人们的饮食和健康起到塑造作用。

化学派医生认为，消化不是烹煮，而是发酵（图6.1）。人的胃不是一个大炒锅，而是一个酿造桶。古典时期和伊斯兰世界的医生们（其中最著名的当属阿维森纳）已经怀疑过消化可能就是一种发酵的形式。但是，这个神秘的发酵过程到底是什么呢？帕拉塞尔苏斯用他新教式的化学用语重新诠释了神与面包之间的联系，他认为"酵母"是有灵魂的，一旦酵母和物质（值得一提的是，拉丁文"massa"也意指面团）相结合，就会迅速繁殖。这听起来可能有点抽象，不妨想一下做面包时的情形。面包师傅将酵母或酵母剂（可以用发酵啤酒时表面产生的泡沫，也可以是提前一天准备好的没有烤过的面团），与面粉、水和在一起。几小时后，发起来的面团里充满了气泡或者说灵魂。酵母本身接近于灵魂，能使无生命的东西变成生机勃勃、充满灵魂的活物。最极致的发酵例子就是基督，化学派医生认为，基督就是"酵母"——"灵魂的食物"。

从更世俗的层面来讲，酵母促成了种子的成长、水果的成熟，使面粉变成面包，麦芽变成啤酒，葡萄变成葡萄酒，胃里的食物变成了肉体和血液。在女性的身体里，类似酵母的精子不断膨胀成为婴儿；在炼金术士的器皿中，寻常的物质等待"贤者之石"的点化。腐败是一种类似于发酵

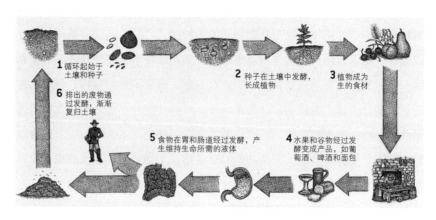

图6.1 饮食宇宙循环，约1650年。16世纪晚期到17世纪，人们对饮食宇宙循环理论进行了调整，将发酵作为原动力。这种理论使人们能够正当地吃生鲜蔬菜、水果和冷食，在被其后更新的消化理论取代之前，为饮食的发展带来了深远的影响（Courtesy Patricia Wynne）。

与消化的过程，随着腐败的完成，新一轮的饮食循环重新开始。英国安妮女王的御医、伦敦皇家学会会员约翰·阿巴思诺特在1732年问世的一部有关食物的畅销手册中说，蔬菜的腐败与动物的消化非常相似。[11] 所有曾被古代医生归因于烹煮的现象，这时都被化学派医生归因于发酵。

任何发酵的过程，无论是面团发酵、用葡萄汁酿葡萄酒，还是用大麦麦芽酿啤酒，都需要借助文火加热，并且会产生气泡。这也就意味着发酵是和腐败、蒸馏，以及盐、酸混合等过程联系在一起的，因为这些反应也都需要文火加热，也会有气泡产生。佛兰德斯化学家、医生扬·范·海耳蒙特主张，消化食物的不是火，而是酸（这里的酸可能是当时新发现的强酸，如硫酸或盐酸）。[12] 皮手套遇酸会化成液体。以此类推，胃酸中的食物会转化成一种白色牛奶状的液体，当这种液体经过肠道，和碱性的胆汁融合时，会形成气泡和含盐的液体，前者被输送到大脑，后者则变成肉体和血液。如果食物发酵得不够快，通过人体时就无法变成血液、肉和灵魂，而发酵过快又会导致发烧。

化学派医生相信，糖属于盐原质，因为糖入水会形成溶液，溶液蒸发后会留下结晶。这也就意味着糖会跟胃里的强酸产生剧烈反应，导致发酵过程失去控制。约瑟夫·迪歇纳与当时英国最有成就的医生、皇家学会会员托马斯·威利斯都认为，那些尿液中含糖的人饱受困扰的神秘疾病（糖尿病），十有八九是发酵失控所导致。于是，糖的角色便从天主教体液理论和盖伦派医学推崇的包治百病的灵丹妙药、调和咸食的温性香料，降级为不健康、甚至会带来危险的物质。在这种背景下，糖不再用于所有的饮食也就一点也不奇怪了。

人们无视几个世纪以来的传统，宣布新鲜水果、蔬菜和草药、蘑菇、牡蛎和鳗鱼是健康食物，因为它们很容易腐败和发酵，这也就意味着它们很容易消化。蘑菇不是有毒之物，相反它含有"丰富的油脂与至关重要的盐"。[13] 雅克·庞斯在他的《瓜果论》（1583年）一书中告诉他的赞助人同时也是病人法王亨利四世，瓜果不是造成霍乱的原因，也没有潜在的致命性。约翰·伊夫林在其著作《论沙拉》（1699年）中解释，沙拉作为"某些天然新鲜的草本植物的组合，通常可以与酸味的汁液、油、盐等一起安全食用"，它包含口味平衡的酱汁和容易消化的绿色蔬菜，具有促进食欲的作用。[14]

正如图6.1所展示的，这种以发酵为基础的新饮食宇宙观，曾在一个很短的时期内取代了古典的饮食宇宙观。之后，笛卡尔、牛顿和拉普拉斯提出了物理宇宙进化论，指出宇宙发展的动力不是热或者水，而是漩涡或重力。在这个浩瀚的宇宙中，地点、等级、年龄、性别、体液与颜色之间并不存在所谓的对应关系，这种对应关系也不应限定人们该吃些什么。在接下来的几个世纪里，那种"一个人在宇宙中的位置决定了他或她应该吃什么"的观念逐渐消失了。不过在那之前，人们在新出现的法式高级饮食中，对发酵宇宙观和三原质理论开启的各种饮食领域的新可能进行了深入而细致的探索。

取代天主教饮食的法国菜

欧洲饮食新王者

皮埃尔·弗朗索瓦·拉瓦雷恩的《法兰西厨师》标志着天主教高级饮食与法国高级饮食之间的转折点。"法国饮食"这种表述很容易让人以为这是法国国民的饮食，但实际情况远非如此。彼时，近代意义上的民族国家才刚刚具备雏形。一个人的饮食仍然是由其社会等级而非所属民族决定的。就像法国时装、法国家具一样，法国饮食是欧洲上流社会的饮食，这种情况一直持续到19世纪晚期或20世纪早期。对于国王绝大多数的臣民来说，这种饮食是可望而不可即的。

拉瓦雷恩在《法兰西厨师》一书的序言中宣称，他曾为于格塞尔侯爵服务达10年之久，为宫廷中位高权重的人物做菜，以此来暗示他的食谱反映的是贵族厨房广泛发生的变化。在这部开风气之先的著作里，我们还是可以看到，拉瓦雷恩还收录了天主教饮食中许多典型菜色的食谱，包括烤肉、大馅饼、泥状酱汁、浓汤和斋戒餐点等。与此相似，在《法兰西甜点师》（1653年）这部可能也是由拉瓦雷恩所写的书里，传统的甜派、馅饼、威化饼干和松饼也是随处可见。和这些旧食谱一起出现的则是一道道被化学派医生视为健康食物的新式菜色。其中，最基本的包括加浓料——一种用新出现的炒面糊或蛋黄以及杏仁做成的酱汁增稠剂；肉汁清汤——一种用肉和鱼的萃取物做出来的汤汁或酱料；混合药草；五香碎肉（用来做馅料）。书中还介绍了很多流行的蔬菜炖肉食谱：浓稠、美味的炖肉，加入蘑菇、西蓝花、洋蓟和豌豆当配菜。《法兰西甜点师》中还出现了一道海绵蛋糕的食谱，这种蛋糕轻盈蓬松，和今天的手指饼干非常相似。

10年后，即1661年8月17日，在路易十四出席的一场不祥的晚宴上，给这位国王吃的就是蔬菜炖肉、一些用新鲜香草调味的菜色以及清淡甜点。作为哈布斯堡家族宿敌波旁家族的一员，路易十四此时年方23岁，在度过了漫长的未成年岁月之后，终于控制了法国政府。他及其追随者——包括他的弟弟、三名他最宠爱的情人、他的母亲，据谣传另外还有6000人（不过，谣传毕竟不足为信）——从枫丹白露出发，耗时三个小时，抵达他的财政大臣、法兰西最重要的艺术赞助人尼古拉斯·富凯的豪华宅邸——沃子爵城堡。这是一座古典风格的建筑，墙上还挂着描绘亚历山大大帝的毯子。富凯在宅邸举办了一场宴会，再现了精彩绝伦的希腊化饮食（不过，提供的菜色并不是特定的希腊化饮食）。乐师奏乐，贵族出身的侍者列队呈上食物，切肉人的肉刀上下翻飞，空气中流淌着喷泉的声音，国王端坐在专属的餐桌前。关于当晚的菜单上具体有哪些菜，我们不得而知，但是人人都知道富凯只提供最新奇的饮食："无与伦比的酱汁、高级香草做的馅饼、酥皮蔬菜炖肉、蛋糕、饼干、肉糜酱和风味绝佳的冰镇葡萄酒。"[15]这些菜色很有可能就来自拉瓦雷恩的《法兰西厨师》一书。

我想富凯当时大概已经失去理智了吧。如此这般帝王等级的排场，最终让路易十四愤而提前离席，没有按事先的计划留下来过夜。三个星期后，早就被怀疑盗用政府预算的富凯遭到逮捕，并被指控叛国罪和挪用公款罪。与此同时，路易十四也学到了一课，那就是将文化上的创新与富丽堂皇的外表相结合，能够为权力带来气场和光环。于是，他将富凯的建筑师、景观园艺家和室内装潢师召集起来，命令他们把当时不过是乡间一处打猎小屋改造成凡尔赛宫，比富凯的城堡更恢宏、大气，也更华丽。整个欧洲的君主和贵族无不把凡尔赛宫中流行的仪态、时尚、家具视为最新潮的典范，这其中就包括全新的法国饮食。

天主教饮食地位的下降，引起了西班牙贵族的不满。1700 年，由于哈布斯堡家族后继无人，路易十四的孙子安茹公爵腓力继承了王位，西班牙王位由此落入了波旁王朝手中。根据传记作者圣西门公爵的记载，1701年 11 月 3 日，在靠近法国边境的西班牙小城菲格雷斯举行了一场宴会，庆祝腓力迎娶萨伏伊公爵之女玛丽亚·路易莎。哈布斯堡神圣罗马帝国统治下的西班牙有了一位来自法国波旁家族的新国王。为了向国王致敬，菜单上有一半的菜是新式法国饮食，另一半则是传统的天主教饮食。但是贵族出身的西班牙侍臣们既不想要一个法国国王，也不稀罕他的饮食，他们故意笨手笨脚地上菜，任由它们打翻在地。18 岁的腓力和他 13 岁的新娘面无表情地坐着，默默承受侮辱。但是贵族们并没有赢，年轻的国王一到马德里，就雇来法国厨师掌管他的宫廷厨房，在 18 世纪剩下的时间里波旁家族的人都沿袭了这一做法。西班牙美洲殖民地的总督们也是有样学样，聘请法国大厨轮流烹制传统的天主教饮食和法国菜。[16]1707 年，在巴黎为西班牙大使准备的正式宴会已经明确采用新的法式风格（图 6.2），此时的法国菜已经在整个欧洲流行开来。

作为一个天主教国家，法国对于一种起源于新教生理学的饮食不仅全盘接受，甚至将之发展到了极致，这看起来可能会有点奇怪。但是正如我们已经看到的，新教理论已经为欧洲绝大多数的天主教宫廷所接受，而且它与法国的文化政策非常合拍。无论哪里的近代文化超越了古典文化，都会得到法国人的热情欢迎，不论其根源是新教的还是天主教的。关于此时的艺术、音乐、修辞、文学和科学与古代相比究竟孰优孰劣的辩论持续了半个世纪，最终得出的结论是至少科学进步了。笛卡尔的几何学让欧几里得相形见绌，牛顿的力学与天文学也超越了阿基米德和托勒密。在理性获得进步的同时，口味也在发展；化学获得进步的同时，以这种化学为基础的饮食，也就是法国高级饮食，它的口味也在发展。

图 6.2　图中描绘的是 1707 年在巴黎为西班牙大使举行的一场晚宴。其中已经看不出任何早先那种模仿弥撒仪式的天主教宴会的元素。从透过大片玻璃窗倾泻而来的光到玻璃质地的枝形吊灯、镜子、豪华的餐桌摆设、就座的女士们以及四处走动的侍臣，一切都是近代风格的（Engraving by Gérard Scotin from Paul Lacroix, pseud. Paul-Louis Jacob, *XVIIme siècle: Institutions, usages et costumes*, Paris: Firmin-Didot, 1880）。

食材经过处理和烹煮，可以提取出它们的精华，这个过程就好比炼金术士对大块的粗矿石进行提炼，最终产生闪闪发光的纯银金属。格林男爵梅尔基奥尔在他的书信里使用厨房和实验室里流行的行话来抱怨那些操纵和压缩主题的文学作品，他说："感觉好像我们随时准备着要去提炼每一件事情，要用筛子过滤所有的内容；我们必须了解事情的实质，那才是最核心的东西。"[17]据推断写出了《科玛斯的礼物》（1739年，在希腊神话中科玛斯是节庆之神）一书的弗朗索瓦·马林也认为近代烹饪术是"某种化学"，他接着说道："现在厨师们的科学包括分析、消化以及萃取食物的精华，提炼出轻盈而富含营养的各种汁液，将它们混合在一起并充分融合，不要让任何一样过分突出，每一样都能被感觉到……要让它们变得同质，这样的话它们各自不同的风味能够产生出一种美好而让人兴奋的味道，容我大胆地说，那就是所有味道融合在一起呈现出来的一种和谐。"精致厨艺服务的对象是精致而有教养的人，是品位超凡的人，是道德方面和技术领域的领袖。法国人为长期存在于高级饮食与文明之间的联系带来了新的转折，他们用"civilité"一词来形容彬彬有礼、体面光鲜的行为，实际上就是指优雅的行为。

1715年路易十四去世，随后法国饮食的中心便从凡尔赛宫转移到了巴黎。贵族在他们精致的宅邸里备有不同规格的晚餐，有时是为夫妻二人准备的亲密晚餐，有时则是50人以上的正式活动晚宴，有时还会为客人们准备自助式晚宴。很多主人，例如第六代孔蒂亲王路易·弗朗索瓦一世·德·波旁会仔细规划菜单，向厨师下达明确指示，并在举行自助餐式晚宴时从旁监督整个过程。18世纪六七十年代，法国出现了一种出售滋补汤（"restoring broths"，restaurant的词源是restaurer，意为恢复、复原）的餐厅，这类餐厅是为那些请不起厨师的人服务的。[18]

不难看出，法国贵族饮食是当今法国菜的雏形，这种饮食的更新改进是持续不间断的，例如拉瓦雷恩著作中收录的老式浓汤和派就渐渐被时代淘汰了。整个18世纪都有新的食谱书涌现，它们都是题献给王室或贵族的，其中，最重要的有弗朗索瓦·马西亚洛的《烹饪：从王室到贵族》（1671年），此书历经多个版本；文森特·拉夏贝尔用英语出版的《近代

厨师》（1733年），当时作者正受雇于纽卡斯尔公爵，书中有很大一部分
食谱是直接从马西亚洛作品中照搬来的（1742年《近代厨师》五卷本的
法语译本在海牙出版，书中的折页版画竟长达数英尺）；梅农的《宫廷晚
餐》（1755年）；约瑟夫·吉利耶的《法式甜点师》（1751年）；马林的《科
玛斯的礼物》，新版时附上了食谱；匿名出版的两卷本《烹饪历史与实用
论著》（1758年）。

最受欢迎的烹饪材料包括牛肉、鸡肉、黄油、奶油、糖、新鲜的香
草、蔬菜，特别是芦笋和豌豆，以及李子、桃和樱桃等水果。食物的风味
不是来自香料，而是来自肉汁清汤。《近代厨师》一书中有关肉汁清汤的
食谱多达24个，主要以牛肉、小牛肉和鸡肉为主。清淡的肉汤是完美的
滋补餐点，最适合情感细腻的文明人食用，他们肯定吃不惯农夫的粗茶
淡饭。

"蔬菜炖肉"和"白汁肉块"这两道菜基本上是同一回事，都是在肉
或蔬菜上浇上肉味酱汁而做成的。这两道菜通常都以一道肉酱为底，即一
种加入肉泥增稠的内汤，味道极其丰富，价格昂贵，做起来非常耗时。要
想做出四夸脱的肉酱，可以用几片火腿和两磅小牛肉、胡萝卜、洋葱、欧
芹和芹菜一起煮至褐色，然后加入原汤、肉汤块或纯肉汤，用文火煨到熟
透，最后用半磅黄油和三四大汤匙的面粉做成炒面糊勾芡起锅。"白酱"
通常也叫奶油酱或贝夏媚酱汁（但不是现代意义上的贝夏媚酱），也是以
肉汤为底，不过是用蛋黄、奶油，有时也会加入裹了面粉的黄油（即油面
糊）来增稠。[19]用肉糜、蛋清、黄油和奶油做成的慕斯（也叫奶油冻）入
口顺滑，省去了像低俗人那般咀嚼的功夫。冰爽的葡萄酒通常要用玻璃杯
来喝，到了18世纪70年代，成套的酒器已经成为精致文化不可或缺的标
志。最后上的是清爽细腻的甜点，而不再是天主教厨房出品的那些口感扎
实的糕点。冷盘不再被认为是有害健康的，相反颇受人们欢迎，其中包括
冰、果子露、蛋奶冻和冰激凌等。同样流行的还有加了水果、果酱以及类
似菠萝这类异国水果的千层酥。一向善于掌握欧洲潮流新动向的法国贵族
们，甚至开始尝试像英国人那样喝起下午茶来（图6.3）。

法国饮食变换不同的花样，将脂肪、面粉、糖和各种液体混在一起，

图 6.3 《与孔蒂亲王在圣殿宫玻璃间共进英式下午茶，听年轻的莫扎特演奏》，由米歇尔·巴德雷米·奥利维耶于 1766 年绘制。画面中左数第五位、站在角落里的就是这场英式下午茶的主办者孔蒂亲王。据记载，这种英式下午茶的习惯是 1755 年由维耶维尔夫人带到巴黎的（墙上的长嵌板下方坐着三位女士，中间那位就是维耶维尔夫人）。这群人一边小口吃着蛋糕，一边听年轻的莫扎特用大键琴演奏当时最流行的室内乐（From Paul Lacroix, pseud. Paul-Louis Jacob, *XVIIme siècle: Institutions, usages et costumes*, Paris: Firmin-Didot, 1880）。

做成新的酱汁和甜点，利用肉的精华增加风味，以及使用打发的蛋清和奶油创造出一种清爽、气泡丰富的口感等，很快它成了欧洲高级饮食的代名词。[20]叶卡捷琳娜大帝坚持俄罗斯宫廷必须一改此前斯拉夫－拜占庭－蒙古－荷兰等各种饮食交相混杂的烹饪风格，转而采纳法国饮食，同时引入法语、法式时尚以及法式舞会、正餐和沙龙。[21]厨房要配备炉台、金属深煮锅和烤盘。新建的花园和温室里种上了做沙拉用的蔬菜（传统观点认为生的蔬菜是给动物吃的，不是给人吃的，因此很多俄罗斯人还是坚持认为蔬菜相比草也好不到哪儿去）、芦笋、葡萄、柑橘或凤梨，试验它们能否适应俄罗斯的气候条件。最富有的两个德意志国家——萨克森和普鲁士——的统治者分别是选帝侯弗里德里希·奥古斯特一世和腓特烈大帝，他们也都雇用了法国厨师来为他们服务。[22]

贵族出身的外交官举行的宴会也是法国式的，从而推动了法国饮食传遍欧洲各地。随着《威斯特伐利亚和约》的签订，长期以来在国际关系中占有重要地位的外交活动形成了一套日渐刻板而僵化的系统。人们觉得常驻他国宫廷的使节们应该展现出一种"夸张的华丽"，能反映、投射出本国国君的威仪，提供馈赠和举行宴会时可以不惜重金。这时，每个国家会从贵族圈子里精挑细选出一批服从命令、举止不凡、服饰得体、礼节老练同时精通外交语言——法语——的人。见多识广的贝尼斯枢机主教曾担任驻罗马大使，在他雇用的上百人当中就包括法国厨师。[23]1796年，源于法语的"外交"一词（diplomacy）被政治思想家埃德蒙·伯克引入英语。

其他贵族则疯狂抢购法国的油画和家具，聘请法国的男侍者和厨师为自己服务，还为子女请来法国的舞蹈老师，再将法国元素注入像英国布莱尼姆宫这类仿照凡尔赛宫新建或改建的法式大宅里。瑞典国王的国政顾问古斯塔夫·索普就雇用了法国厨师龙彼·萨莱，正是他将《法兰西厨师》一书译成了瑞典语。[24]俄罗斯贵族建起了法式用餐室，举办法国风格的自助餐会。俄罗斯大亨伊万·别茨科伊在涅瓦河畔、夏园以南的地方建了一座大宅，每天都可能会有多达50名客人前来用餐。萨克森选帝侯的宠臣、首相布吕尔伯爵比他的主人还要夸张，他的糕点来自巴黎，巧克力产自罗马和维也纳，装饰餐桌的是用糖、焦糖和杏仁膏做成的糖雕作品，出自著名的甜点师拉夏贝尔之手。布吕尔伯爵的宴会宾客多达数百人，餐桌上八英尺高的喷泉里玫瑰水汩汩流淌。[25]17世纪末，英国掌权的辉格党人竞相雇用今天我们所谓的名厨。1721—1742年担任英国首相的罗伯特·沃波尔雇用了所罗门·索利斯；孟德斯鸠的好友、《教子书》（主要介绍文明社会的行为举止）一书的作者切斯特费尔德勋爵雇用了文森·拉夏贝尔；为纽卡斯尔公爵（也是一位首相）担任厨师的则是曾为黎塞留元帅工作的皮埃尔·克卢埃。

法式饮食可不便宜。停止进口昂贵香料省下来的钱，全花在萃取肉的精华以及采购上好的葡萄酒上了。名厨的薪水高得离谱，其中许多人已经脱离了行会的约束。纽卡斯尔公爵据说是当时全欧洲拥有整套纯金餐具的五人中之一位，他的法国名厨年薪高达105英镑，同一时期英国大多数的法国厨师年薪为40英镑，而英国厨娘每年仅能拿到4英镑。购买餐具也是一笔不小的开销。主人得为每个客人提供银制餐具，包括新出现的银餐叉和水晶玻璃杯。一个瑞典贵族家庭光是为了让客人喝咖啡，就花了将近1000瑞典银泰勒（约合今天的一万美元）购买了一把银壶、若干个中国瓷杯（可能是专门从中国订购的）、一张涂漆圆桌、一台手摇铜制咖啡豆研磨机、一个银托盘和一些亚麻布。[26]叶卡捷琳娜大帝花了2700英镑（约合今天的25万美元），从乔赛亚·韦奇伍德那里买来了一套上了釉彩的奶油色瓷器，其中用来盛主餐的盘子有680个，装甜点的盘子有264个，此外还有汤盘、水果篮以及8个盛冰激凌的"冰川"——一种带盖的餐具，是用来做餐桌中心装饰的，两边各有一个把手，圆盖顶上竖立着一个身着古典式裙子的女人偶。这套餐具因其频频出现的青蛙图案而被称为"青蛙系列餐具"，每一件上面都手绘了不同的不列颠景观。[27]但即使这么奢华的餐具摆到布吕尔伯爵的迈森天鹅系列餐具旁边，也要黯然失色。这套迈森餐具的价格换算到现在将近300万美元。酷爱法国饮食的托马斯·杰斐逊据说每年要为葡萄酒花掉3000美元，相比之下当时路易斯与克拉克远征队的领队梅里维瑟·刘易斯一年的收入仅500美元，而这个报酬在当时已经算非常体面了。[28]

只有一小撮人能够接触到法式高级饮食，其中主要是一些靠大地产的收入生活的贵族，法国大革命期间这批人约占法国总人口的2%，约40万人。另外，还包括一些资产阶级上层人士。俄罗斯国内能吃得起法国饮食的人口比例和法国差不多，德意志要低一些，波兰和匈牙利则相对要高一些。[29]的确，上述这几个国家都有一小批资产阶级，有能力享用到简化了的法式饮食。例如，法国梅农的《城镇厨娘》（1746年）一书就是为这一部分人所写。不过对于绝大多数的法国人来说，以前吃不上天主教的高级饮食，此时照样吃不起法国高级饮食。如何确保每天填饱肚子，才是他们真正需要考虑的。

实际上，无论是在法国还是其他地方，许多不同背景、抱持不同政治观点的人们都一致认为，法国菜绝非如其鼓吹者所断言的那般，代表饮食发展的巅峰，相反，它是世袭的君主专制与天主教结成联盟的象征，是贵族阶层奢靡腐化的生活一个看得见摸得着的标志，受到了医生和厨师的攻击、报纸和政治宣传手册的嘲讽，不仅成了漫画家讽刺的对象，连沙龙和咖啡馆里的人也时不时拿它揶揄一番。当然，在精致饮食备受追捧的今天，奢华不再让人联想到腐败，而是和成功联系在一起，那些冷嘲热讽可能只会被视为单纯的庸俗或者是对上流阶层的不满和抱怨。但是对法国饮食的批评，其实是以一种戏剧化的方式来表达对贵族特权和世袭王权社会根深蒂固的质疑，如果就这样对批评言论置若罔闻，就等于忽略了这种质疑。

包括狄德罗、伏尔泰和卢梭等博学之士在内的一批法国启蒙哲学家（即"文人共和国"的成员），将目光转向了以节俭和朴素立国的罗马共和国，视这个强大的国家为第二种选择，重新提出了"奢侈的高级饮食是从美德滑向痛苦与战争深渊的第一步"这一古典论调。[30] 当时人们普遍认为一个国家的财富取决于这个国家的贵金属储备量，但贵金属的数量是有限的，花在一个方面也就意味着要牺牲其他方面。如果用贵金属去买中国的茶，而中国却没有反过来买什么，那么这个国家的钱就会慢慢枯萎。在狄德罗多卷本的《百科全书》这部哲学宣言式的作品中，饮食条目的作者路易·德·若古骑士提醒读者，先是雅典人，后来是帝国时期的罗马人，都是因为接受了奢侈的饮食才损害了自己的国家，继而让本国的公民陷入贫困。启蒙思想家聚在一起时不会举行私密而奢华的晚宴，而是在富有的法国女士举办的沙龙里展开慷慨激昂的讨论。

批评人士相信，蔬菜炖肉会刺激人们产生不自然且难以控制的食欲，而这正是法国饮食的典型特点。俄罗斯人抱怨法式蔬菜炖肉和肉汤会引发"民族病"和"流离失所"，不过就俄罗斯来说，这种病症可以用甘蓝汤来治疗。他们还开玩笑说，贝夏媚酱引发的痛风足以将俄罗斯的统治阶级斩草除根，根本不需要再来一场革命。在18世纪末写就的一部名为《论俄罗斯国内的道德沦丧》的专著中，保守派米哈伊尔·谢尔巴托夫亲王哀叹，俄罗斯人吃饭已经变成"为了享乐而吃，道德和宗教上的意义已经被丢到了一旁"。[31] 法国《百科全书》的作者们也论证说，高级饮食具有"食材繁多且调味复杂"的特色，会怂恿人们"暴饮暴食"，因而"对健康有害"。[32]1786年法国神学家普吕凯神父计算过，为了喂饱10名饕客需要熬煮的肉，足够让300个饿汉填饱肚子。[33]对于那些沉迷食欲的人，"人人都看不惯"，他们喝红葡萄酒喝得酩酊大醉，还把"整块带骨的肉……熬到只剩下肉汤"，英国诗人、政治思想家塞缪尔·泰勒·柯勒律治对此惊骇不已。[34]

英格兰的食谱作家伊丽莎·史密斯利用圣经历史对奢靡做派和蔬菜炖肉发起攻击，又重弹起了新教的老调。她说，伊甸园中的"苹果、坚果与花草可以说既是肉又是酱汁，因此人类根本不需要再增添额外的酱汁、蔬菜炖肉来获得好的胃口"。在堕落之后，人类才开始用调味料与盐来保存肉类，避免它们"发臭和腐败"，同时引发食欲。由此，"奢侈降临人间"。食物与医药分道扬镳，健康不再通过饮食获得，而是要靠医生的帮助，而正是因为职业厨师和糕点师设计了精致（且不健康）的餐点来刺激"堕落的味觉"，寻医问药才成为必要。[35]

启蒙思想家让·雅克·卢梭在1762年出版的谈教育专著《爱弥儿》中，主张所谓的"天然"就是指要尽可能减少对东西做出的改变，通过长时间的加工和烹煮得来的精华一点都不天然。[36]简单煮熟的蔬菜、新鲜水果和牛奶就很天然（关于牛奶的观点倒比较新奇，因为当时人们已经正确认识到生饮牛奶是有健康风险的）。儿童和生活在农村的人们喜欢喝新鲜牛奶，他们不需要强烈的味道来刺激胃口，也不需要吃酱汁、甜点、黄油、肉，喝葡萄酒。与其像有钱人那样"又是炉子，又是温室"，吃着"花高价买来的劣质水果和蔬菜"，一旁服侍他们的"乏味男仆""贪婪地盯着每一口食物"，不如像孩子那样来到户外，去花园里，去树下或去船上用餐。卢梭赋予"自然"的那种浪漫含义，是说食物只需进行最小限度的烹煮即可，这在接下来的几个世纪里成为一个重要主题。

批评火力比较集中的一点是平民饮食的恶化。[37]每当收成不好时，人民就会承受实实在在的饥饿，这种情况每隔几十年就会发生一次，几乎没有例外过。1630年、1649—1651年、1661年、1693年、1709—1710年，以及18世纪70年代，法国都发生过粮食危机。成长过程中没有亲身经历过或听说过没东西可吃的，恐怕只有富人家的孩子了。乐观者说人平均每天需要摄取4000卡路里的热量（真是大方！），还有人认为2000卡路里即可，而其中只有大约300卡路里来自肉类、黄油、乳酪或牛奶。但恰恰是那种不知什么时候会没有饭吃的不确定感，而不是具体摄取的热量，才是让穷人总是为食物发愁的真正原因。[38]

1789年再次发生的面包短缺，给了人民集会抗议的理由。[39]愤怒的群众截住了运粮的马车，加速了法国大革命的爆发。平民百姓用他们赖以为生的面包来诠释这些事件。当国王和他的家人从凡尔赛宫被带回巴黎时，巴黎的妇女嘲讽地管他们叫"面包师、面包师太太、面包师儿子"，说他们心里只想着自己的利益，压根儿没把那些没面包吃的人们的命运放在心上。闯入革命大会的群众高呼的口号就是"要面包还是要饿死"。一则流传甚广的漫画描绘了1792年8月13日路易十六在被正式逮捕前的一刻仍在贪婪地狼吞虎咽，全然不顾他的子民正忍饥挨饿。这位皇帝最后被关进了圣殿塔，就是16年前孔蒂亲王享用英式下午茶的地方。1793年1月2日，路易十六被带上了断头台。

法国宣布成为共和国。[40]富人和穷人如革命同志般在公共场合集会，在同一张桌子上吃同样简朴的共和式饭菜。[41]一本名叫《共和国厨娘》（1795年）的廉价小册子出现了，与过去那种精美食谱非常不同，里面包含了简单又便宜的马铃薯食谱。假如共和国继续发展下去，这种贵族专属的高级饮食恐怕就会消失。但实际情况是这场政治事件愈演愈恶，数千人在恐怖统治期间被处决，直到1799年拿破仑掌权，他于1804年宣布建立帝国。法国军队在欧洲四处征战，征服了西班牙、意大利和德意志诸国，接着又挥师东进，与此同时，有钱人也如潮水般涌入巴黎。

1800年，约瑟夫·贝尔舒在诗作《美食》里正式抛弃了共和思想和他推崇的朴素饮食，这成为那个时代的一个标志性事件。古代波斯帝国的饮食是文明开化餐饮的胜利，被法国人视为楷模。巴黎各地的餐馆不再供应滋补汤，而是为前来用餐的新富提供高级饮食。老牌富豪阶层则继续维持用餐的私密性。夏尔·莫里斯·德·塔列朗-佩里戈尔就是其中一位，作为一名杰出的外交官，他深谙外交活动背后隐含的饮食政治，最早通过一系列正式宴会将拿破仑介绍给法国政界的就是他。塔列朗还曾把自己的年轻厨师——野心勃勃的马里-安东尼·卡雷姆——借给拿破仑，帮助他操持婚礼、生子和凯旋庆典时的宴会。但对拿破仑失去信心时，他竟也公然丢下拿破仑离席而去，那也是一次宴会。[42]

拿破仑战败后，欧洲各国于1815年齐集维也纳会议，重新划分国界，以各国都认可的规矩为基础，建立起由职业外交官（但仍然出身贵族）进行具体管理的欧洲外交体系。塔列朗代表法国出席，还带来了卡雷姆负责准备宴会，就是在这些宴会上他帮助法国恢复了在欧洲各国中的地位。在拿破仑帝国治下干得风生水起的卡雷姆相信，美食"就像走在文明前端的元首……一碰上革命就会无所事事"。而他的同行们，如厨师安东尼·包维耶，也同样跃跃欲试，要将法国高级饮食与帝国联系在一起。包维耶在1813年曾说"能够让法国人的品位与饮食，像他们的语言和时尚那样，跨越欧洲从南到北那些富裕的国家，建立起帝王般的统治"，法国人对此深感荣幸。[43]

荷兰资产阶级饮食

法国高级饮食之外的另一种共和式选择

1581年，在与西班牙哈布斯堡王朝进行了三代人的抗争之后，荷兰终于成立了共和国。西班牙人一走，加尔文教徒便称自己为选民——以色列的子民，他们解散了修道院、修女会和济贫院，一方面迫使富有的天主教徒四散逃难，另一方面敞开国门欢迎法国的胡格诺派，以及从西班牙和葡萄牙逃离宗教裁判所的犹太人。17世纪共和国七省成为欧洲最富有、城市化程度最高的地区，这段时期被称为荷兰的黄金时代。200万荷兰人中有近四分之一生活在繁荣的小城镇和城市里，这些城镇的人口规模大致在1万到20万，这与欧洲其他国家那种一两座大城市支配内陆农村地区的情况形成了鲜明的对比。荷兰人虽然担心荷兰执政官（即国家元首）可能有君主制的倾向，但是治理城市的并不是土地贵族，而是出身商业和工业的领袖。

荷兰的城市往往更国际化，也相对更宽容，它们不仅是艺术与学术领域的先锋，还为人文主义者（比如伊拉斯谟）、哲学家（比如笛卡尔和斯宾诺莎），以及诸如惠更斯的科学家等提供了安家的居所。莱顿是欧洲最著名的医学院所在地，在那里西尔维于斯、布尔哈弗等医生发展了由帕拉塞尔苏斯和范·海耳蒙特开创的生理学和营养理论。荷兰人拥有全世界最庞大的商船舰队。他们控制了波罗的海航线，从黎凡特进口商品，16世纪晚期从葡萄牙手中夺走了香料贸易，同时作为主要参与者投身到跨大西洋新的贸易活动当中。他们还成立了近代第一家证券交易所。实际上，作为一个共和国，荷兰在贵族外交界中的等级甚至比最小的公国、侯国还要低，但对这一点荷兰人并没有放在心上。

荷兰人创造了一种中等的资产阶级饮食，这种饮食丰盛但不奢侈，重视的是全家人一起用餐，而不是宫廷御膳和私人晚宴。另外，为了支撑这种饮食，荷兰人还创造出了相应的食品加工业。其他欧洲国家也能找到资产阶级饮食或乡绅饮食，他们通常被描述为中产阶级，意思是他们通常会刻意避免像过去的贵族高级饮食那样奢华、铺张。这种饮食标志着朝当今富裕国家和地区大多数人所享用的中等饮食，又迈出了一步。但是如果把荷兰的资产阶级想象成今天生活在城市里靠薪水生活的人，那可就错了。这类人直到19世纪才出现。而当时生活在城市里的资产阶级多半是一些有钱的商人，乡绅则是靠土地收入维持生活，这两类人都拥有大型宅邸，雇用了为数不少的仆人。尽管资产阶级和乡绅阶层自视与贵族不同，而且他们也抱持着与贵族不同的价值观，但是他们绝对不会将自己视为人口中多数人的代表，而是和贵族一样，小心翼翼地将自己与平民百姓（包括劳工、小手工业者、小商店主和赤贫的穷人）区分开来。

在荷兰共和国，常常会有人规劝公民要避免奢侈，因为奢侈会加速共和国的衰落。在一些社交场合，同业公会会在户外举行热情而又朴实的宴会，模仿他们想象中的祖先巴达维亚人的聚会，端着伪条顿风格的兽角杯互相敬酒。这些宴会隐含的饮食世界观根源于当地，而不是来自富凯款待路易十四的盛宴激发人们联想到的那种帝国风格、亚历山大式的盛宴。[44]

　　加尔文说上帝创造食物不仅是出于必需，也是为了"享受和欢乐"，于是生活在城市里的市民与生活在农村的乡绅便以此为圭臬，创造出了适度丰盛的饮食。[45]参考老加图的《农业志》一书经营自家庄园的乡绅们，一定也对作者那些简朴的共和式菜品的食谱不陌生。资产阶级女主人——如商人、酿酒商、大农场主的妻子——负责监管整座宅邸正常运转，有时她们会亲自下厨，有时则会请几名女仆并监督她们做饭。她们会从一些家事手册中寻找帮助（图6.4），如1668年问世的《敏锐的厨师》，这本书只比拉瓦雷恩的《法兰西厨师》晚了不到20年。[46]18世纪也出现了一些家务指南，如《完美的荷兰厨师》（1746年）、《完美的乌特勒支厨师》（1754年），以及《完美的格德司厨师》（1756年）。[47]家庭主妇有史以来第一次以厨师的身份得到颂扬。

　　从天主教饮食中移植并改良过的菜式包括加了香料的巧妙炖菜（浓汤变成了罐焖菜肉）、肉丸（西班牙肉丸变成了德式油煎肉饼），还有甜派、咸派以及其他多种馅饼。厨师们继续用面包或鸡蛋来给酱料增稠，不

图6.4 对于富裕的荷兰家庭主妇来说，一间配备齐全的厨房需要包括欧洲北方传统的带烤肉设施的开放式壁炉，烘焙用的蜂窝式烤炉，以及一个用来制作精致炖菜和酱汁、能节省燃料的炉台。本图出自《敏锐的厨师》一书的扉页，作者向读者保证从中一定能学会"如何以最好、最擅长的方式去煮、炖、烤、炸、烘，制作各种餐点，并搭配最合适的酱汁，因此本书对每个家庭都非常有用"（Courtesy New York Public Library, http://digitalgallery.nypl.org/nypldigital/id?1111632）。

过用醋或葡萄汁以及黄油取代了天主教饮食中的葡萄酒和猪油。松饼和甜甜圈都是为特殊场合准备的，而且和许多油炸食物一样是路边摊小吃，而不是家常菜。家庭主要的一餐饭通常包括一份蔬菜沙拉或生食沙拉、一道主菜、一份派或馅饼。其他餐点则主要依靠商业加工的食物，如啤酒、面包、黄油、鲱鱼和乳酪等。

这一时期的荷兰版画经常会描绘这样的场景：一家人围坐在桌子边，桌子上铺着桌布，每个人面前都摆好了自己专用的餐盘。这样的画面对我们来说再熟悉不过了，以至于可能要过一会儿才会想到，虽然对平民的厨房和餐点的各种表现形式在中世纪很常见，但是在我们的故事里，资产阶级式的家庭共餐实际上只出现过一次（如果真有的话），那还是在早期基督教阶段。现在我们普遍认为全家人聚在一起用餐，是孩子们学习如何成为道德社会一员的场合，但这种信念多半要归功于荷兰人。父亲坐在桌子的一端，读着《圣经》中的话语，进行饭前的感恩祷告，他的妻子、孩子和家中的其他成员则从旁聆听，一名衣着整洁的侍女端来了盛着食物的盘子。餐饭既使身体获得了营养，又提供了一个教育的机会。荷兰语中"教育"（opvoeding）一词和"营养"（voeden）一词有着相同的词根。孩子们在这种场合吸收了共和主义和加尔文派的价值观，学会了伊拉斯谟在《论儿童的教养》（1530年）一书中所倡导的举止态度。

就其好的方面来说，正如其拥护者不遗余力鼓吹的那样，家庭烹饪创造出了一种温馨的家庭氛围，家人围坐在一起，不仅共同分享食物，也可以向儿童灌输家庭、国家以及通常包括宗教的价值观。但是就其不好的方面来说，这种烹饪往往没有多少技术含量，而且常常是匆匆忙忙做，急急火火吃，因此造成家庭关系的紧张，而那张家庭餐桌有时也会令孩子们避之唯恐不及。上述两种情况下，人们的期望值都会提高，不再满足于吃一道仅仅因为时令变化而调整配料的普通蔬菜浓汤，相反，人们希望一周之内每天都能吃到不同的饭菜，最好有一些做法复杂的食物，比如馅饼。正餐通常要准备两三道不同的菜式，为此家庭主妇和仆人们要负责经年累月地打理菜园，保存好水果和蔬菜，仔细规划菜单以避免浪费，此外还要承担煮饭和饭后的打扫工作。

　　荷兰人对饮食史的另一项贡献是通过实现鱼类和乳制品加工的商业化，生产出了社会大多数成员都能吃得起的简便餐点。15世纪初，荷兰人找到了一种用盐腌制鲱鱼的新方法（不过也可能是从他们的波罗的海邻国那儿学来的）：拉开鱼的鳃，取出部分食道和内脏，但要保留鲜美的肝脏和胰脏。[48]到了17世纪，每五个人当中就有一个人在鲱鱼行业工作。每年5月，鲱鱼会开始长达两个月的繁殖季。一到此时，约2000艘捕鲱船从鹿特丹、阿姆斯特丹等港口出海捕鱼。每艘船上都配备有15名船员，他们负责为鳞光闪亮的鱼除去内脏，每12秒就能处理完一条鱼，然后按照一份盐配20条鲱鱼的比例，将鱼和盐一起装进桶里，再将鱼桶运送到一边等候的船上返回港口。每艘船上都装载有四五百个木桶，荷兰渔业总署每年检查、标记的鲱鱼超过三万吨。这些鲱鱼和莱茵葡萄酒、盐一起在波罗的海沿岸进行买卖，也会沿河而上开展贸易，如波兰的维斯瓦河、德意志地区的莱茵河、法国的塞纳河，以及流经法国和低地国家的默兹河和斯海尔德河。

　　荷兰人说，鲱鱼骨是阿姆斯特丹的地基。在伦勃朗、维梅尔、弗朗茨·哈尔斯等画家的笔下，扬帆的船只旁、灰色的天空和流云下，还有坚固壮观的联排住宅里，都能看见鲱鱼的身影。鲱鱼还出现在了静物画当中，受流传久远的鱼和基督复活神秘关联的故事启发，鲱鱼被整齐地摆成十字形，用小盘子盛着。[49]大多数人都买得起的腌鲱鱼是一种即食食品，富含维生素D、钙和矿物质，因此丰富了欧洲东北部家庭的日常膳食。

　　到此时为止，鲱鱼的重要性已经超过了丝绸、香料、糖和咖啡这类华而不实的进口货。用法国生物学家贝尔纳·热尔曼·德·拉塞佩德的话来说，鲱鱼"决定了帝国的命运"，这句话曾多次被引用。[50]就荷兰共和国及其海外帝国的例子来说，拉塞佩德的确说到点子上了。通过将极易腐败的鲱鱼加工成能保存相当长一段时间的商品，荷兰人为他们的商业帝国打下了基础。1656年，此时拉瓦雷恩的《法兰西厨师》出版已满五年，而《威斯特伐利亚和约》签订还不到10年，荷兰医生雅各布·韦斯特班写了一首诗赞颂腌鲱鱼："腌鲱鱼闪闪亮，体肥脂厚身子长，鱼头被剁下，鱼腹鱼背片片齐，鱼鳞去，内脏除，无论生吃或油煎，莫忘洋葱伴旁边。

傍晚日落时分前，津津有味忙吞咽。"[51]如果说法国的标志性菜式是蔬菜炖肉，那么荷兰毫无疑问就要首推腌鲱鱼和面包了。

荷兰人也做黄油，例如用全脂牛奶做成的豪达乳酪和伊顿奶酪，还有莱顿的脱脂牛奶乳酪，里面添加了小茴香、丁香、芫荽和葛缕子等香料。荷兰人自豪地宣称"咱们荷兰到处都流淌着黄油、乳酪和牛奶……这是咱们从全能的主手中收获的祝福"，有意呼应《圣经》上提到的"流淌着奶与蜜的应许之地"。更严格的加尔文教徒反对同时将黄油和乳酪抹在面包上的新吃法，认为这种把奶制品加到奶制品上的做法是"恶魔的行为"。英国人则讥笑荷兰的船只和荷兰人是"黄油盒子"。[52]把乳酪用具有保护作用的红蜡包裹起来，它们就可以像鲱鱼一样卖到整个欧洲，甚至可以卖到更遥远的南美洲和北美洲殖民地。乳酪和鲱鱼就是"最好的水准仪"，能够让整个国家的人都能吃到制作迅速、营养丰富、价格相对便宜而且耐存放的食物。

逃离宗教裁判所的犹太人将制糖技术带到了阿姆斯特丹，从而使这座城市成为利润丰厚的制糖业的中心重镇。1605年当地只有3家制糖厂，到1655年已经飙升至60家。来自亚洲的咖啡和茶也是重要的进口产品。科奈利斯·庞德谷医生在他的专著《论绝佳药草茶叶》（1678年）中把茶歌颂为包治百病的万灵丹，有传闻说，这部作品就是荷兰东印度公司赞助出版的。到了18世纪，中国产的茶叶已经成为返航的荷兰东印度公司船货中价值最高的货品，1785年贸易量已达350万镑之多。[53]

一边是与共和国体制相称的体面而充足的饮食，另一边则是巨大的财富能允许他们享受的奢华饮食，荷兰人在这两者之间玩起了走钢索的游戏。约翰·加尔文曾经担心过于轻松的文明生活或许会让人成为养在猪圈里的猪。放纵欲望随时都有可能发生危险。人们变得"贪得无厌"，即使再丰盛的物质也无法"扑灭堕落的食欲之火"。神职人员对酱汁和甜点这两个重点目标发起攻击。酱汁会掩盖食物的本来面目，就好比带有欺骗性的假发和化妆品会掩盖女性的真正容貌。糖会让人饮食过度。一位名叫贝尔坎比乌斯的牧师担心市民最终会变得毫无廉耻之心，因为他们"创建了一所学校，把所有的厨师和糕点师傅送进去，教大家掌握制作酱汁、香料、蛋糕和甜点的手艺，这样一来这些食物就能变得可口美味了"。[54]但另一方面，也有像让-巴蒂斯特·迪博神父这样的饱学之士主张，干爽温和的糖和香料在北方的气候条件下是必不可少的，它们能够改善啤酒浓汤、鱼和多雨的天气给人们造成的精神不振、体内多痰等情况，"向北方人的血液里注入那种在西班牙等一些炽热气候条件下生成的动物般的精气神"。[55]

有充分的证据表明，荷兰人确实非常喜欢"体面而充足"的饮食。与欧洲其他地方不同，荷兰没有出现一小撮少数群体吃着山珍海味，而广大的多数群体却面临食品供应不足，甚至三餐不继的情况。相反，在荷兰，即使那些要靠莱顿济贫院发放的食物过活的穷人，也可以吃上面包和牛奶或者酪乳当早、晚餐，至于中午的主餐，每周可以吃到两次蔬菜汤和肉，其他日子则能吃上麦片粥、谷物、蔬菜和牛奶。

荷兰的饮食不仅受到了其他国家的模仿，也通过殖民者、商人和宗教难民得到推广。挪威南部地区的少女漂洋过海，被送到荷兰学习家政和礼仪举止。卡伦·邦的《挪威食谱大全》（1835年）是挪威第一部民族食谱，书中就收录了她们回国后创造出的烹饪成果。[56]在叶卡捷琳娜大帝命令宫廷采用法国饮食之前，荷兰饮食就已经开始影响俄罗斯饮食了。1697—1698年沙皇彼得大帝巡游欧洲时，曾拒绝了法国摄政王菲利普·德·奥尔良进一步请他共赴晚宴的美意，"因为他认为这种举止太随心所欲了"。[57]彼得大帝一回到俄罗斯，便命人翻译伊拉斯谟的《论儿童的教养》一书，并改俄语版的书名为《青少年的尊贵镜子》（1717年）。[58]他命令俄罗斯的贵族效仿这次欧洲之行中他所观察到的上流社会的新仪态举止，例如用餐时每个人都要用自己专用的碗盘，而不再是从公盘中舀食物来吃；要用小酒杯或高脚杯喝酒，而不再用兽角杯；要使用专门的餐巾，不再像以前那样撩起桌布一角擦嘴。贵族们还被要求穿戴欧洲风格的服饰，刮掉胡子，还要学会和女士们交际。正餐开始前要吃一种荷兰的单片三明治，里面加了乳酪（其中有些就是从荷兰进口的）、鲱鱼、熏鱼和咸鱼以及肉。酱汁、油煎菜式、松饼以及用鲜奶油搅拌而成的黄油也出现在了俄罗斯贵族的菜单上。俄罗斯人认识了咖啡、巧克力，

图 6.5　这张日本版画印制于 1861 年，即日本向西方商队敞开国门之后。画中描绘了一间荷兰厨房，一名男子正在给乳酪压榨机拧紧螺丝，一名女子抱着小孩，还有一名男子照看着正在煎炸食物的炉台（Print by Yoshikazu Utagawa. Courtesy Chadbourne Collection of Japanese Prints, Library of Congress, LC-USZC4-10581）。

以及最重要的茶。据说，俄罗斯式茶炊就是从荷兰的冷酒器得到启发而发明出来的。[59]

　　控制荷兰长途贸易和早期帝国商业行动的是两家特许公司，分别是以亚洲为据点的荷兰东印度公司和以美洲为据点的西印度公司，同时也是这两家公司将荷兰的饮食推广到了非洲、亚洲和美洲。1600 年荷兰东印度公司已经将葡萄牙人赶出了锡兰和摩鹿加群岛，并在印度尼西亚建立了根据地，从而掌握了印度洋香料贸易的控制权。这家公司从爪哇进口糖，从中国进口茶叶和瓷器（他们仿照中国的瓷器生产出了代尔夫特瓷器，转过来又将它们出口到各地）。为了在绕过好望角的漫长航行中为船只提供补给，公司派指挥官扬·范·里贝克于1652年在非洲南部建立了一个中转站。[60]在不到六个月的时间里，里贝克为船上官员供应的餐点包括鸡肉、豌豆、菠菜、芦笋和莴苣；不到四年就增添了新鲜的乳酪和黄油；不到七年，菜单上又增加了面包和派。荷兰的势力范围向东最远延伸到了日本长崎湾的人工小岛——出岛，在那里他们得到允许建立了一个小小的定居点。一些日本人通过这些定居点学到了西方的医学（包括营养理论）和饮食，但是在19世纪这些内容对于大多数日本人来说仍然是非常陌生的，就像日本画家歌川芳员的木版画所描绘的那样（图6.5）。

西印度公司在圭亚那和加勒比海地区拥有种植园，在北美洲的曼哈顿岛和哈得孙河谷（即新尼德兰）建立了定居点，后者是为了给种植园提供小麦而建立的。在荷兰，烤面包是面包师傅的职责，但是当荷兰人来到燃料更多、城市更少的地方时，这项工作就落到了家庭主妇身上。荷兰元素以与殖民地大小不相称的比例纳入到美洲饮食当中，包括适度充足但不奢华的饮食标准、一家人聚在一起用餐的习惯，以及松饼、甜甜圈、曲奇饼和凉拌卷心菜沙拉等。[61]

尽管荷兰在对待宗教信仰方面相对宽容，但有些宗教团体仍因被打压而选择逃离。门诺派难民先是来到了德意志北部，随后在18世纪晚期受叶卡捷琳娜大帝的邀请，来到了俄罗斯南部新开拓的领土，20世纪初又去了加拿大、巴拉圭、墨西哥和美国。[62]在四处迁徙的过程中，门诺教徒同时也将在面包上涂黄油并搭配果酱、乳酪或香肠来吃的习惯，制作白面包、裸麦面包、薄饼和松饼的精湛技艺，以及建造风车磨坊的技术带到了各地。

荷兰一直到第二次世界大战之前，始终维持庞大的殖民帝国，尤其在印度尼西亚。荷兰饮食的痕迹遍布帝国的商业和政治版图。腌鲱鱼和外馅小吃至今在波罗的海周边地区深受人们喜爱。在每年的10月3日，莱顿民众都会吃有着"自由的食物"之称的面包和鲱鱼，以此纪念1574年成功抵抗住了西班牙人的围攻。黄油面包和单片三明治走出荷兰国门，流传到了遥远的地区。荷兰乳酪被销往世界各地，许多不同的地方都在生产荷兰风格的乳酪。松饼、薄饼和曲奇饼干虽然也属于更广泛的欧洲传统食物，但人们爱吃的还是荷兰的版本。由于荷兰人将孟加拉和爪哇的糖卖到了波斯到日本之间的区域，而他们对印尼（荷属东印度群岛）的统治一直维持到第二次世界大战之后，在亚洲的许多地方仍能见到荷兰食物的踪影。[63]今天，在斯里兰卡和印尼仍然能找到荷兰肉丸（起源于伊斯兰饮食，在斯里兰卡叫 krokete，在印尼叫 croquettes）。19世纪荷兰移民在印尼发明的印尼式饭菜，至今在荷兰仍能吃到，在印尼则是备受游客青睐的一道名吃。[64]

我们如今能吃到上好的巧克力，都要归功于荷兰人发明了可可豆的脱脂和碱化工艺。此外，对于人造奶油的商业化生产，他们也是居功至伟，发明者将专利卖给了荷兰的于尔根公司，这家公司后来并入人造奶油联合公司。20世纪30年代，人造奶油联合公司与不列颠肥皂制造商利华兄弟合并组成联合利华——现今世界上最大的食品公司之一。

乡绅饮食
英国的民族饮食

17世纪下半叶，英国经历了喧闹不断的政治与宗教变革：国王被推上断头台，内战爆发，共和国成立，君主复辟，英国王位传给了信仰新教的荷兰执政奥兰治的威廉三世，《联合法案》促成了英格兰和苏格兰的合体。殖民与帝国的扩张仍在进行，不列颠人在印度有贸易公司，在爱尔兰有定居点，在加勒比海地区有种植园，在北美洲有殖民地，到18世纪即将结束时，在澳大拉西亚和太平洋也建立了立足点。

英国的高级饮食就是法式高级饮食，尤其是在18世纪的大部分时间里掌握政权的辉格党领袖，更是法式高级饮食的拥趸。不列颠整个18世纪都在全球范围内和荷兰人、法国人对抗，民族情绪也随之不断高涨。英国较重要地区的人口开始建立起对国家的认同，这逐渐取代了对本地区或本阶层的认同。[65]

英国民族饮食来源于乡绅或地主阶级的饮食，他们构成了乡村党的骨干。乡村党由托利党和一些不信任伦敦政权及其宫廷、银行家与商人的前辉格党人组成，成员中有乡村律师、医生、圣公会教区牧师和小地主，他们的收入往往来自租地或农耕，数额足以为他们赢得地方上（而非全国性）的政治权力，住得起高大坚固的宅子，不过要想在伦敦拥有第二套房子就比较困难了。简言之，就是简·奥斯丁小说中所描述的那群人。当看见辉格党的达官显贵们喝着波尔多的红酒，雇用薪水高昂的法国厨师，食用22只鹬鸪提炼出来的法式酱汁时（传言说这道酱汁是一位名叫克卢埃的厨师在英国与法国交战期间为纽卡斯尔公爵准备的），他们认定这种行为简直无异于叛国。最起码，这种饮食也会危害身体，肥了医生的荷包（图6.6）。据说法国饮食中给富人吃的东西奢华夸张，给穷人吃的却只有清汤稀水，而英国乡绅饮食中的烤牛肉、面包和布丁应该是所有人都能吃得起的，为此许多食谱、漫画和文章涌现出来，对这两种饮食做对比。[66]

英国首屈一指的切恩医生对法国饮食持高度怀疑的态度，连医学权威的身份都不管不顾了。奢侈（这个词指代的是不寻常的浪费，包括饮食上的）是引发"英格兰病"（即歇斯底里或情绪低落）的起因。他说，试图靠喝法式的牛肉滋补汤来治疗"英格兰病"，只会"引发病态的食欲，吃下不正常的量，致使健康的人也无法知道什么时候吃饱了"，他的言论引发了一场关于食物与奢侈之间关系的讨论，这个主题从古典时期就开始了。[67]相反，他认为不列颠人应该多吃一些乡村家庭出产的食材：健康时吃牛肉，生病时则吃鸡肉和牛奶。

中等规模乡间宅院的厨房通常是由家庭主妇来张罗的，她要照管菜园，监督挤奶女工挤奶和制作黄油，保存自家出产的农产品，还要自己酿啤酒或苹果酒。她们都是用开放式的壁炉煮菜，并用架在火前的烤肉架做出味道一流的烤肉。如果要做精致餐点，则改用小火盆。针对这些家庭主妇出版的食谱书非常多，如1727年伊丽莎·史密斯的《主妇全书：顶尖女士手册》、1747年汉娜·格拉斯的《厨艺轻松上手》，以及1769年伊丽

图6.6 一位医生正在问候一位骨瘦如柴的法国厨师（英国人觉得法国人爱饮清汤，喝淡酒，而不是像自己那样吃牛肉、喝啤酒，因此英国漫画中常常把法国人描绘成瘦瘦巴巴的样子）。在背景处，炉台上放着的几口锅正在吱吱冒着热气，与英国开放式的壁炉相比，这种法式炉台被人们视为法国式的矫揉造作。厨师跟医生问好："我做了炖肉、炖菜和一些小菜！"医生则对他说："正是因为您做小菜的手艺和下毒的巧妙手法，才让我们这些医者能有马车坐，没有你们从旁协助，我们恐怕只能步行呢（Charles Williams, *The Physician's Friend*, ca. 1815. Courtesy Wellcome Library, London, V0010928）。"

莎白·拉菲尔德的《英格兰家政老手谈》。[68]这些食谱作者非常清楚他们的读者虽然对法式饮食嗤之以鼻，可内心深处也希望自己能办一桌国际风格的饮食。因此这些食谱书里也都会出现法国食谱，基本上都是直接或间接地从拉夏贝尔、马西亚洛等法国作者那里照搬过来，而且通常也不会对原作者致谢。与此同时，英国作者会特别突出那些英国女厨师在即使没有助手，也不像那些请得起法国男厨的家庭一般有着充足预算的情况下也能做出来的菜式。"这年头瞎了眼的傻子还真多，"汉娜·格拉斯说，"英格兰的男士们宁愿被那些法国笨蛋忽悠，也不愿意给英格兰的好厨师一点鼓励！"[69]

英国饮食的主角不是贵族吃的野味或酱汁丰盛的餐点，也不是农民养的兔子或猪，而是烤牛肉。帕森·詹姆斯·伍德福德是一位非常细致的英国饮食记录者，他在日记里一丝不苟地记录下了1758—1802年自己吃过的每一样东西，而他在1802年10月17日去世前记录下的最后一条就是"烤牛肉"。[70]许多大城市都成立了剧场附属的牛排俱乐部。英国文人亨利·菲尔丁写的歌曲《老英格兰烤牛肉》受到了大众的欢迎，直到20世纪依然传唱不衰。

> 那么，不列颠人，冲破所有优雅讲究的约束，
> 就是它们让意大利、法兰西和西班牙变得阴柔无力；
> 而万能的烤牛肉将统领大地，
> 哦，英格兰的烤牛肉，
> 那老英格兰的烤牛肉！

让英格兰人引以为傲的是，当有人奉献出烤牛肉时，即使穷人也能大快朵颐一番，在这种社区晚餐中，地主会捐出一整头公牛。人们将牛架到火上慢慢烤熟之后，再仪式性地将它切成块，将牛肉和面包师捐赠的面包、李子布丁一起，分赠给上千人享用。

小麦白面包是一种人们习以为常的食物，搭配面包吃的布丁通常是以面粉为底料蒸出来的，但也可以采取烘焙的方法，例如从18世纪30年代起为人所知的"约克郡布丁"，就是用蛋和面粉打成面糊，再加入烤肉时滴下来的肉汁做成的。布丁横跨甜咸饮食两大领域，可以不加任何配料，也可以塞一点肉或水果干（其中最有名的当属圣诞节时吃的李子布丁）。布丁相当于不列颠版本的家常白面面食，与之相对应的，在德意志、中欧和东欧地区是饺子和面条，在意大利是马铃薯饺子和蛋面，英国的小康之家通常用布丁作为白面包的补充。法国的汤与接地气的布丁恰恰相反，因而被人笑称是一种虚无缥缈的食物。老式浓汤此时已经演变成了炖锅。

至于酱汁，相比法国高级饮食中的奢华翅肉与蔬菜炖肉，英国人更喜欢肉汁，以及将黄油融化至乳状做成的一种酱汁（黄油酱）。老酱（能

够长期保存，制作成本要比法国高级饮食中的浓缩肉汤低，但同样也能拥有丰富的口味）颇受欢迎。这些酱汁大多源自亚洲酱汁。通过印度贸易引进的一种鱼酱，英语化之后写作"ketchup"，在19世纪早期就已经出现在食谱中了。还有一些用蘑菇、胡桃或鳀鱼做成的质地稀薄、口味酸辣的棕色酱汁，相比于现代的番茄酱，它们更接近于今天的伍斯特酱、哈维酱汁和A1牛排酱，可以说是这三种酱的前身。[71]印度风格的腌水果和酸辣酱，被称为杧果味果酱，而"咖喱"（这个词可能源自泰米尔语中的karhi，意为酱汁）指的是用印度手法烹煮的炖菜一样的食物，当中所使用的胡椒、辣椒、姜黄、葫芦巴、小茴香和芫荽等，都容易让人联想到印度的香料。它们悄无声息地潜入了过去天主教饮食中那些使用香料的食物的地盘。[72]汉娜·格拉斯的"像印度人那样做咖喱"食谱，采用了昂贵的鸡肉、黄油和整体研磨的香料。[73]蛋糕用酵母或鸡蛋进行发酵。和那些酱汁一样，蛋糕的出现将油和糖纳入菜单当中，从而带来了更显著的多样性和更伟大的饮食创新。糖还带来了糖果种类的不断扩大。价格更亲民的波特葡萄酒——而不是波尔多干红——成为乡绅饮食中的饮品。

城市里的咖啡馆不断增多，其中许多不仅提供咖啡，还供应食物和提供多种服务，从保险到赌博，不一而足。茶依然价值不菲，但因为它不含酒精而成了女士们的选择。1717年，安德鲁·川宁开了一家专门为女士服务的茶室（借了著名的川宁茶的东风）。茶园在英国成为一种新的时尚，这些地方往往风景优美，男士和女士可以在那里社交、饮茶、吃点心。[74]所有这些新的场馆，都为人们提供了约会见面、谈论时事的场所。

同样，大量涌现的还有出售糖、香料、茶叶和咖啡的"杂货店"。贵格会的吉百利、朗特里和弗莱恩等家族开始供应可可粉，这在将巧克力从一种冰冷、辛辣、神圣的中美洲饮料转变成甜食的漫长过程中又迈出了一步。[75]这类热带商品在16世纪中期仅占英国全国进口总量的10%，到1800年已经提升至三分之一，而总进口量的增幅甚至比这更大。[76]1650—1800年，不列颠的糖消耗量暴涨了24倍。来自咖啡、茶叶和糖的进口税让政府的金库迅速充裕起来。[77]18世纪60年代，不列颠每年由糖收取的关税，足够支付英国海军全部船只的维修保养费用，而仅仅1774年一年的咖啡关税便足以建造五艘战列舰。茶叶税已经占到了不列颠全部税收的十分之一。与此同时，走私活动也猖獗起来。1784年关税下调，走私活动随之偃旗息鼓。政府坚持要求英国东印度公司必须以合理的价格贩卖茶叶，因此迎来了茶叶消费的持续上升。

和法国、荷兰的饮食一样，英国饮食也传播到了殖民地。生活在印度贸易站的商人会同时雇用英国和印度背景的厨师，分别准备乡绅饮食和莫卧儿饮食。在太平洋地区，从1788年开始，澳大利亚陆续建立了一些罪犯流放地和自由殖民地，从而将这个国家带回到世界饮食交流网络中来。1778年库克船长抵达夏威夷时，当地那种广泛依赖芋头、海藻和小鱼的饮食，还是几百年前被第一批波利尼西亚移民带来的。英国海军军官乔治·温哥华上校曾和库克一起在夏威夷群岛展开考察和探险，再次返回时他带来了两头母牛、一头公牛和一些羊，好让它们在这里繁衍生息，为日后来访的船只提供给养。太平洋不再是西班牙人的内海，200年来连接亚洲和美洲太平洋沿岸的唯一交通工具——马尼拉大帆船，也在1815年完成了最后一次航行。从此以后，不列颠人、法国人和美国人开始来到太平洋岛屿上定居，他们的饮食中既有自己带去的近代西方饮食，也有首批移民带来的历史悠久的芋头和面包果饮食。

从加勒比海到加拿大的美洲东海岸，是英国饮食最重要的前哨阵地。由于殖民者来自社会的各个阶层，信奉不同的基督教教派，定居地的气候也从热带到寒带各不相同，因此他们的饮食发展史是非常复杂的。较富有的移民主要由南方种植园主、中部殖民地和北方殖民地的商人构成，他们吃的是英国乡绅饮食，并且就像拒绝伦敦宫廷奢华饮食的英国乡村党那样，也排斥法国饮食。在整个19世纪，美国的饮食发展史都流露出一种共和主义的禀性，这一点可能也受荷兰殖民地的影响。像托马斯·杰斐逊这种吃得起法国饮食的人毕竟只占少数。大多数生活较宽裕的移民使用的都是伊丽莎·史密斯和汉娜·格拉斯等人作品中提供的食谱。[78]中部殖民地盛产小麦，足以为整个西印度群岛提供粮食。那里的人们吃小麦面包。人们还会制作一种典型英格兰风格的微甜酵母蛋糕，通常做成50磅重的大蛋糕，在举行公共活动时供人们食用。其中的一个版本后来变成了所谓的候选人蛋糕。借助那些英语版的食谱书，家庭主妇们平常会制作鱼酱和酸辣酱。她们不再使用印度杧果，而是使用甜椒，不过甜椒在南方某些地方依然被称为杧果。[79]在饮料方面，北美的小康之家通常喝朗姆酒或朗姆潘趣酒。

和西属美洲的克里奥尔人一样，生活在北美的英格兰人也不喜欢听到别人批评美洲的烹饪资源，虽然他们自己也会吃从欧洲进口的饮食。18世纪中期，当许多欧洲学者，包括纪尧姆·托马斯·雷纳尔、科内利斯·德·波夫，以及法国顶尖的博物学家布冯伯爵乔治·路易·勒克莱尔，纷纷主张旧大陆的物产比新大陆更优越时，他们被激怒了。[80]作为反击，托马斯·杰斐逊在他的《弗吉尼亚笔记》（1781年）中，耶稣会士弗朗西斯科·德·克拉维赫罗在他的《墨西哥古代史》（1780年）中，对新世界的物产丰富、地大物博给予了毫无保留的赞美。

英国的一系列立法——1733年的《糖蜜法案》、1760年的《食糖法》、1762年的《税收法案》、1773年的《茶叶法案》——让美洲的13个殖民地感到了税赋将加重、自治权将减少的威胁，愤怒的人们于1776年宣布脱离大不列颠独立。四年后，托马斯·杰斐逊在一封信中展望未来，预言这个年轻的国家将成为一个横跨整个大陆的自由帝国，也是对抗不列颠帝国的堡垒。宣布独立20年后，即1796年，阿梅莉亚·西蒙斯出版了美国第一本食谱书——《美式烹饪》。[81]这本书堪称是一部宣言，它提倡使用美洲的原材料，创造出一种充足又得体的饮食。该书冗长的副标题承诺读者将学会如何处理肉、鱼、家禽和蔬菜，如何制作各种派、布丁，如何保存食品，以及如何制作"各种蛋糕，包括不列颠帝国的李子布丁，为适应这个国家及其国民而改良的家常蛋糕"。阿梅莉亚把用昂贵的小麦面粉和糖做成的蛋糕、布丁，与用玉米（美洲人的日常粮食，欧洲人却视之为牲口的吃食）和便宜又常见的甜味剂糖蜜做出来的布丁、蛋糕放到了一起。面包危机曾一度席卷欧洲，当时人们正讹传玛丽·安托瓦内特那句不经意的话——"叫他们吃蛋糕啊"。人们无法预知未来还有没有更严重的饥荒（确实有，例如"饥饿的四十年代"），孤儿出身的阿梅莉亚提出要为各色人等提供蛋糕。

欧洲帝国的低端饮食

　　法兰西、荷兰和不列颠帝国境内的大多数人吃的依然还是平民饮食。伴随海外帝国领土的扩张和欧洲人口的增长，平民饮食的属性和品质也变得越来越多样化。接下来，我们先从与帝国发展密切相关的三个案例谈起——被卖作奴隶的非洲人的饮食，生活在13个殖民地的普通居民（自由民）的饮食，以及不列颠海军的饮食，最后再来讨论欧洲农村穷人的饮食。

　　非洲奴隶是美洲移民之中人数最多的一个群体：19世纪20年代以前，每四个移民中就有三个是来自非洲的奴隶。甘蔗种植园里，每英亩土地就需要一名工人。[82] 为了给这些种植园和其他的农业企业提供劳动力，从16世纪到19世纪早期，共有达1200万非洲人被迫来到新大陆，大多数人去了热带的低地国家，其中约有一半去了巴西，剩下的人当中有相当高的比例去了加勒比海地区。[83] 在非洲，受奴役的人们赖以为生的是从我们第一章就讨论过的饮食家族中流传下来的两种相互重叠的主要饮食（其中一种）。在萨赫勒地区（从塞内加尔河到热带森林之间的草原区域），典型饮食主要是蒸熟的谷物和用发酵的谷物熬的粥，还包括稻米、黍、高粱、豌豆、蔬菜和一点点肉。而在一直延伸到几内亚湾的热带森林地区，当地饮食则以煮熟的甘薯泥、香蕉、豌豆、蔬菜和少许肉为主。以下这幅当代绘画作品展示的是位于今天加纳沿海城市海岸角的一处繁荣市集（图6.7），从中我们看出，当地的生活水平和欧洲农村近似。

　　非洲人不管是自愿还是被迫来到不列颠、法兰西、荷兰和西班牙等帝国在美洲建立的殖民地，都会试图复制自己家乡的饮食。其中，最接近成功的可能要数逃亡黑奴的社区了。种植园里的奴隶赖以为生的，除了奴隶主配发的口粮之外，就是自己在菜园里种的蔬果。他们对许多能种的植物都不熟悉。而要进口和移植那些他们熟悉的非洲作物，又几乎是不可能的。就那些来到美洲的植物来说，它们很有可能是从沉船的残骸里打捞出来的一些存粮。奴隶们终日在种植园里劳作，根本没有多余的力气再去做一些既耗体力、又耗时间的加工工作（例如处理美洲木薯），于是像甘薯

图6.7　图中展示的是非洲的一处市场，市集上有市集管理人员的房子A、粮仓B、出售香蕉和其他各类水果的摊位C、卖棕榈酒的店铺D、卖家禽和鱼肉的市场E和F，卖柴火、稻米、高粱、黍和清水的妇女G，H，I，甘蔗摊K，来自外国的布匹L，做好的吃食M，摆满信仰小物的桌子N。市场里有到访的荷兰人O，还有士兵P，我们能看见通向海岸和内陆的道路，以及带着商品来卖的妇女Q、R、S（Pieter de Marees, *Beschryvinhe ende historische verhael van het Gout koninckrijck van Gunea...*1602, reprinted, The Hague: M. Nijhoff, 1912, 62）。

和香蕉这样产量大又便于加工的食材，便悄悄潜入了奴隶的菜园子。来自稻米产区的非洲人，制作出了他们传统上用来舂、筛选米和其他粮食的杵臼、簸箕，甚至可能还有煮饭用的锅。他们会做库斯库斯。热带来的非洲人会将根茎捣碎后做成食物（即现在尼日利亚的馥馥白糕）。可以搭配棕榈油酱、鱼干、芝麻以及木槿或美洲当地的苋菜叶来吃。加了秋葵的炖肉或炖鱼（叫作秋葵浓汤）最适合搭配米饭吃。巴西种植园里的非洲人吃的是米饭、豆子、木薯粉和牛肉干（斋戒时偶尔也能吃到），目的是为了让他们恢复体力，以便从事更繁重的工作。[84]

　　和美洲原住民的饮食或欧洲的平民饮食一样，非洲饮食对奴隶主阶层一直没什么吸引力，这都要归因于当时依然占支配地位的饮食决定论。在种植园的大宅里当厨娘的非洲妇女，会根据她们主人的宗教信仰和种植园所处的位置，被教导做天主教饮食或西方饮食。即便如此，还是有几种食物，借助种植园的厨房或街边小吃而跨过了饮食之间的界限。稻米饮食中的食物，因为以谷物为主要材料，可能比根茎类饮食中的面糊更易交叉跨界。美洲的许多稻米－豆类餐点，几乎可以肯定都是以非洲为源头。墨西哥和美国的南卡罗来纳州用香气馥郁的汁液蒸出来的抓饭风格的米饭，很可能就起源于今天尼日利亚的五色饭或地中海米饭餐点的前身，有可能两者都是。前种植园地区的玉米卷——如波多黎各的玉米粉粽子——当中包含了非洲－加勒比海元素。泡木槿花的做法可能来自西非，而罗望子酱很可能反映出了同样的地中海或亚洲源头。炸黑眼豆豆馅饼（这种食物在尼日利亚说伊博语的地区被称为阿卡拉球）在巴西等地成了街头小吃。生活在巴西的巴伊亚、哥伦比亚和巴拿马的非洲妇女，熟练掌握了天主教饮食中用蛋黄和糖做甜点的方法，并把做出来的甜点拿到市场上去卖。[85]南卡罗来纳州的非洲裔妇女发明了芝麻薄饼，它成为当地颇受欢迎的一种食物。

到了18世纪晚期，拉丁美洲和欧洲的运动领导者开始反对奴隶贸易和奴隶制本身。1787年，贵格会、一位论派及其他一些团体结成联盟，成立了废除奴隶贸易协会。支持废奴的人从东印度（即印度尼西亚群岛）买来糖，装在糖碗中进行展示，碗上还印了通过这种方式能够拯救多少条生命。* [86]1833年，《废奴法案》的通过吹响了不列颠及其他殖民地奴隶制的丧钟。然而，奴隶制的残余仍然影响着非洲人对美洲饮食的贡献。

13个殖民地的普通居民（其中包括500万英国移民）主要包括拥有地产的小农。假如还在家乡，他们不会吃得上乡绅饮食，只能吃一些用次等粮食做成的非常简朴的薄饼或粥。但是，在美洲他们混得不错。[87]无论是煮饭用的燃料、研磨用的水力资源，还是肉，所有这些在欧洲短缺的物资，在新大陆可以说遍地都是。一位移民曾洋洋得意地这样写道："整个欧洲能用的柴火加起来，都没有新英格兰多。"大概是想起了在英国村民们为了捍卫自己捡柴火的权利，竟然被投进了监狱，因为仅存的林地还要留给领主们用来打猎呢！[88]美国东部密布的河流和溪流为水力磨坊提供了

---

* 碗的背面镌刻着这样的话："东印度的糖不是奴隶生产出来的。每六个家庭使用来自东印度而非西印度的糖，就能减少一名奴隶。"

理想的场所，因此在大多数地区磨面和舂粮的工作都不是在家里完成的。

大多数人都吃得起肉，通常是水煮咸牛肉或咸猪肉。[89]人们像以前在不列颠群岛料理燕麦和大麦那样加工玉米。玉米糊和粗玉米粉取代了燕麦粥，成为13个殖民地许多地区的日常主食。用燕麦或大麦做成的糕饼也被玉米薄饼取代。移民也的确采用了一些美洲原住民的技巧，尤其是用碱水（或灰泡水）去除玉米壳，做成玉米粥。苹果酒是一种很常见的饮料，酿啤酒用的大麦和小麦在13个殖民地的许多地方都长不好。简言之，虽然从欧洲人的视角来看，不得不吃玉米意味着在饮食等级制中的退步，但是美洲的各种食物（尤其是肉类）都相对比较丰富而且容易得到，这一点与欧洲形成了强烈的对比。赫克托·圣约翰·德·克雷弗克在他的作品《一名美国农夫的来信》（1781年）中，将美洲殖民地农村家庭的情况和欧洲的处境做了一番对比："以前子女想要从父亲那里要到一口面包都是徒劳，如今他们胖了，也喜欢嬉闹玩乐了，开心地帮助他们的父亲整理田地，茂盛的庄稼将从地里长出来……变成他们的粮食……不管是专制的王公、有钱的修道院院长，还是万能的上帝，谁都不能把它们夺走！"[90]虽然他在自我吹捧的同时难免有所夸大，但通过他的描述，我们还是可以了解到当时实际情况的核心本质。

回过头我们再来说说欧洲。到18世纪晚期，不列颠的海军将士就已经能够吃到充足且有益健康的饮食了，这要归功于英国海军后勤委员会花了一个多世纪的时间来改善饮食，减少坏血病的发生。死于坏血病的水手比战斗中牺牲的还要多。海军饮食主要有用硬粒小麦面粉做成的饼干（通常叫作领航员饼干或压缩饼干）、一道富含蛋白质的食物，如咸牛肉或咸猪肉（不吃肉的日子就换成盐腌鳕鱼或乳酪），还有啤酒，这样的"三重奏"对照的是普通的不列颠饮食，只不过其中的饼干代替了面包。[91]再搭配用燕麦粉或豆子做成的面糊（叫作稠麦片粥或燕麦面粥），饼干抹上黄油，再来点醋调味，这样的餐点——至少在理论上——每天能够提供4000～5000卡路里的热量。多年以后，不受人待见且容易变质的盐腌鳕鱼从菜单里被剔除出去，港口会提供新鲜的牛肉和现烤的面包，它们取代了咸肉和饼干，此外还能吃上根茎和绿色蔬菜。不过，出海时还是得用咸肉，但上船之前会先经过仔细的检查，品质不达标准的就被丢掉。用来存放牛肉、黄油和啤酒的木桶得到了更细心的照管。18世纪晚期，人们引进了柑橘果汁抵抗坏血病的侵袭。最能提振水手士气的是常规供应的白兰地或朗姆酒等烈酒。海员们当然也会抱怨，但是每天都能吃到热腾腾的饭菜，一周还能吃上四次肉，还有用小麦面粉做的饼干和面包、充足的啤酒，时不时还能吃到水果和蔬菜，这样的伙食比他们加入海军以前吃的东西实在是好太多了。

随着海员健康情况的改善，他们待在海上的时间也从1700年的两个星期延长到了1800年的三个月。这使得英国皇家海军与不能在海上待太久的荷兰人和法国人相比，拥有了重要的优势。尤其是法国，它不仅因为管理层腐化堕落而饱受折磨，还被迫从爱尔兰采购牛肉，至少西印度群岛驻军的情况是这样的。英国海军历史学家 N. A. M. 罗杰得出的结论是："最重要的是后勤委员会，它改变了不列颠舰队的海上运转能力……有了身体健康的船员，船只才能长期停留在海上，只有这样，海军的力量才能充分发挥出来……不列颠毋庸置疑赢得了海洋的真正控制权。"[92]

与此同时，生活在欧洲（包括英国）农村的穷人，生活却不堪其苦，随着他们人数的增长，能获取的土地和燃料却越来越少。食物严重短缺的情况时有发生，有时甚至会演变成饥荒。1770年欧洲大陆的小麦和黑麦歉收，饥荒随之而来。[93]1756年和1773年，瑞典各地都有农民等死，"而更可怕的是，还要听着年幼的子女哭泣，受尽折磨痛苦才迎来死亡"。[94]即便没有饥饿的威胁，农村的穷人也会担心失去自己的主食面包，不管是用哪种粮食做的。到18世纪晚期，大多数英国人已经吃上了用小麦做的面包。威尔士人和康沃尔人吃的是大麦薄饼，苏格兰人则吃燕麦粥或燕麦饼。许多生活在欧洲北部的人吃的是黑麦面包和去壳的燕麦。法国人用黑麦、燕麦、大麦、玉米或者栗子（人称"森林里的面包"）做成了黑面包。为了节省燃料，他们每六个月才做一次烤面包。[95]有时候烤出来的面包非常硬，以至于能否用斧头劈开面包，竟然成了男士是否拥有阳刚之气的标志。劈开的面包被放进汤里泡软。汤作为多种食物的基础，用大锅吊在火上煮着。

Distribution de vivres faite au peuple en 1744, à Strasbourg.

图6.8　这张版画表现的是1744年10月斯特拉斯堡的民众正在领取发放的食物和饮料，以庆祝路易十五病愈康复并到访这座城市。阳台上丢下来一个貌似面包的东西，喷泉旁边畅饮的人们正高举着啤酒杯，右边一名屠夫正向一头公牛磨刀霍霍（Engraving by Jacques-Philippe Le Bas after a drawing by Johann Martin Weis. From Paul Lacroix, pseud. Paul-Louis Jacob, *XVIIme siècle: Institutions, usages et costumes*, Paris: Firmin-Didot, 1880）。

不过，无论用什么谷物做成的面包，都是一种要用牙咬来吃的食物，可以搭配乳酪或一点腌鱼，也可以泡在汤里吃。去田里劳作时，带着它非常方便，吃之前也不需要加热。许多人相信面包是上帝恩赐的礼物，提供面包则是统治者的义务（图6.8）。从远古时期起，面包就是人类日常饮食的基础，而且通常被等同于食物本身。

随着人口的增加，面包供应也越来越紧张。传统的君主制和教会慈善体系正在瓦解。医生、政治家、经济学家就如何让穷人吃饱这个议题展开了辩论，其中很多人甚至认为穷人不比动物高级多少。"许多人认为这个阶层的人跟他们用来耕田的牲口没有什么差别"，18世纪中叶出版的法语版《百科全书》的一篇文章中出现了这样的说法。乔治·切恩医生更是断言："白痴、农夫和修理工几乎没什么热烈的感情，也缺乏任何一种丰富的知觉，而且无法给人留下长久的印象。"[96]

亚当·斯密和托马斯·马尔萨斯则倾向于认可这样一种观点，即面包高昂的价格也有其优势，那就是能够防止穷人生太多孩子，从而确保人口的数量得到有效的控制。还有一些人认为面包的短缺可以由水或肉汤弥补。出生于马萨诸塞州的科学家拉姆福德伯爵本杰明·汤普森说，水"对人体营养起到的重要作用，远比此前人们普遍想象的大得多"，水可以取代一部分的面包。"即便只有数量极少的固体食物，只要经过适当的料理，便可以满足人的各种营养所需"，马里兰州的弗雷德里克·伊登爵士是亚当·斯密的追随者，他在1797年发表的先驱性研究成果《贫穷状况》中同意了汤普森的看法。当水跟适当的固态成分——如兰茎粉（用兰科植物的根部做成的一种粉末）、鹿角精（鹿角炙烤之后磨成的粉末）或大麦——相混合时，就能形成一种非常高级的营养物质。综上所述，苏格兰人吃的加了盐和水的燕麦和大麦餐点、爱尔兰人吃的马铃薯饮食或是一年吃三大桶印第安玉米的奴隶饮食（当然，还需要菜园种的菜来补充），从提供的营养价值上来说，是非常充足的。[97]

人们为了保障面包的供应做了大量的工作。比如，普鲁士的腓特烈大帝曾经把大量谷物储藏起来，以确保农作物歉收时也能继续维持面包的供应。法国政府设立专门的奖项，鼓励人们改进研磨技术，希望提升高品质谷物面粉的产量。最激进的当属法国的自由主义者安−罗伯特−雅克·杜尔哥等人以及该国的重农学派，还有英国的亚当·斯密，他们主张用自由贸易取代政府对小麦贸易和小麦价格的控制。当18世纪60年代法国政府采取这项措施时，穷人们觉得自己传统的安全保障被连根拔起。"道德经济"被正式废除了。这个名词是历史学家E. P.汤普森提出的，指的是相信人民"有权利以公道的价格买到食物"。[98]尽管这项政策不出几年便被撤销，但它增加的不安全感并没有跟着消失。

至于那些没法养活自己的人，大多数欧洲国家为他们设立了乐施院、济贫院，后来还成立了劳动救济所，经费多半来自城市中产阶级的捐赠。这些机构让穷人不再浪迹街头，身体健康的就送去工作，作为回报他们可以得到食物和一个庇护之所。在瑞典，人们为了对抗饥饿，在日历、布道集和方言的小册子上罗列出各种应对饥荒的食物，其中有一些似乎和人们平常能接触到的食材根本不搭边，例如用黄油和胡椒料理的郁金香球茎，加糖捣成糊状的黑醋栗，还有芦笋、樱桃树汁等。其他一些就比较实际了，例如历史悠久的冷杉树皮、荨麻、牛蒡、橡果、冰岛地衣、海藻、香杨梅和蓟属植物等，早就是人们面对饥荒时的老朋友了。[99]

从18世纪70年代起，精英人士便从马铃薯身上看到了解决面包问题的希望。16世纪晚期，马铃薯就已经为欧洲人所知，18世纪中期开始得到种植，但是那时它的地位仍然无足轻重。对于早已熟悉了马铃薯的我们来说，很难想象这种作物对当时的欧洲人来说是非常陌生的，其程度不亚于芋头和木薯之于今天的美国人。[100]作为根茎类作物，马铃薯和萝卜一样，曾被人们认为是冬天给牛吃的饲料，因此不应是人吃的，而是动物吃的。它们通常个头很小，味道苦涩，因为当时还没有培育出我们今天享用的各种马铃薯品种。这种作物一旦收获就得冷藏或尽快吃完，否则就会变绿发芽。煮过之后的马铃薯会变成没有味道的柔软薯块，而不像面包那样又香又好入口。唯一一个热情接纳了马铃薯的地方是遥远的新西兰。毛利人早已将他们熟悉的亚热带根茎类植物引入新西兰的北岛，所以当18世纪70年代马铃薯随着欧洲人来到当地时，毛利人对它表示了热烈的欢迎，因为这种作物在气候更冷的南岛也可以生长。正是因为能够用马铃薯和欧洲的捕鲸船、捕海豹船交换火枪，才使得毛利人得以从19世纪40年代到70年代，抵挡住了不列颠军队的征服攻势。

但是在旧大陆，人们拒绝把马铃薯当成主食。德意志人抱怨说："这种东西既没有味道也没有口感，连狗都不会吃，对我们又有什么用？"俄罗斯的旧礼仪派认为马铃薯是"世界上最早的两个人吃的禁果，因此谁吃了它，谁就违背了上帝的意志和神圣约定，将永远无法进入天堂。"[101]甚至，连马铃薯的推广者也承认它的缺点。《百科全书》中"地里的苹果"一条的作者加布里埃尔－弗朗索瓦·韦内尔，在文中描述了马铃薯会造成肠胃胀气，但同时他也加上了这么一句话，日后常被人引用："农夫和工人肠胃强健，多点气体又何妨？"俄罗斯农学家安德烈·波洛托夫觉得马铃薯味道寡淡、口感干软，不像面包或荞麦粥那样有嚼劲。现代学者主张，人吃了发霉的黑麦会出现麦角中毒症，而马铃薯恰恰能减少这种真菌疾病的发生，这一点估计当时谁也不会想到吧。

虽然马铃薯如此不受欢迎，但是面对人口的增长和面包短缺的威胁，统治者也别无选择，只能敦促生活在农村的穷苦百姓改以马铃薯为主食。为了便于人们接受马铃薯，法国化学家、马铃薯推广人安托万-奥古斯丁·帕尔芒捷在1779年出版了《无面粉马铃薯面包制作大全》一书。结果，没人相信。1774年，腓特烈大帝给科尔贝格送了一批马铃薯以缓解那里的饥荒。俄罗斯医学院也推荐种植这种"地里的苹果，在英国叫作马铃薯"，尤其是在西伯利亚和芬兰，那里的庄稼几乎颗粒无收，饥荒接踵而至。欧洲各地也都相继采取了类似的措施。[102]18世纪90年代，在农业歉收、城市化进程、法国大革命和拿破仑战争（1792—1815年）等因素的综合作用下，爆发了大范围饥荒，这迫使人们最终接纳了马铃薯。欧洲南部的穷人已经以玉米粥为主食，此时欧洲北部的穷人也要开始用水煮马铃薯来果腹了。

1840年的全球饮食地图

到1840年，西方高级饮食已经在整个欧洲和俄罗斯建立起来了。而西方中等饮食除了出现在低地国家和不列颠之外，也以改良版的形式在美国和加拿大东海岸确立起来，在澳大利亚沿海地区和新西兰也初步站稳了脚跟。在刚刚独立的拉美国家，在近代西方高级饮食与天主教-克里奥尔高级饮食之间，一场旷日持久的拉锯战正进行得如火如荼。1831年，墨西哥在从西班牙独立后出版的第一部食谱——《墨西哥厨师》——中就收入了法国菜和英国菜的做法。

近代西方饮食中有很多油腻、富含脂肪的新酱汁，品类众多的蔬菜，以及富含气体的食物和饮料，包括慕斯、气泡矿泉水以及像汤力水（又叫奎宁水）这样的气泡饮料，都是借助有关空气和气体的研究成果才得以出现的。糖从咸食里消失了，开始从一种香料兼药物转变成日常的主要食物，并且提供了食谱中相当一部分比例的热量。此前只有贵族才能在某些特别的宴会厅或宅邸浅尝到的甜食，这时的社会地位已大不如前，成了每天都能吃到的糖果。一系列质地没那么扎实的蛋糕、派、曲奇饼、布丁和甜点开始出现。人们在喝茶、咖啡和巧克力饮料时加糖，使它们变得更加美味可口。

工业革命中出现的蒸汽机被用来生产一种新的味道苦涩但价格便宜的深颜色波特啤酒，以及航海饼干。[103] 这种航海饼干都是放在输送带上，通过烤炉的连续烘焙制成的。最早在19世纪初取得这项重要发明专利的是不列颠海军上将伊萨克·科芬爵士。事实上，军队后勤确实在近代饮食发展过程中扮演着重要角色。例如，18世纪60年代拥有1.6万名将士的不列颠海军，就在朴次茅斯和普利茅斯等南方港口城市建起了专属的后勤给养仓库，并在那里开设了酿酒厂、磨坊和肉类加工厂。作为不列颠农产品最大的单一采购方，英国海军不仅创造出了稳定的全国性市场，对国际贸易也起到了很好的刺激作用。

虽然几乎没有几个西欧国家要求其国民必须按照宗教饮食规定来吃喝，但是宗教因素仍然深深渗透进了西方的饮食哲学当中。等级制、君主制饮食在荷兰、法国和美国等地都受到挑战。即便如此，君主制度依然和法国高级饮食一样继续存在。至于穷人，政府依然认为自己的主要职责仅止于把他们喂饱即可。

奥斯曼、萨法维和莫卧儿的饮食仍在继续发展。在清王朝统治的中国，一种高级饮食在小康人家蓬勃发展起来（但相关研究不多），它对食材的消耗足以和欧洲一较高下。[104] 在日本，以米饭和鱼肉为基础的佛教高级饮食在京都和江户大放异彩。江户就是今天的东京，在18世纪早期人口已达百万，是巴黎的两倍，也是当时世界上最大、最繁荣的城市之一。[105] 江户隅田川两岸，各种餐馆、茶店和娱乐场所林立。游船上提供食物、音乐和女招待。小吃店供应从16世纪起开始流行的荞麦面。商铺则制造和贩卖清酒、酱油、味噌，以及熬汤用的柴鱼。

西欧饮食，尤其是它对小麦、牛肉、葡萄酒、茶、咖啡和糖的巨大需求，给贸易和农业的全球模式带来了深刻的变革。食品长途贸易在增长。[106] 在巴黎、伦敦、圣彼得堡和其他一些都城的杂货店里，能够买到糖、茶叶、咖啡、香料和其他一些来自热带的商品。[107] 在圣彼得堡这座人口达25万的城市里，贵族们吃的黄油来自普鲁士，喝的葡萄酒和白兰地来自法国，甜酒来自匈牙利[108]，还有来自欧洲各地的新鲜苹果、李子、柠檬和西瓜，至于蜂蜜、鳕鱼、粮食和盐则产自本国。荷兰人用鲱鱼贸易赚来的钱，从波兰和乌克兰的平原购买小麦和黑麦。阿姆斯特丹是当时世界上最大的小麦市场。[109]巴黎和伦敦的牲口来自东欧、阿尔卑斯山区、丹麦、苏格兰和爱尔兰。[110]英格兰人钟爱波尔多葡萄酒，但为了避免从战场上的老对手——法国人——那里买酒，他们尝试在弗吉尼亚州建立葡萄园，可惜没有成功，于是又从马德拉群岛和加那利群岛进口葡萄酒。到17世纪晚期，荷兰东印度公司治理下的好望角，在涌入当地的法国胡格诺教派难民的帮助下开始生产葡萄酒。

荷兰人的糖来自荷属西印度群岛和圭亚那，法国人的糖来自法属西印度群岛和路易斯安那，英国人的糖来自英属西印度群岛。自从荷兰从印度南部把咖啡树枝走私到印度尼西亚群岛以后，咖啡种植就在印度洋上的留尼汪岛以及马提尼克岛、牙买加、海地、瓜德罗普岛、波多黎各和古巴等地的种植园普及开来。茶来自中国。[111]为了遏制瑞典的货币流失现象，植物学家卡尔·林内乌斯鼓吹国人去"把茶树从中国带过来"。[112]当他意识到茶树根本无法在瑞典昏黑的冬天（即便在温室中也不行）存活下去时，这位爱国者又建议瑞典人把黑刺李、北极覆盆子和香杨梅沏到一块儿当茶喝。为了取代咖啡，他还建议人们把烤过的"豌豆、山毛榉果实、杏仁、豆子、玉米、小麦面包或烤面包"泡到滚烫的开水里，小口啜饮。没有证据表明有谁把他的话当真。为了开发热带植物的潜能，欧洲大国纷纷建起了植物园，荷兰人建在了好望角；法国人建在了毛里求斯；不列颠人先是建在牙买加和圣文森特岛，接着是加尔各答和槟城，由位于伦敦的邱园负责协调殖民地各植物园的工作。[113]欧洲人还建立起了其他一些贸易圈来养活奴隶。截至17世纪中叶，耶稣会已经在安哥拉拥有了50家种植园，一万名奴隶在那里种植玉米和木薯，为贩奴船提供给养。南美洲的咸牛肉和北美洲的腌鳕鱼则被运往巴西、墨西哥与加勒比海地区的种植园。[114]

自1650年以来，世界人口增加了一倍，达到12亿之多。对于吃得起的人来说，小麦和稻米仍然是最具优势的粮食。然而，吃不起的人也很多。首先在中国，接着在印度，穷人转而寻求谷物等级中较底层的作物，如玉米，甚至还有芋头、山药、甘薯和马铃薯等根茎类作物。[115]英国的工业城市在不断壮大，那里住满了从土地上逃离或被赶走的人。在欧洲，19世纪30年代中期的经济衰退使得穷人更难吃上好东西。1845—1846年，正值饥饿的四十年代，欧洲各地普遍面临庄稼歉收。一种真菌性的农作物疫病致使地里的马铃薯发黑，变得黏软。农村穷苦百姓损失惨重，他们成为这场危机首当其冲的受害者。在比利时，家庭式亚麻业严重滑坡，失业者和饥饿的人们在北部省份四处游荡，寻找食物，与此同时政府镇压抗议活动，实行价格管控，征用未耕种的闲置土地，降低进口食品关税。[116]在爱尔兰，有100万人死于饥荒，另有100万人移居国外。高级饮食和低端饮食之间那道因为中等饮食的出现而一度模糊的古老鸿沟，此时再度清晰起来。

第七章

近代饮食

中等饮食的扩张，1810—1920 年

几千年前，人类掌握了谷物的烹饪，高级饮食和低端饮食也逐渐分道扬镳；而1880—1914年，人类饮食史上迎来了最重要的转折点，变革的高潮始于17世纪中叶，并从1810年开始断断续续地加速。由小麦面包和其他一些广受偏爱且富含碳水化合物的主食、牛肉等肉类，以及脂肪和糖构成的中等饮食，从资产阶级群体扩展到了另外两个迅速成长起来的新社会群体当中，即月薪中产阶级和周薪工人阶级。他们构成了工业化国家城市人口的主体，尤其是（但并不局限于）欧洲北部国家；包括加拿大、澳大利亚、新西兰、非洲南部和阿尔及利亚在内的欧洲国家的海外殖民地，以及美国和日本，也是如此。但是，高级饮食和低端饮食并没有消失。世界各地有钱、有地位的人都将法国高级饮食作为自己的饮食，而生活在农村的穷人每天吃的依旧是粗茶淡饭。

在世界上那些较富裕的地区，中等饮食迅速发展成为那里的主导性饮食。通过对食材、菜式、厨房、专门的用餐区和餐具，以及围绕它们产生的文字作品进行比较，不难发现，与低端饮食相比，中等饮食和高级饮食之间的共同点更多，不同之处在于中等饮食不像高级饮食那样以表现政治和宗教的权力等级关系为诉求，所以伴随近代国家公民在政治领域中的话语权逐渐加重，原本只为少数权贵阶层保留的那些美食，此时也越来越多地进入寻常百姓家。虽然在菜式的选择和上菜、用餐的礼节上，仍然能看出社会地位的细微差别，但是在富贵阶层和社会其他阶层之间那条食物上的鸿沟正在逐渐缩小。取而代之的是，在已经开始向中等饮食转变的国家和高级饮食、低端饮食依旧泾渭分明的国家之间，开始出现另一条新的鸿沟。

尽管在19世纪前半叶欧洲和美洲政局动荡，但那时的贵族好像还是继续享用着珍馐美馔，而穷人靠淀粉类食物为生的日子几乎难以为继，在这种背景下，中等饮食在19世纪40年代的爆炸性发展好像有点令人不可思议，毕竟那10年被称为"饥饿的四十年代"。早在1798年，托马斯·马尔萨斯就在他的《人口论》一书中警告说，由于土地有限，食物的供给也因此受到限制，周期性的饥荒是预料之中的。但是世界上的大部分地区还是出现了向中等饮食的转变，不过相比这种说法，我更喜欢用"营养变革"，因为这就表示在社会和政治上出现变革的同时，人们的饮食营养领域也发生了显著的变化。

按照过去的模式，饮食的传播通常伴随相关帝国或一些大国的扩张，最显著的就是欧洲、俄罗斯、日本等帝国以及美国。在这个过程中，定居者、移民、军队、传教士、商人和新出现的跨国公司无不起到了推波助澜的作用。然而，随着18世纪民族主义在欧洲北部的萌芽，并于19世纪晚期传到了美洲、日本、俄罗斯等地，这一旧有的模式变得复杂化了。新出现的中等饮食开始被视为民族饮食，从而使1920年的世界饮食分布形势相比1840年发生了根本性的变化。1820年民族饮食还是凤毛麟角，那种精英阶层吃高级饮食，穷人吃地方性平民饮食的旧模式还继续存在。但是到1920年人们倾向于将饮食视为民族的，而不是帝国的，虽然由于国界的变化，再加上国家要应对当地或移民的少数群体，这些民族饮食也是不断变化的。

在向中等饮食转变的过程中，作用最重要的当属由讲英语的各个族群构成的盎格鲁世界。1830年，不列颠的人口约有2300万。到1914年，这个数字已经发展到了4000万。而不列颠帝国境内的人口更是将近四亿，增长了五倍。到1920年，不列颠已经统治了全世界五分之一的人口和四分之一的陆地。另一个盎格鲁大国美国则横跨整个北美洲大陆，人口也从1830年的1300万增长到了1920年的1.06亿。这两个国家加起来大约有两亿人在说英语。虽然其他几个帝国的人口也在增长，通常疆域也在扩大，但它们扩张的速度是难以和英美相提并论的。以法国为例，虽然其本国的人口与不列颠相当，但其统治的海外人口仅有6000多万。此前属于西班牙帝国的拉丁美洲国家，人口从2500万增长到了9000万，几乎增长了三倍。而清王朝统治下的中国和老迈的印度莫卧儿帝国，人口均翻了一番，从两亿激增到了四五亿。[1]

于是，从18世纪开始就与白面包和牛肉画上等号的盎格鲁饮食，成了世界上传播最快的饮食。到了18世纪末，全世界约有1200万人都在以某种形式的盎格鲁饮食为生。只有贵族和资产阶级才吃得起高级盎格鲁饮食中的白面包、牛肉、糖、茶或咖啡。大多数人吃的还是平民饮食，例如粗糙的全麦面包或是用燕麦、大麦、黑麦或玉米（在美洲）这类不怎么受人待见的谷物做成的面包或粥，搭配咸猪肉，可能再来杯啤酒或苹果酒。20世纪初吃盎格鲁中等饮食的人口已经达到2亿，占当时全球20亿总人口的10%，他们吃白面包，买新鲜的肉，用糖和脂肪做蛋糕和饼干，饮料是茶和咖啡。这些人当中有许多生活在美国，有些是到澳大利亚和加拿大等海外自治领定居的移民。1913年，一位匿名作者在《澳大拉西亚厨艺手册》一书中写道："南半球的烹饪手法大多都是不列颠风格的。"与之相呼应的是，1878年加拿大多伦多妇女协会在《家庭烹饪》一书中说，加拿大人"没有一道能将自己跟不列颠人区分开来的民族饮食"。[2]与此相反的是，在印度、东南亚或菲律宾群岛等英属殖民地，虽然盎格鲁饮食也留下了不少痕迹，但始终没有成为主流。

在人口激增的同时发生向中等饮食的转变，本身就已经出乎意料了，更让人惊讶的是，这种转变还是发生在人口向城市转移的过程中。1801年不列颠每五个人之中只有一个人住在城镇，到了1851年这个比例变成了二比一，1881年上涨到了三比二。到了19世纪90年代，伦敦和纽约都已发展成人口过百万的大城市。芝加哥用了一代人的时间，就从人烟稀少增长到了近100万人，其他一些美国城市，如辛辛那提、圣路易斯、匹兹堡、旧金山等，也都拥有近50万人口。不列颠的曼彻斯特、利物浦、格拉斯哥，加拿大的多伦多，澳大利亚的墨尔本和悉尼，以及深受不列颠影响的阿根廷的布宜诺斯艾利斯，这些城市照世界历史的标准来看，也都拥有相当庞大的人口。和过去一样，所有这些城市每天都要为他们的居民提供人均两磅的谷物（或者提供同等热量的其他食物）。

伴随饮食向面包和牛肉的转变，迈向城市化进程的盎格鲁世界的人口和领土也在不断增加，于是许多政治家、经济学家、医生和知识分子，不管是不是盎格鲁人，都提出了同样的问题：这当中是否有什么关联？难道是面包和牛肉推动了人口的增长？是面包和牛肉赋予这些国家以统治地球上大片土地的实力？难道是这种背后蕴含着一套节俭、顾家哲学，并建立在近代营养理论基础上的面包-牛肉饮食，创造出了统一的国家，保障了市民、工人和士兵的强健体魄，为帝国的扩张打下了基础？最终，人们形成了一个广泛的共识。19 世纪早期法国美食家让-安泰尔姆·布里亚-萨瓦兰对此做了精辟的总结："一个民族的命运取决于它的饮食。"无独有偶，佩莱格里诺·阿尔图西在他那本畅销的意大利食谱《厨房中的科学和吃得好的艺术》（1891 年）中，引用了意大利诗人奥林达·圭里尼的诗句："不同的种族有着截然不同的性格，不管他们是强壮或是吝啬，是伟大还是软弱，很大程度上取决于他们吃的食物。"[3]饮食决定国力变成了一句老生常谈，时不时就会被人们提起，比如第一次世界大战期间，堪萨斯州《科菲维尔烹饪手册》的编纂者就引用了布里亚-萨瓦兰的名言警句当作他们的卷首语。[4]许多人接受了这种饮食决定论。1902 年的一则英国广告（图 7.1）就将"不列颠帝国的营养品"和不列颠帝国的扩张联系到了一起，表现形式就用保卫尔牌牛肉汁又黑又稠、工业化生产出来的牛肉萃取物（即今天浓汤块的前身）做成的热乎乎的肉汤。这则广告描画了属于"国王爱德华七世治下"的 68 个自治领国家。

这种饮食决定论把帝国政治和经济上的扩张与饮食结合了起来，从而提供了一种与盎格鲁世界和欧洲诸帝国分庭抗礼的策略，因此在世界范围内受到精英人士的欢迎。假如真的像有些理论宣称的，盎格鲁人的力量来源于他们的种族特性，或者来自不列颠、美国东北部地区凉爽宜人的气候条件，那么再怎么努力也于事无补了。但反过来说，假如面包-牛肉饮食在西方帝国的扩张过程中充当了燃料动力，那么一个国家只要让国人也改吃面包和牛肉，势必就能阻挡盎格鲁人前进的步伐。于是，日本、墨西哥、巴西、意大利、印度和中国那些推崇面包-牛肉理论的精英分子便断定，自己的国家要么按照西方的路线来实现饮食的现代化，要么就只能忍受经济和政治上的落后挨打。最乏人问津的是素来以小麦面包为主食且热

How the British Empire spells Bovril

图 7.1 "帝国版图拼写出的保卫尔牌牛肉汤"。随着德国化学家尤斯图斯·李比希宣称这种用肉和骨头做成的固体浓汤的营养价值和牛肉一样高，之后涌现出了许多牛肉精华类的商品，保卫尔牌牛肉汤就是其中一种。这种牛肉汤的发明者约翰·劳森·约翰斯通曾接到法国军方的一份合同，要为他们提供易保存的牛肉产品。为了给产品命名，约翰斯通从拉丁语中拿来了 "bovis"（bos 的所有格）一词和 "vril" 一词。"bovis" 意为 "奶牛、公牛或阉牛"，而 "vril" 出自英国政治家、小说家爱德华·布尔沃-利顿创作的一部奇幻小说《即临之族》（1871 年），指的是书中一个掌握在所谓优等民族手中、无所不能的能量。借助巧妙的广告宣传，"保卫尔" 一词成了 "勇敢的探险家""前线战士"以及 "不列颠帝国" 的代名词。在这幅广告中，每一个数字都代表了帝国境内的一个组成部分（*Illustrated London News*, 2 February 1902. Courtesy Mary Evans Picture Library, London）。

衷吃肉的伊斯兰世界，然而，即使在那里，也有很多人提倡要实现厨房的现代化。全世界的改革家，包括家政学家、营养学家、医生、政客和军人，都在推动各自的举措说服他们的公民或臣民改变饮食习惯，为此引进了新的商业和农业。在 19 世纪晚期世界范围内的现代化进程中，处于中心地位的是推广面包和牛奶的人与那些坚持保留传统饮食或提倡创造新的民族性中等饮食的人之间爆发的争论。

城市月薪阶层的中等饮食

　　数量可观的城市工薪阶层在不列颠出现的时间，要比其他大多数国家更早一些，因此本章将会聚焦不列颠北部地区，同时会从整个工业化世界的其他地区撷取一些例子，以证明这场向中等饮食转变的过程，范围如何之广，一种得体的饮食哲学如何被分享，同时也彰显尽管在这一背景下，在一国之内不同的传统和抱负依然创造出了独特的民族饮食。和今天中国、印度、墨西哥等地涌现出的新兴中产阶级一样，那时的月薪中产阶级当中大多数人的父辈或祖辈也都拥有一小块农田，或者靠打农工为生。促使人们离开农田来到城市的原因有很多：种地不挣钱了或者土地被长子继承了，又或者找不到干农活儿的工作，再比如跟城里人通婚，或者只是简单地想追求更好的生活。男人们有的开起了小店，当起了店主，有的当上了文员或官员，女人们则成了家庭主妇。

和过去的土地资产阶级一样，城市月薪中产阶级填充了存在于贵族和平民之间的社会阶层。但是，与资产阶级不同，这些靠月薪为生的人没有可以维生的地租收入，不像神职人员、律师和医生那样具有一定的社会地位，也不像成功的商人那样拥有丰厚的收入。他们很少有可以用来种菜的菜园，更别提提供牛奶和肉的农场了。他们也没有宽敞的厨房、洗涤间、餐具室和阁楼，也没有用来储藏食物的地窖。微薄的薪水只够他们勉强为生，日常用品得天天采购。住的房子里没有电，没有中央取暖设施，他们要在里面洗衣服、照看火炉，还要照顾孩子。繁重的家务活没完没了，更麻烦的是还得准备一家人的一日三餐。虽然相比于享用高级饮食的贵族，城市月薪阶层的饮食哲学更接近于荷兰城镇居民或英格兰乡绅，但他们更推崇节俭、体面，以及采买食物的安全性。

由于收入有限，再加上日常饮食占据了家庭开支的一大部分，家庭主妇为了维持中产阶级生活必需的体面，在操持家务时不得不以节俭为第一要务，尤其是规划三餐，堪称持家的关键所在。比顿夫人在她的《家务管理手册》（1861年，本书常被称为《比顿夫人厨艺大全》）一书的引言中说："所有的学问——尤其是那些专属于女性的学问——之中没有什么比料理家事的学问更具有至高无上的地位，因为全家人的幸福、舒适和平安永远都依赖于此。"这本书的出版以及后来的再版，在整个19世纪剩下的时间里塑造了不列颠、加拿大、澳大利亚和新西兰中产阶级家庭主妇的持家抱负，包括管理仆人、照顾子女、家庭娱乐，以及最重要的饮食。

在美国，人们常常认为操持家务是一项宗教义务。凯瑟琳·比彻和

图 7.2　女仆正在厨房里忙碌，女主人则穿着一尘不染的衣服（这得益于封闭式煤炉），把一盘烤鸡端给家人食用。他们落座的餐厅非常体面，壁炉上摆着鲜花和一台座钟，餐桌上方垂着一盏瓦斯灯。餐桌上铺了桌布，每个人面前都摆着专用的玻璃杯、盘子和刀叉。这是刊登在讽刺杂志《捣蛋鬼》中的一组连环漫画中的一幅，与之形成强烈对比的则是用"责任和尊严来束缚主妇的传统美国家庭"（*Puck*, no.1288, 6 November 1901）。

哈莉耶特·比彻·斯托在《美国女性之家》（1869 年）中表示："家庭是天国在人世间最恰当的证明，而女性就是它的最高长官。"[5] 细心的家庭主妇总是会避免因家庭以外的事情而让自己分心，例如俱乐部活动或（更糟的是）女权组织，相反她们更乐意为丈夫和子女打造一个快乐的归巢（图7.2）。俄罗斯斯摩棱斯克协会的女士们宣称，她们当中没有一名成员可以"摆脱家事的束缚。对我们来说，蜜蜂的理性节俭更有吸引力"。她们从打理得井井有条的厨房里端出食物，确保丈夫远离咖啡厅、餐厅、酒精以及其他女人。[6]

　　报纸、杂志和广告是主妇们吸收最新营养知识的信息来源。过去富人那种通过私人医生获取饮食建议的专属特权，此时已经成了全体社会成员共享的权利，因为正是他们的健康带来了国家的强盛。化学家在分析了食物的成分之后得出结论，人们只需要吃一些富含氮和碳的食物（例如，我们平常吃的富含蛋白质、脂肪和碳水化合物的食物），再加上少量的矿

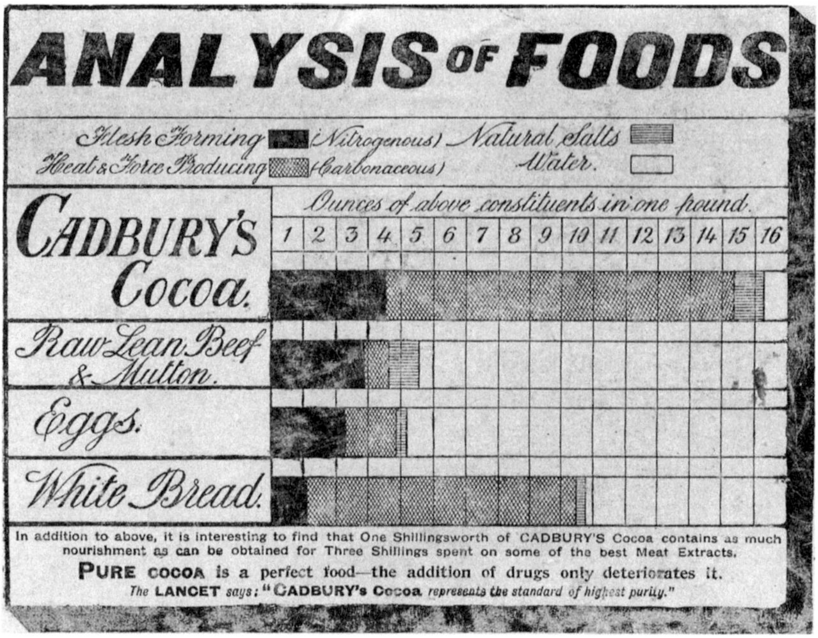

图7.3 这张食物分析表是为英国贵格派企业吉百利生产的可可做的一则广告，印在了一部儿童书的封底。图中将生牛肉、白面包和可可中"能塑造肌肉的含氮成分和能产生热量的含碳成分"做了对比。19世纪晚期，这些成分被认为是除了矿物盐和水之外最重要的营养成分。这张食物分析表引用了医学期刊《柳叶刀》中支持可可纯度的观点，津津乐道于价值一先令的可可所能提供的营养和价值三先令的牛肉萃取物（诸如保卫尔牌牛肉制品）一样多，实在是太划算了（From *Doggie's Doings and Pussy's Wooings: A Picture Story Book for Young People*, London: S. W. Partridge,n.d., in the author's possession）。

物质和水便足矣（图7.3）。含氮类食物能够塑造和养护人们的身体，而含碳类食物能为人体提供热量和能量。食物不应像过去吃的浓汤和炖菜那样混杂在一起，而是要分开盛放，这样才能便于消化。

专家们宣称，水果和蔬菜会导致人发烧，严重的还会引发霍乱，因此十分危险，对于主妇们手头本已稀缺的资源来说又是一种浪费，曾经在19世纪晚期最早的近代营养理论中被赋予尊贵身份的蔬菜水果，其地位可说是一落千丈。香料和调味料虽然味道好、利消化，但会让人上瘾，儿童尤其不能吃。一个人若是小时候就养成了爱吃腌菜的习惯，长大了极有可能嗜酒成瘾。

　　化学研究由此登上历史舞台，确认了至少在西方早已得到公认的一个观点，即"小麦和牛肉的营养是相当丰富的"。小麦从此登上了谷物金字塔的顶端，因为分析指出，小麦中的含氮物质比其他谷物都要多，因此蛋白质含量也就更丰富，佐证这一点的是做面包时产生的面筋（也就是谷蛋白）会让人联想到肌肉纤维。比顿夫人根据不同谷物"所含可消化元素的丰富程度"为它们论资排辈。排在小麦下面的是一些北方谷物——黑麦、大麦和燕麦。垫底的是水稻和玉米。照比顿夫人看来，小麦面包是"文明人不可或缺的食物"，因为它"本身就包含了一个完整的生命发动机，小麦面包中所含的面筋、淀粉和糖分别代表了含氮营养素和碳水化合物营养素，同时结合了动物和植物维持生命所必需的能量"。[7]

　　于是，小麦面包就成了食物中含碳成分最理想的主角。无处不在的面包坊为人们提供了各式各样的面包，圆的、椭圆的，还有用烤盆烤出来长方形的。面包的替代品则包括马铃薯、糖和油。由于人们培育出了更好的马铃薯品种，发明了一系列的烹饪方法，这种从前不受待见的食材，这时也成了主菜身边的固定班底成员。糖重新获得了营养学家的青睐，17世纪晚期的科学家曾以糖和糖尿病的关系为由，对糖大加贬低，此时则认为它富含的热量要比其副作用重要得多。糖被认为是"食谱中最完美的营养物质"，所提供的热量足以取代小麦面粉。[8]《比顿夫人厨艺大全》1888年版的编辑认为，"糖与蜂蜜都是好食物，可以代替淀粉"。[9]而关于油，人们比较偏好固体动物油，如黄油、猪油和牛羊板油。

　　德意志化学家尤斯图斯·冯·李比希在他那部影响深远的《动物化学》（1842年）中主张，蛋白质富含氮，能够供应生命基本所需，很可能是唯一真正的营养素。[10]科学家、家政学家、食谱作者和政治家都在呼吁消费者按照推荐，每天食用四盎司的蛋白质（约113克）。对蛋白质的歌颂声势浩大，完全淹没了其他一些科学家提出的异议。荷兰生理学家雅各布·莫勒斯霍特就曾在他的《民众食品科学》（1850年）一书中主张，蛋白质拥护者有些夸大其词了。耶鲁大学教授罗素·奇滕登说，人一天只需要两盎司（约55克）的蛋白质即可（直到今天，就一名体重68千克、长期久坐的男子来说，每天的建议摄取量大约为60克，运动量大的情况下可以加倍。要是跟我们现代人相比，19世纪大多数人的运动量都是相当大的）。

牛肉处于肉类金字塔的顶端，米兰的一位医生、《邀请的艺术》（1850—1851年）一书的作者乔瓦尼·莱贝尔蒂的一句话最能呼应当时流行的观点，他说牛肉是"最完美的食物、食物中的王者，大凡阳刚、有见识、品位挑剔的人都在吃"。[11] 无独有偶，1860年英国外科医生、博物学家兼科普作家艾德温·兰克斯特说："那些吃动物性食物的种族是最健壮、道德感最强，也是最聪明的。"[12] 如果没有牛肉，完全可以用牛肉汤来代替，虽然今天我们已经知道牛肉汤其实没什么营养，但当时的人们可不这么想。阿尔图西在他的《厨房中的科学和吃得好的艺术》一书中说，牛肉汤这种食品"真是好极了，营养完备，能强身健体"，还补充说哪个医生否认这一点就是在"跟常识唱反调"。[13] 人们相信牛肉汤容易消化，能加强体力，无论对健康的人还是体弱多病者都有益处。牛肉汤还能当快餐吃，只要把牛肉萃取物拿热水泡开即可。对于中产阶级来说，牛肉汤还能做成肉汁，到了周日搭配烤牛肉来吃。而对于那些吃不起高级饮食的人们来说，有了牛肉萃取物，就可以做出法式清汤或者西班牙酱，甚至在东京、新德里这些没有牛肉可用的地方也能如此。

作为中等饮食哲学不可或缺的组成部分，营养理论伴随菜式的发展也得到了推广。日本在1858年与美国订立条约建立外交关系之后，便迅速接受了他们的营养理论，以及西方文化的其他方面，如法律体系、类国会体制，以及科学和技术成果等。1872年1月24日，日本政府公开宣布了明治天皇定期吃牛肉的消息。虽然肉食禁令颁布1000多年以来吃肉的行为始终没有销声匿迹，但是这一次的公开宣布等于明确地将天皇推向了日本民众当中支持西化、吃肉的一派。政府还发行了一部手册，专门介绍牛肉的烹饪方法，还增设了一个叫作"牛会社"的机构，负责协调牛肉和乳制品的销售。思想家、教育家福泽谕吉曾在写给牛会社的公开信中，大肆赞美牛肉的营养价值。他的学生——后来成为顶级茶人的高桥义雄——也在《日本人种改良论》（1884年）一书中提倡吃牛肉、喝牛奶。1871年，剧作家假名垣鲁文在他的小说《安愚乐锅》中借"一名热爱西方文化的年轻人"之口说道："幸亏日本正稳步迈向一个真正的文明国家，像我们这种人才能吃到牛肉，当然也有一些蒙昧无知的下等人，依然紧抓着自己野蛮的迷信不放，说什么吃肉会让人道德败坏，无法在神佛面前祈祷。"[14]

在西方，不吃牛肉和面包的人常常被当成二等公民，有时甚至连公民都算不上。美国要求它的移民必须接受这些食物，否则就有可能饱受攻击。1902年龚帕斯领导的美国劳工联合会曾出版一本小册子——《排华原因：吃肉＆吃米，美国男子气概＆亚洲苦力作风》，要求延续1882年的《排华法案》。书中引用了1879年参议院讨论华人移民议题时参议员詹姆斯·布莱恩所做的证词："我们不可能让一个离不开牛肉和面包的人和一个只吃大米的人和平相处。在所有这样的冲突、斗争之后，其结果不可能是把吃米的人抬升到吃牛肉和面包的人一样的高度，而只能是让吃牛肉和面包的人降低到吃米的人的水准。"[15]"吃面包和牛肉是获得公民权的一个条件"，这种论点在美国引起了广泛的共鸣，在这个国家一个世纪以来始终保持来自英国的传统，凡是全国性的节日，都要吃烤牛肉来庆祝。举例来说，1778年美国宪法获得批准之后，美国的屠夫便带着切肉刀，加入了费城"浩浩荡荡的联邦游行队伍"里。队伍当中有两头公牛，它们两角之间都系着一条横幅，一头写着"无政府"，一头写着"混乱"。游行最后屠夫们杀掉了这两头牛，用这种象征性的手法隐喻他们杀掉了反联邦派。威胁解除了，有着强身健体功效的牛肉烤熟之后，分给了前来集会的人们。[16]一直到第二次世界大战结束之后，烤牛肉这道食物一直都是政治生活的一个组成部分。

食谱书和杂志、烹饪学校、去外面请客或者吃个便餐的生活方式，再加上不同帝国之间的接触……所有这些都让生活在城市里的工薪阶层产生一种感觉，仿佛他们的饮食就是民族的饮食。19世纪30年代出现的一种有关家务操持的概要性册子，虽然语调专横，但非常催人奋进，而且几乎都是面向全国读者写的。其中烹饪占据了很大的篇幅，而这项工作也是家庭主妇所有的任务当中最耗时间的。手册的作者乐于从过去那些专为贵族和资产阶级而写的食谱中寻根探源，找出各种烹饪方法。根据我收藏的那些原版手册判断，读者们很少会真的打开书照着做菜，顶多也就是查查某些特殊菜式的做法，例如圣诞布丁，或者做果酱、橘子酱时参考一下水果和糖的比例。相反，她们看这些书，只是为了幻想一下主妇应该如何打理家居、照顾家人，想象自己和丈夫一旦有了钱，会端出什么样的晚餐。每一个正在经历城市化的国家，都会涌现出许多作者竞争这块市场，那些成功了的就让自己的书在几十年内一版再版。这里举几个人气较高的例子，德国有亨丽埃特·大卫迪斯的《实用家常菜与功夫菜食谱》（1844年初版，到1963年已经再版76次）；英国有伊莎贝拉·比顿的《家政管理手册》（1861年）；法国的坦特·玛丽有《坦特·玛丽食谱大全》（1890年）；非洲南部的希尔姐贡达·达科特有《希尔姐的手边书》（1891年）；美国有芬妮·法默的《波士顿厨艺学校食谱》（1895年）；丹麦有克里斯蒂娜·玛丽·延森的《延森小姐的食谱》（1901年）；奥地利有奥尔嘉·赫斯和阿道夫·赫斯夫妇的《维也纳烹饪》（1916年）；波兰有玛丽亚·奥霍洛维茨－莫纳托娃的《波兰厨艺》（1910年）；希腊则有尼古劳斯·第勒门德斯的《烹饪指南》（1910年）。英属印度的家庭主妇可以读到弗洛拉·安妮·斯提尔和G.加德纳的《印度管家与厨师大全》（1890年），在印度尼西亚群岛则有卡提尼乌斯女士的《新编东印度食谱大全》（1902年），收录了印尼式饭菜、开胃菜、蛋糕、布丁、腌泡菜和冰品的食谱。生活在阿尔及利亚的法国人，可以从A.加利安的《大厨的艺术》（1933年）学到如何用当地食材做法国菜，还能学着做几道阿尔及利亚菜和摩洛哥菜，如库斯库斯。在东南亚，《为前往中南半岛的法国人而写的指南》（1935年初版于河内）中给出了一些用异国食材做出的法国菜食谱。在美国，社区食谱起到了收集中产阶级食谱并整理成册的作用，尤其是对盎格鲁饮食中地位重要的烘焙食品进行了非常细致的整理（这种地方性的小型食谱书通常是由长老会女教士编撰，并由牧师写序，最早是通过义卖的形式为改善美国内战期间的战区医院医疗环境而募集善款）。[17]日本也出版了不少食谱和女性杂志，如《西方烹饪专家》（1892年）、《实用家庭烹饪法》（1903年）、《西方家庭料理》（1905年）和《西式料理教材》（1910年）等。

　　烹饪学校如雨后春笋般涌现出来，为踌躇满志的家庭主妇们提供各种指导。1883年在伦敦，马歇尔女士创办了马歇尔厨艺学校，这位不知疲倦的餐饮女企业家不仅是周刊《餐桌》的发行人、四本食谱书的作者，还是牛肉清汤、色素、糖粉、咖喱粉以及果冻和冰品模具等产品的供应商。在巴黎，玛尔特·迪斯特尔为了给自己创办的《蓝带料理：资产阶级料理画报》招揽更多生意，于1895年邀请专业厨师为中产阶级妇女开班授课，最终成立了一家专门指导家庭主妇烹饪法式高级料理的学校——法国蓝带厨艺学院。[18] 而在东京，赤堀家族从1882年起开始教授西式、日式和中式烹饪方法。到1962年，这家学校已经拥有80万毕业生，出版了40多本食谱书。[19]

　　人们对请客和外食表现得比较节制，例如不列颠人会邀请亲友喝茶，这样既不失体面，花费也不会太高。同样，出去吃饭时，他们也会尽量不选择那些奢侈到令人心畏的法国菜，而是偏好去一些吃得起的餐厅，用看得懂的菜单点菜，这种经验有助于塑造不列颠人对民族饮食的认知。他们常去茶餐厅吃一些以面包为主的便餐，和家常菜没多大差别。伦敦有一些连锁餐厅，如充气面包公司经营的ABC餐厅，还有乔·里昂公司经营的连锁餐厅，1894年在皮卡迪利开了第一家店，15年后他们的斯特兰德街角饭店就已经能招待上千人了。人们喜欢那里提供的便宜又熟悉的食物、女侍应的亲切招待，以及不提供酒精（不像酒吧那样）用大理石装饰且镀金的优雅环境。到了1926年，英格兰和威尔士已经分布有近500家立顿茶餐厅。[20] 而在美国，从19世纪70年代开始，火车上的餐车和散布于西部铁路沿线的哈维饭店，开始为乘火车出行的人提供高品质的地方菜，它们环境舒适、服务便捷，价格也非常合理。[21]

　　欧洲和美国以外的许多地方也出现了各种不同的店面，他们将简单的西方菜式和地方口味相结合，提供给食客。许多日本人，尤其是日本男性，都是在餐厅、咖啡店或奶制品店第一次品尝到西式饮食。自19世纪80年代以来，东京已经拥有近500家专门餐厅，日本食客能在那里品尝到牛肉。[22] 牛肉切成薄片，和蔬菜、豆腐一起，放到用水、糖、酱油和清酒调成的酱汁中煨煮，这就是寿喜烧的前身。到了20世纪20年代，许多街边摊、餐厅和外卖店开始供应煎蛋卷、炸肉饼、日式牛肉烩饭、炸猪排

（裹着面包屑的厚猪肉片）和咖喱饭。有钱人则会放纵一下口欲，买糖果和糖浆来吃。炎炎夏日，他们会从路边小店买来什锦水果、果冻、豆子或者刨冰，淋上糖浆来吃。1903年，人均糖消耗量达到了12磅，是15年前的两倍。[23]咖啡馆成了新的社交场合，也使人们得以一窥不同的世界：例如银座的保利斯塔咖啡馆，馆外飘扬着巴西国旗，馆内的侍应生穿着海军制服。[24]

在海外殖民地生活过的家庭主妇，都知道本国的饮食和殖民地人民的饮食有多么不同。1869年苏伊士运河开通以后，人们乘坐英国铁行（P&O，即半岛和东方蒸汽船运公司）的蒸汽船前往印度只需不到一个月的时间，于是越来越多的妻子跟随丈夫来到印度、中南半岛和印度尼西亚。过去来到这些地方的那些单身男性是非常乐于接受当地高级饮食的，此时很多欧洲人开始相信，他们是在将包括饮食在内的各种文明成果带到这个文明程度低一些的世界。欧洲女性常常嫌当地人手脏，担心死亡总是如影随形地跟着她们。她们竭尽所能按照欧洲的习惯，管理自己的厨房。弗洛拉·安妮·斯提尔在她的《印度管家与厨师大全》中给出了这样的建议："我们并不想鼓励一种不敬的傲慢行为，但是如果少了体面和威信，定居印度的不列颠家庭就不可能像印度帝国那样得到和平的管理。"[25]像咖喱等19世纪上半叶出现的盎格鲁-印度饮食，这时被贬为早餐或午餐。晚上的正餐吃的依然是不列颠菜。

1824年，短命杂志《家庭健康良言》（也叫《从皇宫到农舍，各阶层家政、医药和讲究生活》）曾邀请它的七位撰稿人估算一下食物花销在收入中所占的比重，结果发现，这个比例竟高达38%到60%。还要加上买做饭用的燃料钱，以及支付给女仆的报酬。[26]这个数据在新兴的城市工薪阶层当中是比较普遍的。食物和燃料费是家庭可支配收入中的最大开销，正是因为在食物和燃料费上锱铢必较，这些家庭才能够存下一些储备金，用来投资生意，送儿子去读高中甚至大学，或者给女儿准备嫁妆，或者挥霍一下，做一些奢侈的举动，例如给客厅定做几把椅子、订一份杂志、添一条漂亮裙子，或者坐火车去海边来个一日游等。19世纪50年代，德意志经济学家恩斯特·恩格尔将这种经济策略命名为"恩格尔定律"：随着收入的增加，食物花销在收入中所占的比重将会下降，即使绝对数量增加的情况下也是如此。

对体面的追求（以及繁重的家务活本身），意味着在19世纪80年代的不列颠四分之一的城镇家庭主妇无论付出什么代价，都要雇一名女仆。和以前生活在乡村，一锅菜足以喂饱全家人的女性祖辈不同，对饮食礼节的追求，激励近代主妇们要在一天的不同时段准备不同的食物，还要做到一周之内天天不重样，正餐要有两三道菜。她们试图掌握的那些食谱，尤其是甜食，要比上一代妇女的食谱复杂得多，对烹饪的时间要求更加准确，食材的处理更加标准化，分量也更精确。她们得省吃俭用，才能节省出预算，为家里添一套新的餐具、瓷盘、餐具柜、桌椅，在餐厅的墙上挂一座钟。

购物成了一种新的体验。新一代主妇不像她们的母辈和祖辈那样，从市场、菜园或食物储藏室获取食材，相反，她们几乎能从商店或者上门贩卖的货郎那里买到所有需要的东西。卖鱼、卖菜、卖牛奶的人都会上门推销。肉店会把挂在柜台上方的羊肉、小羊肉、牛肉、猪肉切成家庭装的分量。烘焙房提供面包、甜派、咸派以及蛋糕。主妇在采购时不得不打起十二分的精神，避免买到不安全的食物。有谣言说，牛奶里掺进了羊脑，才会变得更白、更黏稠。而咖啡里据说也加了烤熟后切碎的马肝。据不列颠杂志《潘趣》和《园丁纪事》报道，19世纪50年代，从可可粉到胡椒，所有食物都掺了马铃薯粉。

科学家证实了食物掺假现象已经严重到了何种地步。19世纪20年代，曾经和著名化学家汉弗莱·戴维爵士在皇家研究院共事的弗雷德里克·阿库姆，出版了《掺假食品与食物中毒》一书，封面上描绘了一条在食物四周逡巡不定的蛇。19世纪50年代初期，医学期刊《柳叶刀》委托长期关注食品安全问题的化学家、医生阿瑟·希尔·哈索尔，为该期刊的公共卫生分析委员会开展食物纯度调查。虽然哈索尔医生没有在他本人分析的牛奶样品中找到添加羊脑的证据，但证实了咖啡中的确加入了马肝（此外，还有橡果、锯末和焦糖），并得出结论，食品掺假已经是一个普遍存在的社会问题。到了19世纪70年代，调查人员发现，巧克力制造商会用油和脂肪取代可可脂，而且用马铃薯淀粉和竹芋使产品变稠。于是，在广告中宣称自家巧克力"绝对纯粹，当然最好"的吉百利公司赢得了家庭主妇们的好感。通过巧妙操纵公众的恐惧心理为己所用，吉百利在19世纪末成为世界上最大的巧克力制造商。

在其他一些国家和地区，也发起了类似的反掺假运动。[27]法国在1851年和1855年两次修订刑法典，加大力度惩治贩卖腐坏食品或食品掺假等行为。不列颠在1860年，德国在1879年相继跟进，很快荷兰、比利时、意大利、奥地利、匈牙利、澳大利亚和加拿大也通过了类似的法规。在美国，食品纯度问题已经上升到国家大事的级别，在经历了美国农业部首席化学家哈维·华盛顿·威利多年来的奔走呼告之后，联邦政府终于在1906年通过了《纯净食品和药品法》，从而使政府监管的范围从传统的市场销售环节，延伸到了工厂和磨坊的食品加工环节。但是如果没有食品稽查员或者缺乏检测食品掺假的手段，这些法律法规也没有用武之地。直到20世纪30年代，当政府开始雇用必要的人力资源，科学家也研发出了检查添加物的有效方法之后，食品安全和掺假问题才有所减少。

与此同时，主妇们则尽一切力量避免采购不卫生的食物。例如，相比黑面包和黑糖，掺假物在白面包和白糖中更难隐藏，这也是人们偏爱白色食物的原因之一。用纸或硬纸盒包装的面粉或饼干，看上去似乎比从桶里直接拿出来的要安全一些。而新式杂货店不像露天市场那样脏乱污秽，食物自然也不会常常暴露在这样的环境中。

19世纪晚期，厨房的变化比过去几百年发生的都要大。[28]首先是工作范围比过去小了很多，以前需要在家里完成的一些工作，如食物的加工和保存等，都改由工厂来承担了。与此同时，光线也变得更好，以至厨房更容易打扫，效率也更高。还是以不列颠为例，到1900年，城镇大多数的厨房都已经用上了自来水和煤气灯。煤炭炉出现于19世纪中叶，虽然它们用起来不是很稳定，也不卫生，而且需要不断地添煤，一天用掉的量达50磅之多，更别说还要清理煤灰，但是这种炉子能让几种不同的烹饪方法同时进行。到了19世纪末，一种更清洁、更方便，点着就能立即煮东西的煤气炉出现了，很快它就取代了煤炭炉。到了1898年，每四个城市家庭就有一个拥有一台煤气炉，1901年这个比例上升到了三比一。像绞肉机、打蛋器等新出现的一些小装置，缩短了绞肉、打蛋、打奶油所用的时间，从而使炸肉饼、牧羊人派和蛋糕成了人们的日常食品。1880—1920年，整个欧洲、美国、加拿大、澳大拉西亚，以及拉丁美洲的城市都发生了上述变化。1923年关东大地震之后，这种西式厨房也开始在日本出现。

　　到了19世纪末，民族饮食已经在盎格鲁世界、欧洲、拉丁美洲和日本建立起来了，而中国、印度以及奥斯曼帝国的许多地区也开始引发相关讨论。如果生活在英国、加拿大、澳大利亚和新西兰的人想在宴客时给客人露一手，或许会试着做一两道高级的法国菜，但大体来说，他们还是比较偏好家常的盎格鲁饮食，尤其是要喂饱年轻人时。实际上，为海外殖民地和军队里的英国人的孩子所设的寄宿学校，素来以提供斯巴达式的简朴食物为荣，目的是培养学生坚韧不屈的性格。在这类学校，正餐通常放到中午吃。为了追求体面，星期天会吃一顿烤肉，不过大多是羔羊肉或羊肉，很少吃美味但价格昂贵的牛肉。搭配烤肉一起吃的还有咸布丁或馅料、煮熟或烤熟的马铃薯以及蔬菜，再接下来是甜点。"冷肉烹调法"让备餐变得简单，还能充分利用剩饭。主妇们通常会把牛肉切成块做蔬菜炖肉，切成牛肉片做橄榄牛肉卷，如果是牛肉末，则用来做炸肉卷、肉丁土豆或炸肉饼。咖喱在18世纪是用新鲜的香料调制而成的，跟印度的做法非常相似。这时它也被西方的"冷肉烹调法"同化，将一种商业化生产的香料混合物——咖喱粉——添加到油面酱里制作而成。用肉和骨头可以熬成肉汤，但苦于费用太高（尤其是加了葡萄酒之后），于是主妇们在做肉汁和汤品时果断换成了肉精，做法和许多职业厨师如出一辙。从19世纪20年代起，人们已经能买到一些可长期存放且添加了风味的罐装酱汁。以英格兰伍斯特郡命名的伍斯特酱，可以说是亚洲鱼酱的变种。英国人所到之处，均能看到伍斯特酱的身影："无论在阿根廷的哪个角落，哪怕是最简陋的旅馆，餐桌上都会摆着一瓶伍斯特酱，人称英格兰酱。"一位旅行者曾这样写道。[29]

　　面包、吐司或者夹了乳酪、培根、奶油或果酱的三明治，这样的食物做起来又快又简单，通常是为早餐或下午茶准备的。主妇们不愿意为了做高级法国菜而去买那些价格昂贵的肉底酱汁，于是便将她们的聪明才智全部倾注到制作各种派、布丁、饼干和蛋糕上。她们借助糖和油赋予生面团和面糊以新的属性，使这些食物成为盎格鲁中产阶级饮食王冠上的明珠。在殖民地，除了加尔各答、德里、马德拉斯和西贡等主要城市，其他地方是买不到面包的，于是诸如皮克福润斯公司、亨特利和帕尔玛公司等英国公司，就生产出了锡铁罐头包装的脆饼干和甜饼干，作为面包的替代品，而在印度，取代面包的则是用伊特曼公司生产的发酵粉做成的快速发酵面包（生活在东南亚穷乡僻壤的法国人会用压缩饼干来应急，留尼汪岛上的法国人则转向玉米薄饼）。在热带地区，欧洲的威化饼、玛丽饼和奶油夹心饼干，成为当地企业家争相仿制的对象。

咖啡、茶这类苦味热饮料，以及水果饮料和碳酸饮料，都可以通过加糖增加甜度。有了贵格会教徒为寻找酒精替代品而制作的可可粉，就能轻松做出一杯热巧克力饮料。果酱的社会地位下降，从一款奢侈的甜点沦落为抹面包的蘸酱。五颜六色的甜点和糖果曾经如梦幻般奢侈，此时也被装进小包装里，以很便宜的价格卖给馋嘴的孩子们。巧克力在19世纪晚期成了随处都能买到的食物，生产商依然是朗特里和吉百利这样的贵格会企业。夹心糖果装在漂亮盒子里，是恋人求爱时必不可少的利器。而冰激凌依然是奢侈品，偶尔才能吃上一次。

中产阶级饮食之所以能形成气候，主要得益于便宜的面包和小麦面粉。在英国，自19世纪中期以来，随着为了帮助土地所有者保护小麦价格的《谷物法》被废除，越来越多的人终于吃得起面包了。在海外生产小麦的成本要低一些，因为英国的农田既要养活工人、农民，还要供给地主。运河、铁路和蒸汽船的出现降低了运输的费用。结果，在预算中占很大比重的小麦面包的价格降了下来，英国的中产和工薪阶层极力推崇自由贸易运动，因为正是自由贸易将他们从饥饿和穷困中解放出来，堪称和平、繁荣、进步和民主的基石。[30]

19世纪晚期，在美国，随着小麦种植面积和畜牧场规模的扩大，以及运送面粉和牛肉到东部城市的铁路里程的延伸，全国各地的人们都能得到这些食材。于是，一种由牛肉、糖和小麦面包组成的饮食，取代了过去那种由咸猪肉、糖蜜和玉米糊组成的饮食。1876年独立百年博览会的召开、殖民风格建筑的复兴、城市化的迅速推进，以及整合新旧移民的迫切需求，这一切都鼓舞着人们去讨论，到底是什么组成了这个国家的饮食。在悠久的共和主义传统的影响下，美国的中产阶级比英国人更不相信法式高级饮食。

在美国饮食和不列颠饮食分道扬镳的过程中，来自德意志地区的移民，特别是1848年革命失败以后流亡的人，起到了至关重要的作用。19世纪末，每10个美国人之中就有一个人说德语，其总人口达500万，和美国独立时的白人总数一样多。这些德意志移民大多拥有产业，这一点和逃避赤贫来到美国的爱尔兰移民不同。1844年亨丽埃特·大卫迪斯出版的《实用家常菜与功夫菜食谱》，1879年被译成英文，书中不偏不倚地赞美了"我们的美利坚祖国"的各式菜品和产物，包括番茄酱（"ketchup"的另一种叫法，此时已经变成一种黏稠、带甜味、以番茄为底的酱料），做快速发酵面包用的发酵粉，以及蛋糕、馅饼和饼干，同时又大肆吹捧了德国饮食的卫生、健康和味道。

德国来的屠夫、面包师傅、酿酒工、杂货店老板、厨师和餐厅老板，在这片新的家园里做起了食品生意。许多城市的商业面包店都被克劳森、恩滕曼这样的德国家族所主宰。[31]他们对甜面包卷和发酵甜面包进行改良，使它们更迎合美国人的口味，发酵甜面包渐渐被称为"咖啡蛋糕"。生活在得克萨斯州的肉贩和香肠工人用烟熏的方法处理肉，这种做法逐渐与别的饮食传统相融合，发展出了户外烧烤这种吃法。维也纳炸小牛排是一种裹了面包屑的炸肉片，也被纳入了得克萨斯州的饮食版图，摇身一变成了炸鸡式牛排。焗面条也在此时粉墨登场。喜立滋、布拉茨、帕布斯特和美乐带来了工业化生产的拉格啤酒，取代了过去的烈性苹果酒。亨氏企业则成了罐头制造业的翘楚。提供香肠、马铃薯，供人休闲娱乐的露天啤酒馆如雨后春笋般涌现出来。除了这些，德式餐厅供应的美食美酒更广泛，不仅是德国移民占绝大多数的密尔沃基和圣路易斯，几乎每个城市都有它们的身影。

暂且撇开盎格鲁世界，我们来谈谈意大利。伴随19世纪70年代国家统一的大致完成，各种分散的饮食传统开始相互融合，锻造出了一种新的民族饮食。从罗马时代以来，对于吃得起的人来说，小麦面包一直是他们的"生命支柱"，但是被公认为意大利对中产阶级饮食最大贡献的是小麦的另一种替代形式——面食，虽然这种食物在欧洲的其他地方也能找到，如加泰罗尼亚和说德语的地区。加里波第曾宣称："我敢保证，未来统一意大利的一定是马切罗尼（平切口通心粉，这个词涵盖了除千层面和意大利方饺之外所有的意大利面食）！"意大利的中产阶级，去往美国和阿根廷的意大利移民，以及那些生活富足的意大利有钱人，无不热情接纳了工厂生产的干面条：这种面好像怎么放都不会坏，而且用不了几分钟，就能做成一道又美味又果腹的头盘菜被端上桌，尤其是到了世纪末，随着罐头番茄的出现，味道就更令人难以抵挡了。[32]

在日本，由于几个世纪以来被视为北极星的中国似乎失去了方向，不仅饥荒横行、内乱丛生，还在1894—1895年的中日甲午战争中败下阵来，日本统治者便把目光转向了英国和美国的文化，并以它们为楷模，其中就包括学习它们的饮食。日本女子大学家政学导师金子哲也曾说"美国家庭非常民主，英国家庭单纯不复杂"，他们的食物"极为简单……非常便于日本家庭采纳"。[33]对于家用厨房来说，法国饮食"太费工时，太麻烦了"。像买菜和准备全家人的饭菜这类过去只有女佣或专职厨师才干的活儿，此时也由家庭主妇承担起来。来赤堀烹饪教室上课的女学员了解到，她们做的饭菜是家人"唯一的精力来源"，做菜能让女性不再无所事事，还能鼓励她们更加独立，进而"推动国家的独立"。[34]许多小说也强化了这种印象，例如由畅销多产作家村井弦斋创作的《食道乐》（1903年）。日本的道德和社会改革是从厨房兴起的，日本主妇用她们富含蛋白质的各色食谱、种类多样的各种食材，以及烹饪彻底、便于消化的餐点，为家庭成员保存了能量，这样他们才能把日本变成一个文明开化的国家。

城市居民和落魄武士的饮食开始变得更加复杂。正餐包括米饭、汤，以及几道上层人士早就吃上的配菜。工厂化的生产方式终结了过去那种繁重又单调的手工味噌制作模式。味噌倒入热水中，加上一些装饰用的配菜，就成了一碗即食的味噌汤，这种简便性使得1936年味噌的消耗量增加到了每人每年约20磅。全家人聚在一起吃晚餐，不仅能提供尽可能充足的能量和营养，还能趁机教育子女什么是得体的言行举止。全家人围绕一张直径约一臂之长的圆桌席地而坐，使用大概近来才买得起的瓷器（而不是像过去那样，重要节日使用漆器，平常日子使用木器），以"我开动了""感谢招待"这样的语句代替餐前祷告。日本家庭吃饭时是非常安静的，大家跪坐在那里，背挺得笔直，拿筷子的姿势正确无误。吃饭时先吃一点米饭，喝一口汤，然后吃一口鱼、肉或蔬菜，中间穿插吃几口米饭，其间少不了父亲就孩子在学校的表现做一番说教。

咖啡、红茶、牛奶、柠檬水、啤酒、威士忌、冰激凌、包装饼干、意大利通心粉、苏打饼干，以及各种西式蛋糕和甜点……这些对于日本的月薪中产阶级来说，都是有史以来第一次品尝到。罐装的沙丁鱼和金枪鱼，新鲜的金枪鱼、牛肉、猪肉、甘蓝和洋葱等，此时也都端上了寻常百姓的餐桌。这一时期日本主妇们的拿手菜有猪肉排、牛肉可乐饼，还有一道菜是对传统的日式饭团进行的改良，把大米换成了马铃薯，先用柴鱼高汤（一种用昆布和柴鱼花熬成的日式传统高汤）、糖和酱油对马铃薯进行调味，然后将马铃薯压成泥，再用海苔卷起来。还有的主妇用寿喜烧和煎蛋卷等迅速做成一顿主餐。面包的保质期要比煮好的米饭长，因此非常适合做点心，当时东京已经有100家面包店，其中位于银座的一家面包店，还会用甜味红豆沙当馅儿，做成面包卷。有一种将风味糖浆浇在刨冰上的冰甜品，颇受欢迎，也被日本的移民带到了夏威夷、菲律宾和东南亚地区。

再谈谈中国。统治中国300年之久的清王朝终于在1912年被推翻了。改革派希望对家庭和饮食进行现代化改革。1893年教育家吴汝纶出版了一部从日文翻译过来的作品——《家政学》，讲的是如何管理一个家庭。这本书主张："家齐而后国治，国治而后天下平，一国之德行教育必源于一家之德行教育。"比顿女士曾在她的作品中开宗明义："一个家庭的女主人就好比军队的指挥官或事业的领导者，家里的每一个角落无不反映着她的精神。"[35]这两段话倒颇有些东西方呼应的味道。

然而，其他中国人对现代西方饮食就没那么热衷了，他们接触外国食物的场所往往是允许外国人居住的口岸城市（特别是上海）开设的面包店、露天餐厅、进口商店、有外国妓女的妓院，以及专门接待外国人的旅馆和饭店等。交际花是最早吃到西餐的群体之一（图7.4）。其他中国人吃的时候是非常小心翼翼的，在他们看来这些食物味道难闻，烹饪的时候既没放料酒，也没加葱姜蒜，再说里面还有牛肉，牛是帮人们干活的好伙伴，吃牛肉是不合适的。上海小报《游戏报》的一位作者指出，这些餐厅贩卖的西餐并不能代表西餐的最好水平。他引用儒家的话说："食精则能养人，脍粗则能害人。"[36]虽然改革派做出了大量努力，但这一阶段的中国人从西方饮食中采纳的内容，相比日本人来说，是非常少的。

在不列颠统治下的印度，许多家境富足且受过教育的印度人，已经

图7.4 吃西餐的中国女子。作者吴友如（卒于1893年）是19世纪晚期中国最有天赋的插画家之一，也是主要中文报纸《点石斋画报》的主笔。他的这幅作品描绘了交际花们在餐厅用餐的情景。餐厅里的摆设，从鲜花和座钟到吊灯、刀叉和玻璃杯，无不与图7.2中的美式家庭餐厅非常相似［*Wu Youru hua bao*（A Treasury of Wu youru's Illustrations），1916, Shanghai: Shanghai gu ji shu dian, 1983, vol.1］。

体验过不列颠中产阶级的饮食了。在孟加拉，包括亨利·维维安·代洛济奥（20世纪初一个自由派群体的领袖）在内的一群激进知识分子，主张印度人应该改吃西方饮食。[37]代洛济奥曾公然大吃牛肉，大喝威士忌和朗姆酒。其他人则主张在印度教饮食和西方饮食之间寻求一条中间道路，他们论证说印度人不能盲目模仿西方人，而是要学习西方文化中最有用的东西，例如可以采纳西方的礼仪，但还是要吃印度料理；也可以在西方人的公司上班时吃西方饮食，回家则吃印度菜；又或者从西方饮食中挑选出几种特定的元素，例如，勺子、叉子和桌子曾被认为"方便又得体"。吃肉不仅不会剥夺印度女性的身份认同感，相反还会让她们成为"健康、有教养的社会成员"。体育教科书的一位作者呼吁人们要避免吃那些"浸透了印度酥油或油的食物，也不要吃甜点和生的水果"，这些对儿童来说无异于毒药。[38]很多人还是希望不要改变自己原有的饮食传统。

就这样，建立在节俭、顾家和体面的哲学基础上的城市中产阶级饮食，在世界各地被迅速创造了出来。很快，新式厨房、新的饮食文学形态，以及新的家政料理方法得到广泛的采纳，一起被接受的还有像白面包、牛肉等肉类、食用油、糖这些曾被视为高级饮食所独享的食材。特别是甜食，其种类和工艺复杂程度简直呈倍数递增。用餐变得更加正式，每个人都有自己的一套餐具，一天当中不同的时间段要吃不同的餐。新出现的城市月薪阶级菜色和餐点，以民族饮食的面貌出现在公民的生活中。

城市工人阶级的中等饮食

19世纪末，英国、美国、德国等工业化国家的城市工人阶级也已经吃上了中等饮食，即富含小麦面包、牛肉（或者至少是牛肉萃取物，人们相信这两者营养含量相当）、糖和食用油。传统的慈善机构旨在避免穷人中出现饥荒和饿死人的现象，此时这种担忧被取而代之，人们更关注穷人（至少是生活在城市里的穷人）的饮食质量和数量。政治领袖极力避免因为食物的缺乏而引发暴动，更不希望看到法国大革命或1848年革命重演。

军方希望为军队征召高大强壮的士兵，工厂主也想雇适应能力强的人去工厂和矿山做工。律师和犯罪学家害怕，不良饮食会像19世纪人们担心的那样导致人类整体素质的下降，尤其是还会引发犯罪。改革者认为，多吃面包、多吃肉、少喝酒，像中产阶级那样在家里做饭，跟家人一起吃饭，是解决所有这些问题的不二法门。

从他们的角度来说，穷人，至少是欧洲的穷人，当然也希望吃到更多的小麦面包或者米饭、油、糖和肉。许多人离乡背井到工厂里工作，或者到城里的人家做帮佣。还有许多人移民到澳大拉西亚、加拿大、阿根廷和美国，渴望在那里能够像其他公民那样体面地吃饭。研究移民的历史学家哈西娅·迪纳曾写道，在美国"食物的价格和数量让这些习惯了挨饿的男男女女大为震惊"，"肉、糖、油、水果、蔬菜、绵软可口的白面包、冰激凌、啤酒和咖啡，对他们而言终于唾手可及了"。[39]但是，由于工人阶级妇女能下厨的时间少之又少，即使有厨房，功能也非常有限，她们很少会选择中产阶级那种节俭烹饪、全家人一起进餐的生活方式。于是，生活在城里的穷人转而选择那些现成或外卖的食物，或者是像热狗、炸鱼薯条这样的路边小吃。

政府收到的警示讯号来自最早开展的几次健康和贫困状况调查，征兵时因身材矮小或肢体残缺而无法入伍的人数之多，因食物发生的暴动之频繁，让政府大为惊慌。对健康和饮食状况的国际对比研究随即展开，使用的身高和健康数据来自军方和医生，不同食材的热量值新列表也被煞费苦心地编制出来。第一个做这件事情的是在德国受过专业训练、任教于美国卫斯理大学的化学家威尔伯·阿特沃特，随后其他地方的化学家和家政学家也纷纷如法炮制。在不列颠，西博姆·朗特里在他的《贫穷：城镇生活研究》（1901年）中得出结论，应征参加第二次布尔战争（1899—1902年）的工人阶级部队之所以体格不强、缺乏耐力，就是由贫民区的社会条件，包括不良饮食造成的。按照英国议会成立的体质恶化问题跨部门委员会1904年给出的预计，全体工人阶级儿童中约有三分之一的孩子营养不良。1871年，随着法国在一场历时不到两年的战争中被普鲁士击败，领导者也开始坐不住了。许多人都担心恶劣的生活条件，特别是不达标准的饮食，正在让法国公民的身体素质退化。在日本，战时的通货膨胀随后引发了水稻价格飞涨，1918年夏日本各地都发生了暴动，让人担心俄国革命可能会在日本上演。政府严厉镇压暴动，并且立即采取措施确保居民能够买到便宜的稻米。

在那些城市穷人和乡村穷人都依赖稻米、玉米、黍或木薯为生的国家，政府首先采取措施增加小麦的消耗量，人们相信这种粮食的营养比其他谷物更丰富。身为知识分子的墨西哥外交部长弗朗西斯科·布尔内斯，对美西战争中美国的胜利进行了深思，在《西属美洲国家的未来》（1899年）一书中，他提出世界上有三种族群，分别是小麦食用者、稻米食用者和玉米食用者。小麦食用者建立了古典时期伟大的埃及文明、吠陀文明、希腊文明和罗马文明，推翻了阿兹特克帝国和印加帝国，此时又统治了爱尔兰的马铃薯食用者和亚洲的稻米食用者。而墨西哥的农民还在吃玉米、盐、豌豆，喝龙舌兰酒，因此根本无法与吃小麦的美国人相抗衡。要想像医生建议的那样，每天从主食中获得113克蛋白质，墨西哥人一天得吃掉2300克玉米（即70张玉米饼）。而小麦食用者想得到同样的营养，每天只需吃1400克小麦面包（即三个一磅重的面包）就可以了。

从那时起直到20世纪中叶，墨西哥统治者一直担心印第安人的玉米饮食会拖累国家的发展步伐，因此试图降低对玉米的依赖。其他拉美国家，包括哥伦比亚、委内瑞拉和巴西等，也都做出过类似的努力。[40]人类学家曼努埃尔·加米奥虽然声称布尔内斯是种族主义者，但也提倡应该用黄豆取代玉米。1901年，犯罪学家、社会学家胡安·格雷罗把玉米饺称为"墨西哥大众烹饪传统的讨厌产物"，敦促墨西哥人采纳法国或西班牙的饮食。墨西哥农村教育体系的构建者何塞·巴斯孔塞洛斯·卡尔德龙（1921—1924年担任教育部长），也相信墨西哥人应该放弃玉米，转而选择小麦。从1921年开始，至少有部分学龄儿童能够吃到由面包、豆子和咖啡构成的免费早餐。学校的老师和社会工作者会指导农村妇女如何制作小麦面包、意大利通心粉和乳酪。20世纪40年代，社会学家甚至会用墨西哥玉米饼的食用情况评估农村地区的落后程度。[41]但是贫穷的墨西哥人对此提出异议，相比面包，他们更喜欢吃自己的玉米饼。与此同时，生活在美国南方和阿巴拉契亚山区的人也被要求放弃他们的玉米面包，改吃更健康也更精制的小麦面饼。[42]

在印度，英国医生和军官对印度不同族群饮食具有的营养价值进行了比较。根据陆军元帅科林·坎贝尔爵士的意见，拉杰普塔纳的拉杰普特人和旁遮普的锡克教徒吃的是小麦面饼（即印度烤薄饼），所以他们的体格才能像欧洲人那样强壮。[43]坎贝尔爵士曾在1857年土兵起义期间担任印度陆军总指挥。另一方面，加尔各答医学院生理学教授、少校大卫·麦凯军医表示，稻米饮食让孟加拉人无法展现出阳刚之气，使得他们"精神松懈，缺乏活力，寡言沉闷……自私自利……注意力不集中，观察力不强或者思维无法集中"。[44]麦凯更在他的著作《蛋白质营养素》（1912年）中指出，大多数印度人赖以为生的高粱、黍和大麦只有7%～8%的含氮量，相比之下，印度全麦面粉的含氮量达到11.5%～14.2%，这才是更糟糕的。

虽然不情愿，但麦凯还是拒绝了罗素·奇滕登"每天只需两盎司蛋白质"的说法，尽管根据这种说法，能省下不少"用来养活犯人、饥荒难民营、瘟疫营、医院甚至作战部队以及大批随军平民的钱，单单这笔节流就足以让任何一位财政大臣喜上眉梢"。麦凯认为，提高蛋白质的摄入量是必需的，要做到这一点，最好的办法是鼓励人们吃"穷人的牛肉"，也就是一种含氮量大约在20%、在印度被统称为印度扁豆的豆科植物。尽管他认为，人体吸收这种蛋白质的能力非常有限。与主流意见不同，麦凯认为美国、意大利和中国农村地区的穷人食谱中已经包含的玉米，其实是一种绝佳的替代食品。[45]

欧洲和美国的科学家、慈善家，都在积极寻找各种能增加蛋白质含量的牛肉替代品。欧洲许多地方恢复了吃马肉的行为，这扭转了基督教创立了数百年的传统。动物学会纷纷举行以异国动物为特色的晚宴，希望从中能找到一些味道可口且能被驯化的。动物内脏、廉价的鱼和贝类也经常作为动物肉的替代品出现在餐桌上。在不列颠地区，包括鲱鱼在内各种用盐腌制或烟熏保存的鱼类不仅经济实惠、供应量大，而且因为烹饪起来很快，能节省不少燃料。至于地中海地区，鱼干一直都是穷人生活中的必需品。大萧条期间，美国的工人阶级转而购买价格不贵但不怎么安全的人工养殖的牡蛎，但最后对伤寒的恐惧引发了牡蛎养殖业的衰退。

1871年以后，除了不列颠以外的欧洲其他主要国家都已经引入了征兵制，军方也开始着手改善入伍士兵的伙食。许多农村来的年轻士兵都是有生以来第一次能固定吃到白面包、新鲜的肉、罐头食品和咖啡，有的甚至此前压根儿没吃过。一首弗拉芒语（比利时北部通行的荷兰语）歌谣唱道："每天每天，吃肉喝汤。无所事事，无所事事。每天每天，吃肉喝汤。留在军中，无所事事。"19世纪70年代，法国军队每日的定量口粮包括半磅多的肉、半磅面包（通常是白面包），还有包括马铃薯在内的两磅蔬菜，把法国士兵养得比包括有钱人在内的普通平民还要健康，寿命也更长。有时军营里还提供咖啡、葡萄酒和糖，有些指挥官还引入了食堂这种用餐形式，里面安置了长凳、餐盘和玻璃杯。[46]在意大利，军营伙食单上有半磅罐头肉、一磅饼干、几瓶用来搭配意面的肉酱、肉精、奶粉，以及代替咖啡的饮品。[47]

20世纪二三十年代，在日本，军队中开始推行西化的定量口粮，包括肉、猪油、马铃薯、油炸食品以及根据日本人口味进行改良的油汁沙拉。炊事兵都受过西方营养理论的训练，严格按照1924年制定的《部队餐饮参考手册》中的计算方式提供热量。1937年的《部队饮食法》还收入了蛋白质摄取量的计算方法。军方的目标是通过多油、多糖的西式饮食，每天为入伍的士兵提供4000卡路里的热量，这个数字是农民每日摄取热量（据估计为1850卡路里）的两倍，已经接近美国军队的水平了。军队中的美食花样繁多，例如汉堡排，就是将碎牛肉掺入洋葱后下锅用猪油炸，再配上水煮马铃薯；用罐头鲑鱼和马铃薯泥做成的可乐饼，蘸上蛋液和面包屑，放入猪油中炸；白酱牛肉通心粉，配马铃薯、洋葱和胡萝卜；咖喱饭，将米饭、大麦和甘薯混合后，淋上用咖喱粉调味的碎牛肉、胡萝卜和洋葱做成的酱汁；水煮马铃薯搭配用芥末味噌和醋调成的酱汁；用芝麻油炸过之后撒上糖的硬饼干。这些美食常常是吸引男孩子应征入伍的一个重要原因。[48]

儿童是小麦和肉类饮食的第二受益群体。在20世纪的第一个10年里，人们渐渐发现在新出现的初等义务教育学校里，饿肚子的孩子通常都没有比较好的表现，于是国家开始为孩子们——至少是穷人家的孩子——提供午餐。以意大利为首，推广午餐计划的国家包括美国、英国、荷兰、瑞士、奥地利、比利时、丹麦、芬兰、挪威、瑞典、德国、西班牙和俄罗斯。

即使在美国这样一个资源相对丰富的国家，仍然有像威尔伯·阿特沃特这样的营养学家、像爱德华·阿特金森这样的企业家、像艾伦·理查兹这样的家政学家（理查兹是家政管理运动的先驱，她接受的是化学领域的专业训练，后来成为麻省理工学院的一名导师），一起发起运动，致力于让生活在城市里的穷人吃上更健康的食物。[49]他们常常敦促穷人购买那些价格比较便宜但营养同样丰富的分割肉，烹饪时用慢火长时间炖煮；分开盛装肉、马铃薯、面包和蔬菜，利于消化；尽量少吃酸菜和香料，不过这些建议绝大多数都被当成耳旁风。

对于工人阶级来说，他们想要的只是一些便宜又方便的食物，而不是在家里花几个小时才能端上桌的饭菜，做这样的饭菜需要买一些昂贵的燃料，还需要更多的餐具，而且需要的宽敞厨房也不是他们的小小蜗居所能提供的。手里一旦有点闲钱，他们宁愿去买块上好的肉，也不愿意花在豆子这类营养价值更高的食物上面。对于已婚男士来说，一家人挤住在一间屋里，而未婚的住的一般是乏味的寄宿公寓，到酒吧里喝杯酒，是他们逃离自己生活的一个很好的出口。

面包这种食物和粥、浓汤不一样，在面包店新鲜出炉时就能买回家，做一顿舒心餐点，也可以下矿井或进工厂时当干粮带着。面包可以分成等大的几块，用手拿着吃，也可以当作盘子，裹一些肥肉、乳酪、酸菜或培根来吃，还能做成三明治。不列颠的穷人要把每周收入的40%~80%花在面包上，他们非常清楚为什么那么爱吃白面包。[50]白代表干净，在这个大量食物被掺假的年代里尤其受欢迎。白面包容易咀嚼，即使没有那些昂贵的配料也非常可口。全麦面包因为含有糠麸和纤维质，比较难消化，所以容易害人拉肚子。但白面包就不一样，不仅容易吸收（这一点非常重要，因为当原来的农场工人转变成纺纱工、织工和文员时，活动量就没那么大了），而且能提供更多的热量。如果再把小麦单位体积的重量、研磨过程中的损耗和产出，以及相对低廉的烘烤费用（相比之下，大麦就要贵一些）等因素考虑进去，白面包也就只比粗糠面包贵一点而已。总之，人们之所以爱吃白面包，不只是因为这是有钱有权的人吃的东西，也因为作为主食的白面包有很多优点，吃得起白面包的人老早就已经对此达成共识。1770—1870年，不列颠人对面包这一主要食物的需求增加了四倍，其中有四分之三要归因于期间的人口增长了三倍，余下四分之一则是因为人们放弃了其他谷物而改吃白面包。18世纪70年代，不列颠的面包产品当中60%是用小麦做的，到了19世纪60年代，这个数字已经上升到了90%。

对于来到加拿大、美国、阿根廷、澳大利亚和新西兰等地的拓荒者、定居者、穿越大陆而来的人以及农场工人来说，面包、肉、糖、咖啡或茶构成了他们的标准日常饮食（图7.5）。移民到世界各地的面包师傅，满足了人们对于白面包和压缩饼干的需求。在阿根廷，意大利的面包师傅充当了劳工运动的领袖。19世纪40年代，在夏威夷的檀香山，两名来自中国广州的面包师傅，用从美国东海岸运来的面粉烤面包和硬饼干，作为供给提供给在当地过冬的美国捕鲸船。

城市里靠工资生活的人，通常都是吃街边摊和外卖食物。例如，美国的法兰克福香肠是用肉类加工的副产品做成的，出厂前已经预先煮熟，吃之前只要在烤架上迅速翻烤一下或是丢进滚烫的开水里烫一下，就可以夹到小圆面包里吃了。在不列颠，北方城市流行吃动物内脏和肉馅饼，而鳗鱼、馅饼和烤马铃薯泥以及香肠，则是南方人的最爱。到了20世纪20年代，炸鱼薯条成了最受欢迎的外卖食品，在英格兰中部、北部和苏格兰的一些工业城市里尤其风靡。[51]三万多家炸鱼薯条店为人们提供裹上面糊油煎的去骨鱼片、用麦芽醋和盐调味的软炸马铃薯，再配上一大份糊状的罐头豌豆，让人想起豌豆布丁。店家会在食物外面包上好几层报纸，这样无论是路上吃还是回家吃，都能吃到热的。

炸鱼薯条这道小吃可能起源于19世纪60年代的伦敦东区，当时一位姓名不详的生意人把油炸马铃薯和塞法迪犹太人的传统炸鱼搭配在一起，卖给客人吃。随后这种组合形式从伦敦向北一路传播开来，贩卖者大多是那些急于寻找谋生路子的意大利移民。从新店开张的数量来看，炸鱼薯条店已经成长为发展最快的零售业分支（唯一能与其匹敌的大概只有街角甜

图7.5 在澳大利亚一处树丛边，牲口贩子们正在分享茶水和丹波面包，即一种用篝火烤出来的无酵面包。牲口贩子有时要去内陆工作好几个月，期间他们会得到定量的面粉、糖和茶来糊口，还会有一些从他们猎杀的牲畜上取下来的肉。丹波面包就是他们用面粉和水，在篝火的灰烬中烤出来的（Troedel & Co., *Australasian Sketcher*, supplement, June 1883. Courtesy Australian National Library）。

品店了）。在不列颠水域捕来的一半以上的鱼，以及约六分之一在不列颠出产的马铃薯，都进了炸鱼薯条店。新发明的蒸汽拖网渔船常常在不平静的北海和北大西洋海面一待就是几个星期，为的是把便宜的鲽鱼和黑线鳕鱼运回赫尔城、格里姆斯比这样的港口城市，再通过铁路运往各地。炸鱼薯条店的老板从不列颠制造商那里买来油炸炉灶、冷冻设备，以及用来给马铃薯清洗、削皮、切块的机器，从不列颠的矿井买来煤炭，从埃及和美国买来便宜的棉籽油，从阿根廷买来便宜的牛脂肪。虽然中产阶级和上流人士嘲笑炸鱼薯条既不可口也不好消化，本应该花在家常烹饪上的钱就这么白白浪费了，但工人阶级并不这么想。在他们眼中，炸鱼薯条让人吃得肚子里暖暖的，使父亲不再流连于酒吧，而是待在家人身边。再说许多人相信，炸鱼薯条帮助英国人打赢了第一次世界大战，又避免了革命的爆发。他们这么说，好像也不是没有道理。

面包、肉、油、糖和茶叶的消费量在工业化国家大幅飙升。1880—1900年，不列颠的肉类消费增加了20%；德国的人均肉消耗量从1873年的每人每年59磅，增加到1912年的每人每年105磅。[52]法国人在1884年的黄油消耗量是1870年的1.5倍。[53]价格只有黄油一半的人造黄油在欧洲和其他地区成为工人阶级的主要脂肪来源。第一次世界大战之后，一磅的额定包装量和响亮的品牌名称，让人造黄油变得更受欢迎，消耗量也从1913年的55万吨提升到1925年的100万吨，到1965年已升至250万吨。[54]

直到19世纪中叶，不列颠每年的人均糖消费量都在20磅左右。穷人摄取的糖大多都是糖蜜或糖浆之类的副产品，不过随着1874年不列颠政府对糖关税的取消，糖的价格也变得便宜，大多数人都能喝到加了糖的茶或者咖啡，也能吃到糖果或者果酱。不列颠人消耗的甜菜是蔗糖的两倍。到了19世纪80年代，全世界三分之二的糖都来自甜菜，其中大多数是由中东欧等地政府支持的项目生产出来的。[55]不列颠人1900年的糖消费量相比1880年，上涨了三分之一还要多，而1870年糖的人均消费量不过12磅的德国，到了1907年已经达到34磅。在澳大利亚，1882年每一组男子、女子和儿童每年共计消费85磅糖，到1900年已经达到100磅。家庭主妇仅仅用来买糖的钱，就占了家庭预算的8.4%。[56]1900年前后，英国成为世界上茶叶消耗量最多的国家中的领头者，伦敦人喝茶的花费大约相当于圣彼得堡的一半，结果不列颠人的人均茶叶消耗量达到7磅，相比之下俄罗斯只有1磅。[57]

如果要为中等饮食的这部分内容做一个总结，有一件事情倒是值得一提，那就是很少有哪几种饮食像不列颠饮食那样，被那么多人批评为是一场营养和美食的灾难，至于造成这些所谓的缺点的原因，人们的意见几乎完全一致。历史学家阿夫纳·奥夫尔认为19世纪的不列颠有着"欧洲最糟糕的饮食传统"，人类学家西德尼·明茨把不列颠人酷爱的糖斥为"给人民的一剂鸦片"，食物历史学家科林·斯宾塞则将英国饮食的可怜品质归因于城市化进程、工业化厨房及其罐装、包装和冷冻冷藏技术，以及农家菜烹饪手法的匮乏。研究澳大利亚饮食的历史学家迈克尔·西蒙斯也曾发出过类似哀叹，嫌澳洲饮食"缺乏农民的经验，或者整个澳洲饮食的发展进程就是一段工业化的历史"。经济学家保罗·克鲁格曼指出，过早地实现了工业化和都市化，使得不列颠的食物——典型如油腻的炸鱼薯条和糊状的豌豆泥——活该落得一个难吃的恶名。[58]

是时候对这一共识做一番重新评估了，这并不是出于我对这个生于斯长于斯的国家所抱有的民族自豪感，而是因为上面列出的对不列颠饮食的评价，不仅仅是出于对不列颠饮食的不信任，更多是出于一种广泛存在的对现代饮食、营养变革以及中等饮食的质疑。首先需要指出的是，在19世纪末并不存在一种单一的不列颠饮食。那里的贵族和其他所有地方的贵族一样，吃的也是法式饮食。资产阶级吃的依然是乡绅饮食。而城市月薪阶层、工人阶级和农村穷人的饮食也各不相同。而且，作为这些评价立论基础的各类调查、同时代报道，以及更近期一些游客的体验，也并不是没有问题的。因为不列颠和绝大多数国家一样，在近期以前没有开餐厅的传统。游客来到英国，最容易吃到的就是像炸鱼薯条这样的工人阶级食物。如果精心制作，炸鱼薯条也可以变成人间美味，但这种情况必然是受限制的。资产阶级和中产阶级的饮食囿于家庭，上层社会的英国−法国饮食仅见于豪宅和俱乐部，游客想要一一品尝这两类食物，几乎是不可能的。自从进入20世纪，人们开展的那些调查和看到的报道往往只是对相关现象做了肤浅的解读，而没有看到它们其实只是被有钱人的观点左右的文本。考虑到这些文本既没有提供更早一些的饮食基准线，也没有提供同一时期世界其他地区的饮食作为比较，因此对于它们的结论，我们还是谨慎对待，不可全信。

有关营养摄入的大量研究表明，19世纪末的不列颠穷人已经可以获得足够的热量。在经过了20世纪后半期长达数十年的学术辩论之后，历史学家现在都同意，在工业革命的初始阶段，约1780—1850年，工人阶级的生活水平（其中，食物是一项关键指标）可能出现过下降，导致这一阶层普遍生活困难，但是自从这段时期结束后又出现了大幅改善，超过了18世纪的生活水平。经济史学家罗伯特·福格尔针对近年来有关传染病对热量的吸收、身高、死亡率和致死原因影响的研究做了一番彻底的回顾，然后得出结论，在工业革命发生前和刚开始的阶段，无论在城市还是乡村，底层人民都饱受慢性营养不良之苦，体力根本不足以工作。这一结论和第一章讨论过的彼得·加恩西、皮耶罗·坎波雷西、史蒂文·卡普兰等历史学家的判断相符，即在古典时期、中世纪的意大利以及18世纪的法国，贫民的饮食是非常没有保障的，以致严重影响了他们的工作和健康。福格尔认为："在19世纪后期、20世纪初，英国生产力出现了巨大增长，这使得哪怕穷人也有可能摄取相对较多的热量。"[59] 因此，就能否稳定摄取足够的热量来说，19世纪晚期不列颠工人阶级的饮食，至少是胜过18世纪和19世纪的，而且比世界上绝大多数地区工人的饮食要好，只有美国、加拿大和澳大利亚除外。通过把进口小麦、未精炼的糖、油加工成易消化且高热量的白面粉、白糖和脂肪，不仅为英国的工人阶级带来了充足的食物，它们的味道也还过得去。

以我们现在的标准来看，当时贫穷的工人阶级饮食营养并不均衡，缺少水果和蔬菜。但是如果以19世纪晚期的标准来说，恰是当时的化学家和医生推崇的饮食模式，能提供碳水化合物、脂肪、蛋白质（含碳和含氮元素）、矿物质和水，最新研究表明当时人们相信，这些东西足以满足人的成长和健康所需。

至于味道方面，中产阶级和工人阶级的饮食就没办法跟高级饮食相提并论了。中产阶级的饮食哲学反对奢侈铺张和自命不凡（这两点容易让人联想到法国饮食），也拒斥那种为一大家子人准备一日三餐的压力，因此很容易导致对厨房疏于管理。中产阶级认为，不能让子女养成过分计较食物的习惯，而是给什么就要吃什么，以便为将来从军或去殖民地做服务工作做好准备。这种观念导致学校为学生提供非常恶劣的饮食。此外，无论工人阶级厨师还是中产阶级厨师，都曾尝试用一些以前没听说过的原材料和不熟悉的厨房设备，准备更多样的餐点和更复杂的菜肴，因此也经历过不少失败。

尽管如此，从城市月薪阶级和工人阶级的角度来看，这已经是他们几个世纪以来梦寐以求的饮食了：白面包、白糖、肉、茶等。一个世纪以前，对于绝大多数不列颠人来说，不仅这些食物纯属奢侈品，政府还鼓励他们吃马铃薯而不是吃面包为生，这对于几百年以来都把吃面包（哪怕是杂粮面包）当成一项关键人民福祉的社会来说，不啻为一种堕落。但是此时，仅仅几代人以前还被视为贵族特权的食物，普罗大众都能享受到。事实上，所谓的"茶点"最接近真正的民族饮食。虽然喝茶这件事保留了很多社会阶级分野的痕迹，比如茶杯应该怎么拿，应该先倒牛奶还是先倒茶等，带了一些自命不凡的意味，但是这个国家的每一个人，从饮茶场面入画的王室成员到北方工业化地区的纺织工一家，都能坐下来，吃些白面包三明治或者切片面包、果酱、小蛋糕，放在餐桌中间的是加了糖霜的海绵蛋糕。人们也买得起搭配餐点饮用的茶。摆上餐桌的茶点很容易让人联想到18世纪的法国高级饮食。中产阶级和工人阶级的厨师自豪于自身提供的餐点品质。在那些吃惯了高级饮食或资产阶级饮食的不列颠人眼中，这或许被看成是美食的堕落，但是对于那些第一次吃到这么充足、多样的食物的人来说，这无疑是一场巨大的进步。

最后，城市化和工业化的食物加工方式，不仅没有导致饮食领域的倒退，相反还对盎格鲁饮食的营养价值和美味程度的提升起到了巨大的推动作用。城市由于具备从远方进口食物的能力，其饮食水准一直高于乡村。铁路和蒸汽船航线集中于城市，城市居民和农村居民相比，在饮食选择方面存在的差异也日渐加深。食品加工业的出现为人们提供了许多更实惠、更便于使用的新食材，也解放了社会各阶层的厨师，包括那些制作法国高级饮食的大厨，使他们能腾出更多的时间和精力去准备餐点，创新一些历来只与高级料理联系在一起的酱汁和甜点。尽管这场朝向现代中等饮食的重大历史转变牵涉许多问题，但是总体而言，它对于生活在工业化世界中的大多数人来说，不啻为营养和口味方面的一个巨大进步。而这也恰恰是其他许多国家想要效仿盎格鲁饮食的原因所在。

同样重要的是（甚至可以说更重要的是），大多数人再也不用眼睁睁地看着有钱有势的人吃他们做梦才能吃到的高级饮食了。这时，几乎人人都吃得起一样的白面包和白糖，能放纵自己吃一顿同样的肉（至少在一些特殊场合可以），能和有钱人享用一样的酱汁和甜点。虽然时至今日食物依然被用来强化社会地位上的细微差别，但是古代那种等级制饮食哲学和传统饮食，已经逐步让位于更倡导平等主义的现代饮食哲学了。

农村穷人的低端饮食

就英国等工业化国家的城市人口来说，无论饮食、营养还是烹饪方面都有了很大的改善。与此相反，随着世界人口的增长，几乎各地农村穷人的饮食却在每况愈下。以土地为生的绝大多数是农场工人、佃农和契约工，而不是拥有土地的独立自耕农。这部分人在世界上的大多数地区仍然是人口组成中最大的一块，1850年他们在法国占到总人口的75%，在德国占65%，在奥地利占到82%。到了1900年，仍然有80%的日本人和88%的俄罗斯人要靠一小块土地勉强度日。[60]他们会在土地上种植小麦、甘蔗或咖啡，然后输往城市或出口到更富裕的国家。在意大利，整个20世纪30年代，干意大利面对于80%的意大利人来说都是买不起的奢侈品。"我们的圣诞大餐都是从商店里买来的那不勒斯意大利面，干的，放到盒子里，"一位佃农这样描述自己在第二次世界大战之前的童年时光，"这已经是一个少见又特殊的犒赏了。你瞧，我们种出来的麦子大多数都卖出去了。我们不怎么吃意面，我们主要吃玉米粥。"[61]日本本就土地稀少，其人口在1870—1950年又增长了一倍，从大约3400万增加到7000万，农民开始吃一种一锅煮的饭菜，通常用劣质糙米混合次等谷物，再加上芋头、白萝卜、牛蒡等根茎类蔬菜，佐以海菜调味而成。[62]税吏夺走了农民的稻米，正如时谚有云："农民和豆子一样，总能压榨得再狠一点。"同一时期，中国的人口增长了三分之二，用在食物上的家庭开销占到了50%到80%，主要用来购买黍、高粱、甘薯或者玉米。吃肉是件大事，只有逢年过节肉才能端上桌。农村这种情况尤甚。[63]数百万人死于饥荒。1876—1879年和1886—1900年的两次旱灾，造成了惨重的人员伤亡，其波及范围之广，从印度、中国蔓延至相隔千里的摩洛哥和巴西。[64]

多达200万人为了摆脱食物短缺、政治动荡和饥荒肆虐的生活环境而成了契约劳工，他们大多来自印度和中国，也有的来自日本和太平洋地区（地图7.1）。他们在从东南亚到澳洲的各个种植园中辗转谋生。每到一处定居，就会有一批宗教人士、小商人等尾随而至，满足他们的各

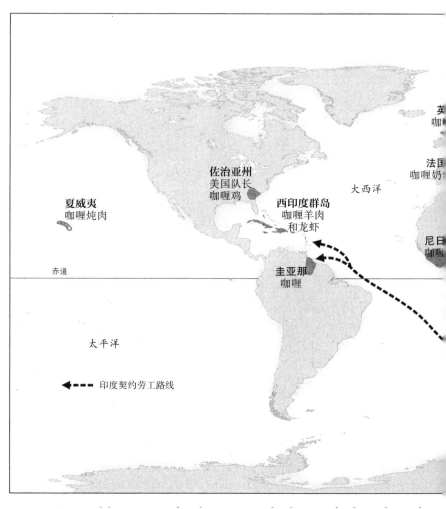

地图 7.1　咖喱和盎格鲁饮食的扩张。19世纪不列颠殖民者与印度的契约劳工沿着两条截然不同但又有所重叠的路线,把咖喱(一系列以印度香料调味的炖菜)传遍了盎格鲁世界。英国商人销售咖喱粉,使西方国家及其殖民地、夏威夷和日本的炖菜变得更加富有风味。印度契约劳工带来了他们以香料调味的传统炖菜——现在被称为"咖喱"。箭头显示的是印度契约劳工的迁徙路线(Sources: For curry: Sen, *Curry*. For migration routes of Indian indentured laborers: Northrup, *Indentured Labor in the Age of Imperialism*, map 1)。

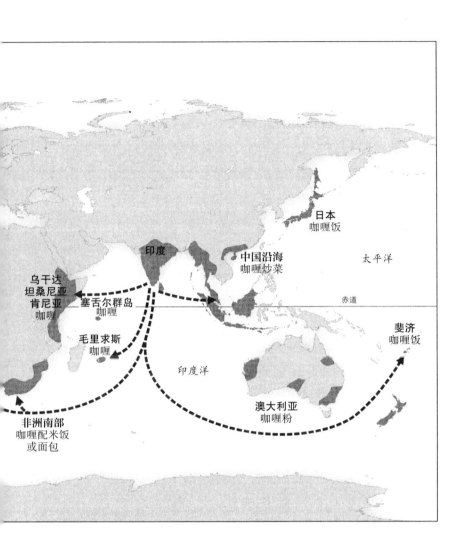

日本
咖喱饭

印度

中国沿海
咖喱炒菜

太平洋

乌干达
坦桑尼亚
肯尼亚
咖喱

塞舌尔群岛
咖喱

毛里求斯
咖喱

赤道

斐济
咖喱饭

印度洋

非洲南部
咖喱配米饭
或面包

澳大利亚
咖喱粉

种需求。和其他移民一样，他们也会带来家乡的饮食以及必不可少的一些东西，包括植物的种子和一些切割、烹饪设备。结果，在拉丁美洲、非洲的东部和南部、加勒比海以及印度洋和太平洋的岛屿上，来自印度、中国广东地区和日本的饮食就这样与当地原住民和西班牙、英国、法国以及荷兰移民的饮食展开了竞争。例如，在夏威夷日本的契约劳工在契约中保障了自己获得白米的权利，于是他们和中国人很快将小块的芋头地变成了稻田。[65]

　　政府不断要求穷人购买来自新大陆的农作物，虽然这些作物帮助穷人抵挡了饥荒，却很少能得到他们真心的欢迎。在整个第二次世界大战期间，每经过一场战役，全球范围内的马铃薯种植面积就会增加一次。马铃薯和啤酒、甜菜、面包、卷心菜一起，养活了德国人和俄罗斯人。在爱尔兰大饥荒期间（1845—1851年），英国人从美国人手里买来了玉米提供给饥民。但这种玉米是一种质地坚硬的硬粒玉米，必须碾磨两次才能吃，而在以马铃薯为主食的爱尔兰，磨坊是非常稀少的。就算磨好了，爱尔兰人也不知道应该如何烹饪，再加上这种东西是被当成饲料喂给牲口吃的，他们就更不想吃了，他们又发现它吃了容易让人拉肚子，于是索性管这种玉米叫"硫黄"。玉米粥、啤酒和其他食品成为非洲东部和中部人们的主食，如玉米粉粽子。[66]印度恒河岸边的比哈尔平原由于缺少燃料，穷人会定期把玉米和大麦烤熟磨成粉，然后放冷了搭配辣椒、洋葱和盐来吃。[67]玉米、红薯和马铃薯是日本农民在饥荒来袭时的应急食物。贫穷的意大利人和罗马尼亚人会吃用玉米做的波伦塔。根据米兰科学院1845年的报告，玉米波伦塔在意大利北部许多地区已经占了"整个日常饮食的十分之九"。[68]与生活在工业化城镇中的穷人相比，世界上许多农村地区穷人的饮食水准反而下降了。

走向全球的法式高级饮食

　　而在社会等级的另一端，法式高级饮食继续席卷全球，不仅是君主们的最爱（包括希腊、比利时和夏威夷新确立的王室），也是各地贵族和有钱人的心头好，至少在他们想展现自己的世界精英身份时，法国菜是必不可少的。在宫廷和俱乐部，只有受邀的客人或会员才能吃到这种美食。但是在饭店、旅馆、铁路餐车和轮船餐厅里，则要花大价钱才能吃到了。

吃法国菜通常意味着做文明人。1828年法国首屈一指的历史学家、即将官拜内政大臣的弗朗索瓦·基佐，曾在索邦大学一系列座无虚席的公开讲座中宣称："法国一直是中心，是欧洲文明的焦点所在。"基佐的《欧洲文明史》（1828年出版，1846年威廉·黑兹利特将之译成英文）成为法国人的一笔文化遗产，被一代代的法国学龄儿童诵读。19世纪末法国杰出地理学家中的明星——保罗·维达尔·德·拉布拉什，曾说法国"地处文明民族的十字路口"。这个国家以美食和文明见长，它最著名的美食作家莫里斯·萨扬通常以其笔名"有何不可斯基"为人所知，他曾说法国高级美食"是一种关于礼仪的教育，是一套关于烹饪的体系"，德国、美国则和其饮食一样，是"野蛮的"。[69]世界范围内的王室和贵族都认为，与本民族的中产阶级和工人阶级相比，他们与其他国家的统治阶级有着更多的共同点。这些不同国家的统治阶级共同构成了一个世界性的高级种姓，将他们联系在一起的是他们的文化（其中就包括法国饮食），以及一种共享的愿景，即人类历史在朝向某种形式的文明演进，而许多人都同意法国的成就代表了这种文明的发展方向。[70]日本人在1854年被迫向西方打开国门之后，为了实现自己的目标，也决定采用西方文明，包括西式饮食，当时他们的口号就是"文明开化"。

就好比贵族阶层的谱系可以追溯至遥远的过去一样，推广者坚称法国饮食继承的文化遗产，也可以穿越中世纪向前回溯至希腊和罗马时期（半路杀出来的泛欧洲天主教饮食可以忽略不计），法国饮食是这一遗产发展的巅峰。举例来说，葡萄酒是法国仅次于纺织品的第二大出口商品，19世纪晚期科学技术的进步给葡萄酒的生产带来了革命性的变化，但人们在推销葡萄酒时，将酒的醇美归因于葡萄的生长地（即风土条件），以及几个世纪以来的贵族传统。1850年主要的波尔多红酒当中，只有玛歌能在名字前加上"酒庄"这两个字。随后法国的葡萄园主开始在原本的农庄加盖一些哥特风格的高塔，管它们叫酒庄，并且借助于新出现的彩色平版印刷术，将酒庄的图片印在瓶身的标签上。到了1900年，所有领先的波尔多红酒生产商都开始使用"酒庄"这两个字，一名历史学家因此评论道："就发明传统这一项来说，某些葡萄酒在这一时期经历的过程可以称得上绝佳范例。"[71]但是就销售策略来说，这种把用最新技术生产出来的葡萄酒，推销成古老的手工酿造红酒的手段大获成功，以至于很快乳酪商也跟着效法。到了20世纪后期，这种做法在整个食品制造业已非常普遍。

科学家和技术人员被视为法国民族进步和文明发展的主要推动者，对于美食，他们同样也被视为杰出的贡献者而受到赞扬。热爱葡萄酒的微生物学家、化学家路易·巴斯德发现，只要将葡萄酒缓慢加热到摄氏50度，就能防止葡萄酒发酸，由此解决了这个困扰整个酿酒业的问题。法国科学院和蒙彼利埃大学的科学家领导了反抗葡萄根瘤蚜的战争，将法国的葡萄园从这种摧毁性的蚜虫手中抢救下来。19世纪末法国顶尖的化学家马塞兰·贝特洛也对食物科学做出了贡献，他证明所有的化学现象，包括制糖和榨油，都是依靠物质力量为基础的，而不是靠某种神秘的无法重现的生命能量。巴黎厨师、甜点师尼古拉·阿佩尔发明了气密式食物保存法，从而使得在任何地点都能提供法式美食。用常被引用的19世纪早期法国美食家布里亚－萨瓦兰的一句话说，烹饪"是诸般艺术中最重要的一个（这里的艺术指的是技巧、手艺、行业）……它为文明生活提供了最重要的服务"。[72]

诚如19世纪上半叶的名厨卡雷姆所言，法国美食是"欧洲外交的护花使者"。1837年，当英国驻印度总督奥克兰勋爵在喜马拉雅山脚下的西姆拉与阿富汗统治者会晤，以期在与俄罗斯的利益争夺中赢得他的支持时，勋爵随行人员中最核心的就是法国厨师克卢。[73]1862年，墨西哥人在一场战役中打败了法国军队，庆功宴上吃的却是法国美食。当泰国国王拉玛五世举行国宴款待西方使节和顾问团时，准备的也是法国菜，部分是出于礼貌，部分是因为法式大餐的上菜顺序最适宜外交场合。[74]1889年，日本天皇曾邀请800位宾客前往他位于东京的欧式新皇宫赴宴，提供的依然是法国大餐。据英国大使夫人玛丽·弗雷泽回忆，那场面"就像一场在罗马、巴黎或者维也纳举行的正式晚宴一样"。各式各样的餐具——玻璃制品、瓷器、银器和亚麻布——摆放得井然有序。据另一位客人说，由于无法交谈，她的同伴只能把他们的面包做成小人和小马来逗她开心。[75]对玛丽·弗雷泽来说，国宴提供法国菜是不证自明的，即使对于日本这样一个有着自己的高级饮食，并且之前也从未接触过法国饮食的国家来说也不例外。罕见的例外恐怕只有北京的紫禁城了。虽然乾隆皇帝可能早在1753年就已经品尝过耶稣会士准备的西餐，但御膳房里做的还是中式的珍馐佳肴。[76]

　　新贵们学起了老式的贵族生活方式。在巴黎，随着拿破仑在他那庞大但短命的欧陆帝国境内大肆征税，财富滚滚流入巴黎。既得利益者在昂贵的餐厅用餐，那里墙上装饰着镜子，房间上方悬挂着水晶枝形吊灯，小小的餐桌上铺着上好的亚麻桌布，摆着精美的餐具，食客们从写着定价的菜单上点餐。这种法国餐厅随后出现在了其他城市。19世纪60年代，在莫斯科，俄罗斯籍比利时裔厨师吕西安·奥利维耶在他掌管的埃尔米塔日餐厅供应法国的勃艮第红酒、香槟鳟鱼、小羊脊、沙拉和邦布冰果。有钱人常去的餐厅在墨西哥城有金屋和普伦德斯酒店，在墨尔本有联合酒店，在纽约可以去八家戴尔莫尼科餐馆，在伦敦有丽兹酒店，其开办人奥古斯特·埃斯科菲耶对名厨卡雷姆复杂的风格进行了现代化处理，这使他成为19世纪晚期法国最有影响力的厨师之一。[77]在日本，由于家族纺织生意在经济衰退中一蹶不振，一位名叫伊谷四郎的年轻人被送往西方学习厨艺，并于1910年在京都开了一间法国菜餐厅。他在榻榻米的垫子上铺了长毛绒毯子，摆上了桌椅，又用在蒙特卡洛赌博时幸运赢来的钱买来了"马平&韦布"的银器。[78]在伦敦以及其他许多城市，由咖啡馆演变而来的俱乐部会雇用法国厨师，以确保他们的会员能够与同道中人一起用餐，而不是去一些任何人只要给钱就能吃饭的餐厅。[79]此后，提供法国菜的俱乐部很快便出现在了各地的大城市里（表7.1）。

表7.1 高级法国菜在全球的传播实例

	皇室	餐馆、酒店或俱乐部	主厨	面包房、法式蛋糕店和高级百货
巴黎		格兰德大酒店 英国咖啡馆 银塔餐厅 赛马俱乐部	卡雷姆 朱尔·古费 约瑟夫·法夫尔 蒙塔涅 爱德华·尼格农	馥颂 玻马舍百货
伦敦	维多利亚女王	丽兹酒店 萨沃伊酒店 克莱里奇酒店 康乐福俱乐部 阿塔南俱乐部 改革俱乐部	路易·厄斯塔什·乌德 卡雷姆 安东尼·包维耶 亚历克西斯·索耶 夏尔·埃尔门·弗兰卡泰利 爱德华·尼格农 奥古斯特·埃斯科菲耶	哈罗德百货 福南＆梅森 陆军和海军商店
柏林	普鲁士皇帝腓特烈·威廉四世	中央旅馆 阿德勒酒店	乌尔班·迪布瓦 埃米尔·贝尔纳 约瑟夫·法夫尔	西方百货公司
维也纳/布达佩斯	奥地利皇帝弗朗茨·约瑟夫一世	贡德勒餐厅 萨赫大酒店 伊什特万大公酒店 赛马俱乐部 赌场俱乐部	约瑟夫·马沙尔 约瑟夫·多博什 卡罗伊·贡德勒 爱德华·尼格农	
圣彼得堡/莫斯科	俄国沙皇亚历山大一世	埃尔米塔日餐厅	A.珀蒂 乌尔班·迪布瓦 吕西安·奥利维耶 爱德华·尼格农	彼得罗夫斯基通道百货商场
纽约		戴尔莫尼科餐馆 华尔道夫阿斯托里亚酒店 纽约霍夫曼酒家		

墨西哥城	墨西哥皇帝马克西米利安一世	蒂伏利 普伦德斯酒店 金屋 科伦咖啡馆 赛马俱乐部	西尔万·多蒙 毛里西奥·波拉	环球酒店 铁宫连锁商店 凡尔登商店
西贡		欧陆酒店 酒馆餐厅 运动俱乐部		麝香猫
加尔各答/孟买/马德拉斯/新德里	英国驻印度总督寇松勋爵	泰姬陵酒店 孟加拉俱乐部 加尔各答俱乐部		佩利蒂烘焙坊 怀特利·图洛食品公司
东京/京都	明治天皇	筑地酒店 帝国酒店 精养轩酒店 富士见苑 万养轩		明治屋 三越百货 白木屋 高岛屋百货

　　高级法国大餐的专业厨房里到处都是铸铁和锻铁设备：密闭式的铸铁炉、金属锅、钢刀（图7.6）。工人们按照流水线进行作业。大厨埃斯科菲耶改变了过去那种一组人负责一道菜的做法，将各组人手赋予一个特定的岗位，做酱汁的做酱汁，烹肉的烹肉，最后组合在一起变成一道完整的菜。在这个团队中，主厨是首领，他给副主厨下达指令，副主厨再对学徒或者初级厨师发号施令。初级厨师的工作繁重而乏味，比如将食材混合后过筛或者用纱布挤压汁液等，但是他们又比洗碗工和清洁工高了一个等级。

　　用不同的方式将白面粉、黄油、糖、肉汤或浓缩肉汤、鸡蛋和葡萄酒混合在一起，就能做成法国高级饮食中的各种酱汁和甜点。此时的酱汁已经不再是某道菜的一个组成部分，而是单独制作完成，用不同的调味料进行调味后，再搭配肉或者鱼来吃。于是，一系列名称固定的"母酱"出

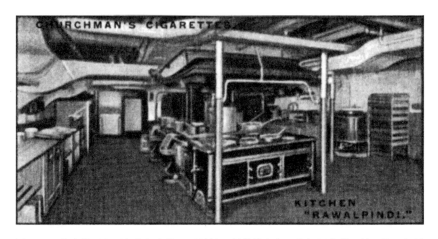

图7.6 现代专业厨房不仅空间宽敞，而且管理得井井有条，比如图中所示的"拉瓦尔品第"号蒸汽船厨房。这艘英籍远洋邮轮1925年下水，它的厨房左侧是水槽，中间是炉子，右侧是烘焙用的烤盘。这样一间厨房要负责为船上300多名头等舱乘客和288名二等舱乘客准备餐点。厨师们通常是这个港口上船干活，下个港口就离船上岸，对于西方饮食的扩散起到了很大的推动作用，连一些日本航线也开始供应西餐（Churchman's Cigarette Cards, 1930. Courtesy New York Public Library http://digitalgallery.nypl.org/nypldigital/id?1803781）。

现了。用深棕色的炒面糊、肉汤和调味料做成的西班牙酱，是所有褐酱的基础。用清淡的油面酱加牛奶或者小牛肉、鱼汤做成的贝夏媚酱和白酱，则用来做更清淡的酱汁。如果打入鸡蛋，则成为制作舒芙蕾的底酱；加入明胶，可作为底酱做成肉冻覆到冷盘上。蔬菜炖肉此时成了一道炖菜，油焖原汁肉块则指的是用一种白酱做成的嫩煎肉块。

英式奶油酱是用牛奶、糖和蛋黄做成的一种奶黄酱，可以用来做甜点的酱汁或者做法式泡芙的馅儿，也可以和打发的咸奶油、蛋清相混合，做成巴伐利亚奶油。技术上的轻微差别就能创造出不同的口感：油和面粉能做成咸塔的皮、泡芙皮或千层酥的皮，并和用炒面糊做底的酱汁搭配做成咸点，或者搭配英式奶油酱做成甜点。厨师们就这样利用这几种基本的酱汁搭配，变换出让人眼花缭乱的各色佳肴。

人们最爱吃的肉包括牛肉、小羊肉、小牛肉、野味，以及价格昂贵的鸡肉，猪肉就没那么受待见了，大多用来做肉酱。常吃的鱼包括大比目鱼、鲽鱼和鳎鱼。有时候肉和鱼也会和一些切得漂漂亮亮的蔬菜搭配在一起，配着合适的酱汁一起吃，比如胡萝卜、小洋葱、马铃薯、豌豆和芦笋等，只需简单烹饪一下即可。最受欢迎的水果包括梨、樱桃、桃、草莓和覆盆子。

向来热衷于进步、科学和技术的法国大厨，以他们一如既往的热情接受了白面粉、白糖和罐头等加工食品。名厨埃斯科菲耶就曾使用过商业加工而成的肉汤和肉精，赞助过美极的火腿、鳀鱼和蘑菇精（当然不是免费的），而且对诸如罐头胡萝卜、青豆、桃子和樱桃等反时令的水果和蔬菜赞不绝口。英国维多利亚时期最受推崇的法国名厨亚历克西斯·索耶，和许多人一样，也创立了自己的精华品牌。实际上，如果没有罐头食品，要想在世界各地复制法国饮食是非常困难的。产自法国或丹麦的罐头奶油，使得即使没有乳制品制造业的地方也能做出法式酱汁和甜点。在很多有钱人家的食品柜里，罐装的鱼子酱、肝酱和鲑鱼已经成为常备品。罐头芦笋在东京、马德拉斯和西贡（一种用螃蟹加罐头芦笋煮成的汤，至今仍是越南的一道名菜）都能买到。1907年，当纳瓦布萨迪克·穆罕默德汗·阿巴西五世爵士成为印度北部巴哈瓦尔布尔土邦的统治者时，他吃的餐点就包括汤、肝酱、贝夏媚酱配鲑鱼、烤野禽、焦糖布丁、咸吐司，以及咖啡。[80]除了野禽、贝夏媚酱和吐司，负责做菜的果阿裔厨师制作其他菜肴，基本上只需打开罐头即可。

介绍法国菜以及法式烹饪教学很快发展成为一项欣欣向荣的产业，这其中巴黎处于不可动摇的中心地位，确保了法式饮食不会分化成一些次级饮食流派。食谱书成倍地涌现出来。卡雷姆在1815年出版了《巴黎皇家糕点师傅》，1828年出版了《巴黎大厨》，1833年与阿赫蒙·普吕梅希合著了《法式烹饪艺术》。接下来有乌尔班·迪布瓦和埃米尔·贝尔纳于1856年合著的《古典烹饪》，以及朱尔·古费于1867年出版的《饮食全书》。20世纪初，三部更具权威的大部头著作依次登场：蒙塔涅和萨勒合著的《烹饪大全》（1900年和1929年），1903年埃斯科菲耶的《烹饪指南》，以及1938年蒙塔涅和阿尔弗雷德·戈特沙尔克合著的《拉鲁斯美食大全》。

还有一些食谱书告诉人们如何在异国做出法国菜。在不列颠，每隔几年就会有一些这样的书面世，其中比较重要的有包维耶的《法国烹调艺术》（1825年）、索耶的《现代主妇》（1852年）、埃斯科菲耶的《现代烹饪完全指南》（1903年从法文版翻译而来）。在俄罗斯则有A.珀蒂的《美食俄罗斯》（1860年出版于巴黎）；在匈牙利有约瑟夫·多博什的（以他的名字命名的千层蛋糕就是他发明的）《匈牙利法国菜食谱》（出版时间不详，应该是20世纪早期）；在美国则有查尔斯·朗霍夫那部厚达上千页的《享乐主义者》（1894年）。绰号"飞龙"的陆军上校A. R.肯尼－赫伯特在1885年出版的《烹饪手记：为背井离乡的英裔印度人而写的改良料理论》中，展现了"文明开化的法式烹饪体系"。

新贵们由于不是名门出身，在日常仪态举止和品尝美食方面没有接受过经年累月的浸润，更喜欢看美食评论和礼仪指南。1803年，亚历山大·格里莫·德·拉雷尼耶开始在他的《美食年鉴》中发表餐厅评论，每年一册，一直持续到1812年。仅仅十几年后，日渐老去的知识分子让－安泰尔姆·布里亚－萨瓦兰，抱着破釜沉舟的决心，发表了《味觉生理学》（1825年），据外交官塔列朗说，名言警句在这本书里俯拾皆是。1887年，日本皇室请来了曾在柏林为德皇威廉效力的奥特玛尔·冯·莫尔，专门指导廷臣们应当如何在法式晚宴上着装和举止，甚至还让大臣们在没有一个外国人出席的情况下进行了一场完整的着装彩排。

法国饮食之所以能风靡全球，靠的是成千上万名愿意四处旅行的厨师。据统计，约有上万名厨师从巴黎移居海外。农家少年会在一些大厨房里当学徒，只求熬过几年的学徒期，一旦出师，便能在海外觅得一份报酬丰厚的差事，希望将来有一天能够存到足够的钱，回国开一间属于自己的小餐馆。[81]19世纪90年代，仅伦敦城里就生活着5000多名法国厨师。许多来自瑞士、比利时、亚美尼亚、意大利、英国、匈牙利、俄罗斯和日本的厨师来到巴黎当学徒，期待有朝一日学成出师能够荣归故里。

英国美食家、陆军中校纳撒尼尔·纽纳姆－戴维斯曾做过这样的判断："所有伟大的饮食传教士都是从巴黎出发的。"但实际情况未必如此。许多有志于成为法餐大厨的人，是在瑞士新兴的酒店管理学校里掌握这门技艺的，还有一些人则是在伦敦、圣彼得堡和维也纳，师从那些法国裔或曾在法国学厨的厨师，埃斯科菲耶本人就宣称曾训练过数千名来自英国的厨师。在圣彼得堡和莫斯科，有的俄罗斯奴隶主会把自己的农奴送到法国厨师那里受训，然后再把他们卖个好价钱。在列夫·托尔斯泰的《战争与和平》一书中，罗斯托夫伯爵就曾吹嘘，在女儿娜塔莎命名日那天做出了马德拉白葡萄酒煎榛果松鸡的农奴，就是花了1000卢布买来的。[82]在意大利，法国厨师在华宅里训练来自西西里的厨师，这些西西里厨师后来被称为"monzu"，源自法语中的"先生"（monsieur）一词。

2000名师从埃斯科菲耶的学生从英国迁居到世界各地，当中许多人又在新的地方将厨艺传授给他人。一些来自莫斯科和圣彼得堡的厨师前往基辅和敖德萨工作，1917年革命之后还去了伊斯坦布尔和巴黎。[83]在维也纳和布达佩斯受训的厨师有的来到雅典，例如希腊人尼古劳斯·第勒门德斯就是回到故乡，在奥地利大使馆工作；还有的去了墨西哥城，例如匈牙利人图多什就在那里为墨西哥皇帝马克西米利安效力。法籍比利时裔的热南家族在墨西哥城经营德韦尔丹庄园；加尔各答总督的法国厨子靠开烹饪班小赚了一笔。受过法式训练的意大利厨师来到不列颠轮船的厨房工作，在那里他们负责训练因皈依基督教而放心吃起牛肉和猪肉的果阿人，后者随后又在孟买开起了餐厅和蛋糕店。[84]在中国的英租界和法租界工作的厨师则把自己的学徒送去日本工作。在越南，许多越南人借着为法国部队干活或是在法式咖啡馆洗盘子的机会仔细观察法国厨师，从中也学到了一些法餐烹饪技巧。[85]肯尼-赫伯特上校在他的《烹饪手记》一书中提到，他在担任印度南部马德拉斯（即现在的金奈）的军需官时，曾使用朱尔·古费的《饮食全书》教拉马沙米（即对印度厨师的普遍叫法）做法国菜。[86]通过学习，拉马沙米抛弃了传统的石磨，知道了要洗刷掉厨房墙上的灰迹，学会了使用法国或美国公司出产的蔬菜罐头（但决不用英国货），熟练掌握了小平底锅、煮鱼锅和沃伦煮锅（一种热水蒸锅）的用法，也精通了白酱和褐酱的不同做法。

为法国饮食在全球范围内的传播做出贡献的还有服务生、屠夫和烘焙师傅，以及出售瓷器、刀具、餐厅家具和罐头食品的各种商店。服务生们的足迹遍及许多国家，从避暑胜地、温泉疗养地到城中餐馆，处处都有他们的身影。法国的屠夫和烘焙师傅前往西贡经营，学过西式烘焙的中国人在上海、西贡和檀香山开起了面包房。[87]1808年，来自德国和意大利的面包师傅，跟随葡萄牙宫廷一起来到了里约。[88]到了19世纪末，在巴黎、伦敦、纽约、加尔各答、墨西哥城、东京等一些大城市，人们已经能从百货公司买到举行一场正式晚宴所需的全部欧洲商品了。

在法国以外的地方，特别是出了欧洲，法国饮食也像之前所有的高级饮食一样，和地方口味进行了融合，地方饮食也因此得到提炼，变得更像高级饮食了。这个过程在许多食谱书中都能寻到痕迹。[89]19世纪一部重要的墨西哥饮食词典的作者曾经宣称"法式烹饪已经入侵我们的厨房"，而他认为首先要对食谱进行"墨西哥化，这是一道必不可少的步骤"。[90]法国饮食不仅实现了墨西哥化，还入乡随俗，一一实现了奥地利化、俄罗斯化、希腊化、印度化或暹罗化。[91]实现地方化的一个方法是把一些无骨肉切成小块，或者做成碎肉馅饼，因为相比于欧洲流行的整只烧烤或整块肉排烹饪的做法，肉丁和碎肉在世界上的许多地方要常见得多，包括法国。传播到全球各地的炸肉排、可乐饼和薄肉排，就是将肉切成薄片或是剁碎，和贝夏媚酱或土豆泥混在一起，然后裹上面包屑油炸而成。在拉丁美洲，这类食物被称为"milanesas"；在波斯叫作"kotlets"，经番红花和姜黄调味后，用新鲜的蔬菜卷起来，搭配薄饼一起吃；印度人管这种食物叫"cutlis"，在印尼叫"kroke"，在日本则叫"korokke"。还有一种做法是在食物中适量添加一点本地产的香料或食材，从而做成一道菜。以煎蛋卷为例，印度人会加入芫荽调味，或者加上一大把鹰嘴豆粉，波斯人则会选择在里面塞入枣子。

为了提升本地饮食的精致度，让它们吃起来更有"法国味"，厨师们会在做菜时减少香料的用量，并且用黄油取代羊油、猪油或菜籽油。在希腊最畅销的食谱《烹饪指南》（1910年）一书中，作者尼古劳斯·第勒门德斯（截至他1958年去世时，该书销量已达10万册）建议减少香料和油的用量，从而帮助希腊菜摆脱"为了迎合东方人的口味而受到的污染，避免吃起来太油腻、香料味太重，让人吃不下去"。[92]在俄罗斯，厨师会在荞麦粥里加黄油。[93]想让食物吃起来有法国味，最保险的办法是加法式酱汁。油醋汁（在俄语中写作"vinagrety"，在美国则叫法式调味汁）是法式蔬菜沙拉的主角；蛋黄酱能把冷肉、冷鱼和煮熟的蔬菜变成一道法国菜。[94]但要说最能增添法国味的还是要数贝夏媚酱。贝夏媚酱和帕尔马干酪、蘑菇一起，能将俄式"皮罗斯基"（俄罗斯一种带馅面包）变成一道"高加索风味的小酥皮点心"。用牛奶、鲜奶油或蛋黄做成的贝夏媚浓汤，能让平常的俄式蔬菜肉汤和罗宋汤登上大雅之堂。只要淋上贝夏媚酱，一些本土蔬菜（如印度的茄子、辣木和南瓜）或鱼（如墨西哥鲷鱼）立时变得受人尊敬起来。[95]而不管甜味还是咸味的油酥面团，都能为餐桌增添一丝法式风情。同样具备这一功能的还有慕斯、舒芙蕾这类法式甜点。以牡蛎（十有八九来自罐头）为内馅的奶油酥盒清淡、松软，从墨西哥到越南都是备受欢迎的一道法式前菜。[96]

厨师们还会把法式烹饪技法与当地的食材相结合，创造出新的菜式。俄罗斯沙拉（蔬菜煮熟后切碎，拌蛋黄酱）和斯特罗加诺夫牛肉（牛肉切成丝后，和蘑菇、鲜奶油一起煎）就是俄罗斯厨师发明的法国菜。今天被认为是典型希腊菜的鸡蛋贝夏媚酱千层面（木莎卡），以及类似的希腊千层面（面、贝夏媚酱和牛肉末），其实就是第勒门德斯用之前不加贝夏媚酱的餐点改良而成的。北部的意大利人发明了烤宽面条（千层面皮、肉酱和贝夏媚酱）这道法式美食。印度鸡肉咖喱（大概是用坚果勾芡的白色酱肉，是莫卧儿饮食的招牌菜）经过了肯尼-赫伯特的改头换面，以"炖肉"或者"印度白酱肉"的面目重新示人。暹罗宫廷御厨对法国饮食的熟悉已经到了开起烹饪玩笑的程度："他们的鸡肉冻在乳白色的胶状酱汁覆盖下闪闪发光，看上去就像正儿八经的法国贝夏媚酱和明胶，其实却是用柠檬草给碎鸡肉调味后，裹了一层椰奶洋菜（用海藻做的凝胶）做成的。[97]回到欧洲，埃斯科菲耶帮助咖喱实现了西方化，他的鸡丁咖喱就是用贝夏媚酱调味，再加了一点咖喱粉做成的。[98]

不仅厨师，食客们有时也会把本地饮食和法式高级饮食做一番结合。英国贵族吃英式早餐，喝英式下午茶，还会在甜点之后再加一道咸食。日本人吃法国菜时，会以绿茶泡饭作为结束。罗马尼亚人的法式晚宴头盘是酸汤（罗宋汤），最后一道菜是肉饭（烩饭）。[99]墨西哥人至少在家里吃饭时，一定要在餐桌上放一碗辣椒，好为他们的法餐增添一丝辛辣。有时这些额外添加的东西反倒成了高级饮食的焦点，甚至在法国也不例外。就好比俄罗斯的鱼子酱，欢庆时刻怎能少了它？

除了法国，其他国家也在不断创造和传播新的法式美食。俄罗斯人把俄式沙拉带到了土耳其，现在已经成为富有家庭的一道家常菜。他们还把炸肉排带到了伊朗，20世纪中期以前将斯特罗加诺夫牛肉从纽约带到了加德满都。[100]奥匈帝国将他们的法式改良菜传播到了布拉格、布加勒斯特和贝尔格莱德。在巴尔干地区的食谱中，奶油蔬菜沙拉、烤牛肉、炒面糊、贝夏媚酱和奶黄酱的制作方法，与传统的酸奶、大蒜酱、果仁蜜饼等奥斯曼高级饮食食谱竞相争辉。[101]在雅典、开罗和亚历山大，厨师们也开始做起蔬菜炖肉、蛋黄酱和舒芙蕾来。[102]

法国饮食的吸引力在于它就像一个徽章一样，象征了世界精英领袖的身份，倒未必是因为食物本身有多好吃。被欧洲人赞为如奶油般细腻光滑的食物，日本人却觉得油腻难吃。被欧洲人认为韵味深长的食物，印度人却觉得缺少了印度皇宫御厨擅长的丰富多变的辛香味。中国人喜欢用筷子和汤匙吃饭，土耳其人用汤匙，印度人则直接用手。在日本人看来，金属和瓷器碰撞发出的声音十分粗鲁，他们喜欢安安静静地吃饭，想让他们一边吃饭一边聊天是非常困难的。[103]所以他们既能做本国菜，也能做法国菜，有钱人家里通常会设两间厨房，各做各的，互不打扰。早在1800年，印度北方勒克瑙的纳瓦布萨达特·阿里汗就拥有两间厨房了。[104]一个世纪以后，印度西部巴罗达的土邦统治者同时聘请了一位法国厨师和一位英国管家，而他的印度厨师则负责制作当地的马拉塔饮食。在日本，无论皇室还是生活在江户、大阪的有钱武士和商人，都会在正式场合提供西方饮食（所谓"洋食"），从而与以白米饭、鱼和蔬菜为主的日本高级饮食（所谓"和食"）严格区分开来。

采用法国饮食虽然能够彰显一个国家的"现代、进步、文明"，但代价也是很高的。1883年2月12日，夏威夷国王大卫·卡拉卡瓦举行了一场加冕宴会。此前巡访世界时，卡拉卡瓦就注意到，无论是美国总统切斯特·阿瑟，还是日本、暹罗、意大利和英国的现代君主，都将举行法式晚宴作为一项外交礼节。为了显示自己的政府不落人后，卡拉卡瓦决定他的加冕宴会也要提供法国菜。通过这个决定，国王将自己与传统的夏威夷酋长区分开来：酋长们的宴会仅限男性出席，女性被排除在外，打破这一禁忌的人将被处死，宴会上客人们席地而坐，中间的葫芦里盛着捣碎的芋泥。但是要想吃法国菜，少了合适的餐具、餐厅以及华丽的大宅是行不通的。于是在加冕仪式之前，卡拉卡瓦雇来了建筑师和工匠，修建了一处宫殿，从波士顿的达文波特公司订购了哥特复兴风格的橡木家具，在巴黎定制了饰有夏威夷纹章的蓝边瓷器，还从波希米亚进口了水晶。他的子民们专程在德国定做了一件纯银的桌上装饰品，欧洲各国君主送来的肖像画和时钟也被挂到了墙上。[105]宴会提供的是英法饮食，打头阵的是咖喱浓汤、海龟汤、温莎汤和女王汤。鱼的做法主要是夏威夷式的。接下来上的是野鸭、野鸡、小牛肉卷、火鸡佐松露酱、法式炖牛肉、火腿、烤鹅和咖喱。因为夏威夷当地不产野鸭和野鸡，所以至少这两样食材是需要进口的。和这些菜肴搭配吃的是马铃薯、豌豆、番茄、玉米、芦笋、菠菜和芋头，其中肯定有不少是罐头食品。甜点有红酒冻、海绵蛋糕、草莓和冰激凌。搭配所有这些美食的则是各种饮品，包括雪莉酒、莱茵葡萄酒、波尔多葡萄酒、香槟、波特啤酒、利口酒，以及茶与咖啡等。

从花费超过36万美元建造王宫到添置各式各样的装备，再加上加冕典礼，所有这些花销都来自蔗糖种植园主们缴的税。当时夏威夷总人口不过5.7万人，一年的出口额大约为500万美元。[106]种植园主大多是新英格兰人，大多数认为"铺张奢侈的君主风范一点都不现代"，相反他们相信未来是属于共和主义的，其中就包括节俭朴素的共和式进餐方式。相比于皇家的宏伟华丽，他们更喜欢中产阶级式的勤俭节约。1893年皇室被推翻，夏威夷宣布成立共和国，但到了1898年又被美国强占。虽然相比君权制的覆灭，一场奢华的加冕宴会带来的危险要小得多，但这件事深刻地提醒着人们，在君主制餐饮和共和制餐饮之争的背后蕴含的议题可是相当严肃的。

工业化的食品生产

与中等饮食的扩张和法式高级饮食的全球化一起齐头并进的，是自从人类掌握了谷物加工以来烹饪史上最大的一场革命，那就是工业化食品加工部门的出现，饭食的准备最终分成了两个途径：家庭厨房、餐馆和工业化食品加工厨房。这场自从第一批营利性磨坊、面包房和制糖作坊出现以来就一直持续演进的变革，到此终告完成。两类厨房均以化石燃料为动力。工业化食品加工厨房受益于最新的食物科学和技术。新出现的市民阶级和工人阶级日常以中等饮食为主，这一市场足以支撑起一些大规模的食品加工工厂。而工业化食品加工的规模经济反过来又解放了劳动力，降低了食品价格，为更多的人提供了就业岗位，从而使他们能吃得起中等饮食。食品加工工业化过程的关键阶段发生在工业革命晚期，即19世纪60年代到第一次世界大战爆发之间的几十年。这一阶段科学和工程领域的领头羊是德国，首批完成转变的国家有低地国家、英国、日本、美国和法国。

图7.7中的法国制糖厂就是典型的新式工业厨房代表，这种糖厂隶属于跨国企业，使用化石燃料把甜菜汁提炼成精制砂糖，它们受益于政府资助的科学研究成果，生产出来的产品也不再是专供宫廷享用的奢侈品，而是面向市场销售、大众买得起的食材。[107]使用甜菜制糖的科学研究开始于一个世纪以前，当时任职于柏林普鲁士科学院的化学家安德烈亚斯·马格拉夫从甜菜汁中成功提炼出了糖。将胡萝卜、宽叶泽芹（又叫水防风）、饲料甜菜等根茎类甜菜切碎后入水浸软，然后用石灰水将杂质析出，余下的溶液结晶后就成了糖。19世纪的工程师扩大了制糖的规模，他们用冷凝锅加速水分的蒸发，用离心机将糖结晶从溶液中甩出，再用氯把糖漂得雪白，为整个过程提供动力的是蒸汽引擎。从此，根茎类植物中也可以提取出糖了，而不再仅仅依靠甘蔗；制糖所需的动力来自化石燃料，不再仅仅依靠畜力、风力或水力；从事制糖业的是领月薪和周薪的工人，不再是奴隶或契约劳工；制糖厂建在了欧洲北部，不再仅仅位于热带殖民地。糖的价格也降到了欧洲人人都买得起的程度。

图7.7　在19世纪晚期法国北部的皮卡第散布着约300间甜菜制糖厂，图中这家位于阿布维尔的糖厂就是典型的一家。炼糖的原材料甜菜就来自糖厂附近的农田，甜菜收获后先榨出汁，再用生石灰去除杂质，通过20英里长的输送管线运送到制糖厂。在三个月的收获季节里，每一间糖厂都将消耗掉9万吨甜菜，提炼、浓缩、结晶成糖。图中的糖厂隶属于德菲夫－利勒公司。截至第一次世界大战之前，这家公司已经在爪哇、留尼汪岛、巴西、加勒比海地区、埃及、奥匈帝国、俄罗斯、意大利、阿根廷、墨西哥、菲律宾群岛、澳大利亚、中国和美国建起了甜菜炼糖厂、蔗糖厂或办事处（Edward H. Knight, *Knight's New Mechanical Dictionary*, Boston: Houghton, Mifflin, 1884, pl.XLVII, opp.p.873）。

　　燃煤蒸汽机取代了人力、畜力和水力，成为新的动力来源。在蒸汽机的帮助下，各种机械、热力、化学和生物的加工过程变得效果更好，也更可控了。有了蒸汽机和后来的电动机，人们就能用水平的金属碾轴将甘蔗秆榨出汁，用输送带为稻米脱去棕色的壳，通过连续捶打，击碎巧克力的颗粒，让它不再粗糙。有了蒸汽机和电动机，就可以驱动离心机，从溶液中分离出糖的结晶，从培养液中分离出酵母，从牛奶中分离出奶油。它们还让传送带转了起来，猪和牛的尸体沿着带子一一被肢解。面粉做成了面包、软饼干和硬饼干，肉、蔬菜、牛奶和水果做成了罐头。机械钻头将水管连接到地下储备的咸水，抽出来的咸水借助化石燃料蒸发成了盐。在那以前，烹饪和制造业使用的盐是非常稀少且昂贵的，也是坚贞和忠诚的象征，这时盐的价格直线下降，厨师们用起来也不再犹豫。泵不仅能减少真空锅中的气压，还能加快糖溶液的挥发速度，能把盐变成细细白白的精制食盐，还能对牛奶进行脱水、冷凝和风干处理。化石燃料还可以为压缩机提供动力，这样即使不用自然冰也能实现食品的冷冻和冷藏。

科学研究不仅让复杂的生化加工过程变得更容易理解，也因此更简单可控了。嘉士伯啤酒厂对啤酒的发酵工艺进行了深入钻研，法国科学家则对葡萄酒发起了调查研究，而在日本工作的波兰生化学家费迪南德·科恩则对亚洲的酒情有独钟，他在19世纪80年代发现了米曲霉。随后，西方和日本的科学家又对清酒、味噌和酱油开展研究。到了1936年，工业化生产的味噌年产量已达66万吨。[108]

从小麦、稻米、牛肉、动物油脂的加工到小麦面粉、意式面食、其他各种面条、淀粉、甜味剂、佐料、人工香料和饮料的生产，这些西方的主要食材，包括部分亚洲食材，都已经迈向了工业化。辊磨法提高了小麦的出粉率。麦子被输送到一连串滚轴上进行碾压后，筛出白面粉，剩余物再次通过滚轴并过筛，这个过程要重复多次。[109]辊磨机是1865年匈牙利发明的，那里对硬粒小麦面粉的需求量很大，靠传统的石磨已经无法满足市场需求。在接下来的几十年里，匈牙利各地建成了300多家面粉厂。1875年，美国开始使用改良过的辊磨机。不出几十年，美国、英国、印度、中国，凡是需要面粉的地方都建起了新式面粉厂（如美国的皮尔斯伯里－沃什伯恩面粉公司和英国的约瑟夫·兰克有限公司）。[110]1898年中国实业家孙多森斥资2.5万美元，向密尔沃基制造商爱德华·阿利斯公司购买辊磨机。[111]其他人纷纷效仿，其中最重要的当属1913年以来荣氏兄弟开办的六家福新面粉加工厂。20世纪上半叶墨西哥也建起了辊磨面粉厂，在那之前磨坊都是用来加工玉米的。不过，烘焙房倒是一直维持比较小的经营规模，美国以外尤其如此。

专门生产干意大利面和其他干面条的加工厂出现在了那不勒斯、阿尔萨斯、巴塞罗那等地。这些加工厂使用蒸汽动力将小麦面粉团轧过孔洞，做成不同的形状，再放到暖房里烘干。在美国，到了20世纪20年代，拉罗萨、拉珀拉、卡鲁索和龙佐尼等面条制作商已经发展成为全国性的品牌。在阿根廷，1912年8月17日意大利人维桑特·法尼亚尼在港口城市马德普拉塔开了一家小小的意大利面加工厂，凭借这座城市位于铁路沿线的交通优势，得以将意大利面运到东北方250英里之外的布宜诺斯艾利斯。[112]不到五年，法尼亚尼便把自己的商品打造成了金字招牌。在中国和日本，面条加工商使用机器生产夏威夷式细面条（有钱人可能早在15世纪就开始吃这种面条了）。面粉厂和面条机的出现降低了面食的价格，让汤面和饺子成为中国和东南亚、美国等地华人社区的日常食物。

稻米加工领域也发生了一场变革。机械动力的碾米机取代了18世纪发明的手磨机，把稻米磨得洁白闪亮。在19世纪五六十年代的东南亚，西式蒸汽动力碾米机取代了传统的碾米方式。到了70年代，中国人也开始订购英国产的碾米机了。他们还把英美的碾米技术传到了夏威夷和菲律宾，20世纪初这两个地方的碾米厂有四分之三为华人所有。

旅居美国的英国人奥兰多·琼斯发现，玉米湿磨之后用碱处理，更容易析出淀粉。伴随这一新发现，玉米淀粉的工业化生产在英国和美国同时起步。使用小麦、稻米、马铃薯和竹芋（最早使用的是西非的一种植物，后来逐渐使用各种热带植物）生产出来的淀粉，和西米（产自东南亚的一种棕榈树）、木薯粉（来自木薯）一起，成为给酱汁、奶黄酱和布丁增稠的常用淀粉。

肉的工业化加工始于牛肉。传统观念认为，肉是一种功能强大的食物，德国化学家尤斯图斯·冯·李比希为这一古老的观点注入了新的科学性，他和工程师格奥尔格·克里斯蒂安·吉贝特通力合作，到达南美洲，专门对那些为取皮而被屠宰的牛进行开发利用。1863年，他们在乌拉圭河畔的弗莱本托斯（后来成了公司的名字）开了一间工厂，到1875年工厂的年产量已达500吨牛肉精。很快，保卫尔等公司也加入进来。马麦酱是酿造业的一种副产品，1902年它和其他一些深色咸味酱一起，成为肉汁添加剂或替代品。接下来被应用到肉类加工领域的新技术是罐装工艺，虽然罐头会导致肉吃起来比较柴，失去了鲜嫩的风味。其中，比较成功的当属罐头咸牛肉。19世纪晚期机械式冷冻设备的使用，使得人们能将牛和猪集中屠宰后，在生产线上进行肢解，再经由铁路把包装好的冷冻肉块输送到各个城市。在美国新鲜牛肉取代了腌牛肉，1904—1925年产量增加了66%。芝加哥自诩为"伟大的世界牛肉之都",不过弗莱本托斯也是这一头衔的有力竞争者。[113]食用副产品包括猪油、牛羊油、香肠和明胶。随着热狗成为美国最受欢迎的廉价街边美食,香肠的产量也增长了两倍。明胶片和明胶粉是煮骨胶时产生的副产品,可以用来做果冻和肉冻,以前只有高级饮食中才能用到,从19世纪70年代开始也成了每位厨师都能用上的寻常之物了。

奶油对于普通人来说是非常昂贵的。1870年,一名波兰矿工半天的工资才够买一磅奶油。[114]于是人们发明了人造奶油和起酥油作为奶油的替代品,如科瑞牌起酥油和人工酥油等。法国化学家一直在研究脂肪,在1866年的巴黎世界博览会上还专门为最佳人工奶油设置了一笔奖金。三年后,化学家伊波利特·梅热·穆列斯取得了人造奶油的专利权。在荷兰、德国、奥地利、挪威、美国、瑞典、丹麦和英国,工厂使用牛脂和脱脂牛奶制作人造奶油。在发现氢化过程能让液态油凝固和脱臭作用能去掉讨人厌的气味后,人们开始用鱼油、来自南极海域的鲸鱼油,以及类似西非棕榈油这样的热带蔬菜油制作起酥油。犹太主妇发现做起酥点心时科瑞起酥油是猪油的绝佳替代品,但印度主妇对人工酥油不屑一顾。截至第一次世界大战时,英国已建立起世界上规模最大的油脂制造产业,年产值超过5000万英镑。

像这种让食物和饮料更美味的发明还有很多。软性饮料加入二氧化碳,就变成了气泡饮料,加到面包里,面包吃起来更加蓬松柔软。许多瓶装调味料,如番茄酱、芥末酱、伍斯特酱等,能轻而易举地激发出菜肴新的风味。干辣椒用研磨机磨成粉,就能轻松做出洒了红辣椒粉的匈牙利炖牛肉。人们从造纸用的木浆中萃取出了香草精,在20世纪头十年东京帝国大学的化学家池田菊苗发现了谷氨酸钠,类似的香料和增味剂让食物变得更可口美味。至于如何防止食物过早腐坏,那就要靠防腐剂了。

脆饼干、甜味软饼干、威化饼、果酱、糖果……这些即食食品的生产也经历了工业化过程。包括英国、澳大利亚、美国和印度在内的许多国家都建立了生产线,批量生产苏打饼、航海口粮(硬饼干)、微甜的竹芋饼干或玛丽饼干、姜饼和奶油夹心饼干等食物。[115]同样广泛生产的还有果酱和泡菜，人们喜欢用它们给面包和菜色增添风味。

密封装罐法是从此前各种延长食物保鲜期的技术中发展出来的，比如人们会用油封的手法来保存肉或者把水果浸入糖水后用玻璃罐密封，这时则被用来保存更多种类的食材。罐头食品的出现让产季变得不再重要，也为人们的餐桌增添了新的内容。18世纪荷兰人已经会把烤牛肉用油浸泡后装在密封的锡罐里，运往东印度群岛。[116]尼古拉·阿佩尔在他的《食物保存的艺术》（1810年）一书中描述了曾做过的一个实验，那就是把不加糖的密封罐放到热水中煮沸。这个方法为许多世家大族的大厨们提供了新的保存诀窍。许多法式佳肴——花椰菜、菠菜、洋蓟、豌豆、肉汤和肉冻等——都进了罐头。饕客们这下开心了。美食家亚历山大·格里莫·德·拉雷尼耶在他的《美食年鉴》中，对阿佩尔商店橱窗里摆放的罐头豌豆赞不绝口："尤其是豌豆，青翠娇嫩，比最当季时吃到的更美味。"

人们花了大半个世纪的时间去解决罐装工艺的技术问题，化解健康风险。用玻璃当容器，既方便杀菌，又能让里面的食物顺便给自己打打广告，还是用金属，摔不破，也没有玻璃那么重，就是开罐的时候要费点劲，而且易腐蚀和爆裂？皇家海军曾在1852年采购了2707个食品罐头，结果打开之后发现能吃的仅有197罐。在奢侈品领域胜出的是玻璃罐头；而金属罐头一开始主要是受军队和探险队的资助，后来许多在殖民地生活的欧洲人也愿意为它付出高价。罐头发明家一开始尝试把未封口的罐头拿到沸水中加热，然后在氯化钙池中进行密封。但不幸的是，这种罐头很容易爆炸。最终，他们改用高压锅或蒸馏器消毒。不同的产品使用不同的罐头，例如装腌牛肉的锥形罐头，方便牛肉整块滑出来；装沙丁鱼的是圆角四方形罐头，而带纸质内衬的罐头则能防止蟹肉发黑。

城市家庭使用罐头始于19世纪70年代，而农村家庭在20世纪下半叶以前都还是习惯自己动手保存食物。所有工业化国家里最早开始生产罐头的都是一些小公司，能生存下来的如今都成了家喻户晓的品牌。在英国克罗斯&布莱克威尔以酸菜和酱料闻名，罗伯逊和奇弗斯则是水果和果酱方面的专家；美国的斯威夫特和阿尔莫主打罐头肉制品，亨氏主打罐头蔬菜和酱料，亨特和都乐做的是水果罐头，鹰牌则是罐装牛奶；法国有阿米厄-弗雷尔，意大利有奇里奥，墨西哥有埃尔德斯。亨氏以其57种罐头产品闻名，但在阿米厄-弗雷尔面前相形见绌，19世纪末阿米厄-弗雷尔拥有3000多名员工和12间工厂，产品数量更是有160种之多。[117]

罐头业的发展也让一些新奇的食材走入大众的生活。例如，"沙丁鱼"这个词原本指的是在西地中海撒丁岛外海捕获的一种小型鲱科鱼类，此时用来指代世界各地捕捞的鲱科鱼类。以前在美国几乎没有多少人吃金枪鱼，但是自从这种鱼在广告中被称为"海底鸡"之后，美式三明治的做法从此也改变了。至于鲑鱼，过去只有非常有钱的人家才吃得起，在美国西北部被做成罐头后已经成为中产阶级家庭的一道特色菜。人们还对植物进行改良，以便做成罐头销售。用未成熟的甜玉米做成的甜玉米粒非常受欢迎，于是人们为玉米进行育种，创造出了成熟的甜玉米棒子。豌豆和番茄的情况与此相似，这些食物之所以能获得成功，靠的可不是老奶奶后院种的几棵牛排番茄，这其中罐头产业可以说居功至伟。

人们从很早以前就开始为了冷却食物和饮料开采天然冰。19世纪制冰发展成为美国的一大产业，冰块从开采地运往全美各地以及热带地区。为了寻找替代方法，科学家和技术人员针对人工制冷技术开展实验，并在19世纪70年代具备了形成产业经济的条件（至少对酿酒业来说是如此），使得全年酿造拉格啤酒成为可能，以前这种啤酒只能冬天酿，因为酵母需要低温的生长条件。1883年丹麦嘉士伯酿造厂的埃米尔·克里斯蒂安·汉森识别出了拉格啤酒酵母，自此之后，从中国到拉丁美洲，世界上的很多地方都建起了拉格酿造厂。从此，除了英国及其几个殖民地之外，许多地方的麦芽酒，以及像墨西哥龙舌兰酒这样的含酒精饮料，都被拉格啤酒取代。美国和其他许多地方的主要肉类包装厂都采用人工制冷技术为存储设施、火车车厢和轮船货舱降温，从而确保在工业化国家，新鲜的肉类能够取代盐腌肉。

食品公司在发展壮大的同时，也在不断加强食品科学和技术的科研力量，确保公司产品线能够不断推陈出新，同时它们还聘请家政学家开发食谱，承担测试和烹饪实验室的工作。此外，它们还打造出了专业的销售团队。而像威廉·蒂布尔这样的科学家（《食品：由来、组成和制造》，

1912年），综合汇总来自政府公报、生理化学和食品分析的各种信息，并撰写成教科书。

19世纪70年代日本政府提供诱人的高薪和职位，招纳德国、英国和其他欧洲国家的生物学家与生化学家来新成立的东京帝国大学任教[118]，还聘请专家建起了轧面厂、面包厂、酿酒厂和罐头厂。外国承包商来到日本工业促进办公室，开展罐头制造等方面的技术指导。在19世纪晚期的中国，洋务派提出了"中学为体，西学为用"的口号。[119]许多富家子弟远赴美国和日本深造，新教的传教士也来到中国教授西方的医学和营养理论。1912年1月，推翻了清王朝的中国宣布成立共和国。"中国人要用中国货"成为凝聚人心的一句口号。[120]中国生产的商品被展示给大家，谁买外国货谁就会受到谴责。中国的工业巨子广受追捧，而外国货遭到抵制。国产食品成为国家的希望和民族复兴的象征，味精制造商吴蕴初在自传中自诩"爱国商人"，这个形象也符合大众对他的想象。

整整一个世纪以来，人们见证了多种食品添加物的出现：发酵粉能做出口感轻盈蓬松的蛋糕，二氧化碳能为软性饮料加入气泡，人造奶油和起酥油使得人人都能用油来抹面包和烹饪，香草精让饮料、蛋糕和冰激凌变得更美味，而炎炎夏日里的冰啤酒能为人们带来丝丝清凉。无怪乎，化学家认为自己已经来到了合成食品新世界的门口。但是在给合成食品贴上恶心讨厌的标签之前，我们有必要回想一下，人类历史上的许多食品加工工艺曾经也都不受欢迎，甚至存在潜在的危险，例如人们曾用碱水处理玉米，以便制作玉米饼面团，或者为了酿造穆里酱或酱油而让面包或豆子发霉，又或者加速鱼的腐烂制作鱼酱等。1894年，备受尊敬的法国化学家、研究早期炼金术士的历史学家马塞兰·贝特洛在一场广为报道的演讲中，谈到了2000年人们将会吃什么样的食物，他预言在不久的将来，牛排用煤就能做成，人间将再度变成花园，就像历史上的黄金时代那样。[121]虽然我们每个人都是19世纪食品加工革命的受益者，但那种好奇、一切皆有可能的感觉自此消失了。

非主流饮食

不要牛肉，不要面包，不要家事

　　近代中等饮食也遭到了一大批社会团体的批评，包括宗教团体、保守主义者、社会主义分子和女权运动人士，当中有些人接受近代饮食哲学中的平等主义思想，但排斥其他方面。例如有的改革人士抵制肉、白面包和酒，还发展出了一套生理学和营养理论，以解释为什么素食主义和全谷物饮食更优越。还有一些人对家庭厨房、自由主义思想和自由贸易发起攻击，并提出了一套替代近代烹饪、商业和农耕的管理方式。还有一些人渴望重新回到想象中的过去那种人人平等的社会，重新召唤农耕式的浪漫传统，以批评这种近代工业化饮食。

　　许多西方的宗教团体和半宗教团体也反对吃肉，提倡素食主义（这个词最早于19世纪40年代提出），其中包括基督复临安息日会、圣经主义派、基督教救世军、杜霍波尔派（俄罗斯的一个异见组织，最后因遭受沙皇政权的严酷对待而迁往加拿大），以及列夫·托尔斯泰的追随者（对他们来说，吃肉可以说是所有社会问题的集中体现）。[122]素食主义者倾向于反对工业化和城市化，支持使用天然食物、草药的自然疗法和探索人类超感觉的人智学，土地改革家还推崇小规模独立自耕农的形式，主张开展田园城市运动。这些团体有一个共同点，那就是他们都为素食主义提供了一系列广泛的论证。他们都觉得吃素更健康，因为肉里含有动物的寄生虫，会散播肺结核等疾病，而且如果动物吃的是人工饲料，那么动物肉中含有的分泌物还会导致痛风，造成人体内尿酸沉积，并最终诱发癌症。吃素也更经济实惠，因为水果、坚果、粮食和蔬菜可比肉便宜多了。吃素还能最大程度发挥土地的作用，因为相比用来饲养牲口，土地拿来耕种所能产生的食物要多得多。人们吃素对国家也有好处，因为如果每个人都吃素，作为社会脊梁的独立自耕农的人数将会大大增加。再说，把同情心延伸到动物身上的行为也更有道德。

　　19世纪初已经涌现了30多个素食主义团体，他们还开起了素食餐厅和素食疗养院。其中，最有名的要数位于密歇根州巴特尔克里克的基督复临安息日会疗养院，这所疗养院创办于19世纪中叶，后来改由营养学家约翰·哈维·凯洛格医生主持（图7.8）。素食主义倡导者还出版了相关的周刊和月刊，前者如英国版《素食者》，后者如美国版《素食者》、英国《黄金时代先驱报》。此外，他们还撰写了不少小册子，如亨利·索尔特的《素食主义辩》、霍华德·威廉姆斯的《饮食伦理》、安娜·金斯福德的《完美膳食》。雪莱在1813年发表的诗作《麦布女王》中还附上了一篇关于素食主义的散文。为了帮助那些吃肉长大的人适应无肉饮食，倡导者还编撰了一些食谱书，如1849年美国教育家、医生威廉·阿尔科特出版的《蔬菜膳食》和1821英国圣经主义者布拉泽顿夫人出版的《蔬菜烹饪新方法》。他们还积极参加各种体育运动，如竞走、自行车赛、壁球、网球等，以证明他们的体质不输那些吃肉的人。

19世纪70年代，在印度的旁遮普兴起了一场有组织的护牛运动。在接下来的80年代抗议穆斯林屠牛的骚动时有发生，尤其是1888年印度西北诸省高等法院裁定牛并非圣物之后，护牛运动更是如火如荼地开展起来。在之后的30年里，更多的暴力事件在印度各地频频爆发。印度教民族主义者成功地利用这些事件，在人民当中激起了针对吃牛肉的英国人和穆斯林的政治对立情绪。[123]随后，还在伦敦念书时就已加入素食者协会的甘地也开始为护牛运动奔走发声。

白面包是近代西方饮食批评者集中攻击的另一个目标（地图7.2）。巴黎学院的图尼耶教授警告说，儿童吃白面包，可能会出现消化不良、惊厥，甚至会引发神经系统的问题。这一观点直接导致1895年法国《小日报》发起了一场"重回石磨"的运动。几年后，英国也发动了一场类似的"标准面包"运动。不过这些运动基本上都是昙花一现，石磨面包很快让位于用轧面机面粉做出来的白面包。[124]在德语世界，曾在柏林学习过轧磨技术的伦贝格科技大学（伦贝格此时属于奥匈帝国，后归入乌克兰，即现在乌克兰的西部城市利沃夫）植物学和商学教授亚当·毛里齐奥，与奥地利教师、民族学者安妮·加美里合作，记录了传统的手工舂米技艺，他们认为这种方法相比近代的轧面机，出产的面粉更健康、可口。在著作《人类蔬菜膳食的历史》（1927年）一书中，毛里齐奥教授指控富裕国家试图

图7.8 1890年，位于巴特尔克里克的基督复临安息日会疗养院院长约翰·哈维·凯洛格创建了巴特尔克里克疗养院健康食品公司，提供一系列的健康食品。凯洛格拒绝构成近代西方饮食基础的所有食物，包括肉、糖、酒、咖啡和白面包，他主张与其把传教士派到国外，不如让他们深入到美国城市里那些生活贫穷悲惨的人们当中去传播"健康福音"。图中这张1897年的广告宣称，该公司一磅重的"谷麦"（多种烘焙谷物的混合物）所能提供的营养和三磅牛肉一样多。这家疗养院就像一家顶级旅馆，客人中有许多政商名流，如美国第27任总统威廉·霍华德·塔夫脱、石油大王约翰·D.洛克菲勒、大文豪萧伯纳以及发明家爱迪生等。该公司在19世纪末推出的凯洛格玉米片，最终取代了火腿煎蛋，成为美国人的标准早餐（Courtesy New York Public Library, http://digitalgallery.nypl.org/nypldigital/id?833916）。

让少数民族改吃白面包，是犯了"饮食帝国主义"的罪行。[125]

　　玉米和稻米也有自己的辩护者。在墨西哥，社会学家安德烈斯·莫利纳·恩里克斯在《国家大难题》（1909年）一书中论证，除非土生土长的各民族都能完全融入国家，让玉米饼、玉米饺子成为"毋庸置疑的民族饮食"，国家的统一就不可能实现。在日本，政治思想家平田笃胤称日本稻米是民族的脊梁，让日本发展成为地区强国，而中国的稻米则令中国人"软弱无力"。日本浮世绘画家歌川广重曾有一组作品，描绘了从政治首都京都到经济首都江户的中央大道，其中每一幅都出现了同样的画面，那就是在被视为日本象征的富士山完美山尖掩映下的片片稻田。1901年，在日本皇宫和东京帝国饭店（一座大型的维多利亚式建筑，是日本第一座西式饭店，外观很像姜汁饼干屋）之间的空地上，许多相扑选手将一个个鼓鼓的米袋子高高举过头顶。他们向日本和美国的媒体解释，日本米含有80%的养分和20%的水分，才能让相扑手有强壮的体格表演这项武艺，这足以证明，相比水分占70%、养分只占30%的西方牛肉，日本米强多了。[126]

　　酒是这场争论的第三个焦点。英国的贵格会教徒提倡用可可饮料代替酒。后来，弗莱恩（创立于1761年）、吉百利（创立于1824年）和朗特里（创立于1862年）等公司又从可可转为制造巧克力甜点。紧随其后的是有门诺派教徒血统的美国人米尔顿·好时。俄罗斯改革者则推销他们的格瓦斯——一种用黑麦面包自然发酵而成的低酒精浓度饮料——作为戒酒用的饮品。[127]根据俄罗斯全民保健协会的说法，格瓦斯能"消除人们喝啤酒和烈酒的欲望"，还能"让人在不喝醉的情况下变得强壮起来"。在澳大利亚，那些从道德角度提倡戒酒的人，指责与自己意见不同的人把个人权利和追逐利益放到了社区建设和社会责任的前面。到20世纪初，禁酒运动已经在世界范围内广泛开展起来。

　　虽然19世纪营养理论的批判者最终没能说服全社会（只有美国的禁酒运动取得了短暂的成功），但他们的确为人们的日常饮食带来了许多新的食物，例如来自瑞典的脆饼，来自瑞士的伯奇麦片（以生食运动的先驱、瑞士医生马克斯·奥托·伯奇-本纳命名），还有来自美国的格雷厄姆饼干（也叫全麦饼干，以长老会牧师西尔维斯特·格雷厄姆命名）。凯

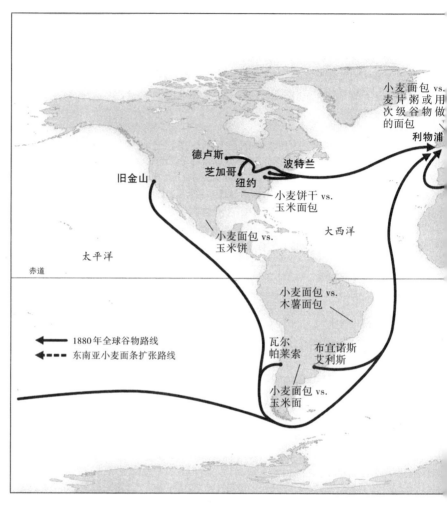

小麦面包 vs.
麦片粥或用
次级谷物做
的面包

利物浦

德卢斯
芝加哥
波特兰
纽约

旧金山

小麦饼干 vs.
玉米面包

大西洋

小麦面包 vs.
玉米饼

太平洋

赤道

小麦面包 vs.
木薯面包

← 1880年全球谷物路线
◄--- 东南亚小麦面条扩张路线

瓦尔
帕莱索

布宜诺斯
艾利斯

小麦面包 vs.
玉米面

地图7.2　19世纪和20世纪之交的面包之争。现代化进程中的很多国家接连涌现出了许多小团体，他们主张要想参与全球性的国力竞争，必须让国民改吃小麦面包。图中箭头所示是19世纪80年代世界上主要的小麦贸易路线，其中大多数都指向英国（Source: Morgan, *Merchants of Grain*, frontispiece）。

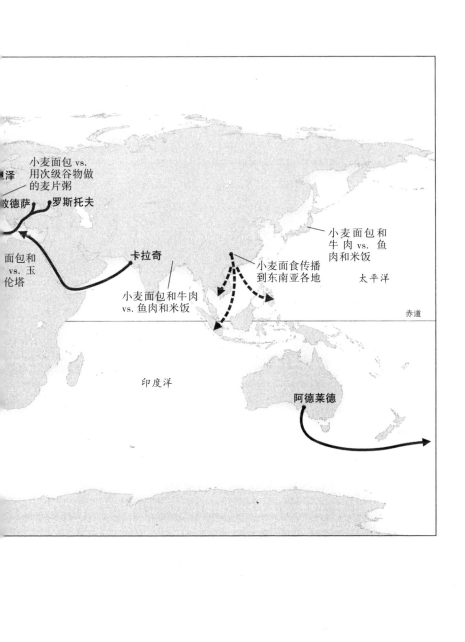

小麦面包 vs.
用次级谷物做
的麦片粥

泽

敖德萨　罗斯托夫

卡拉奇

小麦面包和
vs. 玉
伦塔

面包和

小麦面包和牛肉
vs. 鱼肉和米饭

小麦面食传播
到东南亚各地

小麦面包和
牛 肉 vs. 鱼
肉和米饭

太平洋

赤道

印度洋

阿德莱德

洛格让麦片粥重新回到英语世界的早餐餐桌，至少他的产品名称已经从最初的"以利亚的吗哪"（以利亚是《圣经》中的先知，吗哪是《圣经》中的一种天降食物）改成了凯洛格玉米片。虽然健康食品是由全谷物做成的，但是到1900年它们的生产和销售也已经以工业化的形式进行，和吉百利的可可或保卫尔的牛肉汤这些批量生产的食品别无二致。

乌托邦主义者、社会主义者和女权主义者都主张，应当用大锅饭取代家庭聚餐，用公用厨房取代家庭厨房。在美国就出现了若干个乌托邦社区。创建于19世纪60年代的阿玛纳小镇共有50间厨房，所有成员都在厨房里集体用餐。每间厨房都由一位资深的女厨师负责监管，不仅要安排每日的三餐两点，还要照顾菜园。房屋本身是不带厨房的（不过很多家庭还是逐渐开始在自家用餐）。位于俄亥俄州东北部的佐阿定居点始建于1817年，从那时开始直到19世纪末，那里的人们一直奉行集体用餐。俄国革命社会主义者尼古拉·车尔尼雪夫斯基的《怎么办》（1863年），以及美国社会主义者爱德华·贝拉米的《回顾》（1888年）等作品，都曾对集体用餐的大食堂有过描述。

但是在女权主义者看来，集体用餐是女性摆脱烦琐家务的一条出路。例如在澳大利亚提倡妇女享有受教育权和投票权的梅班克·乌尔斯滕霍姆，就曾在19世纪90年代中期短暂编辑并发行过的杂志《妇女之声》中对集体用餐这种形式进行论证。与凯瑟琳·比彻、哈莉耶特·比彻·斯托这些推崇家庭至上的老一辈女性领袖不同，美国女权人士、社会学家夏洛特·帕金斯·吉尔曼彻底颠覆了过去那种认为共和主义式进餐完全要依靠家庭烹饪的观点（她把这种方式称为生存式进食，而不是生活式进食）。吉尔曼宣称，家庭主妇作为业余选手，根本无法获得高超的厨艺。和专业厨师不同，主妇采购时量一般很少，因此没法坚持使用那些高级食材。再加上主妇们花的每一分钱都来自丈夫，所以只能迎合丈夫的好恶，而不是力求做出精致、健康的饭食。在吉尔曼看来，厨师应当是一种"受人尊重且薪水丰厚的职业"。[128]

最终，欧洲、日本和美国的知识分子、作家和农民等人当中爆发了一场波及广泛的运动，他们拒绝迎接这个工业化的现代都市世界，包括它

32. 养蜂人，这幅画由老勃鲁盖尔绘制于1568年。

33. 一场农家婚宴，这幅画由老勃鲁盖尔绘制于约1566—1569年。

34. 格里特·德奥师从伦勃朗，是荷兰黄金时代的著名画家。这幅《贩鱼人和男孩》是他的代表作之一，画中女鱼贩拎起一条鲱鱼，对捕鱼少年表示不太满意。鲱鱼是荷兰的重要渔业资源，16—17世纪荷兰因为鲱鱼贸易大发其财，加工的鲱鱼罐头远销欧洲大陆。

35. 由约瑟夫·范·阿肯于1720年绘制的油画《在喝茶的一户英国人家》。

36.16世纪，葡萄牙商人在日本贩售动物。这幅版画反映了当时日本受到西洋文化的影响，体现了"哥伦布大交换"对于东亚的部分影响。

37.16世纪下半叶至19世纪初，马尼拉大帆船往返航行于菲律宾的马尼拉与墨西哥的阿卡普尔科港。这幅版画描绘了一艘马尼拉大帆船即将到达终点站阿卡普尔科港。

38. 波多黎各一家糖厂，这幅画由弗朗西斯科·奥勒绘制于1885年。

39. 叶卡捷琳娜大帝从乔赛亚·韦奇伍德那里购买了"青蛙系列餐具"，其中一个圆形盖盘上绘有青蛙标识和英国朗福德城堡的风景。

40. 中世纪欧洲的一个面包师和他的助手正在烤制圆面包。

41. 英国清教徒抵达美国东海岸的普利茅斯,并在此地度过了美国历史上的第一个感恩节。

42. 现存于德国柏林糖博物馆里各种大小的糖锥。

43. 用小麦可以做成很多食物。

44.夏威夷原住民将芋头捣成泥，他们的身后就是一片芋头地。

THE IRISH FAMINE—SCENE AT THE GATE OF THE WORK-HOUSE.

45.约1846年，在爱尔兰救济院大门口人们争相寻求救助的悲惨场景。

46. 圣约萨法特天主教堂庄严的拉丁礼弥撒。

47. 慢食运动始于1986年，由意大利人卡尔洛·佩特里尼提出，抵制快餐文化，提倡有个性的传统美食。国际慢食协会的标志是一只蜗牛。这幅图是圣托里尼岛上一家餐厅的墙上刻绘的"慢食"蜗牛标志。

的饮食和农耕方式，渴望回到过去那种理想化的田园生活。肮脏、造作的城市被拿来与纯净、自然的乡野做对比。19世纪晚期，许多现代化国家出现了一些漫步者群体，他们在丘陵和山间漫步，途中常停下脚步欣赏一下前工业时期兴建的建筑，不同派别的画家们纷纷用画笔描绘大自然未经破坏的壮丽之美。[129] 很多人遵循卢梭开创的浪漫传统，把农人的食物视为最新鲜、最健康、最可口的食物，同时反对那种认为"19世纪的西方饮食，特别是法国高级饮食，是饮食发展之巅峰"的普遍观点。在德语世界探索民间烹饪传统的毛里齐奥和加美里，在其他地方也不乏志同道合的伙伴。1928年，食品作家弗洛伦斯·怀特创办了英国乡村烹饪协会。第二年，苏格兰民俗学家玛丽安·麦克尼尔发表了《苏格兰厨房》一书，同年英国社会史学家多萝西·哈特利也开始撰写《英格兰食物》一书，最终于1954年出版。20世纪上半期，法国右派（大多数美食家都属于右派，当然不是全部）和左派都极力想凸显法国的农村和农民。1920年右派人士策划了圣女贞德的追奉仪式，这位生活在15世纪的法国农家女孩能看到异象，正是她鼓舞法国人抵挡住了英国的入侵。20世纪30年代的法国左派人士数量相当可观，当中有许多人是社会主义者，还有相当数量的共产主义者。他们认为，以前的封建制度虽然有缺陷，但比起资本主义制度要仁慈得多。1929年，阿尔萨斯的斯特拉斯堡大学教授、历史学家马克·布洛赫、吕西安·费弗尔创办了先锋性的《年鉴》杂志，旨在推动对包括食物在内的日常生活进行研究，因为在他们看来，日常生活经受住了政治动荡和战火烽烟的长期洗礼，依然顽强地保存了下来。正是在上述背景下，法国的农民饮食被确认为法国高级饮食的根基。

在重新评估农民饮食的同时，一项农民运动也开展起来，特别是在美国声势浩大。托马斯·杰斐逊认为，拥有土地的自耕农是这个国家最有价值的公民——他们坚强、独立，富有美德。亨利·大卫·梭罗在他的《瓦尔登湖》（1854年）一书中就采用了这一主题，赞美了淳朴的乡间生活。出身农民家庭的英国记者理查德·杰弗里斯，在19世纪80年代出版的一系列著作中生动地描述了英国农村日渐消失的自耕农、猎场看守人和农场工人的生活。植物学家阿尔伯特·霍华德曾在印度中部的印多尔市担任当地种植业学会的负责人，他利用这段经历批评了近代的农耕方法，提倡采取堆肥法等有机的农耕方法。任教于皇家农业学院的草原专家乔治·斯特普尔顿，主张利用小块农地开展草皮和谷物的轮种。霍华德和斯特普尔顿的观点不仅被许多农人采用，还在20世纪中叶得到了美国罗代尔研究所和有机运动的支持。尽管在第二次世界大战结束后的很长一段时间里，这种饮食史上的浪漫农业愿景仍仅仅局限于少数群体，但它为20世纪后期的大多数人了解饮食史提供了支撑。

约1910年的全球饮食地图

到1920年，在大不列颠及其自治领、美国、欧洲北部和日本等工业化国家，生活在城市里的新兴月薪和周薪阶级已经创造出了新的中等饮食。法国高级饮食仍然是全球各地精英阶层的饮食，中产阶级和工人阶级的饮食则迅速成为各自国家的民族饮食。这三种饮食都是以最优质的谷物（要么是小麦，要么是稻米）和肉类（尤其是牛肉）为基础的。甜咸饼干、糖果、糖、罐头食品、伍斯特酱、咖喱粉、可可粉、咖啡、茶、啤酒等食物和饮料，在世界范围内都能买得到。

食品加工工业化和大公司的出现（再加上更低廉的运输方式和更高效的耕作方式），推动了粮食价格的下降和国民经济的大发展。在工业化国家的家庭预算中，食物所占的比例降到了史无前例的水平。1800年，约三分之二的英国人在温饱线上挣扎；一个世纪后，这个比重下降到了三分之一。19世纪90年代，在法国人的平均预算中用来采购食物的只占60%。石磨刚出现时，20%的人口需要每天从事碾磨这项繁重的劳动。此时专门从事碾磨的人口已经非常少了，以至于做职业统计时都无法显示出来。1860年，面粉制造业是美国的主要行业，其产值是棉花业的两倍、钢铁制造业的三倍。然而，在接下来的40年里，食品制造业的产值增长了15倍，到1900年已经占制造业全部产值的20%，而同一时期综合制造业只增长了六倍。[130]19世纪八九十年代，在日本食品制造业更是占据了该国经济增长的40%。[131]

　　但是，世界上其他地方的情况与转向中等饮食或者说民族饮食的工业化地区，形成了强烈的对比。虽然西方世界的饥荒减少了，但在那些尚未实现工业化的地方饥荒造成了前所未有的破坏。原因有很多，有人口的增加、世界洋流变化导致的农业歉收、向出口型粮食的转变、交通基础设施的缺乏，以及殖民地对饥荒预警和改善政策的失败等，最终导致死亡人数高达数百万人。除了甘薯、芋头、高粱等农作物，人们还越来越依赖马铃薯、木薯、玉米。在美国南方和意大利，由于饮食中包含大量未经碱水处理的玉米，许多人染上了癞皮症，有的甚至因此丧命。在种植园经济体制下，从英国和美国进口而来的机器只是用来榨糖，并不会为了减轻妇女的负担而帮她们加工食物。

　　全球范围内的农业变得越来越专业化。英国人吃的小麦产自北美大草原、印度旁遮普的平原，以及阿根廷的潘帕斯草原。在英国，运送小麦的商船占了六分之一（17%）。1880—1881年，仅旧金山和俄勒冈两地，就有600艘满载小麦的商船离港开往英伦三岛。美国疆域辽阔，大部分食物产自国内，例如南部和东北部的工业区都是从国内其他地方购买小麦。中国由于小麦产区遭遇严重的洪涝灾害，致使小麦产量减少，于是通过太平洋沿岸的面粉公司从太平洋西北地区进口小麦。[132]尽管1905年爆发了抵制美货运动，但是来自西雅图的汽船依然从泥沙滚滚的长江下游河口逆流而上，畅行无阻。

　　在欧洲甜菜的种植面积迅速扩大，一吨甜菜生产出的糖和一吨甘蔗的一样多，而且叶子还能做成动物饲料。而地中海沿岸国家、加利福尼亚和非洲南部的西开普等地属于地中海气候带，夏天温暖干燥，冬天潮湿阴冷，这些地区的酿酒用葡萄以及其他水果和蔬菜（有的当季上市，有的则做成罐头出售）的种植面积也在不断扩大。穿越阿尔卑斯山的隧道于1871年开通后，意大利企业家弗朗西斯科·奇里奥便在火车站附近盖起了仓库，这样他的冷藏列车就能迅速把新鲜蔬果运送到欧洲北部城市。到了19世纪70年代，罐头食品大行其道，奇里奥的公司推出了罐装芦笋、洋蓟、桃子、豌豆等，年产量达上百万千克。[133]非洲、印度、东南亚、加勒比海和中美洲等热带产区为欧洲强国供应香料、糖、咖啡、茶叶和可可。古巴糖种植园主何塞·曼努埃尔·卡萨诺瓦曾说："无糖则无国家。"[134]这一地区还供应了更多耐存放的热带水果（如香蕉和柑橘）与能做成罐头的水果（如夏威夷的菠萝），以及西非的棕榈油等。东南亚出口稻米，养活种植园里的劳工。

给谷物脱粒和土地施氮肥以求增产，这些原本繁重的体力活此时都由新引进的机器来完成，农耕工作不再像以前那样耗费体力，效率也得到了提升。像小麦、乳牛、肉牛、苹果、马铃薯这些对西方饮食来说必不可少的动植物食材，甚至包括各种微生物菌群，如制作切达奶酪和酸面包用的乳酸杆菌，做面包和啤酒用的酵母菌等，也被运送到了温带甚至热带地区。植物园、自然历史博物馆和农业试验所等机构建立起来，创办者主要是一些大公司，如美国在加勒比海地区建设的一些国有制糖公司，以及联合果品公司等，不过少部分是政府为了提高出口农作物的生产率而建立的。

尽管工业化世界取得了如此多的成就，但现代饮食仍然需要面临一系列的问题。有迹象显示，完全由面包、面条或米饭、牛肉、糖和脂肪构成的日常饮食是不够的。日本军队中有很多人因此而饱受脚气病之苦，连天皇本人也未能幸免，脚气病到底是由细菌造成还是由饮食造成的？关于这个问题的讨论十分激烈。生活在美国中西部的人经常罹患坏血病和甲状腺肿，生活在南方的人则容易患上癞皮病。在英国城市里多了很多罗圈腿的孩子，这是佝偻病的典型症状。为什么新的料理没能造就体魄更健康的公民呢？

伴随向中等饮食的转变，农耕领域也发生了迅速的变革，这也带来了一些不良后果。像英国低地区域、美国弗吉尼亚谢南多厄河谷这样的传统小麦产区日渐衰落了。失去了关税保护，英国的小麦产量从1870年到1914年暴跌了50%，而在此期间人口却翻了一倍。虽然农场转而生产肉类、蔬菜和牛奶，但英国的农业生产水平直到第二次世界大战爆发都没有恢复过来。拉丁美洲、意大利和亚洲、非洲的部分地区，则把出口作物种植放到了优先于饮食现代化的地位，从而给农村的穷人带来了新的痛苦。

伴随贸易和农业生产的全球化，等级制饮食逐渐衰落，民族饮食取而代之，但是这也导致工业化地区很容易受到经济政策变化和战争的影响。新重商主义和贸易保护主义取代了自由贸易。俾斯麦首相为保护德国东部地区的大地主制定了高额的关税，因为正是这些大地主为中央政府创造了大量税收。自19世纪80年代以来，德国农业就是靠制造业出口来支撑的。在法国尽管人口增长和工业化进程速度都不快，但第三共和国政府还是希望赢得保守的天主教农民的支持。英国和美国也都出现了严厉批评帝国政策的声音。

第一次世界大战爆发前夕，英国、德国和低地国家由于粮食依靠进口，无不担心发生饥荒。尤其是英国，它的冷冻牛肉来自美国和阿根廷，羊肉来自澳大利亚和新西兰，罐头肉来自南美洲的拉普拉塔河河口地区，培根来自丹麦，黄油和人造奶油来自丹麦、荷兰，糖来自东欧和加勒比海地区，马铃薯、乳酪、茶叶和苹果则来自不列颠帝国各地。这个国家的食物总价的50%来自进口，从热量来看则占到了58%，连农业用的肥料和牲口吃的干草也是进口的。[135]自由党人约瑟夫·张伯伦发动了一场关税改革运动。"假如明天有可能……仅凭着大笔一挥，就将大不列颠帝国缩减到联合王国的范围，那么至少我们一半的人口将会挨饿。"[136]诗人拉迪亚德·吉卜林也是一位敏锐的不列颠观察者，面对这个正值巅峰的帝国，他这样向学童们解释不列颠的食物都是从哪里来的：

> 哦，这是要去哪儿，你们这些大蒸汽船，
>
> 烧着英国自己的煤，在海水里来来回回？
>
> 我们去给你拿面包和奶油，
>
> 还要拿牛肉、猪肉和羊肉，蛋、苹果和乳酪！
>
> 那又要从哪儿拿呢，你们这些大蒸汽船？
>
> 你们不在，我又要把信寄到哪儿？
>
> 我们去的是墨尔本、魁北克和温哥华，
>
> 信的地址就写霍巴特、香港和孟买吧！[137]

在诗的最后一行，汽船说道："要是谁阻挡我们，你可就要饿断肠！"

第八章

现代饮食

中等饮食的全球化，1920—2000 年

美国哥伦比亚广播公司的新闻部记者查尔斯·库拉尔特曾说："你只要凭着一个个汉堡店，就能走遍全美国，就好像领航员用星星寻找方向一样。我们在布鲁克林大桥下吃大桥汉堡，在金门大桥吃缆车汉堡。阳光明媚的南方有迪克西汉堡，北方有扬基人汉堡，还有国会大厦汉堡——猜猜要去哪儿吃？而且我敢说，在五角大楼还会有一个五角汉堡呢！"[1]

　　到了20世纪末，在库拉尔特说出上面一席话30年后，人们已经可以把各式汉堡当作星星（图8.1），在第一章提到的根茎类植物和谷物所到之处，在第三章到第五章介绍的佛教、伊斯兰教和基督教饮食遍布之地，在

图8.1　20世纪末埃及开罗市区的一家麦当劳餐厅，埃及人正吃着现代西方饮食的代表——用白面包和牛肉做的汉堡（Photo by Dick Dougherty / SaudiAramcoWorld / SAWDIA）。

第七章描述的法式高级料理风靡之所，在世界各地导航了。[2]韩式烤肉汉堡？首尔。摩斯米汉堡？东京。麦天贝堡？雅加达。加了泰式九层塔（罗勒）的麦香猪肉堡？曼谷。羊肉汉堡？德里。卡巴汉堡？巴基斯坦。面包汉堡？爱丁堡。麦蔬堡？斯德哥尔摩。那麦蛋堡呢？八成是乌拉圭的蒙得维的亚吧。

　　汉堡店里的灯点得比自古以来所有君王的御膳房都亮，普通人也可以坐在这里，享用一顿夹在松软白面包之间的烤牛肉，在乳白色的酱汁和新鲜莴苣、番茄的衬托下，吃起来更加美味，更何况还配上了完美的法式炸薯条。附餐还有一大杯冰爽饮料，可以是一杯奶昔、一份冰激凌或者一杯滋滋冒泡的可乐。在三代人以前，白面包、烤牛肉、反季的新鲜蔬菜、冰激凌和冷饮，都是西方世界最有钱的人才能吃到的。法式炸薯条，因其用不同的油温炸过两次的独特做法而获得酥脆的口感，非常不同于只炸一次的英式炸薯条，因此被视为法式高级饮食的极致。法国美食家"有何不可斯基"在20世纪20年代曾称炸薯条"是一道出类拔萃的巴黎菜"。法语杂志《巴黎竞赛报》曾报道，1954年克里斯蒂安·马里·费迪南·德·拉克鲁瓦·德·卡斯特里将军在签署停战协议结束第一次印度支那战争之后，就点了一份炸薯条来吃。法国知识分子罗兰·巴特评论说："卡斯特里潜意识里知道，这是法国性在食物中的标志。"[3]但卡斯特里不知道的是，此后不到10年，炸薯条就成了中等饮食的主食。1965年约翰·理查德·桑普洛一发现用冷冻马铃薯能够炸出风味绝佳的薯条，就立即找来麦当劳合作，曾经价格不菲、既耗时又费工的法式炸薯条，自此成为日常生活中的一份美味餐点。

　　不列颠人不管到哪儿，都要雷打不动地喝他们的下午茶，还要搭配他们的全民饮食——白面包和蛋糕。美国人则是用牛肉和面包做成汉堡，搭配薯条和奶昔，这也是他们的全民饮食，不分年龄、职业和阶层，可以自己单独吃，也可以和朋友、家人聚在一起吃。克林顿总统曾被拍到停下来买汉堡，但他丝毫不以为意。2010年6月25日，奥巴马总统选择用这种美式美食款待到访的俄罗斯总统迪米特里·梅德韦杰夫。正如法国餐厅能让人品味到欧洲帝国的高级饮食和文化一样，麦当劳（其一半的利润来自美国国土以外的地方）也能让人们感受到美国这个世界上最强大的国家的饮食与文化。

无怪乎汉堡会成为衡量现代西方饮食及其与政治经济、营养和宗教关系的指标。有人认为，自从莫斯科开设了第一家麦当劳餐厅开始，就已经预见了苏联的解体，甚至有人认为前者对后者起到了加速作用。[4]伊朗虽然禁止速食连锁店进入本国，但是像马当劳、麦马阿拉这样的当地山寨品牌，迅速填充了这一空白。[5]在印度，麦当劳用新鲜乳酪做成的麦香奶酪堡取代了牛肉汉堡，从而与印度教不吃牛肉的教条保持一致。摩根·斯波洛克在纪录片《大号的我》中餐餐都吃巨无霸，从片头吃到片尾，从而暗示了速食与肥胖之间的关系。《经济学人》会用巨无霸的价格衡量世界各国货币的价值。社会学家乔治·里茨尔发明的"麦当劳化"一词，成为效率、可预见性和"由非人类完成的工作"的代名词。[6]埃里克·施洛瑟指出，速食的崛起"使我们的美丽田园加速变成商场，加深了贫富之间的差距，助长了肥胖的流行，更推动了美国帝国主义在海外的强势扩张"。他呼吁美国人"调转方向，走到户外"。[7]为了向世人揭露麦当劳使用注射了生长激素的牛肉的行为，1999年法国农民若泽·博韦拆除了法国南部米约一处在建的麦当劳餐厅，并且管它叫"麦狗屎"。此外，抵制速食、致力于保存地方饮食习俗的"慢食运动"，就是因1986年爆发的反对在罗马的西班牙大台阶旁开设麦当劳餐厅的抗议活动而得名。[8]

对于一部分人来说，包括世界上大部分地区的新兴中产阶级在内，麦当劳的面包、牛肉、薯条和奶昔价格还是太高了，于是现代速食推出了一种新的替代选择，它将现代饮食的三个关键成分——小麦面粉、食用油和肉（至少是肉味，就像保卫尔牛肉汁或者19世纪的肉精）——结合在一起，还加了一些浮在清汤之上、代表蔬菜的绿色碎末。这就是速食面。面食是中国人在2000多年前发明的，发展到现在出现了速食面这种最新的表现形式，并于20世纪初传入日本。第二次世界大战之后，中国人和朝鲜人开始推着小车，在日本的街头巷尾贩卖这种用小麦面粉做成的细面条。军事占领当局（也就是美国人）用美国慈善团体的捐款实施校园午餐计划，华裔日本人安藤百福从中看到商机，希望把工业化生产的速食面条卖给这个计划。他发明了一种将面条油炸之后进行干燥处理的方法，这样用烧开的水来煮速食面，不出五分钟即可煮好。[9]

1958年安藤百福的日清食品公司共卖出了1300万包速食面，次年更是达到6000万包的高销量。1971年干燥处理后的速食面装进了泡沫塑料杯子里，这被誉为市场营销领域的一件大师杰作。到了20世纪90年代，日本国内速食面的年销售量已经达到45亿份，人均年购买量为40份。日本的公司将速食面销往全世界，速食面成为日本对印度尼西亚、泰国、苏联发起的粮食援助计划的一个组成部分。在墨西哥，工人们从便利店或市场上买来速食面，再用工地提供的微波炉加热了吃。在难民营，速食面就是能填饱肚子的热腾腾食物。在英国，速食面成了深受学生族喜爱的食物，其中就包括哈里王子。截至2000年，每年出售的日本泡面高达530亿份。

在20世纪即将结束时，美国饮食成为现代西方饮食中扩张速度最快的一个分支，而在非西方世界，则以日本饮食为代表。不过，虽然反美示威活动时有发生，但席卷全球的汉堡和速食面不应被解读为美国和日本（后者的程度稍轻一些）发起的难以抗拒的饮食帝国主义攻势。麦当劳为了迎合当地人的口味不断调整自己的食谱，速食面正是因为卖到韩国时加入了泡菜的风味，卖到印度时添加了混合香料的风味，卖到墨西哥时做成了虾米口味，才会在这三个地区卖得那么好。厨师们可不会被包装上的食用方法捆住手脚，相反，他们各出奇招，创造出了很多公司总部的管理者都没想到的速食面饮食，贡献出了类似《人见人爱速食面》《救星速食面》《好多好多拉面哦》以及《速食面煮出来的便宜美食》等创新食谱。

无独有偶，食客们也会根据自己的目的，对麦当劳餐厅的用途进行创意性的改造，其结果往往跟美国本土的麦当劳大相径庭。墨西哥城的麦当劳餐厅是妈妈们外出购物时小朋友们游戏的场所，在里约热内卢则是可以享受烛光晚餐和香槟约会的浪漫之选，首尔的麦当劳可以开读书会，东京的麦当劳可以让学生写作业，而越南的麦当劳可供体面的单身女性独自用餐。[10]在北京，社会阶层处于上升阶段的人们会坐在肯德基餐厅大片的落地窗旁边，默默享受着室外经过的路人对他们品位的羡慕。他们会带约会对象去麦当劳，坐专属服务区的两人座，即所谓的"情人座"，因为知道这里的账单不会贵得离谱。他们会在这里看报纸，开商务会议，办送别宴，庆祝毕业、拿到学位和放假，有时也在周末和家人一起去大快朵颐一番。

而且还有一点，日本速食面和美式速食连锁店无论在哪儿，都会刺激当地的竞争。印度尼西亚的印多福拥有当地三个主要的速食面品牌，分别是营多面、三林面和超级面，并且面向包括沙特阿拉伯、尼日利亚、澳大利亚和美国在内的30多个国家出口。2000年前后，印度尼西亚人一年就能吃掉100亿包速食面。尼泊尔并不是重要的小麦产区，食品加工业也不发达，但该国的乔杜里集团从1980年开始生产威威面，到了90年代已经占据当地60%的市场份额，抢占了印度15%的市场份额。日本的摩斯米汉堡店从1972年起开始出售汉堡、照烧肉汉堡、炸猪排汉堡、米汉堡以及蜂蜜柠檬口味的魔芋饮料（用富含淀粉的魔芋球茎粉末勾兑而成），还有"咖喱鸡肉佛卡夏"（用佛卡夏扁面包夹鸡肉的三明治）。法国人从1981年起开始跟比利时的快客连锁店一起出售汉堡。印度人在新德里的尼路拉买香料烤鸡肉汉堡、核桃奶酪汉堡和冰激凌吃。韩国的乐天利出售汉堡和炸鸡。在菲律宾，麦当劳始终竞争不过家族企业经营的快乐蜂，菲律宾这家最大的快餐连锁店拥有干净整洁的店面，出售用大蒜和酱油调味的汉堡。快乐蜂骄傲地宣称自己是"传统遗产的堡垒，菲律宾胜利的丰碑"，无论菲律宾人走到哪里，中国香港、中东还是美国加州，快乐蜂的分店就会开到哪里。[11]

实际上，所有的西方饮食产品、加工方法和实体店都要面对各种各样的竞争。可口可乐公司虽然在全球范围内大肆扩张，但一些当地的软性饮料，如印度的拇指哥可乐、秘鲁的印加可乐，销量却超过可口可乐，成为当地人的最爱。通用食品是世界上最大的食品加工企业之一，但也要屈居英荷联合成立的联合利华，以及坐镇瑞士的雀巢公司之后，至于雀巢，那才是全球食品公司的老大。切片白吐司是美国人发明的，但卖得最好的出自墨西哥的宾堡公司，宾堡在21世纪第一个10年行将结束时成为市场的主宰者，攀上了全球食品企业排名第四的位置。沃尔玛是食品零售行业的领头羊，也是世界上最大的雇用方之一，英国的乐购和法国的家乐福紧随其后，但这三家公司无一例外都难以打入日本、韩国和印度尼西亚的市场。中国香港的家乐福虽然祭出了卖活青蛙、乌龟血和整只烤乳猪的招数，但从1996年到2000年亏损达四亿美元，最终只好关门大吉。[12]

这种全球范围内出现的粮食充裕和饮食竞争现象，在20世纪初，甚至第二次世界大战之后，都是无法想象的。那时候的政治领袖担心的恰恰是本国对进口粮食的日渐依赖。第一次世界大战给欧洲造成了严重的粮食短缺，有些地方甚至恶化到了发生饥荒的程度。20世纪20年代，全球化在世界范围内出现回潮。[13]连不列颠都对自由贸易转持怀疑态度，许多领导人更是呼吁在帝国内部开展贸易。其他欧洲国家和美国，以及不列颠的自治领则从来就不是自由贸易的拥趸，1925年意大利对小麦开征关税，次年法国跟进。俄国革命所带来的社会主义，则首次在市场经济之外开创出了另一种选择。即使在最富裕的国家，大萧条期间领救济面包的人也排起了长龙。向美洲移民的步伐慢了下来，但是中国东北地区、西伯利亚、中亚和日本涌入了5000万移民。其中许多人是为了寻找更好的食物，还有的是为了种植作物以供给俄罗斯和日本。[14]随后而来的第二次世界大战则摧毁了许多经济体。

伴随第二次世界大战，饮食变革的步伐再度提速。全球饮食形势出现了三个方面的转变，从而模糊了过去那种生活在少数帝国大城市里的人吃高级饮食，生活在城市和乡村的穷人吃简朴饮食的旧有模式：第一个方面，西方饮食哲学和社会主义饮食哲学反映了近40年来（大致从1950年到1990年）美国（此时已经成为世界上最大的农业生产国和最繁荣的经济体）及其盟友与苏联主导的东欧集团之间的冷战在食物方面的体现，以及双方在军事和政治方面持续的紧张关系，这种影响是全球性的；第二个方面，随着不列颠、法国、荷兰以及其他几个欧洲帝国的瓦解，全球的国家数量增长到约200个，各国纷纷端出了自家美食；第三个方面，在那些最富裕的国家，过去数千年来农村人口赖以为生的最寒酸、最简单的饮食消失了，就好像19世纪晚期消失的最粗劣的城市饮食一样。现在，无论生活在城市还是乡村，人们都能享受到用质量较好的粮食、肉类、食用油和糖烹调出来的食物。农业机械化的普及使得收入微薄的农场工人人数大为减少（蔬果种植业除外），电话、公交车和汽车将偏远的乡镇、农场与城市联结起来，乡下厨房也都通上了自来水和电。帝国内部有高级饮食和低端饮食之分，如今在帝国过去所统辖的范围内，也出现了富裕国家和贫穷国家的分野。在富裕国家，人人都能吃上中等饮食，乡野地区也不例外，而在贫穷国家，只有极少数人能吃上高级饮食，其余的人依然要吃粗茶淡饭。最后同样重要的是，世界人口持续攀升，从1927年的20亿，到2000年已经增加了两倍，达到了60亿之多。

第二次世界大战之后发生的饮食变革如此之大，以至于有些食物研究学者主张饮食领域规则已死，伴随而来的是截然不同的各种饮食，以及这些饮食赋予的身份认同感也随之消失了。[15]考虑到每个国家都有自己特定的饮食风格，有鉴于各种政治体制，从自由民主制度到社会主义制度，从帝国制到君主制，从法西斯国家到神权国家，再到独裁体制，它们既繁荣发展，又相互竞争，再加上移民、跨国食品公司等诸多因素，要想搞清楚20世纪晚期的情况几乎是一项不可能的任务。尽管如此，在现代中等饮食的发展史上还是有特定的几个主题凸显了出来，所有这些主题无不像汉堡和速食面一样，展现出全球融合和分歧之间的巨大张力。

现代西方饮食 VS 现代社会主义饮食

第二次世界大战结束后，从军人到跨国企业，从非政府组织到传教士和移民，各方力量都对现代中等饮食在全球范围内的扩张起到了推动作用，但就重要性来说，它们都比不上拥有全球影响力的强国所发挥的作用，这些强国才是这段历史的主角，特别是在冷战期间，它们提供了两套不同的现代饮食观，即西方饮食和社会主义饮食，并且创造出了两种不同的饮食版图。在20世纪上半叶属于帝国列强之一的日本则和其他的传统帝国一起，就"是否存在第三种形式的现代中等饮食"这一议题展开了争论。[16]

现代西方饮食成形于20世纪20年代，这一点我们在第七章已经讨论过了。这种饮食是以家人共餐、家庭生活、家庭农场、自由贸易、法人资本主义、民族主义、宗教宽容和现代营养理论为基础的，尽管并非始终如一，也不是没有争议。美式饮食在第二次世界大战之后成为现代西方饮食当中扩张最快的一个分支。这时的美式饮食和其他西方饮食一样，包括牛奶、蔬菜、水果、面包、牛肉、食用油和糖。[17]餐点当中，早餐有麦片粥（冷热均可），午餐有汤和三明治，晚餐是一份肉和两份蔬菜。世纪之交时由移民带来的食材和菜色（尤其是面食），在20世纪中叶也开始融入美式饮食的主流。

社会主义饮食成形于苏联。在经历了10年的国内动荡和抗议频发之后，1917年那些生活在圣彼得堡、每周要花40个小时排队领面包的妇女，也开始发起暴动，从而引发一系列的事件，最终导致了俄罗斯帝国的陷落。苏联开设集体农场，食品加工和分配均由国家控制，人们集体用餐，宗教饮食规矩和现代营养理论遭到限制。[18]第二次世界大战后，社会主义饮食推广到了东欧和中欧的大部分地区。在苏维埃社会主义共和国联盟各地设立了很多国家运营的食堂，提供标准化的餐点，包括汤，通常是俄式蔬菜汤或者用甜菜根煮的罗宋汤，肉（例如一片厚肉、一条香肠、一道包馅儿的饺子或者烤牛肉、烤猪肉），还有面包、荞麦粥或通心粉等淀粉类食物，以及少量饮料，如咖啡、茶、酸奶或水果饮料，还会提供某些甜点。甜食还包括冰激凌。这种集体农业和共同就餐的做法（而不是具体的食材或菜色），在革命后的墨西哥和古巴，以及改革开放前的中国都得到了广泛的效仿。这也为西方的抗议活动提供了一种模式。

日本、土耳其和其他国家尝试寻找在避免全盘接受西方饮食的前提下，实现本国饮食现代化的道路。19世纪晚期种族思想在西方依然盛行，在西方现代化的过程中逐渐将世界其他地方的知识分子和政治人物排除在外，许多人于是开始寻求其他的替代路径。1905年日俄战争中日本打败了西方国家俄国。这个结果大大鼓舞了土耳其（该国于1923年宣布成立共和国）、伊朗和中国等国的士气，它们遂效仿日本着手进行改革。[19]20世纪30年代，日本退出国际联盟，泛亚洲主义和泛伊斯兰主义受到广泛讨论，其饮食哲学从西方汲取有用的内容，同时保留了本地文化的特色，通常包括宗教规矩。举例来说，日本人接受了现代食品加工技术，但随后更专注于研究亚洲丰富的食物发酵传统和亚洲口味，于是在20世纪20年代到60年代（除了战乱动荡的40年代有所中断）创造出了一种融合了和式、西式和中式特色的饮食风格。其中的日本饮食（和式）由汤、米饭、酱菜以及一道或蒸或煮的鱼或肉菜组成，称为"一汁三菜"，比过去日本家庭主妇准备的餐点要复杂得多。西式饮食（洋式）包括三明治、蛋黄酱沙拉等，大多是百货公司供应的食物。中国饮食（中式）部分则源于中国北方的面食文化，其中最重要的是饺子和荞麦面。20世纪五六十年代，面条的名称改为拉面。和过去的所有饮食一样，西方饮食、社会主义饮食和不结盟国家的饮食也要面对这三个问题：饮食与自然界，包括与吃饭者自己的身体，是什么关系？饮食与宗教是什么关系？饮食与国家又是什么关系？

要想像解释饮食和健康之间的联系那样，从国家层面去讨论饮食与自然世界之间的关系，那么现代营养理论就像曾经的体液理论一样，变得非常模糊。（但是相信体液论的还是大有人在。）饮食、周遭环境和健康之间的呼应关系曾经是古代饮食宇宙理论的核心贡献，如今已经被抽象的现代营养理论所取代。[20]在20世纪的大部分时间里，从流行观点到学术理论，人们始终深信身体的成长和体力的储备需要大量蛋白质（尤其是肉类）。以素食主义者的身份闻名于世的甘地在他的《甘地自传》（1927年出版后曾多次再版）中，曾引用了一位人称"纳尔玛达"的古吉拉特诗人一首有关不列颠人和吃肉行为的诗："瞧那些强壮的英格兰人，统治着印度的小个儿，他们爱吃肉，所以长到五腕尺*高。"[21]不久之后，生活在黄金海岸（今加纳）的英国医生塞西莉·威廉姆斯根据她对恶性营养不良这一儿童致命病症的研究提出，全球范围内都存在蛋白质短缺现象，因日常膳食主要是由玉米构成而导致营养不良。第二次世界大战后，伦敦卫生和热带医学院的约翰·沃特洛和美国剑桥市马萨诸塞营养学院的内文·斯

---

* 腕尺是古代一种长度测量单位，等于从中指指尖到肘的前臂长度，约等于17～22英寸（43～56厘米）。

克林肖提出了存在于富国与穷国之间的"蛋白质鸿沟"这一概念。人类学家提出假设，蛋白质的短缺应归因于家养大型动物的缺少，正因为如此才驱使中美洲出现人祭、人牲以及人吃人的现象。[22]在20世纪前三分之二的时间里，"蛋白质鸿沟"是令政府深感恐惧的。但接下来的研究发现主食中存在蛋白质，因此原住民的饮食比人们以前所认为的更有营养，于是这种恐惧随之消失了。早在1942年，墨西哥营养研究所所长弗朗西斯科·德·保拉·米兰达及其美国同仁，曾断定以玉米、豆类和辣椒为主的奥托米饮食基本上是均衡的。学者指出，野味、鸟类、鱼类和昆虫以及玉米、豆类，已经提供了多于身体所需的蛋白质。[23]无论官方怎么说，蛋白质对于许多人来说依然是餐点的核心，只要他们负担得起。相比之下，19世纪晚期因其贡献的热量而受到高度重视的碳水化合物，在20世纪就没那么受欢迎了。糖再一次受到攻击，只不过这次是被当成了"空热量"的来源。至于食用油，经发现比较复杂，人们为了评估不同种类的油的健康指数进行了大量的研究。

20世纪上半叶，维生素一经发现，就带动了"健康食物"的推广，像蔬菜、水果这些富含维生素的食物，此前被视为不必要的奢侈品，如今却被认为能对健康起到关键作用。人们也发现，脚气病、佝偻病和癞皮症等无法用生源论解释的疾病，是可以通过调整饮食得到治愈的。最后，过去被做成酸奶、奶油或乳酪（在不同社会，形式不同）的鲜牛奶，如今被称为最完美的日常食材。1918年，当时美国最顶尖的营养学家之一埃尔默·麦科勒姆曾说，相比不喝牛奶的人，那些"将牛奶当作食物自由支配的人，体魄更强健，寿命更长，在抚育下一代方面也更成功。他们……在文学、科学和艺术上也取得了更大的成就"。[24]

无论是西方国家、东欧集团还是不结盟国家的政府，都会为了改善公民的健康而为民众提供营养方面的建议。美国农业部分别在1894年和1916年发布了第一份饮食建议和儿童食物指南，罗列出了五种食物群（牛奶和肉类、谷物、蔬菜和水果、脂肪、糖）。1943年在美国总统富兰克林·D.罗斯福的倡议下召开了国民营养会议，会议成果就是提出了所谓的"基础七大类"*。到了20世纪末，各国根据各自的文化偏好，发表了饮食金字塔、饮食圈、饮食屋、饮食塔等各种建议。20世纪初，美国、日本等国的家政学家开始四处传播营养理论。1915年美国的家政学家来到中国，1920年抵达土耳其，从1930年开始，海外留学生开始前往美国学习营养学。营养理论塑造了第一次世界大战期间大不列颠、德国和美国的配给制，到第二次世界大战时其影响已经遍及所有参战国。正式的食谱得以出版，广告随处可见，食品健康与安全方面的法律法规也制定了出来。日本、苏联和墨西哥分别于1920年、1930年和1944年成立了专门的营养研究机构。苏联营养学家大概总是念念不忘要批判崇尚奢靡的饮食传统，因此抨击说大量使用酱汁和香料会造成食欲过旺、饮食过度、暴饮暴食，带来道德的沦丧。杜比安斯凯亚在《健康食物及其制作方法》（1929年）一书中解释："过量食用盐、胡椒、芥末以及醋等调味料和香料，伤害的不只是消化器官，而是人的整个身体。"为了将食物的营养价值最大化，苏维埃政府建议人民吃饭时要细嚼慢咽，喝水时要有节制。[25]20世纪晚期，中国曾尝试通过改善儿童的饮食，实现提高"人口素质"的目标。农村地区开始发放一些关于母乳喂养与儿童饮食的宣传材料，城市里也开始设立一些鼓励母乳喂养的"婴幼儿友好型"医院（世界卫生组织和联合国儿童基金会对此表示热烈欢迎）。[26]在21世纪的第一个10年里，（前）美国第一夫人米歇尔·奥巴马对美国民众说："整整一代人的身体和情绪健康，以及整个国家经济的健康和安全都危在旦夕。"米歇尔全力推动她的"动起来"计划，其背后所隐含的就是"政府需对其公民的福祉负责"这样一种典型的现代观念，而这种观念又是对更古老的"预防饥饿"责任的一种显著延伸。[27]

　　一旦牵扯到饮食与宗教之间的关系，各种不同体制的政府在政策上的存异之深，丝毫不亚于他们在营养问题上的求同之广。从公元前几百年一直持续到17世纪的帝国-宗教联盟与相关饮食之间清晰而常见的模式，如今已经消失不见了。西方国家讲求个人意志，人人都应该自己决定是否

---

* 这七大类分别是：绿色和黄色蔬菜；橙子、西红柿、葡萄；马铃薯及其他蔬菜水果；奶和奶制品；畜肉、禽肉、鱼肉和蛋；面包、面粉和谷物食品；奶油和人造奶油。

服从宗教式的饮食规定。欧洲的穆斯林，以及美国的摩门教徒和犹太教徒虽然属于少数族群，但他们绝对人数多，足够组织起自己的食物供应链。以美国为例，马尼舍维茨公司经营的符合犹太教规的屠宰场、专门商品供应链，以及诸如逾越节苦菜、羔羊、果泥（用水果和坚果做成的深色果酱）等宗教节日食用的特定饮食，在美国都能买到。大多数新教徒在宗教饮食规矩方面的要求比较少，但还是更喜欢吃得清淡些，同时对于用公杯喝圣酒是否卫生这样的问题讨论得不亦乐乎。[28]福音派是墨西哥尤卡坦州发展最快的基督教分支（在世界范围内也是如此），牧师劝诫信徒们不要再吃传统的玉米餐点，因为玉米种植过程中会伴随一些前西班牙天主教时期的宗教仪式，于是人们不得不求助于从当地小杂货店里买来的薄饼、点心，以及软饮料。[29]

随着苏联的解体，俄罗斯人转向了类似莫斯科基督教会"施粥场"这样的赈济机构来获取食物。[30]而在20世纪晚期，虽然统治墨西哥的是世俗政权，而且天主教会本身也不再坚持大多数的教规，但还是有很多墨西哥人坚持庆祝四旬斋节，四处寻找杂货店购买鱼肉或者无肉的卷饼。在中国，斋菜馆重新开张，传统祭品重新出现在逝者的坟前。

至于那些不在西方和苏联之间选边站的国家，宗教饮食则一直牢牢掌握着控制权。1947年印度独立，印巴分治之后印度教成为印度的主流信仰。甘地曾说过，印度教的核心事实就是保护牛。为了支持禁止屠牛的全国性法令，时不时就会有人发起节食抗议或者暴动。2001年，时值信奉印度民族主义的印度人民党当政，德里大学的资深历史学家德威坚德拉·纳拉扬·杰哈出版了《圣牛：印度饮食传统中的牛肉》，主张早期的印度人不仅吃牛，而且吃牛的习俗也不是被穆斯林带进印度的。此言一出，立即引发了群众暴动。在伊斯兰国家，穆斯林仍在继续传统的屠宰方法、饮食禁忌和宗教节日。[31]1979年伊朗伊斯兰革命之后，西化的穆罕默德·礼萨·巴列维政权便被伊斯兰共和政府取代，当局强制推行伊斯兰教的饮食规定。神职人员给鱼子酱下了禁止令，因为那是从未经清真屠宰的无鳞鱼身上取来的。然而，鱼子酱毕竟是一种重要的出口商品，目睹这种昂贵的罐头日渐在仓库里堆积如山，政府命令宗教人士和生物学家一起查证这一说法的真伪。结果发现宰杀的鱼身上其实有鳞片，只是形状不规则，出口活动这才得以恢复。[32]在东亚，佛教饮食已经通过烹饪和用餐时的规矩、素食餐厅的美食、日本幼儿园小朋友打开便当盒之前的祷词，以及上坟祭拜时带的贡品等，渗透到几百万人的日常生活中去了。

说到饮食与政治经济之间的关系，是否应该由国家控制粮食生产、加工甚至烹饪和用餐？社会主义国家和美国及其盟国在这些方面存在巨大的分歧。集体餐点要在集体食堂里吃，由集体厨房准备，使用集体农场出产的食材。[33]苏联排斥家庭生活，在1927年的全苏联共产党妇女会议上一名代表宣称："我们还没有从家庭的重担中解放出来，很显然工厂里的女工依然要围着锅台转。"[34]1923年托洛茨基曾这样说："如果女性仍然被家庭，做饭、洗衣服、缝衣服这些事情所捆绑，那么就这一点来说，她能对社会和国家生活产生影响的可能性将降到最低。"人们希望给集体食堂铺上桌布，摆上鲜花，背景处再安排一位钢琴师弹奏一些古典音乐，墙上挂些绘画原作，这样就能给那些原来的反对者带来文明和文化。以前餐馆的特点是能反映泾渭分明的阶级结构，服务员卑躬屈膝，客人则盛气凌人，但集体食堂有所不同，因为他们是面向所有人开放的。集体厨房可以使用简朴的食材和燃料，因此要比家庭厨房更有效率（图8.2）。斯大林在1939年的苏联食谱书《健康美味食谱》中说："政府将不只赋予人民自由，还有实实在在的物质，以及过上富裕、文明生活的机会。"[35]

集体用餐的效果时好时坏，而且总是遭遇资金短缺的情况。可以说，集体用餐的确改善了城市穷人的吃饭问题，在粮食短缺最严重的时候至少起到了缓解的作用（但是600万到800万拒绝集体化的乌克兰人仍然在挨饿）。据估计，到1933年集体食堂一共喂饱了2550万人。[36]对于一个新生的政权来说，这无疑需要做大量的工作，因此厨房由于资源不足、过度拥挤，以及卫生条件差，提供的食物常常让人倒胃口，居家吃饭与集体食堂一直共存，许多妇女希望借助于新的营养学知识来养育自己的孩子。许多人则选择重新回到菜园，因为新的封罐设备使蔬果的保存变得经济实惠，而且还能防患于未然。因为收成不好，粮食类供应不足，政府于是发放配给证，体力劳动者每天能分配到一磅黑面包，职员或者脑力劳动者能分到

图8.2《打倒厨房里的奴隶制：一种新的生活方式》。由于晾着衣服、做着饭，厨房里难免有些潮湿，一名传统女性正把手浸泡在肥皂水里洗衣服，一旁小小的炉子上煮着食物。而苏联的现代女性则推门走向新的生活，她的孩子在户外开心玩耍，她可以去高级餐厅，天气好时还可以在餐厅的阳台上就餐，下班后则可以去俱乐部放松身心（Poster by Grigory Mikhailovich Shaga, 1931. Courtesy Glenn Mack）。

半磅，家庭主妇和老人则能分到四分之一磅（图8.3）。[37]在这种情况下黑市盛行，囤积居奇已经成为日常生活中的常态了。

其他国家也紧跟苏联老大哥的脚步，实行食材集体加工和人民吃大锅饭的制度。第二次世界大战以前，以色列就已经出现了那种受社会主义理想派大力支持的早期集体农庄"基布兹"，里面就有集体用餐区和集体厨房。在中国，共产党在1949年夏便接手了上海稻米交易以及发达的食品加工业。共产党一方面要努力保障城市的食品供应，另一方面又争论到底是用节俭的革命传统来指导饮食政策，还是以革命所应许的繁荣昌盛为指针。办宴席和下豪华餐馆的行为不受鼓励，卖小食品的商贩受到青睐，工作场所纷纷设立集体食堂。[38]20世纪40年代早期，乌拉圭、阿根廷、智利、秘鲁和墨西哥都为穷人开办了大众食堂（西方世界赈济穷人的施粥场通常是由教会或私人慈善组织开办的）。墨西哥的大众食堂提供鱼肉、汉堡、波隆那通心粉、匈牙利千层面、苏格兰肉派和烤牛排。虽然我们很难从菜名看出菜品的样子，但综观上述菜名，的确能够看出它们都是用西方

图8.3 《干活儿才有面包：不工作就没得吃》。这张在1917—1921年创作的海报描绘了一名穿着俄罗斯风格的上衣和靴子的工人，正在发放桌上的面包，而凭券领面包的则是人们传统印象中的犹太银行家、贵族及其妻子以及教士（Courtesy New York Public Library, http://digitalgallery.nypl.org/nypldigital/id?1216178）。

营养学家所认定的食物，即用小麦面粉和牛肉做成的。然而，作为墨西哥饮食根本的玉米薄饼，大众食堂供应得并不多，而且食堂用来做薄饼的机器都比较原始，因此墨西哥大众食堂的运营并不怎么成功。[39]

无论在西方国家还是社会主义国家，与君主制密切相关的高级饮食都受到质疑。例如在美国，民众希望总统能够与公民保持步调一致，而不是像过去那样举办铺张的宴会。进步时代著名的政治讽刺作家、身价不菲的好莱坞电影明星威尔·罗杰斯在1931年对法式料理厨师发起了抨击，说他们会"在一片马肉上淋一层浇头，然后给它取个不知道怎么念的名字，让美国人搞不清楚下面是小牛肉还是天使蛋糕。这就是法国佬靠淋肉汁干的无耻勾当"。[40]罗杰斯大概不知道，他的评论无意中与英国的新教徒、法国的启蒙哲学家，尤其是让-雅克·卢梭遥相呼应。而这些人又是从加图、塞内加等古代知识分子那里得到灵感的。几年后，罗斯福的白宫管家亨丽埃塔·内斯比特这样解释："在这么多美国人挨饿的情况下，第一家庭的责任就是要端上经济实惠的餐点，给人民树立典范。"不过外交人员和政客们对总统端上来的美式家常食物颇有怨言。[41]当年南希·里根花费了筹措来的21万美元私人资金，为白宫添置了一套4400件的瓷器，此举立即引来公众的一片抗议。要是换到18世纪晚期的俄罗斯是不可能发生这种情况的，尽管当时叶卡捷琳娜大帝也做过类似的举动。1975年，《纽约时报》的美食评论家克雷格·克莱本和他的同事、同为专栏作家的厨师皮埃尔·弗雷尼在巴黎花费4000美元吃了一顿晚宴，现在这顿晚宴已经成为许多美国人眼中高级饮食的代表。有人这样评论说："这场精心策划过的高级猪圈里的一晚，让普通美国人觉得相当不得体。"[42]

虽然法式高级料理仍然是外交场合的用餐首选，但已经不再是一项强制性的选择。罗斯福之后的美国总统无不以他为模范，开始不时提供别的用餐选择。1983年5月，罗纳德·里根总统在弗吉尼亚州威廉斯堡举行的国际经济峰会上，招待宾客用的就是美国地方上的招牌菜。2010年5月，奥巴马总统请美国餐厅老板兼食谱书作家里克·贝利斯，为墨西哥总统费利佩·卡尔德龙提供了一顿墨西哥晚餐。

如今，一些高档餐厅和酒店也对埃斯科菲耶等一众前辈厨师的法式高级料理采取了更低调的态度。1922年，曾经在颇具威望的巴黎布里斯托酒店和雄伟酒店（麦爵酒店）受训的费尔南·普安，在维也纳开办金字塔酒店，位置就在里昂以南、前往里维埃拉的路上。普安提供"自由的食物"，据说既清爽又容易消化，能够尝出食物的原味，其中包括一些法国省市的地方菜，以及法国人能接受的"外国菜"，例如俄罗斯的斯特罗加诺夫牛肉（一道由法国厨师在俄罗斯发明的菜色）。金字塔餐厅不像过去的法式料理餐厅那样曲高和寡，但也不会提供平头百姓的餐点。光顾的客人当中包括温莎公爵和公爵夫人、阿加汗三世苏丹·穆罕默德爵士（国际联盟主席）、剧作家让·考克多等社会名流。法国美食家也与世界各地昂贵的法式料理和异国饮食保持着距离。美食家、评论家"有何不可斯基"痛斥大饭店里提供的餐点是"从美国皇宫酒店里端上来的改头换面的热化学加工食物"而已。[43]同时他又宣称德国的食物"很野蛮"，他们的油炸马铃薯真是让人恶心，以至于"《凡尔赛和约》应该在整个莱茵河流域禁止做这些食物"。[44]第二次世界大战之后，普安的徒弟们继续研发法国高级饮食的非奢侈版本。

反过来，苏联一掌权便查禁了一部反映沙皇等级制的食谱——1861年由伊莲娜·莫洛霍韦茨首次出版的《给年轻主妇的食谱》。[45]在中国，政府对保存中国的饮食传统持同情态度，但是在文化大革命期间还是关闭了除国营饭店之外的其他所有餐馆。[46]早在20世纪20年代，由共产党主导的农民协会就宣称："要普遍禁止大摆宴席之风。""在湖南湘乡，人们祭祖时不摆昂贵的食物，只供奉水果。"[47]

20世纪末，一群来自西班牙和法国的明星大厨，再次为西方世界创造了一种新的高级饮食，并以"分子料理"之名闻名，尽管不少大厨拒绝接受这个名称。大厨们自诩为艺术家或名人，从而成功地从宫廷侍仆华丽转身为文化创新人士。他们到处寻找地方性食材甚至饲料原料，频繁将自己的料理呈现为地区性或全国性菜品的改良版本，与此同时也会使用工业化厨房里的最新科技。[48]菜品呈上时分量极少，使得他们免受奢华铺张和暴饮暴食的指责。许多有钱人跑遍世界各地，就为了寻找这样的餐厅去享受美食，但即使这样他们也不会让人联想到传统的高级美食那种炫耀性消费。简而言之，这种新式饮食更确切地说是作为中等饮食的黄金标准而出现的，而不是作为社会等级的某种夸张展示。

进入外交政策领域，粮食援助的范围已经超越了国界。尽管范围更广了，但和过去的强权国家阿契美尼德帝国和奥斯曼帝国的乐施行为一样，此时的粮食援助同时具有利人和利己、理想主义和现实主义等性质，顺带还起到了传播食材的作用，而且通常对强大政权所能提供的饮食也起到了推广的作用。以美国和小麦为例，在第一次世界大战期间，欧洲出现了大范围的食品短缺，赫伯特·胡佛安排运送了7亿磅小麦面粉，养活了1100万比利时人。1918年，在斯坦福大学新成立的粮食研究所主办下，胡佛出版了《欧洲饥饿地图》并发起运动，号召美国人节衣缩食。数百万美国人震惊于欧洲人的遭遇，纷纷响应。2000万吨小麦被运往欧洲。心怀感激的比利时人把比利时国旗和美国国旗绣在了面粉袋子上，同时还绣上了象征和平的标志、美国鹰以及感谢的话语。历史学家海伦·法伊特说："从这一刻起，美国人不再视欧洲为自己追随的典范，欧洲成了依附于美国援助的附庸。"[49]

第二次世界大战期间，美国依据《租借法案》，将粮食和物资运送到不列颠、法国、苏联和中国。或许是为了寻找历史上的先例，美国农业部发现了色诺芬对苏格拉底的食物与国家理论所做的冗长讨论，并将之浓缩成一句言简意赅的宣言："任何忽视小麦问题的人，都无法称得上是一位政治家。"这句话从此成了美国农业部文献的固定引言。1954年，美国总统德怀特·D.艾森豪威尔签署了《480号公共法案》，从而使美国能够以粮食援助的形式为被视为朋友的国家运送食物。[50]在冷战最剑拔弩张的时候，美国农业部长厄尔·巴茨说了一句很有名的话："粮食就是武器。"其援助对象在就面包和政治权力的关系辩论了大半个世纪有余之后，也准备好接受小麦了。超过一亿吨的小麦被运往海外，包括亚洲、非洲、埃及和中东产油国，从而促成了以小麦为基础的饮食在全球范围内的转移。

到了20世纪90年代，社会主义饮食的地盘不断缩小，西方的跨国食品加工和餐饮服务企业开始在俄罗斯和中国运营。社会主义饮食在过去穷人无法获得的那些食物（如冰激凌）上留下了它们的印记，也在很多人的心里留下了对大锅饭的怀旧之情。但是在其范围之外，社会主义饮食留给人们的是以社会福利形式表现的赈济饮食，以及在许多人心中，尤其是那些非主流文化中持续的感觉，那就是终于找到了与企业资本主义不同的另一种饮食选择了。

遍地开花的民族国家饮食

欧洲帝国瓦解，以及苏联解体后，伴随世界上国家数量的不断增加，民族饮食的数量也激增，加入了不列颠和美式饮食这类19世纪就已经成形的饮食风格之列。对于一个国家的公民来说，相比于合法性这种抽象的理论，通过这个国家的饮食、民族服饰、名胜古迹、货币、邮票和运动队等，更易于理解本国和其他国家的特质。最典型的莫过于"最能代表美国的苹果派"。有时候或许会用与食物相关的绰号来表示对外国人的轻蔑，例如管德国人叫"酸菜"，管墨西哥人叫"豆佬"。而对于政府来说，民族饮食不仅能够塑造民族认同感，培养身强体壮的公民和战士，还能吸引游客，带来收入。但是如果简单地在国家、领土、国民和饮食之间画上等号，则会面临各种各样的问题，不仅充满讽刺，而且矛盾百出。

一般人通常认为，民族饮食是全体国民都熟悉、日常都在吃，至少在特殊场合会吃的食物，而且在整个国家范围内都能找到，可能会存在一些地区性的变化。人们总是认为民族饮食都有漫长而持续不断的发展史，能够反映并有助于形成一个国家的特色。其实，民族饮食和民族国家一样，是近200年才创造出来的，有的甚至仅出现了五六十年。这些民族饮食是在等级制的传统帝国饮食基础上形成的，尤其是天主教、伊斯兰教和佛教-儒家的饮食传统，一个人吃什么不是由国家决定的，而是由他所处的社会阶级决定的。还有的饮食是英国、法国和荷兰等现代帝国瓦解的结果，在这些帝国内部，至少在那些被征服的区域，几乎没有对已有的等级制饮食做出什么改变。那么，在那些阶级比领土更重要的地方，等级制饮食是如何转变成区域性饮食的呢？那些有着不同饮食历史的区域（例如法国的普罗旺斯、阿尔萨斯和巴黎大区），又是如何从属于一个完整国家的呢？这些新的民族饮食是如何在内战中幸存下来，又重新焕发生机的呢？它们又是如何应对变化了的国家界限，以及如何面对来自移民的影响呢？

　　下面所列出的仅仅是塑造、改变和侵蚀民族饮食的许多因素中的部分而已。我们已经看到，食谱、菜单、美食文章、烹饪杂志和漫画，已经建立起了民族饮食的典型食材、典型民族菜系、民族饮食哲学以及民族饮食演变过程中的一些故事，这是饮食史从本尼迪克特·安德森那里借来的主题，安德森将民族视为一个"想象的共同体"，在其中印刷媒体构建并传播着民族的视野。[51]进入20世纪以后，广播、电影、电视和网络也加入了媒体的行列，对饮食起到了塑造作用。与媒体同样重要的是节庆食物、餐厅和旅馆、杂货店、加工食物、学校午餐、军队食堂以及政治和文化政策。

　　要想在法国创造出一种民族饮食可不是一件容易的事，因为这需要将跨民族的高级饮食与地区性的各省饮食和农民饮食相结合。在法国农村，多达50%的人口说着各种方言，直到20世纪初，农村对于巴黎的资产阶级来说，依然无异于外国。[52]随着20世纪20年代末有车族的人数上升到100万人（当时法国的总人口是4000万人），生活在城市里的有钱人开始开车出门过周末，度假时也会自驾去参观那些哥特式的天主教堂、卢瓦尔河谷酒庄和葡萄酒产区。在看了一天的美景之后，他们想要吃到美食。20世纪60年代，我曾去普罗旺斯度假，回来后巴黎的朋友焦急地问我吃了什么食物："全是大蒜啊！番茄和香草下手很重！"朋友立即准备了一餐细腻柔滑的巴黎食物帮我恢复体力。在20世纪早期，许多地方的食物（各省食物）还是非常不同的，例如用铁锅煮根茎蔬菜做成的浓稠炖菜、荞麦蛋糕、红辣椒、猪油和大蒜等。米其林轮胎公司积极促成了地方菜系的复兴，甚至可以说推动了它们的诞生。广告刊物《评论月刊》的编辑路易·博德里·德·索尼耶邀请读者提供地方特色菜的具体做法，有助于他们登记盘点，这么做"不仅是为了我们的健康和声誉，也是为了恢复经济"。索尼耶认为地方菜"在国内仍然零星出现……应该让它们重新出现在我们招待游客的那些旅馆里"。[53]

　　就像19世纪的大厨们对外国餐点进行了改造一样，厨师们也对农家菜色进行了改良。他们在炖肉里添加了更多的肉，又加入奶油酱做成小牛肉佐白酱，并且用奶油取代猪油做焗马铃薯。"有何不可斯基"坚称"奶油是无可取代的"。[54]到了20世纪20年代，全法国热门的观光地区都已经有了标志性的菜色。这些地方菜有的是用当地食材做的（例如诺曼底的奶油苹果酒、勃艮第的红葡萄酒，以及沿海地区的鱼），有的是将随处可见的菜色（例如红酒炖牛肉）据为己有。还有的是被重新描述成是法国菜，例如阿尔萨斯和洛林的鹅肝酱和酸菜，在1914年以前有将近两代人的时间，这两个地区一直是德国人的地盘。"有何不可斯基"和鲁夫*解释说，这些饮食和德国没有任何关系，它们"与普遍的观点不同，不是德国菜，绝对是法国民族菜"。[55]

地方协会发现，与食物有关的节日通常能刺激当地经济的发展。企业家们开起了小旅馆和乡村餐馆，巴黎、里尔和里昂的制造商为餐馆生产质朴的家具，当地的陶瓷作坊作出产色彩丰富、风格原始的手绘盘子，服务员会穿着当地的传统服饰。法国旅游俱乐部举办了村庄选美比赛。例如为了推广勃艮第的葡萄酒，在20世纪30年代成立了品酒骑士团，声称其源头可以追溯到1703年成立的饮酒会。品酒骑士团的骑士们身着红袍，系着丝绸腰带，戴着特殊的头饰举行仪式，唱着他们创作的饮酒歌。

1937年举行的巴黎世界博览会，歌颂了与美国式的集中化、工业化现代国家模板不同的另一种模式，人们认为现代化也可以意味着以较小的规模生产高端奢侈品，他们鼓励地方走向专业化，同时赞颂法国乡下农家的手工食物，以及地方风味菜色。[56]法国人按照巴黎精英的口味创造、保存、改良、统一和包装地方菜和农民饮食，从而抛弃了饮食发展史早先那种"在现代科学和技术的推动下持续发展的贵族饮食"，转而将卢梭所谓的新鲜自然的乡村饮食作为其民族饮食的基础。

在墨西哥，革命（1910—1920年）让这个国家四分五裂，于是民族饮食发展史也随之被改写，其饮食也被重新定义。艺术家和知识分子舍弃了两种观点：一是19世纪那种认为墨西哥饮食是"带有西班牙、英国和墨西哥风格的法式高级料理"的看法；一是18世纪那种认为墨西哥饮食

---

* 这里可能指的是法国小说家、评论家马塞尔·鲁夫。

是"受伊斯兰教启发的中世纪西班牙饮食的克里奥尔版本"的概念。他们转而宣称，墨西哥饮食是本土饮食和西班牙饮食的混合物，自西班牙征服新大陆时就已经开始形成。1929年托洛茨基访问墨西哥，画家弗里达·卡罗用陶罐盛装玉米饼和墨西哥菜，摆放在一块手工编织的桌布上。[57]上层人士过去喝的是葡萄酒和白兰地，此时则小心翼翼地啜饮小自耕农酿造的龙舌兰酒，电影导演最喜欢这样的场景了。1926年12月12日，全国性报纸《至上报》刊登了一则故事，讲述了亚松森的安德里亚修女如何在普埃布拉的多明我会圣罗莎女修道院里，将欧洲来的坚果、丁香和胡椒，跟墨西哥的辣椒和巧克力相结合，创造出了墨西哥的民族饮食——混酱。这原本是一道伊斯兰菜，是出生在墨西哥的西班牙人才吃的高级饮食，跟当地老百姓的食物有着天壤之别，这时被重新诠释成了天衣无缝的种族融合所带来的结果。

在许多国家，餐厅的菜单和装潢会向食客们展示该国民族饮食的范围和性质。日本的咖啡店、百货公司和小吃店，俄罗斯的集体食堂，英国的茶室，美国的餐厅、公路饭馆和百货公司咖啡馆，无不创造着共同的体验。在中国，吃饭的地方是理解中国饮食传承、团结这个多样化国家的一个渠道，这一点在上海尤其突出，在此地汇聚了大量的餐馆，为中华民国时期（1912—1949年）来自各地的民众提供了食物。[58]同样，对政治领袖吃的食物进行大量报道，也有助于建立起民族菜肴。1927年，在帝国市场委员会的推动下，英王乔治五世的法国大厨安德烈·谢达为国王一家献上了帝国圣诞布丁这道菜，结果立即成为不列颠有史以来最受追捧的一道甜点。[59]这道菜的食材来自帝国各地，包括澳大利亚的醋栗、桑给巴尔的丁香、西印度群岛的朗姆酒、塞浦路斯的白兰地，以及印度的布丁香料，展现出了不列颠帝国统御全球资源的能力。1939年6月，美国总统富兰克林·罗斯福在一场近似公开的非正式野餐会上，用热狗招待了到访的英王乔治六世和伊丽莎白王后，于是热狗这种食物借此完成了从德意志人特有的街头小吃向国民饮食的转变。讽刺的是，英王乔治六世夫妇此次来访的目的，恰恰是请求美国帮助他们打赢与德国的战争。王后吃热狗的时候用的是刀叉，国王就果敢多了，直接用手，走美式风格（图8.4）。

在1947年独立之后，印度掀起了一场关于"拿什么做民族饮食"的论辩，其中食谱作者的贡献良多。1968年，印度南部的印度教作家香塔·兰加·拉奥曾说："甘地先生一再主张，共同的全民饮食'对我们国家的福祉和政治统一是不可缺失的'。"在猜测哪些菜能成为国民饮食时，她表示："当这个国家的饮食出现时，我们可以肯定其中一定会有酱肉（将肉或者鸡肉混合用酸奶和坚果碎做成的顺滑酱汁进行烹调，是伊斯兰莫卧儿饮食的杰出代表之一），尽管这道菜会给种姓制度带来严重的破坏。"[60]事实证明，拉奥的推断只有部分是正确的。不断壮大的城市中产阶级开始

图8.4　纽约的热狗摊，1936年。在美国纽约曼哈顿区西街和北摩尔街的街头，卖热狗的小贩正在等待顾客上门。餐车招牌上写着"冰柠檬水和美味的法兰克福热香肠"（Photographed by Berenice Abbott for the Federal Art Project of the Works Progress Administration. Courtesy New York Public Library, http://digitalgallery.nypl.org/nypldigital/id?1219152 ）。

抛弃一些比较严格的种姓制度规定，尝试来自本地以外的食物，使用各种厨具和加工食品来加快厨房里的做饭速度，吃饭的地点也包括火车站、邻居家和承担得起的餐馆，以及外卖食物。在现今属于巴基斯坦的地方，来自旁遮普的难民用他们以前在村子里烤面包的炉子做出了坦都里烤鸡和烤肉串。到20世纪60年代早期，一些企业家已经积累了足够的资本开餐厅，例如德里和其他一些大城市的盖洛德餐厅和克瓦里提饭店。餐厅提供旁遮普饮食、莫卧儿饮食和英式印度饮食。在20世纪60年代，所谓出去吃就是吃旁遮普饮食，于是经济学家、餐饮企业家卡梅莉亚·逢加比论证说，这种情况下旁遮普饮食应该成为民族饮食。

在非洲，伴随民族国家的独立，许多政治领袖提倡用非洲人自己的食物取代西方饮食。"你不知道帝国主义藏在哪里吗？看看你的盘子就知道了。"布基纳法索总统托马斯·桑卡拉发出了慷慨激昂的质问。他指的可能是法式长棍面包和咖啡，因为西非一度是法国的殖民地，法式长棍面包和咖啡是非常流行的早餐。1971年，扎伊尔（即过去的比属刚果）组织了一场正式的"正统"运动，鼓励上层社会放弃西式饮食。山羊、鲶鱼、豪猪和猴子取代了菲力牛排，登上了菜单。[61]20世纪五六十年代，处于反西方的纳赛尔政权统治下的埃及，禁止了很多进口产品，还驱逐了数千名希腊人、意大利人、犹太人以及他们所代表的欧洲饮食。在新独立的非洲殖民地还出现了不少食谱书，其中许多继续坚持早先由欧洲定居者建立起来的将本地和欧洲食谱相混合的传统做法（图8.5）。至于其他食谱，特别是那些由非洲裔美国人所著的食谱，如贝亚·桑德勒的《非洲菜食谱》（1970年）和杰西卡·哈里斯的《非洲食谱》（1998年），降低了欧洲菜所占的比重，将不同菜肴划入特定的民族。

当"斯坦"们还处于苏联统治之下时，食谱书的构造都是用来展示联盟内部各兄弟民族的文化多样性。但在20世纪90年代纷纷独立之后，首先是乌兹别克人，接着是塔吉克人和哈萨克人，开始出版一些全国性的食谱书，这些书中删除了外来食谱，强化了民族差异以加强民族认同感，展现本民族的饮食传统。[62]

在20世纪八九十年代，伊朗难民开始在世界各地开起了餐厅，无论

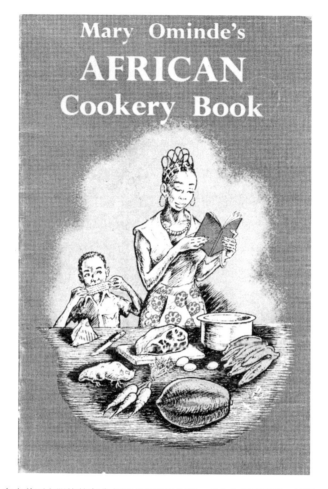

图8.5 一名身着西方服饰的东非主妇正在翻阅食谱。书中介绍了玉米、甘薯、肉干和昆虫等传统非洲菜色、亚洲的印度菜饺、抓饭和坦都里烤鸡，以及炖牛肉、爱尔兰炖肉、烟熏烤肉和酪梨明虾等欧洲菜的做法。其中有一道菜叫蘑菇米饭砂锅，使用的是罐头蘑菇汤，显示出食物潮流传播速度之快（Mary Ominde, *African Cookery Book*, Nairobi: Heinemann, 1975）。

在这些餐厅的菜单上，还是在波斯语的食谱里，相比以往，在伊朗家常饮食中烤肉和白米饭都占据了更为突出的地位。由于礼萨·巴列维在20世纪20年代推动了伊朗的现代化和西化，德黑兰市政当局下令，要求餐厅在供应烤肉和白米饭时需要以西餐的形式摆盘，相比直接用手抓来吃的家常炖菜，这样更容易向西方国家展示。在20世纪40年代，泰国总理銮披汶·颂堪试图创造出一种用大量的便宜蔬菜和蛋白质（豆芽、洋葱、鸡蛋和花生）做成的食物，既能改善饮食，又保留某种泰国特质。泰式炒河粉就这样流行起来，做法也固定下来，甚至有可能就是这一时期发明出来的。虽然泰式炒河粉使用的是中国的面条和中国快炒的烹饪技术，但世界上大部分地方还是将这道菜视为泰国料理。[63]

由移民经营的所谓"民族"餐厅会向客人们推介新的菜色，这些菜色通常会被认定是民族饮食。在20世纪前三分之一的时间里，世界上有2%的人口是在外国出生的。意大利移民在西方城市开起了餐馆（图8.6）。中餐馆更是成为这种民族餐厅的缩影：一家人辛勤工作、努力经营，室内装潢充满异国元素，长长的菜单上是根据当地人的口味调整而来的菜品。在澳大利亚，华人移民的历史可以追溯到一个多世纪以前，到20世纪末，这里已经开设了8000多家中餐馆。[64]法国、英国、德国和比利时都至少拥有1000家中餐馆，意大利紧随其后，正奋起直追。在大多数这类国家里，多达90%的华人移民或多或少都与餐饮业有某种形式的关联。对于秘鲁人来说，中餐厅提供的中餐通常都比较辣。对于日本人来说，中华料理包括糖醋料理、麻婆豆腐、猪肉韭菜水饺，通常搭配日本米饭一起吃。对于美国和英国来说，说到中国菜，首先想到的是杂烩和炒面，接着是左宗棠鸡和酸辣汤。日本食客从中华料理开始，逐步进阶到韩国烤肉、意大利面、墨西哥菜和泰国菜。在莫斯科，俄罗斯人会出去吃中亚的烩饭、罗比奥（从格鲁吉亚传过来的一种香辣豆子料理），还有番红花小羊肉汤和蒸饺。[65]到了20世纪末期，生活在城市里的墨西哥人对寿司产生了极大的兴趣，他们在连锁的墨西哥一刀寿司店里，津津有味地吃着填满了奶油干酪的寿司手卷。

自20世纪60年代以来，西方世界出版的食谱书无不向读者承诺，书中所写均为外国菜色的真实再现。伊丽莎白·戴维的《地中海食物》（1950年）和《法国乡村料理》（1951年）给厌倦了现代英国食物的厨师们带来了莫大的启迪，西蒙·贝克、路易塞特·贝尔托勒和茱莉亚·柴尔德合著的两卷本《学会法式烹饪》（1961年、1970年），通过详细介绍如何用美国食材准备法式料理，让法式高级料理更容易为美国人所接受。随后出版的很多食谱书都是由一些受过良好教育的中产阶级或上流社会女性

图8.6 罗曼意大利面餐厅提供的晚餐菜单。这家餐厅是参加1939—1940年纽约世界博览会的80家餐厅之一，其他包括老布拉格餐厅、荷兰须德海湖畔的喜力餐厅、特拉维夫咖啡馆、欢乐英格兰餐厅等（Courtesy New York Public Library, http://digitalgallery.nypl.org/nypldigital/id?1687367）。

写成的，像玛塞拉·哈赞、克劳迪娅·罗登、梅赫尔·杰弗瑞、艾琳·卡奥、戴安娜·肯尼迪等作家，将意大利、中东、印度、中国和墨西哥的食物介绍给美国和英国的读者，她们像前人对待法国料理那样，对这些食物进行编辑整理，确保它们能复制到本国以外的地区。由于读者们通常认为自己学到的是普通人日常饮食的做法，这种民族风的食谱书，对于将前现代时期的农民饮食理想化的现代城市迷思，无意间起到了推波助澜的作用。

各类酒店，尤其是度假酒店，越来越主打地方菜，而不是仅仅围着法国菜做文章。在夏威夷，烤猪宴就是20世纪30年代早期为了迎合旅游产业而创造出来的，当时美森轮船公司开辟了四条航线，定期往返于美国西海岸和檀香山，把有钱的美国人送到奢华的美森酒店度假——莫阿娜酒店和皇家夏威夷酒店。[66]就好像巴黎人可以驱车到各省去体验当地的饮食节庆或者品尝身着当地服饰的女服务生端上来的当地美食一样，美国人也可以一边喝着装在椰子壳里的迈泰鸡尾酒，一边大啖烤猪肉、长米和鲑鱼沙拉，一边观赏身着纱笼的夏威夷女孩载歌载舞。法国的地方庆典和饮食可以为了巴黎人进行调整，烤猪宴自然也可以为了游客而被创造出来，长米来自中国，鲑鱼沙拉所使用的腌鲑鱼来自太平洋西北地区，其他如土豆和洋葱也都不是夏威夷群岛土生土长的，就连纱笼也是不久前才引进的。在土耳其，迪万酒店在1956年开始提供土耳其菜，差不多与此同时，康拉德·希尔顿也把酒店开到了海外，为客人们提供当地的饮食（图8.7）。这一时期没有一家烹饪学校会教地方性非欧洲饮食，而大酒店的职员，包括餐厅员工，也几乎都是出自瑞士和美国。[67]但是为了满足新的需求，酒店管理层和餐饮学校还是开始培训厨师制作非欧洲饮食。以印度为例，政府为20所餐饮学校提供资金，教授旁遮普城里人的饮食料理厨艺。[68]

外国菜成功打入民族饮食之列，尽管很少是以其本来面目出现的。其中意大利面大概是最常见的一道菜了，波隆那肉酱变成英国最流行的周日美食，千层面则成了美国人餐桌上的主食。英国人有巴尔蒂咖喱，美国人有杂烩，日本人有咖喱饭，泰国人则有老挝菜。在1982年的一项调查中，日本儿童在为全国学校午餐计划提供的食物排名时，将咖喱饭排到了第一位。[69]即使一名新手厨师也能用即食咖喱酱做出咖喱饭，咖喱块长得很像巧克力块，上面有便于掰开的沟槽。出售咖喱块的是日本最大的两家食品公司——S&B食品公司和好侍食品公司。许多食物就像日本的咖喱饭和美国的拉面一样，已经失去了它们原有的与外国的关联意味。其他外国饮食则多少还保留了一些异国味道，例如美国的火焰拼盘和寿司、墨西哥的乳酪火锅、美国和英国的坦都里烤鸡。来自前殖民地的饮食，也成为其母国民族饮食的一个组成部分。在英国，咖喱和在英国发明的印度香料

图8.7 尼罗河瑰宝是尼罗河希尔顿酒店的主餐厅。1958年，这家酒店在开罗开业，是康拉德·希尔顿"以国际贸易与旅游促进世界和平"计划的一个组成部分，除了提供美式休闲设施，还尝试向宾客介绍当地的文化和美食。客人们可以从镶着铜边的菜单点一份美式烤肉或者一份客前烹制的戴安娜牛排，或者来一份塞了烤焦的未成熟小麦的埃及鸽肉（Courtesy Hospitality Industry Archives,Conrad N. Hilton School of Hotel and Restaurant Management, University of Houston）。

烤鸡几乎成了国民料理，在平价餐厅里非常普遍，在家里用帕达氏公司生产的混合香料包做起来也很容易。阿尔及利亚的库斯库斯在法国成了标准的配菜。中国儿童也很快接受了广告里诱人的外国食品，自改革开放以来，孩子们用自己的零花钱，在超市和便利商店里购买士力架巧克力棒、M&M巧克力豆、麦维他消化饼、奇宝曲奇和薄脆饼干、可口可乐以及雪碧。这些食品和饮料通常都为迎合中国市场而做过某些改良，例如杧果口味的三明治曲奇。[70] 在中国的大城市，一个家庭采购东西时，70%是由孩子决定要父母为他们买什么新的食物（相比之下，美国的这个比重是40%）。[71]

到20世纪末，民族饮食的混杂已经变得非常普遍了。外国人常常把街头食物、工人阶级食物或专门为观光客发明的餐点当成典型的民族菜。欧洲人对炖牛肉和玉米面包一无所知，只知道美式食物就是热狗加汉堡。美国人则以为所有的英国人都吃炸鱼和薯条。印度成了坦都里烤鸡之国，中国的招牌菜是炒杂烩和炒饭，意大利是面条和比萨，墨西哥则是墨西哥烤肉和玉米片。有时候这些食物会被出口到它们所谓的母国，例如把墨西哥烤肉和玉米片出口到墨西哥，把美式比萨出口到意大利。食客们担心自己做出来或者吃进去的不是正宗的墨西哥菜、中国菜、泰国菜或希腊菜，殊不知这些国家的饮食在不同的阶级和地区有着非常显著的差异，与此同时这些国家的食客们也在吸纳外国的食材、烹饪技艺和菜品。

在20世纪行将结束时，许多西方人、日本人以及其他地方的人，已经抛弃了古代和传统饮食哲学中的一个中心假设，即认为一个人只有吃自己出生地的饮食才是最健康可口的。他们同样摒弃了19世纪饮食哲学中的一个核心信念，即面包和牛肉是最美味、最能强身健体的食物。相反，一种新的饮食哲学出现了，它主张每一个国家和民族都有自己历史悠久的传统饮食，都值得对其绝妙的口感进行一番探究。

小麦面粉、即食肉品、牛奶、蔬果的全球化和烹饪的专业化

20世纪晚期，消费者可以买到的食物在各个方面都发生了变化。相比纵贯大段历史时期的腌货和干货，现在人们能够吃到许多更新鲜或看上去新鲜的食材。新鲜肉取代了用盐腌的肉。面包和小蛋糕，例如美国的主妇牌夹心面包和墨西哥的鹅饼蛋糕，依旧那么绵软，不会变硬、变质。经过超高温处理过的牛奶可以存放几个月。橘子汁、牛奶、鸡蛋、水果和蔬菜一年到头随时都能买到，不再局限于当季。随着新包装工艺的应用，以及从田间到店面的运输过程中冷藏工艺的实现，水果和蔬菜保存的时间更长了。更多的风味食品摆上了货架，例如胡椒味、酸味和烧烤口味的薯片以及榛果口味、巧克力口味的咖啡等。食品普遍含有更多油脂，不过西方典型的"油－面粉－糖"组合使得油脂的存在更隐形了，尤其是在蛋糕和曲奇里。更多食物推出了独立包装和家庭装，既能当零食，又可以做速食快餐。[72]越来越多的包装食物为人们所接受，例如冷冻浓缩橘子汁、鱼柳、酷爱牌饮料、混合沙拉酱、吐司糕点、奇妙沙拉酱、无奶奶油，以及电视零食等，但是有的食物不被市场接纳，例如油炸汉堡包罐头。最重

要的是，全世界的消费者消耗了更多的白面包、面条以及其他小麦面粉制品，还有包装简便的肉、油、甜味剂、牛奶、水果和蔬菜。

数个世纪以来，人们始终盼望着能吃到松软绵密的面包，当20世纪20年代美国的烘焙业实现工业化，有史以来首次生产出白面包时，这个愿望终于实现了。面粉被运送到车间入口处之后，便由机器开始揉成面团。在这个过程中，机器会在面团里自动添加酵母、油、牛奶、糖和维生素，然后将面团进行称重、切分和塑形，随后通过传送带运送进烤炉。在另一端的出口处再由机器进行包装。小型烘焙作坊几乎消失殆尽，1939年它们的市场份额下降到不足4%（大约2000万美元，相比之下工业化烘焙工厂的产值高达5.14亿美元）。20世纪30年代发明的切割机和电烤箱，让三明治成了一道流行的美式午餐。1942年，美国政府为了节省钢材以备军需，曾经禁止生产面包切割机，结果引发民众的强烈抗议，迫使政府收回成命。[73]第二次世界大战期间，面包为美国人提供了所需热量的40%，当时美国人每餐都吃白面包，每周总计约1.5磅（这个数字比现在高得多，但是比他们欧洲先辈的日常用量要少）。到了20世纪50年代，白面包提供的热量比重下降到大约25%～30%，20世纪末已经下降到约9%，比甜蛋糕、曲奇、肉类所占的比重都要少。[74]

长久以来，白面包都是人们渴望吃到的食物。等到美国人转而关注其他食物时，包装在塑料袋里的松软白面包，便成了其他许多国家人民的主食，从日本到尼日利亚，再到墨西哥，什么样的国家都有。在日本，20世纪40年代末驻日盟军总司令宣布，校园午餐计划将为儿童提供每人每日近四分之一磅的面包，还附带黄油。[75]商店出售的面包受到家庭主妇的热烈欢迎，因为面包和米饭不同，不需要每天都做，非常适合当成小点心来吃。用鸡蛋和卷心菜丝做成三明治，这样主妇们就不必早早起床了。面包在日本变得如此重要，以至于在20世纪80年代日本率先发明了面包机。

1946年尚在萌芽中的尼日利亚面包生产业，到1960年已经增长了19倍，成为这个国家的第三大本土产业，仅次于成衣制造业和木料加工业。[76]尼日利亚人有的从西印度群岛学到烘焙手法，有的则是自掏腰包从英国学成归国，他们在这个国家的南部开起了一家家烘焙店。他们用的是美国小麦磨成的面粉，磨面的是美国借款赞助、希腊人运营的磨坊。他们把面包卖给那些生活在城市里的尼日利亚有钱人——高级官员、专业人士、富有的商人，这些人通常是在英国求学时养成了吃面包的习惯。但是，由于面包比木薯贵3~8倍，比甘薯贵一倍，因此大多数尼日利亚南方人还是继续吃捣碎的甘薯和木薯泥，北方人则吃高粱和黍，只有乘坐公交车四处旅行时才会买来当零食吃。

20世纪70年代，干旱摧毁了北部地区的高粱和黍，同时石油出口赚到的钱使得尼日利亚有能力大量采购小麦，因此面包的消耗量有所攀升。到80年代，食品进口已经增长了7倍，大多数来自美国，90%的小麦、50%的大米，以及20%的玉米都来自进口，而人均食物产出下降了将近20%。尼日利亚最大的两座城市之一卡诺，其烘焙坊的数量从5家跃升至226家。如今普通的尼日利亚人每年要消耗掉95磅小麦面包，在20世纪60年代末则只有11磅。"茶水摊"在办公楼四周流动，贩卖面包、茶和淡奶。无怪乎，1984年尼日利亚的国家元首宣称："面包已经成为我国人民最便宜的主食。"

在墨西哥，自从16世纪西班牙征服者到来以后，有钱的市民就一直吃一种硬皮的椭圆形面包。到了20世纪40年代，从加泰罗尼亚移民来的塞维杰家族开始进口美国的烘焙机器，生产松软的方形白面包，但是这种面包既无法与玉米饼竞争，也无法取代传统的圆面包。很快，塞维杰家族开始生产美式风格的曲奇和小蛋糕。21世纪初，他们的货车上印着这样一幅画面：一个小男孩站在一片麦田里，背景是一座金字塔。他们的宣传语是："小麦的力量。"那时候，墨西哥的宾堡集团已经是世界上最大的烘焙企业，面向整个拉丁美洲、西班牙和美国（使用不同的名字）销售面包。

虽然面包在世界范围内大行其道，但是另一种小麦面粉制品——蛋糕，特别是用发酵粉做成的蛋糕，才是盎格鲁传统美食对世界饮食最杰出的贡献。现在蛋糕的形式是20世纪二三十年代才出现的，当时制作一款蛋糕需要的全部条件都已具备：封闭的家用烤炉、金属烤盘、容易买到且价格不贵的精白面粉、糖、黄油或人造奶油、鸡蛋，以及发酵粉（图

8.8）。美国、英国、加拿大、澳大利亚和新西兰都有自己的招牌蛋糕。举例来说，美国厨师用黄油、糖、鸡蛋、膨松剂和白面粉做成黄油蛋糕，然后在此基础上发展出了各种不同的蛋糕：鸡蛋糕、白蛋糕、各种类型的巧克力蛋糕、橘子或柠檬口味的蛋糕、让人惊艳的红丝绒蛋糕、菠萝倒立蛋糕，以及层层叠叠的巴尔的摩夫人蛋糕。面粉加工和化学制剂公司推崇家庭烘焙。"谁都可以烤蛋糕，"皇家发酵粉公司推出的一部食谱书中这样说道，"美国千层蛋糕将是……你在厨房里所能做出的最佳杰作、你能献给所爱之人的最好礼物、最能蕴含情感的东西。"不过，做蛋糕还是比较复杂的。于是这又为蛋糕的混合配料打开了销路，各家公司纷纷为推销产品而发起广告攻势：宝洁公司（接手了内布拉斯加联合面粉厂）请来了著名的餐厅评论家邓肯·海因斯；皮尔斯伯里虚构出了"安·皮尔斯伯里"这个人物；通用面粉公司创造了青春永驻的贝蒂·克罗克。到了20世纪末，60%的美国家庭主妇已经在使用混合配料。但在盎格鲁世界以外的地区，人们还是习惯从烘焙坊或点心店购买蛋糕。

包括亚洲的拉面和西方的意面在内的小麦面食，其销量的增长丝毫不亚于松软的白面包。到2011年，由牛津赈灾会发起的一项调查宣称，面食是世界上最受欢迎的食物，从委内瑞拉到菲律宾，从南非到墨西哥，从阿根廷到玻利维亚，包括意大利和美国，消耗量都非常大。[77]到20世纪末，世界热量供应当中有五分之一来自小麦，还有五分之一来自稻米。[78]比较次要的谷物、根茎和块茎类植物的市场份额相对下降，土豆则是一个例外，在变身成法式薯条之后，土豆的种植变得普遍起来。

牛奶的消耗量也出现了急剧上升。纵观整部饮食史，牛奶和其他各种乳品一样，是很少生饮的，因为人们完全有理由认为生牛奶是非常危险的，于是牛奶通常以更安全的形式被吸收，例如酸奶、奶酪、黄油和牛奶点心。这种情况在18世纪首先在西方开始出现改变，当时法国知识分子让-雅克·卢梭宣称牛奶是所有食物中最好的，相比于城市里那些过度加工的食物来说，牛奶是一支纯粹、能够增强体魄且充满田园诗意的解毒剂。[79]到了19世纪，改革者不断重复这一信息，强调说应该用青草地上养大的母牛提供的牛奶（就好像雀巢广告那样，如图8.9），取代长期以来被

图8.8 一名非裔美籍佣人正在为糖霜蛋糕做最后的装裱。以加工过的白面粉、糖、奶油和鸡蛋为原料，并用家庭烤箱烤好的蛋糕，可以说是西方家庭饮食发展的极致。图中这名厨师意在提醒人们，在饮食的制作和推广过程中仆人的角色是至关重要的（Courtesy New York Public Library, http://digitalgallery.nypl.org/nypldigital/id?1212151）。

认为安全的啤酒、苹果酒和葡萄酒等。他们主张，牛奶是红色牛肉的完美补充，二者来自同一种动物，这绝不是一种巧合。英国科学家威廉·蒲劳脱在研究了牛奶的化学组成之后说，牛奶是"营养物质的典范，是所有基本营养品中最完美的代表"。[80]牛奶推广人士为他们钟爱的饮品追源溯流。蒲劳脱的追随者宣称牛奶养育出了健壮的罗马人，美国宗教节制改革家罗伯特·哈特利在他的《论牛奶的历史、科学和应用》（1842年）中推断喝牛奶可以追溯至圣经时期。到了19世纪末，500万伦敦人每年消耗掉的牛奶达6000万加仑。1926年，美国人消耗的乳制品相比七年前增加了三分之一。[81]公共卫生官员对此感到担忧，因为喝牛奶总是和猩红热、伤寒、白喉这些疾病联系在一起，尤其是会让人想到结核病这个新纪元以来最令人恐惧的杀手。而且与牛奶让人联想到的乡村景致相反，城市里许多产奶的奶牛都被关在肮脏的牛圈里，吃的都是劣质饲料，即酿酒剩下的酒糟。[82]

　　工业化的加工厂逐渐将牛奶转变成现在全世界不同年龄、性别、阶

图 8.9 瑞士雀巢牛奶的一则广告画，画中一头乳牛正在开满鲜花的草地上跑跳，踢翻了一旁的牛奶桶。这幅广告画可能创作于 20 世纪 20 年代，上面有著名插画家达德利·哈代和约翰·哈索尔的签名。满是田园景致的画面，模糊了牛奶被送到销售者手中以前所经过的各种处理过程（Courtesy New York Public Library, Miriam and Ira D. Wallach Division of Art, Prints and Photographs, http://digitalgallery.nypl.org/nypldigital/id?1259071）。

级、国家的男女老少都在喝的更安全、更可口、存放更持久的产品：炼乳、婴儿配方奶、巴氏杀菌乳、冰激凌、均质乳、酸奶、奶粉，以及持久奶（超高温杀菌奶）。几乎没有什么食物会比牛奶更工业化、更规范、更不天然了。

　　罐装牛奶是在不同地区同时发明出来的，从19世纪60年代以来，罐装的浓缩脱水牛奶（炼乳）就被源源不断地运送到士兵、旅人和生活在热带的欧洲人手中。瑞士、美国威斯康星州以及澳大利亚南昆士兰的图古拉瓦等地的乳牛场，利润空间远比城市的更大。1856年，美国的盖尔·博登为一项压缩和罐装牛奶的加工技术申请了专利，这个时间点选得真是无比幸运，因为1861年以后美国联邦军向博登设在纽约的压缩牛奶公司投放了大量订单。到19世纪80年代，英瑞牛奶公司（即后来的雀巢）的年产量达到2500万罐，第一次世界大战期间它为了满足政府在欧洲的订单需求，更是买下了美国的炼乳厂来生产。婴儿配方奶是1867年由尤斯图斯·冯·李比希引入的，李比希尤以其牛肉精的推广者身份闻名，但这次推广的婴儿配方奶被视为比母乳还要好。[83]

　　在热带地区，最早买炼乳的是有钱人，然后才是当地的普通人。在印度和拉丁美洲，炼乳被视为传统浓缩酪乳甜食（如印度的干奶酪，将牛奶熬煮至原本体积的五分之一）和拉丁美洲的牛奶焦糖酱（一种加了甜味剂、熬煮过的牛奶）的替代品，并因为其价格低廉而受到欢迎。热带的各个地区都有人将浓缩牛奶涂抹在薄脆饼干上或者舀一勺放到冰和罐头水果上面，后两者也是新的工业化产品。[84]更具有争议的是，炼乳或婴儿配方奶加水稀释后，被当成母乳的替代品来喂养婴儿，而不再是喂用大米或甘薯做成的婴儿软食。由于这些产品不含有母乳所具备的各种营养成分，政府积极推广母乳喂养，并不推崇配方奶。出于同样的原因，同时再加上用来兑的水通常都是遭到污染的，游说组织在20世纪70年代组织了一场针对主要经销商雀巢公司的抵制活动，并且发起宣传攻势，说服母亲们采用母乳喂养。[85]在中国，炼乳很有可能是造成豆浆突然大受欢迎的原因。自从中国汉代发明豆浆以来，2000年间这种饮品始终没有出头之日。但是如果像煮牛奶那样进行熬煮，豆浆就会失去其豆子味，变得更容易消化了，因此这么多年来首次得到大众的追捧。[86]

　　在第一次世界大战期间，埃尔默·麦科勒姆等营养学家和埃尔斯沃思·亨廷顿、爱德华·哈恩等地理学家主张牛奶能让人长出"阳刚的肌肉"，于是鲜牛奶的饮用量有所增长。[87]西方国家开始和各家公司、管理机构以及牛奶销售委员会一起开展实验，确保牛奶供应充足，了解供应量随季节的变化，同时努力避免与牛奶有关的健康风险。[88]"牛奶是否要经过认证？或者要经过巴氏消毒法杀菌？"在对这些问题进行了漫长的辩论之后，逐渐确定以华氏144度加热过的杀菌牛奶作为行业标准。军队营养学家表示，牛奶已经取代咖啡——第一次世界大战期间美国大兵的最爱，成为第二次世界大战期间新的主角。[89]我们只能说这个排名大概没把酒算进去。20世纪后半叶，美国将牛奶定为四大基础食物群当中的基石，牛奶也随之成为校园牛奶计划中的核心组成部分。这时的牛奶已经采取了均质化处理，将牛奶用高压压过喷嘴，以打散其油脂，防止出现乳皮。

其他乳制品同样在20世纪后半叶变得更受欢迎。20世纪80年代，生产商开始在酸奶里加入调味品和甜味剂，使它从有助于延长寿命的健康食品，转变成西方国家的节食减肥者最喜欢的低脂甜点。现在超级市场的冷藏柜里，酸奶的数量已经远远多于牛奶的数量，例如墨西哥就是这样。冰激凌也在全球范围内传播开来。第一次世界大战期间，美国将冰激凌定义为必需品，不受配给制的限制，冰激凌因此销量大增。苏联投资大兴基础设施建设，确保冰激凌能够稳定供应，以此证明国家能够为人民创造美好的生活。[90]在古巴，菲德尔·卡斯特罗宣布本国必须要生产出高品质的冰激凌，1966年开设了科佩利亚冰激凌店，至今还在运营。[91]至于印度，在阿姆尔等公司的推动下，传统的乳制品制造业也逐渐实现了工业化。乳品公司对凝乳机和干燥机进行了调整，用水牛乳来生产奶粉、婴儿食物和炼乳。他们使用离心脱水机对酸奶进行脱水，从而生产出了一种更甜的浓缩甜点（酸乳酪）。他们还拿肉丸成型机为干燥处理的牛奶球（玫瑰果）塑形，然后用甜甜圈炸锅进行烹饪，最后再将它们浸泡到传统的糖浆里。[92]

牛奶的胜利在持续扩大，20世纪晚期从印度、印度尼西亚到墨西哥、阿根廷，甚至一直以来很少喝牛奶的中国，各国政府都在鼓励国民喝牛奶，据说西方人之所以长得又高又壮，就是因为喝牛奶。截至目前，牛奶干燥技术的改进，使得更易于通过再水合作用来生产超高温杀菌奶（经过超高温处理的牛奶上架期延长到了六个月到九个月）和酸奶，这两种形式使得人们消耗牛奶变得非常方便。印度的人均消耗量上升到了每人每年

39升，从1970年到20世纪末上升了240%。为了避免引起占人口14%的穆斯林的担心，牛奶被描述成了一种能够增强身体和精神健康的物质，而不是根植在印度教文化当中，与印度母神也没有关系。中国的牛奶广告将牛奶与高大的运动员联系起来，暗示喝牛奶能够克服"发育迟缓"，培养出更多身强体壮的公民。到1999年，中国有20家工厂在生产婴儿配方奶，校园牛奶计划也已确定下来。[93]在20世纪最后的30年里，中国的牛奶消耗量增长了1700%，人均消耗量达到了12升。

肉和鱼曾经是西方饮食中正餐的主角，如今通常通过加工做成统一规格、能够迅速上桌的产品，吃的时候无需去骨。[94]在第二次世界大战期间的美国，绞碎的牛肉变得流行起来，为厨师们提供了牛排（汉堡）的平价替代品以及经济实惠的烘肉卷。法兰克福香肠出现了新的制作方法，小块的肉乳化之后，通过输送带运送至包装处进行人工肠衣自动包装，新工艺的结果是在20世纪60年代，首先是在美国，接着在世界上的许多其他地方，法兰克福香肠的消费量出现急剧上升。到20世纪末，平均每个美国人一年要吃掉80根热狗。[95]今天，在墨西哥、西班牙和巴拿马的超市里都能找到维也纳香肠，中国人现在也开始吃起包装贩售的肉了。鸡肉变得非常便宜，新出现的饲养、宰杀和冷藏技术使得鸡肉的价格比牛排低。[96]人们再也不用买一整只鸡再切成块。鸡胸肉在20世纪50年代还被视为昂贵的奢侈品，只能从整鸡上切下来一小块，到20世纪末已经成为捉襟见肘的家庭主妇和努力控制成本的餐馆老板们必买的食物。那时候美国人吃的是"鸡块"，墨西哥人吃的是"炸肉排"，切成薄片后蘸上面包屑，拍打成肉排后随时可以油炸。裹了面包屑冷藏出售的无骨鱼柳成了标准的儿童食品。日本人找到方法将碎鱼肉塑形、调味、上色后做成鱼浆，在美国做成人造螃蟹和人造虾来卖，在西班牙则做成人造幼鳗来卖。雀巢旗下的品牌美极根据当地人的口味精心生产鸡肉和牛肉浓缩高汤块：在菲律宾是酸汤，在西班牙是炖肉，以及按照伊斯兰教律法屠宰的畜肉。

水果和蔬菜获得了新的外衣，例如橘子汁装进了瓶子里，芹菜、西蓝花和胡萝卜等则切好装盒出售。包装和冷藏技术使得蔬菜能够通过铁路、集装箱船运或空运的方式，从佛罗里达、加利福尼亚、地中海地区、智利和非洲国家等原产地，直接运送到美国和欧洲的消费者手中。反季的进口水果蔬菜也都变得非常普遍，无论是新鲜的还是罐装的。

　　在油和糖方面也发生了不小的变革。西方传统的固体动物油如今被各种新型的烹调油所取代。比橄榄油便宜的大豆烹调油出现于20世纪30年代，紧接着出现了平价的芥花籽油和玉米油。到20世纪70年代，美国市场上所有的食用油中有65%来自大豆。其他比较重要的植物油包括棕榈油、椰子油、油菜籽油、玉米油和棉花籽油。商家借助巧妙的营销技巧，利用公众对胆固醇和固体动物油的嫌恶，成功推动了植物油、起酥油和人造奶油销量的上升。每个厨房里都会放一瓶蔬菜油，等着下锅开炸。1964年，糖在世界范围内的销量是1900年的六倍，其增长幅度超过其他任何一种食材，大概只有奶粉和罐头牛奶能与之一较高下。人们从19世纪晚期开始就能买到糖的各种替代品，它们大多数是直接瞄准减肥市场的。[97]20世纪80年代早期，美国的食品科学家学会了日本的一项新技术，从湿磨的玉米中萃取到了高果糖玉米糖浆。由于价格低廉，这种糖很快占领了饮料工业中不断扩大的软饮料市场。到2000年，其销量几乎与糖并驾齐驱。

　　即食用的精致开胃菜、甜点和酱汁以前只有那些吃得起高级饮食的人才能享用，如今在西方也已进入寻常百姓家。可以买到的东西包括盐腌坚果、椒盐卷饼、薯片、墨西哥玉米片、萨拉米香肠、奶酪和橄榄。儿童和办公室职员很喜欢吃糖果棒，这种食物出现于20世纪30年代，一小包就能解决一顿饭。小蛋糕以及一系列种类越来越多的袋装曲奇则是在第二次世界大战之后出现的。[98]在20世纪六七十年代进入美国市场的罐头汤底受到了美国人民的欢迎。这种食品节省了人们制作白酱和调味的麻烦（不过始终没能赢得欧洲市场）。不久之后，白酱由于口味太重、热量太高而被打入冷宫，替代它的是瓶装的意面酱和罐装的高汤。蛋黄酱、番茄酱和芥末酱则一直拥有广泛的群众基础，尤其是前两者，已经在全球范围内站稳了脚跟。李锦记成为全球性的经销商，标志着中国产的酱料打入了世界市场。第二次世界大战结束后，李锦记公司将总部迁至中国香港。1972年该公司推出了熊猫牌蚝油，帮助蚝油这种相对晚近时期才出现在中国南方的食物调味料在世界范围内赢得了知名度。伴随美食市场的迅速变迁，李锦记在1992年推出了XO酱。今天的李锦记集团在全球100多个国家和地区销售220多种酱料，销售网络横跨五大洲。[99] 1944年，龟甲万公司通过发酵作用和水解蔬菜蛋白质，研发出了一种半化学性质的酱油。20世纪50年代，借助新出现的自动化装备、新食材、连续流程的生产技术、新式包装工艺，以及现代化的销售和广告策略，该公司生产出了新的味噌产品。[100] 而通过西欧的蒸馏产业和日本的发酵技术生产出来的人造香料，则给上述这些开胃菜、酱料和甜点起到了画龙点睛的作用。[101]

气泡甜味饮料，特别是可乐，在20世纪走向了全球化，就好像19世纪晚期的淡啤酒（拉格啤酒）那样备受欢迎。到20世纪80年代，可口可乐已经销往145个国家，成为世界上销售范围最广的产品。日本是可口可乐利润最大的市场，那里的消费者很快建立起了自己的喜好。到1995年，除了日本市场，品牌可乐只占到了可口可乐公司销售量的64%，其余的都是像罐装茶饮料这样的无气泡饮料。[102]

伴随人口的急剧攀升，以及世界上许多地区饥荒的持续蔓延，欧洲、苏联和美国的科学家迫切想要为基本食物找到替代选择。例如，有些科学家试图将香兰素合成技术应用到蛋白质上去。还有一些人，特别是德国和俄罗斯的科学家则求诸古老的饥荒食物名单。他们建议用土豆泥、苹果或甜菜做成面包，吃海豹的肉和脂肪，饲养兔子，并且充分利用大豆。尽管饥荒肆虐，但俄罗斯人从来没有采用过《大豆食谱130道》（1930年）或《蔬菜和黄豆料理大锅菜》（1934年）里面的食谱。黄豆可以转换成口感不错的蔬菜蛋白质，在这方面已经取得了很大的成功，如今在动物饲料和现成汉堡配料中都有使用，在像美国和墨西哥这类国家的健康食品商店和市场上也能买到。藻类食物是20世纪五六十年代最主要的研究方案之一，但没有成功，原因一是这种食物让人们感到不舒服，二是它们的价格比预想的要贵得多。[103]

肇始于西方的家庭厨房改造趋势，如今也传播到了世界上的其他地方。对于中产阶级来说，水和燃料以前还是非常昂贵的商品，现在则变得几近免费。厨房里能供应冷水和热水，通常已经纯净到可以打开水龙头直接饮用的程度。在西方国家，通过电力和天然气加热的灶头和封闭式炉具已经成为厨房的标准配备，这种炉具使用起来比许多烧煤的炉具更安全，需要花费的看顾时间也更少。但是在许多其他地方，由于烹饪方法中不包含烘焙和烘烤，炉子通常是用来存储物品的。在第二次世界大战前的美国，电器公司大力推广的冰箱成为人们普遍使用的家用电器，到了20世纪五六十年代冰箱走进了欧洲和拉丁美洲较富裕的家庭，随后又作为中产阶级的身份象征而传播到其他地方（图8.10）。冰箱最早是用来存放啤酒、软饮料和冰激凌的，后来逐渐变成存放牛奶、肉、新鲜水果和蔬菜甚至调味品的储藏柜，在汽车的出现将原本的日常杂物采买变成每周一次的集中采购之后，其作用就更明显了。

　　第二次世界大战之后，首先在美国，随后在欧洲，插电热水壶、烤面包机和搅拌器等小型电器的出现，令传统的厨房事务变得更加简单，从而使得新的任务得以进行。20世纪60年代，一种专门为家庭厨房制造的桌上型微波炉由美国防务承包商雷神公司的一名科学家珀西·斯宾塞申请了发明专利，并由雷神的子公司阿曼那公司生产出来。锡箔纸、保鲜膜和清洁剂的出现使得厨房的运作变得更加轻松。在1959年那场著名的事件中，时任美国副总统的理查德·尼克松在莫斯科举办的美国国家博览会上向苏联总统尼基塔·赫鲁晓夫展示了一个美式家庭模型。尼克松赞美这种装配了各种省时省力设备的厨房是美国成就的象征。而赫鲁晓夫对此嗤之以鼻，认为这些东西没有一样能对国家发展起到作用。这场厨房辩论在苏联是不是像在美国一样广为人知，以及它是不是助长了人们对苏联政权的不满，这一点我们不得而知。但有一点是明确的，那就是20世纪后半期在世界上较富裕的地区，家庭厨房都是采用流水线式作业，而且布满了各种各样的小家电。电饭煲在日本备受欢迎，用来做莎莎酱的搅拌机和适合在高纬度地区煮饭用的压力锅风靡墨西哥，酸奶机则在印度广受好评。

　　家庭厨房不再是一个脏乱、危险、散发臭味，仅仅用来加工食物的地方，而是成了准备饭菜的最后一站。厨房的标准再次得到提高。现在人们希望厨师能够端出风格各异的各种饭食，而不是19世纪那种每周不变的三餐序列，或者采用更早时候那种一道浓汤（或炖菜）变着花样吃的做法。厨房变成了一个生活的空间和"家庭的心脏"。有些厨房还装配了奢

图8.10　洁白闪亮的真力时冰箱能让食物保持新鲜，就好像洁白闪亮的泰姬陵能保存沙贾汗对妻子的回忆一样，永不消退，冰箱广告传递了这样的暗示（Vila Patik, *The Finest Recipe Collection: Kashmir to Kanyakumari*, Bombay: Rekka Supra, n.d. 1970s?. In the author's possession）。

华的大理石料理台和工业级炉具，这样的厨房不光是烹饪场所，也成了一个娱乐休闲空间。

　　食品店成为家庭厨房和工业化厨房之间的纽带。在20世纪上半叶，一些食品店，如大西洋和太平洋茶叶公司（图8.11）将茶叶、糖、干果和香料这类加工食品放上了货架。面粉、自发面粉、发酵粉、卡士达粉、调味冻粉、浓缩鸡蛋粉、淀粉、瓶装明胶、明胶粉，以及瓶装酱汁和腌菜等被放在干净卫生的纸盒或闪亮的罐头里，为人们提供了前所未有的便捷。20世纪50年代，《女士家庭期刊和家庭美化》的编辑波普伊·坎农说："锡罐头是叩开财富和自由大门的金钥匙……能够摆脱单调和乏味，挣脱空间和工作的束缚，解决自己经验不足的问题。"[104]广告会暗示关于食物起源的故事以及食材的用途。在宝康利意面的广告中，一名笑意盈盈、体态丰盈的女孩和一捆小麦站在一起，背景则是金黄色的谷物和蓝色的天空。巧克力广告中通常会出现玫瑰和小猫。1922—1937年从女子高中毕业的日本女孩，还会收到一个类似香水瓶的东西，只是里面装的是味精。[105]

20世纪后半叶，食品店的经营再次发生转变：开架自选取代了柜台服务。随着人们越来越渴望吃到新鲜、自然的食物，易腐烂食品的种类有所增加，包括装在冷藏盒里的肉、牛奶和水果、蔬菜。店内烘焙坊提供新鲜出炉的面包，烤肉店提供带回家就能吃的肉类。到20世纪末，像沃尔玛、家乐福这样的大型超市既出售食品，又像百货公司那样出售百货。

由企业举行的食谱比赛吸引了家庭主妇们竞相投稿，而家政学家也被雇来为产品研发配方。举例来说，1928年《家居和花园美化》杂志设立了一个"试味厨房"，被杂志聘请来的家政学家发起了一场运动，旨在

图8.11　位于美国纽约曼哈顿区第三街246号的大西洋和太平洋茶叶公司一间食品店的橱窗，1936年。这里除了提供早先杂货店出售的咖啡、茶叶等主要食物以外，还摆放着各种工业化生产的罐头食品和饼干。大西洋和太平洋茶叶公司出现于19世纪晚期，是美国最早的连锁食品店，也是在20世纪30年代最早实行开架式自选售货模式的商店（Photographed by Berenice Abbott for the Federal Art Project of the Works Progress Administration. Courtesy New York Public Library, http://digitalgallery.nypl.org/nypldigital/id?1219150）。

"推动美国公众进入一个新的科学烹饪时代"，不再只给出大体指示，而是列出详细食谱，同时试用即将推向市场的新产品和新器具。

在战时和战后时期，在欧洲、欧洲前殖民地、日本和美国，无论政府是否支持，工业化厨房都在持续不断地发展壮大。英国人普遍喜欢在家进行生产和食品的加工，但是在第二次世界大战期间，他们发现自己面临一个艰巨的任务，那就是要养活200多万印度士兵和盟军部队，好让他们集结到缅甸和远东攻打日军。于是他们建起了134家工厂生产薄脆饼干、脱水马铃薯、透明糖浆、咖啡粉、盐、咖喱粉和其他香料粉、酸辣酱、柠檬和青柠口味的果汁饮料、干果和罐头水果，以及植物酥油。[106]1947年独立以后，印度政府迅速建立起本国的食品加工产业，在印度西南部有宫殿之城美誉的迈索尔建立并资助了中央食品技术研究所。研究者为印度产品研发出了新的用途，为婴儿食物这样昂贵的进口食品寻找到了替代品，还为联合国组织会议，同时为来自印度和其他40多个国家食品加工领域的化学家和工程师开展培训。

在美国，食品企业为驻扎在世界各地的美军部队提供配给，同时对可口可乐、雀巢咖啡、午餐肉、蛋糕粉、袋装通心粉和奶酪这些食物起到了引介和推广的作用，但是如今食品企业开始把注意力转向国内的市场。到20世纪末，约7万名食品科学家在美国工作，其中三分之二任职于私人企业，三分之一在政府部门从事教学和科研工作。拥有2.8万名会员的食品技术研究所是最主要的专业团队，无论是对分子料理感兴趣的大厨，还是速食产业的研发人员，都迫切渴望研读他们的研究成果。

1985年美国食品加工业的年产值已经超过3000亿美元，远超过汽车制造业的1880亿美元和石油化工业的1670亿美元。2008年，阿彻·丹尼尔斯·米德兰公司（粮食）、卡夫食品、嘉吉、百事、可口可乐、玛氏、通用磨坊、安海斯－布希、斯威夫特，以及美洲酪农等企业全部位列全球食品行业前30强之列。[107]虽然方便食品是工业化厨房最为人所熟知的产品，但它在20世纪后半期最基础性的成就还是发明了淀粉、甜味剂、油和调味料，而所使用的仅是几种最基本的原料，特别是玉米、黄豆、酵母和发酵产品。淀粉－糖－油的组合对西方饮食来说是基础性的。如今，它们变得前所未有的便宜。专门化的淀粉被生产出来，在做汤、酱汁、沙拉酱、布丁、派的馅料以及面条和意面时当成增稠剂和稳定剂来使用（而且还可以用在许多其他行业，尤其是造纸业）。

许多欧洲的调料和香料公司，尤其是像罗氏、拜耳和联合利华这类化工大企业旗下的公司，在第二次世界大战结束后纷纷迁往美国的新泽西州。20世纪40年代末，谷氨酸钠由于能够提升廉价食品的风味，受到美国军方和食品企业的欢迎，在20世纪中叶开始大规模生产。20世纪60年代，质谱仪和气体色谱法的出现使得人们能够轻松地将调味的化学物质从液体和固体中相对分离出来。进入20世纪70年代，加州大学戴维斯分校推出了一个蜘蛛网状的示意图，其中每个轴线都指向某个特定的味道，以此记录人类所能辨识出的味道。到20世纪90年代，许多大厨被聘请为自然和人工的各种味道配对。到20世纪末，香料和调味产业的年销售额已经达到160亿美元。

伴随20世纪80年代中国向市场经济的转型，美国等国的许多食品加工企业都到中国开设工厂。英荷跨国集团联合利华旗下的和路雪生产冰激凌，法国达能生产"LU"饼干和各种乳制品，中国的淘大和娃哈哈生产酱油、点心和儿童食品，还有美国的亨氏、中国的广东联合食品公司和雀巢也都生产各种婴儿食品（地图8.1）。可口可乐也在1979年通过申请获得授权在中国运营。[108] 到20世纪90年代晚期，可口可乐公司已经在中国开设了23家工厂，成为这个国家知名度最高的品牌之一，在软饮料市场的占有率接近60%。[109] 中国的企业家效仿他们在20世纪早期的先辈，重新回归食品加工行业，啤酒和面粉的产量在增加，谷蛋白的生产实现了工业化，将素的鲍鱼、虾和鸡肉罐装和冷藏后出口到美国和欧洲的华人当中。[110]

20世纪后半期出现的中央厨房为餐厅、旅馆、医院、大学、体育馆和运动赛事提供餐饮服务，从而降低了外出吃饭的成本。许多新公司涌现出来，像美国的西斯科、康巴斯和爱玛客，以及法国的索迪斯集团，这些公司在全球80个国家的38万名雇员，将食材和备好的餐点送到消费者手中。快餐连锁店成功地为那些只有一两样设备的专营店创造出了菜单，有

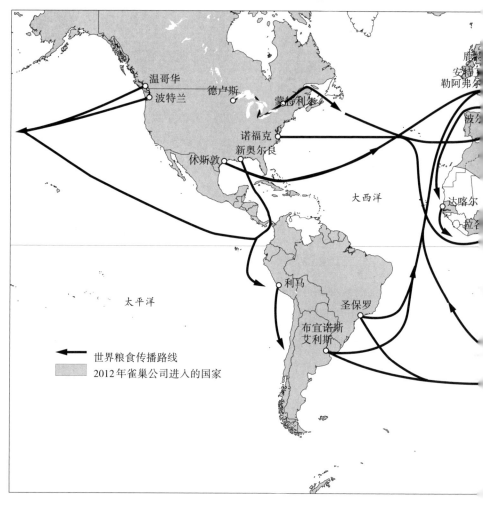

地图8.1 饮食的扩散与聚合，2000年。到2000年，各大帝国已经分裂成约200个不同的国家，而几乎所有的国家都宣称它们有自己独特的饮食。与之相抗衡的是来自超国家饮食哲学、食品援助、非政府组织和跨国企业的力量，它们已经跨越了国家的界限。图中阴影部分显示的是雀巢公司建厂或建立销售网络的国家，雀巢出售炼乳和奶粉，以及包括高汤块和意面在内的十几种产品，这些产品经常需要调整，以切合当地口味。箭头所指示的是20世纪80年代小麦和其他谷物的主要传播路线，起主导作用的是阿彻·丹尼尔斯·米德兰、邦基、嘉吉和路易·达孚这四家大企业。接受谷物供应的地区包括中东、日本、中国、俄罗斯和东南亚，相比一个世纪以前多了许多（Sources: www.nestle.com/AboutUs/GlobalPresence/Pages/Global_Presence.aspx; Morgan, *Merchants of Grain*）。

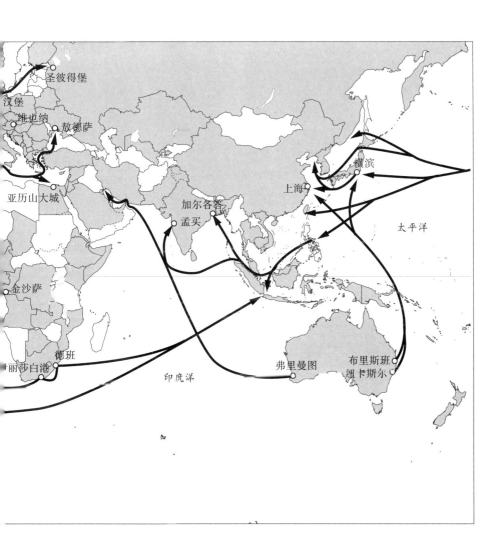

圣彼得堡
汉堡
维也纳
敖德萨
亚历山大城
金沙萨
加尔各答
孟买
德班
丽莎白港
弗里曼图
布里斯班
纽卡斯尔
横滨
上海
太平洋
印度洋

的汉堡餐厅只有一个烤盘和一个炸锅，有的比萨店只有一个炉子，以及一名只了解厨房设备基本知识的年轻员工。

非主流饮食

我们曾在第七章检视过对近代食品加工和机械化农耕所做的农学和浪漫主义批判，这些批判曾在第二次世界大战爆发前戛然而止[111]，可战争结束后，新的批评接踵而来。1959年，曾经主持过有关饥荒的重要研究的美国生理学家安塞尔·基斯和妻子玛格丽特一起出版了《如何像地中海人那样吃得好、身体好》。他们在书中所要传递的信息是，这种包含大量新鲜水果和蔬菜、面食、鱼肉和葡萄酒的饮食风格，要比西方那种富含脂肪的饮食更健康。1959年在联合国赞助下设立的国际橄榄油委员会，很快利用这一点，发起了一场相当成功的广告攻势，招募了美国最顶尖的一批美食作家和食谱书作者，歌颂地中海饮食的优势。当时正值异国饮食，特别是地中海饮食日渐大行其道，因此对其健康性的背书促使许多食客抛弃了西北欧那种由白面包、牛肉、黄油和猪油组成的饮食，转向使用橄榄油和味道大胆、色彩明亮的地中海饮食。

20世纪60年代，这种非主流文化正式与它所谓的食品界的既得利益者——一个由营养学家、食物科学家和技术专家、官员、记者，为大学、大型食品公司、新闻机构，以及与军方-工业集团沆瀣一气的政府而工作的广告从业者组成的网络——分道扬镳。非主流饮食推崇有机运动（"有机"是一个新出现的词语），主张按照罗德尔出版社的出版物所描述的原则来运营的集体农场，在1965—1970年共资助了3000多个公社组织，建立起了合作型的食品杂货店。它大力推崇生态学、女权主义，歌颂蕾切尔·卡森对农业杀虫剂的攻讦，赞同阿黛尔·戴维斯对添加剂的抨击。非主流文化担心，就算原子弹杀不死几百万人，人口爆炸十有八九也会完成这个任务。[112]

为了找到"塑料"食品的替代品，人们对异国和地区性饮食进行了广泛的探索。"塑料"在20世纪30年代曾被视为让人目眩神迷的新奇玩意，如今却被视为工业化生产出来的可怕的人造物品。人们开始觉得棕色的面包和食物比白色的好，慢食比速食好，蔬菜比肉好，异国菜比盎格鲁－撒克逊菜好。弗朗西斯·摩尔·拉佩在她于1971年出版的畅销书《一个小行星的饮食方式》中提出了这样一种观点，即两种补充性的植物蛋白——粮食蛋白和大豆蛋白，足以成为动物蛋白的替代者。爱丽丝·沃特斯受其本人曾在法国生活过的影响，再加上受英国食谱书作家伊丽莎白·戴维的启发，在加利福尼亚州的伯克利开办了自己的餐厅——潘尼斯之家，以当地产的新鲜蔬菜为基础提供食物。第二年，莫莉·卡曾出版了她的《素食食谱》一书，这是一部手写的素食食谱书，时至今日仍能买到。

到了20世纪70年代末，美国的非主流文化因为始终无法跨越其年轻中产阶级的根基，逐渐失去了动力。但与之前的非主流饮食一样，它也在西方饮食发展史上留下了自己的印记。酸奶、2%低脂牛奶、花草茶、食品店里的散装谷物、植物嫩芽、葵花籽，以及全食超市、食品与发展研究所、公共利益科学中心等，都是它留下来的宝贵遗产。

在日本，出于对比萨、麦当劳、奶品皇后冰激凌（DQ）、肯德基以及艾德熊乐啤露等外国食品的强烈抵制，兴起了一波对往昔田园生活的怀旧潮流。农业博物馆传播日本的农业神话，餐厅和小旅馆为食客们提供传统的日本食物，学者们为日本饮食追根溯源，期刊和食谱书上则刊登那些拍得很美的日本菜照片。[113]

20世纪90年代，消费者感到自己正与食品的供应渐行渐远，于是一股新的食品运动开始在美国和欧洲积蓄能量。许多活动分子呼吁回归传统的家庭烹饪（但不主张全部由女性承担烹饪工作），欢迎政府为了改善本国食品系统的安全性、健康性和品质而对食品工业进行规范管理。他们继续不断针对大型食品公司发起运动，反对现在所谓的"工业化农业"，并对食品科学和技术，特别是对那些致力于研究转基因食物的科学家表示出敌意，他们还积极提倡推行公平贸易和关税壁垒来保护小农。许多人和机构发出声音，警告说现代西方食物给消费者带来了肥胖症的威胁，其中最负盛名的包括迈克尔·波伦、埃里克·施洛瑟、玛丽昂·内斯特以及公共利益科学中心、《纽约时报》等。他们宣称，食物正在破坏我们的环境，加速了小型家庭农场的消失，迫使美国人不得不面对食品恐怖主义的威胁。

食品运动指出了食物带给人们的一系列恐怖元素——大肠杆菌、疯牛病、沙门氏菌，认为这些元素象征着漫长的全球食品供应链存在的危险，食物链一长，也就意味着污染源难以追溯，新的危险也无从追踪。廉价的油和糖提供了过量的卡路里，再加上没有平衡的食谱提供足够的微量元素，因此很容易就会导致肥胖症。1994年，北卡罗来纳大学的营养学家巴里·波普金提出美国的营养问题在于"越来越多的人消耗的是与慢性病有关的食物"。[114]在美国，唐·吉福德在波士顿成立的组织"老方法"提倡回归更健康的替代饮食方式，不过跟普遍的地中海饮食相比，有的替代方式——例如夏威夷的芋头和海藻饮食——就没那么有吸引力了。

在意大利，卡洛·彼得里尼为自己组织的运动起了一个漂亮的名字——慢食运动。他并不是想靠吃素来拯救世界，而是敦促追随者通过支持农民的方式保存传统的饮食文化，同时建议农民对其奶酪、蔬菜和香肠的品质进行升级，迎合饕客们的味蕾，面向国际出售。[115]在法国，食品界的精英人士复原了更早以前那种更慢的酵母面包制作方法。烘焙匠人利昂内尔·普瓦拉纳继承了其父在巴黎左岸经营面包房的手艺，使用传统技艺扩大生意，到20世纪末它的面包日产量已经达到1.5万条，其中有许多通过联邦快递运送到海外。在日本，传统的手工味噌被重新找了出来，味噌发烧友从5加仑装的雪松小桶中取来品尝，然后再选出自己偏好的口味和种类。美食记者科尔比·库默尔将这场运动总结为"好食好生活"。[116]

21世纪初期，在西方世界比较富裕的人群当中出现了一种有关饮食的新共识，即认为现在人们习以为常的西方饮食是不健康、不安全的，加工和销售它们的公司关心利润超过关心消费者的健康，而负责生产的工业化农业被控制在跨国生物科技公司——例如孟山都——的手里。简而言之，这是一种应该被西方抛弃的饮食。取而代之的是回归家庭烹饪，食用未经过加工的天然食物，缩短食物链，支持小农经济，再加上政府的资助。而世界上较贫穷的地区，也应该在非政府组织的帮助下受到鼓励，回归各自的传统饮食。

支撑上述这种共识的是有关饮食发展史的农耕－浪漫化的故事，如今这些故事又和居家生活、民族主义联系到了一起。这些故事在食谱书、杂志文章、游记和报纸中再三被提及，告诉人们土地赐予人类各种新鲜、自然、健康的食物，如何被农妇进行可爱的烹煮后，再到城市里进行改善和提炼，最终成为一个地区或一个民族的代表性食物。在每个民族讲述其起源和烹饪演进历史的一系列故事中，这是最新的一个。更古老的还有烹饪是众神教会人类的故事，强迫人类离开伊甸园的故事，以及猪在失火的房子里被烤熟后，古代人才知道如何用火的故事等，当然这些故事都是传说，但是正如我们应该看到的，它们产生的结果是举足轻重的。

公元2000年的全球饮食地图

到2000年，世界人口已经增加到了60亿，10年后则超过了70亿。全体人口中超过半数生活在城市，其中有许多人生活在亚洲、非洲和拉丁美洲的巨型城市里。他们所消耗的食物，乍看上去是由民族和地区食物交织而成的大杂烩。在拥有定居人口历史较长的绝大多数地区，其复杂性可以通过确认该地区在饮食发展史上的阶段予以厘清。如果追溯至20世纪，我们会发现大多数饮食都在三个相互重叠的重组型因素作用下发生改变，这三个因素是：西方世界、社会主义世界和不结盟国家的三元划分，200个民族饮食的国家分野，以及富裕世界的中等饮食和贫穷国家高低端饮食的划分。在18、19世纪，世界上的大部分地区都受那些生活成本高昂的近代化帝国或国家所支配，特别是英国、法国、荷兰、俄罗斯、日本和美国。在那之前的2000年里，欧亚大陆和非洲的大片地区是被一个或多个传统帝国所统治的，这些帝国往往与普世宗教联手，例如佛教、伊斯兰教或基督教。在那之前，欧亚大陆被划分成几个实行献祭式宗教的帝国。再往前则是已经学会将根茎类植物和谷物变成食物的民族的扩散，不过这一时期可资辨别的痕迹就比较微弱了。

举例来说，在意大利，早先农民们用来果腹的谷物粥波伦塔一直都存在，只是现在通常是用玉米而不是大麦或黍来做。罗马帝国时期的面包如今在整个亚平宁半岛都能见到。西西里岛的酸甜菜系和北方的肉汁烩饭之所以存在，是因为地中海地区曾出现过传统的伊斯兰国家。文艺复兴时期传统天主教国家的甜面食大多数都已变成了咸味的。中产阶级的慕斯、贝夏媚酱、干意面和番茄罐头可以追溯至18、19世纪的近代饮食。在20世纪后半叶，所有的意大利人都开始吃中等饮食，随后又迎来了乡村菜的繁荣。

如果去美国的印度餐馆走一趟，你会发现那里供应的不外乎现代印度人吃的坦都里烤鸡、不列颠帝国的干炒咖喱、传统的葡萄牙天主教帝国的辣咖喱肉、传统伊斯兰莫卧儿帝国的奶油浸肉（咖喱烩菜），以及被印度教徒当作面包吃了数千年的薄饼。来到尼日利亚的南部城市，你会发现中产阶级吃的是20世纪后半叶流行起来的松软白面包，在欧洲人开展奴隶贸易时期引进的用鱼干做的炖菜，以及已经延续了1000年的甘薯泥（图8.12）。尽管在过去的100年里发生了快速的变化，但烹饪的历史与它早期的全球互动一起，在很大程度上仍然与我们息息相关。

有些人足够幸运，能够吃到富含肉、脂肪和糖的中等饮食，这部分人大概占了世界人口的三分之一，这个比例已经是史上最高的了。这部分人每天至少能享用一顿热饭，通常不止一顿。他们的食物柔软、顺滑、酥松、爽脆，通常是甜的或者搭配滋味丰富的肉类。像波伦塔这样的简单食物已经做了升级，增添了丰富的配料，这在过去那些辛苦劳作的穷人看来是无法想象的。一位老朋友告诉我，他之所以点加了黄油和戈尔根朱勒干酪的波伦塔，就是为了纪念出生于意大利的双亲，他们自从踏上美国的那一刻起，就再没吃过家常波伦塔，因为这种单调的食物正是他们急于逃离的贫穷生活的标志。曾经属于欢庆时刻或假日独享的节庆食物，例如烤鸡，现在已经随处可见了。外出吃饭成了消遣，是一种娱乐或旅游的形式，其追求的目标是享受新的氛围，品尝新的或者奢华的食物。

吃中等饮食长大的儿童，通常身高和体重都超过了吃低端饮食长大

图8.12 这张照片显示的是1960年前后，正值尼日利亚独立时期，一名尼日利亚人从挪威卑尔根的一名鱼贩手里买到了鱼干。彼时尼日利亚人正开始吃现代西方的白面包，但依然用16、17世纪引入的鱼干和辣椒为菜品调味，而且他们仍然很喜欢吃本土的橄榄油和红薯泥（Photo Atelier KK, Bergen, picture collection of Bergen University Library）。

的父母。肉毒杆菌中毒不再像过去那样危险。佝偻病造成的罗圈腿、甲状腺肿大造成的大脖子病、坏血病和糙皮症造成的皮肤斑和瑕疵，20世纪早期所有这些即使在美国这样富裕的国家也很常见的疾病，如今已经不怎么看到了。墨西哥妇女不再因为推几个小时的石磨而变得虎背熊腰，或者得膝关节炎。正如世界卫生组织的一名营养学家所指出的，许多曾经致残的疾病，如吃稻米地区的蛋白质营养不良症等，如今已经随着更富营养饮食的出现而消失不见了。[117] 在英格兰和威尔士，按照国家统计局办公室的统计数据，因肠胃感染而导致的死亡病例，1900年每10万人中有100例，2000年已经基本下降到零死亡率，虽然报道的数量很可能是增加了的。[118]

1997年，美国有1370万人在食品加工、销售领域或餐饮业工作，相当于劳动力的十分之一（不包含军队），而且绝大多数情况下人们都是自愿选择或为了工资去从事这些工作，而不是像过去那样为生活所迫，只能拿出全天的时间去捣碎、研磨，或者需要为大家庭准备一日三餐。像麦当劳和沃尔玛这样专门从事零售业和食品服务业的公司，也加入了专做食品加工的跨国集团之列。它们不仅提高了农业和分销领域的行业标准，还为就业和社交生活创造了新的机会。新的运输方式，如长途货运、冷藏货运和空运等，拉低了价格，使人们能够买到反季的异国美食。20世纪50年代，北卡罗来纳一个货运巨头将集装箱引入行业，从而减少了公路货运、铁路运输和船运之间的转移成本。

机械化农耕成为世界上较富裕地区的常规做法。在北至加拿大、南到阿根廷的气候温和的美洲草原上，在澳大利亚、印度、中国、欧洲和苏联的部分地区，都种上了粮食。这些地方当中有许多还种上了大豆和玉米，好为日渐增多的牛提供饲料。通过开辟新的耕地，引入拖拉机、肥料和杂交玉米，以及新的小麦、水稻和玉米品种，为全世界提供了足够的粮食供给。20世纪60年代，洛克菲勒资助的研究结果催生出了一场绿色革命，避免了大规模饥荒的发生。高效的挤奶机器、人工授精、对泌乳周期的细心照顾，以及新的牛畜喂养方式，使乳制品制造业一年到头都能提供安全、新鲜、平价的牛奶。在印度，绿色革命之后随之而来的是白色革命。中国则拥有世界上最大的奶牛场。有着炎热地中海气候的地区，例如地中海沿岸各国、美国加利福尼亚州的中央河谷、墨西哥的巴希奥、智利、澳大利亚南部、甚至非洲的部分地区，为世界上的大城市提供水果和蔬菜。虽然农场的许多工作依然是由最贫穷的人口来完成，而且通常不是在他们自己的土地上，但人力还是在逐渐被化石燃料驱动的机器所取代。

尽管取得了这么多进展，但是一些老问题仍没有解决，新的问题也在不断出现。在20世纪的大部分时间里，饥荒发生的规模比以往任何时候都要大，而且通常是有意的政策、失误或缺乏行动所致。1932年，约有240万~750万乌克兰人死于饥荒。1943年，孟加拉大饥荒的死亡人数超过了盟军在第二次世界大战期间的阵亡总数。1970年，导致尼日利亚陷入分裂的比夫拉内战导致100万人死于战争和饥荒。在过去的一个世代里，尽管人口总数暴涨，饥荒也越来越少，但要卷土重来也是非常容易的。在较贫穷的国家里，那种旧的模式依然存在：一小部分社会精英吃高级饮食（虽然不像古代帝国那样奢侈夸张），庞大的农村人口从事加工行业而且吃着低端饮食。许多穷人依然饱受慢性营养不良之苦。其他人面临中等饮食的丰盛所造成的健康问题，也丝毫没有招架之力。

那些较富裕的国家已经证明，根除不当的饮食远比想象的困难。在富国和不那么富裕的国家，肥胖症和富贵病（例如心脏病和糖尿病）的发病率不断上升，这通常要归因于多肉、多油、多糖的中等饮食，以及长期久坐不动的生活方式。牛奶、加工肉类和新鲜蔬菜、水果漫长的供应链和较高的消耗量，都为细菌繁殖提供了理想的温床，这也就意味着要面临来自大肠杆菌和沙门氏菌的新风险。改善园艺生产率的研究始终滞后于提高粮食生产率的研究。粮食贸易被局限在几个行事隐秘的公司手里，而人们对肉和牛奶的需求还在不断增长。

最后的一些想法

本书开篇时我就说过，人类就是会煮饭的动物，我们将植物和动物从原材料转变成食物，对于这一点我的态度一直是非常严肃的。全世界70亿人口都在吃加工过和烹饪过的食物。谷物有着传统的优势，它们富含热量和营养素，能够做成许多不同种类的食物，也非常便于运输和储藏，这使得几千年来它们作为食物原材料一直非常重要。用小麦、稻米和玉米做成的食物，至今仍是世界上绝大多数热量的来源，而稍差一些的谷物和根茎类植物依然是穷人赖以果腹的食物。我们和生活在历史上最早的城市和国家的先辈一样，依然吃着差不多同样的种子、根茎和块茎、坚果、水果和蔬菜，虽然当中有很多通过育种和饲养已经发生了改变。如果要说有什么不同，那就是我们吃的植物和动物相比以前减少了。我们更少依靠野生动植物存活，而更多依靠驯养的动植物，因为它们的育种以及口味更容易被我们控制。

但是使用同样的原材料，相比我们的祖先，我们能够获得更多种类的食物、菜品、餐点和饮食。在过去的几个世纪里，我们已经探索出了如何通过烹饪改变动植物的口味、烹饪方法和营养属性。经过碱处理的玉米被磨成面糊后能够形成一个黏性很强的面团，单纯磨碎的玉米是做不到这一点的，用烤盘烤熟就成了一种很柔软的薄饼（墨西哥玉米饼），这同样也是没有经过碱处理的玉米做不到的。切成薄片或捣碎的肉瞬间就能煮熟，掺了酵母的面粉能够发酵。借助烹饪，人们创造出了更加多样化的新口味和新口感。玉米饼和玉米面包味道非常不同，发酵面包和面饼、腌咸肉和鲜肉也都不一样。经过精磨的可可豆会有一种顺滑的口感，而用石磨简单处理的可可豆则会有很明显的颗粒感。通常情况下，烹饪能够增强食物的安全性和营养性。许多芋头和木薯的品种在生吃时是有毒的，玉米生吃不仅没什么营养，而且还有可能含有有毒的真菌，所有食物生吃时都比煮熟后更不容易消化。当然烹饪也并非只有好处，因为在改善某些烹饪方法、口味和营养属性的同时，其代价是弱化了其他方面。作为一款配料的白糖有许多优点，几乎人人都喜欢它的味道，但是很多人担心，白糖虽然能提供热量，却并没有提供多种营养素。糙米或许比白米更健康，但是许多大米爱好者既不喜欢它的烹饪方式，对于它的味道也不怎么恭维。

但是多少个世纪以来，烹饪的好处还是远远超过其代价的。中国的面条和酱油、罗马的酱汁和发酵面包、伊斯兰国家的蒸馏法、西方的蛋糕和巧克力，都是足以和中国的青铜器、罗马的水渠、伊斯兰的陶艺以及西方的蒸汽引擎相比肩的巨大技术成就。名厨艾梅里尔曾在他的电视节目上对观众打包票说，烹饪不是什么高精尖科技，但他错了。烹饪技巧的使用或许很简单，但是这些技巧的从无到有，的确是一门相当艰深的学问。

然而，这种农耕－家庭－民族国家的烹饪史发展路线，模糊了烹饪给人们生活带来的改变。通过强调生产原材料的农耕环节，它忽略掉了将资源变成食物所要做的工作。相反，它暗示食物离农场的大门越远，就越不天然、越不道德。我们辩称家庭烹煮的食物相比工业化生产的更好吃、更健康，却因此而低估了罗马人大规模的高效烘焙坊和鱼酱作坊、佛教寺院里的茶叶加工设备、荷兰的鲱鱼包装工厂、法国的甜菜炼糖厂，以及世界各地的轮碾磨坊，它们曾经改善了人们的饮食，减轻了沉重的体力负担，也增加了美味食物的种类。实际上，居家烹饪和工业化加工共同形成了一个连续体，使用机械、热学、化学和生物化学的方法让农产品变成可以吃的食物。农耕-家庭-民族国家的叙事方式将焦点放在了民族饮食层面，因此低估了烹饪创新的长距离传播是多么重要。如果我们认为吃到更好食物的方法就是多吃一些加工步骤少、更自然的食物，多一些居家烹饪，多一些本地食物，那么我们就等于切断了自己将来吃到更好食物的可能。

虽然烹饪对于我们所吃的食物，无论是多样性、品质、健康性，还是单纯的可口性都有所改善，但是直到最近，这些优点的分布仍是非常不平均的。那些平时做饭的人，生活中要不间断从事耗时费力而又艰苦繁重的劳动，当今世界仍然有很多人在过这样的生活。饮食哲学假设并巩固的是一个不公正的世界，而食物正是这种不公正性最显著的象征。丰收时，农夫和匠人都能吃得好，但是在那之前要一直忍受饥饿。那些隶属于某些机构的人，例如仆人、学徒、侍从、士兵和水手，或许吃得更好，也有更稳定的食物供给，但其代价是给什么吃什么，没有选择，还要对此感恩戴德。由于能够激发烹饪创新的饮食哲学，通常都在关注如何为王室提供奢华的食物，或者为宗教精英分子提供高雅的食物，在改善大多数人口的饮食方面几乎毫无建树。甚至出于维持等级制的目的，富裕阶层本身的选择也是受到限制的。女性常常被排除在高级饮食之外，除了可以喝些水果饮品，例如在波斯，或者可以饮茶，例如在英国。帝王必须在公开场合吃饭，不仅要吃得铺张奢华，还要按照习俗和仪式的要求来吃。据报道，爱丁堡公爵曾经抱怨说："我从没见过任何一道家常菜。我能吃到的都是这些精致玩意儿。"

只有到了 19 世纪，伴随更具包容性的政治理论的出现，食品加工才被赋予新的职能，即为全体人口提供体面又吃得起的食物。化石燃料带来了能量的巨幅增长，从而使得人们能够控制冷热和压力，而在过去的几百年里，对生化工序的理解对于中等饮食的出现，有着至关重要的作用。就如同掌握谷物种植是等级制出现的必要条件一样，工业化食品加工方法的出现，也是社会等级制度被削弱的必要条件。它不仅减少了食物加工所必需的人类劳动力，还降低了食物价格，使更多的人能够买得起各种饮食。在世界上较富裕的那些地区，高级饮食和低端饮食之间的分野即使不能说已经彻底消失，但至少也变得相对没那么重要了。

对于当今世界上较富裕的那部分人来说，吃高级饮食还是低端饮食，跟一个人出生所决定的社会阶层没有关系，而是一个选择问题：早餐吃一片快速烤好的吐司，忙碌的晚上吃个比萨，家人聚在一起时吃一顿家常菜，和朋友一起下下馆子，或者夜晚在一家高级餐厅里接受一次千载难逢的款待。在这个美好的世界，王子可以吃拉面，总统可以吃汉堡，现实生活中的男士可以吃法式乳蛋饼，女士也可以喝威士忌，而如果只是非常偶尔地吃一次高级大餐，这个目标也是非常容易实现的。

在本书即将结束之际，我花了 10 分钟，走路去往墨西哥城的一家超市，那是一家沃尔玛，说来也不意外，我想就算不是沃尔玛，也会是一个像谢德拉维那样的墨西哥连锁超市。那里和往常一样繁忙，来来往往挤满了各色各样前来购物的人，从西边的有钱社区到东边的中产阶级社区，再到南边的工人阶级社区，不一而足。他们选购的是给孩子当放学后零食的宾堡松软白面包，是从烘焙坊出炉的相当体面的手工面包，以及从玉米饼店新鲜出炉的热玉米薄饼——不是最好的，但也不至于最差。有时间做饭的人会选上半打不同的干辣椒做莎莎酱，选好猪蹄和三种牛百叶，从大根的管子里购买混酱，再买半打不同种类的豆子丢到什锦锅里，加上 20 多种蔬菜，其中包括传统的藜麦。不想做饭的人则可以从半成品中挑选，例如烤鸡、莎莎酱、西班牙塞拉诺火腿、葡萄叶卷、炸碎肉丸子、阿拉伯玉米饼（即皮塔饼）、高达乳酪、山羊乳酪、各种蔬菜沙拉，以及切好的水果。路上还有一些小贩，摊子上堆了一尺高的薄牛肉片和一袋袋鼓鼓的面包卷，做成墨西哥三明治卖给行人。

曾经在墨西哥城的超市里购物的许多母亲和祖母，每天要花费几个小时研磨食物，如今她们能从这个聚宝盆一样的地方直接挑选来自世界各地的食物，什么价格的都有。中等饮食比早先的面包－牛肉饮食丰富多了。就在我走路去沃尔玛的那一天，我收到了斯坦福大学研究生同学的一封信。他在研究莫桑比克的女性，她们花在捣玉米上的时间之多令他感到惶恐。他试图找一家电动机械磨坊，将她们从这项让人筋疲力尽的家务活中解脱出来，给她们更多的时间去关心孩子，做一些有钱赚的工作，甚至能在烹饪方面多接触一些如今在墨西哥已经司空见惯的选择。

然而，许多人还是会担心古老饮食模式的遗失，以及转向现代中等饮食后带来的富裕病。"幸运的是，快餐和软饮料是穷人可望不可即的，他们因此也能免于应对西方饮食所带来的问题。"一位世界卫生组织的营养学家这样说，也是这位营养学家，曾说自己乐于见到贫困病的消失。[119] 但现在危在旦夕的正是人们做出选择的能力。《华尔街日报》曾报道说："自由……只是烤肉的另一个代名词。"[120] 这很容易被看成对伟大理想的庸俗化表述，但实际上不是的。良好的食物，能够自由选择的食物，这本身就是自由生活的一个组成部分。虽然这种选择所附带的责任要求我们每个人都要明智地选择自己的食物，但肯定没有人想要被权力限制自己吃什么，哪怕是以健康的名义。

我们面临的挑战在于如何认识到不是所有的现代饮食都是合适的，但同时避免将过去的饮食浪漫化；如何认识到现代饮食的确存在健康和公正方面的问题，但又不要盲目断定这些问题是新出现的；要直面过于丰盛所带来的新挑战，但又避免落入家长式统治和威权主义的窠臼；要将工业化食品加工的好处延伸到所有还在靠杵和臼劳作的人，还要意识到喂饱这个世界，并不是简单地提供足够的热量而已，而是要赋予每个人中等饮食所蕴含的选择、责任、体面和快乐。

注　释

导　言

1　我们在本书中使用的"cuisine"一词，源自法语，是"厨房"的意思，后用来转喻指代烹饪风格，还有一些词与之类似，如西班牙语中的"cocina"、葡萄牙语中的"cozinha"、意大利语中的"cucina"、德语中的"Küche"，以及俄语中的"kukhnya"。研究食物的学者对"cuisine"一词的使用方式各不相同。人类学家 Jack Goody 在他的 *Cooking, Cuisine, and Class*, 97–153 中对所谓的无阶级社会饮食和等级社会的高端饮食做了明确的区分。而 Trubek 的 *Haute Cuisine*，Korsmeyer 的 *Making Sense of Taste* 和 Ferguson 的 *Accounting for Taste*, 3, 19 则都是主要用"cuisine"这个术语指代高端饮食。我对这个术语的使用更接近于 Belasco 的 "Food and the Counterculture" 和 Cwiertka 的 *Making of Modern Culinary Tradition in Japan*, 11。但与他们不同的是，我将饮食哲学与饮食置于同等关键的地位。

2　尽管"现代"这一概念被大量使用于各种不同的历史编纂传统，但历史学家和社会科学家依然对它充满怀疑，因为这个概念太模糊了，而且在全球范围内使用时，太具有欧洲中心论的倾向了。不过尽管存在许多争论，但绝大多数学者都同意自 17 世纪以来，情况已经发生了变化。我将对这些变化中属于饮食领域的层面做一番探索，因此姑且也算对这场"现代性"的争论有所助益吧。

第一章　学会烹制谷物　公元前 2 万—前 300 年

1　Wrangham, *Catching Fire*；有关烹饪、日常膳食和人类进化的讨论，见 Aiello and Wells, "Energetics"；Aiello and Wheeler, "Expensive-Tissue Hypothesis"；M. Jones, *Feast*, chap.4; Leonard, "Dietary Change"。关于用火和史前烹饪比较早期的作品，见 Perlès, *Prehistorie du feu*。

2　Wrangham, *Catching Fire*, chap.1; Freidberg, *Fresh*. 这里值得顺带说一下的是，几个世纪的育种过程同样也意味着以 Eaton and Konner 的 "Paleolithic Nutrition" 等作品为基础的所谓"旧石器时代饮食"不太可能代表旧石器时代人们的真正食物。

3　我将重点放在烹饪所涉及的多种步骤上，这一点和 Wrangham, *Catching Fire*, chap.3 不同。或许火的使用对于人类学会烹饪有特殊的重要性，但是要理解饮食的演进，将所有收获后的变化考虑进去，这一点也是至关重要的，而不仅仅是理解对热的使用。有关伴随烹饪而来的营养学上的转变，见 Stahl, "Plant-Food Processing"；关于烹饪科学，见 McGee, *On Food and Cooking*。

4　关于炉床食物的多样性和复杂性，见 Rubel, *Magic of Fire*；关于炊坑烹饪，见 Wandsnider, "Roasted"。

5　Piperno et al., "Processing of Wild Cereal Grains"；Revedin et al., "Thirty Thousand-Year-Old Evidence"。

6　考古学家通过筛选发掘地的土壤寻找细微的植物残余，借助分光镜从烹饪器具中识别出蛋白质、血液和脂肪，开展关于古代食物加工技术的实验，从植物和人类遗存中提取少量 DNA，从而探寻植物和人类的历史痕迹。传统的资源包括绘画和雕塑、文字史料，如税收记录、食谱、叙事诗和服务订单、家庭账簿等，还有烹饪设备，以及因为火山爆发、陪葬而得以保存下来的一些罕见的食物，在冻冰和酸沼中保存下来的尸体胃袋中，在风干的粪便中也能有所发现。见 Samuel, "Approaches"。

7　关于中国黄河流域的黍饮食，见 Chang, "Ancient China"; Anderson, Food of China, chaps.1 and 2; Nelson, "Feasting the Ancestors"; Sterckx, ed., Of Tripod and Palate, chaps.1–5; Yates, "War, Food Shortages, and Relief Measures"; 有关综合背景，见 Gernet, History, chaps.1–5。

8　Fuller, "Arrival of Wheat in China"。

9　Legge, Chinese Classics, 4: 171–72。

10　这些亚洲的酒是用粮食酿造的，其酿造工艺既不同于用麦芽酿制的啤酒，也不同于用水果酿制的葡萄酒，因此为了强调它们的不同，我特别用它们的中文名称之为"曲"酒。具体细节见 Huang, Fermentations and Food Science, 149–68, 457–60。

11　Puett, "Offering of Food"。

12　Knechtges, "Literary Feast", 51。

13　Chang, "Ancient China", 37。

14　Sterckx ed., Of Tripod and Palate, 38。

15　关于东南亚根茎类饮食在太平洋地区的传播，见 Kirch, On the Road of the Winds; Holmes, Hawaiian Canoe, chap.2; Bellwood, "Austronesian Dispersal"; Pollock, These Roots Remain; Skinner, Cuisine of the South Pacific; Titcomb, Dog and Man。

16　Fuller, "Debating Early African Bananas" and "Globalization of Bananas"。

17　Fuller et al., "Consilience"。

18　Achaya, Oilseeds and Oilmilling, 142。

19　Bottéro, Oldest Cuisine in the World; Pollock, "Feasts, Funerals, and Fast Food"。在过去的150年里，考古学家发现了大量有关这种饮食的证据，包括王室膳食所需的食材数量表，作为薪资发放的大麦数量表，涉及食物的商业信件，以及预测未来的协定、字典、约公元前1600年的40份阿卡德食谱，以及收藏于尼尼微图书馆的泥板《吉尔伽美什》史诗。

20　Potts, "On Salt and Salt Gathering"。

21　Sandars, ed., Epic of Gilgamesh, 109, 93。

22　Bottéro, Oldest Cuisine in the World, 30.在 Bottéro 原本的译文括号中的是"小"和"酥皮"，我将之改成了"鸡心、鸡肝"和"无法翻译"。也见 Ellison, "Diet in Mesopotamia" and "Method of Food Preparation in Mesopotamia"。

23　Katz and voight, "Bread and Beer", 27; Katz and Maytag, "Brewing and Ancient Beer"。

24　Zeder, Feeding Cities, 34–42。

25　Forbes, R. J., Studies in Ancient Technology, 3: 175–76; Potts, "On Salt and Salt Gathering", 266–68。

26　Edens, "Dynamics of Trade"。

27　整体背景见 Barfield, Nomadic Alternative. Encyclopedia Judaica, s.v. "Food"; Cooper, Eat and Be Satisfied, chaps.1–4。

28　Achaya, Indian Food, chap.3; Fuller and Boivin, "Crops, Cattle and Commensals", 21–22。

29　Quoted in Achaya, Indian Food, 28。

30　Cunliffe, Europe Between the Oceans, 94–96, 239–45; Unwin, Wine and the Vine, chap.4; Dalby, Siren Feasts, chap.2。

31　Homer, Iliad 9.202–17.关于制作大麦面饼可能的做法，见 Braun, "Barley Cakes and Emmer Bread", 25–32; Kaufman, Cooking in Ancient Civilizations, 82–83。

32　最早描述凯尔特人的希腊人是公元前140年前后的波利比乌斯。随后来自叙利亚西部、在罗兹岛定居的波希多尼给出了更完整的描述，虽然他的作品没有流传下来，但西西里的狄奥多罗斯和斯特拉博，以及尤里乌斯·恺撒，都曾引用过。Powell, Celts, 108–9, 139, 53; Herm, Celts, chap.4. McCormick, "Distribution of Meat"。

33　Carney and Rosomoff, Shadow of Slavery, chap.1; Fuller and Boivin, "Crops, Cattle and Commensals", 23; Ricquier and Bostoen, "Retrieving Food History"。我们所掌握的最早的书写记录要比这晚得多。见 Lewicki, West African Food。

34　Mackie, Life and Food, 32–36。

35　Coe, America's First Cuisines, chaps.12 and 13。

36　Ibid., chaps.2 and 3; Pool, Olmec Archaeology and Early Mesoamerica, 146; Mann, 1491, 194, 213; Pope et al., "Origin and Environmental Setting"; Diehl, Olmecs。

37　Zarrillo et al., "Directly Dated Starch Residues".

38　Huang, *Fermentations and Food Science*, 18; Achaya, *Indian Food*, 31.

39　Johns, *With Bitter Herbs*, chaps.3 and 8; appendices 1 and 2.

40　关于毒性，见 Johns, *With Bitter Herbs*, and Schultz, "Biochemical Ecology"；关于霉菌和污染，见 Matossian, *Poisons of the Past,* and Lieber, "Galen on Contaminated Cereals"。

41　Hillman, "Traditional Husbandry". 关于埃及制作面包和啤酒的劳作方式，见 Samuel, "Ancient Egyptian Bread and Beer" "Ancient Egyptian Cereal Processing" "New Look at Bread and Beer" "Investigation of Ancient Egyptian Baking and Brewing" and "Bread in Archaeology"；Samuel and Bolt, "Rediscovering Ancient Egyptian Beer".

42　关于18世纪研磨机的版画，见 Coe, *America's First Cuisines*, 15；关于研磨的奴隶，见 Hagen, *Handbook of Anglo-Saxon Food*, 4；关于研磨的耗时，见 Bauer, "Millers and Grinders"，以及我的个人体验；关于早期的研磨，见 Stork and Teague, *Flour for Man's Bread*, chaps.2-5；关于一座古代村落的石磨数量，见 Hole et al., *Prehistory and Human Ecology of the Deh Luran Plain*, 9。

43　Meyer-Renschhausen, "Porridge Debate".

44　Concepción, *Typical Canary Cooking*, 89-92.

45　Dorje, *Food in Tibetan Life*, 61-65.

46　Maurizio, *Histoire de l'alimentation végétale*, pt.3; Meyer-Renschhausen, "Porridge Debate".

47　关于早期的面包，Rubel, *Bread*, chaps.1 and 2；关于余烬和石烤板，Rubel, *Magic of Fire*, 154-64。

48　Grocock and Grainger, trans. and eds., *Apicius*, 73-83.

49　活性剂几乎都是曲霉属菌或者根霉属菌的霉菌，而不是西方常见的酵母菌和乳杆菌。Ssu-hsieh, "Preparation of Ferments and Wines"; Huang, *Fermentations and Food Science*, 149-282. For India, Kautilya, *Arthashastra*, 805-6。

50　Samuel, "Investigation of Ancient Egyptian Baking and Brewing".

51　Katz and voight, "Bread and Beer"；酿酒师 Thomas Kavanagh 怀疑，如果不借助陶器，恐怕不可能维持必要的温度。Kavanagh, "Archaeological Parameters"。

52　Messer, "Potatoes (white)", 197.

53　中世纪标准的食物配给量是每天两磅到三磅面包、一加仑浓啤酒（Scully, *Art of Cookery in the Middle Ages*, 36-37）。在中世纪和近代早期的意大利，标准量是每天两磅面包，如果能吃到肉则要减少到一磅（Montanari, *Culture of Food*, 104-5）。18世纪法国的一个四口之家需要六磅面包，其中父亲需要2.5磅，母亲需要1.5磅，剩下的分给两个孩子（Morineau, "Growing Without Knowing", 374-82）。"中国人在过去的六七个世纪里生产出了足够的粮食，人均年供应量达到约300千克，即平均每天1.8磅（Mote, "Yuan and Ming", 200）。"也见第二章中关于罗马军队配给的数据。

54　关于驮马，见 Engels, *Alexander the Great*, 14-18, 关于船运, 26; Thurmond, *Handbook of Food Processing in Classical Rome*, 2; A. H. M. Jones, *Later Roman Economy*, 841-42。由于我们手上没有古代世界的数据，我以19世纪的德国作为一个提示性范例。那时候，谷物要运送五六十英里，运输成本才能与其价值相匹配。根茎类食物（这里指的是牛皮菜、甜菜和马铃薯）只能运输4～10英里。Landers, *Field*, 89. 关于补给的复杂性，见 Campbell et al., *A Medieval Capital* 中对中世纪伦敦的研究成果。

55　Adshead, *Salt and Civilization*, 7, 8, 24.

56　McGee, *On Food and Cooking*, 581.

57　"Waxworks."

58　关于蒂雷尔，见 Scully, *Art of Cookery in the Middle Ages*, 252；关于瓦德勒，见 Wheaton, *Savoring the Past*, 143-47。

59　关于水的使用，见 C. Davidson, *Woman's Work Is Never Done*, 14；关于燃料的使用，见 Braudel, *Mediterranean*, 1: 173-74。

60　K. D. White, "Farming and Animal Husbandry", 236; McGee, *On Food and Cooking*, 226; Bray, *Agriculture*, 4.

61　Torres, *Catalan Country Kitchen*, 104.

62　Hanley, *Everyday Things in Premodern Japan*, 91.

63　Bray, *Agriculture*, 378; Yates, "War, Food Shortages, and Relief Measures"; Garnsey, *Food and Society*, chap.3.

64　Garnsey, *Famine and Food Supply*, 28–29; Zhou, ed., *Great Famine in China*, 69–71.

65　Camporesi, *Bread of Dreams*, 122.

66　Garnsey, *Food and Society in Classical Antiquity*, 39; "Steven Kaplan on the History of Food" 谈到了 Camporesi, *Bread of Dreams*。

67　P. Brown, *World of Late Antiquity*, 12.

68　Crone, *Pre-Industrial Societies*, 8.

69　Sutton, "Language of the Food of the Poor", 373.

70　Adshead, *Central Asia in World History*, 67–68.

71　这些作品当中有许多在历经若干个世纪的口耳相传之后以文字的形式保存了下来。《诗经》中收录了祭祀时吟唱的颂歌，传统上一直认为是孔子在公元前6世纪编订，但几乎可以肯定这些颂歌都有更古老的来源。直到汉代学者从遭焚毁后的断简残篇中进行重建，《诗经》才真正有了定本。

72　可参考570年的文献（Stathakopoulos, "Between the Field and the Plate", 27–28）。

73　Shaw, "Fear and Loathing", 25.

74　Herodotus, *Histories* bk.4. 关于持同情立场的叙述，见 Cunliffe, *Europe between the Oceans*, 302–9。

75　Homer, *Odyssey* 20.108.

76　*Encyclopedia Judaica*, 1415; Braun, "Barley Cakes and Emmer Bread", 25; Kaneva-Johnson, *Melting Pot*, 223; Field, *Italian Baker*, 11; Delaney, *Seed and the Soil*, 243; Hanley, *Everyday Things in Premodern Japan*, 163.

77　Loha-unchit, *It Rains Fishes*, 17–19.

78　Grimm, *From Feasting to Fasting*, 44–53.

79　Temkin, "Nutrition from Classical Antiquity to the Baroque", 95.

80　Chakravarty, *Saga of Indian Food*, 11.

81　R. Eaton, *Rise of Islam and the Bengal Frontier*, 163.

82　Lévi-Strauss, *Introduction*, 3. *The Origin of Table Manners*, 486; Ramiaramanana, "Malagasy Cooking", 111.

83　Chang, *Food in Chinese Culture*, 51.

84　Briant, *From Cyrus to Alexander*, 302–23. 这种认为"统治者应该为穷人提供维持温饱的基本饮食"的观念由来已久。E. P. Thompson 将穷人对至少能有饭吃的期待描述为对一种道德经济的信仰。见 Thompson, "Moral Economy"。

85　Singer, *Constructing Ottoman Beneficence*, 142.

86　Yates, "War, Food Shortages, and Relief Measures in Early China", 154.

87　MacMullen, *Christianity and Paganism*, chap.2; Puett, "Offering of Food".

88　Bray, *Agriculture*, 80; George, trans., *Epic of Gilgamesh*, 901.

89　Detienne and Vernant, *Cuisine of Sacrifice*, 21–26.

90　Lev. 2:13.

91　Lincoln, *Priests, Warriors, and Cattle*, 65.

92　Gen. 32.

93　Finley, *Ancient Sicily*, 54–55.

94　Kierman, "Phases and Modes", 28.

95　Feeley-Harnik, *Lord's Table*, 64–66.

96　Bradley, "Megalith Builders", 95; Finley, *Ancient Sicily*, 54–55 and 46; *Encyclopaedia Britannica*, 11th ed., vol.6, s.v. "Cocoma".

97　Dalby, *Siren Feasts*, 2, quoting from Menander, *Bad-Tempered Man*, 447–53.

98　Zimmermann, *Jungle*, 128. John Milton 在 *Paradise Lost*, Book 5, 320–450 中描绘了伊甸园里夏娃如何混合并改进各种食物，呈献给天使加百利。

99　Chang, *Food in Chinese Culture*, 31.

100　Sterckx, *Of Tripod and Palate*, 47.

101　Huang, *Fermentations and Food Science*, 97.

102　有关矿物质世界在饮食宇宙论中的融入，见 Laudan, *From Mineralogy to Geology*, 20–32。

103　*Hippocrates on Diet and Hygiene*, 36.

104　关于栽培作物的烹煮，见 Detienne, *Gardens of Adonis*, 11–12. 见 e.g., Aristotle, *Meteorologica* 4.3; the Aristotelian *Problemata* 10.12 and 22.8; Xenophon, *Oeconomica*, 16.14–15。关于作

为烹饪的酿酒法，Lissarague, *Aesthetics of the Greek Banquet*, 5。

105　Lévi-Strauss, *Introduction*, 1: 335-36.

106　Sabban, "Insights", 50.

107　关于中国，见Unschuld, *Medicine in China*, chap.3；关于古典世界，见Siraisi, *Medieval and Early Renaissance Medicine*, 97-106, and Albala, *Eating Right in the Renaissance*, chaps.2 and 3；关于印度，见Zimmermann, *Jungle*, esp. chap.3；关于波斯，见Lincoln, "Physiological Speculation", 211, 215；关于中美洲，见López Austin, *Cuerpo humano*,59, 65; Ortiz de Montellano, *Medicina*, 44-45。

108　关于对应关系，见Porter, ed., *Medicine*, 20-21; chap.4; Lincoln, "Physiological Speculation and Social Patterning"; López Austin, *Cuerpo humano*, 58-62, and Ortiz de Montellano, *Medicina*, 60-64,论证说新大陆的系统是独立演进而来的。Albala, *Eating Right in the Renaissance, Postscript*,倾向于认为新大陆的系统要么是被西班牙人带来的，要么就是深受其影响，因此不可能区分出哪些是前西班牙时期的理论。

109　Stathakopoulos, "Between the Field and the Plate", 27-28.

110　Sterckx, *Of Tripod and Palate*, 47.

111　Kuriyama, "Interpreting the History of Bloodletting", 36.

112　R. J. Forbes, *Studies in Ancient Technology*, 8: 157-95.

113　P. Colquhoun, *Treatise on Indigence*, 7-8.

第二章　古代帝国的大小麦祭祀饮食　公元前500—公元400年

1　"帝国"一词来自拉丁语中的"imperium"，指的是授予政务官代表罗马施政的权力，但后来意思渐渐演变成表示对多重管辖权的统治。有关帝国的概论，见Doyle, *Empires*; Lieven, *Empire*。

2　Bottéro, *Oldest Cuisine in the World*, 99-101.

3　Briant, *From Cyrus to Alexander* 借助近期研究，对那些以古希腊旅行者的传说（特别是色诺芬的作品，在成为波斯军队的雇佣兵之后，色诺芬为居鲁士撰写了一部传记）、拜火教圣书《阿维斯陀》以及波斯波利斯出土的碑文（即埃兰城要塞碑文）为基础的更古老的阐释进行了重新评估。关于饮食部分，见200-203。有关波斯文明的更简洁介绍，见Cook, *Persian Empire*。关于亚述和阿契美尼德饮食的连续性，见Parpola, "Leftovers of God and King"，关于与中国的关联，见Laufer, *Sino-Iranica*。在针对现在伊朗地区存在的漫长饮食传统进行的一场大规模调查中出现的食谱，见Nasrallah, *Delights from the Garden of Eden*。

4　Rüdiger Schmitt, "Cooking in Ancient Iran", www.iranicaonline.org/articles/ cooking#pt1 (accessed 16 August 2012).

5　Briant, *From Cyrus to Alexander*, 124-28; Lincoln, "À la recherche du paradis perdu"; Lincoln, *Religion, Empire, and Torture*, esp. chaps.3 and 4.学者正试图厘清阿契美尼德哲学和拜火教神学之间的复杂关系，例如，关于"植物和水果在最理想的原始状态下是没有皮和刺"的论断，最早出现在萨珊时期（224—651年）的文献中。见Touraj Daryaee, "What Fruits and Nuts to Eat in Ancient Persia?" http://iranian.com/History/2005/September/Fruits/ Images/TheFruitOfAncientPersia.pdf(accessed January 6, 2013).

6　Kozuh, *Sacrificial Economy*, abstract.

7　M. Harris, *Good to Eat*, 67-87; Soler, "Semiotics of Food in the Bible"; Douglas, *Purity and Danger*, chap.3.有关食物禁忌的精确描述，见Simoons, *Eat Not This Flesh*。

8　"Garden", www.iranicaonline.org/articles/garden-i(accessed 16 August 2012).

9　关于水的使用，见Briant, *Cyrus to Alexander*, 263；关于厨师的数量，ibid., 292-93；关于常见的露营随从人员，见Engels, *Alexander the Great*, 1。

10　Crone, *Pre-Industrial Societies*, 40.

11　Bentley and Ziegler, *Traditions and Encounters*, 1: 143-44.既然80万公升的空间能够存放120万磅的粮食，那么假设每个人每天需要两磅重的粮食，这个存量可以供1650个人吃一年。

12　Lewis, "King's Dinner"; Sancisi-Weerdenburg et al., "Gifts".

13　www.sacred-texts.com/zor/sbe31/sbe31025.htm (accessed December 16, 2012).

14 Xenophon, *Cyropaedia* (Life of Cyrus), 8.2.

15 Quoted from Athanaeus, *Deipnosophistae*, 12.1516d, in Wilkins and Hill, "Sources and Sauces", 437; Harvey, "Lydian Specialties".

16 Xenophon, *Cyropaedia* (Life of Cyrus), 8.2.

17 关于古典时期饮食的基本资料包括 Garnsey, *Food and Society in Classical Antiquity, Peasants and Food in Classical Antiquity, and Famine and Food Supply in the Graceco-Roman World*, and Wilkins et al., *Food in Antiquity*。单讲希腊人的，见 Dalby, *Siren Feasts*。关于食谱和菜单，见 Dalby and Grainger, *Classical Cookbook*, and Kaufman, *Cooking in Ancient Civilizations*。

18 Dalby, "Alexander's Culinary Legacy", 88, quoting Athenaeus 130e quoting Aristophanes.

19 Renfrew, "Food for Athletes and Gods", 174−81, including quotation from Pindar *Ol.* 10.73−87; Detienne and Vernant, *Cuisine of Sacrifice*, 3−13; Schmitt-Pantel, "Sacrificial Meal".

20 Spencer, *Heretic's Feast*, chaps.2 and 4; Sorabji, *Animal Minds*; Grimm, *From Feasting to Fasting*, 58−59.

21 Dalby, *Siren Feasts*, 126.

22 Garnsey, *Famine and Food*, chaps.1 and 2, esp.28; Forbes and Foxhall, "Ethnoarcheology and Storage", 74−75.

23 Hadjisavvas, *Olive Oil*; Amouretti, *Le pain et l'huile*.

24 关于希腊人对酒的看法，见 Lissarrague, *Aesthetics of the Greek Banquet*, and p.5 for Euripides, *Bacchae* 274−83, trans. William Arrowsmith。

25 Lombardo, "Food and 'Frontier' ".

26 Dalby, *Siren Feasts*, chap.5.

27 Murray, *Sympotica*, 尤其是 Schmitt-Pantel, "Sacrificial Meal", 14−33; Fisher, "Greek Associations"。

28 关于酱汁，见 Harvey, "Lydian Specialties", 277；关于长椅，见 Boardman, "Symposion Furniture", 122−31。

29 J. Davidson, *Courtesans and Fishcakes*, chap.1；关于鱼的稀有程度，见 A. Davidson, *Mediterranean Seafood*, 13−16, 48−52.关于菜单，见 Dalby and Grainger, *Classical Cookbook*, 42−55。

30 Dalby, *Siren Feasts*, 121−24.

31 Plato, *Timaeus* 72.

32 Wilkins et al., *Food in Antiquity*, 7−9, 引用并解释了 Plato, *Republic* 2.372a−3c.引文稍做修改。

33 Aristotle, *Nichomachean Ethics* 2.7; *Rhetoric* 1.9.

34 我的阐释和依据的事实是 Dalby, "Alexander's Culinary Legacy"。

35 Engels, *Alexander*, 18−22, 35−36.

36 Lane Fox, *Alexander the Great*, 175.

37 关于早期希腊化时期的饮食，见 Dalby and Grainger, *Classical Cookbook*, 70−81。

38 Dalby, "Alexander's Culinary Legacy", and Ambrosioli, *Wild and the Sown*, 4.

39 孔雀王朝的饮食可以通过 Achaya, *Indian Food* 中的段落来重建，尤其是 chaps.3, 5, 6, 7, 8 and 9；关于吠陀对食物的看法，见 Zimmermann, *Jungle*。

40 Achaya, *Indian Food*, 98ff.

41 soma/haoma 到底是什么？这个主题长期以来引发了诸多争论，关于这些争论的总结见 http://en.wikipedia.org/wiki/Soma (accessed July 17, 2012)。

42 Achaya, *Indian Food*, 54−56.

43 Zimmermann, *Jungle*, 171, 181, and 183.

44 Achaya, *Indian Food*, 54；梵语史诗《摩诃婆罗多》中描述了一场野餐。这部史诗中最古老的片段可以追溯至约公元前 400 年，最终成书于 4 世纪。

45 Zimmermann, *Jungle*, 171.

46 Kautilya, *Arthashastra*, 805−6,

47 关于罗马饮食的基本二手资料包括注释 17 中提及的；Gowers, *Loaded Table*, and Faas, *Around the Roman Table*。关于饮食背景的介绍见 Dupont, *Daily Life in Ancient Rome*, chap.16, and Montanari, *Culture of Food*, chap.1。关于基本技术的资料有 Thurmond, *Handbook of Food Processing*；Grocock and Grainger, *Apicius* 是对主要罗马食谱书的一个

注释翻译版。

48 Gowers, *Loaded Table*, 13.

49 Rosenstein, *Rome at War*, Introduction.

50 Cicero, *Tusculan Disputations*, 199 (5.34).

51 Ibid., 198 (5.34).

52 Celsus, *Of Medicine*, 77ff. (19).

53 Cato, *De agricultura*, Introduction.

54 Roth, *Logistics of the Roman Army*, 57; Vegetius, *De militaris*, 3.26

55 Roth, *Logistics of the Roman Army*, 333.

56 Ibid., 43.

57 Ibid., 以及我的个人观察。我不太相信军队的面包是发酵过的。

58 Cato, *De agricultura*; Gozzini Giacosa, *Taste of Ancient Rome*, 149–50.关于餐点，见Dalby and Grainger, 82–96。关于烹饪和道德之间关系的历史悠久的争论，见Laudan, "Refined Cuisine or Plain Cooking?"。

59 Grimm, *From Feasting to Fasting*, 103.

60 Quoted in ibid., 129.

61 Speake and Simpson, eds., *Oxford Dictionary of Proverbs*.

62 Symons, *Pudding*, 98, quoting Seneca, Epistle 95: 15, 23; 67, 73.

63 Livy, *Ab urbe condita*, 39.6.

64 Grimm, *From Feasting to Fasting*, 103.

65 Ibid., 129, quoting Seneca, *Epistulae morales*, 110.18–20.

66 Malmberg, "Dazzling Dining".

67 "Roman Empire Population". www.unrv.com/empire/roman-population.php (accessed 15 August 2012).

68 Grant, *Galen on Food and Diet*, Introduction.

69 Grant, *Anthimus, De observatione ciborum*, 40, quoting Galen, *On Prognosis*, 11.1–9.

70 关于厨师和厨房的描述，见Grocock and Grainger, *Apicius*, 79–83；关于食谱为适应现代厨房所做的调整，见C. Kaufman, *Cooking in Ancient Civilizations*。

71 Quoted by Clutton-Brock, *Domesticated Animals*, 75–76.

72 Cutting, "Historical Aspects of Fish", 4–5.

73 Curtis, *Garum and Salsamenta*, esp. chap.4.

74 Faas, *Around the Roman Table*, 48–75.

75 关于这类菜色，见Dalby and Grainger, *Classical Cookbook*, 97–113; Dupont, *Daily Life*, 275–78; Grocock and Grainger, *Apicius*; and Kaufman, *Cooking in Ancient Civilizations*, 127。关于酱汁，见Solomon, "Apician Sauce"。关于红鲣鱼和母猪乳，见Martial, *Epigrams*, 3.77 and 11.37。

76 Dalby and Grainger, *Classical Cookbook*, 68.

77 Ibid, 101–2.

78 Lieven, *Empire*, 9.

79 Alcock, "Power Lunches".

80 Grimm, *From Feasting to Fasting*, 3.

81 Quoted by P. Brown, *World of Late Antiquity*, 11; Reynolds, "Food of the Prehistoric Celts", 303–15.

82 J. Robinson, *Oxford Companion to Wine*; Cool, *Eating and Drinking in Roman Britain*, chaps.8–15.

83 Montanari, *Culture of Food*, 11.

84 Cool, *Eating and Drinking in Roman Britain*, 38–41.

85 Wilson, *Food and Drink in Britain*, 72–73, 114–15, 193–97, 276–79, 325–27.

86 Cool, *Eating and Drinking in Roman Britain*, 53–55.

87 Adshead, *Salt and Civilization*, chap.2.

88 Thurmond, *Handbook of Food Processing*, Introduction.

89 Garnsey, *Famine and Food Supply*, 51, quoting Galen, *De facultatibus naturalibus* 6.513.

90 关于高品质、低成本的专业烘焙级面包，见Petersen and Jenkins, *Bread and the British Economy*, chap.2。关于罗马面包，见Thurmond, *Food Processing*, chap.1。

91 "Buying Power of Ancient Coins", http://dougsmith.ancients.info/worth.html (accessed July 20, 2012).

92 Robinson, *Oxford Companion to Wine*, 203. Thurmond, *Food Processing*, chap.3.

93 Curtis, *Garum and Salsamenta*, chaps.1 and 3.

94 Déry, "Milk and Dairy Products in the Roman Period"; Thurmond, *Food Processing*, 189–206.

95 Crane, *Archaeology of Beekeeping*, chap.4.

96 Crone, *Pre-Industrial Societies*, 14.

97 Cool, *Eating and Drinking in Roman Britain*, 17.

98 P. Brown, *World of Late Antiquity*, 16.

99 Cunliffe, *Europe between the Oceans*, 426.

100 Mathieson, "Longaniza".

101 关于中国汉代饮食的基本资料有 Chang, *Food in Chinese Culture*,chap.2；Anderson, *Food of China*, chap.3; Bray, *Agriculture*; Huang, *Fermentations and Food Science*; and the papers by Sabban listed in the bibliography.关于背景介绍，见Gernet, *History of Chinese Civilization*, and Waley-Cohen, *Sextants of Beijing*。

102 Confucius, *Analects*, 82.

103 这些数字，正如Knechtges在"Literary Feast"(49)中所指出的那样是非常理想化的，但是借助它们我们得以一窥厨房操作的规模和重要性。

104 Elvin, *Pattern of the Chinese Past*, 37–38.

105 Waley-Cohen, *Sextants of Beijing*, chap.1.

106 Laufer, *Sino-Iranica*, 185–467.

107 Gernet, *History of Chinese Civilization*, 143.

108 Yates, "War, Food Shortages, and Relief Measures in Early China", 150. Levi, "L'abstinence des céréales chez les Taoistes", esp.5–15.

109 Graham, *Disputers of the Tao*, pt.1, chap.1 and pt.4, chap.1; Unschuld, *Medicine in China*, 4 and 6.

110 Pirazzoli-t'Serstevens, "Second-Century Chinese Kitchen Scene".

111 见 Sabban, "Système des cuissons" and "Savoir-faire oublié".

112 Huang, *Fermentations and Food Science*, 436–461.

113 Sabban, "Insights"; Huang, *Fermentations and Food Science*, 149–418.

114 Huang, *Fermentations and Food Science*, 462–66.和过往一样，技术转移的过程也是技术变革的过程。中国人也会改造旋转石磨用来脱壳，他们使用晒干或烘烤的黏土或木材来做"石磨"，在磨的表面装上用橡树或竹子做的锯齿，当把谷物喂进去时，麸皮就被剥落。1000多年以后，这种方法又被用到了甘蔗身上。Daniels and Daniels, "Origin of the Sugarcane Roller Mill", 525.

115 Huang, *Fermentations and Food Science*, 462–96; Serventi and Sabban, *Pasta*, chap.9.我认同Sabban用的术语。

116 Knechtges, "Literary Feast", 59–63; quotation is on 62.

117 Rickett, *Guanzi*, 428.

118 Bray, *Agriculture*, 314.

119 Ibid., 416–23.

120 Gernet, *History of Chinese Civilization*, 111.

121 Bray, *Agriculture*, 378–79; Will et al., *Nourish the People*, 2–5.

122 Gernet, *History of Chinese Civilization*, 144–45.

123 Coe, *America's First Cuisines* 描述了欧洲人抵达前后美洲饮食的演变。关于健康和宇宙的关系，也见Ortiz de Montellano, *Medicina*；关于玉米在宇宙世界观中交织出现的情况，见Clendinnen, *Aztecs*, 30,181, 188–89, 251；关于考古学上的发现，见Sugiura and González de la Vara, *Cocina mexicana*,vol.1: *México antiguo*, and González de la Vara, *Cocina mexicana*, vol.2: *Época prehispánica*。

124 Alarcon, "Tamales in Mesoamerica".

125 MacDonough et al., "Alkaline-Cooked Corn Products".

126 Clendinnen, *Aztecs*, 30–35, 181, 188–89, 251.

第三章　南亚和东亚的佛教饮食　公元前260—公元800年

1 关于这种新的宗教，有关其传播和交流，见 Bentley, *Old World Encounters*, chaps.2 and 3；关于它在中亚这一饮食传播关键区域错综复杂的历史，见 Foltz, *Religions of the Silk Roads*；基本信息可见 *Handbook of Living Religions*, ed. Hinnells 中的历史部分。

2 Shaffer, "Southernization".

3 印度没有关于佛教饮食历史的概述流传下来。Achaya, *Indian Food*, 55-57, 70-72 曾对此有简单的描述，对于其他或许与之类似的后吠陀饮食的描述则更丰富些。Kieschnick, *Impact of Buddhism*, and Kohn, *Monastic Life in Medieval Daoism*, chap.5,虽然主要是关于中国的，但也探讨了印度的佛教饮食。

4 Keay, *India*, 105.

5 Jha, *Holy Cow*, chap.2, 详细探讨了对动物作为牺牲的拒斥。

6 Ibid., 68; Mather, "Bonze's Begging Bowl", 421.

7 Wujastyk, *Roots of Ayurveda*, Introduction.

8 Kieschnick, *Impact of Buddhism*, 251-52.

9 Achaya, *Indian Food*, 65 介绍了牛奶的烹饪, and 102-3 介绍了牛奶的加工。

10 关于牛奶与印度各宗教的关系，见 Apte and Katona-Apte, "Religious Significance of Food Preservation"；关于搅拌乳海，见 Achaya, *Oilseeds and Oil Milling*, 133-34。

11 关于糖的加工，Achaya, *Indian Food*, 112-14; *Oilseeds and Oil Milling*, chap.10; Mazumdar, *Sugar and Society in China*, 20-22。

12 Kieschnick, *Impact of Buddhism*, chap.4.

13 关于重建佛教的苦行饮食（修行饮食），见 Achaya, *Indian Food*：关于饮食的精神气质，70；关于甜食，37-39 and 85；关于谷物和豆类果实，81-83；关于乳制品，83-84；关于饮品，39；关于医师的观点，chap.7；关于餐具和加工，chap.8。也见 Mather, "Bonze's Begging Bowl", 421。

14 Daniels and Menzies, *Agro-Industries and Forestry*, 278; Kieschnick, *Impact of Buddhism*, 249-51.

15 Watson, *Agricultural Innovation in the Early Islamic World*, 77-78; Randhawa, *History of Agriculture in India*, 1: 379-81; Achaya, *Indian Food*, 82-83.

16 引文参见 Santa Maria, *Indian Sweet Cookery*, 15；关于印度食物，见 Achaya, *Indian Food*, esp.61-70 and 88-91；关于朝圣寺庙里的食物，见 Breckenridge, "Food, Politics and Pilgrimage in South India"。

17 Eaton, *Rise of Islam and the Bengal Frontier*, 10.

18 Owen, *Rice Book*, 63.

19 Mrozik, "Cooking Living Beings".

20 Kieschnick, *Impact of Buddhism*, 252, 250.

21 Xinru, *Ancient India and Ancient China*.

22 关于佛教及其在中国饮食的基本参考书包括 Waley-Cohen, *Sextants of Beijing*, 18-21; Gernet, *Buddhism in Chinese Society*; Kieschnick, *Impact of Buddhism*; Kohn, *Monastic Life in Medieval Daoism*; Saso, "Chinese Religions"; Ebrey and Gregory, "Religion and Society in Tang and Sung China". Anderson, *Food of China*, chap.4, and Schafer, "T'ang" 对饮食本身做了评价，但没有过多关注佛教教义。

23 Gernet, *History of Chinese Civilization*, 210-232.

24 Dunlop, *Sichuan Cookery*, 121.

25 Wriggins, *Xuanzang*.

26 Schafer, *Golden Peaches*, 140.

27 Achaya, *Indian Food*, 148.

28 Gernet, *History of Chinese Civilization*, 241.

29 Elvin, *Pattern of the Chinese Past*, 113; T. Reynolds, *Stronger Than a Hundred Men*, 115.

30 Unschuld, *Medicine in China*, 132-44.

31 Anderson, *Food of China*, 73; Schafer, *Golden Peaches*, chaps.7, 9, and 10.

32 Mazumdar, *Sugar and Society in China*, 1 for quotation; 20-33; Sabban, "Sucre candi" and "Savoir-faire oublié", 51; Kieschnick, *Impact of Buddhism*, 254-62.

33 Sabban, "Savoir-faire oublié".

34 Huang, *Fermentations and Food Science*, 503–61.

35 Lai, *At the Chinese Table*, chap.9.

36 关乎饮茶的背景，见 Gardella, *Harvesting Mountains*, chap.1；Blofeld, *Chinese Art of Tea*; Kohn, *Monastic Life in Medieval Daoism*, chap.6, Kieschnick, *Impact of Buddhism*, 262–75。

37 关于肉的替代品，见 Sabban, "Viande en Chine"；Serventi and Sabban, *Pasta*, 324–25; Huang, *Fermentations and Food Science*, 497–502。

38 Kohn, *Monastic Life in Medieval Daoism*, chap.5.

39 So, *Classic Food of China*, 16–17.

40 Gernet, *History of Chinese Civilization*, 295.

41 关于佛教的持续性影响，见 Sen, *Buddhism, Diplomacy, and Trade*, and Foulk, "Myth"。

42 关于这种饮食的概述，见 Freeman, "Sung"；Anderson, *Food of China*, chap.5。

43 Kwok, "Pleasures of the Chinese Table", 48; Lai, *At the Chinese Table*, 8–12.

44 Freeman, "Sung", 171–72; Lin and Lin, *Chinese Gastronomy*, 12–13.

45 So, *Classic Food of China*, 3–4.

46 Ibid., 27–28.

47 Wang and Anderson, "Ni Tsan and His 'Cloud Forest Hall Collection of Rules for Drinking and Eating'"；quotation, 30.

48 Tannahill, *Food in History*, 139. 也见注释32中提到的资料来源。

49 Schafer, "T'ang", 132; Freeman, *Sung*, 165–66.

50 Frankel and Frankel, *Wine and Spirits*.

51 Saso, "Chinese Religions", 349–51, 360.

52 Elvin, *Pattern of the Chinese Past*, 169.

53 Gernet, *History of Chinese Civilization*, 277–81.

54 Chon, "Korean Cuisine and Food Culture", 2–3; Pettid, *Korean Cuisine* 没有提到佛教。

55 Ishige, *History and Culture of Japanese Food*, chaps.1 and 2. 各个历史时期关于日本食物的精美插画，见 Yoshida and Sesoko, *Naorai*。

56 关于佛教对日本的影响，见 Ishige, *History and Culture of Japanese Food*, chap.3。关于牛奶，61–62。

57 Isao, "Table Manners Then and Now", 58.

58 Ishige, *History and Culture of Japanese Food*, 73–75.

59 Ibid.

60 Hiroshi, "Japan's Use of Flour".

61 Castile, *Way of Tea*, 22–23.

62 Hosking, *Dictionary of Japanese Food*, Appendix.

63 Laudan, "Refined Food or Plain Cooking", 157.

64 *Wind in the Pines*, 21.

65 Sia, *Mary Sia's Chinese Cookbook*, 108.

第四章　中亚和西亚的伊斯兰饮食　800—1650年

1 Claudia Roden 的 *Book of Middle Eastern Food* 前言对中东地区多层次的饮食历史进行了概述。*A Taste of Thyme*, edited by Sami Zubaida and Richard Tapper 提供了更具学术性的视角。关于总的背景，见 Lapidus, *History of Islamic Societies*; Robinson, ed., *Cambridge Illustrated History of the Islamic World*; and Chaudhuri, *Asia before Europe*, esp.chap.6。

2 Clot, *Harun Al-Rashid*, 151.

3 关于波斯－伊斯兰饮食，我使用的是 Perry et al., *Medieval Arab Cookery*，作品收集并评论了一些古典文献。Zaouali, *Medieval Cuisine of the Islamic World* 是一部容易理解的概述性作品。Nasrallah, *Delights from the Garden of Eden* 将这一地区的历史和食谱交织在一起进行了描述。也见 Ahsan, *Social Life under the Abbasids*。关于中国和波斯之间漫长的交流史，见 Laufer, *Sino-Iranica*。

4 Christensen, *Iran sous les Sassanides*, 471–75.

5　关于今天的波斯饮食，见King, *My Bombay Kitchen*。

6　Perry et al., *Medieval Arab Cookery*, 37.

7　R. Eaton, *Rise of Islam and the Bengal Frontier*, 29−30.

8　Rosenberger, "Dietética y cocina en el mundo musulmán occidental", 16−22; Achaya, *Indian Food*, 80.

9　Charles Perry, personal communication.

10　Achaya, *Indian Food*, 56−57.

11　关于烹饪的诗作，见Gelder, *God's Banquet*, chaps.1−4；关于伊斯兰律法和神学对酒类饮品的态度，见Hattox, *Coffee and Coffeehouses*, chap.4, and "Islam" in Robinson, *Oxford Companion to Wine*；有关随后伊朗对这一议题的态度，见Matthee, *Pursuit of Pleasure*, chaps.2, 3, 6, and 7。

12　Grewe, "Hispano-Arabic Cuisine in the Twelfth Century", 143−44; Rosenberger, "Dietética y cocina en el mundo musulmán occidental", 22−40.

13　Servanti and Sabban, *Pasta*, 29−34; A. Watson, *Agricultural Innovation in the Early Islamic World*, chap.4.

14　Rosenberger, "Arab Cuisine", 213.关于《古兰经》对甜食的态度，见Arsel, Pekin, and Sümer, *Timeless Tastes*, 266。

15　"An Anonymous Andalusian Cookbook of the 13th Century", translated by Charles Perry, in www.daviddfriedman.com/Medieval/Cookbooks/Andalusian/andalusian10.htm#Heading521 (accessed 2 January 2013).

16　关于波斯−伊斯兰食物加工，见Wulff, *Traditional Crafts of Persia*, chap.5. al-Hassan and Hill, *Islamic Technology*, chap.8。关于水磨，见al-Hassan and Hill, *Islamic Technology*, 214；T. Reynolds, *Stronger Than a Hundred Men*, 116−18；Stathakopoulos, "Between the Field and the Plate", 34−35。

17　Glick, *Islamic and Christian Spain in the Early Middle Ages*, 2.

18　关于蒸馏法，见al-Hassan and Hill, *Islamic Technology*, 133−46；R. J. Forbes, *Short History of the Art of Distillation*, chap.3；Wilson, *Water of Life*, 91−93。

19　Perry et al., *Medieval Arab Cookery*, 29.

20　关于安达卢斯饮食的基本参考包括Bolens, *La cuisine andalouse*；Rosenberger, "Dietética y cocina en el mundo musulmán occidental"，关于农业，见Glick, *Islamic and Christian Spain in the Early Middle Ages*, 76−83 and chap.7。关于其历史背景，见Fletcher, *Moorish Spain*。关于西西里的阿拉伯人，见Simeti, *Pomp and Sustenance*, chap.2。

21　Glick, *Islamic and Christian Spain*, 221−23.

22　Titley, *Ni'matnama Manuscript*, introduction.

23　Le Strange, *Baghdad*, 81−82.

24　Beg, "Study of the Cost of Living and Economic Status of Artisans in Abbasid Iraq".

25　Ashtor, "Essai sur l'alimentation des diverses classes sociales dans l'Orient médiéval".

26　Hurvitz, "From Scholarly Circles to Mass Movements", 992.

27　Rosenberger, "Arab Cuisine", 10.

28　关于贸易，见Abu-Lughoud, *Before European Hegemony*。

29　Watson, *Agricultural Innovation in the Early Islamic World*.

30　关于蒙古饮食，见Buell and Anderson, *Soup for the Qan*；Mote, "yuan and Ming"；Sabban, "Court Cuisine"。关于蒙古帝国的历史背景，见Golden, *Nomads and Sedentary Societies*；Adshead, *Central Asia in World History*; Allsen, *Culture and Conquest*, esp.chap.15 on cuisine。

31　J. M. Smith, "Dietary Decadence".

32　Allsen, *Culture and Conquest*, chap.15.

33　J. M. Smith, "Mongol Campaign Rations".

34　Perry et al., "Grain Foods of the Early Turks".

35　Gernet, *History of Chinese Civilization*, 365.

36　Buell and Anderson, *Soup for the Qan*, 192；关于汤，275−95；关于羊苦肠，307；关于包括粥在内的饮品，373−433；关于蒙古面食，Serventi and Sabban, *Pasta*, 327−33。

37　Gardella, *Harvesting Mountains*, 27.他提供的数据是200万到500万斤（500斤等于665磅）。

38　Perry, "Grain Foods of the Early Turks"；Buell and Anderson, *Soup for the Qan*(2010), appendix.

39　Marco Polo, *Description of the World*, 1: 209, 218–20.

40　Mote, "yuan and Ming", 207.

41　Glenn Mack, personal communication.

42　Buell and Anderson, *Soup for the Qan*, 159.

43　Goldstein, "Eastern Influence on Russian Cuisine".

44　Lewicki, *West African Food in the Middle Ages*.关于库斯库斯，见Franconie et al., *Couscous, boulgour et polenta*。

45　Zaouali, *Medieval Cuisine of the Islamic World*, xiii. Charles Perry 将家常烩饭追溯至12世纪的伊朗，私人交流。Fragner, "From the Caucasus"，推论认为风味烩饭是在16世纪的伊朗被发明出来的。

46　Halici, *Sufi Cuisine*, introduction and 199–224. Quotation on 208.

47　"Omar Khayyám", in Robinson, *Oxford Companion to Wine*.

48　Hattox, *Coffee and Coffeehouses*, chap.2.

49　www.superluminal.com/cookbook/essay_bushaq.html (accessed 16 October 2012).

50　关于奥斯曼帝国饮食，见Arsel et al., *Timeless Tastes*, 13–89。

51　Segal, *Islam's Black Slaves*, 151.

52　Evans, "Splendid Processions".

53　Singer, *Constructing Ottoman Beneficence*, 145, 155.

54　Ibid., 140.

55　Ibid., chap.5 for Istanbul, chap.4 for Jerusalem.

56　Hattox, *Coffee and Coffeehouses*, esp.chaps.1 and 8.

57　Lang, *Cuisine of Hungary*, 30–32.

58　Hattox, *Coffee and Coffeehouses*, esp.chaps.1 and 8.

59　Mehmet Genç, "Ottoman Industry in the Eighteenth Century", in *Manufacturing in the Ottoman Empire and Turkey*, ed. Quataert, 59–85, Faroqhi, *Towns and Townsmen of Ottoman Anatolia*; and Kaneva-Johnson, *Melting Pot*, 7–8.

60　Babur, *Bābur-nāma*, 2, 518.

61　Eaton, *Rise of Islam and the Bengal Frontier*, 169–70.

62　Ibid., chap.7.

63　Balabanlilar, "Lords of the Auspicious Conjunction", 24.

64　Ibid.

65　有关莫卧儿饮食的基本参考包括Achaya, *Indian Food*, chap.12；Collingham, *Curry*, chap.2; Husain, *Emperor's Table*。关于背景介绍，见Richards, *Mughal Empire*。

66　引文和具体数字见Abū al-Fazl ibn Mubārak, *Ain-i-Akbari*, 59–68。

67　Collingham, *Curry*, 31–32.

68　Sharar, *Lucknow*, 162.

69　Westrip, *Moghul Cooking*, 25–26; Collingham, *Curry*, 30; Panjabi, *50 Great Curries*, 88 and 106.

70　Khare, "Wine-Cup in Mughal Court Culture", 143–88.

71　Collingham, *Curry*, chap.4; Westrip, *Moghul Cooking*, 27; Sharar, *Lucknow: The Last Phase of an Oriental Culture*, chaps.28–31.

72　Mazumdar, "New World Food Crops", 70–74; Randhawa, *History of Agriculture in India*, 2: 49, 51, 188–89.

73　Collingham, *Curry*, 39.

第五章　欧洲和美洲的基督教饮食　100—1650年

1　Matthew 26:26, AV.

2　关于犹太人的饮食，见Cooper, *Eat and Be Satisfied*, chap.4，当中引用了20世纪早期学者Samuel Krauss的研究；关于向基督教的转变，见Feeley-Harnik, *Lord's Table*, chaps.2–5。

3　关于古典时代后期的基督教和基督教徒，见P. Brown, *World of Late Antiquity and Body and*

Society；MacMullen, *Christianizing the Roman Empire*; Grimm, *From Feasting to Fasting*; and Galavaris, *Bread und the Liturgy*。

4　　Brown, *Body and Society*, 199; Grimm, *From Feasting to Fasting*, 185.

5　　"Augustine on the nature of the Sacrament of the Eucharist", www.earlychurchtexts.com/public/augustine_sermon_272_eucharist.htm (accessed 17 August 2012).

6　　1 Cor. 5: 7–8.

7　　Clement, *Paidagogus* 2.1.15, quoted in Grimm, *From Feasting to Fasting*, 106, 103.

8　　Ibid., 100.

9　　Quoted in Musurillo, "Problem of Ascetical Fasting", 13.

10　P. Brown, *Body and Society*, 92–93, 97, 181–82, 256–57.

11　Benedict, *Rule*, 80.

12　Curtis, *Garum and Salsamenta*, 188.

13　P. Brown, *World of Late Antiquity*, 16.

14　关于拜占庭饮食的基本参考资料有 Dalby, *Siren Feasts*, chap.9；Dalby, *Flavours of Byzantium*; Brubaker and Linardou, *Eat, Drink, and Be Merry*, chaps.7–20; Galavaris, *Bread and the Liturgy*, 14, 44。

15　Malmberg, "Dazzling Dining", 82.

16　Siraisi, *Medieval and Early Renaissance Medicine*, 5.

17　Dalby, *Siren Feasts*, 关于葡萄叶卷，见190，关于调酒，见192，甜食见191–92，肉菜和利乌特普兰德主教的评论见199。

18　Charanis, *Social, Economic and Political Life in the Byzantine Empire*. Thomas and Hero, eds., *Byzantine Monastic Foundation Documents*, 5: 1696–1716详细写出了不同修道院的清规戒律。

19　Dalby, *Siren Feasts*, 196–97.

20　Magdalino, "Grain Supply of Constantinople".

21　Cunliffe, *Europe between the Oceans*, 425–26.

22　关于这个故事的基本参考资料有 Cross, "Russian Primary Chronicle", 184–85；Lunt, "On Interpreting the Russian Primary Chronicle", 17 and 26。

23　关于基辅罗斯的食物，见 Lunt, "On Interpreting the Russian Primary Chronicle"; Smith and Christian, *Bread and Salt*, 1–15; Goldstein, "Eastern Influence"。

24　Dalby, *Flavours of Byzantium*, 76.

25　Smith and Christian, *Bread and Salt*, 255.

26　关于欧洲的基督教化及其饮食，见 Effros, *Creating Community with Food and Drink in Merovingian Gaul*；Fletcher, *Barbarian Conversion*; Hagen, *Anglo-Saxon Food and Drink*。

27　Anthimus, *De observatione ciborum*, trans. Grant, 27.

28　Effros, *Creating Community with Food and Drink in Merovingian Gaul*, 10.

29　关于高端天主教饮食的文学作品汗牛充栋。关于其与饮食营养学的关系，见 Scully, *Art of Cookery in the Middle Ages*。关于现在的法国和意大利地区的饮食，见 Wheaton, *Savoring the Past*, chaps.2–5; Scully and Scully, *Early French Cookery*; and Redon et al., *Medieval Kitchen*。关于波兰饮食，见 Dembińska, *Food and Drink in Medieval Poland*。地中海地区，见 Santich, *Original Mediterranean Cuisine*。有关概述，见 Albala, *Cooking in Europe, 1250–1650*。

30　Bartlett, *Making of Europe*, 306–8.

31　关于西西里的伊斯兰饮食，见 Simeti, *Pomp and Sustenance*, chap.3。

32　Siraisi, *Medieval and Early Renaissance Medicine*, 58–59.

33　Freedman, *Out of the East*, 4–5, chaps.1 and 3.

34　Wheaton, *Savoring the Past*, 39–41; Mazumdar, *Sugar and Society in China*, 25.

35　Cathy Kaufman, www.academia.edu/1592459/The_Roots_of_Rhythm_The_Medieval_Origins_of_the_New_Orleans_Mardi_Gras_Beignet (accessed 1 November 2012).

36　P. H. Smith, *Business of Alchemy*, 167. Becher是一名新教徒，他在这里所表达的观点很快就过时了。

37　Wright, *Mediterranean Feast*, 392; Redon et al., *Medieval Kitchen*, 117–18; http://languageoffood.blogspot.com/2009/11/ceviche-and-fish-chips.html (accessed 2 November 2012).

38　Martínez Motiño, *Arte de cocina*, 63, 407.

39　Redon et al., *Medieval Kitchen*, 170, 188−91.

40　Dembińska, *Food and Drink in Medieval Poland*, 106−14.

41　Dyer, "Changes in Diet in the Late Middle Ages".

42　Wheaton, *Savoring the Past*, chap.4; Brodman, *Charity and Welfare*, chap.2.

43　T. Reynolds, *Stronger Than a Hundred Men*, chap.2.

44　White, *Medieval Technology and Social Change*, chap.2; Albala, *Beans*, 48.

45　L. Hoffmann, "Frontier Foods"; Cutting, "Historical Aspects of Fish".

46　Scully, *Art of Cookery*, 74.

47　Curtin, *Rise and Fall of the Plantation Complex*, 5−8.

48　Simeti, *Pomp and Sustenance*, 101−4.

49　Pacey, *Technology*, 66−68.

50　Daniels and Daniels, "Origin of the Sugarcane Roller Mill", 529.

51　Coe and Coe, *True History of Chocolate*, 143.

52　Domingo, "Cocina precolumbina en España", 24; Loreto López, "Prácticas alimenticias".

53　关于西班牙和新西班牙的犹太饮食，见 Gitlitz and Davidson, *Drizzle of Honey*。

54　关于新西班牙，见 Coe, *America's First Cuisines*, 74−76; Pilcher, *Que Vivan Los Tamales!* chap.2; Long, ed., *Conquista y comida*; Super, *Food, Conquest, and Colonization in Sixteenth-Century Spanish America*; Laudan and Pilcher, "Chiles, Chocolate, and Race"; Laudan, "Islamic Origins"。

55　Boileau, "Culinary History", 85−107; Hughes, *Fatal Shore*, 49.

56　Kupperman, "Fear of Hot Climates"; Thomas Gage quoted, 230.

57　Curtin, *Death by Migration*, chap.1.

58　Earle, " 'If you Eat Their Food...' ".

59　Stoopen, "Simientes del mestizaje"; Suárez y Farías, "De ámbitos y sabores virreinales"

60　Boileau, "Culinary History"; Laudan, *Food of Paradise*, 140−46; Collingham, *Curry*, chap.3.

61　Schurz, *Manila Galleon*.

62　关于蔗糖种植园，见 Daniels and Daniels, "Origin of the Sugarcane Roller Mill"。也见 Schwartz, *Tropical Babylons*; Dunn, *Sugar and Slaves*, chap.6; Curtin, *Rise and Fall of the Plantation Complex*, chap.5; Mintz, *Sweetness and Power*, chaps.2 and 3。

63　Daniels and Daniels, "Origin of the Sugarcane Roller Mill", 527−30.

64　Carney and Rosomoff, *In the Shadow of Slavery*, 162−63.

65　Sabban, "Industrie sucrière".

66　Thompson, *Thai Food*, 603−7; Saberi, *Afghan Food and Cookery*, 144−45.

67　Laudan, *Food of Paradise*, 89.

68　Davidson and Pensado, "Earliest Portuguese Cookbook"; Couto, *Arte de cozinha*, 77−85; Aikin, *Memoirs of the Court of Queen Elizabeth*, 506.

69　Mason, *Sugar-Plums and Sherbet*, 22−25.

70　León Pinelo, *Question moral*, 120−23.

71　Coe and Coe, *True History of Chocolate*, chaps.1−5.

72　Norton, *Sacred Gifts, Profane Pleasures*, 1−12.

73　Zizumbo-Villarreal and Colunga-García Marín, "Early Coconut Distillation"; Chávez, "Cabildo, negociación y vino de cocos".

74　Huang, *Fermentations and Food Science*, 203−31.

75　Laudan and Pilcher, "Chiles, Chocolate, and Race in New Spain".

76　Thomas Aquinas, *Summa Theologica*, third part, question 74, www.newadvent.org/summa/4074. htm (accessed 18 August 2012).

77　Mijares, *Mestizaje alimentario*, 44.

78　Laudan, "Islamic Origins"; www.rachellaudan.com/2008/12/fideos-and-fideu-more-on-the-mexican-islamic-connection.html; www.rachellaudan.com/2010/09/couscous-cant-miss-festival-and-origins-of-mexican-couscous.html (accessed 2 November 2012).

79　Quoted in Burkhart, *Slippery Earth*, 166.

80　Lockhart, *Nahuas*, 278.

81　W. Taylor, *Drinking*, 34−40; Corcuera de Mancera, *Del amor al temor*, pt. 3; Lozano

Arrendares, *Chinguirito vindicado*.

82 Warman, *Corn and Capitalism*; for Africa, see McCann, *Maize and Grace*.

83 Crosby, *Columbian Exchange*.许多历史学家将哥伦布大交换视为食物发展史上的一个关键转折点，有关其中的范例，参见Kiple, *Movable Feast*, chap.12；Standage, *Edible History of Humanity*, chap.7。

84 Wheaton, *Savoring the Past*, chap.3; Strong, *Feast*, 203–8; Kamen, *Spain's Road to Empire*, 78.

85 Bayly, *Birth of the Modern World*, Introduction.

第六章 近代饮食的前奏 欧洲北部，1650—1800年

1 Wheaton, *Savoring the Past*, chap.6将这种转变描述为精致饮食的开端，将之与笛卡尔的理性哲学和建筑规则的形成相比较；Flandrin, *Chroniques de Platine*, chaps.4, 5, and 6,提出新的医学理论是绿色蔬菜、黄油和冰葡萄酒比重增加的原因；Fink, *Les liaisons savoureuses*,探讨了美学上的变化以及饮食向精致艺术的进阶；Peterson, *Acquired Taste*, chap.10,将这种变化归因于文艺复兴对希腊–罗马传统的恢复；Mennell, *All Manners of Food*将之归因于法国的法兰西王室传统；Albala, *Cooking in Europe*, 1250–1650, and Pinkard, *Revolution in Taste*, part 2则判定说这是一系列不同因素组合作用的结果。

2 Popkin, "Nutrition Transition".

3 Bayly, *Birth of the Modern World*, 9–12.

4 Albala, "Ideology of Fasting"; Spencer, *British Food*, 101–6.

5 Luther, *Table Talk*, ed. Hazlitt, DCCVI.

6 Bérard, "Consommation du poisson".像鳟鱼、鳗鱼、石斑鱼和鲤鱼这样的淡水河鱼现在仍然出现在人们的餐桌上。

7 Moor, "Wafer".

8 有关随后部分的资料来源，见Laudan, "Kind of Chemistry" and "Birth of the Modern Diet。关于化学医师的概论，见Debus, *The French Paracelsans*。

9 Lémery, *A Treatise of All Sorts of Food*, 251–52.

10 La varenne quoted in Wheaton, *Savoring the Past*, 251.另一个不同的译本，见La varenne, *The French Cook*, 41。

11 Arbuthnot, *Essay*, 10.

12 Pagel, "Van Helmont's Ideas on Gastric Digestion".

13 Lémery, *A Treatise of All Sorts of Food*, 95, 129, and 224.

14 Evelyn, *Acetaria*, 4.

15 关于富凯的盛宴，见Young, *Apples of Gold*, chap.6；引言见p.313。关于1650—1840年法国饮食的基本参考资料包括Wheaton, *Savoring the Past*, chaps.6–12; Mennell, chap.5 and 134–56, 266–72; Trubek, *Haute Cuisine*, chap.1; Spang, *Invention of the Restaurant*, chaps.1–3; and Pinkard, *Revolution in Taste*, parts 2 and 3. Fink, *Les liaisons savoureuses*,包括一部分关键文本。

16 Louis de Rouvroy, duc de Saint-Simon, *Mémoires, 1701–1707*, ed. Yves Coirault, *Bibliothèque de la Pléiade* (Paris: Gallimard, 1983), 2: 55–56, cited in Pérez Samper, "Alimentación", 533–34;关于意大利和新西班牙法国饮食招待会，见Kasper, *Splendid Table*, 7; Curiel Monteagudo, *Virreyes y virreinas*, 119, 153。

17 Baron Grimm, *Correspondance littéraire*, 2: 187–88, quoted by Wheaton, *Savoring the Past*, 200; *Les dons de Comus ou Les délices de la table* (Paris: Prault, 1739), xx, trans. Wheaton, *Savoring the Past*, 197.

18 Spang, *Invention of the Restaurant*, chaps.1 and 2.

19 Kaufman, "What's in a Name?"; Lehmann, "Rise of the Cream Sauce".

20 Drewnowski, "Fat and Sugar".

21 Munro, "Food in Catherinian St. Petersburg".

22 Wheaton, *Savoring the Past*, chap.9.

23 Ibid., 163.

24　Valeri, "Création et transmission".

25　C. Young, *Apples of Gold*, chap.7.

26　Koerner, "Linnaeus' Floral Transplants", 156.

27　Dolan, *Wedgwood*, 229–32.

28　www.salon.com/ /2011/07/02/jefferson_culinary_history (accessed 2 November 2012).

29　Stearns, *European Society in Upheaval*, 26; Bayly, *The Birth of the Modern World*, 425.

30　Bonnet, "Culinary System".

31　Goldstein, "Gastronomic Reforms", 16.

32　Bonnet, "Culinary System", 142–43.

33　Pluquet, *Traité philosophique et politique sur le luxe*, 2: 330.

34　Sherman, *Fresh from the Past*, 304.

35　E. Smith, *Compleat Housewife*, preface, unpaginated.

36　Chamberlain, "Rousseau's Philosophy of Food".

37　Kaplan, "Provisioning Paris: The Crisis of 1738–41", 72.

38　Morineau, "Growing without Knowing Why: Production, Demographics, and Diet", 382 提供了比较乐观的数字；Hemardinquer, *Pour une histoire de l'alimentation* 中的数据年代更早，更不乐观。

39　关于法国面包，见 Kaplan, *Bread, Politics and Political Economy in the Reign of Louis XV*；Kaplan, *Provisioning Paris*; Kaplan, *The Bakers of Paris and the Bread Question*,1700–1775。

40　Spary, "Making a Science of Taste".

41　Spang, *Invention of the Restaurant*, chap.4.

42　Young, *Apples of Gold*, chap.9; Ferguson, *Accounting for Taste*, 55–59.

43　关于更帝国式的语言，Trubek, *Haute Cuisine*, 67 and passim.

44　关于荷兰饮食，见 Schama, *Embarrassment of Riches*, chap.3, inc.168–71, 有连小工匠和劳工都能充分享用的饮食；Riley, *The Dutch Table*。关于荷兰经济，见 J. Vries, *Dutch Rural Economy in the Golden Age*, 关于荷兰帝国，见 Boxer, *Dutch Seabourne Empire*。

45　Moor, "Dutch Cookery and Calvin", 97–98.

46　Rose, *Sensible Cook*.

47　Ibid., 61; Meijer, "Dutch Cookbooks Printed in the 16th and 17th Centuries".

48　Cutting, "Historical Aspects of Fish", 8–13.

49　Riley, "Fish in Art"; Riley, *The Dutch Table*, 19–22.

50　*Histoire naturelle des poissons*, 5: 429.

51　Riley, *Dutch Table*, 19.

52　Moor, "Farmhouse Gouda", 111.

53　Boxer, *Dutch Seaborne Empire*, 198.

54　关于加尔文，见 Moor, "Dutch Cookery and Calvin", 98；关于贝尔坎比乌斯，见 Rose, *Sensible Cook*, 29；关于假发和化妆，见 Schama, *Embarrassment of Riches*, 165。

55　Abbé Jean-Baptiste Dubos, *Réflexions critiques sur la poésie*, 1: 306.

56　Dege, "Norwegian Gastronomic Literature: Part II, 1814–1835".

57　Wheaton, *Savoring the Past*, 157.

58　Smith and Christian, *Bread and Salt*, 173–78; Goldstein, "Gastronomic Reforms under Peter the Great".

59　R. Smith, "Whence the Samovar?".

60　Coetzee, *South African Culinary Tradition*, chap.1.

61　Rose, *Sensible Cook*, 34–35.

62　E. Kaufman, *Melting Pot of Mennonite Cookery, 1874–1974*; Voth, *Mennonite Food and Folkways from South Russia*.

63　Mazumdar, *Sugar and Society in China*, 83–90.

64　www.sriowen.com/rijsttafel-to-go (accessed 4 November 2012).

65　Colley, *Britons* (1992), 是一部受 Anderson, *Imagined Communities* (1983) 影响的作品。

66　关于英国饮食的建筑背景，见 Girouard, *Life in the English Country House*；关于他们的厨房，见 Sambrook and Brears, *Country House Kitchen*（不过许多厨房都豪华得多）；关于其历史，见 Spencer, *British Food*, chap.8, and Colquhoun, *Taste*, chaps.12–17; Paston-Williams, *Art of Dining*, 140–263；Thirsk, *Food in Early Modern England* 从一个农业历史

学家的角度提供了不同的视角；关于食谱书及其作者，见 Lehmann, *British Housewife*；关于英法饮食分歧的各种理论，同时提醒人们不要将过去的历史浪漫化，见 Mennell, *All Manners of Food*, chap.5；想得到一些食谱，自己可以尝试一下，见 Sherman, *Fresh from the Past*；如果想来一场英国大餐的华丽重现，见 Day, "Historic Food"。

67　Cheyne, *English Malady*, 51. 也见 Guerrini, *Obesity and Depression in the Enlightenment*。

68　Lehmann, *British Housewife*. 不过在出版了一个世纪之后的 1861 年，Elena Molokhovets 的 *Gift to Young Housewives* 仍然是属于乡绅阶级的类型，而不是一本中产阶级的食谱书。这部书到 1917 年已经售出了 29.5 万册。

69　Mennell, *All Manners of Food*, 96–98.

70　Rogers, *Beef and Liberty*, chaps.1–5; Woodforde, *Diary of a Country Parson*, 500.有关烤牛肉，见 www.foodhistory jottings.blogspot.com/2012/08/a-jubilee-ox-roast.html (accessed 4 November 2012)。

71　A. Smith, *Pure Ketchup*, chaps.1 and 2.

72　Wilson, *Food and Drink in Britain*, 294.

73　Glasse, *First Catch Your Hare*, 52.

74　Ehrman, *London Eats Out*, 62–64.

75　Coe, *True History of Chocolate*, chap.8.

76　Schamas, "Changes in English and Anglo-American Consumption", 179; Walvin, *Fruits of Empire*, 121, 169.

77　Bickham, "Eating the Empire", 72.

78　有关美洲殖民地饮食的基本参考资料有 Eden, *Early American Table*, 见其烹饪哲学; Oliver, *Food in Colonial and Federal America*; Stavely and Fitzgerald, *America's Founding Food*; McWilliams, *Revolution in Eating*, and K. Hess, *Martha Washington's Booke of Cookery*, 8.关于英属美洲的共和情感，见 Wood, *Creation of the American Republic*。

79　Wilson, *Food and Drink in Britain*, 294–95; A. Smith, *Pure Ketchup*, chaps.1–3.

80　Juárez López, *La lenta emergencia*, 9–15.

81　Ridley, "First American Cookbook".

82　Curtin, *Rise and Fall of the Plantation Complex*, 11–14; Parish, *Slavery: History and Historians*.

83　Carney and Rosomoff, *In the Shadow of Slavery*, 51, and chaps.3, 5, and 10.

84　Freyre, *Masters and the Slaves (Casa-Grande and Senzala)*, 433.

85　Silva, *Farinha, feijão e carne-seca*, 47–54.

86　Mason, *Sugar-Plums and Sherbet*, 34.

87　除了早期的参考，也见 A. Taylor, *American Colonies*, part 2, and Fischer, *Albion's Seed*。

88　Cronon, *Changes in the Land*, 25.

89　Ibid., and Levenstein, *Revolution at the Table*, 26–28.

90　Crèvecoeur, *Letters from an American Farmer*, 55.

91　关于海军食物，见 Wilkinson, *The British Navy and the State in the Eighteenth Century*,107; Stead, "Navy Blues"; Rodger, *Command of the Ocean*, 304–7, 583; and Rodger, *Wooden World*, 82–86。

92　Rodger, *Command of the Ocean*, 583.

93　Salaman, *History and Social Influence of the Potato*, 459, 基本上讲的都是马铃薯。

94　Koerner, "Linnaeus' Floral Transplants".

95　Weber, *Peasants into Frenchmen*, 130–43.

96　Weber, *Peasants into Frenchmen*, 6; Cheyne, *Essay of Health*, 135.

97　Rumford, *Essays*, 1: 105.

98　E. Thompson, "Moral Economy of the English Crowd in the Eighteenth Century".

99　Koerner, "Linnaeus' Floral Transplants".

100　Salaman, *History and Social Influence of the Potato*, esp.115 and chaps.5 and 9; Fitzpatrick, "Peasants, Potatoes and the Columbian Exchange";关于麦角中毒症的消失，见 Matossian, *Poisons of the Past*, chap.2。

101　Smith and Christian, *Bread and Salt*, 200.

102　Ibid., 200.

103　Matthias, *Brewing Industry*, part 1; Nye, *War, Wine and Taxes*, esp.chaps.2 and 6.

104 Waley-Cohen, "Taste and Gastronomy".

105 McClain et al., *Edo and Paris*, chaps.5, 8 and 9.

106 E. Jones, *European Miracle*, 81–82.

107 Walvin, *Fruits of Empire*, chap.10.

108 Unwin, *Wine and the Vine*, 245.

109 Slicher van Bath, *Agrarian History of Western Europe A.D. 500–1850*, 157; J. Vries, *Dutch Rural Economy in the Golden Age, 1500–1700*, 171.

110 B. Thomas, "Food Supply in the United Kingdom during the Industrial Revolution".

111 Smith and Christian, *Bread and Salt*, 231.

112 Koerner, "Linnaeus' Floral Transplants", 155–57

113 Drayton, *Nature's Government*, part 2.

114 Carney, *In the Shadow of Slavery*, 52–55, 67–69.

115 Mazumdar, "Impact of New World Food Crops"；关于长江下游地区曾经吃过的优质食物，见 Pomeranz, *Great Divergence*, 38–40。

116 Scholliers, "From the 'Crisis of Flanders' to Belgium's 'Social Question'".

第七章　近代饮食　中等饮食的扩张，1810—1920 年

1 关于人口数量，见 Belich, *Replenishing the Earth*, 3–4。我借用了 Belich 非常有用的术语 "Anglo" 并将之延伸到饮食领域。

2 D. Burton, *Two Hundred Years of New Zealand Food and Cookery*, 28; Ladies of Toronto, *Home Cook Book*, preface.

3 Artusi, *Art of Eating Well*, 35, 引自 Olinda Guerrini，她在1884年都灵展览会的一场研讨会上以 Lorenzo Stecchetti 为笔名写作。

4 Episcopal Church, Cotteyville, Kansas, *Coffeyville Cook Book*.

5 Beeton, *Mrs. Beeton's Book of Household Management*, 1; Beecher and Beecher Stowe, *American Woman's Home*, 19.

6 Toomre, *Classic Russian Cooking*, 12–13.

7 Beeton, *Mrs. Beeton's Book of Household Management*, 830–32. 有关19世纪晚期营养学理论概述，举例可见 Drummond and Wilbraham, *The Englishman's Food*, chap.20。关于腌黄瓜不利于儿童的观点，见 Gabaccia, *We Are What We Eat*, 124 and 128。

8 Trentmann, *Free Trade Nation*, 56, quoting from *The Quarterly Leaflet of the Women's National Liberal Association*, no. 32 (July 1903): 8.

9 Beeton, *Mrs. Beeton's Book of Household Management*, 105.

10 Carpenter, *Protein and Energy*, chaps.3, 4, and 6.

11 Quoted in Camporesi, *Magic Harvest*, 197.

12 Lankester, *On Food*, 173.

13 Artusi, *Art of Eating Well*, 15, 29, 35.

14 Quoted in Cwiertka, *Making of Modern Culinary Tradition*, 99–100.

15 Levenstein, *Revolution at the Table*, 24, 218n6.

16 Waldstreicher, *In the Midst of Perpetual Fetes*, 1–2.

17 Longone, "Mince Pie".

18 Trubek, *Haute Cuisine*, 84.

19 Cwiertka, *Making of Modern Culinary Tradition*, 110–12, 192–94.

20 Ehrman et al., *London Eats Out*, 92–95.

21 Haber, *From Hardtack to Home Fries*, chap.9; Porterfield, *Dining by Rail*.

22 Cwiertka, *Modern Japanese Cuisine*, 30–34.

23 Mazumdar, *Sugar and Society in China*, 81.

24 M. White, *Coffee Life in Japan*, 45–46.

25 Steel, *Complete Indian Housekeeper*, 17.

26 Petersen and Jenkins, *Bread and the British Economy*, 4.

27 Atkins et al., *Food and the City in Europe since 1800*, pt.B.

28 C. Davidson, *Woman's Work Is Never Done*, chap. 9; R. S. Cowan, *More Work for Mother*, chaps.3 and 4.

29 Tschiffely, *This Way Southward*, 61.

30 Trentmann, *Free Trade Nation*, Part 1.

31 Gabaccia, *We Are What We Eat*, 112.

32 Heltosky, *Garlic and Oil*; Gabaccia, *We Are What We Eat*; Anderson, *Pleasures of the Italian Table*, 75.

33 Quoted in Cwiertka, *Making of Modern Culinary Tradition in Japan*, 88–89.

34 Ibid., 110.

35 Swislocki, *Culinary Nostalgia*, 135; Beeton, *Mrs. Beeton's Book of Household Management*, 1.

36 Swislocki, *Culinary Nostalgia*, 125.

37 Ray, *The Migrant's Table*, 44.

38 Rangalal Bandyopadhyay, *Sarissadhani Vidyar Gunokirtan* (Calcutta, 1869?) titled in English *On the Importance of Physical Education*, 5, 38, 43, 46–47, trans. in Chakrabarty, "The Difference", 377–78.

39 Diner, *Hungering for America*, 229.

40 Pilcher, *Que Vivan Los Tamales!* chap.9; Freyre, *The Masters and the Slaves*, 45–70.

41 Aguilar-Rodríguez, "Cooking Modernity", 177.

42 Englehardt, *Mess of Greens*, chap.2.

43 Spencer, *Vegetarianism*, 269.

44 McCay, *Protein Element in Nutrition*, 178, 51.

45 Ibid., 54–57, 153.

46 E. Weber, *Peasants into Frenchmen*, 300–301; 144–45. Heltosky, *Garlic and Oil*, 15,133 主张说意大利许多地区的农民几乎都不喝酒，这种情况一直持续到20世纪50年代晚期。Phillips, *Short History of Wine*, 238–41依靠法国社会科学家 Frédéric Le Play 的研究，论证虽然19世纪法国中上阶层会喝酒，但是农民和工人有的定期喝，有的很少喝，取决于他们所生活的地区。

47 Capatti, "Taste for Canned and Preserved Food", 497. 也见 Heltosky, *Garlic and Oil*, 46。

48 Cwiertka, *Making of Modern Culinary Tradition*, 126–32.

49 Levenstein, *Revolution at the Table*, chap.4.

50 Petersen and Jenkins, *Bread and the British Economy*, chaps.2 and 4.

51 Walton, *Fish and Chips*, esp.148.

52 Stearns, *European Society in Upheaval*, 222.

53 Ibid., 222.

54 W. G. Hoffman, "100 years", 13–18.

55 Headrick, *Tentacles of Progress*, 240–43.

56 Stearns, *European Society in Upheaval*, 222; Griggs, "Sugar Demand".

57 Dix, "Non-Alcoholic Beverages in Nineteenth Century Russia", 24.

58 Mintz, *Sweetness and Power*, 174; Burnett, *Plenty and Want*, chap.11; Offer, *First World War*, 333; Oddy, *From Plain Fare to Fusion Food*; Spencer, *British Food*, 291–92;Symons, *One Continuous Picnic*, 12; Krugman, http://web.mit.edu/krugman/www/mushy. html (accessed 5 December 2012).

59 Griffin, *Short History*, chap.9; Colgrove, "McKeown Thesis"; Fogel, *The Escape from Hunger and Premature Death*, chaps.1 and 2, esp.p.42.

60 Stearns, *European Society in Upheaval*, 16–17.

61 Kasper, *Italian Country Table*, 61–62, 171.

62 Hanley, *Everyday Things in Premodern Japan*, 85–94; Homma, *Folk Art of Japanese Country Cooking*, 15–17, 28–53, 91–92.

63 Jing, *Feeding China's Little Emperors*, 8.

64 M. Davis, *Late Victorian Holocausts*, preface.

65 Laudan, *Food of Paradise*, pt.2.

66 Warman, *Corn and Capitalism*, chaps.4, 5 and 6; McCann, *Maize and Grace*, chaps.3–5.

67 Mazumdar, "Impact of New World Food Crops".

68 Camporesi, *Magic Harvest*, 119–20.

69　Quoted in Ferguson, *Accounting for Taste*, 55.

70　关于上层社会，见 Bayly, *Birth of the Modern World*, 46–47。

71　Phillips, *Short History of Wine*, 236.

72　See also Zeldin, *France, 1848–1945*, 732–33.

73　Collingham, *Curry*, 123.

74　Thompson, *Thai Food*, 29 and 54.

75　Cwiertka, *Modern Japanese Cuisine*, 19–20 .

76　Chuen, *À la table de l'empereur de Chine*, 152–53.

77　Chamberlain, *Food and Cooking of Russia*, 293–95; Symons, *One Continuous Picnic*,112–15.

78　Hosking, "Manyoken, Japan's First French Restaurant" .

79　Ehrman et al., *London Eats Out*, 68–85.

80　Tandon, *Punjabi Century*, 177. 关于罐头在越南的使用，见 Peters, *Appetites and Aspirations*, 153–56。

81　Zeldin, *France, 1848–1945*, chap.14.

82　Toomre, *Classic Russian Cooking*, 21.

83　Arsel and Pekin, *Timeless Tastes*, 118.

84　Panjabi, "Non-Emergence of the Regional Foods of India" , 145–46.

85　Burton, *French Colonial Cookery*, 145; Peters, *Appetites and Aspirations*, 207.

86　Kenney-Herbert, *Culinary Jottings*, 3.

87　Peters, *Appetites and Aspirations*, 156–62.

88　Couto, *Arte de cozinha*, 119–32.

89　例子可见 Bak-Geller, "Los recetarios afrancesados" ; Peters, *Appetites and Aspirations*, chap.6; Andrade, *Brazilian Cookery*, 240, 277–82; Kochilas, *Glorious Foods of Greece*, 245–46, 288; Kaneva-Johnson, *Melting Pot*, 157, 342, 353; Shaida, *Legendary Cuisine of Persia*, 304; Cwiertka, *Modern Japanese Cuisine*, chaps.1 and 2; and other sources listed below。

90　*Nuevo cocinero mejicano*, prospecto.

91　Van Esterik, "From Marco Polo to McDonald's" , 184–87; Thompson, *Thai Food*, 53–58.

92　Kremezi, "Nikolas Tselementes" , 167.

93　Chamberlain, *Food and Cooking of Russia*, 175.

94　S. Williams, *Savory Suppers and Fashionable Feasts*, 113.

95　19世纪晚期的墨西哥烹饪书中包括一些法国酱汁，如贝夏媚酱，也包括现在该国仍在使用的一些以西红柿和辣椒为底的酱汁，二者数量相当。举例可见 *Nuevo cocinero mexicano*, 751–67。

96　Peters, *Appetites and Aspirations*, 177.

97　Thompson, *Thai Food*, 31.

98　D. Burton, *Raj at Table*, 77.

99　Vaduva, "Popular Rumanian Food" , 100.

100　Shaida, *Legendary Cuisine of Persia*, 94; Chamberlain, *Food and Cooking of Russia*,127–28.

101　Kaneva-Johnson, *Melting Pot*, 102, 342.

102　Kochilas, *Glorious Foods of Greece*, 4.

103　Kumakura, "Table Manners Then and Now" , 58.

104　Collingham, *Curry*, 171–73.

105　Dye, "Hawaii's First Celebrity Chef" .

106　见 www.hawaiihistory.org/index.cfm?fuseaction=ig.page&pageid=164 and http://en.wikipedia.org/wiki/Iolani_Palace (both accessed 18 August 2012).

107　http://fr.wikipedia.org/wiki/Fives_%28entreprise%29 (accessed 5 August 2012).

108　Shurtleff and Aoyagi, *Book of Miso*, 520–22.

109　Giedion, *Mechanization*, chap.9; Storck and Teague, *Flour for Man's Bread*, 290ff.;Tann and Glynn, "Technology and Transformation" .

110　Achaya, *Food Industries of British India*, 124–29.

111　Gernet, *History of Chinese Civilization*, 611; Meissner, "Business of Survival" ; Arias, *Comida en serie*, 20–23.

112　www.grupoberro.com/2011/02/24/don-vicente (accessed 14 October 2012).

113　Cronon, *Nature's Metropolis*, 211 and chaps.3 and 5. Horowitz, *Putting Meat on the American*

Table, 32.

114　W. G. Hoffman, "100 years of the Margarine Industry".

115　Achaya, *Food Industries of British India*, 196.

116　Thorne, *History of Food Preservation*, 25; May, *Canning Clan*; Mollenhauer and Froese, *Von Omas Küche zur Fertigpackung*; Capatti, "Taste for Canned and Preserved Food".

117　*Bonne cuisine pour tous*, 355.

118　Cwiertka, *Modern Japanese Cuisine*, 120.

119　Jing, *Feeding China's Little Emperors*, 125.

120　Gerth, *China Made*, Introduction and chap.8.

121　Belasco, *Meals to Come*, 27.

122　Spencer, *Vegetarianism*, chap.9; Goldstein, "Is Hay Only for Horses?".

123　Jha, *Holy Cow*, 19.

124　Dupaigne, *History of Bread*, 90.

125　Meyer-Renschhausen, "Porridge Debate".

126　Ohnuki-Tierney, *Rice as Self*, 105-7; K. Hess, *Carolina Rice Kitchen*, 7-9.

127　Dix, "Non-Alcoholic Beverages in Nineteenth Century Russia", 22.

128　Gilman, *Women and Economics*, chap.11.

129　Ohnuki-Tierney, *Rice as Self*, chap.9; Trentmann, "Civilization and Its Discontents"; Cronon, *Nature's Metropolis*, chap.1.

130　Gabaccia, *We Are What We Eat*, 55-56.

131　Cowan, *Mother's Work*, 48; Landes, *Wealth and Poverty of Nations*, 378.

132　Meissner, "Business of Survival".

133　Pedrocco, "Food Industry and New Preservation Techniques".

134　McCook, *States of Nature*, 1.

135　Offer, *First World War*, 81.

136　Chamberlain, *Foreign and Colonial Speeches*, 202.

137　Kipling, "Big Steamers", 758.

第八章　现代饮食　中等饮食的全球化，1920—2000年

1　Kuralt, *On the Road*, 276.

2　关于其背景，见 Love, *McDonald's*；J. L. Watson, *Golden Arches East*。

3　Curnonsky and Rouff, *Yellow Guides for Epicures*, 20;关于德·加斯特里，见 Wilkins et al.,*Food in Antiquity*, 5；也见 http://fr.wikipedia.org/wiki/frite (accessed 5 December 2012)。

4　Boym, "My McDonald's".

5　Chehabi, "Westernization of Iranian Culinary Culture", 60.

6　Ritzer, *McDonaldization of Society*.

7　Schlosser, *Fast Food Nation*, 270.

8　Laudan, "Slow Food".

9　Solt, "Ramen and US Occupation Policy".

10　J. L. Watson, *Golden Arches East*, Introduction.

11　Micklethwait and Wooldridge, *Future Perfect*, 127-28.

12　Jim Erickson, "Attack of the Superstore", *Time Asia Magazine* 159, no.16 (29 April 2002).

13　Trentmann, *Free Trade Nation*, part 2.

14　McKeown, "Global Migration".

15　Scholliers, "Meals, Food Narratives, and Sentiments"; Warde, *Consumption, Food and Taste*; Fischler, "Food, Self and Identity".关于20世纪的现代饮食，见 Belasco, *Food*, 书中为饮食（主要是美国饮食）提供了见解平衡、引人深思的介绍。Warde, *Consumption, Food and Taste*,专注于欧洲；Belasco and Scranton, *Food Nations*, and Belasco and Horowitz, *Food Chains*,就其主题提供了完备的介绍。Belasco, *Meals to Come*, Fine et al., *Consumption in the Age of Affluence*, and Nütznadel and Trentmann, *Food and Globalization*,涵盖了"二战"后饮食哲学和实践领域的许多主题。Wilk, *Home Cooking in the Global Village*, chaps.7 and

8 展示了一个像洪都拉斯这样的小国是如何与这些全球性势力交锋的。

16 德国、意大利和西班牙的法西斯饮食属于第四选项,虽然对它们的研究比较少。Gordon, "Fascism, the Neo-Right, and Gastronomy"。

17 关于20世纪美国食物发展史的基本概论包括 the Oxford Encyclopedia of Food and Drink in America; Levenstein, *Paradox of Plenty*; Shapiro, *Perfection Salad and Something from the Oven*; Schenone, *A Thousand Years Over a Hot Stove*, chaps.8-10; and Pillsbury, *No Foreign Food*, chaps.4, 5, 8, 9。

18 关于俄罗斯饮食的概述,见 Mack and Surina, *Food Culture in Russia and Central Asia*; Caldwell, "Taste of Nationalism" "Domesticating the French Fry", *Not by Bread Alone*, and "Tasting the Worlds of yesterday and Today"; Caldwell et al., *Food and Everyday Life in the Postsocialist World*。

19 关于非西方地区现代化的构建过程,见 Aydin, *Politics of Anti Westernism in Asia*。关于咖啡馆反映的现代化进程的转变,见 Merry White, *Coffee Life in Japan*, 3-4, 161-62。也见 Cwiertka, *Modern Japanese Cuisine*。

20 关于现代营养学理论的概述,见 Carpenter, *History of Scurvy*; Carpenter, *Protein and Energy*; Carpenter, *Beriberi, White Rice, and Vitamin B*; McCollum, *Newer Knowledge of Nutrition*; McCollum, *History of Nutrition*; Apple, *Vitamania*; Crotty, *Good Nutrition?* 关于政府部门的措施,见 esp. *Food, Science, Policy and Regulation*, ed. Smith and Phillips, and *Order and Disorder*, ed. Fenton。

21 Gandhi, *Autobiography*, 21.

22 M. Harris, *Good to Eat*,这部作品令早先由 Michael Harner 提出的一个理论流行起来。

23 Miranda et al., *El maiz*, 6, 20-25.

24 McCollum, *Newer Knowledge of Nutrition*, 150-51; Valenze, *Milk*, 251.

25 Rothstein and Rothstein, "Beginnings of Soviet Culinary Arts", 185.

26 See the essays in Jing, *Feeding China's Little Emperors*.

27 "First Lady Michelle Obama Launches Let's Move: America's Move to Raise a Healthier Generation of Kids | The White House". www.whitehouse.gov/the-press-office/first-lady-michelle-obama-launches-lets-move-americas-move-raise-a-healthier-genera (accessed 10 August 2012).

28 Sack, *Whitebread Protestants*, chaps.1 and 3.

29 A. O'Connor, "Conversion in Central Quintana Roo".

30 Caldwell, *Not by Bread Alone*, esp.chap.3.

31 一名女学生眼中印巴分治时期的食物转变,见 Jaffrey, *Climbing the Mango Trees*, chap.22。也见 Pankaj Mishra, "One Man's Beef...", *The Guardian*, 12 July 2002。

32 Chehabi, "Westernization of Iranian Culinary Culture"; Chehabi, "How Caviar Turned Out to Be Halal".

33 Rothstein and Rothstein, "Beginnings of Soviet Culinary Arts".

34 Goldman, *Women, the State, and Revolution*, 131. 后附的托洛茨基引言翻译自 Rothstein and Rothstein, "Beginnings of Soviet Culinary Arts", 178。

35 Mack and Surina, *Food Culture in Russia and Central Asia*, 28-31.

36 Goldman, *Women at the Gates*, 294.

37 Lih, *Bread and Authority in Russia*, 243-45; Sorokin, *Hunger*, xxxii.

38 Swislocki, *Culinary Nostalgia*, chap.5.

39 Aguilar-Rodríguez, "Cooking Modernity", 192-93.

40 Beverly Hills Woman's Club, *Fashions in Foods in Beverly Hills*, foreword.

41 Haber, *From Hardtack to Home Fries*, chap.5.

42 Hess and Hess, *Taste of America*, 157.

43 Curnonsky and Rouff, *Yellow Guides for Epicures*, 13.

44 Ibid., 20.

45 Toomre, *Classic Russian Cooking*, 3-4.

46 Chong, *Heritage of Chinese Cooking*, 19.

47 Chang, *Food in Chinese Culture*, 15.

48 Pujol, "Cosmopolitan Taste".

49 Veit, *Victory over Ourselves*, chap.3.

50　感谢 Jim Chevallier 找到了苏格拉底引言的出处。Cullather, "Foreign Policy of the Calorie" and *Hungry World*。

51　Anderson, *Imagined Communities*.有关对19世纪法国高端饮食进行的安德森式阐释，见 Ferguson, *Accounting for Taste*,关于印度饮食，见 Appadurai, "How to Make a National Cuisine"。

52　Harp, *Marketing Michelin*, chap.7; Csergo, "Emergence of Regional Cuisines".

53　Harp, *Marketing Michelin*, 240 and 244.

54　Curnonsky and Rouff, *Yellow Guides for Epicures*, 206.

55　感谢 Adam Balic 关于勃艮第炖牛肉的交谈。Harp, *Marketing Michelin*, 241。

56　Peer, *France on Display*, 2–3, chaps.1 and 3.

57　Pilcher, *Que Vivan Los Tamales!* chaps.3 and 6; Laudan and Pilcher, "Chiles, Chocolate, and Race in New Spain".

58　Swislocki, *Culinary Nostalgia*, chap.4.

59　O'Connor, "King's Christmas Pudding".

60　Ranga Rao, *Good Food from India*, Appadurai, "How to Make a National Cuisine", 即印度作者引言的出处; Panjabi, "Non-Emergence of the Regional Cuisines of India"。

61　Cusack, "African Cuisines", 207; www.dianabuja.wordpress.com/2012/02/21/the-french-in-egypt-and-the-belgians-in-the-congo (accessed 5 December 2012).

62　Cusack, "African Cuisines"; Mack and Surina, *Food Culture in Russia and Central Asia*, 62–63.

63　Greeley, "Finding Pad Thai"; Chehabi, "Westernization of Iranian Culinary Culture",43, 50.

64　Tang, "Chinese Restaurants Abroad".

65　Goldstein, "Eastern Influence on Russian Cuisine", 24.

66　K. O'Connor, "Hawaiian Luau". On culinary tourism generally, Long, *Culinary Tourism*.

67　Arsel and Pekin, *Timeless Tastes*, 9–12.

68　Panjabi, "Non-Emergence of the Regional Foods of India", 144–49.

69　Ohnuma, "Curry Rice".

70　Jing, *Feeding China's Little Emperors*, 79.

71　Ibid., Introduction, 6.

72　关于新鲜食物（主要指在美国），见 Freidberg, *Fresh*。关于包装方便食物，见 Shapiro, *Something from the Oven*, 55–84。

73　Giedion, *Mechanization*, 169–201.

74　Bobrow-Strain, *White Bread*, 4, 123.

75　Ibid., chap.5, for Japan and Mexico.

76　Kilby, *African Enterprise*, chaps.2 and 3.

77　See www.bbc.co.uk/news/magazine-13760559 (accessed 12 August 2012).

78　"Rust in the Bread Basket", *Economist*, 1 July 2010.

79　Crumbine, *Most Nearly Perfect Food*; DuPuis, *Nature's Perfect Food*; Mendelson, chap.2; Valenze, *Milk*, chaps.8–14.

80　Prout quoted in DuPuis, *Nature's Perfect Food,* 32.

81　*Encyclopaedia Britannica*, 11th ed., s.v. "Dairy and Dairying"; McCollum, *History of Nutrition*, 120.

82　Block, "Purity, Economy, and Social Welfare", 22; Atkins, "London's Intra-Urban Milk Supply"; Atkins, "Milk Consumption and Tuberculosis".

83　Bentley, "Inventing Baby Food".

84　Frantz, *Gail Borden*; Heer, *First Hundred Years of Nestlé*; Laudan, "Fresh From the Cow's Nest" and *Food of Paradise*, 61–65, 73–79; Levenstein, *Revolution at the Table*, 10, 12.

85　Hartog, "Acceptance of Milk Products"; Wiley, "Transforming Milk in a Global Economy".

86　Huang, *Fermentations and Food Science*, 322.

87　Crumbine, *Most Nearly Perfect Food*, 8.

88　Trentmann, "Bread, Milk and Democracy"; Block, "Purity, Economy, and Social Welfare".

89　Levenstein, *Paradox of Plenty*, 94.

90　Caldwell et al., *Food and Everyday Life in the Postsocialist World*.

91　"Castro's Revolutionary Cry: Let Them Eat Ice Cream!" http://articles.latimes.com/1991–11–

05/news/wr-1156_1_ice-cream (accessed 5 December 2012).

92　Kamath, *Milkman from Anand*, 327−28.

93　DuPuis, *Nature's Perfect Food*; Aguirre, "Culture of Milk in Argentina".

94　关于现代肉类，见 Horowitz, *Putting Meat on the American Table*, and Lee, *Meat, Modernity and the Rise of the Slaughterhouse*。

95　Horowitz, *Putting Meat on the American Table*, 102.

96　Dixon, *Changing Chicken*.

97　Peña, *Empty Pleasures*.

98　Dahl and Dahl, *Memories with Food at Gipsy House*, 150−55.

99　Lee Kum Kee, http://usa.lkk.com/Kitchen (accessed 18 August 2012).

100　Shurtleff and Aoyogi, *Book of Miso*, 484−85.

101　Schlosser, *Fast Food Nation*, 120−29; Katchadourian, "Taste Makers".

102　Pendergrast, *For God, Country, and Coca-Cola*, 99; "Debunking Coke", *Economist*, 12 February 2000, 70.

103　Rothstein and Rothstein, "Beginnings of Soviet Culinary Arts", 186−88; Belasco, "Algae Burgers".

104　Poppy Cannon, *Can-Opener Cookbook*, quoted by Hine, *Total Package*, 19. Shapiro, *Something from the Oven*.

105　Sand, "Short History of MSG".

106　Knight, *Food Administration in India*, chap.17.

107　Connor, *Food Processing*, 4.

108　Pendergrast, *For God, Country, and Coca-Cola*, 208, 311.

109　Jing, *Feeding China's Little Emperors*, 190.

110　Huang, *Fermentations and Food Science*, 502.

111　Trentmann, "Civilization and Its Discontents".

112　Belasco, *Appetite for Change*.

113　Ohnuki-Tierney, *Rice as Self*, 107−8; Cwiertka, *Making of Modern Culinary Tradition in Japan*, 1−4, 35−36.

114　Popkin, "Nutrition Transition".

115　Laudan, "Slow Food".

116　Corby Kummer, "Doing Good by Eating Well", *Atlantic* 283, no.3 (1999): 102−7.

117　Gopalan, *Nutrition*, 15.

118　www.economist.com/news/business/21571907-horse-meat-food-chain-wake-up-call-not-calamity-after-horse-has-been-bolted (accessed 20 February 2013).

119　Gopalan, *Nutrition*, 15.

120　http://online.wsj.com/article/SB10001424052702304724404577295463062461978. html (access 12 February 2013).

参考文献

Abū al-Fazl ibn Mubārak. *The Ā'īn-i Akbarī*. 2nd ed. Calcutta: Asiatic Society of Bengal, 1927.

Abu-Lughod, Janet L. *Before European Hegemony: The World System A.D. 1250−1350*. New York: Oxford University Press, 1989.

Achaya, K.T. *The Food Industries of British India*. New York: Oxford University Press, 1994.

———. *Indian Food: A Historical Companion*. New York: Oxford University Press, 1994.

———. *Oilseeds and Oilmilling in India: A Cultural and Historical Survey*. New Delhi: Oxford and IBH Publishing, 1990.

Adshead, Samuel Adrian M. *Central Asia in World History*. New York: St. Martin's Press, 1993.

———. *China in World History*. New York: St. Martin's Press, 1988.

———. *Salt and Civilization*. New York: St. Martin's Press, 1992.

Aguilar−Rodríguez, S. "Cooking Modernity: Nutrition Policies, Class, and Gender in 1940s and 1950s Mexico City." *The Americas* 64, no. 2 (2007): 177−205.

———. "Nutrition and Modernity Milk Consumption in 1940s and 1950s Mexico." *Radical History Review*, no. 110 (2011): 36−58.

Aguirre, P. "The Culture of Milk in Argentina." *Anthropology of Food* [online] , no. 2 (2003). www. aof.revues.org/322 (accessed 4 November 2012).

Ahsan, M.M. *Social Life under the Abbasids, 170−289 AH, 786−902 AD*. London: Longman, 1979.

Aiello, Leslie C., and Jonathan C.K. Wells. "Energetics and the Evolution of the Genus Homo." *Annual Review of Anthropology* 31 (2002): 323−38.

Aiello, L.C., and P. Wheeler. "The Expensive-Tissue Hypothesis: The Brain and the Digestive System in Human and Primate Evolution." *Current Anthropology* 36, no. 2 (1995): 199−221.

Aikin, Lucy. *Memoirs of the Court of Queen Elizabeth*. London: Longman, Hurst, Rees, Orme, and Brown, 1818.

Alarcon, C. "Tamales in Mesoamerica: Food for Gods and Mortals." *Petits Propos Culinaires* 63 (1999): 15−34.

Albala, Ken. *The Banquet: Dining in the Great Courts of Late Renaissance Europe*. Urbana: University of Illinois Press, 2007.

———. *Beans: A History*. New York: Berg, 2007.

———. *Cooking in Europe, 1250−1650*. Westport, Conn.: Greenwood Press, 2006.

———. *Eating Right in the Renaissance*. Berkeley: University of California Press, 2002.

———. "The Ideology of Fasting in the Reformation Era." In *Food and Faith in Christian Culture*, edited by Ken Albala and Trudy Eden, 41−57. New York: Columbia University Press, 2011.

Albala, Ken, ed. *Food Cultures of the World Encyclopedia*. Santa Barbara, Calif.: Greenwood Press, 2011.

Albala, Ken, and Trudy Eden, eds. *Food and Faith in Christian Culture*. New York: Columbia University Press, 2011.

Alcock, Susan E. "Power Lunches in the Eastern Roman Empire." *Classical Studies Newsletter* 9 (Summer 2003). www.umich.edu/~classics/news/newsletter/summer2003/powerlunches.html (accessed 14 August 2012).

Alford, Jeffrey, and Naomi Duguid. *Flatbreads and Flavors: A Baker's Atlas*. New York: William Morrow, 2008.

Allison, A. "Japanese Mothers and Obentōs: The Lunch-Box as Ideological State Apparatus." *Anthropological Quarterly* 64, no. 4 (1991): 195−208.

Allsen, Thomas T. *Culture and Conquest in Mongol Eurasia*. New York: Cambridge University Press, 2001.

Ambrosioli, Mauro. *The Wild and the Sown: Agriculture and Botany in Western Europe, 1350–1850*. Cambridge: Cambridge University Press, 1977.

Amouretti, Marie-Claire. *Le pain et l'huile dans la Grèce antique: De l'araire au moulin*. Paris: Les Belles Lettres, 1986.

Anderson, Benedict R. O'G. *Imagined Communities: Reflections on the Origin and Spread of Nationalism*. London: Verso, 1983.

Anderson, Burton. *Pleasures of the Italian Table*. London: Viking Press, 1994.

Anderson, Eugene N. *Everyone Eats: Understanding Food and Culture*. New York: New York University Press, 2005.

———. *The Food of China*. New Haven, Conn.: Yale University Press, 1988.

Andrade, Margarette de. *Brazilian Cookery*. Rutland, Vt.: Charles E. Tuttle, 1965.

"An Anonymous Andalusian Cookbook of the 13th Century." Translated by Charles Perry. In *A Collection of Medieval and Renaissance Cookbooks*. 6th ed. N.p.: n.p.［David Friedman, 1993］.

Anthimus. *De observatione ciborum=On the observance of foods*. Translated by Mark Grant. Blackawton, Totnes, Devon, UK: Prospect Books, 1996.

Apicius: A Critical Edition with an Introduction and English Translation. Translated and edited by Christopher Grocock and Sally Grainger. Totnes, Devon, UK: Prospect Books, 2006.

———. *The Roman Cookery Book*. Translated by Barbara Flower and Elizabeth Rosenbaum. London: Harrap, 1958.

Appadurai, A. "How to Make a National Cuisine: Cookbooks in Contemporary India." *Comparative Studies in Society and History* 30, no. 1 (1988): 3–24.

Appadurai, Carol. "Food, Politics and Pilgrimage in South India, 1350–1650 A.D." In *Food, Society and Culture: Aspects in South Asian Food Systems*, edited by R.S.Khare and M.S.A. Rao, 21–53, Durham, N.C.: Carolina Academic Press.

Appert, Nicolas. *L'art de conserver, pendant plusieurs années, toutes les substances animales et végétales*. Paris: Patris, 1810. Also known as Le livre de tous les ménages.

Apple, Rima D. *Vitamania: Vitamins in American Culture*. New Brunswick, N.J.: Rutgers University Press, 1996.

Apte, Mahadev L., and Judit Katona-Apte. "Religious Significance of Food Preservation in India: Milk Products in Hinduism." In *Food Conservation: Ethnological Studies*, edited by Astri Riddervold and Andreas Ropeid, 89. London: Prospect Books, 1988.

Arbuthnot, John. *An Essay Concerning the Nature of Aliments*. London: Tonson, 1732.

Arias, Patricia. *Comida en serie*. Vol. 9 of *La cocina mexicana a través de los siglos*, edited by Enrique Krauze and Fernán González de la Vara. México, D.F.: Clío; Fundación Herdez, 1997.

Arnold, David. *Colonizing the Body: State Medicine and Epidemic Disease in Nineteenth-Century India*. Berkeley: University of California Press, 1993.

Arsel, Semahat, Ersu Pekin, and Ayse Sümer, eds. *Timeless Tastes: Turkish Culinary Culture*. 2nd ed. Istanbul: Vehbi Koç Vakfı: DiVan, 1996.

Artusi, Pellegrino. *The Art of Eating Well*. Translated by Kyle M. Phillips III. New York: Random House, 1996.

Ashtor, Eliyzhu. "Essai sur l'alimentation des diverses classes sociales dans l'Orient médiéval." *Annales: Économies, Sociétés, Civilisations* 23, no. 5 (1968)· 1017–53.

Assmann, Stephanie, and Erlc C. Rath, eds. *Japanese Foodways, Past and Present*. Urbana: University of Illinois Press, 2010.

Atkins, P. J. "Fattening Children or Fattening Farmers? School Milk in Britain, 1921–1941." *Economic History Review* 58, no. 1 (2005): 57–78.

———. "The Glasgow Case: Meat, Disease and Regulation, 1889–1924." *Agricultural History Review* (2004): 161–82.

———. "The Growth of London's Railway Milk Trade, c. 1845–1914." *Journal of Transport History* 4 (1978): 208–26.

———. "London's Intra-Urban Milk Supply, circa 1790–1914." *Transactions of the Institute of British Geographers*, n.s., 2, no. 3 (1977): 383–99.

———. "Milk Consumption and Tuberculosis in Britain, 1850–1950." In *Order and Disorder: The Health Implications of Eating and Drinking in the Nineteenth and Twentieth Centuries; Proceedings of the Fifth Symposium of the International Commission for Research into European Food History, Aberdeen 1997*, edited by Alexander Fenton. East Linton, UK: Tuckwell, 2000.

———. "The Retail Milk Trade in London, c. 1790–1914." *Economic History Review* 33, no. 4 (1980): 522–37.

———. "Sophistication Detected; or, The Adulteration of the Milk Supply, 1850–1914." *Social History* 16, no. 3 (1991): 317–39.

———. "White Poison? The Social Consequences of Milk Consumption, 1850–1930." *Social History of Medicine* 5, no. 2 (1992): 207–27.

Atkins, P. J., Peter Lummel, and Derek J. Oddy, eds. *Food and the City in Europe Since 1800*. Burlington, Vt.: Ashgate, 2007.

Aydin, Cemil. *The Politics of Anti-Westernism in Asia: Visions of World Order in Pan-Islamic and Pan-Asian Thought*. New York: Columbia University Press, 2007.

Aykroyd, Wallace Ruddell, and Joyce Doughty. *Wheat in Human Nutrition*. Rome: Food and Agriculture Organization of the United Nations, 1970.

Babur, emperor of Hindustan [Zahiru'd-dīn Muhammad Bābur Pādshāh Ghāzī] . *The Bābur-nāma in English (Memoirs of Babur)*. Translated by Annette Susannah Beveridge. London: Luzac, 1921.

A Baghdad Cookery Book: The Book of Dishes (Kitāb al-tabīkh). Translated by Charles Perry. Totnes, Devon, UK: Prospect Books, 2006.

Bailyn, Bernard. *The Peopling of British North America: An Introduction*. New York: Vintage Books, 1988.

Bak-Geller Corona, Sarah. "Los recetarios 'afrancesados' del siglo XIX en México." *Anthropology of Food* [online] , S6 (December 2009). http://aof.revues.org/6464 (accessed 16 October 2012).

Balabanlilar, L. "Lords of the Auspicious Conjunction: Turco-Mongol Imperial Identity on the Subcontinent." *Journal of World History* 18, no. 1 (2007): 1–39.

Barfield, Thomas J. *The Nomadic Alternative*. Englewood Cliffs, N.J.: Prentice Hall, 1993.

Barthes, Roland. *Mythologies* (1957). Translated by Annette Lavers. New York: Hill and Wang, 1972.

Bartlett, Robert. *The Making of Europe: Conquest, Colonization, and Cultural Change, 950–1350*. Princeton, N.J.: Princeton University Press, 1993.

Basan, Ghillie, and Jonathan Basan. *Classic Turkish Cooking*. New York: St. Martin's Press, 1997.

Basu, Shrabani. *Curry: The Story of the Nation's Favourite Dish*. Stroud, UK: Rupa & Co., 2011.

Bauer, Arnold J. "Millers and Grinders: Technology and Household Economy in Meso-America." *Agricultural History* 64, no. 1 (1990): 1–17.

Bayly, C. A. *The Birth of the Modern World, 1780–1914*. Malden, Mass.: Blackwell, 2004.

Beecher, Catharine Esther, and Harriet Beecher Stowe. *The American Woman's Home*. New York: Ford, 1869.

Beeton, Isabella. *Mrs Beeton's Book of Household Management*. 1861. Facsimile edition. London: Jonathan Cape, 1977.

Beg, M. A. J. "A Study of the Cost of Living and Economic Status of Artisans in Abbasid Iraq." *Islamic Quarterly* 16 (1972): 164.

Belasco, Warren James. "Algae Burgers for a Hungry World? The Rise and Fall of Chlorella Cuisine." *Technology and Culture* 38, no. 3 (1997): 608–34.

———. *Appetite for Change: How the Counterculture Took on the Food Industry, 1966–1988*. New York: Pantheon Books, 1989.

———. "Ethnic Fast Foods: The Corporate Melting Pot." *Food and Foodways* 2, no. 1 (1987): 1–30.

———. "Food and the Counterculture: A Story of Bread and Politics." In *The Cultural Politics of Food and Eating*, edited by James L. Watson and Melissa L. Caldwell, 217–34. Malden, Mass.: Blackwell, 2005.

———. *Food: The Key Concepts*. New York: Berg, 2008.

———. " 'Lite' Economics: Less Food, More Profit." *Radical History Review*, nos. 28–30 (1984): 254–78.

———. *Meals to Come: A History of the Future of Food*. Berkeley: University of California Press, 2006.

———. "Toward a Culinary Common Denominator: The Rise of Howard Johnson's, 1925–1940."

Journal of American Culture 2, no. 3 (1979): 503–18.

Belasco, Warren James, and Roger Horowitz, eds. *Food Chains: From Farmyard to Shopping Cart.* Philadelphia: University of Pennsylvania Press, 2009.

Belasco, Warren James, and Philip Scranton, eds. *Food Nations: Selling Taste in Consumer Societies.* New York: Routledge, 2002.

Belich, James. *Replenishing the Earth: The Settler Revolution and the Rise of the Angloworld, 1783–1939.* New York: Oxford University Press, 2009.

Bellwood, P. "The Austronesian Dispersal and the Origin of Languages." *Scientific American* 265, no. 1 (1991): 88–93.

Benedict, Saint, abbot of Monte Cassino. *The Rule of St. Benedict.* Edited and translated by Anthony C. Meisel and M. L. del Mastro. Garden City, N.Y.: Image Books, 1975.

Bentley, Amy. *Eating for Victory: Food Rationing and the Politics of Domesticity.* Urbana: University of Illinois Press, 1998.

———. "Inventing Baby Food: Gerber and the Discourse of Infancy in the United States." In *Food Nations: Selling Taste in Consumer Societies*, edited by W. J. Belasco and Philip Scranton. London: Routledge, 2002.

Bentley, Jerry H. *Old World Encounters: Cross-Cultural Contacts and Exchanges in Pre-Modern Times.* Oxford: Oxford University Press, 1993.

Bentley, Jerry H., and Herbert F. Ziegler. *Traditions and Encounters: A Global Perspective on the Past.* Boston: McGraw-Hill, 2000.

Bérard, L. "La consommation du poisson en France: Des prescriptions alimentaires à la prépondérance de la carpe." In *L'animal dans l'alimentation humaine: Les critères de choix; Actes du colloque international de Liège, 26–29 novembre 1986*, edited by Liliane Bodson, special no. of *Anthropozoologica* (Paris, 1988): 171–73.

Beverly Hills Women's Club. *Fashions in Foods in Beverly Hills.* Beverly Hills, Calif.: Beverly Hills Citizen, 1931.

Bickham, T. "Eating the Empire: Intersections of Food, Cookery and Imperialism in Eighteenth-Century Britain." *Past & Present* 198, no. 1 (2008): 71–109.

Bīrūnī, Muhammad ibn Ahmad. *Alberuni's India.* London: K. Paul, Trench, Trübner, 1914.

Block, D. "Purity, Economy, and Social Welfare in the Progressive Era Pure Milk Movement." *Journal for the Study of Food and Society* 3, no. 1 (1999): 20–27.

Blofeld, John Eaton Calthorpe. *The Chinese Art of Tea.* Boston: Allen & Unwin, 1985.

Boardman, J. "Symposion Furniture." In *Sympotica: A Symposium on the Symposion*, edited by Oswyn Murray, 122–31. Oxford: Oxford University Press, 1990.

Bobrow-Strain, Aaron. *White Bread: A Social History of the Store-Bought Loaf.* Boston: Beacon Press, 2012.

Boileau, Janet. "A Culinary History of the Portuguese Eurasians: The Origins of Luso-Asian Cuisine in the Sixteenth and Seventeenth Centuries." PhD diss., University of Adelaide, 2010.

Bolens, Lucie. *La cuisine andalouse, un art de vivre—XIe–XIIIe siècle.* Paris: Albin Michel, 1990.

La bonne cuisine pour tous d'après les préceptes de la grand-mère Catherine Giron et les formules modernes des meilleurs cuisiniers . . . recueillies par Gombervaux; publiées par "Le Petit journal." 1909. Facsimile reprint, Paris: Presses de la Renaissance, 1979.

Bonnet, Jean-Claude. "The Culinary System in the Encyclopédie." Translated by Elborg Forster in *Food and Drink in History: Selections from the "Annales,"* edited by Robert Forster and Orest Ranum, 139–65. Baltimore: Johns Hopkins University Press, 1979.

Borgstrom, Georg, ed. *Fish as Food*, vol. 1: Production, Biochemistry, and Microbiology. New York: Academic Press, 1961.

Borrero, H. "Communal Dining and State Cafeterias in Moscow and Petrograd, 1917–1921." In *Food in Russian History and Culture*, edited by Musya Glantz and Joyce Toomre, 162–76. Bloomington: Indiana University Press, 1997.

Bottéro, Jean. *The Oldest Cuisine in the World: Cooking in Mesopotamia.* Chicago: University of Chicago Press, 2004.

Boxer, C. R. *The Dutch Seaborne Empire: 1600–1800.* London: Penguin Books, 1973.

Boym, C. "My McDonald's." *Gastronomica: The Journal of Food and Culture* 1, no. 1 (2001): 6–8.

Bradley, Richard. "The Megalith Builders of Western Europe." In *People of the Stone Age: Hunter-Gatherers and Early Farmers*, edited by Göran Burenhult. St. Lucia, Queensland: University of Queensland Press, 1993.

Braidwood, R. J., J. D. Sauer, H. Helbaek, P. C. Mangelsdorf, H. C. Cutler, C. S. Coon, R. Linton, J. Steward, and A. L. Oppenheim. "Symposium: Did Man Once Live by Beer Alone?" *American Anthropologist* 55, no. 4 (1953): 515–26.

Braudel, Fernand. *The Mediterranean and the Mediterranean World in the Age of Philip II*. New York: Harper & Row, 1972–73.

Braun, T. "Barley Cakes and Emmer Bread." In *Food in Antiquity*, edited by John Wilkins, David Harvey, and Mike Dobson, 25–37. Exeter, UK: University of Exeter Press, 1995.

Bray, Francesca. *Agriculture. Part 2 of vol. 6 of Science and Civilization in China*, edited by Joseph Needham, *Biology and Biological Technology*. Cambridge: Cambridge University Press, 1984.

Breckenridge, Carol Appadurai. "Food, Politics and Pilgrimage in South India, 1350–1650 AD." In *Food, Society and Culture*, edited by R. S. Khare and M. S. A. Rao, 21–53. Durham, NC: Carolina Academic Press.

Briant, Pierre. *From Cyrus to Alexander: A History of the Persian Empire*. Winona Lake, Ind.: Eisenbraun, 2002.

Brodman, James William. *Charity and Welfare: Hospitals and the Poor in Medieval Catalonia*. Philadelphia: University of Pennsylvania Press, 1998.

Brown, Catherine. *Broths to Bannocks: Cooking in Scotland, 1690 to the Present Day*. London: John Murray, 1991.

Brown, Peter. *The Body and Society: Men, Women, and Sexual Renunciation in Early Christianity*. New York: Columbia University Press, 1988.

———. *The World of Late Antiquity, AD 150–750*. New York: Harcourt Brace Jovanovich, 1971.

Brownell, S., J. L. Watson, M. L. Caldwell, et al. "Food, Hunger, and the State." In *Cultural Politics of Food and Eating* edited by James L. Watson and Melissa Caldwell, 251–58. Oxford: Blackwell, 2005.

Brubaker, Leslie, and Kallirroe Linardou, eds. *Eat, Drink, and Be Merry (Luke 12:19): Food and Wine in Byzantium; Papers of the 37th Annual Spring Symposium of Byzantine Studies, in Honour of Professor A. A. M. Bryer*. Burlington, Vt.: Ashgate, 2007.

Buell, P. D. "Mongol Empire and Turkicization: The Evidence of Food and Foodways." In *The Mongol Empire and Its Legacy*, edited by Reuven Amitai-Preiss and David O. Morgan, 200–223. Leiden: Brill, 1999.

Buell, Paul D., and Eugene N. Anderson. *A Soup for the Qan: Chinese Dietary Medicine of the Mongol Era as Seen in Hu Sihui's Yinshan Zhengyao*. New York: Kegan Paul International, 2000.

Buffon, Georges-Louis Leclerc, comte de. *Histoire naturelle des poissons*. Paris: Firmin Didot, 1799–1804.

Burkhart, Louise M. *The Slippery Earth: Nahua-Christian Moral Dialogue in Sixteenth-Century Mexico*. Tucson: University of Arizona Press, 1989.

Burnett, John. *Plenty and Want: A Social History of Diet in England from 1815 to the Present Day*. London: Nelson, 1966.

Burton, Antoinette M. *At the Heart of the Empire: Indians and the Colonial Encounter in Late-Victorian Britain*. Berkeley: University of California Press, 1998.

Burton, David. *French Colonial Cookery*. London: Faber & Faber, 2000.

———. *The Raj at Table: A Culinary History of the British in India*. London: Faber & Faber, 1993.

———. *Two Hundred Years of New Zealand Food and Cookery*. [Wellington] : Reed, 1982.

Caldwell, M. L. "Domesticating the French Fry: McDonald's and Consumerism in Moscow." *Journal of Consumer Culture* 4, no. 1 (2004): 5–26.

———. "A New Role for Religion in Russia's New Consumer Age: The Case of Moscow 1." *Religion, State and Society* 33, no. 1 (2005): 19–34.

———. *Not by Bread Alone: Social Support in the New Russia*. Berkeley: University of California Press, 2004.

———. "The Taste of Nationalism: Food Politics in Postsocialist Moscow." *Ethnos* 67, no. 3 (2002): 295–319.

———. "Tasting the Worlds of Yesterday and Today: Culinary Tourism and Nostalgia Foods in Post-Soviet Russia." In *Fast Food / Slow Food: The Cultural Economy of the Global Food System*, edited by Robert Wilk, 97–112. Plymouth, UK: Altamira, 2006.

Caldwell, Melissa L., Elizabeth C. Dunn, and Marion Nestle, eds. *Food and Everyday Life in the Postsocialist World*. Bloomington: Indiana University Press, 2009.

Campbell, B. M. S., J. A. Galloway, D. Keene, and M. Murphy. *A Medieval Capital and Its Grain Supply: Agrarian Production and Distribution in the London Region c. 1300*. London: Institute of British Geographers, 1993.

Camporesi, Piero. *Bread of Dreams: Food and Fantasy in Early Modern Europe*. Translated by David Gentilcore. Chicago: University of Chicago Press, 1996.

———. *The Magic Harvest: Food, Folklore, and Society*. Cambridge, UK: Polity Press, 1993.

Capatti, A. "The Taste for Canned and Preserved Food." In *Food: A Culinary History from Antiquity to the Present*, edited by J. L. Flandrin and Massimo Montanari, translated by Albert Sonnenfeld. New York: Columbia University Press, 1999.

Carney, Judith A. *Black Rice: The African Origins of Rice Cultivation in the Americas*. Cambridge, Mass.: Harvard University Press, 2002.

Carney, Judith A., and Richard Nicholas Rosomoff. *In the Shadow of Slavery: Africa's Botanical Legacy in the Atlantic World*. Berkeley: University of California Press, 2009.

Carpenter, Kenneth J. Beriberi, *White Rice, and Vitamin B: A Disease, a Cause, and a Cure*. Berkeley: University of California Press, 2000.

———. *The History of Scurvy and Vitamin C*. New York: Cambridge University Press, 1986.

———. *Protein and Energy: A Study of Changing Ideas in Nutrition*. New York: Cambridge University Press, 1994.

Carson, Barbara G. *Ambitious Appetites: Dining, Behavior, and Patterns of Consumption in Federal Washington*. Washington, D.C: American Institute of Architects Press, 1990.

Castile, Rand. *The Way of Tea*. New York: Weatherhill, 1971.

Cato, Marcus Porcius. *Cato on Farming: De agricultura; A Critical English Translation*. Translated by Andrew Dalby. Totnes, Devon, UK: Prospect Books, 1998.

Celsus, Aulus Cornelius. *Of Medicine: In Eight Books*. Cambridge, Mass.: Harvard University Press, 1971.

Chakrabarty, Dipesh. "The Difference–Deferral of a Colonial Modernity: Public Debates on Domesticity in British Bengal." In *Tensions of Empire: Colonial Cultures in a Bourgeois World*, edited by Frederick Cooper and Ann Laura Stoler, 373–405. Berkeley: University of California Press, 1997.

Chakravarty, Indira. *Saga of Indian Food: A Historical and Cultural Survey*. New Delhi: Sterling, 1972.

Chamberlain, Joseph. *Foreign and Colonial Speeches*. London: Routledge, 1897.

Chamberlain, Lesley. *The Food and Cooking of Russia*. London: Allen Lane, 1982.

———. "Rousseau's Philosophy of Food." *Petits Propos Culinaires* 21 (1985): 9–16.

Chandler, Alfred Dupont. *The Visible Hand: The Managerial Revolution in American Business*. Cambridge, Mass.: Belknap Press of Harvard University Press, 1977.

Chang, Kwang-chih, ed. *Food in Chinese Culture: Anthropological and Historical Perspectives*. New Haven, Conn.: Yale University Press, 1977.

Charanis, Peter. *Social, Economic and Political Life in the Byzantine Empire*. New ed. London: Variorum Reprints, 1973.

Chastanet, M., F.-X. Fauvelle-Aymar, and D. Juhé-Beaulaton. *Cuisine et société en Afrique: Histoire, saveurs, savoir-faire*. Paris: Karthala, 2002.

Chaudhuri, K. N. *Asia Before Europe: Economy and Civilisation of the Indian Ocean from the Rise of Islam to 1750*. New York: Cambridge University Press, 1990.

Chávez, C. P. M. "Cabildo, negociación y vino de cocos: El caso de la villa de Colima en el siglo XVII" [Government, Negotiation, and Coconut Liquor: The Town Council of Colima During the Seventeenth Century] . *Anuario de Estudios Americanos* 66, no. 1 (2009): 173–92.

Chehabi, H. E. "How Caviar Turned Out to Be Halal." *Gastronomica* 7, no. 2 (2007): 17–23.

———. "The Westernization of Iranian Culinary Culture." *Iranian Studies* 36, no. 1 (2003): 43–61.

Chen, Helen. "Hangzhou: A Culinary Memoir." *Flavor and Fortune* 3, no. 1 (1996): 11, 13, 21.

Ch'en, Kenneth Kuan Sheng. *Buddhism in China*. Princeton, N.J.: Princeton University Press, 1972.

Cheyne, George. *An Essay of Health and Long Life*. Bath, UK: Strahan, 1724. Gale ECCO, Print Editions, 2010.

Chon, Deson. "Korean Cuisine and Food Culture." *Food Culture: Kikkoman Institute* 4 (2002): 1–6.

Chong, Elizabeth. *The Heritage of Chinese Cooking*. New York: Random House, 1993.

Christensen, Arthur. *L'Iran sous les Sassanides*. Copenhagen: Munksgaard, 1936.

Chuen, William Chan Tat. *À la table de l'empereur de Chine*. Arles: P. Picquier, 2007.

Cicero, Marcus Tullius. *Cicero's Brutus; or, History of Famous Orators*. Edited by Edward Jones. London: B. White, 1776.

———. *Tusculan Disputations: On the Nature of the Gods, and on the Commonwealth*. New York: Cosimo, 2005.

Cipolla, Carlo M. *Before the Industrial Revolution: European Society and Economy, 1000–1700*. New York: Norton, 1976.

Civitello, Linda. *Cuisine and Culture: A History of Food and People*. Hoboken, N.J.: Wiley, 2004.

Clark, Colin, and Margaret Rosary Haswell. *The Economics of Subsistence Agriculture*. New York: Macmillan, 1970.

Clendinnen, Inga. *Aztecs: An Interpretation*. New York: Cambridge University Press, 1991.

Clot, André. *Harun Al-Rashid and the World of the Thousand and One Nights*. London: Saqi, 1989.

Clutton-Brock, Juliet. *Domesticated Animals from Early Times*. London: British Museum; Austin: University of Texas Press, 1981.

Coe, Sophie D. *America's First Cuisines*. Austin: University of Texas Press, 1994.

Coe, Sophie D., and Michael D. Coe. *The True History of Chocolate*. New York: Thames & Hudson, 1996.

Coetzee, Renata. *The South African Culinary Tradition: The Origin of South Africa's Culinary Arts during the 17th and 18th Centuries, and 167 Authentic Recipes of This Period*. Cape Town: C. Struik, 1977.

Colgrove, James. "The McKeown Thesis: A Historical Controversy and Its Enduring Influence." *American Journal of Public Health* 92, no. 5 (2002): 725–29.

Colley, Linda. *Britons: Forging the Nation, 1707–1837*. New Haven, Conn.: Yale University Press, 1992.

Collingham, Lizzie. *Curry: A Tale of Cooks and Conquerors*. New York: Oxford University Press, 2006.

Colquhoun, Kate. *Taste: The Story of Britain Through Its Cooking*. London: Bloomsbury, 2007.

Colquhoun, Patrick. *A Treatise on Indigence*. London: Hatchard, 1806.

Concepción, José Luis. *Typical Canary Cooking: The Best Traditional Dishes, Sweets and Liquors*. La Laguna, Tenerife: José Luis Concepción, 1991.

Confucius. *The Analects* (Lun yü). Translated by D. C. Lau. Hong Kong: Chinese University Press, 1983.

Connor, John M. *Food Processing: An Industrial Powerhouse in Transition*. Lexington, Mass.: Lexington Books, 1988.

Cook, J. M. *The Persian Empire*. New York: Schocken Books, 1983.

Cool, H. E. M. *Eating and Drinking in Roman Britain*. Cambridge: Cambridge University Press, 2006.

Cooper, John. *Eat and Be Satisfied: A Social History of Jewish Food*. Northvale, N.J.: Jason Aronson, 1993.

Corcuera de Mancera, Sonia. *Del amor al temor: Borrachez, catequesis y control en la Nueva España (1555–1771)*. México, D.F.: Fondo de Cultura Económica, 1994.

Couto, Cristiana. *Arte de cozinha*. São Paulo: Senac, 2007.

Cowan, Brian William. *The Social Life of Coffee: The Emergence of the British Coffeehouse*. New Haven, Conn.: Yale University Press, 2005.

Cowan, Ruth Schwartz. *More Work for Mother: The Ironies of Household Technology from the Open Hearth to the Microwave*. New York: Basic Books, 1983.

Crane, Eva. *The Archaeology of Beekeeping*. Ithaca, N.Y: Cornell University Press, 1984.

Crèvecoeur, J. Hector St. John de. *Letters from an American Farmer*. Applewood, 2007.

Critser, Greg. *Fat Land: How Americans Became the Fattest People in the World*. Boston: Houghton Mifflin, 2003.

Crone, Patricia. *Pre-Industrial Societies*. New York: Blackwell, 1989.

Cronon, William. *Changes in the Land: Indians, Colonists, and the Ecology of New England*. Rev. ed. New York: Hill & Wang, 1983.

———. *Nature's Metropolis: Chicago and the Great West*. New York: Norton, 1991.

Crosby, Alfred W. *The Columbian Exchange: Biological and Cultural Consequences of 1492*. Westport, Conn.: Greenwood, 1972.

Cross, Samuel H., and Olgerd P. Sherbitz-Wetzor. *The Russian Primary Chronicle*. Cambridge, Mass.: Medieval Academy of America, 2012.

Crotty, Patricia A. *Good Nutrition? Fact and Fashion in Dietary Advice*. St. Leonards, N.S.W.: Allen & Unwin, 1995.

Crumbine, Samuel J. *The Most Nearly Perfect Food: The Story of Milk*. Baltimore: Williams & Wilkins, 1929.

Csergo, Julia. "The Emergence of Regional Cuisines." In *Food: A Culinary History from Antiquity to the Present*, edited by J. L. Flandrin and Massimo Montanari, translated by Albert Sonnenfeld, 500–515. New York: Columbia University Press, 1999.

Cullather, N. "The Foreign Policy of the Calorie." *American Historical Review* 112, no. 2 (2007): 337–64.

———. *The Hungry World: America's Cold War Battle Against Poverty in Asia*. Cambridge, Mass.: Harvard University Press, 2010.

Cunliffe, Barry W. *Europe Between the Oceans: Themes and Variations, 9000 BC-AD 1000*. New Haven, Conn.: Yale University Press, 2008.

Curiel Monteagudo, José Luis. *Virreyes y virreinas golosos de la nueva españa*. México, D.F.: Porrúa, 2004.

Curnonsky [pseud. Maurice Edmond Sailland] , and Marcel Rouff. *The Yellow Guides for Epicures*. New York: Harper, 1926.

Curtin, Philip D. *Cross-Cultural Trade in World History*. New York: Cambridge University Press, 1984.

——— *Death by Migration: Europe's Encounter with the Tropical World in the Nineteenth Century*. New York: Cambridge University Press, 1989.

———. *The Rise and Fall of the Plantation Complex: Essays in Atlantic History*. New York: Cambridge University Press, 1990.

Curtis, Robert I. *Garum and Salsamenta: Production and Commerce in Materia Medica*. Leiden: Brill, 1991.

Cusack, I. "African Cuisines: Recipes for Nationbuilding?" *Journal of African Cultural Studies* 13, no. 2 (2000): 207–25.

Cutting, C. L. "Historical Aspects of Fish." In *Fish as Food*, edited by Georg Borgstrom, 2: 1–15. New York: Academic Press, 1962.

Cwiertka, Katarzyna Joanna. *The Making of Modern Culinary Tradition in Japan*. Leiden: n.p., 1998.

———. *Modern Japanese Cuisine: Food, Power and National Identity*. London: Reaktion Books, 2006.

Dahl, Felicity, and Roald Dahl. *Memories with Food at Gipsy House*. London: Viking Press, 1991.

Dalby, Andrew. "Alexander's Culinary Legacy." In *Cooks and Other People: Proceedings of the Oxford Symposium on Food and Cookery*, edited by Harlan Walker, 81–93. Totnes, Devon, UK: Prospect Books, 1996.

———. *Flavours of Byzantium*. Totnes, Devon, UK: Prospect Books, 2003.

———. *Siren Feasts: A History of Food and Gastronomy in Greece*. New York: Routledge, 1996.

Dalby, Andrew, and Sally Grainger. *The Classical Cookbook*. Los Angeles. J. Paul Getty Museum, 2002.

Daniels, Christian, and Nicholas K. Menzies. *Agro-Industries and Forestry*. Part 3 of vol. 6 of *Science and Civilization in China*, edited by Joseph Needham, *Biology and Biological Technology*. Cambridge: Cambridge University Press, 1996.

Daniels, J., and C. Daniels. "The Origin of the Sugarcane Roller Mill." *Technology and culture* 29, no. 3 (1988): 493–535.

Darby, William J., Paul Ghalioungui, and Louis Grivetti. *Food: The Gift of Osiris*. New York: Academic Press, 1977.

Davidson, Alan. *Mediterranean Seafood*. Totnes, Devon, UK: Prospect Books, 2002.

———. "Sherbets." In *Liquid Nourishment*, edited by C. Anne Wilson. Edinburgh: Edinburgh University Press, 1993.

Davidson, Alan, and Tom Jaine, eds. *The Oxford Companion to Food*. Oxford University Press, 2006.

Davidson, Alan, and Eulalia Pensado. "The Earliest Portuguese Cookbook Examined." *Petits Propos Culinaires* 41 (1992): 52–57.

Davidson, Caroline. *A Woman's Work Is Never Done: A History of Housework in the British Isles, 1650–1950*. London: Chatto & Windus, 1982.

Davidson, James N. *Courtesans and Fishcakes: The Consuming Passions of Classical Athens*. New York: St. Martin's Press, 1998.

Davis, Audrey B. *Circulation Physiology and Medical Chemistry in England*. Lawrence: University of Kansas Press, 1973.

Davis, Mike. *Late Victorian Holocausts: El Niño Famines and the Making of the Third World*. New York: Verso, 2001.

Day, Ivan. "Historic Food." www.historicfood.com/portal.htm (accessed 14 August 2012).

Debus, Allen George. *The French Paracelsians: The Chemical Challenge to Medical and Scientific Tradition in Early Modern France*. Cambridge: Cambridge University Press, 2002.

Deerr, Noël. *The History of Sugar*. London: Chapman & Hall, 1949.

Dege, Hroar. "Norwegian Gastronomic Literature: Part II, 1814–1835." *Petits Propos Culinaires* 21 (1985): 23–32.

Delaney, Carol Lowery. *The Seed and the Soil: Gender and Cosmology in Turkish Village Society*. Berkeley: University of California Press, 1991.

Dembińska, Maria. "Fasting and Working Monks: Regulations of the Fifth to Eleventh Centuries." In *Food in Change: Eating Habits from the Middle Ages to the Present Day*, edited by Alexander Fenton and Eszter Kisbán, 152–60. Edinburgh: John Donald, 1986.

———. *Food and Drink in Medieval Poland: Rediscovering a Cuisine of the Past*. Edited by William Woys Weaver. Philadelphia: University of Pennsylvania Press, 1999.

Déry, C. A. "Milk and Dairy Products in the Roman Period." In *Milk: Beyond the Dairy; Proceedings of the Oxford Symposium on Food and Cookery, 1999*, edited by Harlan Walker, 117. Totnes, Devon, UK: Prospect Books, 2000.

Detienne, Marcel. *The Gardens of Adonis: Spices in Greek Mythology*. Atlantic Highlands, N.J.: Humanities Press, 1977.

Detienne, Marcel, and Jean Pierre Vernant. *The Cuisine of Sacrifice among the Greeks*. Chicago: University of Chicago Press, 1989.

De Vooght, Daniëlle. *Royal Taste: Food, Power and Status at the European Courts After 1789*. Burlington, Vt.: Ashgate, 2011.

Diamond, Jared. *Guns, Germs, and Steel: The Fates of Human Societies*. New York: Norton, 2005.

———. "The Worst Mistake in the History of the Human Race." http://discovermagazine.com/1987/may/02-the-worst-mistake-in-the-history-of-the-human-race (accessed 14 August 2012).

Diehl, Richard A. *The Olmecs: America's First Civilization*. London: Thames & Hudson, 2006.

Diner, Hasia R. *Hungering for America: Italian, Irish, and Jewish Foodways in the Age of Migration*. Cambridge, Mass.: Harvard University Press, 2001.

Dix, Graham. "Non-Alcoholic Beverages in Nineteenth Century Russia." *Petits Propos Culinaires* 10 (1982): 21–28.

Dixon, Jane. *Changing Chicken: Chooks, Cooks and Culinary Culture*. Sydney: University of New South Wales Press, 2002.

Dolan, Brian. *Wedgwood: The First Tycoon*. New York: Viking Press, 2004.

Domingo, Xavier. "La cocina precolumbina en España." In *Conquista y comida: Consecuencias del encuentro de dos mundos*, edited by Janet Long, 17–30. 1st ed. México, D.F.: Universidad Nacional Autónoma de México, 1996.

Dorje, Rinjing. *Food in Tibetan Life*. London: Prospect Books, 1985.

Douglas, Mary. *Purity and Danger: An Analysis of Concepts of Pollution and Taboo*. New York: Praeger, 1966.

Doyle, Michael W. *Empires*. Ithaca, N.Y.: Cornell University Press, 1986.

Drayton, Richard Harry. *Nature's Government: Science, Imperial Britain, and the "Improvement" of the World*. New Haven, Conn.: Yale University Press, 2000.

Drewnowski, A. "Fat and Sugar in the Global Diet: Dietary Diversity in the Nutrition Transition." In

Food in Global History, edited by Raymond Grew. Boulder, Colo.: Westview Press, 1999.

Dreyer, Edward L., Frank Algerton Kierman, and John King Fairbank. *Chinese Ways in Warfare*. Edited by Frank A. Kierman Jr. and John K. Fairbank. Cambridge, Mass.: Harvard University Press, 1974.

Drummond, J. C., and Anne Wilbraham. *The Englishman's Food: A History of Five Centuries of English Diet*. London: Jonathan Cape, 1939.

Dubos, Jean-Baptiste, abbé. *Réflexions critiques sur la poésie et sur la peinture. 1719*. New rev. ed., Utrecht: E. Néaulme, 1732. 6th ed., Paris: Pissot, 1755.

Dunlop, Fuchsia. *Sichuan Cookery*. London: Michael Joseph, 2001.

Dunn, Richard S., and Institute of Early American History and Culture. *Sugar and Slaves: The Rise of the Planter Class in the English West Indies, 1624–1713*. Chapel Hill: University of North Carolina Press, 1972.

Dupaigne, Bernard. *The History of Bread*. New York: Harry N. Abrams, 1999.

Dupont, Florence. *Daily Life in Ancient Rome*. Cambridge, Mass.: Blackwell, 1993.

DuPuis, E. Melanie. *Nature's Perfect Food: How Milk Became America's Drink*. New York: New York University Press, 2002.

Dye, Bob. "Hawaii's First Celebrity Chef." In *We Go Eat. A Mixed Plate from Hawaii's Food Culture*, 55–60. Honolulu: Hawaii Council for the Humanities, 2008.

Dyer, Christopher. "Changes in Diet in the Late Middle Ages: The Case of Harvest Workers." *Agricultural History Review* 36, no. 1 (1988): 21–37.

Earle, Rebecca. " 'If You Eat Their Food . . .': Diets and Bodies in Early Colonial Spanish America." *American Historical Review* 115, no. 3 (2010): 688–713.

Eaton, Richard M. *The Rise of Islam and the Bengal Frontier, 1204–1760*. Berkeley: University of California Press, 1993.

Eaton, S. B., and M. Konner. "Paleolithic Nutrition." *New England Journal of Medicine* 312, no. 5 (1985): 283–89.

Economic Research Service. "USDA Food Cost Review, 1950–97." www.ers.usda.gov/media/308011/ aer780h_1_.pdf (accessed 14 August 2012).

Eden, Trudy. *The Early American Table: Food and Society in the New World*. Dekalb: Northern Illinois University Press, 2008.

Edens, Christopher. "Dynamics of Trade in the Ancient Mesopotamian 'World System.' " *American Anthropologist* 94, no. 1 (1 March 1992): 118–39.

Effros, Bonnie. *Creating Community with Food and Drink in Merovingian Gaul*. New York: Palgrave Macmillan, 2002.

Ehrman, Edwina, Hazel Forsyth, Jacqui Pearce, Rory O'Connell, Lucy Peltz, and Cathy Ross. *London Eats Out, 1500–2000: 500 Years of Capital Dining*. London: Philip Wilson, 1999.

Eisenstadt, S. N. *Modernization: Protest and Change*. Englewood Cliffs, N.J.: Prentice Hall, 1966.

Ellison, Rosemary. "Diet in Mesopotamia: The Evidence of the Barley Ration Texts (c. 3000–1400 B.C.)." *Iraq* 43, no. 1 (1 April 1981): 35–45.

———. "Methods of Food Preparation in Mesopotamia (c. 3000–600 BC)." *Journal of the Economic and Social History of the Orient* 27, no. 1 (1 January 1984): 89–98.

Elvin, Mark. *The Pattern of the Chinese Past: A Social and Economic Interpretation*. Stanford, Calif.: Stanford University Press, 1973.

Encyclopædia Britannica, 11th ed., 1910–11.

Encyclopedia Judaica. New York: Macmillan, 1972.

Engelhardt, Elizabeth Sanders Delwiche. *A Mess of Greens: Southern Gender and Southern Food*. Athens: University of Georgia Press, 2011.

Engels, Donald W. *Alexander the Great and the Logistics of the Macedonian Army*. Berkeley: University of California Press, 1980.

Episcopal Church, Coffeyville, Kansas, Ladies' Guild. *Coffeyville Cook Book*. Coffeyville: Journal Press, 1915.

Escoffier, Auguste. *Souvenirs inédits: 75 ans au service de l'art culinaire*. Marseille: J. Laffitte, 1985.

Esterik, Penny van. "From Marco Polo to McDonald's: Thai Cuisine in Transition." *Food and Foodways* 5, no. 2 (1992): 177–93.

Evans, Meryle. "The Splendid Processions of Trade Guilds at Ottoman Festivals." In *Food in the Arts:*

Proceedings of the Oxford Symposium on Food and Cooking, 1998, edited by Harlan Walker, 67–72. Totnes, Devon, UK: Prospect Books, 1999.

Evelyn, John. *Acetaria: A Discourse on Sallets*. London: Tooke, 1699.

Faas, Patrick. *Around the Roman Table*. New York: Palgrave Macmillan, 2003.

Faroqhi, Suraiya. *Towns and Townsmen of Ottoman Anatolia: Trade, Crafts, and Food Production in an Urban Setting, 1520–1650*. New York: Cambridge University Press, 1984.

Feeley-Harnik, Gillian. *The Lord's Table: The Meaning of Food in Early Judaism and Christianity*. Washington, D.C.: Smithsonian Institution Press, 1994.

Fenton, Alexander, ed. *Order and Disorder: The Health Implications of Eating and Drinking in the Nineteenth and Twentieth Centuries: Proceedings of the Fifth Symposium of the International Commission for Research into European Food History, Aberdeen, 1997*. East Linton, UK: Tuckwell, 2000.

Ferguson, Priscilla Parkhurst. *Accounting for Taste: The Triumph of French Cuisine*. University of Chicago Press, 2004.

———. "A Cultural Field in the Making: Gastronomy in 19th-Century France." *American Journal of Sociology* 104, no. 3 (1 November 1998): 597–641.

Fernández-Armesto, Felipe. *Near a Thousand Tables: A History of Food*. New York: Free Press, 2002.

Field, Carol. *The Italian Baker*. New York: William Morrow, 1985.

Fine, Ben, Michael Heasman, and Judith Wright. *Consumption in the Age of Affluence: The World of Food*. New York: Routledge, 1996.

Fink, Beatrice, ed. *Les liaisons savoureuses: Réflexions et pratiques culinaires au XVIIIe siècle*. Saint-Étienne: Université de Saint-Étienne, 1995.

Finlay, M. R. "Early Marketing of the Theory of Nutrition: The Science and Culture of Liebig's Extract of Meat." *Clio medica* 32 (1995): 48–74.

Finley, M. I. *Ancient Sicily*. 1968. Rev. ed. London: Chatto & Windus, 1979.

Fischer, David Hackett. *Albion's Seed: Four British Folkways in America*. New York: Oxford University Press, 1989.

Fischler, Claude. "Food, Self and Identity." *Social Science Information* 27, no. 2 (June 1988): 275–92.

Fisher, N. R. E. "Greek Associations, Symposia, and Clubs." In *Civilization of the Ancient Mediterranean: Greece and Rome*, edited by Michael Grant and Rachel Kitzinger. New York: Scribner, 1988.

Fitzpatrick, John. "Food, Warfare and the Impact of Atlantic Capitalism in Aotearoa/New Zealand." www.adelaide.edu.au/apsa/docs_papers/Others/Fitzpatrick.pdf (accessed 14 November 2012).

Flandrin, J. L. *Chronique de Platine: Pour une gastronomie historique*. Paris: Odile Jacob, 1992.

———. "Le goût et la nécessité: Sur l'usage des graisses dans les cuisines d'Europe occidentale (XIVe–XVIIIe siècle)." *Annales: Économies, Sociétés, Civilisations* 38, no. 1 (1983): 369–401.

Flandrin, Jean-Louis, and Massimo Montanari, eds. *Food: A Culinary History from Antiquity to the Present*. Translated by Albert Sonnenfeld. New York: Columbia University Press, 1999. Originally published as *Histoire de l'alimentation* (Paris: Fayard, 1997).

Fletcher, R. A. *The Barbarian Conversion: From Paganism to Christianity*. 1st American ed. New York: Holt, 1998.

———. *Moorish Spain*. London: Weidenfeld & Nicolson, 1992.

Fogel, Robert William. *The Escape from Hunger and Premature Death, 1700–2100: Europe, America, and the Third World*. New York: Cambridge University Press, 2004.

Foltz, Richard. *Religions of the Silk Roads: Premodern Patterns of Globalization*. New ed. Palgrave Macmillan, 2010.

Forbes, H., and L. Foxhall. "Ethnoarcheology and Storage in the Mediterranean beyond Risk and Survival." In *Food in Antiquity*, edited by John Wilkins, David Harvey, and Mike Dobson, 69–86. Exeter, UK: University of Exeter Press, 1995.

Forbes, R. J. *Short History of the Art of Distillation from the Beginnings up to the Death of Cellier Blumenthal*. Leiden: Brill, 1948.

———. *Studies in Ancient Technology*. Leiden: Brill, 1955.

Foulk, T. Griffith. "Myth, Ritual, and Monastic Practice in Sung Ch'an Buddhism." In *Religion and Society in T'ang and Sung China*, edited by Patricia Buckley Ebrey and Peter N. Gregory. Honolulu:

University of Hawaii Press, 1993.

Fragner, B. "From the Caucasus to the Roof of the World: A Culinary Adventure." In *Culinary Cultures of the Middle East*, edited by Sami Zubaida and Richard L. Tapper, 49-62. New York: I. B. Taurus, 1994.

Franconie, H., M. Chastanet, and F. Sigaut. *Couscous, boulgour et polenta: Transformer et consommer les céréales dans le monde*. Paris: Karthala, 2010.

Frankel, Edith J., and James D. Frankel. *Wine and Spirits of the Ancestors: Exhibition and Sale March 22nd Through April 28th 2001*. New York: E & J Frankel, 2001.

Frantz, Joe Bertram. *Gail Borden, Dairyman to a Nation*. Norman: University of Oklahoma Press, 1951.

Fraser, Hugh, and Hugh Cortazzi. *A Diplomat's Wife in Japan: Sketches at the Turn of the Century*. New York: Weatherhill, 1982.

Freedman, Paul H., ed. *Food: The History of Taste*. Berkeley: University of California Press, 2007.

——. *Out of the East: Spices and the Medieval Imagination*. New Haven, Conn.: Yale University Press, 2008.

Freeman, Michael. "Sung." In *Food in Chinese Culture: Anthropological and Historical Perspectives*, edited by Kwang-chih Chang, 141-76. New Haven, Conn.: Yale University Press, 1977.

Freidberg, Susanne. *French Beans and Food Scares: Culture and Commerce in an Anxious Age*. New York: Oxford University Press, 2004.

——. *Fresh: A Perishable History*. Cambridge, Mass.: Belknap Press of Harvard University Press, 2009.

Freyre, Gilberto. *The Masters and the Slaves (Casa-Grande & Senzala): A Study in the Development of Brazilian Civilization*. Translated by Samuel Putnam. 2nd rev. ed. Berkeley: University of California Press, 1987.

Fuller, Dorian Q. "The Arrival of Wheat in China." *Archaeobotanist*, 9 July 2010. http://archaeobotanist. blogspot.mx/2010/07/arrival-of-wheat-in-china.html (accessed 14 August 2012).

——. "Debating Early African Bananas." *Archaeobotanist*, 19 January 2012. http://archaeobotanist. blogspot.com/2012/01/debating-early-african-bananas.html (accessed 14 August 2012).

——. "Globalization of Bananas in 3 Acts: Recent Updates." *Archaeobotanist*, 19 January 2012. http://archaeobotanist.blogspot.com/2012/01/globalization-of-bananas-in-3-acts.html (accessed 14 August 2012).

Fuller, Dorian Q., and Nicole Boivin. "Crops, Cattle and Commensals across the Indian Ocean: Current and Potential Archaeobiological Evidence." In *Études Océan Indien*, no. 42-43: *Plantes et sociétés*, 13-46. Paris: Institut national de langues et civilizations orientales, 2009.

Fuller, Dorian Q., Yo-Ichiro Sato, Cristina Castillo, Ling Qin, Alison R. Weisskopf, Eleanor J. Kingwell-Banham, Jixiang Song, Sung-Mo Ahn, and Jacob Etten. "Consilience of Genetics and Archaeobotany in the Entangled History of Rice." *Archaeological and Anthropological Sciences* 2 (18 June 2010): 115-31.

Gabaccia, Donna R. *We Are What We Eat: Ethnic Food and the Making of Americans*. Cambridge, Mass.: Harvard University Press, 1998.

Galavaris, George. *Bread and the Liturgy: The Symbolism of Early Christian and Byzantine Bread Stamps*. Madison: University of Wisconsin Press, 1970.

Gandhi, Mahatma. *An Autobiography: The Story of My Experiments with Truth*. London: Jonathan Cape, 1966.

Gardella, Robert. *Harvesting Mountains: Fujian and the China Tea Trade, 1757-1937*. Berkeley: University of California Press, 1994.

Gardner, Bruce L. *American Agriculture in the Twentieth Century: How It Flourished and What It Cost*. Cambridge, Mass.: Harvard University Press, 2002.

Garnsey, Peter. *Cities, Peasants and Food in Classical Antiquity: Essays in Social and Economic History*. New York: Cambridge University Press, 1998.

——. *Famine and Food Supply in the Graeco-Roman World: Responses to Risk and Crisis*. New York: Cambridge University Press, 1988.

——. *Food and Society in Classical Antiquity*. New York: Cambridge University Press, 1999.

Garrido Aranda, Antonio, ed. *Cultura alimentaria Andalucía-América*. México, D.F.: Universidad Nacional Autónoma de México, 1996.

Gelder, G. J. H. van. *God's Banquet: Food in Classical Arabic Literature*. New York: Columbia University Press, 2000.

Genç, Mehmet. "Ottoman Industry in the Eighteenth Century: General Framework, Characteristics, and Main Trends." In *Manufacturing in the Ottoman Empire and Turkey, 1500-1950*, edited by Donald Quataert, 59-85. Albany, N.Y.: State University of New York Press, 1994.

George, Andrew, ed. and trans. *The Epic of Gilgamesh*. London: Penguin Books, 1999.

Gernet, Jacques. *Buddhism in Chinese Society: An Economic History from the Fifth to the Tenth Century*. Translated by F. Verellen. Columbia University Press, 1998.

———. *A History of Chinese Civilization*. Translated by J. R. Foster. New York: Cambridge University Press, 1982.

Gerth, Karl. *China Made: Consumer Culture and the Creation of the Nation*. Cambridge, Mass.: Harvard University Asia Center, 2003. Distributed by Harvard University Press.

Giedion, Sigfried. *Mechanization Takes Command: A Contribution to Anonymous History*. New York: Oxford University Press, 1948.

Gilman, Charlotte Perkins. *Women and Economics: A Study of the Economic Relation between Men and Women as a Factor in Social Evolution*. 1898. Reprint. Berkeley: University of California Press, 1998. http://classiclit.about.com/library/bl-etexts/cpgilman/bl-cpgilman-womeneco-11.htm (accessed 6 August 2012).

Girouard, Mark. *Life in the English Country House: A Social and Architectural History*. London: Penguin Books, 1980.

Gitlitz, David M., and Linda Kay Davidson. *A Drizzle of Honey: The Lives and Recipes of Spain's Secret Jews*. New York: St. Martin's Press, 1999.

Glants, Musya, and Joyce Toomre, eds. *Food in Russian History and Culture*. Bloomington: Indiana University Press, 1997.

Glasse, Hannah. *First Catch Your Hare : The Art of Cookery Made Plain and Easy (1747)*. Edited by Jennifer Stead and Priscilla Bain. Totnes, Devon, UK: Prospect Books, 2004.

Glick, Thomas F. *Islamic and Christian Spain in the Early Middle Ages*. Princeton, N.J.: Princeton University Press, 1979.

Golden, P. B. *Nomads and Sedentary Societies in Medieval Eurasia*. Washington, D.C.: American Historical Association, 2003.

Goldman, Wendy Z. *Women at the Gates: Gender and Industry in Stalin's Russia*. New York: Cambridge University Press, 2002.

———. *Women, the State, and Revolution: Soviet Family Policy and Social Life, 1917-1936*. New York: Cambridge University Press, 1993.

Goldstein, Darra. "Domestic Porkbarreling in Nineteenth-Century Russia; or, Who Holds the Keys to the Larder?" In *Russia-Women-Culture*, edited by Helena Goscilo and Beth Holmgren, 125-51. Bloomington: Indiana University Press, 1996.

———. "The Eastern Influence on Russian Cuisine." In *Current Research in Culinary History: Sources, Topics, and Methods*, 20-26. Boston: Culinary Historians of Boston, 1985.

———. "Food from the Heart." *Gastronomica* 4, no. 1 (2004): iii-iv.

———. "Gastronomic Reforms Under Peter the Great." *Jahrbücher für Geschichte Osteuropas* 48 (2000): 481-510.

———. "Is Hay Only for Horses? Highlights of Russian Vegetarianism at the Turn of the Century." In *Food in Russian History and Culture*, edited by Musya Glants and Joyce Toomre, 103-23. Bloomington: University of Indiana Press, 1997.

———. "Russian Dining: Theatre of the Gastronomic Absurd." *On Cooking: Performance Research* 4, no. 1 (2001): 64-72.

González de la Vara, Fernán. *Época prehispánica*. Vol. 2 of *La cocina mexicana a través de los siglos*, ed. id. and Enrique Krauze. México, D.F.: Clío; Fundación Herdez, 1996.

Goody, Jack. *Cooking, Cuisine, and Class: A Study in Comparative Sociology*. New York: Cambridge University Press, 1982.

Gopalan, C. *Nutrition in Developmental Transition in South-East Asia*. SEARO Regional Health Paper no. 21. New Delhi: World Health Organization, 1992.

Gordon, B. M. "Fascism, the Neo-Right, and Gastronomy: A Case in the Theory of the Social

Engineering of Taste." In *Oxford Symposium on Food and Cookery*. London: Prospect Books, 1987.

Gowers, Emily. *The Loaded Table: Representations of Food in Roman Literature*. New York: Clarendon Press, Oxford University Press, 1993.

Gozzini Giacosa, Ilaria. *A Taste of Ancient Rome*. Chicago: University of Chicago Press, 1992.

Graham, A. C. *Disputers of the Tao: Philosophical Argument in Ancient China*. La Salle, Ill.: Open Court, 1989.

Grainger, Sally. *Cooking Apicius: Roman Recipes for Today*. Totnes, Devon, UK: Prospect Books, 2006.

Grant, Mark. *Galen on Food and Diet*. New York: Routledge, 2000.

———. "Oribasius and Medical Dietetics or the Three P's." In *Food in Antiquity*, edited by John Wilkins, David Harvey, and Michael J. Dobson, 371–79. Exeter, UK: University of Exeter Press, 1995.

Greeley, Alexandra. "Finding Pad Thai." *Gastronomica* 9, no. 1 (2009): 78–82.

Grewe, Rudolf. "Hispano-Arabic Cuisine in the Twelfth Century." In *Du manuscrit à table: Essais sur la cuisine au Moyen Âge et répertoire des manuscrits médiévaux contenant des recettes culinaires*, edited by Carole Lambert. Montréal: Presses de l'Université de Montréal, 1992.

Griffin, Emma. *A Short History of the Industrial Revolution*. New York: Palgrave, 2010.

Griggs, Peter. "Sugar Demand and Consumption in Colonial Australia." In *Food, Power and Community: Essays in the History of Food and Drink*, edited by Robert Dare, 74–90. Adelaide: Wakefield Press, 1999.

Grimm, Veronika E. *From Feasting to Fasting, the Evolution of a Sin: Attitudes to Food in Late Antiquity*. New York: Routledge, 1996.

Grivetti, Louis E. *Chocolate: History, Culture, and Heritage*. Hoboken, N.J.: Wiley, 2009.

Guan, Zhong. *Guanzi: Political, Economic, and Philosophical Essays from Early China: A Study and Translation = [Kuan-Tzu]*. Translated by W. Allyn Rickett. Princeton, N.J.: Princeton University Press, 1985.

Guerrini, Anita. *Obesity and Depression in the Enlightenment: The Life and Times of George Cheyne*. Norman: University of Oklahoma Press, 2000.

Guthman, Julie. *Agrarian Dreams: The Paradox of Organic Farming in California*. Berkeley: University of California Press, 2004.

Guyer, Jane I., ed., *Feeding African Cities: Studies in Regional Social History*. Bloomington: Indiana University Press in association with the International African Institute, London, 1987.

Haber, Barbara. *From Hardtack to Home Fries: An Uncommon History of American Cooks and Meals*. New York: Free Press, 2002.

Haden, Roger. *Food Culture in the Pacific Islands*. Santa Barbara, Calif.: Greenwood Press, 2009.

Hadjisavvas, Sophocles. *Olive Oil Processing in Cyprus: From the Bronze Age to the Byzantine Period*. Nicosia: P. Åström, 1992.

Hagen, Ann. *A Handbook of Anglo-Saxon Food: Processing and Consumption*. Pinner, England: Anglo-Saxon Books, 1992.

Halici, Nevin. *Sufi Cuisine*. London: Saqi Books, 2005.

Hanley, Susan B. *Everyday Things in Premodern Japan: The Hidden Legacy of Material Culture*. Berkeley: University of California Press, 1997.

Hardyment, Christina. *Slice of Life: The British Way of Eating Since 1945*. London: BBC Books, 1995.

Harlan, J. R. *Crops and Man*. 1985. 2nd ed. Madison, Wisc.: American Society of Agronomy, 1992.

Harp, Stephen L. *Marketing Michelin: Advertising and Cultural Identity in Twentieth-Century France*. Baltimore: Johns Hopkins University Press, 2001.

Harris, David R., and Gordon C. Hillman, eds. *Foraging and Farming: The Evolution of Plant Exploitation*. Boston: Unwin Hyman, 1989.

Harris, Marvin. *Good to Eat: Riddles of Food and Culture*. New York: Simon & Schuster, 1985.

Harrison, William. *The Description of England*. Ithaca, N.Y.: Folger Shakespeare Library, 1968.

Hartog, Adel P. den. "Acceptance of Milk Products in Southeast Asia: The Case of Indonesia." In *Asian Food: The Global and the Local*, edited by Katarzyna Joanna Cwiertka and Boudewijn Walraven, 34–45. Honolulu: University of Hawai'i Press, 2001.

Harvey, David. "Lydian Specialties, Croesus' Golden Baking-Women and Dogs' Dinners." In *Food in Antiquity*, edited by John Wilkins, F. D. Harvey, and Michael J. Dobson, 273–85. Exeter, UK:

University of Exeter Press, 1995.

al-Hassan, Ahmad Y., and Donald R. Hill. *Islamic Technology: An Illustrated History*. New York: Cambridge University Press, and Paris: Unesco, 1986.

Hattox, Ralph S. *Coffee and Coffeehouses: The Origins of a Social Beverage in the Medieval Near East*. Seattle: University of Washington Press, 1985.

Hayward, Tim. " 'The Most Revolting Dish Ever Devised.' " *Guardian*, 30 June 2009. www.guardian.co.uk/lifeandstyle/2009/jul/01/elizabeth-david-food-cookbook (accessed 14 August 2012).

Headrick, Daniel R. *The Tentacles of Progress: Technology Transfer in the Age of Imperialism, 1850–1940*. New York: Oxford University Press, 1988.

Heer, Jean. *First Hundred Years of Nestlé*. Vevey, Switzerland: Nestlé Co., 1991.

Heim, Susanne. *Plant Breeding and Agrarian Research in Kaiser-Wilhelm-Institutes, 1933–1945: Calories, Caoutchouc, Careers*. Dordrecht: Springer, 2008.

Heine, Peter. *Weinstudien: Untersuchungen zu Anbau, Produktion und Konsum des Weins im arabisch-islamischen Mittelalter*. Wiesbaden: Otto Harrassowitz, 1982.

Helstosky, Carol. *Garlic and Oil: Food and Politics in Italy*. Oxford: Berg, 2004.

Hemardinquer, Jean-Jacques. *Pour une histoire de l'alimentation: Recueil de travaux présentés par Jean-Jacques Hemardinquer*. Paris: Colin, 1970.

Herm, Gerhard. *The Celts: The People Who Came out of the Darkness*. New York: St. Martin's Press, 1977.

Hess, John L., and Karen Hess. *The Taste of America*. New York: Grossman, 1977.

Hess, Karen. *The Carolina Rice Kitchen: The African Connection*. Columbia: University of South Carolina Press, 1992.

———. *Martha Washington's Booke of Cookery and Booke of Sweetmeats*. New York: Columbia University Press, 1996.

Hillman, G. C. "Traditional Husbandry and Processing of Archaic Cereals in Modern Times: Part I, the Glume Wheats." *Bulletin on Sumerian Agriculture* 1 (1984): 114–52.

Hine, Thomas. *The Total Package: The Evolution and Secret Meanings of Boxes, Bottles, Cans and Tubes*. Boston: Little, Brown, 1995.

Hinnells, John R., ed. *A Handbook of Living Religions*. Harmondsworth, UK: Viking Press, 1984.

Hiroshi, Ito. "Japan's Use of Flour Began with Noodles, Part 3." *Kikkoman Food Culture*, no. 18 (2009): 9–13.

Hocquard, Édouard. *Une campagne au Tonkin*. Paris: Hachette, 1892. Reprint, edited by Philippe Papin, Paris: Arléa, 1999. Originally published in *Le Tour de Monde*, 1889–91.

Hoffmann, R. C. "Frontier Foods for Late Medieval Consumers: Culture, Economy, Ecology." *Environment and History* 7, no. 2 (2001): 131–67.

Hoffmann, W. G. "100 Years of the Margarine Industry." In *Margarine: An Economic, Social and Scientific History, 1869–1969*, edited by Johannes Hermanus van Stuyvenberg, 9–36. Liverpool: Liverpool University Press, 1969.

Hole, Frank, Kent V. Flannery, and J. A. Neely. *Prehistory and Human Ecology of the Deh Luran Plain: An Early Village Sequence from Khuzistan, Iran*. Vol. 1. Ann Arbor: University of Michigan, 1969.

Holmes, Tommy. *The Hawaiian Canoe*. 2nd ed. Honolulu: Editions Limited, 1993.

Homma, Gaku. *The Folk Art of Japanese Country Cooking: A Traditional Diet for Today's World*. Berkeley, Calif.: North Atlantic Books, 1991.

Horowitz, Roger. *Putting Meat on the American Table: Taste, Technology, Transformation*. Baltimore: Johns Hopkins University Press, 2006.

Hosking, Richard. *A Dictionary of Japanese Food: Ingredients and Culture*. Boston: Tuttle, 1997.

———. *At the Japanese Table*. New York: Oxford University Press, 2000.

———. "Manyoken, Japan's First French Restaurant." In *Cooks and Other People: Proceedings of the Oxford Symposium on Food and Cookery, 1995*, edited by Harlan Walker, 149–51. Totnes, Devon, UK: Prospect Books, 1996.

Huang, H. T. *Fermentations and Food Science*. Part 5 of vol. 6 of *Science and Civilization in China*, edited by Joseph Needham, *Biology and Biological Technology*. Cambridge: Cambridge University Press, 2001.

Hughes, Robert. *The Fatal Shore*. New York: Knopf, 1987.

Hurvitz, N. "From Scholarly Circles to Mass Movements: The Formation of Legal Communities in Islamic Societies." *American Historical Review* 108, no. 4 (2003): 985–1008.

Husain, Salma. *The Emperor's Table: The Art of Mughal Cuisine*. New Delhi: Roli & Janssen, 2008.

Irwin, Geoffrey. "Human Colonisation and Change in the Remote Pacific." *Current Anthropology* 31, no. 1 (1 February 1990): 90–94.

Ishige, Naomichi. *The History and Culture of Japanese Food*. London: Routledge, 2001.

Jaffrey, Madhur. *Climbing the Mango Trees: A Memoir of a Childhood in India*. Vintage Books, 2007.

Jahāngīr, emperor of Hindustan. *The Tūzuk-i-Jahāngīrī; or, Memoirs of Jahāngīr*. London: Royal Asiatic Society, 1909. http://persian.packhum.org/persian/main? url=pf%3Fauth%3D110%26work%3D001 (accessed 17 August 2012).

Jasny, Naum. *The Daily Bread of the Ancient Greeks and Romans*. Bruges, Belgium: St. Catherine Press, 1950.

Jeanneret, Michel. *A Feast of Words: Banquets and Table Talk in the Renaissance*. Translated by Jeremy Whiteley and Emma Hughes. Chicago: University of Chicago Press, 1991.

Jenkins, D. J. A., C. W. C. Kendall, I. S. A, Augustin, S. Franceschi, M. Hamidi, A. Marchie, A. L. Jenkins, and M. Axelsen. "Glycemic Index: Overview of Implications in Health and Disease." *American Journal of Clinical Nutrition* 76, no. 1 (2002): 266S–73S.

Jha, D. N. *Holy Cow: Beef in Indian Dietary Traditions*. New Delhi: Matrix Books, 2001.

Jing, Jun. *Feeding China's Little Emperors: Food, Children, and Social Change*. Stanford, Calif.: Stanford University Press, 2000.

Johns, Timothy. *With Bitter Herbs They Shall Eat It: Chemical Ecology and the Origins of Human Diet and Medicine*. Tucson: University of Arizona Press, 1990.

Jones, A. H. M. *The Later Roman Economy, 284–602*. Oxford: Blackwell, 1964.

Jones, Eric. *The European Miracle: Environments, Economies and Geopolitics in the History of Europe and Asia*. 3rd ed. Cambridge: Cambridge University Press, 2003.

Jones, Martin. *Feast: Why Humans Share Food*. New York: Oxford University Press, 2007.

Juárez López, José Luis. *La lenta emergencia de la comida mexicana: Ambigüedades criollas, 1750–1800*. México, D.F.: M. A. Porrúa Grupo Editorial, 2000.

Kamath, M. V. *Milkman from Anand: The Story of Verghese Kurien*. 2nd rev. ed. Delhi: Konark, 1996.

Kamen, Henry. *Iron Century: Social Change in Europe, 1550–1660*. New York: Praeger, 1971.

———. *Spain's Road to Empire: The Making of a World Power, 1492–1763*. London: Allen Lane, 2002.

Kaneva-Johnson, Maria. *The Melting Pot: Balkan Food and Cookery*. Totnes, Devon, UK: Prospect Books, 1995.

Kaplan, Steven L. *The Bakers of Paris and the Bread Question, 1700–1775*. Durham: University of North Carolina Press, 1996.

———. *Bread, Politics and Political Economy in the Reign of Louis XV*. 2 vols. The Hague: Nijhoff, 1976.

———. *Provisioning Paris: Merchants and Millers in the Grain and Flour Trade During the Eighteenth Century*. Ithaca, N.Y.: Cornell University Press, 1984.

———. "Provisioning Paris: The Crisis of 1738–41." In *Edo and Paris: Urban Life and the State in the Early Modern Era*, edited by James A. McLain, John M. Merriman, and Kaoru Ugawa. Ithaca, N.Y.: Cornell University Press, 1994.

———. "Steven Kaplan on the History of Food." http://thebrowser.com/interviews/steven-kaplan-on-history-food (accessed 15 August 2012).

Kasper, Lynne Rossetto. *The Italian Country Table: Home Cooking from Italy's Farmhouse Kitchens*. New York: Scribner, 1999.

———. *The Splendid Table: Recipes from Emilia-Romagna, the Heartland of Northern Italian Food*. New York: William Morrow, 1992.

Katchadourian, Raffi. "The Taste Makers." *New Yorker*, 23 November, 2009, 86.

Katz, S. H., and Fritz Maytag. "Brewing an Ancient Beer." *Archaeology* 44, no. 4 (1991): 24–33.

Katz, S. H., and M. M. Voight. "Bread and Beer." *Expedition* 28 (1987): 23–34.

Katz, S. H., and William Woys Weaver, eds. *Encyclopedia of Food and Culture*. New York: Scribner, 2003.

Kaufman, Cathy K. *Cooking in Ancient Civilizations*. Westport, Conn.: Greenwood Press, 2006.

————. "What's in a Name? Some Thoughts on the Origins, Evolution and Sad Demise of Béchamel Sauce." In *Milk: Beyond the Dairy; Proceedings of the Oxford Symposium on Food and Cookery, 1999*, 193. Totnes, Devon, UK: Prospect Books, 2000.

Kaufman, Edna Ramseyer, ed. *Melting Pot of Mennonite Cookery, 1874–1974*. 3rd ed. North Newton, Kans.: Bethel College Women's Association, 1974.

Kautilya. *The Arthashastra*. New Delhi: Penguin Books India, 1992.

Kavanagh, T. W. "Archaeological Parameters for the Beginnings of Beer." *Brewing Techniques* 2, no. 5 (1994): 44–51.

Keay, John. *India: A History*. 1st American ed. New York: Atlantic Monthly Press, 2000.

Kenney-Herbert, A. R ["Wyvern"]. *Culinary Jottings: A Treatise in Thirty Chapters on Reformed Cookery for Anglo-Indian Exiles*. Madras: Higginbotham; London: Richardson, 1885. Facsimile reprint. Totnes, Devon, UK: Prospect Books, 2007.

Keremitsis, D. "Del metate al molino: La mujer mexicana de 1910 a 1940." *Historia mexicana* (1983): 285–302.

Khaitovich, P., H. E. Lockstone, M. T. Wayland, T. M. Tsang, S. D. Jayatilaka, A. J. Guo, J. Zhou, et al. "Metabolic Changes in Schizophrenia and Human Brain Evolution." *Genome Biology* 9, no. 8 (2008): R124.

Khare, Meera. "The Wine-Cup in Mughal Court Culture—From Hedonism to Kingship." *Medieval History Journal* 8, no. 1 (2005): 143–88.

Kierman, Frank A., Jr. "Phases and Modes of Combat in Early China." In Edward L. Dreyer et al., *Chinese Ways in Warfare*, edited by Frank A. Kierman Jr. and John K. Fairbank, 27–66. Cambridge, Mass.: Harvard University Press, 1974.

Kieschnick, John. "Buddhist Vegetarianism in China." In *Of Tripod and Palate: Food, Politics, and Religion in Traditional China*, edited by Roel Sterckx, 186–212. New York: Palgrave Macmillan, 2005.

————. *The Impact of Buddhism on Chinese Material Culture*. Princeton, N.J.: Princeton University Press, 2003.

Kilby, Peter. *African Enterprise: The Nigerian Bread Industry*. Stanford, Calif.: Hoover Institution on War, Revolution, and Peace, Stanford University, 1965.

Kimura, A. H. "Nationalism, Patriarchy, and Moralism: The Government-Led Food Reform in Contemporary Japan." *Food and Foodways* 19, no. 3 (2011): 201–27.

————. "Remaking Indonesian Food: The Processes and Implications of Nutritionalization." PhD diss., University of Wisconsin–Madison, 2007.

————. "Who Defines Babies' 'Needs'? The Scientization of Baby Food in Indonesia." *Social Politics: International Studies in Gender, State & Society* 15, no. 2 (2008): 232–60.

Kimura, A. H., and M. Nishiyama. "The Chisan-Chisho Movement: Japanese Local Food Movement and Its Challenges." *Agriculture and Human Values* 25, no. 1 (2008): 49–64.

King, Niloufer Ichaporia. *My Bombay Kitchen: Traditional and Modern Parsi Home Cooking*. Berkeley: University of California Press, 2007.

Kiple, Kenneth F. *A Movable Feast: Ten Millennia of Food Globalization*. Cambridge: Cambridge University Press, 2007.

Kiple, Kenneth F., and Kriemhild Coneè Ornelas, eds. *The Cambridge World History of Food*. New York: Cambridge University Press, 2000.

Kipling, John Lockwood. *Beast and Man in India: A Popular Sketch of Indian Animals in Their Relations with the People*. London: Macmillan, 1891.

Kipling, Rudyard. *The Collected Poems of Rudyard Kipling*. Ware, Herts., UK: Wordsworth Editions, 1994.

Kirch, Patrick Vinton. *On the Road of the Winds: An Archaeological History of the Pacific Islands before European Contact*. Berkeley: University of California Press, 2002.

Klopfer, Lisa. "Padang Restaurants: Creating 'Ethnic' Cuisine in Indonesia." *Food and Foodways* 5, no. 3 (1993): 293–304.

Knechtges, David R. "A Literary Feast: Food in Early Chinese Literature." *Journal of the American Oriental Society* 106, no. 1 (1986): 49–63.

Knight, Harry. *Food Administration in India, 1939–47*. Stanford, Calif.: Stanford University Press,

1954.

Knipschildt, M. E. "Drying of Milk and Milk Products." In *Modern Dairy Technology*, edited by R. K. Robinson, 1: 131–234. New York: Elsevier, 1986.

Kochilas, Diane. *The Glorious Foods of Greece*. New York: William Morrow, 2001.

Koerner, L. "Linnaeus' Floral Transplants." *Representations*, no. 47 (1994): 144–69.

Kohn, Livia. *Monastic Life in Medieval Daoism: A Cross-Cultural Perspective*. Honolulu: University of Hawai'i Press, 2003.

Korsmeyer, Carolyn. *Making Sense of Taste: Food and Philosophy*. Ithaca, N.Y.: Cornell University Press, 2002.

Kozuh, M. G. *The Sacrificial Economy: On the Management of Sacrificial Sheep and Goats at the Neo-Babylonian/Achaemenid Eanna Temple of Uruk (c. 625–520 BC)*. Chicago: Oriental Institute, 2006.

Kremezi, Aglaia. "Nikolas Tselementes." In *Cooks and Other People: Proceedings of the Oxford Symposium on Food and Cookery, 1995*, edited by Harlan Walker, 162–69. Totnes, Devon, UK: Prospect Books, 1996.

Krugman, Paul. "Supply, Demand, and English Food." http://web.mit.edu/krugman/www/mushy.html (accessed 15 August 2012).

Kumakura, Isao. "Table Manners Then and Now." *Japan Echo*, January 2000.

Kupperman, Karen Ordahl, "Fear of Hot Climates in the Anglo-American Colonial Experience." *William and Mary Quarterly* 41, no. 2 (1984): 213–40.

Kuralt, Charles. *On the Road with Charles Kuralt*. New York: Ballantine Books, 1986.

Kuriyama, Shigehisa. "Interpreting the History of Bloodletting." *Journal of the History of Medicine and Allied Sciences* 50, no. 1 (1995): 11–46.

Kurmann, Joseph A., Jeremija Lj Rašić, and Manfred Kroger, eds. *Encyclopedia of Fermented Fresh Milk Products: An International Inventory of Fermented Milk, Cream, Buttermilk, Whey, and Related Products*. New York: Van Nostrand Reinhold, 1992.

Kwok, Daniel. "The Pleasures of the Chinese Table." *Free China Review* 41, no. 9. (1991): 46–51.

Ladies of Toronto. *The Home Cook Book*. Toronto: Belford, 1878.

Lai, T. C. *At the Chinese Table*. Hong Kong: Oxford University Press, 1984.

Landers, John. *The Field and the Forge: Population, Production, and Power in the Pre-industrial West*. New York: Oxford University Press, 2003.

Landes, David S. *The Wealth and Poverty of Nations: Why Some Are So Rich and Some So Poor*. New York: Norton, 1998.

Lane Fox, Robin. *Alexander the Great*. London: Penguin Books, 2004.

Lang, George. *Cuisine of Hungary*. New York: Bonanza, 1971.

Lankester, Edwin. *On Food: Being Lectures Delivered at the South Kensington Museum*. London: Hardwicke, 1861.

Lapidus, Ira M. *A History of Islamic Societies*. Cambridge: Cambridge University Press, 2002.

Laudan, Rachel. "Birth of the Modern Diet." *Scientific American* 283, no. 2 (2000): 76.

———. "Cognitive Change in Technology and Science." In *The Nature of Technological Knowledge: Are Models of Scientific Change Relevant?*, edited by Rachel Laudan, 83–104. Dordrecht, Holland: Reidel, 1984.

———. *The Food of Paradise: Exploring Hawaii's Culinary Heritage*. Honolulu: University of Hawai'i Press, 1996.

———. "Fresh from the Cow's Nest: Condensed Milk and Culinary Innovation." In *Milk: Beyond the Dairy; Proceedings of the Oxford Symposium on Food and Cookery, 1999*, edited by Harlan Walker, 216–24. Totnes, Devon, UK: Prospect Books, 2000.

———. *From Mineralogy to Geology: The Foundations of a Science, 1650–1830*. Chicago: University of Chicago Press, 1987.

———. "A Kind of Chemistry" *Petits Propos Culinaires* 62 (1999): 8–22.

———. "The Mexican Kitchen's Islamic Connection." *Saudi Aramco World* 55, no. 3 (2004). 32–39.

———. "A Plea for Culinary Modernism: Why We Should Love New, Fast, Processed Food." *Gastronomica: The Journal of Food and Culture* 1, no. 1 (2001): 36–44.

———. "Refined Cuisine or Plain Cooking? Morality in the Kitchen." In *Food and Morality: Proceedings of the Oxford Symposium on Food and Cookery, 2007*, edited by Susan R. Friedland,

154–61. Totnes, Devon, UK: Prospect Books, 2008.

——. "Slow Food: The French Terroir Strategy, and Culinary Modernism: An Essay Review." *Food, Culture and Society: An International Journal of Multidisciplinary Research* 7, no. 2 (2004): 133–44.

Laudan, Rachel, and J. M. Pilcher. "Chiles, Chocolate, and Race in New Spain: Glancing Backward to Spain or Looking Forward to Mexico?" *Eighteenth-Century Life* 23, no. 2 (1999): 59–70.

Laufer, Berthold. *Sino-Iranica: Chinese Contributions to the History of Civilization in Ancient Iran, with Special Reference to the History of Cultivated Plants and Products*. Chicago: Field Museum of Natural History, 1919.

La Varenne, François Pierre. *Le cuisinier françois, enseignant la manière de bien apprester et assaisonner toutes sortes de viandes...légumes,...par le sieur de La Varenne*. Paris: P. David, 1651.

——. *The French Cook: Englished by I.D.G., 1653*. Intro. by Philip and Mary Hyman. Lewes, East Sussex: Southover Press, 2001.

Lee, Paula Young. *Meat, Modernity, and the Rise of the Slaughterhouse*. Hanover, N.H.: University Press of New England, 2008.

Legge, James. *The Chinese Classics*. 2nd ed., rev. Oxford: Clarendon Press, Oxford University Press, 1893.

Lehmann, Gilly. *The British Housewife: Cookery Books, Cooking and Society in Eighteenth-Century Britain*. Totnes, Devon, UK: Prospect Books, 2003.

——. "The Rise of the Cream Sauce." In *Milk: Beyond the Dairy; Proceedings of the Oxford Symposium on Food and Cookery*, 1999, edited by Harlan Walker, 225–31. Totnes, Devon, UK: Prospect Books, 2000.

Lémery, Louis. *A Treatise of All Sorts of Foods, Both Animal and Vegetable: Also of Drinkables: Giving an Account How to Chuse the Best Sort of All Kinds; Of the Good and Bad Effects They Produce; The Principles They Abound With; The Time, Age, and Constitution They Are Adapted To*. London: W. Innys, T. Longman and T. Shewell, 1745.

Leonard, W. R. "Dietary Change Was a Driving Force in Human Evolution." *Scientific American* 288 (2002): 63–71.

León Pinelo, Antonio de. *Question moral si el chocolate quebranta el ayuno eclesiastico; Facsímile de la primera edición, Madrid, 1636*. México, D.F.: Condumex, 1994.

Le Strange, Guy. *Baghdad During the Abbasid Caliphate from Contemporary Arabic and Persian Sources*. Oxford: Clarendon Press, Oxford University Press, 1900.

Levenstein, Harvey A. *Paradox of Plenty: A Social History of Eating in Modern America*. New York: Oxford University Press, 1993.

——. *Revolution at the Table: The Transformation of the American Diet*. New York: Oxford University Press, 1988.

Levi, J. "L'abstinence des céréales chez les Taoistes." *Études Chinoises* 1 (1983): 3–47.

Lévi-Strauss, Claude. *Introduction to a Science of Mythology*, vol. 1: *The Raw and the Cooked*. Translated by John and Doreen Weightman. London: Jonathan Cape, 1970.

——. *Introduction to a Science of Mythology*, vol. 3: *The Origin of Table Manners*. Translated by John and Doreen Weightman. New York: Harper & Row, 1978.

Lewicki, Tadeusz. *West African Food in the Middle Ages According to Arabic Sources*. New York: Cambridge University Press, 2009.

Lewis, D. M. "The King's Dinner (Polyaenus IV 3.32)." *Achaemenid History* 2 (1987): 89–91.

Lieber, Elinor. "Galen on Contaminated Cereals as a Cause of Epidemics." *Bulletin of the History of Medicine* 44, no. 4 (1970): 332–45.

Lieven, D. C. B. *Empire: The Russian Empire and Its Rivals*. New Haven, Conn.: Yale University Press, 2001.

Lih, Lars T. *Bread and Authority in Russia, 1914–1921*. Berkeley: University of California Press, 1990.

Lin, Hsiang-ju, and Ts'ui-fêng Liao Lin. *Chinese Gastronomy*. New York: Harcourt Brace Jovanovich, 1977.

Lincoln, Bruce. "À la recherche du paradis perdu." *History of Religions* 43, no. 2 (2003): 139–54.

——. *Death, War, and Sacrifice: Studies in Ideology and Practice*. Chicago: University of Chicago Press, 1991.

————. "Physiological Speculation and Social Patterning in a Pahlavi Text." *Journal of the American Oriental Society* 108, no. 1 (1988): 135–40.

————. *Priests, Warriors, and Cattle: A Study in the Ecology of Religions*. Berkeley: University of California Press, 1981.

————. *Religion, Empire, and Torture: The Case of Achaemenian Persia*. Chicago: University of Chicago Press, 2007.

Lissarrague, François. *The Aesthetics of the Greek Banquet: Images of Wine and Ritual*. Princeton, N.J.: Princeton University Press, 1990.

Lockhart, James. *The Nahuas after the Conquest: A Social and Cultural History of the Indians of Central Mexico, Sixteenth through Eighteenth Centuries*. Stanford, Calif.: Stanford University Press, 1994.

Loha-unchit, Kasma. *It Rains Fishes: Legends, Traditions, and the Joys of Thai Cooking*. San Francisco: Pomegranate Communications, 1995.

Lombardo, Mario. "Food and 'Frontier' in the Greek Colonies of South Italy." In *Food in Antiquity*, edited by John Wilkins, F. D. Harvey, and Michael J. Dobson, 256–72. Exeter, UK: University of Exeter Press, 1995.

Long, Janet, ed. *Conquista y comida: Consecuencias del encuentro de dos mundos*. México, D.F.: Universidad Nacional Autónoma de México, 1996.

Long, Lucy M. *Culinary Tourism*. Lexington: University Press of Kentucky, 2004.

Longone, Jan. " 'As Worthless as Savorless Salt' ? Teaching Children to Cook, Clean, and (Often) Conform." *Gastronomica: The Journal of Food and Culture* 3, no. 2 (2003): 104–10.

————. "Early Black-Authored American Cookbooks." *Gastronomica: The Journal of Food and Culture* 1, no. 1 (2001): 96–99.

————. "The Mince Pie That Launched the Declaration of Independence, and Other Recipes in Rhyme." *Gastronomica: The Journal of Food and Culture* 2, no. 4 (2002): 86–89.

————. "Professor Blot and the First French Cooking School in New York, Part I." *Gastronomica: The Journal of Food and Culture* 1, no. 2 (2001): 65–71.

————. "What Is Your Name? My Name Is Ah Quong. Well, I Will Call You Charlie." *Gastronomica* 4, no. 2 (2004): 84–89.

Long-Solís, Janet. "A Survey of Street Foods in Mexico City." *Food and Foodways* 15, no. 3–4, 2007: 213–36.

López Austin, Alfredo. *Cuerpo humano e ideología: Las concepciones de los antiguos Nahuas*. 1st ed. México, D.F.: Universidad Nacional Autónoma de México, Instituto de Investigaciones Antropológicas, 1980.

Loreto López, Rosalva. "Prácticas alimenticias en los conventos de mujeres en la Puebla del siglo XVIII." In *Conquista y comida: Consecuencias del encuentro de dos mundos*, edited by Janet Long, 481–504. México, D.F.: Universidad Nacional Autónoma de México, 1996.

Love, John F. *McDonald's: Behind the Arches*. New York: Bantam Books, 1986.

Lozano Arrendares, Teresa. *El chinguirito vindicado: El contrabando de aguardiente de caña y la política colonial*. México, D.F.: Universidad Nacional Autonóma de México, 1995.

Luchetti, Cathy. *Home on the Range: A Culinary History of the American West*. New York: Villard Books, 1993.

Luckhurst, David. *Monastic Watermills: A Study of the Mills within English Monastic Precincts*. London: Society for the Protection of Ancient Buildings, 1964.

Lunt, H. G. "Food in the Rus' Primary Chronicle." In *Food In Russian History and Culture*, edited by Musya Glants and Joyce Toomre, 15–30. Bloomington: Indiana University Press, 1997.

Luther, Martin. *The Table Talk of Martin Luther*. Edited by William Hazlitt and Alexander Chalmers. London: H. G. Bohn, 1857.

Lynn, John A. *Feeding Mars: Logistics in Western Warfare from the Middle Ages to the Present*. Boulder, Colo.: Westview Press, 1993.

Lysaght, P., ed. *Milk and Milk Products from Medieval to Modern Times: Proceedings of the Ninth International Conference on Ethnological Food Research, Ireland, 1992*. Edinburgh: Canongate Academic in association with the Department of Irish Folklore, University College Dublin and the European Ethnological Research Centre, Edinburgh, 1994.

MacDonough, Cassandra M., Marta H. Gomez, Lloyd W. Rooney, and Servio O. Serna-Saldivar.

"Alkaline Cooked Corn Products." In *Snack Foods Processing*, edited by Edmund W. Lusas and Lloyd W. Rooney, chap. 4. Boca Raton, Fla.: CRC Press, 2001.

Mack, Glenn Randall, and Asele Surina. *Food Culture in Russia and Central Asia*. Westport, Conn.: Greenwood Press, 2005.

Mackie, Cristine. *Life and Food in the Caribbean*. New York: New Amsterdam Books, 1991.

MacMillan, Margaret. *Women of the Raj*. London: Thames & Hudson, 1988.

MacMullen, Ramsay. *Christianity and Paganism in the Fourth to Eighth Centuries*. New Haven, Conn.: Yale University Press, 1997.

———. *Christianizing the Roman Empire (A.D.100–400)*. New Haven, Conn.: Yale University Press, 1984.

Magdalino, Paul. "The Grain Supply of Constantinople, Ninth–Twelfth Centuries." In *Constantinople and Its Hinterland*, ed. Cyril A. Mango et al., 35–47. Brookfield, Vt.: Variorum, 1995.

Malmberg, Simon. "Dazzling Dining: Banquets as an Expression of Imperial Legitimacy." In *Eat, Drink, and Be Merry (Luke 12:19): Food and Wine in Byzantium; Papers of the 37th Annual Spring Symposium of Byzantine Studies, in Honour of Professor A. A. M. Bryer*, ed. Leslie Brubaker and Kallirroe Linardou, 75–91. Burlington, Vt.: Ashgate, 2007.

Mann, Charles C. *1491: New Revelations of the Americas Before Columbus*. New York: Knopf, 2005.

Maria, Jack Santa. *Indian Sweet Cookery*. Boulder, Colo.: Shambhala, 1980.

Martial [Marcus Valerius Martialis]. *The Epigrams*. Bohn's Classical Library. London: George Bell & Sons, 1888.

Martínez Motiño, Francisco. *Arte de cozina, pasteleria, vizcocheria y conserveria*. Madrid: Luis Sánchez, 1611. Reprint of emended 1763 edition. Valencia: Paris-Valencia, 1997.

Mason, Laura. *Sugar-Plums and Sherbet: The Prehistory of Sweets*. Totnes, Devon, UK: Prospect Books, 2004.

Matejowsky, Ty. "SPAM and Fast-Food 'Glocalization' in the Philippines." *Food, Culture and Society: An International Journal of Multidisciplinary Research* 10, no. 1 (2007): 23–41.

Mather, Richard B. "The Bonze's Begging Bowl: Eating Practices in Buddhist Monasteries of Medieval India and China." *Journal of the American Oriental Society* 101, no. 4 (1981): 417–24.

Mathias, Peter. *The Brewing Industry in England, 1700–1830*. New ed. Cambridge: Cambridge University Press, 1959.

Mathieson, Johan. "Longaniza." *Word of Mouth: Food and the Written Word* 8 (1996): 2–4.

Matossian, Mary Kilbourne. *Poisons of the Past: Molds, Epidemics, and History*. New Haven, Conn.: Yale University Press, 1991.

Matthee, Rudolph P. *The Pursuit of Pleasure: Drugs and Stimulants in Iranian History, 1500–1900*. Princeton, N.J.: Princeton University Press, 2005.

Maurizio, A. *Histoire de l'alimentation végétale depuis la préhistoire jusqu'à nos jours*. Translated by Ferdinand Gidon. Paris: Payot, 1932.

May, Earl Chapin. *The Canning Clan: A Pageant of Pioneering Americans*. New York: Macmillan, 1938.

Mazumdar, Sucheta. "The Impact of New World Food Crops on the Diet and Economy of China and India, 1600–1900." In *Food in Global History*, edited by Raymond Grew, 58–78. Boulder, Colo.: Westview Press, 1999.

———. *Sugar and Society in China: Peasants, Technology, and the World Market*. Cambridge, Mass.: Harvard University Asia Center, 1998.

McCann, James. *Maize and Grace: Africa's Encounter with a New World Crop, 1500–2000*. Cambridge, Mass.: Harvard University Press, 2005.

McCay, David. *The Protein Element in Nutrition*. London: E. Arnold; New York: Longmans, Green, 1912.

McClain, James L., John M. Merriman, and Kaoru Ugawa, eds. *Edo and Paris: Urban Life and the State in the Early Modern Era*. Ithaca, N.Y.: Cornell University Press, 1997.

McCollum, Elmer Verner. *A History of Nutrition: The Sequence of Ideas in Nutrition Investigations*. Boston: Houghton Mifflin, 1957.

———. *The Newer Knowledge of Nutrition: The Use of Food for the Preservation of Vitality and Health*. New York: Macmillan, 1918.

McCook, Stuart George. *States of Nature: Science, Agriculture, and Environment in the Spanish*

Caribbean, 1760–1940. Austin: University of Texas Press, 2002.

McCormick, Finbar. "The Distribution of Meat in a Hierarchical Society: The Irish Evidence." In *Consuming Passions and Patterns of Consumption*, edited by Preston Miracle and Nicky Milner, 25–31. Cambridge: McDonald Institute, 2002.

McGee, Harold. *On Food and Cooking: The Science and Lore of the Kitchen.* New York: Scribner, 1984.

McGovern, Patrick E., Stuart J. Fleming, and Solomon H. Katz, eds. *The Origins and Ancient History of Wine.* Philadelphia: Gordon & Breach, 1995.

McKeown, A. "Global Migration, 1846–1940." *Journal of World History* (2004): 155–89.

McWilliams, James E. *A Revolution in Eating: How the Quest for Food Shaped America.* New York: Columbia University Press, 2005.

Meijer, Berthe. "Dutch Cookbooks Printed in the 16th and 17th Centuries." *Petits Propos Culinaires* 11 (1982): 47–55.

Meissner, D. J. "The Business of Survival: Competition and Cooperation in the Shanghai Flour Milling Industry." *Enterprise and Society* 6, no. 3 (2005): 364–94.

Mendelson, Anne. *Milk. The Surprising Story of Milk Through the Ages.* New York: Knopf, 2008.

———. *Stand Facing the Stove: The Story of the Women Who Gave America the Joy of Cooking.* New York: Holt, 1996.

Mennell, Stephen. *All Manners of Food: Eating and Taste in England and France from the Middle Ages to the Present.* Oxford: Blackwell, 1985.

Messer, Ellen. "Potatoes (white)." In *The Cambridge World History of Food*, edited by Kenneth F. Kiple and Kriemhild Coneè Ornelas. New York: Cambridge University Press, 2000.

Metcalf, Thomas R. *Ideologies of the Raj.* New York: Cambridge University Press, 1994.

Meyer-Renschhausen, Elizabeth. "The Porridge Debate: Grain, Nutrition, and Forgotten Food Preparation Techniques." *Food and Foodways* 5, no. 1 (1991): 95–120.

Mez, Adam. *The Renaissance of Islam.* Delhi: Idarah-i Adabiyat-i Delli, 1979.

Micklethwait, John, and Adrian Wooldridge. *A Future Perfect: The Challenge and Hidden Promise of Globalization.* New York: Times Books, 2000.

———. *God Is Back: How the Global Revival of Faith Is Changing the World.* New York: Penguin Press, 2009.

Mijares, Ivonne. *Mestizaje alimentario: El abasto en la cuidad de México en el siglo XVI.* México, D.F.: Facultad de Filosofía y Letras, Universidad Nacional Autonóma de México, 1993.

Miller, James Innes. *The Spice Trade of the Roman Empire, 29 B.C. to A.D. 641.* Oxford: Clarendon Press, Oxford University Press, 1969.

Mintz, Sidney Wilfred. *Sweetness and Power: The Place of Sugar in Modern History.* New York: Viking Press, 1985.

Miranda, Francisco de Paula, et al. *El maiz: Contribución al estudio de los alimentos mexicanos, ponencia presentada al tercer Congreso de Medicina en colaboración con la Comisión del Maiz y el Departamento de Nutriología de la S.S.A.* México, D.F., 1948.

Mollenhauer, Hans P., and Wolfgang Froese. *Von Omas Küche zur Fertigpackung: Aus der Kinderstube der Lebensmittelindustrie.* Gernsbach: C. Katz, 1988.

Monson, Craig A. *Nuns Behaving Badly: Tales of Music, Magic, Art, and Arson in the Convents of Italy.* Reprint. Chicago: University of Chicago Press, 2011.

Montanari, Massimo. *The Culture of Food.* Oxford: Blackwell, 1994.

———. *Food Is Culture.* New York: Columbia University Press, 2006.

Moor, Janny de. "Dutch Cookery and Calvin." In *Cooks and Other People: Proceedings of the Oxford Symposium on Food and Cookery*, 1995, edited by Harlan Walker, 94. Totnes, Devon, UK: Prospect Books, 1996.

———. "Farmhouse Gouda: A Dutch Family Business." In *Milk: Beyond the Dairy; Proceedings of the Oxford Symposium on Food and Cookery*, 1999, edited by Harlan Walker, 107. Totnes, Devon, UK: Prospect Books, 2000.

———. "The Wafer and Its Roots." In *Look and Feel: Studies in Texture, Appearance and Incidental Characteristics of Food: Proceedings of the Oxford Symposium on Food and Cookery*, 1993, edited by Harlan Walker, 119–27. Totnes, Devon, UK: Prospect Books, 1994.

Morgan, Dan. *Merchants of Grain.* New York: Viking Press, 1979.

Morineau, Michel. "Growing without Knowing Why: Production, Demographics, and Diet." In *Food: A Culinary History from Antiquity to the Present*, edited by Jean Louis Flandrin and Massimo Montanari, translated by Albert Sonnenfeld, 374–82. New York: Columbia University Press, 1999.

Mote, Frederick W. "Yuan and Ming." In *Food in Chinese Culture: Anthropological and Historical Perspectives*, edited by K. C. Chang, 193–257. New Haven, Conn.: Yale University Press, 1977.

Mrozik, S. "Cooking Living Beings." *Journal of Religious Ethics* 32, no. 1 (2004): 175–94.

Multhauf, Robert. "Medical Chemistry and the Paracelsians." *Bulletin of the History of Medicine* 28, no. 2 (1954): 101–26.

Munro, G. E. "Food in Catherinian St. Petersburg." In *Food in Russian History and Culture*, edited by Musya Glantz and Joyce Toomre, 31–48. Bloomington: Indiana University Press, 1997.

Murray, Oswyn, ed. *Sympotica: A Symposium on the Symposion*. Oxford: Oxford University Press, 1990.

Musurillo, Herbert. "The Problem of Ascetical Fasting in the Greek Patristic Writers." *Traditio* 12 (1956): 1–64.

Nasrallah, Nawal. *Delights from the Garden of Eden: A Cookbook and a History of the Iraqi Cuisine*. Bloomington, Ind.: 1stBooks, 2003.

Needham, Joseph, and Ho Ping-yu. "Elixir Poisoning in Medieval China." In Joseph Needham et al., *Clerks and Craftsmen in China and the West,* 316–39. Cambridge: Cambridge University Press, 1970.

Needham, Joseph, Gwei-djen Lu, Ho Ping-Yü, Tsuen-hsuin Tsien, Krzysztof Gawlikowski, Robin D. S. Yates, Wang Ling, Peter J. Golas, and Donald B. Wagner. *Chemistry and Chemical Technology*. Vol. 5 of *Science and Civilisation in China*, edited by Joseph Needham. Cambridge: Cambridge University Press, 1974.

Needham, Joseph, and Ling Wang. *Mechanical Engineering*. Part 2 of vol. 4 of *Science and Civilisation in China*, edited by Joseph Needham, *Physics and Physical Technology*. Cambridge: Cambridge University Press, 1965.

Nelson, Sarah Milledge. "Feasting the Ancestors in Early China." In *The Archaeology and Politics of Food and Feasting in Early States and Empires*, edited by Tamara L. Bray, 65–89. New York: Kluwer Academic/Plenum, 2003.

Newman, J. M. *Chinese Cookbooks: An Annotated English Language Compendium/Bibliography*. New York: Garland, 1987.

Northrup, David. *Indentured Labor in the Age of Imperialism, 1834–1922*. Cambridge: Cambridge University Press, 1995.

Norton, Marcy. *Sacred Gifts, Profane Pleasures: A History of Tobacco and Chocolate in the Atlantic World*. Ithaca, N.Y.: Cornell University Press, 2008.

Nuevo cocinero mejicano en forma de diccionario. 1858. Paris: Charles Bouret, 1888.

Nützenadel, Alexander, and Frank Trentmann. *Food and Globalization: Consumption, Markets and Politics in the Modern World*. New York: Berg, 2008.

Nye, John V. C *War, Wine, and Taxes: The Political Economy of Anglo-French Trade, 1689–1900*. Princeton, N.J.: Princeton University Press, 2007.

O'Connor, A. "Conversion in Central Quintana Roo: Changes in Religion, Community, Economy and Nutrition in a Maya Village." *Food, Culture and Society: An International Journal of Multidisciplinary Research* 15, no. 1 (2012): 77–91.

O'Connor, Kaori. "The Hawaiian Luau: Food as Tradition, Transgression, Transformation and Travel." *Food, Culture and Society: An International Journal of Multidisciplinary Research* 11, no. 2 (2008): 149–72.

———. "The King's Christmas Pudding: Globalization, Recipes, and the Commodities of Empire." *Journal of Global History* 4, no. 1 (2009): 127–55.

Oddy, Derek J. *From Plain Fare to Fusion Food: British Diet from the 1890s to the 1990s*. Rochester, N.Y.: Boydell Press, 2003.

Offer, Avner. *The First World War: An Agrarian Interpretation*. New York: Clarendon Press, Oxford University Press, 1989.

Ohnuki-Tierney, Emiko. *Rice as Self: Japanese Identities Through Time*. Princeton, N.J.: Princeton University Press, 1993.

Ohnuma, Keiki. "Curry Rice: Gaijin Gold; How the British Version of an Indian Dish Turned Japanese."

Petits Propos Culinaires 52 (1996): 8–15.

Oliver, Sandra. *Food in Colonial and Federal America*. Westport, Conn.: Greenwood Press, 2005.

Orlove, Benjamin S. *The Allure of the Foreign: Imported Goods in Postcolonial Latin America*. Ann Arbor: University of Michigan Press, 1997.

Ortiz Cuadra, C. M. *Puerto Rico en la olla: Somos aún lo que comimos?* Puerto Rico: Ediciones Doce Calles, 2006.

Ortiz de Montellano, Bernardo. *Medicina, salud y nutrición aztecas*. México, D.F.: Siglo Veintiuno, 1993.

Owen, Sri. *The Rice Book: The Definitive Book on Rice, with Hundreds of Exotic Recipes from Around the World*. New York: St. Martin's Griffin, 1994.

The Oxford Encyclopedia of Food and Drink in America. Edited by Andrew F. Smith. New York: Oxford University Press, 2004.

Pacey, Arnold. *Technology in World Civilization: A Thousand-Year History*. Cambridge, Mass.: MIT Press, 1991.

Pagden, Anthony. *Lords of All the World: Ideologies of Empire in Spain, Britain and France c.1500–c.1800*. New Haven, Conn.: Yale University Press, 1998.

Pagel, Walter. "J. B. van Helmont's Reformation of the Galenic Doctrine of Digestion, and Paracelsus." *Bulletin of the History of Medicine* 29, no. 6 (1955): 563–68.

———. "Van Helmont's Ideas on Gastric Digestion and the Gastric Acid." *Bulletin of the History of Medicine* 30, no. 6 (1956): 524–36.

Panjabi, Camellia. *50 Great Curries of India*. London: Kyle Cathie, 1994.

———. *The Great Curries of India*. New York: Simon & Schuster, 1995.

———. "The Non-Emergence of the Regional Foods of India." In *Disappearing Foods: Studies in Foods and Dishes at Risk; Proceedings of the Oxford Symposium on Food and Cookery*, 1994, 144. Totnes, Devon, UK: Prospect Books, 1995.

Parish, Peter J. *Slavery: History and Historians*. New York: Harper & Row, 1989.

Parpola, Simo. "The Leftovers of God and King: On the Distribution of Meat at the Assyrian and Achaemenid Imperial Courts." In *Food and Identity in the Ancient World*, edited by Cristiano Grottanelli and Lucio Milano, 281–99. Padua: S.A.R.G.O.N. editrice e libreria, 2003.

Paston-Williams, Sarah. *Art of Dining*. London: National Trust Publications, 1993.

Pearson, M. N. *Spices in the Indian Ocean World*. Brookfield, Vt.: Variorum, 1996.

Pedrocco, G. "The Food Industry and New Preservation Techniques." In *Food: A Culinary History from Antiquity to the Present*, edited by J. L. Flandrin and Massimo Montanari, translated by Albert Sonnenfeld, 485–86. New York: Columbia University Press, 1999.

Peer, Shanny. *France on Display: Peasants, Provincials, and Folklore in the 1937 Paris World's Fair*. Albany: State University of New York Press, 1998.

Peloso, Vincent C. "Succulence and Sustenance: Region, Class and Diet in Nineteenth-Century Peru." In *Food, Politics and Society in Latin America*, edited by John C. Super and Thomas Wright, 46–64. Lincoln: University of Nebraska Press, 1985.

Peña, Carolyn Thomas de la. *Empty Pleasures: The Story of Artificial Sweeteners from Saccharin to Splenda*. Chapel Hill: University of North Carolina Press, 2010.

Pendergrast, Mark. *For God, Country, and Coca-Cola: The Unauthorized History of the Great American Soft Drink and the Company That Makes It*. New York: Scribner, 1993.

Pérez Samper, M. Á. "La alimentación en la corte española del siglo XVIII." In *Felipe V y su tiempo*, edited by Eliseo Serrano, 529–583. Zaragoza: Diputación de Zaragoza, 2004.

Perlès, Catherine. *The Early Neolithic in Greece: The First Farming Communities in Europe*. New York: Cambridge University Press, 2001.

———. *Prehistoire du feu*. Paris: Masson, 1977.

Perry, Charles, A. J. Arberry, and Maxime Rodinson. *Medieval Arab Cookery: Papers by Maxime Rodinson and Charles Perry with a Reprint of a Baghdad Cookery Book*. Totnes, Devon, UK: Prospect Books, 1998.

Perry, Charles, Paul D. Buell, and Eugene N. Anderson. "Grain Foods of the Early Turks." In *A Soup for the Qan: Chinese Dietary Medicine of the Mongol Era as Seen in Hu Sihui's Yinshan Zhengyao*. 2nd ed., rev. Leiden: Brill, 2010.

Peters, Erica J. *Appetites and Aspirations in Vietnam: Food and Drink in the Long Nineteenth Century.* Lanham, Md.: AltaMira Press, 2012.

————. "National Preferences and Colonial Cuisine: Seeking the Familiar in French Vietnam." In *Proceedings of the...Annual Meeting of the Western Society for French History* 27 (1999): 150–59.

Petersen, Christian, and Andrew Jenkins. *Bread and the British Economy, c.1770–1870.* Aldershot, UK: Scolar Press; Brookfield, Vt.: Ashgate, 1995.

Peterson, T. Sarah. *Acquired Taste: The French Origins of Modern Cooking.* Ithaca, N.J.: Cornell University Press, 1994.

Pettid, Michael J. *Korean Cuisine: An Illustrated History.* London: Reaktion Books, 2008.

Phillips, Rod. *A Short History of Wine.* New York: HarperCollins, 2000.

Pilcher, Jeffrey M. *Que Vivan Los Tamales! Food and the Making of Mexican Identity.* Albuquerque: University of New Mexico Press, 1998.

Pillsbury, Richard. *From Boarding House to Bistro: The American Restaurant Then and Now.* Boston: Unwin Hyman, 1990.

————. *No Foreign Food: The American Diet in Time and Place.* Boulder, Colo.: Westview Press, 1998.

Pinkard, Susan. *A Revolution in Taste: The Rise of French Cuisine, 1650–1800.* Cambridge: Cambridge University Press, 2009.

Pinto e Silva, Paula. *Farinha, feijão e carne-seca: Um tripé culinário no Brasil colonial.* São Paulo: Senac, 2005.

Piperno, Dolores R., Ehud Weiss, Irene Holst, and Dani Nadel. "Processing of Wild Cereal Grains in the Upper Palaeolithic Revealed by Starch Grain Analysis." *Nature* 430, no. 7000 (5 August 2004): 670–73.

Pirazzoli-t'Serstevens, M. "A Second-Century Chinese Kitchen Scene." *Food and Foodways* 1, no. 1–2 (1985): 95–103.

Pitte, Jean-Robert. *French Gastronomy: The History and Geography of a Passion.* New York: Columbia University Press, 2002.

Platina, Bartholomaeus. *On Right Pleasure and Good Health. Edited by Mary Ella Milham.* Tempe, Ariz.: Medieval & Renaissance Texts & Studies, 1998.

Pluquet, François-André-Adrien, abbé. *Traité philosophique sur le luxe.* 2 vols. Paris: Barrois, 1786.

Pollock, Nancy J. *These Roots Remain: Food Habits in Islands of the Central and Eastern Pacific Since Western Contact.* Laie, Hawai'i: Institute for Polynesian Studies, 1992.

Pollock, S. "Feasts, Funerals, and Fast Food in Early Mesopotamian States." In *The Archaeology and Politics of Food and Feasting in Early States and Empires,* edited by Tamara L. Bray, 17–38. New York: Kluwer Academic/Plenum, 2003.

Polo, Marco. *The Description of the World.* Translated by A. C. Moule and Paul Pelliot. London: Routledge, 1938.

————. *The Travels of Marco Polo.* Edited by Manuel Komroff. New York: Modern Library, 1926.

Pomeranz, Kenneth. *The Great Divergence: China, Europe, and the Making of the Modern World Economy.* Princeton, N.J.: Princeton University Press, 2001.

Pool, Christopher A. *Olmec Archaeology and Early Mesoamerica.* Cambridge: Cambridge University Press, 2007.

Pope, K. O., M. E. Pohl, J. G. Jones, D. L. Lentz, C. von Nagy, F. J. Vega, and I. R. Quitmyer. "Origin and Environmental Setting of Ancient Agriculture in the Lowlands of Mesoamerica." *Science* 292, no. 5520 (2001): 1370–73.

Popkin, B. M. "The Nutrition Transition in Low-Income Countries: An Emerging Crisis." *Nutrition Reviews* 52, no. 9 (1994): 285–98.

Porter, Roy, ed. *The Medical History of Water and Spas.* London: Wellcome Institute for the History of Medicine, 1990.

————. *Medicine: A History of Healing.* London: Michael O'Mara, 1997.

Porterfield, James D. *Dining by Rail: The History and the Recipes of America's Golden Age of Railroad Cuisine.* New York: St. Martin's Press, 1993.

Potts, Daniel. "On Salt and Salt Gathering in Ancient Mesopotamia." *Journal of the Economic and Social History of the Orient / Journal de l'histoire économique et sociale de l'Orient* 27, no. 3 (1984): 225–71.

Powell, T. G. E. *The Celts.* New York: Praeger, 1958.

Prakash, Om. *Food and Drinks in Ancient India.* Delhi: Munshi Ram Manohar Lal, 1961.

Precope, John. *Hippocrates on Diet and Hygiene.* London: Zeno, 1952.

Puett, Michael. "The Offering of Food and the Creation of Order: The Practice of Sacrifice in Early China." In *Of Tripod and Palate: Food, Politics and Religion in Traditional China,* edited by Roel Sterckx, 75–95. New York: Palgrave Macmillan, 2004.

Pujol, Anton. "Cosmopolitan Taste: The Morphing of the New Catalan Cuisine." *Food, Culture and Society: An International Journal of Multidisciplinary Research* 12, no. 4 (2009): 437–55.

Ramiaramanana, B. D. "Malagasy Cooking." In The Anthropologists' *Cookbook,* edited by Jessica Kuper. London: Universe Books, 1977.

Randhawa, M. S. *A History of Agriculture in India.* New Delhi: Indian Council of Agricultural Research, 1980.

Ranga Rao, Shanta. *Good Food from India.* 1957. Bombay: Jaico Pub. House, 1968.

Ray, Krishnendu. *The Migrant's Table: Meals and Memories in Bengali-American Households.* Philadelphia: Temple University Press, 2004.

Read, Jan, Maite Manjon, and Hugh Johnson. *The Wine and Food of Spain.* Boston: Little Brown, 1987.

Redon, Odile, Françoise Sabban, and Silvano Serventi. *The Medieval Kitchen: Recipes from France and Italy.* Chicago: University of Chicago Press, 1998.

Renfrew, Wendy J. "Food for Athletes and Gods." In *The Archaeology of the Olympics: The Olympic and Other Festivals in Antiquity,* edited by Wendy J. Raschke. Madison: University of Wisconsin Press, 1988.

Renne, Elisha P. "Mass Producing Food Traditions for West Africans Abroad." *American Anthropologist* 109, no. 4 (1 December 2007): 616–25.

Revedin, Anna, Biançamaria Aranguren, Roberto Becattini, Laura Longo, Emanuele Marconi, Marta Mariotti Lippi, Natalia Skakun, Andrey Sinitsyn, Elena Spiridonova, and Jiří Svoboda. "Thirty-Thousand-Year-Old Evidence of Plant Food Processing." *Proceedings of the National Academy of Sciences* 107, no. 44 (2 November 2010): 18815–19.

Reynolds, P. "The Food of the Prehistoric Celts." In *Food in Antiquity,* edited by John Wilkins, David Harvey, and Mike Dobson. Exeter, UK: University of Exeter Press, 1995.

Reynolds, Terry S. *Stronger Than a Hundred Men: A History of the Vertical Water Wheel.* Baltimore: Johns Hopkins University Press, 1983.

Richards, John F. *The Mughal Empire.* New York: Cambridge University Press, 1993.

———. *The Unending Frontier: An Environmental History of the Early Modern World.* Berkeley: University of California Press, 2006.

Rickett, Allyn W. *Guanzi: Political, Economic and Philosophical Essays from Early China.* Princeton, N.J.: Princeton University Press, 1985.

Ricquier, Birgit, and K. Bostoen. "Retrieving Food History Through Linguistics: Culinary Traditions in Early Bantuphone Communities." In *Food and Language: Proceedings of the Oxford Symposium on Food and Cookery,* 2009, edited by Richard Hosking, 258. Totnes, Devon, UK: Prospect Books, 2010.

Riddervold, A., and A. Ropeid. "The Norwegian Porridge Feud." In *The Wilder Shores of Gastronomy: Twenty Years of the Best Food Writing from the Journal* "Petits Propos Culinaires," edited by Alan Davidson et al., 227. Berkeley, Calif.: Ten Speed Press, 2002.

Ridley, G. "The First American Cookbook." *Eighteenth-Century Life* 23, no. 2 (1999): 114–23.

Riley, Gillian. *The Dutch Table: Gastronomy in the Golden Age of the Netherlands.* San Francisco: Pomegranate, 1994.

———. "Fish in Art." *Petits Propos Culinaires* 56 (1997): 10–15.

Risaluddin, Saba. "Food Fit for Emperors—The Mughlai Tradition." *Convivium* 1 (1993): 11–17.

Ritzer, George. *The McDonaldization of Society.* 1993. Thousand Oaks, Calif.: Pine Forge Press, 2004.

Robinson, Francis, ed. *The Cambridge Illustrated History of the Islamic World.* New York: Cambridge University Press, 1996.

Robinson, Jancis, ed. *The Oxford Companion to Wine.* New York: Oxford University Press, 1994.

Roden, Claudia. *A Book of Middle Eastern Food.* New York: Knopf, 1972.

Rodger, N. A. M. *The Command of the Ocean: A Naval History of Britain, 1649–1815.* New York:

Norton, 2006.

———. *The Wooden World: An Anatomy of the Georgian Navy*. New York: Norton, 1986.

Rodinson, Maxime. "Ghidha." In *Encyclopedia of Islam*. 2nd ed. Vol. 2: 1057–72. Leiden: Brill, 1965.

Rogers, Ben. *Beef and Liberty*. London: Chatto & Windus, 2003.

"Roman Empire Population." www.unrv.com/empire/roman-population.php (accessed 15 August 2012).

Rose, Peter G. *The Sensible Cook: Dutch Foodways in the Old and the New World*. Syracuse, N.Y.: Syracuse University Press, 1989.

Rosenberger, Bernard. "Arab Cuisine and Its Contribution to European Culture." In *Food: A Culinary History from Antiquity to the Present*, edited by Jean Louis Flandrin and Massimo Montanari, translated by Albert Sonnenfeld, 210. New York: Columbia University Press, 1999.

———. "Dietética y cocina en el mundo musulmán occidental según el Kitab-al-Tabiji, recetarior de época almohade." In *Cultura alimentaria Andalucía-América*, edited by Antonio Garrido Aranda. México, D.F.: Universidad Nacional Autonóma de México, 1996.

Rosenstein, Nathan. *Rome at War: Farms, Families, and Death in the Middle Republic*. Chapel Hill: University of North Carolina Press, 2004.

Roth, Jonathan P. *The Logistics of the Roman Army at War (264 B.C.–A.D.235)*. Leiden: Brill, 1999.

Rothstein, H., and R. A. Rothstein. "The Beginnings of Soviet Culinary Arts." In *Food in Russian History and Culture*, edited by Musya Glantz and Joyce Toomre, 177–94. Bloomington: Indiana University Press, 1997.

Rouff, Marcel. *The Passionate Epicure: La vie et la passion de Dodin-Bouffant, Gourmet*. Translated by Claude. 1962. New York: Modern Library, 2002.

Rubel, William. *Bread: A Global History*. London: Reaktion Books, 2011.

———. *The Magic of Fire: Hearth Cooking; One Hundred Recipes for the Fireplace or Campfire*. San Francisco: William Rubel, 2004.

Rumford, Benjamin. *Essays: Political, Economical and Philosophical*. 5th ed. London: Cadell, 1800.

Sabban, Françoise. "Court Cuisine in Fourteenth-Century Imperial China: Some Culinary Aspects of Hu Sihui's Yinshan Zhengyao." *Food and Foodways* 1, nos. 1–2 (1985): 161–96.

———. "L'industrie sucrière, le moulin à sucre et les relations sino-portugaises aux XVIe–XVIIIe siècles." *Annales: Économies, Sociétés, Civilisations* 49, no. 4 (July-August 1994): 817–61.

———. "Insights into the Problem of Preservation by Fermentation in 6th Century China." In *Food Conservation, edited by Astri Riddervold and Andreas Ropeid*, 45–55. London: Prospect Books, 1988.

———. "Un savoir-faire oublié: Le travail du lait en Chine ancienne." *Zinbun: Memoirs of the Research Institute for Humanistic Studies* (Kyoto University) 21 (1986): 31–65.

———. "Sucre candi et confiseries de Quinsai: L'essor du sucre de canne dans la Chine des Song (Xe–XIIIe siècles)." *Journal d'agriculture traditionnelle et de botanique appliquée* 35, special issue, Le sucre et le sel (1988): 195–215.

———. "Le système des cuissons dans la tradition culinaire chinoise." *Annales: Économies, Sociétés, Civilisations* 38, no. 2 (March-April 1983): 341–69.

———. "La viande en Chine: Imaginaire et usages culinaires." *Anthropozoologica* 18 (1993): 79–90.

Saberi, Helen. *Afghan Food and Cookery: Noshe Djan*. New York: Hippocrene Books, 2000.

Sack, Daniel. *Whitebread Protestants: Food and Religion in American Culture*. New York: St. Martin's Press, 2000.

Salaman, Redcliffe N. *The History and Social Influence of the Potato*. 1949. 2nd ed., rev. Cambridge: Cambridge University Press, 1985.

Sallares, Robert. *The Ecology of the Ancient Greek World*. Ithaca, N.Y.: Cornell University Press, 1991.

Sambrook, Pamela. *Country House Brewing in England, 1500–1900*. Rio Grande, Ohio: Hambledon Press, 2003.

Sambrook, Pamela A., and Peter C. D. Brears, eds. *The Country House Kitchen, 1650–1900: Skills and Equipment for Food Provisioning*. Stroud, UK: Sutton, 1996.

Samuel, D. "Ancient Egyptian Bread and Beer: An Interdisciplinary Approach." In *Biological Anthropology and the Study of Ancient Egypt*, edited by W. V. Davies and Roxie Walker, 156–64. London: British Museum Press, 1993.

———. "Ancient Egyptian Cereal Processing: Beyond the Artistic Record." *Cambridge Archaeological*

Journal 3, no. 2 (1993): 276–83.

———. "Approaches to the Archaeology of Food." *Petits Propos Culinaires* 54 (1996): 12–21.

———. "Bread in Archaeology." *Civilisations: Revue internationale d'anthropologie et de sciences humaines*, no. 49 (2002): 27–36.

———. "Investigation of Ancient Egyptian Baking and Brewing Methods by Correlative Microscopy." *Science* 273, no. 5274 (1996): 488–90.

———. "A New Look at Bread and Beer." *Egyptian Archaeology* 4 (1994): 9–11.

Samuel, Delwen. "Brewing and Baking." In *Ancient Egyptian Materials and Technology*, edited by Paul T. Nicholson and Ian Shaw. New York: Cambridge University Press, 2000.

Samuel, Delwen, and P. Bolt. "Rediscovering Ancient Egyptian Beer." *Brewers' Guardian* 124, no. 12 (1995): 27–31.

Sancisi-Weerdenburg, H., Pierre Briant, and Clarisse Herrenschmidt. "Gifts in the Persian Empire." In *Le tribut dan l'Empire perse: Actes de la table ronde de Paris, 12–13 décembre 1986*, ed. Pierre Briant and Clarisse Herrenschmidt, 129–46. Paris: Peeters, 1989.

Sand, J. "A Short History of MSG: Good Science, Bad Science, and Taste Cultures." *Gastronomica* 5, no. 4 (2005): 38–49.

Sandars, N. K, ed. *The Epic of Gilgamesh*. Baltimore: Penguin Books, 1964.

Santa Maria, Jack. *Indian Sweet Cookery*. Boulder, Colo.: Shambhala, 1980.

Santich, Barbara. *The Original Mediterranean Cuisine: Medieval Recipes for Today*. Chicago: Chicago Review Press, 1995.

Saso, Michael. "Chinese Religions." In *Handbook of Living Religions*, edited by John R. Hinnells. London: Penguin Books, 1985.

———. *Taoist Cookbook*. Boston: Tuttle, 1994.

Schaeffer, Robert K. *Understanding Globalization: The Social Consequences of Political, Economic, and Environmental Change*. Lanham, Md.. Rowman & Littlefield, 1997.

Schafer, Edward H. *The Golden Peaches of Samarkand: A Study of T'ang Exotics*. Berkeley: University of California Press, 1985.

———. "T'ang." In *Food in Chinese Culture*. New Haven, Conn.: Yale University Press, 1977.

Schama, Simon. *The Embarrassment of Riches: An Interpretation of Dutch Culture in the Golden Age*. New York: Knopf, 1987.

Schamas, Carole. "Changes in English and Anglo-American Consumption from 1550 to 1800." In *Consumption and the World of Goods*, edited by John Brewer and Roy Porter, 177–89. London: Routledge, 1993.

Schenone, Laura. *A Thousand Years over a Hot Stove: A History of American Women Told through Food, Recipes, and Remembrances*. New York: Norton, 2003.

Schivelbusch, Wolfgang. *Tastes of Paradise: A Social History of Spices, Stimulants, and Intoxicants*. New York: Vintage Books, 1992.

Schlosser, Eric. *Fast Food Nation: The Dark Side of the All-American Meal*. New York: Perennial/ HarperCollins, 2002.

Schmitt-Pantel, Pauline. "Sacrificial Meal and Symposium: Two Models of Civic Institutions in the Archaic City?" In *Sympotica: A Symposium on the Symposion*, edited by Oswyn Murray, 14–26. Oxford: Oxford University Press, 1990.

Scholliers, P. "Defining Food Risks and Food Anxieties Throughout History." *Appetite* 51, no. 1 (2008): 3–6.

———. "From the 'Crisis of Flanders' to Belgium's 'Social Question' : Nutritional Landmarks of Transition in Industrializing Europe (1840–1890)." *Food and Foodways* 5, no. 2 (1992): 151–75.

———. "Meals, Food Narratives, and Sentiments of Belonging in Past and Present." In *Food, Drink and Identity: Cooking, Eating and Drinking in Europe Since the Middle Ages*, edited by P. Scholliers, 3–22. Oxford: Berg, 2001.

Schultz, J. C. "Biochemical Ecology: How Plants Fight Dirty." *Nature* 416, no. 6878 (2002): 267.

Schurz, William Lytle. *The Manila Galleon: With Maps and Charts and This New World*. New York: Dutton, 1939.

Schwartz, Stuart B. *Tropical Babylons: Sugar and the Making of the Atlantic World, 1450–1680*. Chapel Hill: University of North Carolina Press, 2004.

The Science and Culture of Nutrition, 1840–1940. Edited by Harmke Kamminga and Andrew Cunningham. Wellcome Institute Series in the History of Medicine, vol. 32. Amsterdam: Rodopi, 1995.

Scully, Terence. *The Art of Cookery in the Middle Ages.* Rochester, N.Y.: Boydell Press, 1995.

Scully, Terence, and D. Eleanor Scully. *Early French Cookery: Sources, History, Original Recipes and Modern Adaptations.* Ann Arbor: University of Michigan Press, 1995.

Segal, Ronald. *Islam's Black Slaves: The Other Black Diaspora.* New York: Farrar, Straus and Giroux, 2001.

Seligman, L. "The History of Japanese Cuisine." *Japan Quarterly* 41, no. 2 (1994): 165–80.

Sen, Colleen Taylor. *Curry: A Global History.* London: Reaktion Books, 2009.

Sen, Tansen. *Buddhism, Diplomacy, and Trade: The Realignment of Sino-Indian Relations, 600–1400.* Honolulu: University of Hawai'i Press, 2003.

Serventi, Silvano, and Françoise Sabban. *Pasta: The Story of a Universal Food.* New York: Columbia University Press, 2002.

Shaffer, Lynda. "Southernization." *Journal of World History* 5 (1994): 1–21.

Shaida, Margaret. *The Legendary Cuisine of Persia.* New York: Interlink Books, 2002.

Shapiro, Laura. *Perfection Salad: Women and Cooking at the Turn of the Century.* New York: Farrar, Straus and Giroux, 1986.

———. *Something from the Oven: Reinventing Dinner in 1950s America.* New York: Viking Press, 2004.

Sharar, Abdulhalīm. *Lucknow: The Last Phase of an Oriental Culture.* London: Paul Elek, 1975.

Shaw, Brent D. " 'Eaters of Flesh, Drinkers of Milk' : The Ancient Mediterranean Ideology of the Pastoral Nomad." *Ancient Society*, no. 13 (1982): 5–32.

———. "Fear and Loathing: The Nomad Menace and Roman Africa." In *L'Afrique romaine: Les Conferences Vanier 1980 = Roman Africa: The Vanier Lectures 1980*, edited by Colin Wells, 29–50. Ottawa: University of Ottawa Press, 1982.

Sherman, Sandra. *Fresh from the Past: Recipes and Revelations from Moll Flanders' Kitchen.* Lanham, Md.: Taylor Trade Publishing, 2004.

Shurtleff, William, and Akiko Aoyagi. *The Book of Miso.* Berkeley, Calif.: Ten Speed Press, 1983.

Sia, Mary. *Mary Sia's Chinese Cookbook.* 3rd ed. University of Hawai'i Press, 1980.

Simeti, Mary Taylor. *Pomp and Sustenance: Twenty-Five Centuries of Sicilian Food.* New York: Knopf, 1989.

Simoons, Frederick J. *Eat Not This Flesh: Food Avoidances from Prehistory to the Present.* 2nd ed., rev. and enl. Madison: University of Wisconsin Press, 1994.

———. *Food in China: A Cultural and Historical Inquiry.* Boca Raton, Fla.: CRC Press, 1991.

Singer, Amy. *Constructing Ottoman Beneficence: An Imperial Soup Kitchen in Jerusalem.* Albany: State University of New York Press, 2002.

Siraisi, Nancy G. *Medieval and Early Renaissance Medicine: An Introduction to Knowledge and Practice.* University of Chicago Press, 1990.

Skinner, Gwen. *The Cuisine of the South Pacific.* Harper Collins, 1985.

Slicher van Bath, B. H. *The Agrarian History of Western Europe, A.D.500–1850.* Translated by Olive Ordish. London: E. Arnold, 1963.

Smith, A. K. "Eating Out in Imperial Russia: Class, Nationality, and Dining before the Great Reforms." *Slavic Review* 65, no. 4 (2006): 747–768.

Smith, Andrew. *Pure Ketchup: A History of America's National Condiment, with Recipes.* Columbia: University of South Carolina Press, 1996.

Smith, Bruce D. *The Emergence of Agriculture.* New York: Scientific American Library, 1995.

Smith, David F., and Jim Phillips, eds. *Food, Science, Policy and Regulation in the Twentieth Century: International and Comparative Perspectives.* New York: Routledge, 2000.

Smith, Eliza. *The Compleat Housewife; or, Accomplished Gentlewoman's Companion. 1728.* 16th reprint. Kings Langley, UK: Arlon House, 1983.

Smith, J. M. "Dietary Decadence and Dynastic Decline in the Mongol Empire." *Journal of Asian History* 34, no. 1 (2000): 35–52.

———. "Mongol Campaign Rations: Milk, Marmots and Blood?" *Journal of Turkish Studies* 8 (1984): 223–28.

Smith, Pamela H. *The Business of Alchemy*. Princeton, N.J.: Princeton University Press, 1997.

Smith, Paul Jakov. *Taxing Heaven's Storehouse: Horses, Bureaucrats, and the Destruction of the Sichuan Tea Industry, 1074–1224*. Cambridge, Mass.: Harvard University Asia Center, 1991.

Smith, Robert. "Whence the Samovar." *Petits Propos Culinaires* 4 (1980): 57–72.

Smith, R. E. F., and David Christian. *Bread and Salt: A Social and Economic History of Food and Drink in Russia*. Cambridge: Cambridge University Press, 1984.

So, Yan-Kit. *Classic Food of China*. London: Macmillan, 1992.

Sokolov, Raymond A. *Why We Eat What We Eat: How the Encounter Between the New World and the Old Changed the Way Everyone on the Planet Eats*. New York: Summit Books, 1991.

Soler, Jean. "The Semiotics of Food in the Bible." In *Food and Drink in History*, edited by R. Forster and O. Ranum. Baltimore: Johns Hopkins University Press, 1979.

Solomon, Jon. "The Apician Sauce." In *Food in Antiquity*, edited by John Wilkins, David Harvey, and Mike Dobson, 115–31. Exeter, UK: University of Exeter Press, 1996.

Solt, George. "Ramen and US Occupation Policy." In *Japanese Foodways, Past, and Present*, edited by Stephanie Assmann and Eric C. Rath. Urbana: University of Illinois Press, 2010.

Song, Yingxing [Sung Ying-Hsing]. *T'ien kung k'ai wu: Chinese Technology in the Seventeenth Century*. Translated and annotated by E-tu Zen Sun and Shiou-chuan Sun. College Station: Pennsylvania State University Press, 1996.

Sorabji, Richard. *Animal Minds and Human Morals: The Origins of the Western Debate*. Ithaca, N.Y.: Cornell University Press, 1993.

Sorokin, Pitirim Aleksandrovich. *Hunger as a Factor in Human Affairs*. Gainesville: University Presses of Florida, 1975.

Spang, Rebecca L. *The Invention of the Restaurant: Paris and Modern Gastronomic Culture*. Cambridge, Mass.: Harvard University Press, 2000.

Spary, Emma C. "Making a Science of Taste: The Revolution, the Learned Life and the Invention of 'Gastronomie.'" In *Consumers and Luxury: Consumer Culture in Europe, 1750–1850*, edited by Maxine Berg and Helen Clifford. Manchester: Manchester University Press, 1999.

Speake, Jennifer, and J. A. Simpson, eds. *The Oxford Dictionary of Proverbs*. New York: Oxford University Press, 2003.

Spencer, Colin. *British Food: An Extraordinary Thousand Years of History*. New York: Columbia University Press, 2003.

———. *Vegetarianism: A History*. Da Capo Press, 2004.

Ssu-hsieh, C. "The Preparation of Ferments and Wines." Edited by T. L. Davis. Translated by Huang Tzu-ch'ing and Chao Yun-ts'ung. *Harvard Journal of Asiatic Studies* (1945): 24–44.

Stahl, Ann B. "Plant-Food Processing: Implications for Dietary Quality." In *Foraging and Farming: The Evolution of Plant Exploitation*, edited by David R. Harris and Gordon C. Hillman, 171–94. London: Unwin Hyman, 1989.

Standage, Tom. *An Edible History of Humanity*. New York: Walker, 2009.

Starks, Tricia. *The Body Soviet: Propaganda, Hygiene, and the Revolutionary State*. Madison: University of Wisconsin Press, 2008.

Stathakopoulos, Dionysios. "Between the Field and the Plate." In *Eat, Drink, and Be Merry (Luke 12:19): Food and Wine in Byzantium; Papers of the 37th Annual Spring Symposium of Byzantine Studies, in Honour of Professor A. A. M. Bryer*, ed. Leslie Brubaker and Kallirroe Linardou, 27–38. Burlington, Vt.: Ashgate, 2007.

Stavely, Keith W. F., and Kathleen Fitzgerald. *America's Founding Food: The Story of New England Cooking*. Chapel Hill: University of North Carolina Press, 2004.

Stead, Jennifer. "Navy Blues: The Sailor's Diet, 1530–1830." In *Food for the Community: Special Diets for Special Groups*, edited by C. Anne Wilson. Edinburgh: Edinburgh University Press, 1993.

———. "Quizzing Glasse; or, Hannah Scrutinized, Part I." *Petits Propos Culinaires* 13 (1983): 9–24.

Stearns, Peter N. *European Society in Upheaval: Social History Since 1750*. 3rd ed. New York: Macmillan, 1992.

Steel, Flora Annie Webster. *The Complete Indian Housekeeper and Cook*. Edited by G. Gardiner, Ralph J. Crane, and Anna Johnston. New York: Oxford University Press, 2010.

Sterckx, Roel, ed. *Of Tripod and Palate: Food, Politics and Religion in Traditional China*.

New York: Palgrave Macmillan, 2004. Preview http://site.ebrary.com/lib/alltitles/docDetail. action?docID=10135368 (accessed 4 December 2012).

Stoopen, Maria. "Las simientes del mestizaje en el siglo XVI." *Artes de México*, no. 36 (1997): 20–29.

Storck, John, and Walter Dorwin Teague. *Flour for Man's Bread: A History of Milling*. Minneapolis: University of Minnesota Press, 1952.

Strickland, Joseph Wayne. "Beer, Barbarism, and the Church from Late Antiquity to the Early Middle Ages." University of Tennessee-Knoxville, 2007. http://historyoftheancientworld.com/2012/03/beer-barbarism-and-the-church-from-late-antiquity-to-the-early-middle-ages (accessed 15 August 2012).

Strong, Roy C. *Feast: A History of Grand Eating*. London: Jonathan Cape, 2002.

Suárez y Farías, María Cristina. "De ámbitos y sabores virreinales." In *Los espacios de lacocina mexicana*, ed. id., Socorro Puig, and María Stoopen. México, D.F.: Artes de México, 1996.

Sugiura, Yoko, and Fernán González de la Vara. *México antiguo*. Vol. 1 of *La cocina mexicana a través de los siglos*, edited by Enrique Krauze and Fernán González de la Vara. México, D.F.: Clío; Fundación Herdez, 1996.

Super, John C. *Food, Conquest, and Colonization in Sixteenth-Century Spanish America*. Albuquerque: University of New Mexico Press, 1988.

Super, John C., and Thomas C. Wright, eds. *Food, Politics, and Society in Latin America*. Lincoln: University of Nebraska Press, 1985.

Sutton, David C. "The Language of the Food of the Poor: Studying Proverbs with Jean-Louis Flandrin." In *Food and Language: Proceedings of the Oxford Symposium on Food and Cookery*, 2009, 330–39. Totnes, Devon, UK: Prospect Books, 2010.

Swinburne, Layinka. "Nothing but the Best: Arrowroot—Today and Yesterday." In *Disappearing Foods: Studies in Foods and Dishes at Risk; Proceedings of the Oxford Symposium on Food and Cookery*, edited by Harland Walker, 198–203. Totnes, Devon, UK: Prospect Books, 1995.

Swislocki, Mark. *Culinary Nostalgia: Regional Food Culture and the Urban Experience in Shanghai*. Stanford, Calif.: Stanford University Press, 2008.

Symons, Michael. *One Continuous Picnic: A History of Eating in Australia*. Adelaide: Duck Press, 1982.

———. *The Pudding That Took a Thousand Cooks: The Story of Cooking in Civilisation and Daily Life*. New York: Penguin Putnam, 1998.

Tandon, Prakash. *Punjabi Century, 1857–1947*. Berkeley: University of California Press, 1968.

Tang, Charles. "Chinese Restaurants Abroad." *Flavor and Fortune* 3, no. 4 (1996).

Tann, Jennifer, and R. Glyn Jones. "Technology and Transformation: The Diffusion of the Roller Mill in the British Flour Milling Industry, 1870–1907." *Technology and Culture* 37, no. 1 (1996): 36–69.

Tannahill, Reay. *Food in History*. New York: Stein & Day, 1973.

Taylor, Alan. *American Colonies: The Settling of North America*. Vol. 1 of *The Penguin History of the United States*. New York: Penguin Books, 2001.

Taylor, William B. *Drinking, Homicide, and Rebellion in Colonial Mexican Villages*. Stanford, Calif.: Stanford University Press, 1979.

Teich, Mikulas. "Fermentation Theory and Practice: The Beginnings of Pure Yeast Cultivation and English Brewing, 1883–1913." *History of Technology* 8 (1983): 117–33.

Temkin, Oswei. *"On Second Thought" and Other Essays in the History of Medicine and Science*. Baltimore: Johns Hopkins University Press, 2002.

Thirsk, Joan. *Alternative Agriculture: A History from the Black Death to the Present Day*. New York: Oxford University Press, 2000.

———. *Food in Early Modern England: Phases, Fads, Fashions, 1500–1760*. New York: Hambledon Continuum, 2009.

Thomas, B. "Feeding England During the Industrial Revolution: A View from the Celtic Fringe." *Agricultural History* 56, no. 1 (1982): 328–42.

———. "Food Supply in the United Kingdom During the Industrial Revolution." In *The Economics of the Industrial Revolution*, edited by Joel Mokyr, 137–50. London: George Allen & Unwin, 1985.

Thomas, John Philip, and Angela Constantinides Hero, eds. *Byzantine Monastic Foundation Documents: A Complete Translation of the Surviving Founders' Typika and Testaments*. Washington, D.C.: Dumbarton Oaks Research Library and Collection, 2001.

Thompson, David. *Thai Food*. Berkeley, Calif.: Ten Speed Press, 2002.

Thompson, E. P. "The Moral Economy of the English Crowd in the Eighteenth Century." *Past & Present*, no. 50 (1971): 76–136.

Thorne, Stuart. *The History of Food Preservation*. Totowa, N.J.: Barnes & Noble Books, 1986.

Thurmond, David L. *A Handbook of Food Processing in Classical Rome: For Her Bounty No Winter*. Leiden: Brill, 2006.

Tibbles, William. *Foods: Their Origin, Composition and Manufacture*. London: Baillière, Tindall & Cox, 1912.

Titcomb, Margaret. *Dog and Man in the Ancient Pacific, with Special Attention to Hawai'i*. Bernice P. Bishop Museum special publication 59. Honolulu: Printed by Star-Bulletin Print. Co., 1969.

Titley, Norah M., trans. *The Ni'matnama Manuscript of the Sultans of Mandu: The Sultan's Book of Delights*. London: Routledge, 2005.

Toomre, Joyce Stetson. *Classic Russian Cooking: Elena Molokhovets' "A Gift to Young Housewives."* Bloomington: Indiana University Press, 1992.

Torres, Marimar. *The Catalan Country Kitchen: Food and Wine from the Pyrenees to the Mediterranean Seacoast of Barcelona*. Reading, Mass.: Addison-Wesley, 1992.

Toussaint-Samat, Maguelonne. *Histoire naturelle et morale de la nourriture*. Paris: Bordas, 1987. Translated by Anthea Bell as A History of Food (1992; rev. ed., Malden, Mass.: Wiley-Blackwell, 2009).

Trentmann, F. "Civilization and Its Discontents: English Neo-Romanticism and the Transformation of Anti-Modernism in Twentieth-Century Western Culture." *Journal of Contemporary History* 29, no. 4 (1994): 583–625.

———. *Free Trade Nation: Commerce, Consumption, and Civil Society in Modern Britain*. Oxford University Press, 2008.

Trubek, Amy B. *Haute Cuisine: How the French Invented the Culinary Profession*. Philadelphia: University of Pennsylvania Press, 2000.

Tschiffely, A. F. *This Way Southward: A Journey through Patagonia and Tierra del Fuego*. New York: Norton, 1940.

Unschuld, Paul U. *Medicine in China: A History of Ideas*. Berkeley: University of California Press, 1985.

Unwin, Tim. *Wine and the Vine: An Historical Geography of Viticulture and the Wine Trade*. New ed. London: Routledge, 1996.

Vaduva, O. "Popular Rumanian Food." In *Food in Change: Eating Habits from the Middle Ages to the Present Day*, edited by Alexander Fenton and Eszter Kisbán, 99–103. Edinburgh: J. Donald, 1986.

Valenze, Deborah. *Milk: A Local and Global History*. New Haven, Conn.: Yale University Press, 2011.

Valeri, Renée. "Création et transmission due savoir culinaire en Scandinavie au 17e siècle." *Papilles*, nos. 10–11 (March 1996): 51–62. Reprinted in Association des Bibliothèques gourmandes, *Livres et recettes de cuisine en Europe, du 14e au milieu du 19e siècle: Actes du Congrès de Dijon, 28 et 29 octobre 1994*. Cognac, France: Le temps qu'il fait, 1996.

Veit, Helen Zoe. *Victory over Ourselves: American Food in the Era of the Great War*. Chapel Hill: University of North Carolina Press, forthcoming 2013.

Voth, Norma Jost. *Mennonite Food and Folkways from South Russia*. 2 vols. Intercourse, Pa.: Good Books, 1990.

Vries, Jan de. *The Dutch Rural Economy in the Golden Age, 1500–1700*. New Haven, Conn.: Yale University Press, 1974.

Vries, P. H. "Governing Growth: A Comparative Analysis of the Role of the State in the Rise of the West." *Journal of World History* 13, no. 1 (2002): 67–138.

Waldstreicher, David. *In the Midst of Perpetual Fetes: The Making of American Nationalism, 1776–1820*. Chapel Hill: University of North Carolina Press for the Omohundro Institute of Early American History and Culture, Williamsburg, Va., 1997.

Waley-Cohen, Joanna. *The Sextants of Beijing: Global Currents in Chinese History*. New York: Norton, 2000.

———. "Taste and Gastronomy in China." In *Food: The History of Taste*, edited by Paul Freedman, 99–134. Berkeley: University of California Press, 2007.

Walker, Harlan, ed. *Milk: Beyond the Dairy; Proceedings of the Oxford Symposium on Food and*

Cooking, 1999. Totnes, Devon, UK: Prospect Books, 2000.

———. *Staple Foods: Proceedings of the Oxford Symposium on Food and Cookery*, 1989. London: Prospect Books, 1990.

Walton, John K. *Fish and Chips and the British Working Class, 1870–1940*. Leicester, UK: Leicester University Press, 1992.

Walvin, James. *Fruits of Empire: Exotic Produce and British Trade, 1660–1800*. London: Palgrave Macmillan, 1996.

Wandsnider, Luann A. "The Roasted and the Boiled: Food Composition and Heat Treatment with Special Emphasis on Pit-Hearth Cooking." *Journal of Anthropological Archaeology* 16 (1997): 1–48.

Wang, D. *The Teahouse: Small Business, Everyday Culture, and Public Politics in Chengdu, 1900–1950*. Stanford, Calif.: Stanford University Press, 2008.

Wang, Teresa, and E. N. Anderson. "Ni Tsan and His 'Cloud Forest Hall Collection of Rules for Drinking and Eating.'" *Petits Propos Culinaires* 60 (1998): 24–41.

Warde, Alan. *Consumption, Food and Taste: Culinary Antinomies and Commodity Culture*. Thousand Oaks, Calif.: Sage, 1997.

Warman, Arturo. *Corn and Capitalism: How a Botanical Bastard Grew to Global Dominance*. Chapel Hill: University of North Carolina Press, 2003.

Wasson, R. Gordon. *Soma: Divine Mushroom of Immortality*. New York: Harcourt, Brace & World, 1968.

Watson, Andrew M. *Agricultural Innovation in the Early Islamic World: The Diffusion of Crops and Farming Techniques, 700–1100*. New York: Cambridge University Press, 1983.

Watson, James L., ed. *Golden Arches East: McDonald's in East Asia*. Stanford, Calif.: Stanford University Press, 1997.

Watson, James L., and M. L. Caldwell. *The Cultural Politics of Food and Eating: A Reader*. Malden, Mass.: Wiley-Blackwell, 2005.

Watt, George. *The Commercial Products of India, Being an Abridgment of "The Dictionary of the Economic Products of India."* Published Under the Authority of His Majesty's Secretary of State for India in Council. Reprint ed. New Delhi: Today & Tomorrow's Printer & Publishers, 1966.

———. *A Dictionary of the Economic Products of India*. Delhi: Cosmo Publications, 1972.

"Waxworks: Like Life, Like Death." *The Economist*, 30 January 2003, 72.

Weaver, William Woys. *Sauerkraut Yankees: Pennsylvania-German Foods and Foodways*. Philadelphia: University of Pennsylvania Press, 1983.

Weber, Charles D. "Chinese Pictorial Bronzes of the Late Chou Period: Part II." *Artibus Asiae* 28, nos. 2–3 (1966): 271–311.

Weber, Eugen. *Peasants into Frenchmen: The Modernization of Rural France, 1870–1914*. Stanford, Calif.: Stanford University Press, 1976.

Weiner, M. "Consumer Culture and Participatory Democracy: The Story of Coca-Cola during World War II." *Food and Foodways* 6, no. 2 (1996): 109–29.

Westrip, Joyce. *Moghul Cooking: India's Courtly Cuisine*. London: Serif, 1997.

Wheaton, Barbara Ketcham. *Savoring the Past: The French Kitchen and Table from 1300 to 1789*. Philadelphia: University of Pennsylvania Press, 1983.

White, K. D. "Farming and Animal Husbandry." In *Civilization of the Ancient Mediterranean: Greece and Rome*, edited by Michael Grant and Rachel Kitzinger, vol. 1. New York: Scribner, 1988.

White, Lynn Townsend, Jr. *Medieval Technology and Social Change*. Oxford: Oxford University Press, 1966.

White, Merry. *Coffee Life in Japan*. Berkeley: University of California Press, 2012.

Wiley, A. S. "Transforming Milk in a Global Economy." *American Anthropologist* 109, no. 4 (2007): 666–77.

Wilk, Richard R. *Home Cooking in the Global Village: Caribbean Food from Buccaneers to Ecotourists*. New York: Berg, 2006.

Wilkins, John, F. D. Harvey, and Michael J. Dobson, eds. *Food in Antiquity*. Exeter, UK: University of Exeter Press, 1995.

Wilkins, John, and Shaun Hill. "The Sources and Sauces of Athanaeus." In *Food in Antiquity*, edited by John Wilkins, F. D. Harvey, and Michael J. Dobson, 429–38. Exeter, UK: University of Exeter Press,

1995.

Will, Pierre-Etienne, Roy Bin Wong, and James Z. Lee. *Nourish the People: The State Civilian Granary System in China, 1650–1850.* Ann Arbor: Center for Chinese Studies, University of Michigan, 1991.

Williams, Jacqueline B. *Wagon Wheel Kitchens: Food on the Oregon Trail.* Lawrence: University Press of Kansas, 1993.

Williams, Susan. *Savory Suppers and Fashionable Feasts: Dining in Victorian America.* New York: Pantheon Books in association with the Margaret Woodbury Strong Museum, 1985.

Wilson, C. Anne. *Food and Drink in Britain: From the Stone Age to the 19th Century.* London: Constable, 1973.

———. *Water of Life: A History of Wine-Distilling and Spirits; 500 BC-AD 2000.* Totnes, Devon, UK: Prospect Books, 2006.

Wilson, C. Anne, ed. *Food for the Community: Special Diets for Special Groups.* Edinburgh: Edinburgh University Press, 1993.

———. *Liquid Nourishment: Potable Foods and Stimulating Drinks.* Edinburgh: Edinburgh University Press, 1993.

Wind in the Pines: Classic Writings of the Way of Tea as a Buddhist Path. Fremont, Calif.: Asian Humanities Press, 1995.

Wolf, Eric R. *Europe and the People Without History.* Berkeley: University of California Press, 1982.

Woloson, Wendy A. *Refined Tastes: Sugar, Confectionery, and Consumers in Nineteenth-Century America.* Baltimore: Johns Hopkins University Press, 2002.

Wong, Roy Bin. *Political Economy of Food Supplies in Qing China.* Ann Arbor, Mich.: University Microfilms, 1987.

Wood, Gordon. *The Creation of the American Republic, 1776–1787.* Chapel Hill: University of North Carolina Press, 1969.

Woodforde, James. *The Diary of a Country Parson: The Reverend James Woodforde.* Edited by John Beresford. 5 vols. Oxford: Oxford University Press, 1924–31.

"A World of Thanks: World War I Belgian Embroidered Flour Sacks." http://hoover.archives.gov/exhibits/collections/flour%20sacks/index.html (accessed 15 August 2012).

Wrangham, Richard W. *Catching Fire: How Cooking Made Us Human.* New York: Basic Books, 2009.

Wriggins, Sally Hovey. *Xuanzang: A Buddhist Pilgrim on the Silk Road.* Boulder, Colo.: Westview Press, 1996.

Wright, Clifford A. *A Mediterranean Feast: The Story of the Birth of the Celebrated Cuisines of the Mediterranean from the Merchants of Venice to the Barbary Corsairs, with More than 500 Recipes.* New York: William Morrow, 1999.

Wu, David Y. H., and Tan Chee-Beng, eds. *Changing Chinese Foodways in Asia.* Hong Kong: Chinese University Press, 2001.

Wujastyk, Dominic. *The Roots of Ayurveda.* London: Penguin Books, 1998.

Wulff, Hans E. *The Traditional Crafts of Persia: Their Development, Technology, and Influence on Eastern and Western Civilizations.* Cambridge, Mass.: MIT Press, 1966.

Xenophon. *Cyropaedia.* Edited by Walter Miller. Cambridge, Mass.: Harvard University Press, 1914. www.perseus.tufts.edu/hopper/text?doc=Perseus:text:1999.01.0204 (accessed 4 December 2012).

Xinru, Liu *Ancient India and Ancient China: Trade and Religious Exchanges, AD 1–600.* Delhi: Oxford University Press, 1988.

Yarshater, Ehsan, ed. *Encyclopædia Iranica.* London: Routledge & Kegan Paul, 1982.

Yates, Robin D. S. "War, Food Shortages, and Relief Measures in Early China." In *Hunger in History: Food Shortage, Poverty, and Deprivation,* edited by Lucile F. Newman, 146–77. New York: Blackwell, 1990.

Yoshida, Mitsukuni, and Tsune Sesoko. *Naorai: Communion of the Table.* Tokyo: Mazda Motor Corp., 1989.

Young, Carolin C. *Apples of Gold in Settings of Silver: Stories of Dinner as a Work of Art.* New York: Simon & Schuster, 2002.

Young, James Harvey. "Botulism and the Ripe Olive Scare of 1919–1920." *Bulletin of the History of Medicine* 56 (1976): 372–91.

Yue, Gang. *The Mouth That Begs: Hunger, Cannibalism, and the Politics of Eating in Modern China.*

Durham, N.C.: Duke University Press, 1999.

Zaouali, Lilia. *Medieval Cuisine of the Islamic World: A Concise History with 174 Recipes.* Berkeley: University of California Press, 2009.

Zarrillo, S., D. M. Pearsall, J. S. Raymond, M. A. Tisdale, and D. J. Quon. "Directly Dated Starch Residues Document Early Formative Maize (Zea mays L.) in Tropical Ecuador." *Proceedings of the National Academy of Sciences* 105, no. 13 (2008): 5006–5011.

Zeder, Melinda A. *Feeding Cities: Specialized Animal Economy in the Ancient Near East.* Washington, D.C.: Smithsonian Institution Press, 1991.

Zeldin, Theodore. *France, 1848–1945.* Oxford: Clarendon Press, Oxford University Press, 1973.

———. *The French.* New York: Pantheon Books, 1982.

Zhou, Xun. *The Great Famine in China 1958–1962: A Documentary History.* New Haven, Conn.: Yale University Press, 2012.

Zimmermann, Francis. *The Jungle and the Aroma of Meat: An Ecological Theme in Hindu Medicine.* Berkeley: University of California Press, 1987.

Zizumbo-Villarreal, D., and P. Colunga-García Marín. "Early Coconut Distillation and the Origins of Mezcal and Tequila Spirits in West-Central Mexico." *Genetic Resources and Crop Evolution* 55, no. 4 (2008): 493–510.

Zubaida, Sami, and Richard Tapper, eds. *A Taste of Thyme: Culinary Cultures of the Middle East.* New York: Tauris Parke, 2000.

Zweiniger-Bargielowska, Ina, Rachel Duffett, and Alain Drouard, eds. *Food and War in Twentieth Century Europe.* Farnham, UK: Ashgate, 2011.

出版后记

作者蕾切尔·劳丹在本书开篇就强调一个事实：人类是会烹饪的动物。烹制食物虽然耗时费力，但一直以来都是人类最重要的技能之一。而烹饪究竟是如何演变的，就是本书所要阐述的主要内容。

全球主要饮食有各自偏好的原材料、烹饪方式、菜肴和进餐礼仪，发展出了自己独特的饮食哲学，反过来又受其制约。当饮食哲学发展到一个临界点时，新的饮食就会诞生于旧有的饮食元素，有时可风靡全国。而在国家之中，面积最辽阔、影响最深远的莫过于帝国，这是作者选取帝国这一政治维度进行叙述的原因。

从人类文明的发展顺序来看，欧洲地区的发展相对来说要晚一些，但进入近代以后，欧洲后来者居上，它的饮食也被视为新的典范，尤其是法式饮食。之前，饮食有文明开化与野蛮蒙昧的区分，伴随不同等级和社会地位之间的分野，饮食直接分裂成了高贵和低微两极。进入20世纪，虽然这两极之间的分野变得相对没那么重要，但依然存在，而且我们面临新的饮食形势与挑战。当然，叙述这样一部宏大的饮食世界史时，作者难以避免会出现一些不足之处，比如仍然难以摆脱欧洲中心论的影响。

在此也要感谢译者的辛勤付出，她精彩的译笔为本书增色不少。由于编辑水平有限，本书可能还存在一些错误，敬请广大读者批评指正。

服务热线：133-6631-2326　188-1142-1266

服务信箱：reader@hinabook.com

后浪出版公司

2020年5月

© 民主与建设出版社，2021

图书在版编目（CIP）数据

美食与文明 : 帝国塑造烹饪习俗的全球史 / (美)
蕾切尔·劳丹著 ; 杨宁译. -- 北京 : 民主与建设出版
社, 2020.10（2023.2重印）
　书名原文: Cuisine and Empire: Cooking in World
History
　ISBN 978-7-5139-3113-7

　Ⅰ.①美… Ⅱ.①蕾… ②杨… Ⅲ.①烹饪—发展史
—世界 Ⅳ.①TS972.1-091

中国版本图书馆CIP数据核字(2020)第118166号

CUISINE AND EMPIRE: COOKING IN WORLD HISTORY
by RACHEL LAUDAN
Copyright © 2013 The Regents of the University of California
This edition arranged with UNIVERSITY OF CALIFORNIA PRESS
through Big Apple Agency, Inc., Labuan, Malaysia.
Simplified Chinese edition copyright: 2021 Ginkgo (Beijing) Book Co., Ltd.
All rights reserved.
本书中文简体版权归属于银杏树下（北京）图书有限责任公司。

版权登记号：01-2020-4755
地图审图号：GS（2020）5825

美食与文明：帝国塑造烹饪习俗的全球史
MEISHI YU WENMING: DIGUO SUZAO PENGRENXISU DE QUANQIUSHI

著　　者	[美]蕾切尔·劳丹	译　者	杨　宁
出版统筹	吴兴元	责任编辑	王　颂
特约编辑	沙芳洲	营销推广	ONEBOOK
装帧制造	墨白空间·陈威伸		

出版发行　民主与建设出版社有限责任公司
电　　话　（010）59417747　59419778
社　　址　北京市海淀区西三环中路 10 号望海楼 E 座 7 层
邮　　编　100142
印　　刷　北京盛通印刷股份有限公司
版　　次　2021 年 1 月第 1 版
印　　次　2023 年 2 月第 5 次印刷
开　　本　655 毫米 × 1000 毫米　1/16
印　　张　31.5
字　　数　452 千字
书　　号　ISBN 978-7-5139-3113-7
定　　价　94.00 元

注：如有印、装质量问题，请与出版社联系。